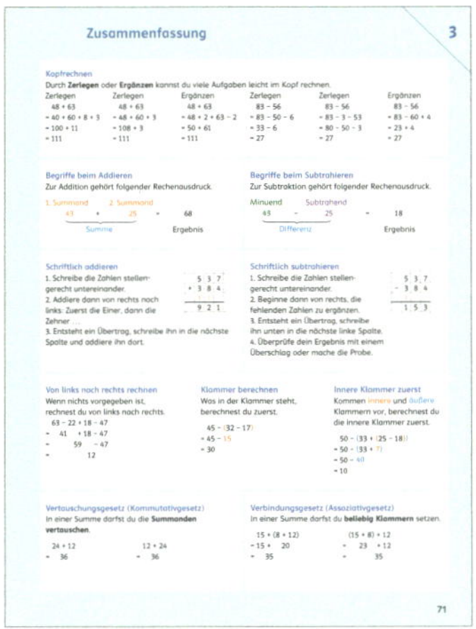

Zusammenfassung

Am Ende des Kapitels findest du den neuen Lernstoff auf einen Blick.

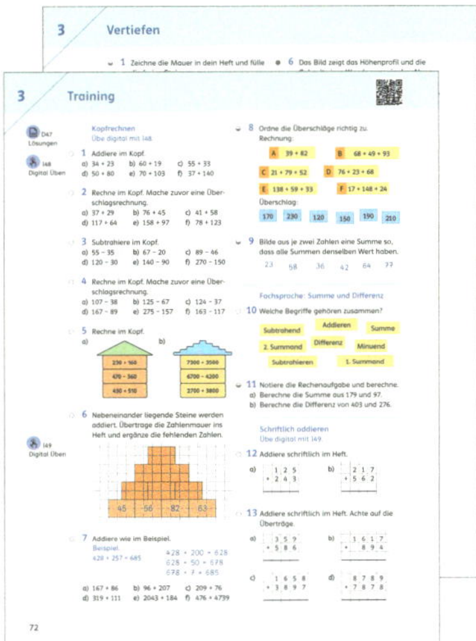

Training und Vertiefen

Im Training kannst du gezielt für die nächste Klassenarbeit üben. Aufgaben zum Vertiefen und Vernetzen findest du danach.

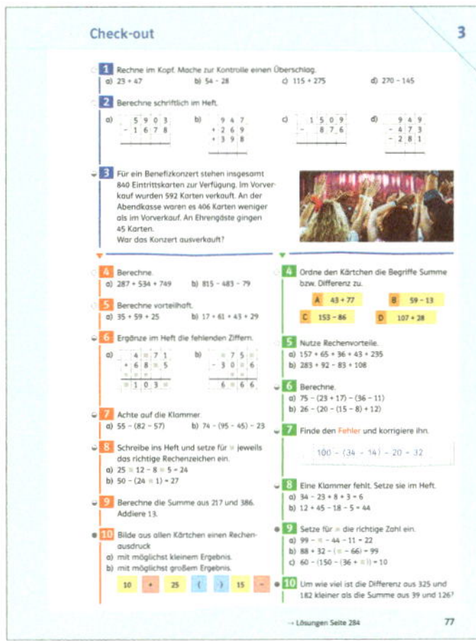

Check-out

Am Kapitelende kannst du testen, ob du alle Inhalte verstanden hast.

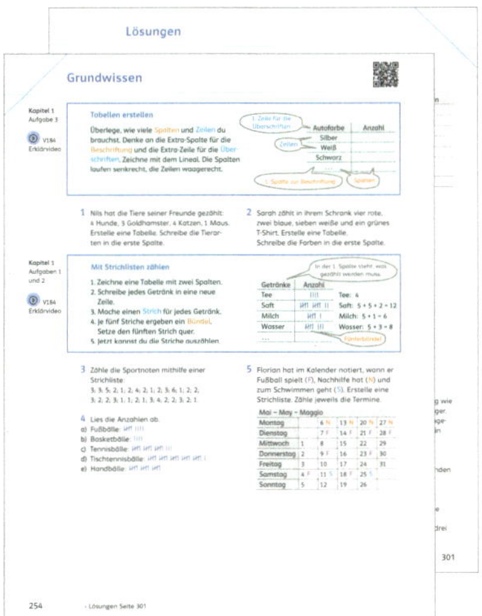

Grundwissen und Lösungen

Am Ende des Buches findest du bereits Gelerntes im Grundwissen und die Lösungen zu Check-in, Check-out und Grundwissen.

Symbole im Buch

○	leichte Aufgaben
◒	mittlere Aufgaben
●	schwierige Aufgaben
MK	Medienkompetenz
E	erweitertes Niveau
▷	Erklärvideo
🗎	Dokument
👆	Interaktive Aufgabe

Die Medien zum Schulbuch sind online verfügbar.

Einfach den QR-Code scannen oder den Link in einen Browser eingeben, um zur Übersicht aller digitalen Medien zu gelangen.

Link
code.klett.de/m5h8s6

Weitere QR-Codes im Schulbuch führen direkt zu den Medien der jeweiligen Seite.

W0222844

Schnittpunkt 5

Mathematik – Differenzierende Ausgabe

mit Medien

Ilona Bernhard
Julia Ehmann
Andrea Herzog
Markus Mauch
Claus Stöckle
Thomas Straub

Martina Backhaus
Joachim Böttner
Günther Fechner
Wolfgang Malzacher
Achim Olpp
Hartmut Wellstein

Ernst Klett Verlag GmbH
Stuttgart · Leipzig · Dortmund

Inhalt

MK Medienkompetenz E zusätzliche Inhalte für das erweiterte Niveau

1 Daten

Du lernst in diesem Kapitel:

- wie du Umfragen in unterschiedlichen Listen erfasst,
- wie du Diagramme liest und verstehst,
- wie du Ergebnisse von Umfragen grafisch darstellst,
- wie du mithilfe eines Tabellenkalkulationsprogramms Diagramme erstellst.

1 Strichlisten auszählen

Welche Anzahlen sind hier mit einer Strichliste dargestellt? Schreibe in dein Heft, wie viele es von den einzelnen Haustieren gibt.

Hund	𝍸 𝍸 𝍸 II
Katze	𝍸 𝍸 I
Fische	𝍸
Kaninchen	𝍸 II
Hamster	III
andere	𝍸 III

→ **Lerntipp:** Seite 254

2 Anzahlen mit Strichlisten darstellen

Schreibe die Zahlen mit Strichen.

a) 7 b) 5 c) 14 d) 25

→ **Lerntipp:** Seite 254

3 Tabellen zeichnen

Zeichne die Tabelle sauber in dein Heft ab und trage die drei Begriffe an einer passenden Stelle ein.

		Mädchen
	12	11
Klasse 5b	11	

Jungs Klasse 5a 14

→ **Lerntipp:** Seite 254

4 Informationen aus einem Schaubild entnehmen

Betrachte die Wetterkarte.

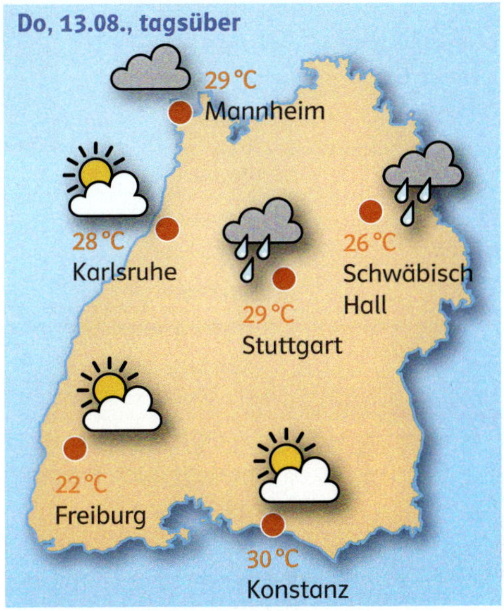

a) In welchen Städten hat es geregnet?
b) Wie warm war es am 13.08. in Freiburg?

→ **Lerntipp:** Seite 255

5 Einen Zahlenstrahl zeichnen

Zeichne einen Zahlenstrahl für die Zahlen von 0 bis 12.

→ **Lerntipp:** Seite 257

6 Diagramme richtig zeichnen

Übertrage das Säulendiagramm sauber in dein Heft.

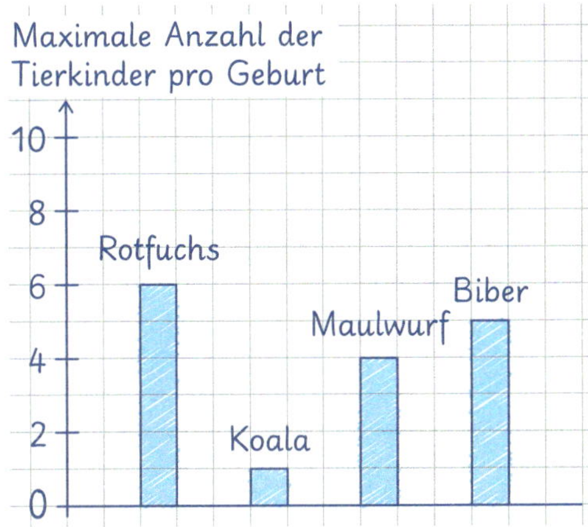

→ **Lerntipp:** Seite 255

→ Lösungen Seite 280

Unsere neue Klasse

→ 1
Daten in Listen erfassen

→ 3
Daten in Diagrammen darstellen

Steckbrief

Name ____________
Vorname ____________
Geburtstag ____________
Wohnort ____________
Lieblingsessen ____________
Lieblings-Influencer ____________

Fragebogen

Vorname: ____________

Junge O Mädchen O

Welche Farbe ist deine Lieblingsfarbe?

____

Welches Tier ist dein Lieblingstier?

____

Kannst du schwimmen?
Ja O Nein O

Wie lange brauchst du morgens für den Schulweg? ____ Minuten

Was ist deine Lieblingssportart?

____

Wie viele Geschwister hast du?
keine O
1 O
2 O
3 O
mehr als 3 O

1 Oben seht ihr einen möglichen Fragebogen. Entwerft einen eigenen Fragebogen.

a) Überlegt euch Fragen, die euch interessieren und die man gut allen Kindern in der Klasse stellen kann.

b) Überlegt euch, welche Möglichkeiten es gibt, die Antworten auszuwerten.

c) Besprecht euch mit den anderen Gruppen und erstellt einen gemeinsamen Fragebogen.

d) Führt die Befragung durch.

2 Die Ergebnisse der Befragung sollen übersichtlich dargestellt werden.

a) Bildet Gruppen und verteilt die Fragen mit den Antworten des Fragebogens gleichmäßig in der Klasse. Jede Gruppe sollte gleich viele Fragen haben.

b) Besprecht in der Gruppe, wie ihr die Antworten auswerten und darstellen wollt.

c) MK Erstellt in der Gruppe ein Plakat zu der Auswertung eurer Frage.

Unser Plakat hat:
- eine Überschrift
- eine übersichtliche Anordnung
- eine Grafik, die das Ergebnis darstellt
- eine schöne Gestaltung
- einen Satz am Ende, der die Informationen zusammenfasst
- die Namen der Kinder, die das Plakat erstellt haben

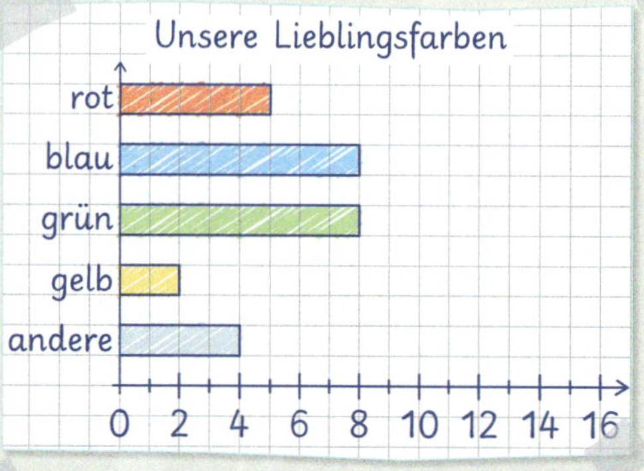

Tägliche Online-Zeit

1 Stunde	IIII II	7
2 Stunden	II	2
mehr als 2 Stunden		

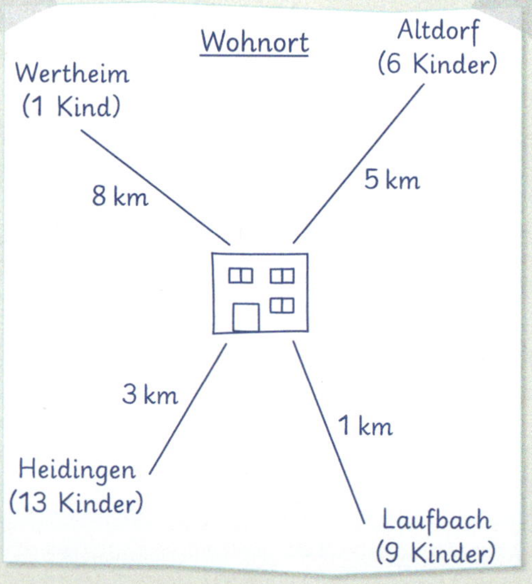

So viele Diagramme

→ 2 Diagramme lesen

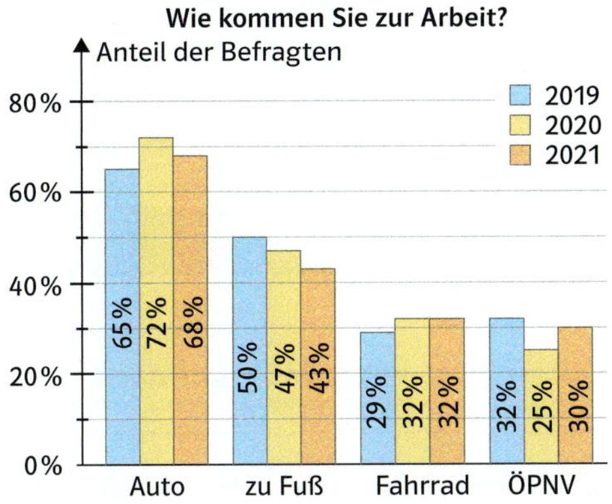

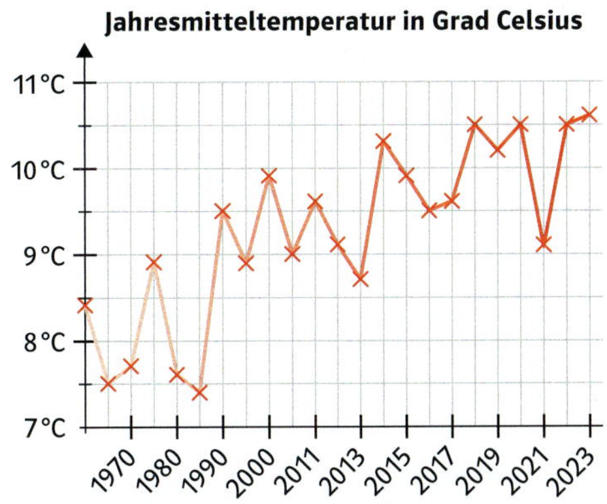

3 MK Überlegt euch ein Thema, das ihr interessant findet. Sucht im Internet oder in Schulbüchern Diagramme dazu.

4 Zeigt euch gegenseitig eure Diagramme und erzählt euch, warum ihr sie interessant gefunden habt.

Ein Bild sagt mehr als tausend Worte

→ 3 Daten in Diagrammen darstellen

5 Menschen kleiden sich gern unterschiedlich. Wie viele verschiedene Farben haben die Kleider, wie viele tragen Röcke oder Jacken, …?

6 MK Sucht euch eine Eigenschaft aus, zum Beispiel eine Farbe. Überlegt euch eine Darstellung, mithilfe derer man sofort sehen kann, wie oft die Eigenschaft auf dem Bild oben abgebildet ist.

1 Daten in Listen erfassen

Das Bild zeigt einen Geburtstagskalender. Jedes Kind kann für sich einen Anhänger gestalten, den es an die passende Stelle hängt.
→ Wer hat in eurer Klasse in welchem Monat Geburtstag? Sammelt alle Antworten.
→ In welchem Monat haben die meisten Kinder Geburtstag?

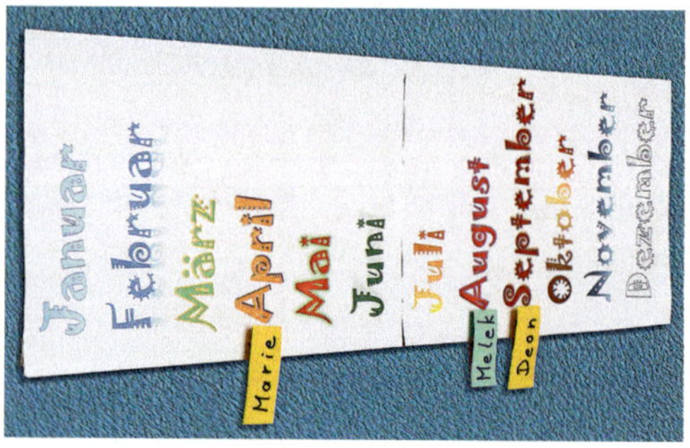

Um bestimmte Fragen zu beantworten, sammelt man in **Umfragen** oder **Zählungen** Daten.

Merke Mithilfe von **Strichlisten** sammelst du Daten. Die Ergebnisse stellst du in einer **Häufigkeitstabelle** dar. Dafür zählst du die Striche aus und ersetzt sie durch Zahlen.

V1 Erklärvideo

Beispiel
Wie viel Zeit brauchst du für den Weg zur Schule?

Du kannst Strichliste und Häufigkeitstabelle auch in einer Tabelle zusammenfassen.

Strichliste

benötigte Zeit	10 min	15 min	20 min
Anzahl	𝍸 III	𝍸 I	IIII

Jeder fünfte Strich quer

Häufigkeitstabelle

benötigte Zeit	10 min	15 min	20 min
Anzahl	8	6	4

D2 Lösungen

○ **1** Übertrage die Tabelle in dein Heft und fülle sie vollständig aus.

a)

Lieblingsessen	Pizza	Döner	Spätzle	Salat
Strichliste	𝍸 II	■	■	IIII
Häufigkeit	■	8	5	■

b)

Lieblingssport	Schwimmen	Fußball	Tennis	Fahrradfahren
Strichliste	III	■	II	■
Häufigkeit	■	9	■	4

○ **2** Bei den Wahlen zur Klassenvertretung wurden folgende Stimmen abgegeben. Wer wurde gewählt? Bestimme mithilfe einer Strichliste.

a) Klasse 5a

Kevin, Omer, Omer, Marc, Antonia, Laura, Omer, Marc, Antonia

Marc, Marc, Laura, Kevin, Omer, Omer, Omer, Marc, Antonia

b) Klasse 5b

Arian, Emma, Ilias, Selen, Arian, Kaan, Arian, Ilias, Arian, Emma

Kaan, Emma, Arian, Kaan, Emma, Selen, Lina, Ilias, Kaan, Selen

3 Bei einer Umfrage wurden die folgenden Antworten gegeben. Fertige eine Strichliste an. Gib die Werte anschließend in einer Häufigkeitstabelle an.

a) Länge des Schulwegs
1 km; 4 km; 3 km; 3 km; 1 km; 5 km; 4 km; 3 km; 5 km; 2 km; 0 km; 2 km; 1 km

b) Höhe des Taschengeldes:
15 €; 12 €; 20 €; 0 €; 15 €; 15 €; 25 €; 0 €; 15 €; 10 €; 20 €; 20 €

4 Maik und Ralf haben ihre Freunde nach den Lieblings-Fußballvereinen gefragt. Das haben sie herausgefunden:

Maik	
VfB	𝍸 |||
Bayern	𝍸 ||||
Liverpool	||
Galatasaray	||
Freiburg	|||

Ralf	
Real Madrid	|
VfB	𝍸 ||
Besiktas	||
Bayern	𝍸 𝍸 |
HSV	|

Fasse alle Antworten in einer Häufigkeitstabelle zusammen.

5 Die Kinder der Klasse 5c haben für die nächsten Tage ihre Essenswünsche in der Mensa zusammengestellt. Leider ist die Liste verschmutzt.

Essenswunsch	Di	Mi	Do
Fleisch	[Fleck]	7	9
Pasta	5	10	[Fleck]
Salatbar	3	7	5

Welche Zahlen müssen hinter den Flecken stehen?

6 In die Übersicht der Lieblingssportarten der Kinder haben sich drei Fehler eingeschlichen.

Fußball	Skifahren	Basketball	Skateboard	Schwimmen
𝍸 𝍸 𝍸	||||	𝍸 |||	𝍸 |||	𝍸
16	4	8	7	4

a) Übertrage die Tabelle in dein Heft und korrigiere die Fehler.

b) Beschreibt, was falsch gemacht wurde.

4 Isa, Leon, Yolanda und Samu fragen in der Pause nach den häufigsten Urlaubsländern der Kinder. Jedes Kind soll nur ein Land nennen.

Italien	𝍸 𝍸 ||
Spanien	𝍸 𝍸 𝍸
Deutschl.	|||
Frankr.	||
Türkei	𝍸 |

Deutschl.	𝍸
Türkei	𝍸 ||||
Spanien	||||
Österreich	||

Türkei	𝍸 |||
Italien	𝍸
Deutschland	|||
Spanien	𝍸

Frankr.	|||
Türkei	||
Italien	𝍸 |
Spanien	𝍸 𝍸 𝍸

a) Fasse alle Antworten in einer Häufigkeitstabelle zusammen.

b) Wie viele Kinder haben Isa, Leon, Yolanda und Samu insgesamt befragt?

c) Ordne die Urlaubsziele nach ihrer Beliebtheit.

5 Die Wahl zu den Projekttagen wurde in den drei Klassen getrennt durchgeführt.

	Trommeln	Musical	Kostüme	Chor
5a	|||	𝍸 𝍸 𝍸 |||		|||
5b	𝍸		𝍸 |||	𝍸
5c	||	𝍸 |||		𝍸 𝍸

a) Wie viele Kinder der Klasse 5b möchten beim Projekt „Kostüme" mitmachen?

b) Wie viele Kinder sind in den einzelnen Klassen?

6 Überlegt euch fünf Fragen zur Nutzung digitaler Medien, auf die man mit „Ja" oder „Nein" antworten kann. Befragt eure Mitschülerinnen und Mitschüler und wertet die Umfrage aus.

2 Diagramme lesen

Die Lehrerin hat gemeinsam mit der Klasse Ideen für die Klassenregeln gesammelt. Sie präsentiert das Ergebnis in einem Diagramm.
→ Welche drei Regeln fanden die Kinder am wichtigsten? Formuliere ganze Sätze.

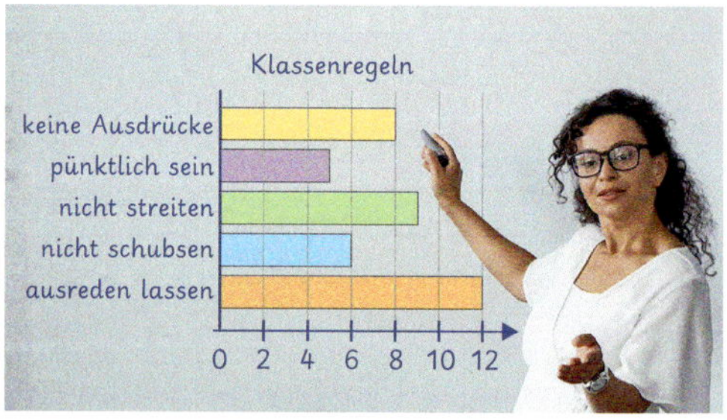

Ergebnisse von Umfragen kann man in Häufigkeitstabellen nachlesen. Eine grafische Darstellung zeigt das Ergebnis aber oft deutlicher.

Merke Das Ergebnis einer Umfrage kannst du mit **Diagrammen** darstellen.
Aus Diagrammen kannst du Daten ablesen.
Es gibt verschiedene Diagrammtypen.

V3 Erklärvideo

Beispiele

In der Tabelle und in den Diagrammen kannst du nachlesen, wie viele Gummibärchen von welcher Farbe in einer Tüte sind.

Häufigkeitstabelle

Farbe	Gelb	Rot	Grün	Weiß	Orange
Anzahl	5	8	4	5	6

a) **Bilddiagramm**

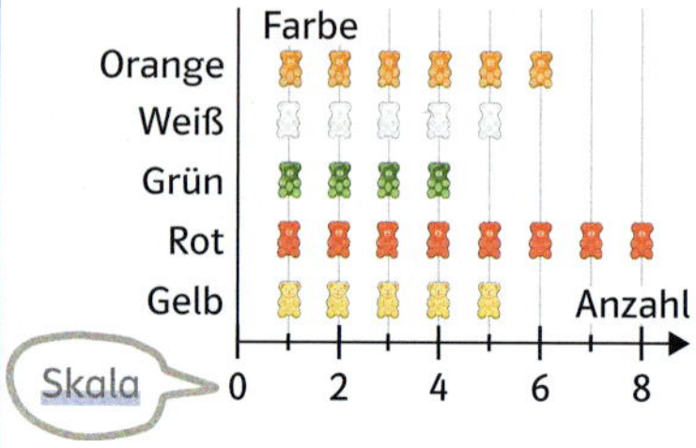

b) **Balkendiagramm**

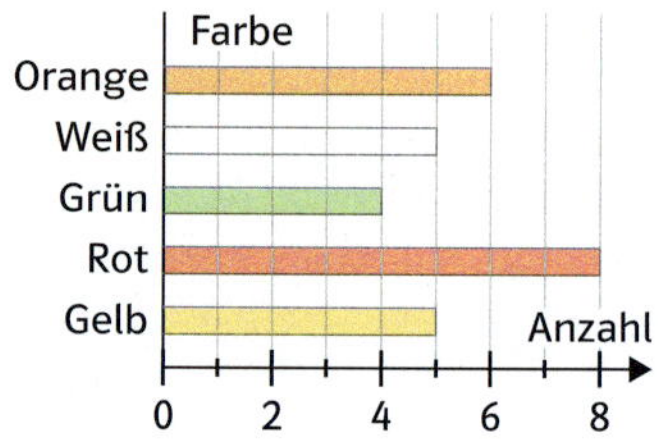

c) **Säulendiagramm**

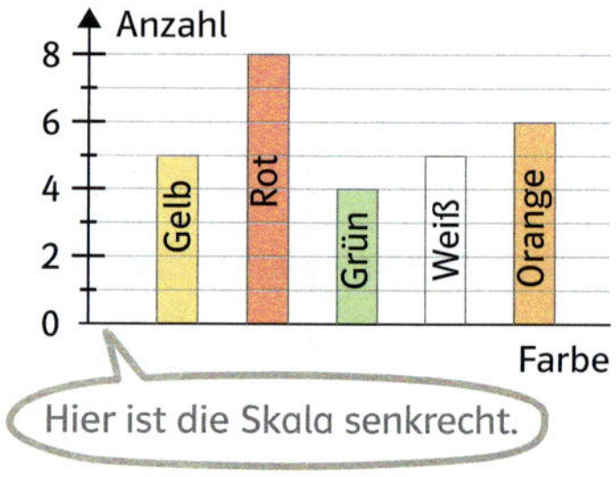

In einem Bilddiagramm werden Bilder gleichmäßig sortiert.

Im Balkendiagramm ersetzt du die Bilder durch Balken.

Manchmal passt eine senkrechte Darstellung besser.

Mögliche Aussagen, die du im Diagramm ablesen kannst:

„Es gibt 5 gelbe Gummibärchen in der Packung."

„Die Farbe Grün kommt halb so oft wie die Farbe Rot vor."

„Von Rot gibt es am meisten."

Skala
Eine Skala besteht aus Strichen und Zahlen. Du kannst an ihr gemessene oder gezählte Daten ablesen.

D4 Lösungen

○ **1** Welche Skala eines Balkendiagramms passt zu der Häufigkeitstabelle?

a)

Form	rund	dreieckig	viereckig	andere
Anzahl	4	16	8	12

b)

Farbe	Gelb	Grün	Blau	Rot
Anzahl	2	6	5	9

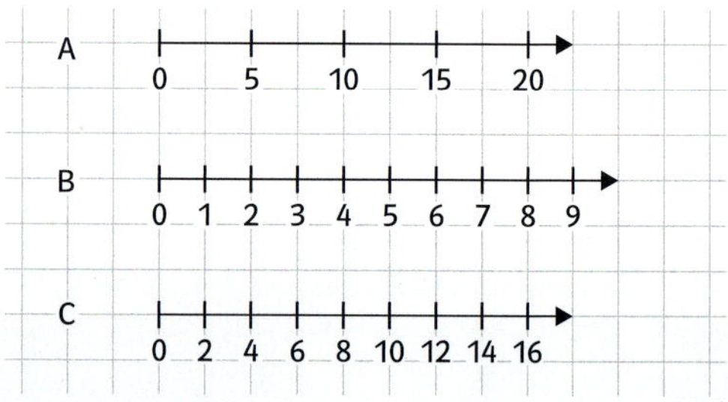

2

a) Das Bilddiagramm zeigt, wie die Kinder der Klassen 5a und 5b zur Schule kommen. Wie häufig wurden die verschiedenen Verkehrsarten genannt? Wie viele Kinder haben die Klassen 5a und 5b zusammen?

Wie kommst du zur Schule?

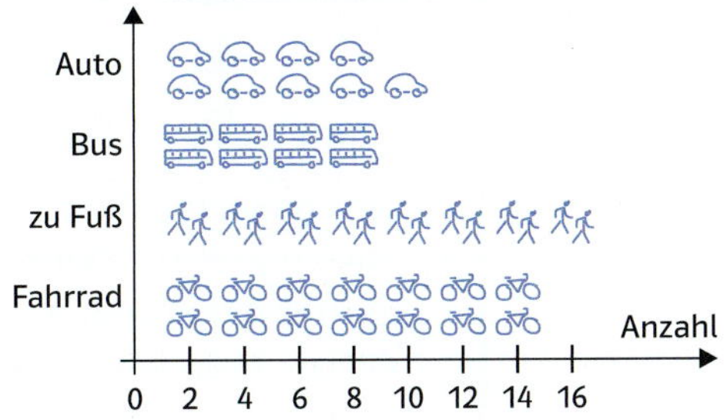

b) Emilia hat notiert, wie viel Obst sie in zwei Wochen gegessen hat. Wie viele Stücke Obst hat sie insgesamt gegessen? Wie viele waren es von jeder Sorte?

Obstverzehr in den Ferien

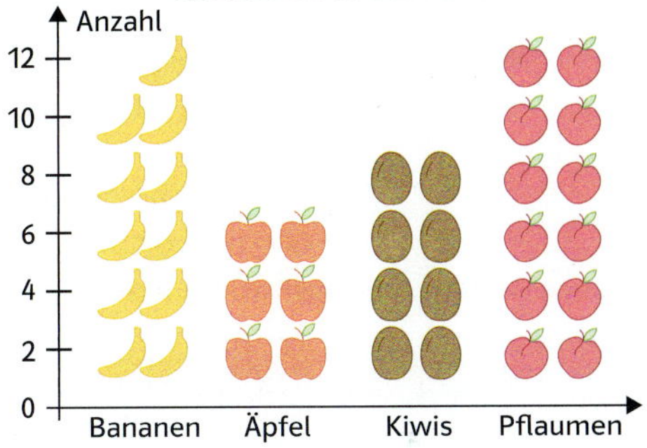

3

a) Welche Zahl wurde am häufigsten gewürfelt? Übertrage die Häufigkeitstabelle ins Heft und fülle sie mithilfe des Säulendiagramms aus.

Augenzahl	⚀	⚁	⚂	⚃	⚄	⚅
Anzahl	▪	▪	▪	▪	▪	▪

Würfelergebnisse

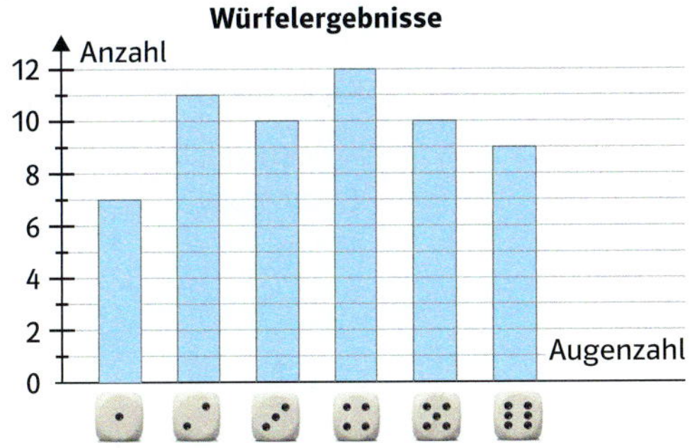

b) Übertrage die Häufigkeitstabelle in dein Heft. Fülle sie mithilfe des Balkendiagramms aus.

Trainingsdauer pro Tag	Minuten
Montag	▪
Dienstag	▪
Mittwoch	▪
Donnerstag	▪
Freitag	▪

Tägliche Trainingszeit in Minuten

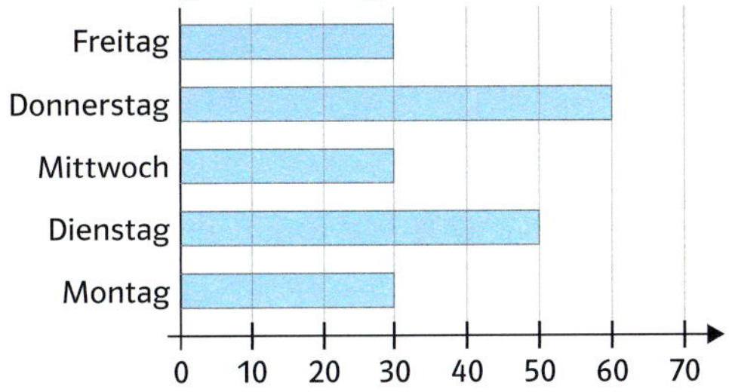

4

Bei einer Umfrage gaben 19 Kinder ihr Haustier als Hobby an.

a) Lies die Ergebnisse der anderen Hobbys ab.

b) Wie viele Kinder wurden befragt?

Hobbys der Kinder

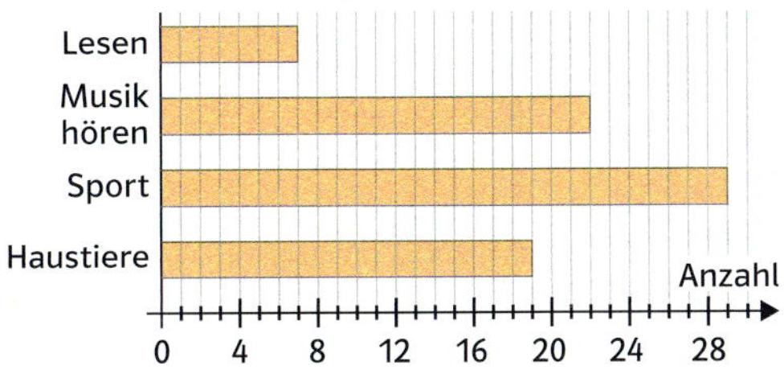

4

Beschreibe, was im Säulendiagramm dargestellt wird. Erstelle eine passende Häufigkeitstabelle.

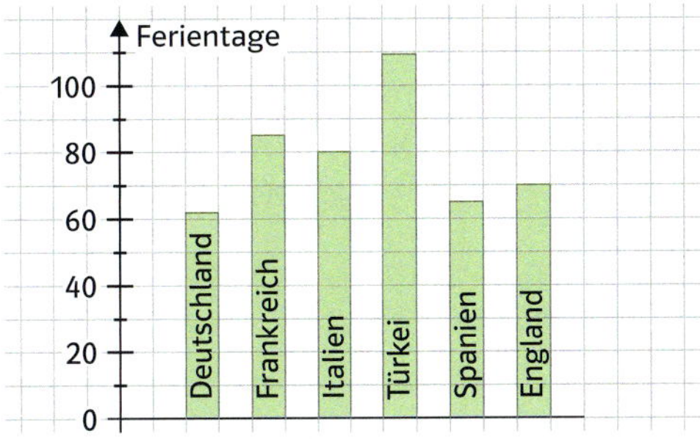

5 Tina hat 15 Minuten Fahrzeuge gezählt und ein Diagramm angefertigt. Jedes Symbol steht für 10 gezählte Fahrzeuge.

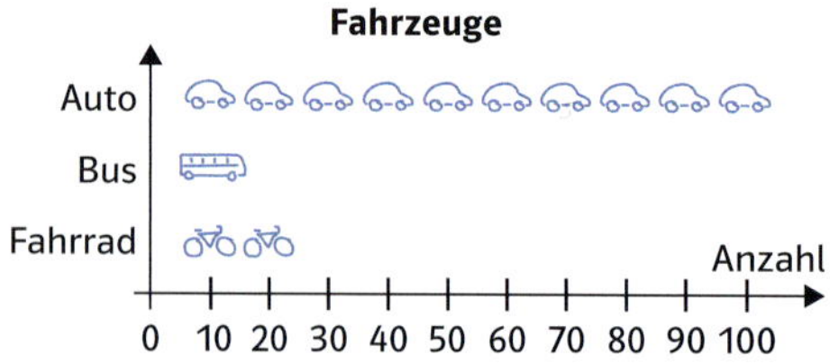

a) Wie viele Fahrzeuge hat sie gezählt?
b) In Wirklichkeit wurden 141 Fahrzeuge gezählt. Kannst du das erklären?

6 Das Diagramm passt zu der Häufigkeitstabelle.
a) Übertrage die Häufigkeitstabelle in dein Heft und vervollständige sie.
b) Finde eine Überschrift (1) zum Diagramm und beschrifte die Achsen (2) und (3).

Fundsachen Vereinsfest	Mütze	Schal	Jacke	Rucksack
Anzahl	7	6	2	▒

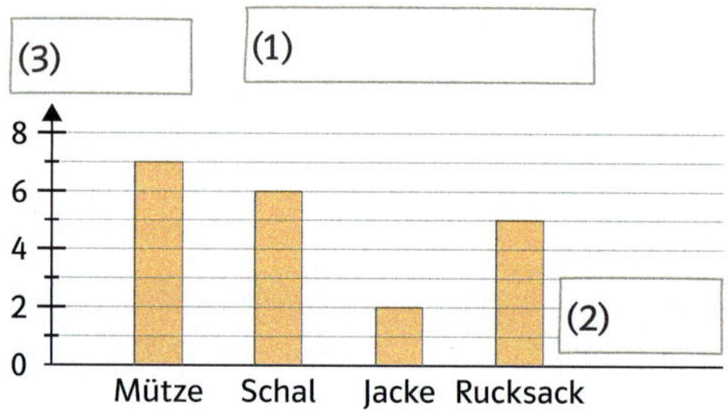

7 Balkonkraftwerke werden beliebter.

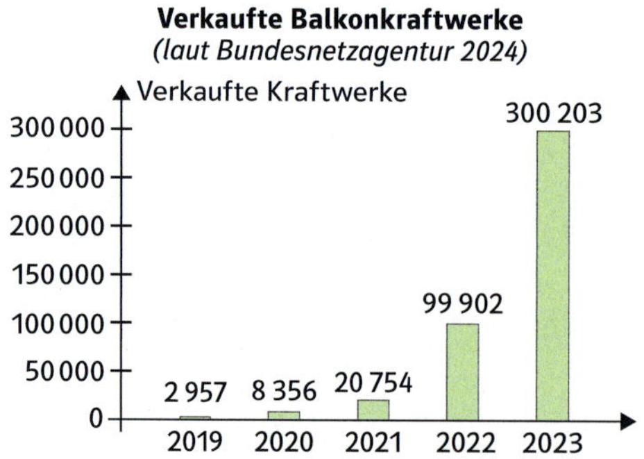

a) Schreibt zwei Aussagen zu dem Diagramm auf. Verwendet die Textbausteine.

… fünfmal so viele wie im Jahr …

… hundertmal so viele wie …

b) Findet ihr weitere Aussagen?

5 Mika sieht im Internet ein Diagramm.

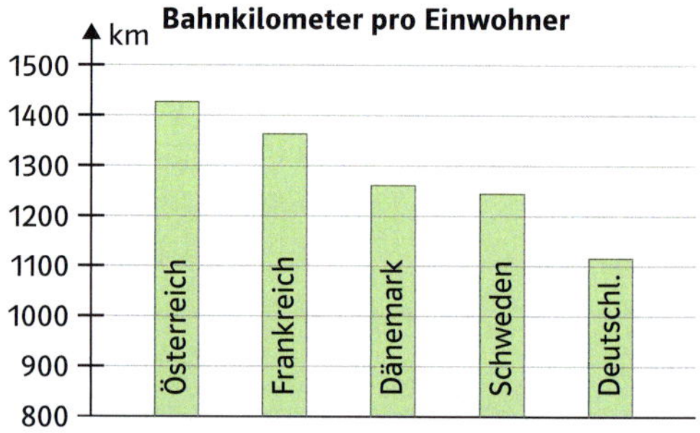

a) Was bedeuten die dargestellten Daten?
b) Mika meint, die Skala sei falsch, weil sie nicht mit Null beginnt. Was meint ihr? Welche Gründe kann es haben, dass die Skala so gewählt worden ist?

6 In der Fußgängerzone wurden Personen befragt, wie oft sie in der Stadt einkaufen. Zur Auswertung wurde eine Häufigkeitstabelle und ein Diagramm erstellt.

Häufigkeit des Einkaufs	einmal im Monat	einmal in der Woche	2- bis 3-mal die Woche	fast täglich
Anzahl	70	120	40	30

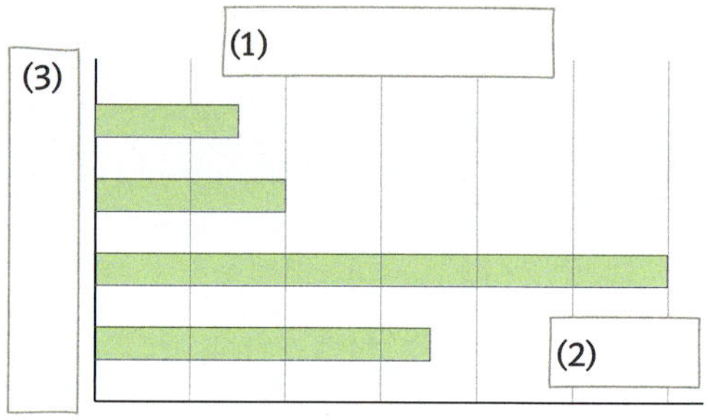

a) Finde eine passende Überschrift (1) zu dem Diagramm und geeignete Beschriftungen für die Achsen (2) und (3).
b) Die Skala für die Anzahlen fehlt auf dem Diagramm. Für welche Anzahl steht ein senkrechter grauer Strich?

7 MK
a) Sucht im Internet zwei verschiedene Diagramme zur Nutzung der Wasserkraft in Europa.
b) Erklärt euch gegenseitig, was dargestellt ist.
c) Vergleicht die Daten und überlegt, was sie für die Zukunft bedeuten können.

3 Daten in Diagrammen darstellen

Die Klasse 5a hat mit Farbkarten über das Ausflugsziel abgestimmt.
→ Stellt das Ergebnis in einem Diagramm dar.
→ Vergleicht euer Diagramm mit dem Bild. Welche Vorteile gibt es?

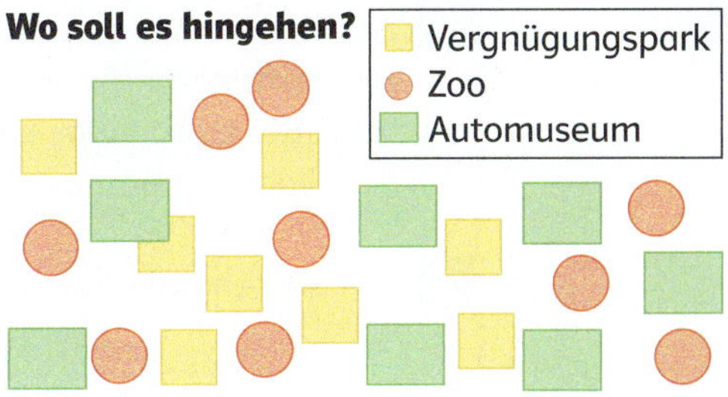

Merke

Daten aus einer Umfrage kannst du in einem **Bilddiagramm**, einem **Balkendiagramm** oder einem **Säulendiagramm** darstellen.
Beschrifte dein Diagramm so, dass es für jeden verständlich ist. Eine Überschrift und Achsenbeschriftungen helfen dabei.

V5 Erklärvideo

Beispiele

Die Häufigkeitstabelle zeigt das Ergebnis der Wahl für die Klassenvertretung.

Name	Aurelia	Jasmin	Robert	Ludwig	Leon
Stimmen	8	3	5	2	6

Bevor du ein Diagramm zeichnest, musst du dir eine sinnvolle Einteilung der Skala überlegen. Achte vor allem auf den höchsten Wert. Sind Einer-Schritte, Zweier-Schritte, Zehner-Schritte, … geeignet?

a) In einem Bilddiagramm kennzeichnest du jede Stimme mit einem kleinen Symbol.
Du kannst sie **waagerecht** oder **senkrecht** anordnen.

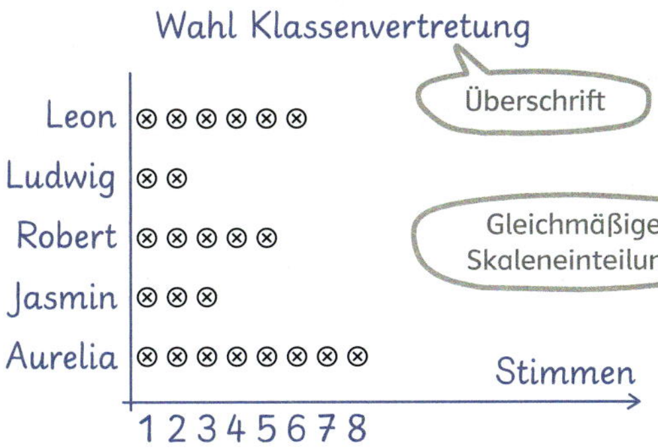

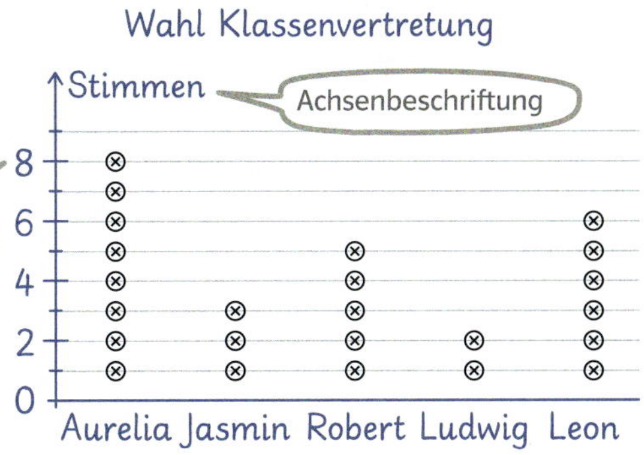

b) Wenn du statt der Symbole Flächen zeichnest, erhältst du ein Balkendiagramm oder ein Säulendiagramm.

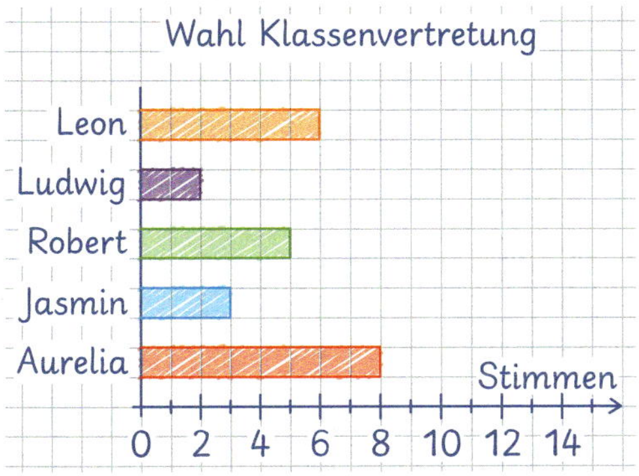

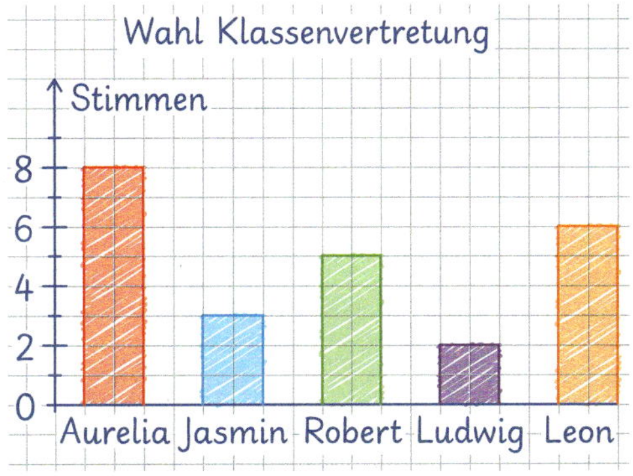

D6 Lösungen

1 Zeichne ein Bilddiagramm. Denke an eine geeignete Skala, die Überschrift und die Achsenbeschriftungen.

a) Eine Tüte Luftballons enthält 10 rote, 9 blaue und 4 orangene Luftballons.

b) Eine Packung Bonbons enthält 8 weiße, 11 rote, 7 grüne und 10 orangene Bonbons.

2 Das Säulendiagramm ist unvollständig. Übertrage das Diagramm ins Heft und ergänze.

a)

Stiftfarbe	Gelb	Rot	Grün	Blau
Anzahl	7	3	6	5

b)

Eissorte	Erdbeere	Himbeere	Vanille	Schoko
Anzahl	5	4	3	6

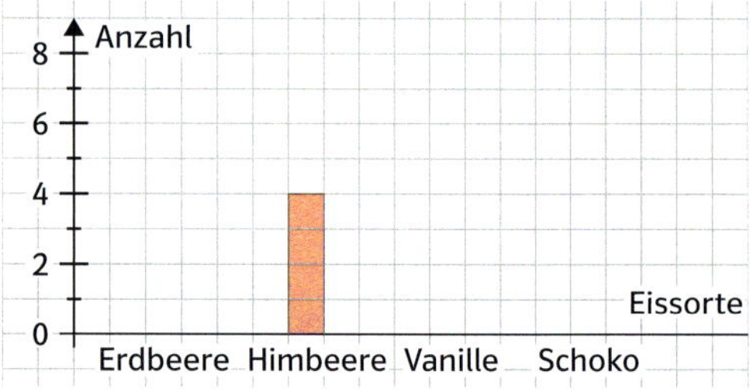

3 Erstelle zu der angegebenen Häufigkeitstabelle ein Balkendiagramm. Überlege vor dem Zeichnen eine geeignete Einteilung der Skala und beschrifte es vollständig.

a)

Backware	Brezel	Hörnchen	Brötchen	Käsestange	Bagel
Anzahl	8	4	10	7	6

b)

Pizzabelag	Salami	Margherita	Vegetaria	Pilze	Thunfisch
Anzahl	6	3	5	2	2

4 Viele Kinder in den fünften Klassen sind in Sportvereinen aktiv: 25 spielen Fußball, 10 turnen, 10 spielen Volleyball, 5 spielen Basketball und 10 spielen Handball. Ergänze das Säulendiagramm im Heft.

5 17 Kinder spielen ein Musikinstrument.

Instrument	Strichliste	Anzahl
Klavier	■	8
Gitarre	|||	■
Violine	■	■
Schlagzeug	||	■

a) Ergänze die Tabelle in deinem Heft.

b) Stelle das Ergebnis in einem Säulendiagramm dar und beschrifte es vollständig.

4 Bei einer Fahrradkontrolle gab es folgende Beanstandungen.

Klingel 27
Reifen 9
Reflektor 12
Bremsen 9
Licht 6

Stelle das Ergebnis in einem Säulendiagramm dar und beschrifte es.

Tipp: Überlege vorher, wie hoch die höchste Säule wird.

5 Petra hat an einer Straße gezählt, wie viele Personen in den Autos sitzen. Dazu hat sie eine Häufigkeitstabelle erstellt:

Insassen im Auto	1	2	3	4
Anzahl	18	15	12	7

a) Stelle das Ergebnis in einem selbst gewählten Diagramm dar. Denke an die Beschriftungen.

b) Begründe, warum du dich für dieses Diagramm entschieden hast.

6 Pascal hat zu einer Häufigkeitstabelle ein Balkendiagramm gezeichnet. Leider sind ihm drei Fehler unterlaufen.

Note	1	2	3	4	5	6
Anzahl	3	10	8	4	3	1

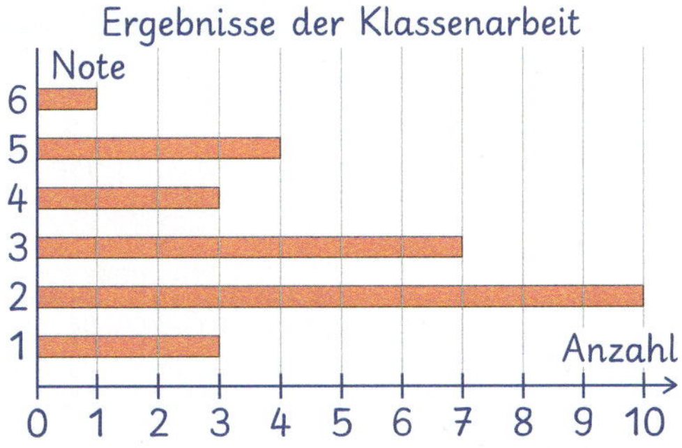

Suche die drei Fehler und beschreibe sie.

7 Als Muttersprache sprechen in Europa …
70 Millionen Menschen Türkisch,
70 Millionen Menschen Englisch,
80 Millionen Menschen Französisch,
100 Millionen Menschen Deutsch,
120 Millionen Menschen Russisch.
Zeichne ein Balkendiagramm.
Der längste Balken soll 12 cm lang sein.

8 Jugendliche wurden gefragt, was sie für den Klimaschutz bereit sind, zu tun. Sie durften nur eine Antwort angeben.

Häufiger Fahrrad fahren als sich im Auto fahren lassen	65
Weniger Fleisch essen	15
Urlaub in Deutschland machen	30

a) Wie viele Jugendliche wurden befragt?
b) Stelle das Ergebnis in einem geeigneten Diagramm dar.
Tipp: Alle Zahlen sind Fünferzahlen. Das hilft bei der Einteilung der Skala.

9 Würfelt 60-mal mit zwei Würfeln. Notiert die gewürfelte Augensumme in einer Strichliste.
a) Erstellt nach den 60 Würfen eine Häufigkeitstabelle.
b) Stellt das Ergebnis in einem vollständig beschrifteten Säulendiagramm dar.
c) Könnt ihr erklären, warum die Säulen am Rand kurz und in der Mitte lang sind?

Augensumme

Augensumme 12

6 Der Klassenlehrer Herr Henning hat die Fehlgründe seiner Klasse für einen Monat gesammelt und ein Diagramm erstellt.

Grund	Krankheit	familiäre Gründe	sonstiges
Anzahl	28	8	4

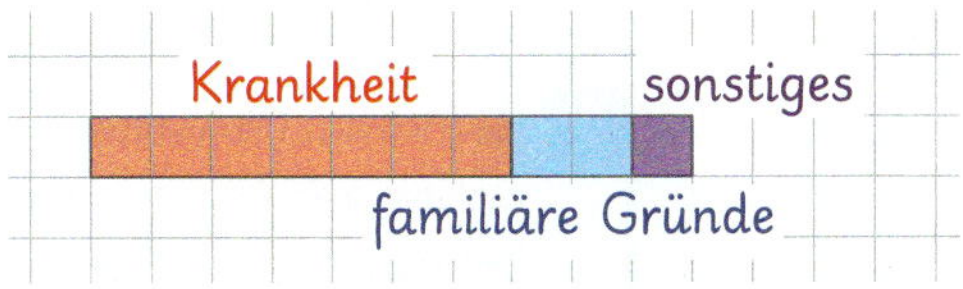

a) Erstelle ein Säulen- oder Balkendiagramm und beschrifte es vollständig.
b) Vergleiche dein Diagramm mit dem von Herrn Henning. Finde für beide Diagrammarten einen Vorteil.

7 120 Menschen wurden befragt, wo sie am liebsten Lebensmittel einkaufen.

Ich kaufe gerne beim …	Discounter	Supermarkt	Bioladen
Männer	30	18	5
Frauen	15	30	10
Jugendliche	5	5	2

a) Erstelle für eine selbst gewählte Gruppe der Befragten ein Säulendiagramm.
b) Könnte man auch ein Säulendiagramm zeichnen, aus dem man alle drei Gruppen ablesen kann? Wie könnte das aussehen? Versucht es zu zeichnen.

8 Isa sieht in der Zeitung ein Diagramm zu den beliebtesten Geburtstagswünschen.

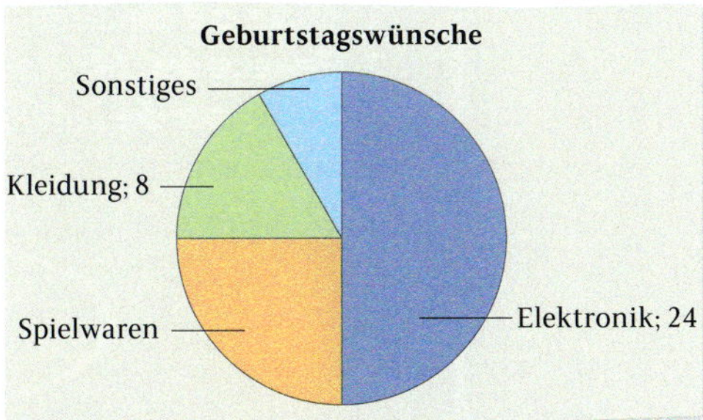

a) Wie viele Leute wurden befragt?
b) Bei „Sonstiges“ und „Spielwaren“ fehlen die Werte. Kannst du sagen, wie oft diese Wünsche genannt wurden?
c) Stelle die Ergebnisse in einem anderen Diagramm dar.

4 Diagramme mit der Tabellenkalkulation erstellen MK

Mit einer Tabellenkalkulation kannst du Daten erfassen und auswerten. Die Auswertung kann beispielsweise durch ein Diagramm geschehen. Dieses lässt sich durch wenige Klicks erzeugen. Werden im Nachhinein Daten geändert, passen sich die Diagramme automatisch an.

D7 Lösungen

V8 Erklärvideo

○ **1** MK Einmal im Monat dürfen die Schülerinnen und Schüler der Hebelschule selbst entscheiden, was es in der Mensa zum Essen geben soll. Die Ergebnisse der Umfrage siehst du in der abgebildeten Strichliste.

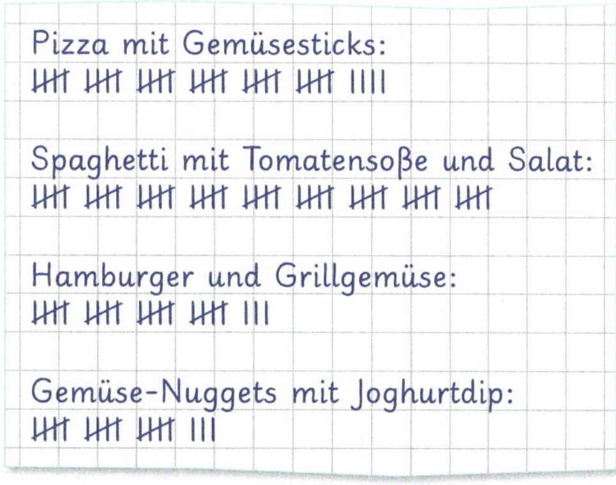

a) Öffne eine Tabellenkalkulation auf dem Computer oder dem Tablet. Übertrage die Daten aus der Umfrage zum Mensaessen in die gleichen Zellen wie in der Abbildung rechts.

A2

	A	B
1	Pizza mit Gemüsesticks	34
2	Spaghetti mit Tomatensoße, Salat	45
3	Hamburger und Grillgemüse	23
4	Gemüse-Nuggets mit Joghurtdip	18

Das ist die Zelle A2. Sie ist in Spalte A in Zeile 2.

b) Wähle die eingegebenen Daten aus und drücke die Diagramm-Schaltfläche, um ein Diagramm zu erzeugen. Die Diagrammschaltfläche findest du im Menü meistens unter „Einfügen".
Probiere verschiedene Diagrammtypen aus.

Tipp: So wählst du die Daten aus:
1. Klicke auf die Zelle A1. Lasse nicht los.
2. Bewege den Mauszeiger oder deinen Finger auf die Zelle B4.
3. Lasse los.

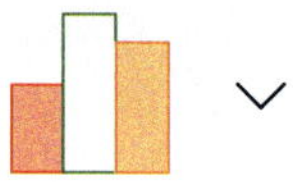

So kann die Diagramm-Schaltfläche aussehen.

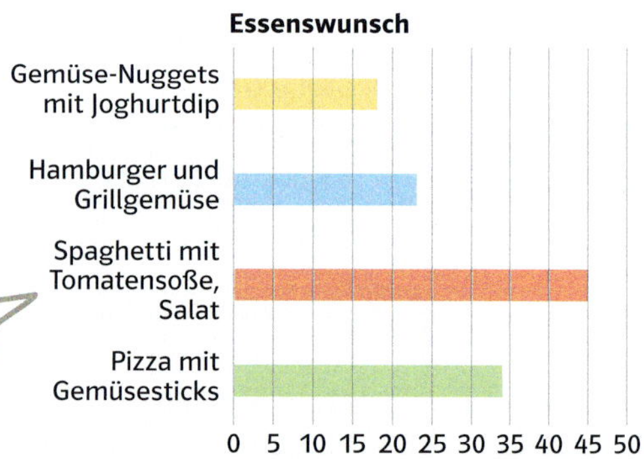

So sieht beispielsweise das fertige Diagramm als Balkendiagramm aus.

c) Ändere einzelne Zahlenwerte ab und beobachte, was dabei mit deinem Diagramm geschieht.

2 MK Beim Spiel „Was würdest du lieber …?“ muss man sich für einen von drei Wünschen, die zur Auswahl stehen, entscheiden. Antonia hat sich die Antworten von vielen Kindern notiert.

a) Schreibe die Daten, die Antonia gesammelt hat, geordnet in die Zellen einer Tabellenkalkulation.

b) Erzeuge mit den Daten ein Kreisdiagramm.

Wie ein Vogel fliegen können:	21
In die Zukunft reisen:	16
Mit einer berühmten Persönlichkeit tauschen:	34

3 MK Was ist deine Lieblingsfarbe? Welches ist die beliebteste Farbe in deiner Klasse? Wie beliebt sind welche Farben in deiner Schule?

a) Organisiert eine Umfrage zum Thema „Lieblingsfarbe“. Überlegt vorab gemeinsam, mit welcher Gruppe ihr eure Untersuchung durchführen möchtet. Mit der eigenen Klasse? Mit der ganzen Stufe? Oder vielleicht sogar mit der gesamten Schule? Besprecht dabei auch, wie ihr die Daten sammeln wollt.

b) Übertrage die gesammelten Umfrageergebnisse in einer übersichtlichen Form in eine Tabellenkalkulation.

c) Erzeuge mithilfe der Daten unterschiedliche Diagramme. Welche Form ist besonders geeignet, um einen raschen Überblick über das Umfrageergebnis zu bekommen?

d) Wähle einzelne Balken, Säulen oder Kreisstücke aus und färbe sie passend ein.

e) Füge deinem Diagramm einen passenden Titel hinzu.

V9 Erklärvideo

4 MK Es gibt Programmierumgebungen, die speziell für Kinder und Jugendliche entwickelt wurden. Zu den bekanntesten gehört die Programmiersprache Scratch. Hier kannst du dir selbst ganz einfach eigene Apps erstellen, zum Beispiel einen digitalen Zähler. Mit diesem kannst du dir das Erstellen von Strichlisten sparen, denn nun zählt der Computer oder das Tablet für dich. Eine Schritt-für-Schritt-Erklärung zur Programmierung findest du im Video V9.

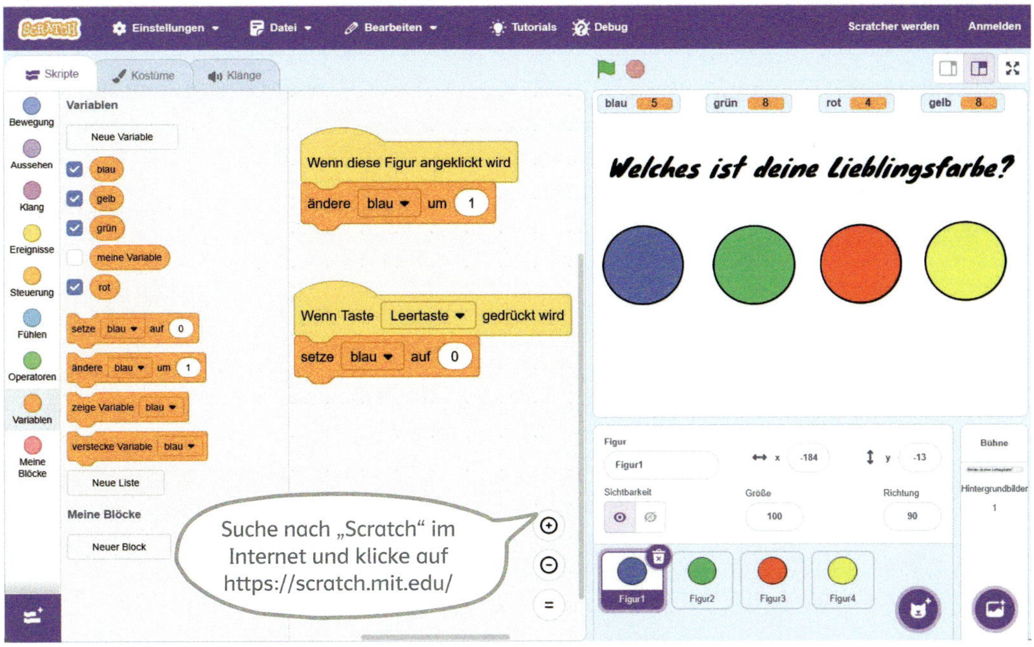

Zusammenfassung

Daten in Listen erfassen

Bei einer **Umfrage** oder **Zählung** sammelst du Daten. Hierfür kannst du einen Fragebogen erstellen.

Mithilfe von **Strichlisten** erfasst du leicht Daten. Die Ergebnisse von Umfragen kannst du in **Häufigkeitstabellen** darstellen. Dafür zählst du die Striche aus und ersetzt sie durch Zahlen.

Wie lange lernst du in einer Woche täglich?

Strichliste

Lernzeit	unter 30 min	über 30 min
Anzahl	III	~~IIII~~ I

Strichliste

Häufigkeitstabelle

Lernzeit	unter 30 min	über 30 min
Anzahl	3	6

Daten in Diagrammen darstellen und ablesen

Das Ergebnis einer Umfrage kannst du mit **Diagrammen** darstellen. Aus Diagrammen kannst du mithilfe der **Skala** Daten ablesen. Es gibt verschiedene Diagrammtypen.

Bei allen Diagrammen musst du auf eine gleichmäßige Einteilung der Skala achten.

Umfrage: Wie viele digitale Geräte hast du?

Anzahl Geräte	0	1	2	3
Anzahl Kinder	1	4	15	3

Das Diagramm hat eine Überschrift und die Achsen werden beschriftet.

Bilddiagramm

Die Werte der Häufigkeitstabelle können in einem beschrifteten **Bilddiagramm** dargestellt werden.

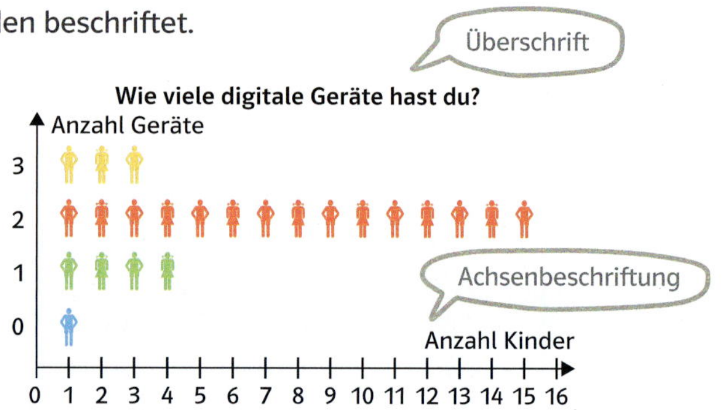

Säulendiagramm

Statt eines Bilddiagramms kannst du die Daten auch in einem **Säulendiagramm** darstellen. Im Säulendiagramm werden die Zahlen senkrecht in Säulen dargestellt.

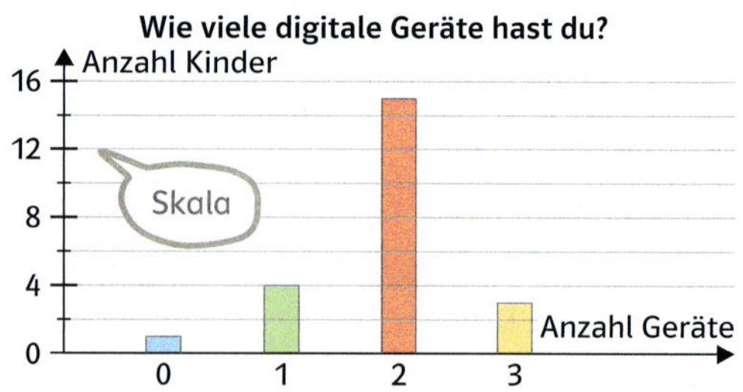

Balkendiagramm

Im **Balkendiagramm** werden die Zahlen waagerecht in Balken dargestellt.

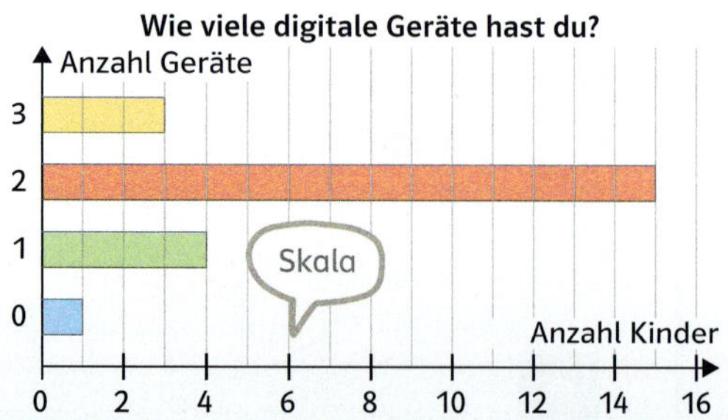

D10 Lösungen

Daten in Listen erfassen

○ **1** 21 Personen wurden nach ihrem Essverhalten befragt.
Gib die Häufigkeiten an.

	vegan	vegetarisch	Fleisch
Strichliste	IIII	𝍸 I	𝍸 𝍸 I

○ **2** Übertrage die Tabelle zu einem Würfelspiel in dein Heft und vervollständige sie.

	< 3	3	> 3
Strichliste	■	IIII	■
Häufigkeit	14	■	11

◒ **3** Der Klassenlehrer Herr Hadj möchte, dass ein Mädchen und ein Junge die Klassenvertretung sind. Die Kinder haben ihre Wahl auf Zettel geschrieben.

Leyla Emma Leon Emma
Leon Leyla Leyla
Leyla Emma Leyla Leyla
Arif Leyla Leyla
Arif Hanna
Leon Leon
Arif
Emma Leon Leyla

a) Werte die Stimmen mit einer Strichliste aus.
b) Wer wird Klassensprecher, wer wird Klassensprecherin?

Diagramme lesen

○ **4** Das Bilddiagramm zeigt die Tageseinnahmen eines Gemüsehändlers.

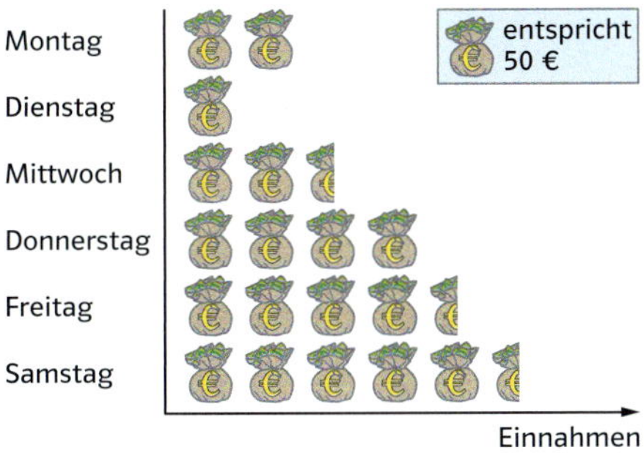

a) Lies die Einnahmen für jeden Tag ab.
b) Wie viel wurde insgesamt eingenommen?

◒ **5** Im Geografiebuch findet Fritzi ein Temperatur-Diagramm.

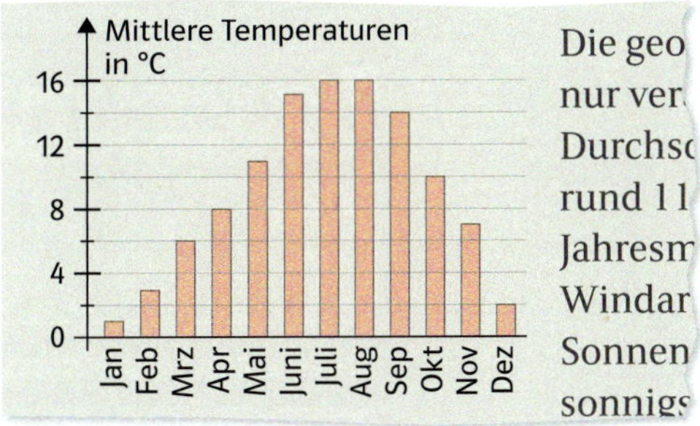

a) Welche mittlere Temperatur wird für September angegeben?
b) Wie groß ist der Temperaturunterschied zwischen dem wärmsten und dem kältesten Monat?
c) Wie viele Monate liegen über 9 °C, wie viele darunter?

◒ **6** Betrachte das Diagramm.

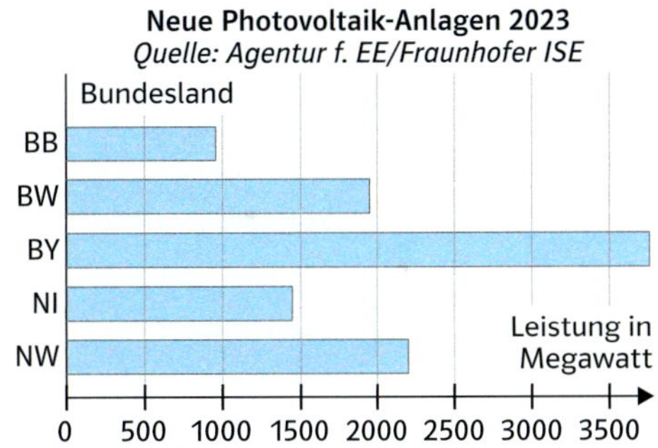

a) Was wird in dem Diagramm dargestellt? Welche Bundesländer sind abgebildet?
b) Wo kamen die meisten Anlagen hinzu, wo die wenigsten?
c) MK Recherchiere, wie die Zahlen in anderen Bundesländern sind.

◒ **7** Stimmen die Aussagen?

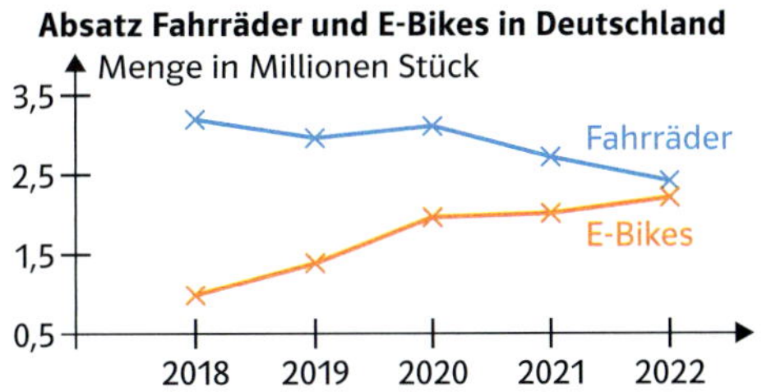

A: Es wurden in allen Jahren mehr E-Bikes als Fahrräder verkauft.
B: Von 2020 bis 2022 wurden insgesamt mehr als 6 Millionen E-Bikes verkauft.

Daten in Diagrammen darstellen

Tipp: Du kannst die Aufgaben auch mit einer Tabellenkalkulation lösen.

○ **8** MK Das Ergebnis eines Würfelversuchs wurde in einer Häufigkeitstabelle notiert.

Augenzahl	1	2	3	4	5	6
Anzahl	15	16	12	14	12	17

Erstelle ein Säulendiagramm. Wähle eine geeignete Einteilung der Skala und beschrifte das Diagramm vollständig.

◒ **9** MK Stelle die Einwohnerzahlen der fünf größten deutschen Städte in einem Säulendiagramm dar. Wähle für 200 000 Einwohner 1 cm.

Tipp: Überlege zuerst, wie hoch die höchste Säule wird.

Stadt	Einwohnerzahl
Berlin	3 800 000
Hamburg	1 900 000
München	1 500 000
Köln	1 100 000
Frankfurt	800 000

◒ **10** MK Der Trainer der Fußballjugend hat eine Umfrage gestartet. Er plant ein ganztägiges Trainingslager in den Ferien.

Ich kann	11.04.	14.04.	19.04.
Moritz	[grün]	[grün]	[orange]
Ali	[orange]	[grün]	[orange]
Andrei	[grün]	[orange]	[grün]
Ignacy	[grün]	[grün]	[grün]
Finn	[orange]	[grün]	[grün]
Leo	[grün]	[orange]	[grün]
Basti	[grün]	[grün]	[orange]

Zeichne ein Balkendiagramm. Wähle eine geeignete Einteilung der Skala und beschrifte das Diagramm vollständig. Welchen Tag würdest du für das Trainingslager wählen?

Vermischte Aufgaben

○ **11** Alexander hat in der Zeitung ein Diagramm entdeckt.

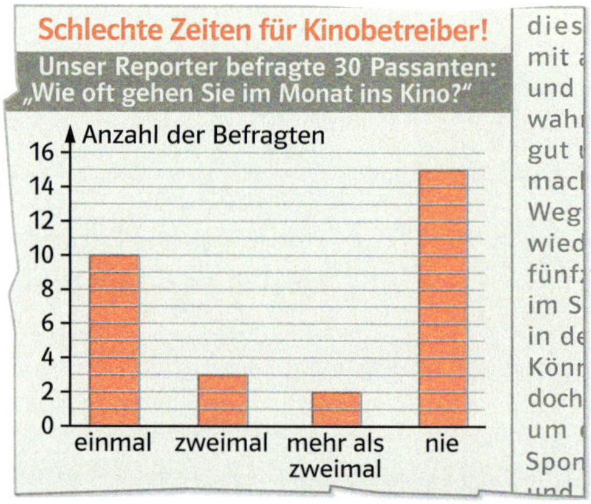

Erstelle eine Strichliste zum Diagramm. Gib die Häufigkeiten der Antworten an.

◒ **12** Wirf eine Münze 100-mal.

a) Fertige eine Strichliste an und notiere die Ergebnisse.

b) Stelle das Ergebnis in einem Säulen- oder Balkendiagramm dar.

◒ **13** Herr Mikasch, der Klassenlehrer der 5a hat ein Kreisdiagramm zur Klasse entworfen.

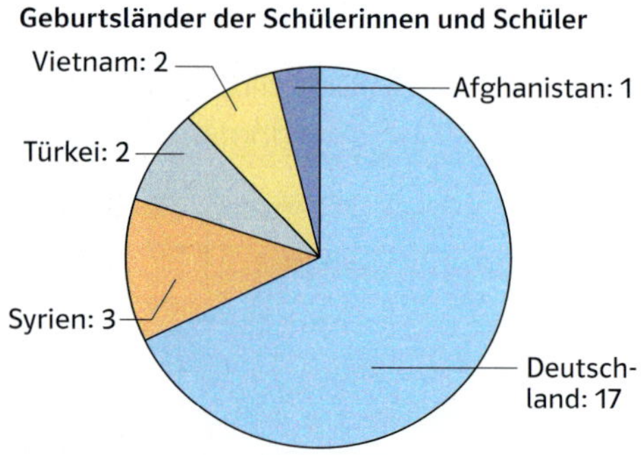

a) Beschreibe, was das Diagramm darstellt.

b) Fertige zum Diagramm eine Häufigkeitstabelle an.

c) Stelle die Daten in einem Säulen- oder Balkendiagramm dar.

1 Länder haben unterschiedlich viele Feiertage. In Deutschland darf sogar jedes Bundesland selbst entscheiden.

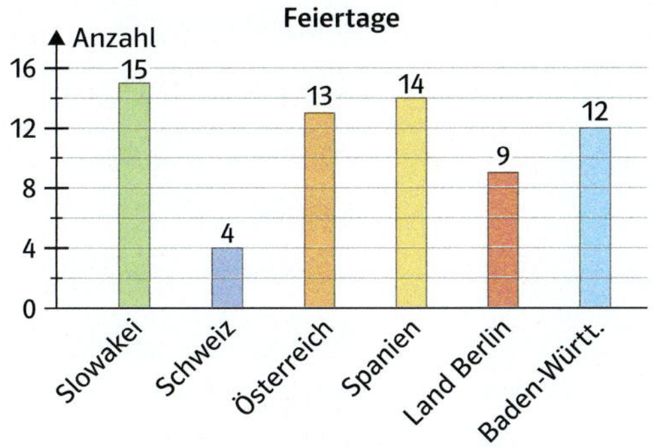

Prüfe die Aussagen. Welche sind richtig?
A: In Baden-Württemberg gibt es dreimal so viele Feiertage wie in der Schweiz.
B: Vier Länder haben weniger Feiertage als Österreich.
C: Spanien hat fünf Tage mehr frei als Berlin.

2 Franca hat als Ergebnis einer Umfrage ein Säulendiagramm erstellt.

a) Erstelle die Häufigkeitstabelle, die dem Diagramm zugrunde lag.
b) Wandle das Säulendiagramm in ein Balkendiagramm um.
c) Vergleiche das Balken- und das Säulendiagramm. Welches findest du aussagekräftiger? Begründe.

3 In der Tabelle stehen für fünf Bundesländer die Einwohnerzahlen. Stelle die Zahlen in einem Bilddiagramm dar. Wähle eine sinnvolle Einheit für ein 🚹.

Bundesland	BW	BY	BB	NI	NW
Einwohnerzahl in Millionen	11	13	3	8	18

4 Fünf große Städte in der Welt haben in den verschiedenen Monaten folgende Durchschnittstemperaturen:

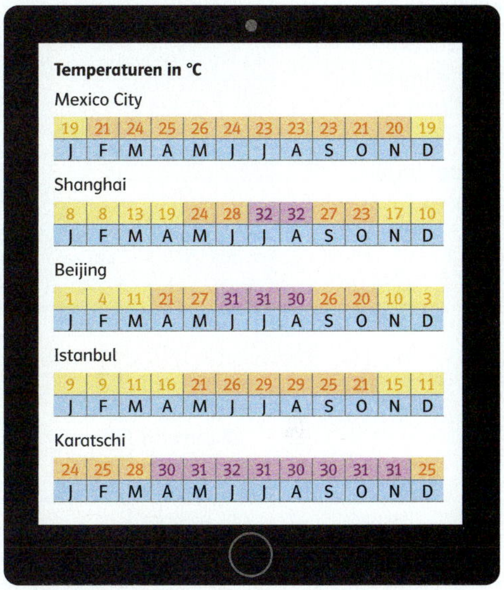

Temperaturen in °C

	J	F	M	A	M	J	J	A	S	O	N	D
Mexico City	19	21	24	25	26	24	23	23	23	21	20	19
Shanghai	8	8	13	19	24	28	32	32	27	23	17	10
Beijing	1	4	11	21	27	31	31	30	26	20	10	3
Istanbul	9	9	11	16	21	26	29	29	25	21	15	11
Karatschi	24	25	28	30	31	32	31	30	30	31	31	25

a) Suche dir eine Stadt aus und erstelle ein Säulendiagramm.
b) Fertige eine Tabelle mit den Höchst- und Tiefsttemperaturen aller fünf Städte an.
c) Welches ist die wärmste Stadt, welches die kälteste? Begründe deine Antwort.

5 MK In der Tabelle ist der Nahrungsmittelverbrauch von 1900 und 2022 pro Person und Jahr aufgeführt.

1900	Nahrungsmittel	2022
271 kg	Kartoffeln	50 kg
47 kg	Fleisch	52 kg
139 kg	Brot	61 kg
61 kg	Gemüse	111 kg
45 kg	Obst	69 kg
6 kg	Fisch	14 kg

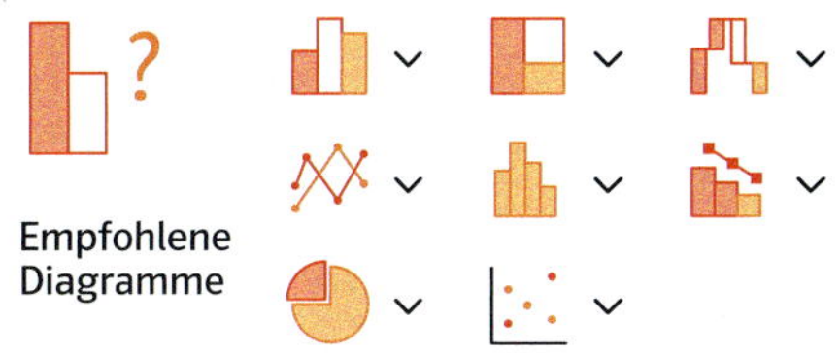

a) Fertige mit einem Tabellenkalkulationsprogramm ein Diagramm an.
b) Probiere verschiedene Diagrammarten aus. Welches findest du am aussagekräftigsten? Begründe.
c) Kannst du erklären, warum sich die Zahlen so sehr verändert haben?

km² – Quadratkilometer

Ein Quadratkilometer ist ein Quadrat mit der Seitenlänge 1 km.

6 In der Schule hatte Marie das Thema Europa. Dazu findet sie zwei Diagramme.

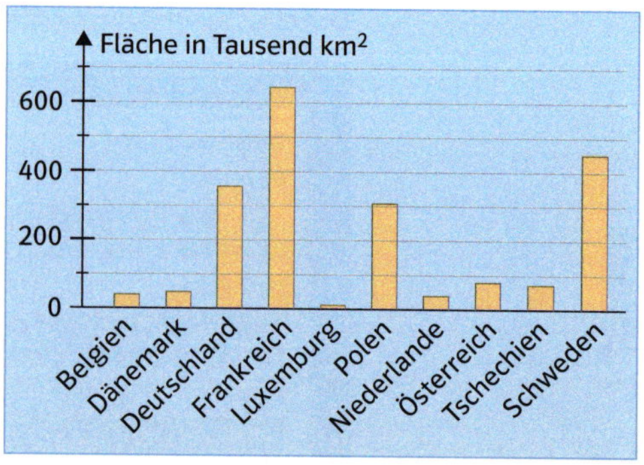

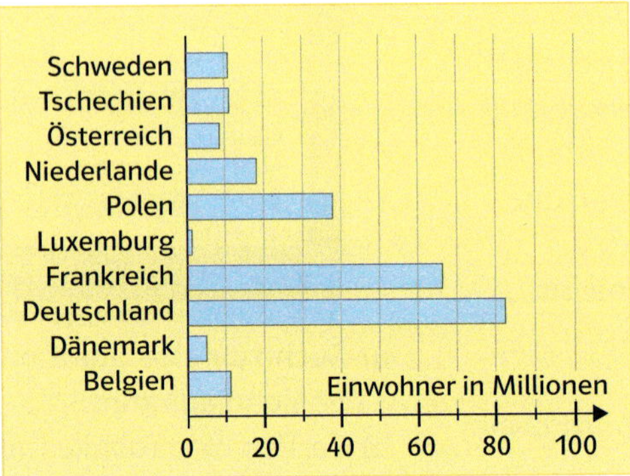

a) Welches ist das größte Land? Welches hat die wenigsten Einwohner?
b) Erstelle eine Tabelle für die aufgeführten Länder, in der man die Einwohnerzahl und die Fläche ablesen kann.
c) Stelle selbst zwei Fragen und beantworte sie mithilfe deiner Tabelle.
d) Gibt es Luxemburg als Land gar nicht? Hat es keine Fläche? Begründe deine Antwort.

7 Die Kinder der 5. Klasse haben die Massen ihrer Schultaschen ermittelt.
Eine Schultasche im Diagramm entspricht 10 Schultaschen in Wirklichkeit.

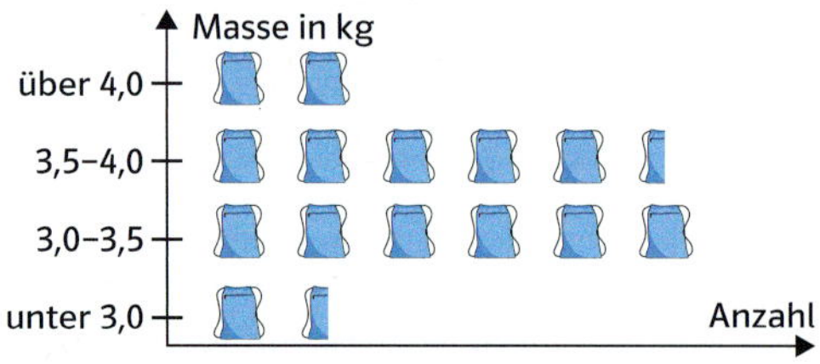

a) Wie viele Schultaschen wurden ungefähr gewogen?
b) Bestimme für jeden Teilbereich die ungefähre Anzahl.
c) Fertige eine Häufigkeitstabelle an.

8 In den Streifendiagrammen ist der Nährstoffgehalt von Nahrungsmitteln angegeben.

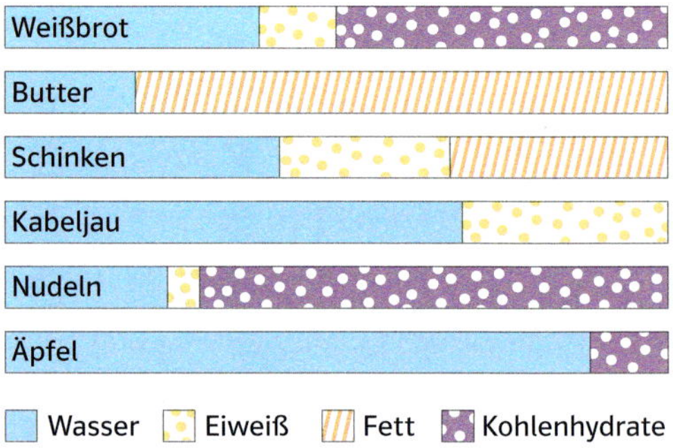

Welche Lebensmittel haben einen hohen Anteil an Kohlenhydraten, welche eignen sich für eine fettarme Kost?

9 Emma und ihre zwei Freundinnen haben verschiedene Daten gesammelt.

Von 40 Befragten haben 9 angegeben vegetarisch zu essen, 4 sind Veganer. Die anderen essen alles.

Benzinpreis	1,64 €	1,78 €	1,83 €	1,92 €
Anzahl	5	2	2	3

50 Befragte

Sport machen	11	Freunde treffen	15
shoppen	18	lesen	6

a) Was könnten die Mädchen gefragt haben?
b) Suche dir eine Datensammlung aus und stelle das Ergebnis in einem selbst gewählten Diagramm dar.
c) Formuliere mindestens drei interessante Aussagen zu den Ergebnissen.

10 Tausend Personen wurden nach ihrem Lieblingstier befragt. Das Ergebnis ist in einem Kreisdiagramm dargestellt.
Erstelle möglichst genau eine Häufigkeitstabelle zu der Umfrage.

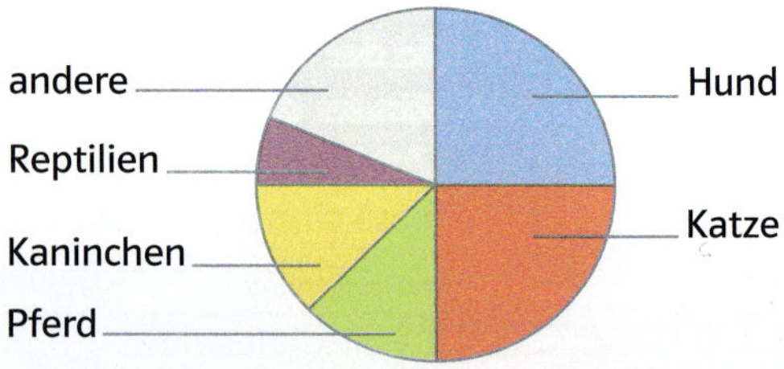

1 Fertige zu der Strichliste eine Häufigkeitstabelle an.

Lkw	Pkw	Motorrad	Fahrrad	Sonstige
𝍸 |||	𝍸 𝍸 𝍸 𝍸	|||	𝍸 𝍸 𝍸 ||	||

2 Bei einer Umfrage wurde ermittelt, wie viele Stunden Jugendliche sich täglich mit elektronischen Medien wie Spielkonsole, Tablet usw. beschäftigen. Die Antworten waren:
3 h; 1 h; 4 h; 1 h; 1 h; 1 h; 2 h; 1 h; 3 h; 4 h; 2 h; 1 h; 2 h; 1 h; 1 h; 3 h; 2 h; 2 h; 1 h; 3 h; 3 h; 1 h; 2 h; 1 h; 2 h; 3 h; 2 h; 1 h; 5 h; 2 h; 3 h; 1 h; 2 h
Fertige eine Strichliste und eine Häufigkeitstabelle an.

3 Beantworte folgende Fragen:
a) Wie lange schien die Sonne am Mittwoch?
b) Welcher Tag hatte die wenigsten Sonnenstunden?
c) Wie viele Sonnenstunden hatte das Wochenende?
d) Wie lange schien die Sonne die ganze Woche?

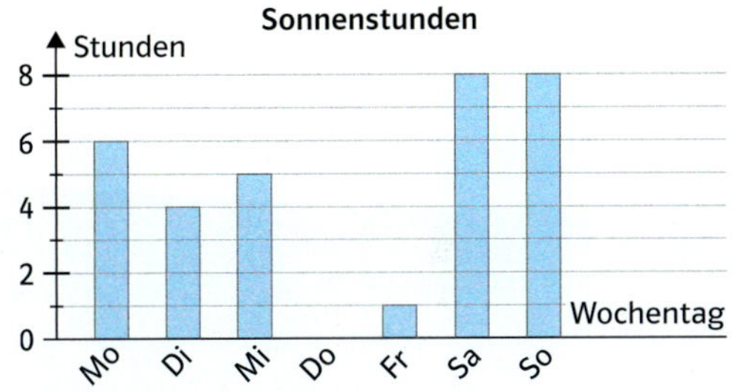

4 Erstelle zu der Häufigkeitstabelle ein vollständig beschriftetes Balkendiagramm.

Lieblingsgemüse	Tomaten	Salat	Gurke	Zucchini	Paprika
Anzahl	6	5	2	4	3

5 Erstelle zu den Daten ein Säulendiagramm mit einer geeigneten Einteilung der Skala.

Verkehrsmittel	Bus	Bahn	Auto	Fahrrad
gefahrene km	50	350	150	75

6 Erstelle ein Säulendiagramm für die vier Handballvereine.

Handballverein	Zuschauende pro Spiel
THW Kiel	9700
Füchse Berlin	6600
Rhein-Neckar Löwen	4000
FA Göppingen	3400

7 Es wurden 12 rote, 16 grüne und 15 blaue Mützen verkauft. Im Diagramm wurden Fehler gemacht und Angaben fehlen. Zeichne das Diagramm richtig.

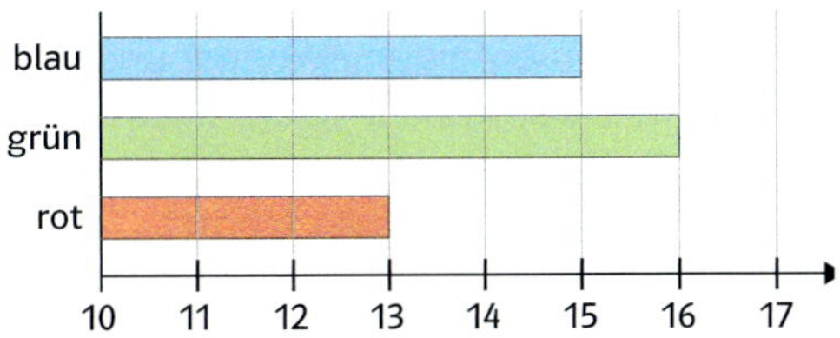

6 Von 100 Jugendlichen haben 17 einen eigenen Premiumaccount zum Musikstreamen, 49 haben die kostenlose Version und 34 einen Familienzugang.
a) Welche Art des Streamings ist die beliebteste?
b) Erstelle ein geeignetes Diagramm dazu.

7 Ein Farbwürfel wurde 24-mal geworfen. Zum Ergebnis gibt es ein beschädigtes Balkendiagramm.

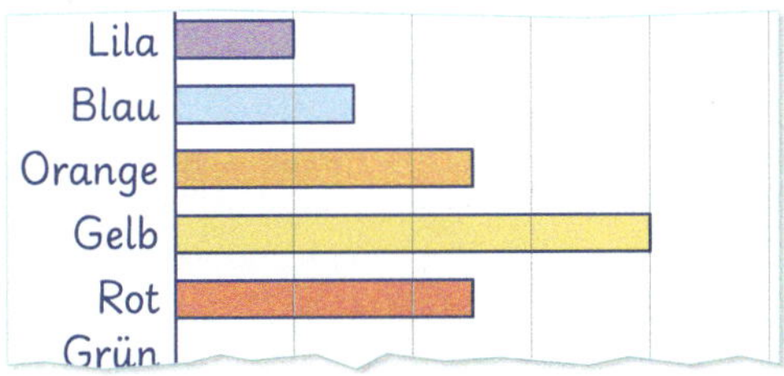

a) Wie oft wurde Grün geworfen?
b) Beschreibe, was in dem Diagramm fehlt.

→ Lösungen Seite 280

2 Natürliche Zahlen

Du lernst in diesem Kapitel:

- was natürliche Zahlen sind,
- wie du Zahlen auf dem Zahlenstrahl abliest und einträgst,
- wie du Zahlenfolgen erkennst und fortsetzt,
- wie du große Zahlen liest und schreibst,
- wie du Zahlen rundest,
- wie du große Anzahlen schätzt,
- was römische Zahlzeichen sind,
- wie Computer zählen.

1 Zahlen auf dem Zahlenstrahl ablesen

Auf welche Zahlen zeigen die Pfeile?

a)

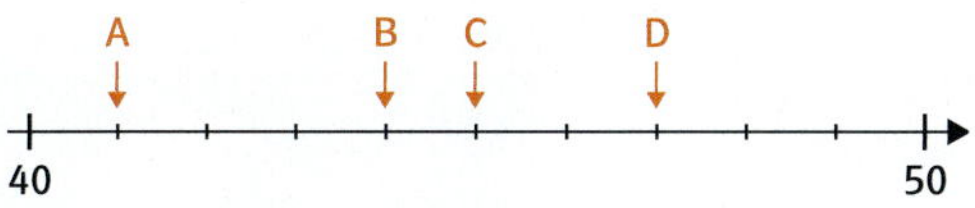

b)

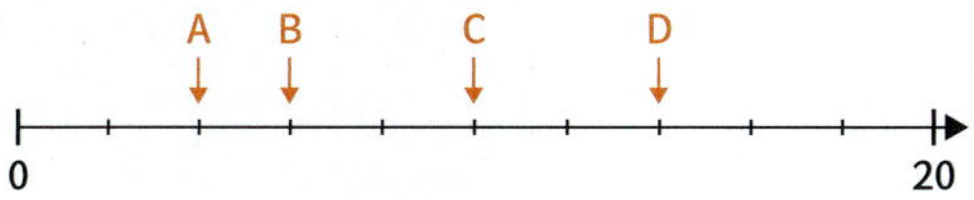

→ **Lerntipp:** Seite 256

2 Zahlen in eine Stellenwerttafel eintragen

Trage die Zahlen in eine Stellenwerttafel ein.

73; 825; 8502; 85 942; 902 584

Beispiel:

Zahl	HT	ZT	T	H	Z	E
27 026		2	7	0	2	6

→ **Lerntipp:** Seite 258

3 Zahlen anhand ihrer Stellenwerte notieren

Gib die Zahl an.

a) 7 T + 5 H + 3 Z + 1 E

b) 9 ZT + 3 T + 8 H + 4 Z + 6 E

c) 5 HT + 6 ZT + 2 H + 4 E

d) 8 HT + 8 T + 6 Z

→ **Lerntipp:** Seite 258

4 Zahlwörter und Zahlen zuordnen

Ordne die Zahlen den Zahlwörtern zu.

A vierhundertfünfzig

B fünftausendvierzig

C fünftausendvier

D vierundfünfzig

5040 504 5004 54 45 450

→ **Lerntipp:** Seite 259

5 Nachbar-Zehner und Nachbar-Hunderter bestimmen.

Gib die Nachbarzahlen an.

Beispiel: Nachbar-Zehner von 38

$30 < 38 < 40$

a) Gib die Nachbar-Zehner an.
68; 121; 375; 472

b) Gib die Nachbar-Hunderter an.
284; 174; 594; 942

→ **Lerntipp:** Seite 259

6 Den näher gelegenen Nachbar-Zehner bestimmen

Gib den Nachbar-Zehner an, der am nächsten zu der Zahl liegt.

a) 476 b) 954 c) 502
d) 7529 e) 5582 f) 89 281

→ **Lerntipp:** Seite 259

7 In vorgegebenen Schritten weiterzählen

Setze die Zahlenreihe in deinem Heft fort. Zähle in den angegebenen Schrittlängen.

a) Zehnerschritte: 4; 14; 24; ■; ■; ■

b) Zwanzigerschritte: 33; ■; ■; ■; ■; ■

c) Fünfzigerschritte: 27; ■; ■; ■; ■; ■

→ **Lerntipp:** Seite 260

8 Zahlen vergleichen

a) Ordne zu.

ist größer als $<$ $>$ ist kleiner als

b) Setze im Heft das richtige Zeichen ein.

67 ■ 79 31 ■ 13 118 ■ 123

→ **Lerntipp:** Seite 261

9 Längen ordnen

Ordne die Wurfweiten der Kinder. Beginne mit der größten Weite.

35 m 12 m 27 m 24 m 17 m

→ **Lerntipp:** Seite 261

→ Lösungen Seite 282

2 Erkunden

Babylonische Keilschrift

→ 1
Natürliche Zahlen

1 In Babylonien gab es bereits vor etwa 3500 Jahren eine Keilschrift sowie Zahlzeichen.

a) Erklärt euch gegenseitig, wie die Babylonier ihre Zahlen bis 59 notierten.

b) Schreibt die Zahlen 28, 52 und 35 in babylonischer Keilschrift.

c) Bis zur Zahl 60 ist das Zahlsystem ähnlich wie bei uns. Danach ändert sich aber die Darstellung.
Versucht die folgenden Zeichen in Zahlen zu übersetzen.
Tipp: Ein Zeichen kann auch für zwei verschiedene Zahlen stehen.

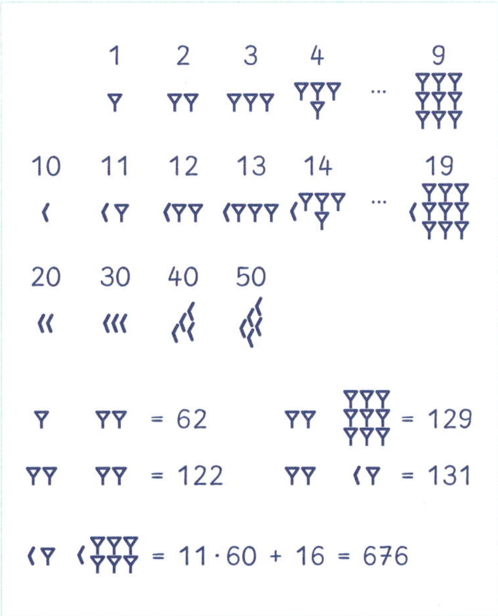

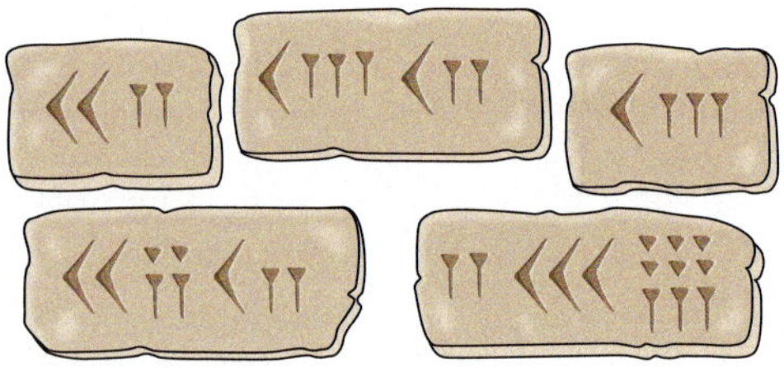

d) Schreibt die Zahlen auf den Kärtchen in babylonischer Keilschrift.

48 | 69 | 134 | 255 | 357

Würfelreihen

→ 2
Zahlenfolgen und Zahlenmuster

Skizze
Eine einfache Zeichnung ohne genaue Maße

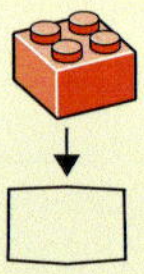

2 Rechts seht ihr verschiedene Reihen aus Klemmbausteinen. Schritt für Schritt ändert sich die Anzahl der Bausteine.

a) Baut die Reihen nach oder erstellt eine Skizze.
Ergänzt jede Bausteinreihe um zwei weitere Schritte.

b) Könnt ihr, ohne zu bauen oder zu zeichnen, bestimmen, aus wie vielen Bausteinen die 8. Figur besteht?

c) Jonas und Florina haben 30 Bausteine. Bis zu welcher Figur können sie damit bauen?

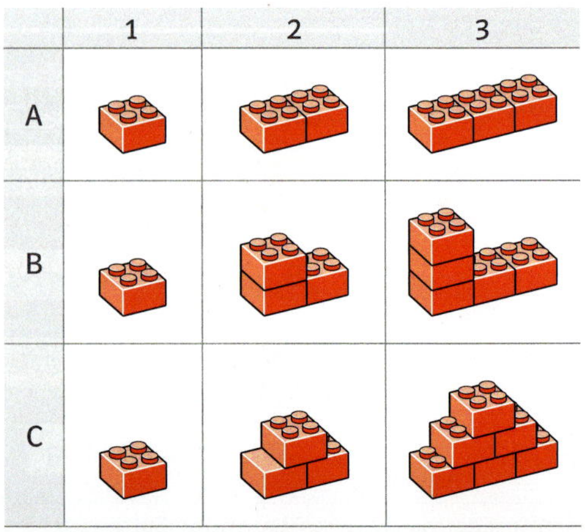

Unser Sonnensystem

→ 3 Große Zahlen im Zehnersystem

→ 4 Zahlen runden

3 Unser Sonnensystem hat acht Planeten.

a) Wie sind die Planeten in der Tabelle geordnet?
Ordne sie nach ihrer Entfernung zur Sonne.

b) MK Erstelle ein Säulen- oder Balkendiagramm, das die Entfernungen zur Sonne zeigt.

c) Stellt zu zweit die Entfernungen der Planeten zur Sonne dar. Spannt dazu eine 5 m lange Schnur und markiert die Planeten an der richtigen Stelle mit einer Wäscheklammer.

Tipp: Der Neptun liegt z. B. 452 cm von der Sonne entfernt.

Planet	mittlere Entfernung zur Sonne (in Kilometern)
Erde	150 000 000
Jupiter	780 000 000
Mars	230 000 000
Merkur	60 000 000
Neptun	4 520 000 000
Saturn	1 430 000 000
Uranus	2 870 000 000
Venus	110 000 000

Anzahl schätzen

→ 5 Anzahlen schätzen

4 Nicht immer kann man die genaue Anzahl einer großen Menge angeben.
Es gibt aber verschiedene Möglichkeiten, eine große Anzahl ungefähr zu bestimmen.

a) Schätzt, wie viele Bananen an der Staude hängen.

b) Schätzt die Anzahl der Steine in der Schale.

c) Präsentiert eure Ergebnisse in der Klasse. Erklärt, wie ihr beim Schätzen vorgegangen seid.

1 Natürliche Zahlen

Wir sehen, hören und sagen Zahlen jeden Tag.
→ Hast du eine Glückszahl oder eine Pechzahl? Notiere sie auf Kärtchen: die Glückszahl in blau und die Pechzahl in rot.
→ Ordnet alle Zahlen der Klasse. Begründet eure Ordnung.

Zahlen werden aus den Ziffern 0; 1; 2; 3; 4; 5; 6; 7; 8 und 9 zusammengesetzt.

Zahl: 395
Ziffer

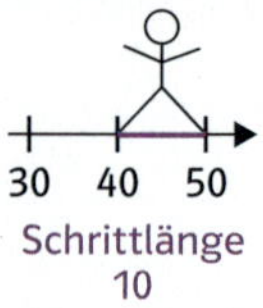

Merke Die **natürlichen Zahlen** kannst du aufzählen: 0; 1; 2; 3; 4; …
Die **Menge der natürlichen Zahlen** wird mit ℕ bezeichnet. ℕ = {0; 1; 2; 3; 4; …}
Die natürlichen Zahlen sind der Größe nach auf dem **Zahlenstrahl** geordnet. Jeder Zahlenstrahl hat eine gleichbleibende Schrittlänge. Je weiter rechts eine Zahl auf dem Zahlenstrahl liegt, desto größer ist sie.

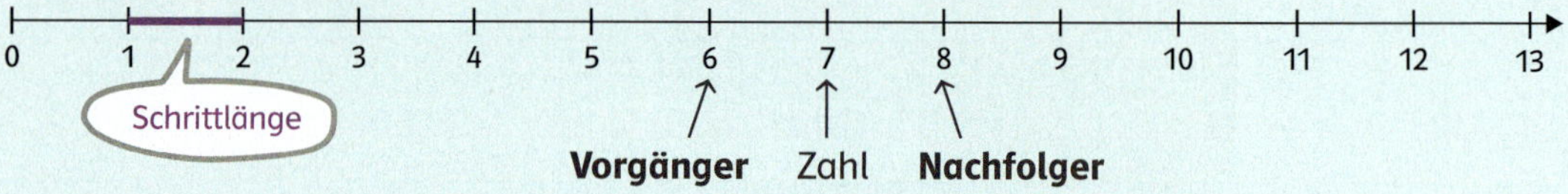

V11 Erklärvideo

Beispiele

a) **Zahlen ablesen**
Zahlen kannst du auf dem Zahlenstrahl ablesen.

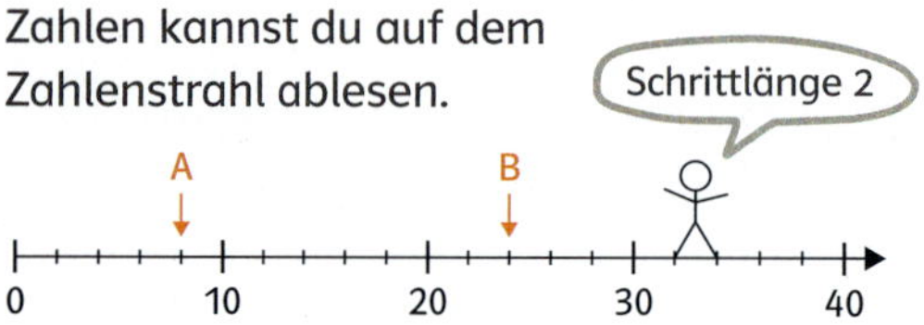

Ermittle zuerst die Schrittlänge:
Bis zur 10 sind es 5 Schritte.
Schrittlänge: 10 : 5 = 2
A: 8 B: 24

b) **Zahlenstrahl zeichnen**
Die Zahlen 75; 95; 60 und 80 kannst du auf dem Zahlenstrahl einzeichnen.
kleinste Zahl: 60 größte Zahl: 95
Ein Ausschnitt aus einem Zahlenstrahl von 55 bis 100 mit einer Schrittlänge von 5 ist geeignet, da nur Zahlen aus der 5er-Reihe vorkommen.

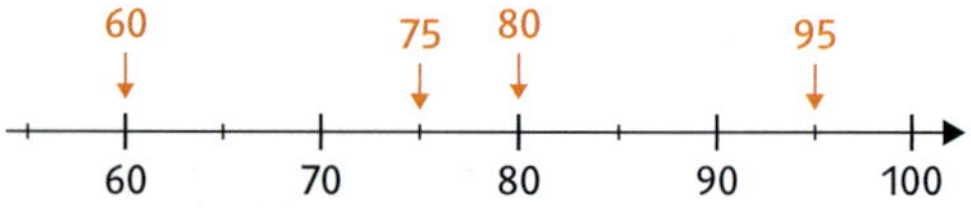

c) **Zahlen ordnen**
Die Zahlen 28; 32; 24; 19 kannst du nach ihrer Größe ordnen.
Aufsteigend geordnet: 19 < 24 < 28 < 32 Absteigend geordnet: 32 > 28 > 24 > 19

D12 Lösungen

○ **1** Bestimme die Schrittlänge.

a) 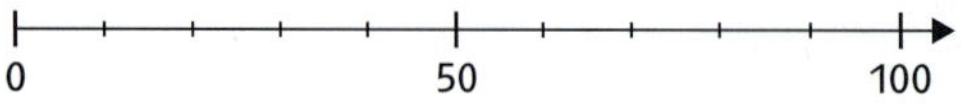

b) 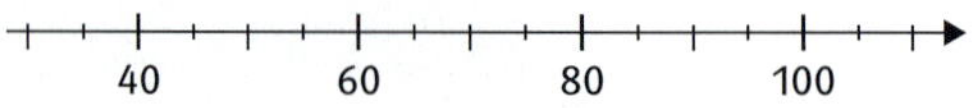

c) 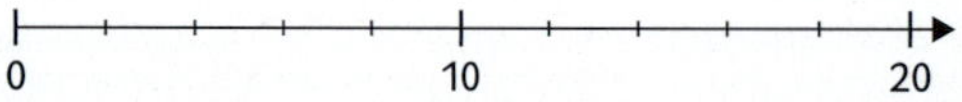

d) 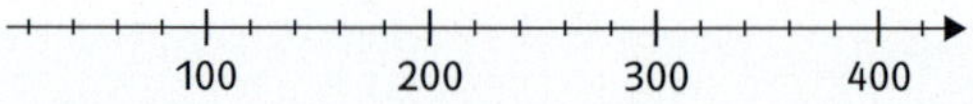

2 Bestimme die Schrittlänge. Gib an, auf welche Zahlen die Pfeile zeigen.

a)
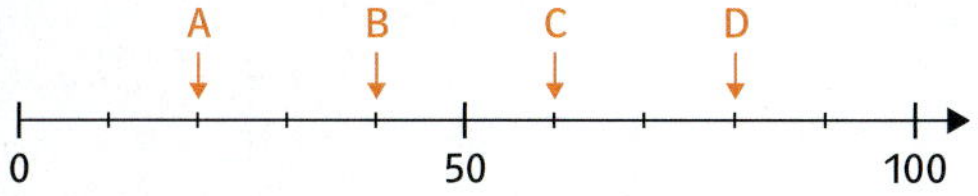

b)
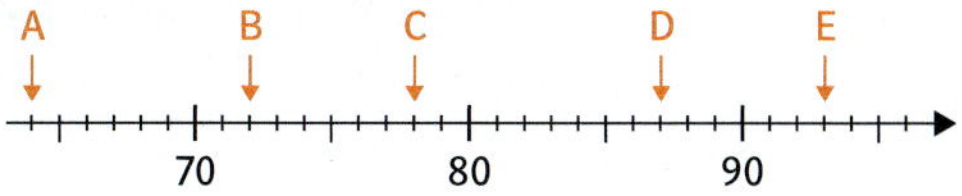

c)
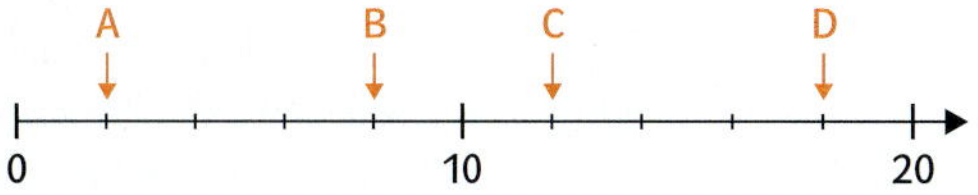

d)
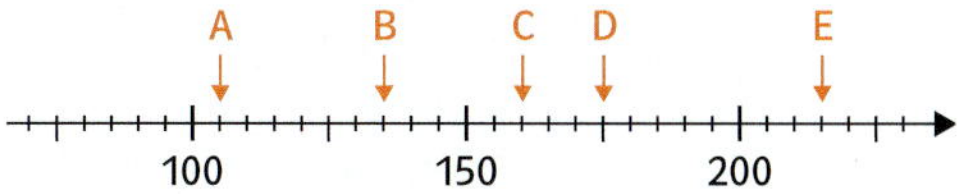

3 Übertrage den Ausschnitt des Zahlenstrahls ins Heft. Markiere die angegebenen Zahlen.

a) A: 64; B: 72; C: 67; D: 58; E: 75
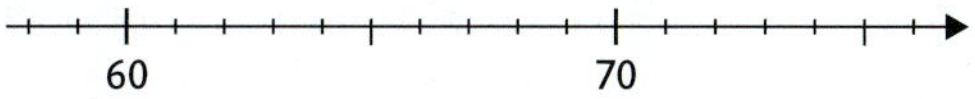

b) A: 210; B: 320; C: 190; D: 270; E: 360
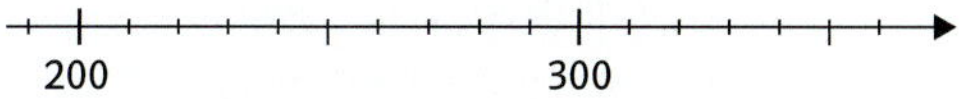

c) A: 42; B: 33; C: 39; D: 25; E: 28
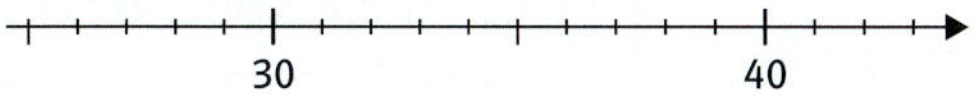

d) A: 440; B: 530; C: 370; D: 460; E: 490
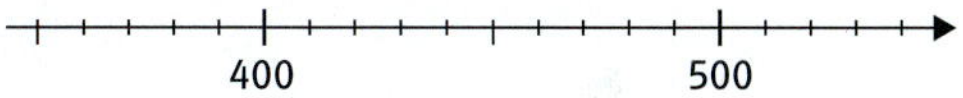

4 Gib den Vorgänger und den Nachfolger der Zahl an.
Beispiel: Zahl: 18; Schreibe 17 < 18 < 19

a) 99 b) 184 c) 652 d) 1000 e) 89 f) 171 g) 486 h) 1100

5 Kleiner oder größer? Setze im Heft das richtige Zeichen (< oder >) ein.

a) 38 □ 29 b) 67 □ 72 c) 174 □ 89 d) 455 □ 544
e) 24 □ 42 f) 54 □ 48 g) 520 □ 502 h) 895 □ 985

6 Ordne die Zahlen nach aufsteigender Größe. Notiere mit dem Zeichen <.

a) 657; 375; 728; 1275
b) 1243; 2431; 2395; 183
c) 985 ; 958; 295; 493
d) 453; 4952; 3854; 424

7 Welche Zahlen sind durch Pfeile markiert?

a)
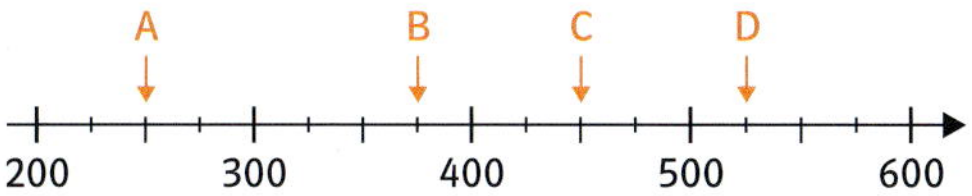

b)
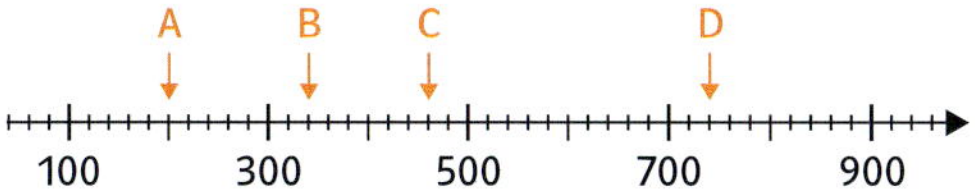

c)
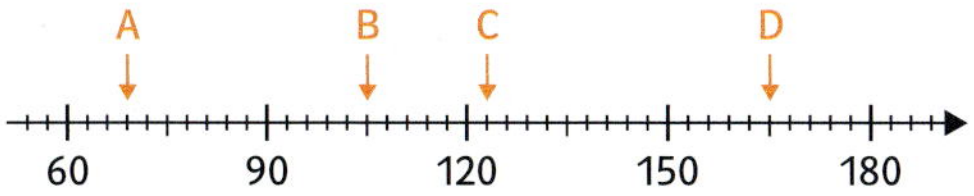

8 Zeichne einen geeigneten Ausschnitt des Zahlenstrahls. Überlege dir eine passende Schrittlänge und markiere die Zahlen.

a) 68; 76; 84; 92
b) 70; 110; 140; 190
c) 520; 440; 380; 320
d) 145; 170; 115; 130
e) 980; 1030; 1070; 1110

7 Welche Zahlen sind durch Pfeile markiert?

a)
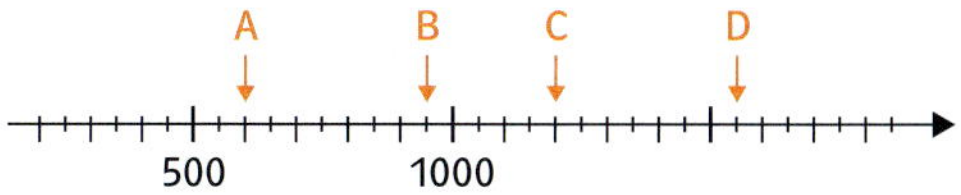

b)
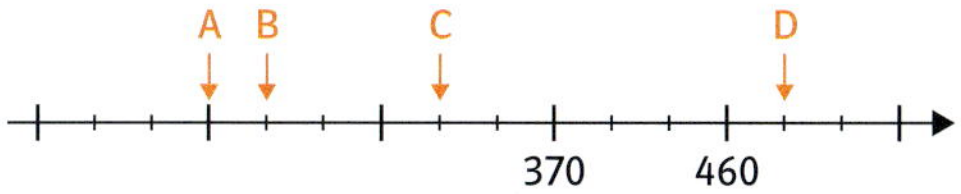

c)
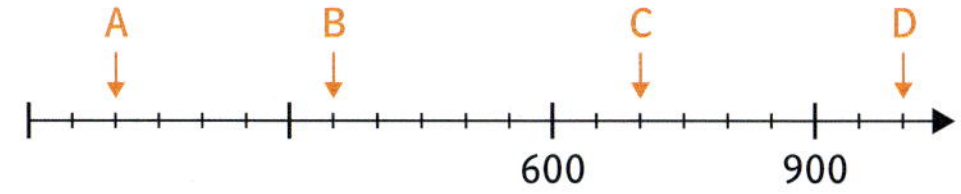

8 Zeichne einen geeigneten Ausschnitt aus einem Zahlenstrahl. Wähle eine passende Schrittlänge und markiere die Zahlen.

a) 250; 420; 380; 220; 330
b) 95; 115; 121; 109
c) 1555; 1580; 1615; 1670
d) 992; 1004; 1012; 988

9 Welche natürlichen Zahlen kannst du einsetzen? Notiere alle Zahlen im Heft.

a) 36 < ■ < 41 b) 121 > ■ > 118
c) 498 < ■ < 505 d) 2004 > ■ > 1997

10 Notiere mit den Zeichen < oder >.

a) 21 kommt nach 17.
b) 76 liegt zwischen 95 und 51.
c) 263 kommt nach 243 und 243 kommt nach 234.

11 Ordne die Zahlen nach ihrer Größe.

a) 8899 8989 9889 8998
b) 33 232 23 323 33 322 23 233

12 Ergänze die Tabelle im Heft.

	Vorgänger	Zahl	Nachfolger
a)	■	3850	■
b)	■	■	34 958
c)	9899	■	■
d)	■	20 100	■

gerade Zahlen haben als letzte Ziffer eine 0, 2, 4, 6 oder 8.

13 Die zehn höchsten Berge der Alpen:

Dent Blanche	4357 m
Dom	4545 m
Dufourspitze	4634 m
Liskamm	4527 m
Ludwigshöhe	4341 m
Matterhorn	4478 m
Mont Blanc	4808 m
Täschhorn	4491 m
Weisshorn	4505 m
Zumsteinspitze	4563 m

a) Ordne die Berge nach ihrer Höhe.
b) MK Erstelle ein Diagramm mithilfe einer Tabellenkalkulation.
c) MK Recherchiere, in welchem Land die meisten dieser Berge liegen.

14 Wer hat wie weit geworfen?

- Luisa hat 3 m weiter geworfen als Igor.
- Canay warf 2 m weiter als Anastasia.
- Igor schaffte 2 m mehr als Canay.
- Anastasia warf 28 m weit.

9 Welche natürlichen Zahlen kannst du einsetzen? Notiere alle Zahlen im Heft.

a) 397 < ■ < 402 < ■ < 406
b) 995 < ■ < 1003 < ■ < 1010
c) 3004 > ■ > 2999 > ■ > 2989

10 Wie viele natürliche Zahlen liegen zwischen den beiden angegebenen Zahlen?

a) 9 und 20 b) 18 und 57
c) 512 und 513 d) 5986 und 6158
e) Wie könnt ihr die richtige Anzahl berechnen? Überprüft anhand einiger Beispiele.

11 Ordne die Zahlen nach ihrer Größe.

a) 56 756; 56 567; 5865; 56 675; 7565
b) 987 789; 798 798; 799 879; 798 987
c) 544 454; 544 554; 554 454; 544 455

12 Wer bin ich?

a) Ich bin die größte Zahl mit sechs Ziffern.
b) Ich bin die größte vierstellige gerade Zahl.
c) Ich bin die kleinste fünfstellige Zahl, die aus lauter verschiedenen ungeraden Ziffern besteht.
d) Ich bin die größte Zahl, in der die Ziffern von 1 bis 9 genau einmal vorkommen.
e) Ich bin die kleinste sechsstellige Zahl, die aus gleich vielen 4en und 5en besteht und deren Nachfolger eine ungerade Zahl ist.

13 „Ich bin so groß wie Mauro!“, ruft Nadja. „Aber Borna ist kleiner als Saskia!“, meint Mauro. „Na und, ich bin aber größer als Saskia!“, erwidert Nadja. „Dafür ist aber Nadja kleiner als Daria“, kontert Borna.

Bestimme die Namen der fünf Kinder von links nach rechts.

2 Zahlenfolgen und Zahlenmuster

Susi untersucht ein Muster. Sie meint: „In der Mitte liegt ein Plättchen. Um dieses Plättchen werden nach rechts, links, oben und unten immer vier weitere Plättchen hinzugefügt."

→ Zeichne das vierte und fünfte Muster in deinem Heft und zähle die Anzahl der Plättchen.

→ Wie viele Plättchen braucht Susi für das achte Muster?

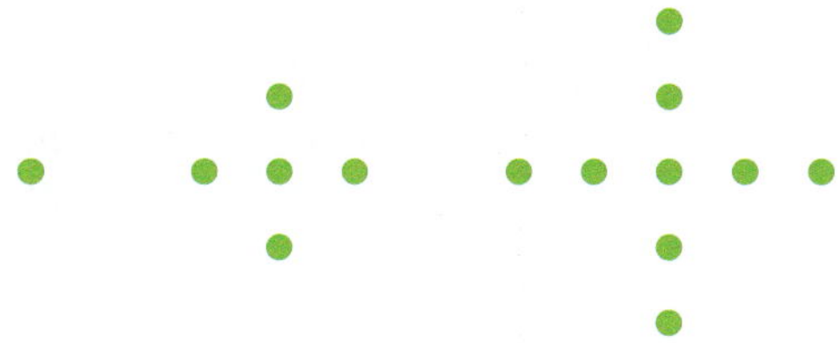

(1) (2) (3)

Zahlenfolgen und Zahlenmuster entwickeln sich nach bestimmten Gesetzmäßigkeiten.

V13 Erklärvideo

Merke

Zahlenfolgen

Eine **Zahlenfolge** besteht aus mehreren Zahlen, die durch eine bestimmte **Regel** gebildet werden.

Zahlenmuster

Zahlenfolgen können oftmals auch als **Muster** dargestellt werden. Durch Abzählen kannst du die **Bildungsvorschrift** herausfinden.

Beispiele

a) **Regel:** Zur vorhergehenden Zahl werden immer 8 hinzuaddiert.

5 →(+8) 13 →(+8) 21 →(+8) 29 →(+8)

Die nächste Zahl der Folge ist 29 + 8 = 37.

b)

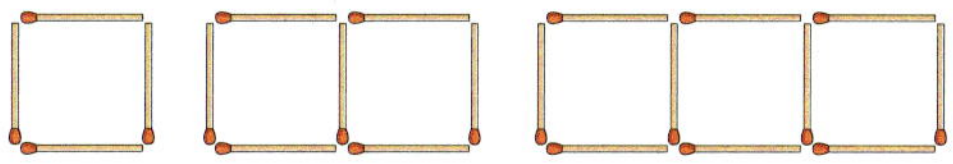

(1) 4 → (2) 4 + 3 = 7 → (3) 7 + 3 = 10

Es kommen immer drei Hölzchen hinzu.

D14 Lösungen

1 Wie lautet die nächste Zahl der Zahlenfolge?

a) 2; 4; 6; 8; ■ b) 1; 3; 5; 7; ■ c) 3; 6; 9; 12; ■ d) 48; 40; 32; 24; ■
e) 1; 7; 13; 19; ■ f) 5; 20; 35; 50; ■ g) 5; 12; 19; 26; ■ h) 92; 83; 74; 65; ■

2 Schreibe die Zahlenfolge in dein Heft und setze sie um drei weitere Zahlen fort. Wie heißt die Regel?

a) 5; 8; 11; 14; … b) 1; 2; 4; 8; … c) 128; 64; 32; … d) 10; 11; 13; 16; …
e) 29; 25; 21; 17; … f) 1; 3; 9; 27; … g) 512; 256; 128; … h) 69; 61; 54; 48; …

3 Übertrage die Muster in dein Heft. Setze um zwei weitere Schritte fort.

a)

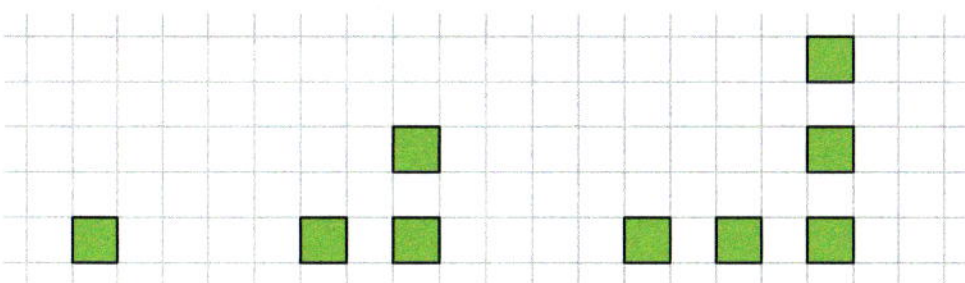

b)

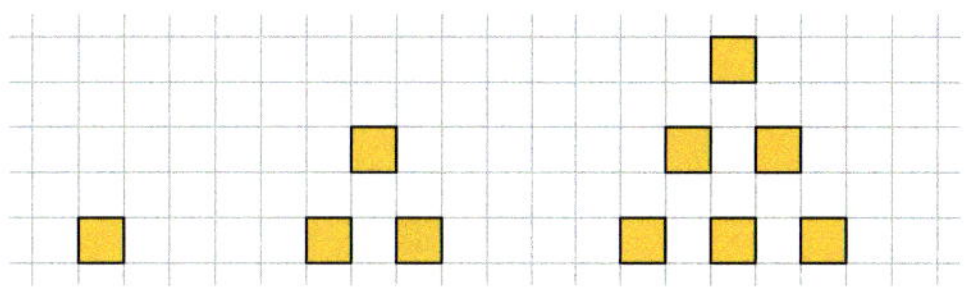

c)

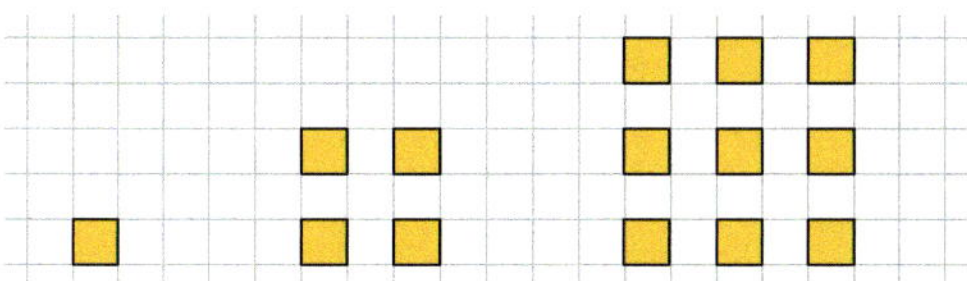

d)

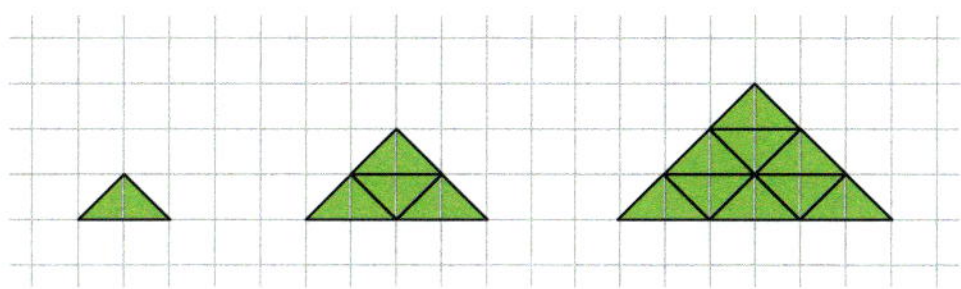

4 Nenne die nächsten drei Zahlen.

a) 20; 27; 34; 41; … b) 175; 145; 115; …
c) 3; 6; 12; 24; … d) 640; 320; 160; 80; …

5 Übertrage in dein Heft. Bestimme die Anzahl der Kästchen. Setze um zwei weitere Schritte fort.

a)
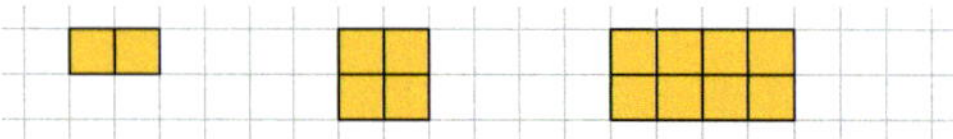

b)
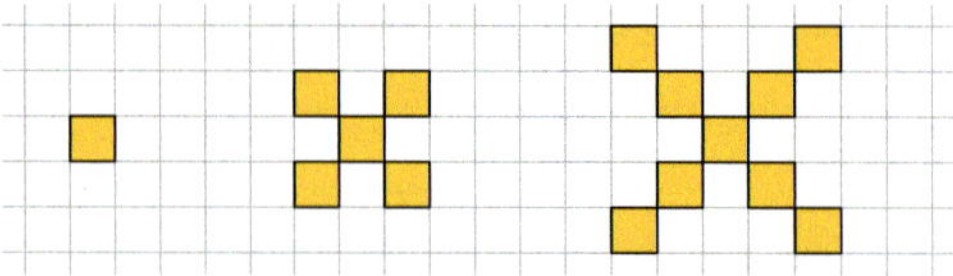

c)

6 Bestimme die Regel und vervollständige die Zahlenfolge in deinem Heft.

a) ■; 8; 14; 20; ■; ■
b) ■; 16; 25; 34; ■; ■
c) 33; 34; 36; 39; 43; ■; ■
d) ■; 112; 110; 107; ■; 98; ■

7 Eine Zahl passt nicht. Wie heißt sie? Korrigiere die falsche Zahl im Heft.

a)	12	18	26	30	36	42
b)	128	64	34	16	8	4
c)	3	9	27	80	243	729

8 Das Rosenbeet wächst über die Jahre.

1. Jahr

2. Jahr

3. Jahr

4. Jahr

a) Wie viele Rosen kommen im 1.; 2.; 3.; … Jahr hinzu? Nenne die Regel.
b) Wie viele Rosen sind es im 8. Jahr?

4 Nenne die nächsten drei Zahlen.

a) 1; 2; 4; 7; 11; … b) 1; 3; 7; 13; 21; …
c) 2; 3; 6; 11; 18; … d) 5; 15; 30; 50; 75; …

5 Übertrage in dein Heft. Bestimme die Anzahl der Quadrate. Setze um zwei weitere Schritte fort.

a)
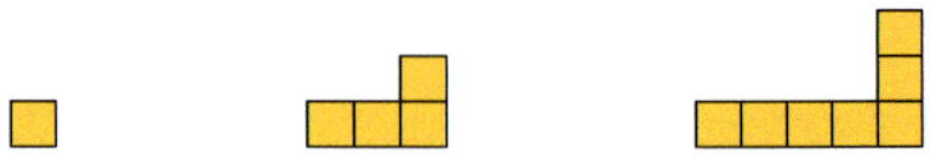

b)
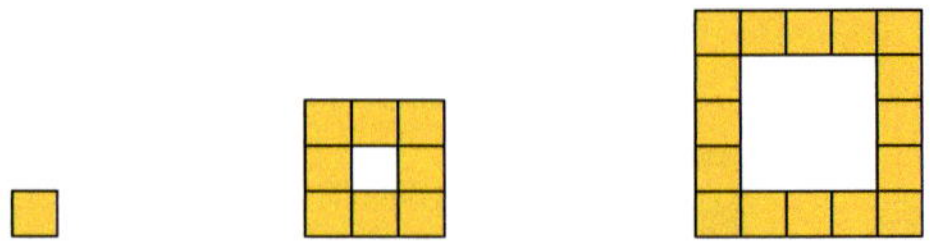

6 Wie lautet die Regel der Zahlenfolge? Setze um drei weitere Zahlen fort.
Tipp: Nicht immer muss man addieren.

a) 1; 3; 7; 15; 31; …
b) 2; 3; 5; 9; 17; 33; …
c) 2; 5; 15; 18; 54; 57; …

7 Ergänze die Zahlenfolgen im Heft. Wie lautet die Regel?

a)	11	22				66	
b)		98	94	89		76	
c)	2	3		9	17	33	

8 Erfinde selbst eine Zahlenfolge. Schreibe die ersten vier Zahlen auf und hänge sie an die Tafel. Wer in der Klasse kann die nächsten drei Zahlen nennen?

9 Das Bäumchen bekommt von Jahr zu Jahr mehr Blätter.

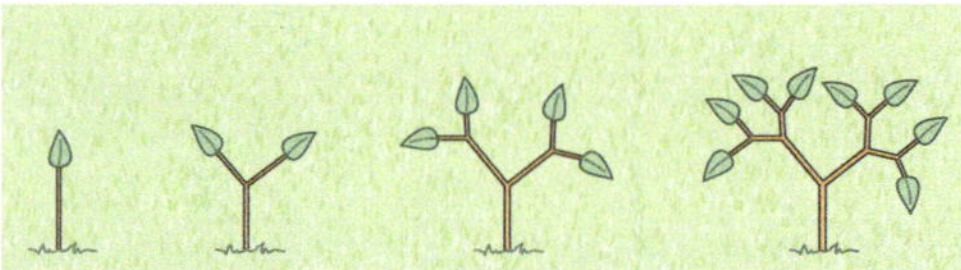

a) Wie viele Blätter hat der Baum im 6., 7. und 8. Jahr?
b) Nach wie vielen Jahren hat der Baum erstmals mehr als 1000 Blätter?

3 Große Zahlen im Zehnersystem

Im Jahr 2022 lag die Weltbevölkerung bei etwa 8 Milliarden Menschen.
Die ungefähre Verteilung auf die Kontinente kannst du aus den Kärtchen ablesen.
→ Notiere die Bevölkerungszahlen in Ziffern.
→ MK Recherchiere die Bevölkerungszahlen des Jahres 2000. Vergleiche sie mit 2022.

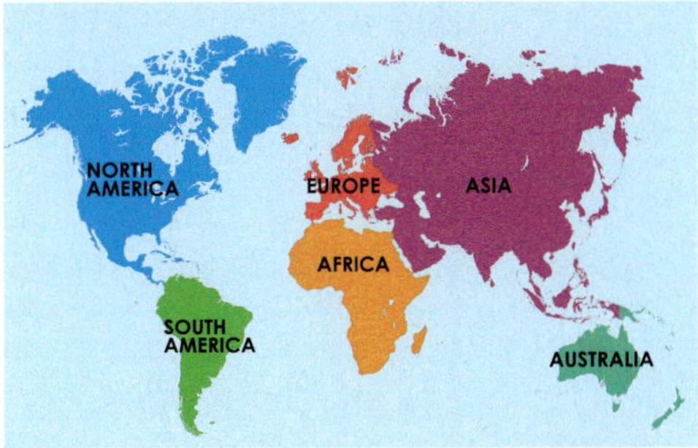

Europa: 740 Millionen

Afrika: 1,4 Milliarden

Südamerika: 660 Millionen

Australien: 44 Millionen

Nordamerika: 370 Millionen

Asien: 4,7 Milliarden

Wir schreiben alle Zahlen mit den zehn Ziffern 0; 1; 2; 3; 4; 5; 6; 7; 8; 9. Je nachdem, an welcher Stelle eine Ziffer steht, hat sie einen anderen Wert. Deshalb spricht man von einem **Stellenwertsystem** (z. B. bei 350 hat die Ziffer 5 den Wert 50 und bei 305 hat sie den Wert 5). Die Zahlen 1; 10; 100; 1000; … heißen **Stufenzahlen**. Durch Multiplikation mit 10 kommst du von einer Stufenzahl zur nächsten.

… ←·10— 1 000 000 ←·10— 100 000 ←·10— 10 000 ←·10— 1000 ←·10— 100 ←·10— 10 ←·10— 1

Deshalb wird unser Zahlensystem als **Zehnersystem** oder **Dezimalsystem** bezeichnet.

Merke

Im **Zehnersystem** kannst du die Zahlen in einer **Stellenwerttafel** darstellen. Jeweils drei Stellen sind zu einem Block zusammengefasst. Jeder Block hat einen eigenen Namen.

Billionen			Milliarden			Millionen			Tausender			Einer		
	…	B	HMrd	ZMrd	Mrd	HM	ZM	M	HT	ZT	T	H	Z	E

V15 Erklärvideo

Beispiel

Unterschiedliche Darstellungen einer Zahl:

In Ziffern: 2 708 412

Schreibe große Zahlen von rechts gesehen in **Dreierblöcken**. So kannst du sie besser lesen.

In der Stellenwerttafel:

Millionen			Tausender			Einer		
HM	ZM	M	HT	ZT	T	H	Z	E
		2	7	0	8	4	1	2

In Stellenwerten: 2 M + 7 HT + 0 ZT + 8 T + 4 H + 1 Z + 2 E

In Worten: zwei Millionen siebenhundertachttausendvierhundertzwölf

Zahlen, die kleiner sind als eine Million, schreibst du klein und zusammen.

D16 Lösungen

○ **1** A: 85473 B: 28493 C: 290495 D: 958309 E: 2849385 F: 49582754
G: 58231 H: 10495 I: 285740 J: 495023 K: 2859410 L: 12059482

a) Schreibe die Zahlen in Dreierblöcken auf.

b) Lest euch die Zahlen abwechselnd gegenseitig vor.

2 Jeder schreibt fünf große Zahlen auf. Diktiert euch gegenseitig eure Zahlen und notiert sie.

3 Übertrage die Tabelle ins Heft und ergänze.

D17 Stellenwerttafel Zehnersystem

Zahl	Millionen			Tausender			Einer		
	HM	ZM	M	HT	ZT	T	H	Z	E
17 369									
3 670 216									
				3	0	5	6	1	8
	6	0	2	7	3	4	0	3	5

4 Zerlege die Zahl in ihre Stellenwerte. Eine Stellenwerttafel kann dir dabei helfen.
Beispiel: 4 609 084 = 4 M + 6 HT + 9 T + 8 Z + 4 E

a) 46 029 b) 740 284 c) 5 490 201 d) 58 200 304
e) 70 981 f) 742 094 g) 1 049 540 h) 30 402 079

5 Notiere in Ziffern.

a) 70 Tausender + 295 Einer
b) 6 Millionen + 520 Tausender + 40 Einer
c) 34 Millionen + 9 Tausender + 90 Einer
d) 45 Tausender + 294 Einer
e) 12 Millionen + 24 Tausender + 492 Einer
f) 204 Millionen + 75 Tausender + 6 Einer

6 Notiere die Zahl. Denke an die Dreierblöcke. Wenn du Hilfe brauchst, verwende eine Stellenwerttafel.

a) sechsundsiebzigtausendvierhundert
b) drei Millionen fünfhundertachttausend
c) achtzehntausendvierundsiebzig
d) sieben Millionen einhundertvierundachtzig

A18 Audios zu Aufgabe 7

7 Höre dir die Zahlen an, die bei A18 vorgelesen werden. Notiere die Zahlen im Heft.

8 Schreibe die Zahl in Worten.

a) 48 205 b) 540 090 c) 5 000 460 d) 29 403 008
e) 28 068 f) 607 800 g) 3 010 900 h) 570 026 704

9 Zerlege die Zahl in ihre Stellenwerte.

a) 3 400 030 005 b) 92 090 004 100
c) 1 200 000 000 000 d) 9 008 700 060 005

10 Notiere in Ziffern.

a) 4 ZMrd, 8 Mrd, 2 M, 7 ZT, 5 H
b) 3 B, 5 ZMrd, 6 HM, 4 HT, 8 E
c) 9 B, 4 HMrd, 8 M, 7 ZT, 6 T, 3 E

9 Zerlege die Zahl in ihre Stellenwerte.

a) 40 030 900 429 b) 209 470 004 294
c) 59 200 020 002 495 d) 298 000 294 195 726

10 Sortiere zuerst. Notiere in Ziffern.

a) 8 ZM, 7 Z, 7 ZMrd, 6 B, 1 T
b) 9 HT, 2 E, 1 ZM, 4 HMrd, 3 ZB
c) 2 M, 3 ZT, 6 H, 4 HB, 5 HM, 8 T

11 Ein erfolgreicher Blogger kontrolliert täglich seine Likes.
Notiere die nächsten 5 Zahlen.

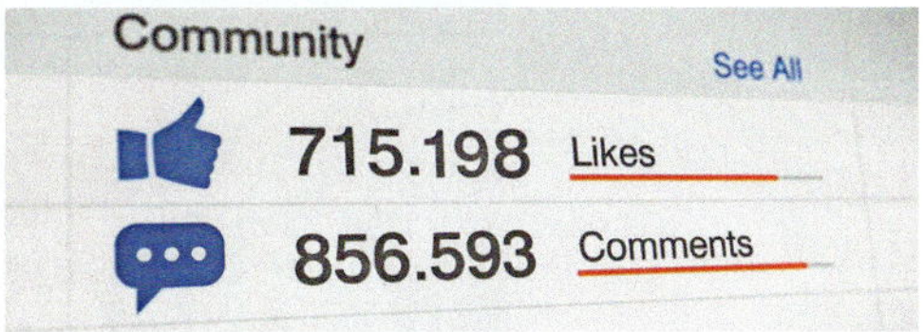

12 Ihr habt fünf Zahlkärtchen.

4 | 9 | 1 | 3 | 8

Legt mit allen fünf Kärtchen
a) die größte Zahl.
b) die kleinste Zahl.
c) die kleinste ungerade Zahl.
d) die Zahl, die möglichst nahe an sechzigtausend liegt.

ungerade Zahlen haben als letzte Ziffer eine 1, 3, 5, 7 oder 9.

13 MK 500 Trillionen | 80 Quadrilliarden

a) Recherchiere, wie viele Nullen die Zahlen haben. Notiere sie in Ziffern.
b) Wie heißt die größte Zahl, deren Namen du findest?

14 Notiere die Zahlen aus dem Text in Ziffern.

Die Biomasse aller Lebewesen auf der Erde beträgt etwa 1.850 Milliarden Tonnen. Diese setzt sich zusammen aus:
- etwa 100 Millionen Tonnen Menschen
- etwa 2,3 Milliarden Tonnen Tieren
- etwa 1.847,7 Milliarden Tonnen Pflanzen

Eines der zahlreichsten Lebewesen ist der Krill. Man schätzt einen Gesamtbestand von etwa 400 Millionen Tonnen der zwei Gramm schweren Krebstierchen.

Biomasse ist die Masse (das Gewicht) aller Lebewesen zusammen.

Astronomie bedeutet Himmelskunde.

11 Verbindet zwei oder mehr Zahlwörter. Überlegt, ob die Verbindung eine sinnvolle Zahl ergibt. Notiert diese Zahlen.
a) Sucht möglichst viele verschiedene Zahlen.
b) Findet die kleinste Zahl.
c) Findet die größte Zahl.
d) Beschreibt, welche Kärtchen ihr nicht kombinieren könnt.

zweiundzwanzig | zweihundertundfünf | einhundertfünfzehn | drei Millionen | dreitausendunddrei | fünf Milliarden | sechzigtausend | zwanzig Billionen | fünfhunderttausend | dreiundvierzig

12 52 | 9 | 104 | 17 | 5 | 0

Lege mit den Zahlkärtchen eine
a) möglichst große Zahl.
b) möglichst große ungerade Zahl.
c) möglichst kleine siebenstellige Zahl.
d) möglichst große achtstellige Zahl.
e) möglichst kleine Zahl mit fünf Kärtchen.
f) Zahl, die möglichst nahe an 10 Millionen liegt.

13 In der Astronomie misst man Entfernungen in Lichtjahren, Lichttagen, Lichtstunden, …
a) Ein Lichtjahr ist die Entfernung, die das Licht in einem Jahr zurücklegt. Diese Entfernung beträgt neun Billionen vierhundertsechzig Milliarden siebenhundertdreißig Millionen vierhundertzweiundsiebzigtausend Kilometer. Schreibe die Zahl mit Ziffern.
b)
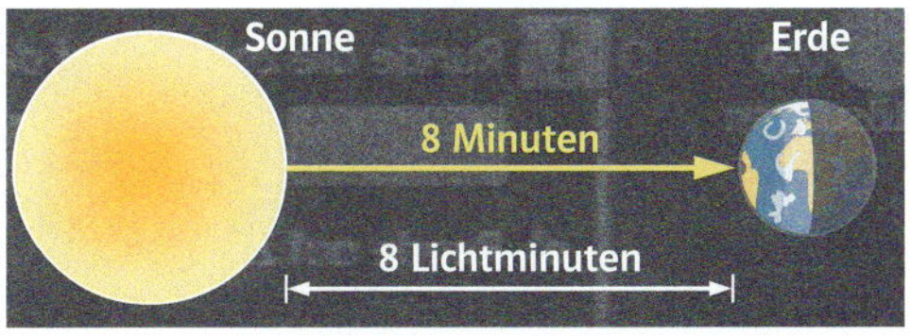

Eine Lichtminute ist etwa 18 Millionen Kilometer lang. Wie viele Kilometer sind Sonne und Erde ungefähr voneinander entfernt?

4 Zahlen runden

Jan erzählt abends, dass 59 700 Zuschauer im Stadion waren. Im Radio wird von 60 000 Zuschauerinnen und Zuschauern berichtet.
→ Warum werden hier unterschiedliche Angaben zur Zuschauerzahl gemacht?
→ Besprecht gemeinsam, warum der Radiosprecher eine andere Zahlenangabe verwendet als der Stadionsprecher.

Große Zahlen werden im Alltag oft gerundet wiedergegeben. Sinnvoll ist das dann, wenn man eine Zahl nicht genau kennt oder eine genaue Anzahl nicht wichtig ist. Gerundete Zahlen kann man leichter vergleichen und sich besser merken.
Rundest du beispielsweise auf Hunderter, gibst du die am nächsten gelegene Hunderterzahl an. Zahlen, die genau in der Mitte liegen, rundest du z. B. auf die nächstgrößere Hunderterzahl.

V19 Erklärvideo

Merke

Zahlen runden

23 684 ≈ 24 000

Steht rechts von der Rundungsstelle eine 5, 6, 7, 8 oder 9, wird aufgerundet.

Rundungsstelle: Tausender

Alle Stellen nach der Rundungsstelle werden durch Nullen ersetzt.

23 184 ≈ 23 000

Steht rechts von der Rundungsstelle eine 0, 1, 2, 3 oder 4, wird abgerundet.

Rundest du eine Zahl, verwendest du das Zeichen „≈“. Lies: „ist ungefähr“

Beispiele

a) Runden mithilfe der Tabelle.

Zahl	Rundungsstelle	Ziffer an der Rundungsstelle	Ziffer rechts von der Rundungsstelle	aufrunden	abrunden	gerundete Zahl
48 395	Tausender	8	3		x	48 000
8473	Hunderter	4	7	x		8500

b) Runden ohne Tabelle.
Runden auf Hunderttausender: 428 490 ≈ 400 000
Runden auf Millionen: 86 592 049 ≈ 87 000 000

D20 Lösungen

○ **1** Runde die Zahlen auf den Kärtchen.

A 2958 | B 4295 | C 57 498 | D 64 824 | E 1485 | F 2759 | G 27 546 | H 593 492

a) Runde auf Zehner.
b) Runde auf Hunderter.
c) Runde auf Tausender.

○ **2** Runde auf Millionen. Markiere zuerst die Rundungsstelle im Heft.

a) 3 349 582
b) 7 209 457
c) 27 824 395
d) 793 492 476
e) 4 804 492
f) 2 485 039
g) 75 394 190
h) 298 584 721

3 Welche Angaben darfst du runden, welche nicht? Begründe.

a) Der Stuttgarter Fernsehturm ist 216 Meter und 60 Zentimeter hoch.

b) Die Postleitzahl von Bitz ist 72 475.

c) Im Restaurant hat Familie Bayer eine Rechnung von 73,80 €.

d) Das Klassenzimmer der 5 a ist im Raum mit der Nummer 312.

4 Achte genau auf die Stellen.

a) Runde 295 auf Zehner.
b) Runde 4951 auf Hunderter.
c) Runde 94 850 auf Zehntausender.
d) Runde 474 254 auf Millionen.
e) Runde 999 845 auf Tausender.

5 Runde die Geldbeträge auf ganze Euro.

46,29 € | 49 ct | 3 € 68 ct | 62 ct | 550 ct | 293,49 €

6 Hier wurde auf Hunderter gerundet.
Finde und korrigiere die Fehler im Heft.

351 ≈ 300
8394 ≈ 8400
58 495 ≈ 58 500
99 872 ≈ 100 000

3429 ≈ 3430
78 294 ≈ 78 300
2415 ≈ 2300
75 499 ≈ 76 000

7 Es wurde auf 1800 gerundet. Welche Zahlen kommen infrage?

1843 | 1749 | 1862 | 1807 | 1753 | 1750 | 178 | 1848

8 Weltweit gibt es 20 426 Bienenarten. Wie würdest du diese Zahl sinnvoll runden, wenn du diese Tatsache jemandem erzählen möchtest? Begründe.

4 Runde jeweils auf Tausender, Hunderter und Zehner. Erkläre deine Ergebnisse.

a) 78 999
b) 639 996

5

Phil: „Wenn ich 846 auf Hunderter runden soll, runde ich zuerst auf Zehner und erhalte 846 ≈ 850. Dann runde ich auf Hunderter mit dem Ergebnis: 850 ≈ 900."

Samu: „Wenn ich 846 auf Hunderter runde, achte ich auf die 4. Die sagt mir, dass ich abrunden muss. Also erhalte ich 846 ≈ 800.

a) Begründe, wer recht hat.
b) Gib drei weitere Beispiele an, bei denen dasselbe Problem auftreten könnte.

6 Mara und Leo haben auf Hunderter gerundet. Finde ihre Fehler und erkläre, was sie falsch gemacht haben.

Mara:
a) 628 ≈ 600
b) 9899 ≈ 9900
c) 49 582 ≈ 50 000

Leo:
a) 628 ≈ 500
b) 9899 ≈ 10 000
c) 49 582 ≈ 49 600

7 Die Anzahl der Gäste eines Musik-Festivals wurde auf Tausender gerundet. Wie viele waren es mindestens, wie viele höchstens an den einzelnen Tagen?

Donnerstag: 9000
Freitag: 24 000
Samstag: 32 000
Sonntag: 28 000

5 Anzahlen schätzen

Fanny und Reni sind auf einer Kürbis-Austellung. „Das sind mindestens 100 Kürbisse!“, staunt Fanny. Reni widerspricht: „Das sind höchstens 50 Kürbisse!“

→ Schätze die Anzahl der Kürbisse.

→ Vergleicht eure Schätzungen in der Klasse. Erklärt euch gegenseitig, wie ihr beim Schätzen vorgegangen seid.

In vielen Situationen ist es nicht sinnvoll oder möglich, genaue Anzahlen anzugeben. Überlegtes und planmäßiges Schätzen hilft.

Merke Um eine **Anzahl** von Personen oder Gegenständen auf einem Bild zu bestimmen, kannst du durch **Rastern schätzen**.

V21 Erklärvideo

Rastern
Eine Fläche durch dünne Linien in gleich große Teilflächen zerlegen.

Beispiel

Die Anzahl der Filzkugeln soll geschätzt werden.

1. Unterteile die Abbildung in gleich große Felder (rastern).

2. Zähle ein Feld aus, das weder besonders viele noch besonders wenige Filzkugeln enthält.
3. Multipliziere dein Ergebnis mit der Anzahl der Felder. Im rot markierten Feld sind etwa 8 Filzkugeln. In den 5 Feldern sind es ungefähr $8 \cdot 5 = 40$ Filzkugeln.

D22 Lösungen

○ **1**

a) Wie viele Knöpfe liegen hier ungefähr?

b) Schätze die ungefähre Anzahl der Herzen.

2

a) Schätze die Anzahl der Murmeln.

b) Schätze die Anzahl der Kaffeebohnen.

3 Schätze die Anzahl der Rosen.

4 Schätze die Anzahl der Schafe.

5 Schätze die Anzahl der Vögel.

Wähle für deine Schätzung

a) das Feld unten links.

b) das Feld oben links.

c) Vergleiche deine Ergebnisse.

d) Finde ein geeignetes Raster und schätze.

3 Schätze die Anzahl der Kieselsteine.

4 Schätze, wie viele Vögel auf den Leitungen sitzen.

5

a) Schätze die Anzahl der Kartoffeln.

b) Überlegt gemeinsam, wie ihr die Anzahl der Kartoffeln in einem ganzen Kartoffelfeld schätzen könnt.

6 Römische Zahlen

Die römischen Zahlzeichen sind von der Uhr gefallen.
→ Versucht zu zweit, die Zahlen richtig zuzuordnen.
→ Besprecht eure Ergebnisse in der Klasse.

Die römischen Zahlzeichen wurden in Europa bis ins 16. Jahrhundert verwendet. Auch heute noch werden sie beispielsweise für die Zählung von Königen und Päpsten, auf alten Häuserinschriften und auf Uhren verwendet.

Merke Es gibt sieben **römische Zahlzeichen**, aus denen du andere Zahlen zusammensetzt. Dabei notierst du die Zeichen nach ihrer Größe sortiert von links nach rechts. Beginne mit dem größten Wert.
Die **Werte** werden **grundsätzlich addiert**.

Ausnahmen:
Stehen die Zeichen **I**, **X** oder **C vor einem größeren Zahlzeichen**, musst du sie von diesem Zahlzeichen **subtrahieren**.

Dadurch werden die Zeichen I, X und C nur höchstens dreimal hintereinandergeschrieben. Die Zeichen D, L und V können nur einmal je Zahl vorkommen.

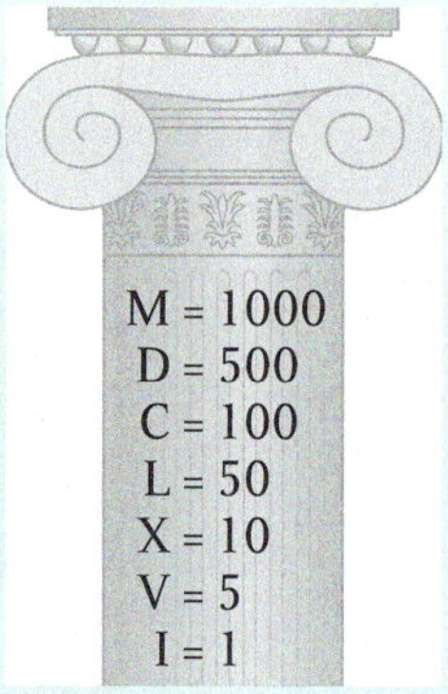

V23 Erklärvideo

Beispiele

a) Addieren der Werte: DCXXXII = 500 + 100 + 10 + 10 + 10 + 1 + 1 = 632

b) Ausnahmen: IV = 5 − 1 = 4 IX = 10 − 1 = 9 XL = 50 − 10 = 40
XC = 100 − 10 = 90 CD = 500 − 100 = 400 CM = 1000 − 100 = 900

c) MMMCMXLIV
= MMM + CM + XL + IV
= 3000 + 900 + 40 + 4 = 3944

d) 1893 = 1000 + 800 + 90 + 3
= M + DCCC + XC + III
= MDCCCXCIII

D24 Lösungen

1 Notiere die römischen Zahlen
a) von 1 bis 10. b) von 90 bis 100. c) von 10 bis 20. d) von 40 bis 50.

2 Schreibe die Zahl im Zehnersystem. Notiere wie in Beispiel c).
a) LXI b) CCXXIV c) MDCC d) CCXLIV e) MMDXC f) LXXXIX
g) XXXV h) CXCVII i) LXXIX j) CCCXCVI k) MDXLIX l) CCXCIV

3 Schreibe die Zahl mit römischen Zahlzeichen. Notiere wie in Beispiel d).
a) 29 b) 77 c) 125 d) 454 e) 1007 f) 2025
g) 34 h) 86 i) 255 j) 649 k) 1350 l) 1957

4 Spielt zu zweit. Jeder notiert eine Zahl zwischen 0 und 4000. Tauscht eure Zahlen aus. Notiert die Zahl, die ihr bekommt, in der römischen Schreibweise. Kontrolliert euch gegenseitig. Jede richtig notierte Zahl gibt einen Punkt. Vereinbart vorher, mit wie vielen Punkten man gewinnt.

5 Welche Entfernungen liest du von dem Meilenstein ab, der vor etwa 2000 Jahren an einer römischen Landstraße stand? Eine Zahl ist nicht entsprechend der Regeln notiert. Was könnte sie bedeuten?

HINCE SUNT	MEILIA
NOVERCIAM	LI
CAPUAM	XXCIII
MURANUM	LXXII
COSENTIAM	CXXIII
VALENTIAM	CL
REGIUM	CCXXXVII

der Limes
Hier: ein Teil der Grenze des römischen Reichs

ein Kastell
Ein Lager der römischen Soldaten an der Grenze

6 Wie lang regierten die römischen Kaiser?

Nero	LIV – LXVIII
Trajan	XCVII – CXVII
Mark Aurel	CLXI – CLXXX
Maxima	CCLXXXVI – CCCV

7 Schreibe mit römischen Zahlzeichen
a) dein Alter in Jahren und in Monaten.
b) deinen Geburtstag.
c) das heutige Datum.

8

a) Wann wurde das Haus erbaut?
b) Das Haus wurde 2014 renoviert. Notiere die Jahreszahl der Renovierung mit römischen Zahlzeichen.
c) MK Sucht im Internet weitere Gebäude, auf denen römische Zahlzeichen stehen. Notiert jeweils das Baujahr.

9
a) Lege ein Streichholz um, dann stimmt die Rechnung.
(1) II + II = II (2) VIII – I = VIII
(3) VI + I = V (4) XX + I = XX
b) Lege ein Streichholz so um, dass die Rechnung richtig bleibt.
XV + I = XVI

10 Für große Zahlen verwendeten die Römer folgende Zeichen:

5000	10 000	50 000	100 000
ↁ	ↂ	ↇ	ↈ

Schreibe damit die angegebene Zahl.
a) 5420 b) 30 542 c) 55 370
d) 102 459 e) 153 485 f) 278 482

11 Schreibe mithilfe der Angaben einen kurzen Informationstext über den Limes.

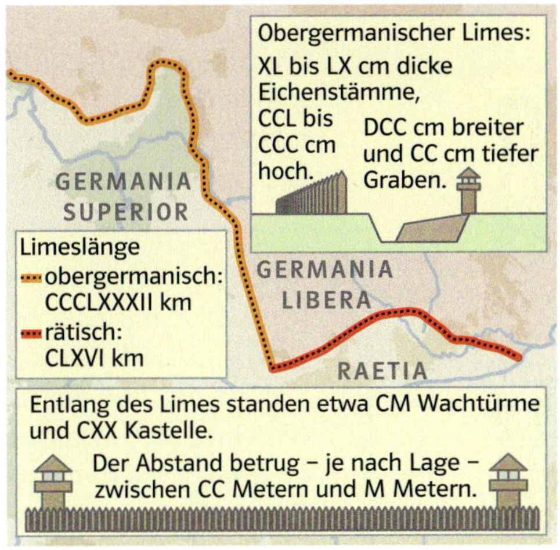

12 Vergleiche die römischen Zahlen mit den Zahlen im Zehnersystem.
a) Schreibe die Jahreszahlen mit römischen Zahlzeichen.

1239 1414 1741 1959

b) Vergleiche die Anzahl der benötigten Zeichen mit der Anzahl der Ziffern. Welche Zahlen sind kürzer?
c) Versuche die beiden römischen Zahlen zu addieren. Schreibe sie dann in Zehnerschreibweise und addiere. Was stellst du fest?

MMDCCXIV
+ MCDLVIII

d) Nenne die Vorteile des Zehnersystems.

7 Wir zählen wie Computer MK E

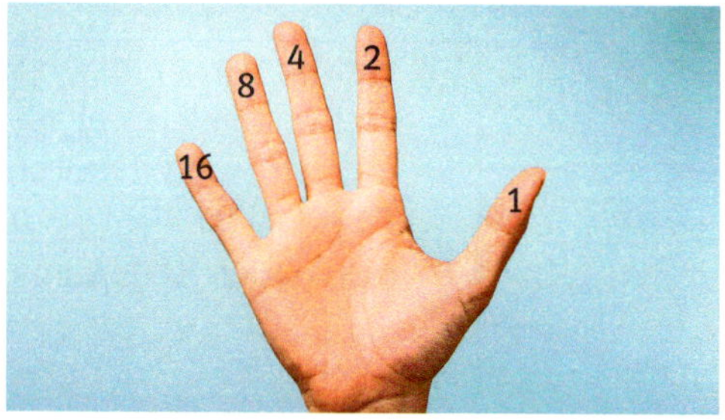

Mit einem Trick kannst du mit einer Hand nicht nur bis 5, sondern bis 31 zählen.
→ Schreibe dir mit einem Stift die Zahlen 1; 2; 4; 8 und 16 in dieser Reihenfolge auf die Innenseite der fünf Finger deiner rechten Hand. Beginne beim Daumen.
→ Wer in der Klasse findet zuerst heraus, wie man mit einer Hand bis 31 zählt?

Wir zählen und rechnen im Zehnersystem (Dezimalsystem). Das liegt daran, dass wir zwei Hände mit insgesamt zehn Fingern haben. Computer dagegen kennen nur zwei unterschiedliche Zustände: „Strom an" und „Strom aus". Sie arbeiten deshalb mit dem **Zweiersystem**. Man nennt das Zweiersystem auch **Binärsystem** oder **Dualsystem**.

Merke

Im **Zweiersystem** werden zur Darstellung von Zahlen nur zwei Ziffern verwendet: die **0** und die **1**. Für Computer heißt die 0 „Strom aus" und die 1 „Strom an".
Mit einer Stellenwerttafel kannst du Zahlen im Zweiersystem darstellen.
Die Stellenwerte 1; 2; 4; 8; 16; … entstehen durch Multiplikation mit 2 und werden von rechts nach links notiert.

·2 ·2 ·2 ·2 ·2

Zahl	32	16	8	4	2	1
10110_2		1	0	1	1	0

$10110_2 = 16 + 4 + 2 = 22$

Eine Zahl im Zweiersystem wird mit einer kleinen 2 unten rechts gekennzeichnet.

Beispiele

V25 Erklärvideo

a) **Binärzahlen ins Zehnersystem umrechnen**
Alle Stellenwerte, die mit einer 1 in der Stellenwerttafel „angeschaltet" wurden, werden zusammengezählt.

Stellenwerttafel

Zahl	32	16	8	4	2	1
100110_2	1	0	0	1	1	0

Ergebnis:
$100110_2 = 32 + 4 + 2 = 38$

V26 Erklärvideo

b) **Vom Zehnersystem ins Zweiersystem umrechnen**
Um eine natürliche Zahl in eine Binärzahl umzuwandeln, zerlegst du sie zunächst in eine Summe der Stellenwerte 1; 2; 4; 8; 16; … Jeder Stellenwert darf in deiner Zerlegung höchstens einmal vorkommen.

Stellenwert

32	16	8	4	2	1	Zahl
	1	1	0	1	1	$11\,011_2$

Zerlegung:

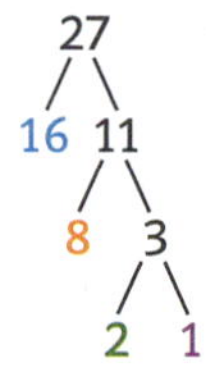

Ergebnis: $27 = 16 + 8 + 2 + 1 = 11\,011_2$

D27 Lösungen

○ **1** MK Stelle die Zahl mit der rechten Hand wie im Einstieg dar.

a) 11 **b)** 5 **c)** 27 **d)** 18

○ **2** MK Wer in der Klasse zählt mit einer Hand am schnellsten von 0 bis 31?

Tipp: Wenn ihr gegenseitig eure Hände beim Zählen filmt, könnt ihr gleichzeitig die Zeit stoppen und kontrollieren, ob alle Zahlen richtig dargestellt wurden.

○ **3** MK Warum könnte es für Ärger sorgen, wenn man die Zahl 4 in binärer Zählweise mit einer Hand zeigt?

○ **4** MK Hier wurden verschiedene Zahlen binär mit einer Hand dargestellt:

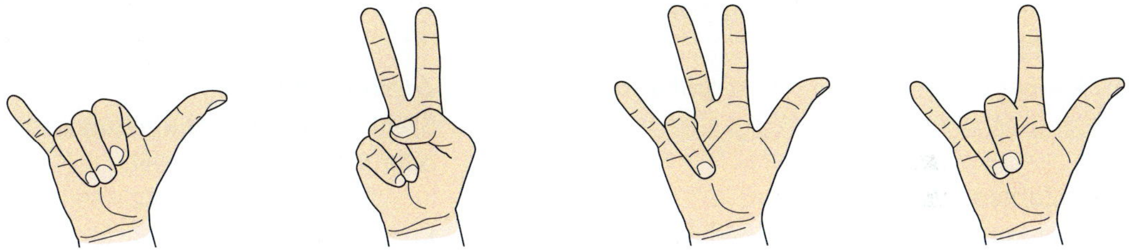

a) Notiere die passenden Zahlen im Zehnersystem.

b) Schreibe die mit einer Hand gezeigten Zahlen als Binärzahlen auf. Ein gestreckter Finger steht für eine 1. Ein eingeklappter Finger steht für eine 0.

D28 Stellenwerttafel Zweiersystem

○ **5** MK Wandle die Binärzahl ins Zehnersystem um wie in Beispiel a). Eine Stellenwerttafel kann dir dabei helfen.

a) 101_2 **b)** $10\,011_2$ **c)** $10\,101_2$ **d)** $101\,101_2$

○ **6** MK Wandle vom Zehnersystem in eine Binärzahl um wie in Beispiel b). Eine Stellenwerttafel kann dir dabei helfen.

a) 20 **b)** 41 **c)** 17 **d)** 49

○ **7** MK Die Stellenwerttafel des Binärsystems hört nicht bei 32 auf, sondern lässt sich unendlich erweitern.

a) Notiere die ersten elf Stellenwerte des Binärsystems. 1; 2; 4; 8; …

b) Kommen dir diese Zahlen bekannt vor? Wo im Alltag begegnen dir die Zahlen?

◐ **8** MK Überlegt gemeinsam, weshalb man die Finger beim Zählen bis 31 mit einer Hand mit Stromschaltern vergleichen kann. Was hat das mit Computern zu tun?

◐ **9** MK Wandle ins Zehnersystem um.

a) $10\,110\,101_2$ **b)** $110\,110\,111_2$

c) $110\,010\,101_2$ **d)** $1\,001\,000\,111_2$

◐ **10** MK Wandle in eine Binärzahl um.

a) 67 **b)** 129

c) 319 **d)** 192

◐ **11** MK Wandle in eine Binärzahl oder in eine Zahl im Zehnersystem um.

a) 93 **b)** $111\,001_2$

c) $110\,000\,101_2$ **d)** 529

● **12** MK Finde eine Regel und beschreibe.

a) An eine Binärzahl wird eine 0 angehängt. Wie verändert sich dadurch deren Wert im Zehnersystem?

b) An eine Binärzahl wird eine 1 angehängt. Wie verändert sich dadurch deren Wert im Zehnersystem?

Zusammenfassung

Natürliche Zahlen

Die **natürlichen Zahlen** kannst du aufzählen: 0; 1; 2; 3; 4; …

Die Menge der natürlichen Zahlen wird mit ℕ bezeichnet. ℕ = {0; 1; 2; 3; 4; …}

Die natürlichen Zahlen sind der Größe nach auf dem **Zahlenstrahl** geordnet.

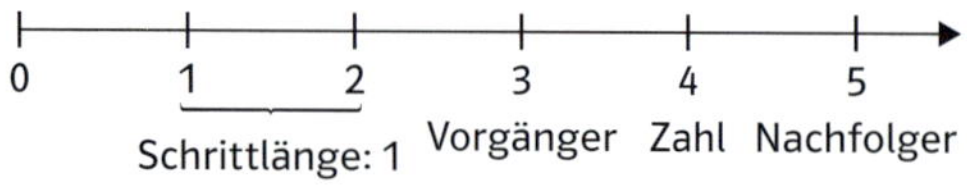

Je weiter rechts eine Zahl auf dem Zahlenstrahl liegt, desto größer ist sie.

2 ist **kleiner als** 3: $2 < 3$ 5 ist **größer als** 4: $5 > 4$

Große Zahlen im Zehnersystem

Im **Zehnersystem** kannst du Zahlen in einer **Stellenwerttafel** darstellen. Jeweils drei Stellen sind zu einem Block zusammengefasst. Jeder Block hat einen eigenen Namen.

Millionen			Tausender			Einer		
HM	ZM	M	HT	ZT	T	H	Z	E
		6	3	2	1	0	1	2

Darstellung in Ziffern: 6 321 012

Darstellung in Stellenwerten:

6 M + 3 HT + 2 ZT + 1 T + 1 Z + 2 E

Darstellung in Worten: sechs Millionen dreihunderteinundzwanzigtausendzwölf

Anzahlen schätzen

Um eine **Anzahl** von Personen oder Gegenständen auf einem Bild zu bestimmen, versuchst du **durch Rastern** zu **schätzen**.

1. Unterteile die Abbildung in gleich große Felder.
2. Zähle ein Feld aus, das weder besonders viele noch besonders wenige Filzkugeln enthält.
3. Multipliziere dein Ergebnis mit der Anzahl der Felder.

Im rot markierten Feld sind 9 Filzkugeln. In den 3 Feldern sind es ungefähr $9 \cdot 3 = 27$ Filzkugeln.

Zahlenfolgen und Zahlenmuster

Eine **Zahlenfolge** besteht aus mehreren Zahlen, die durch eine bestimmte **Regel** gebildet werden. Zahlenfolgen können auch als **Muster** dargestellt werden. Durch Abzählen kannst du die **Bildungsvorschrift** herausfinden.

Zur vorhergehenden Zahl werden immer 7 addiert.

9 →(+7) 16 →(+7) 23 →(+7) 30 →(+7)

Die nächste Zahl ist somit $30 + 7 = 37$.

Zahlen runden

Steht rechts von der Rundungsstelle eine 5; 6; 7; 8 oder 9, wird aufgerundet.

59 252 ≈ 59 300

Rundungsstelle: Hunderter

59 232 ≈ 59 200

Alle Stellen nach der Rundungsstelle werden durch Nullen ersetzt.

Steht rechts von der Rundungsstelle eine 0; 1; 2; 3 oder 4, wird abgerundet.

Runden auf Zehner:	65 492 ≈ 65 490
Runden auf Hunderter:	65 492 ≈ 65 500
Runden auf Tausender:	65 492 ≈ 65 000
Runden auf Zehntausender:	65 492 ≈ 70 000

Römische Zahlen

Es gibt sieben **römische Zahlzeichen**, aus denen du andere Zahlen zusammensetzt. Notiere die Zeichen der Größe nach von links nach rechts. Die **Werte** werden **addiert**.

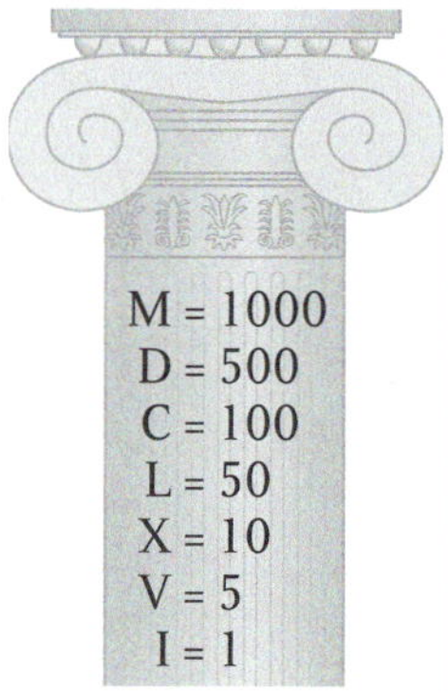

Ausnahme:
Stehen die Zeichen **I**, **X** oder **C** **vor einem größeren Zahlzeichen**, so musst du sie von diesem Zahlzeichen **subtrahieren**.

DCCCLIX	594
= D + CCC + L + IX	= 500 + 90 + 4
= 500 + 300 + 50 + 9	= D + XC + IV
= 859	= DXCIV

Natürliche Zahlen

D29 Lösungen

○ **1** Auf welche Zahlen zeigen die Pfeile?

a)
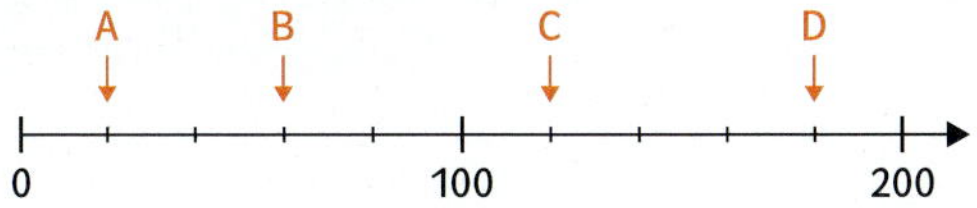

b)
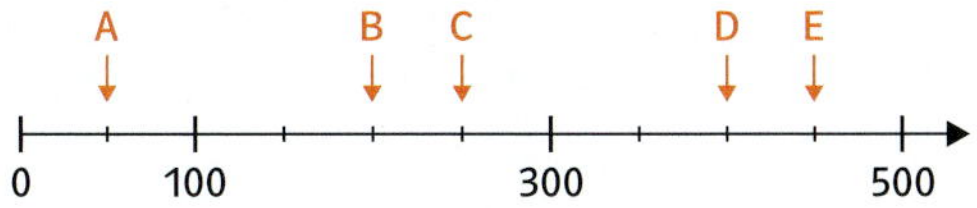

c)
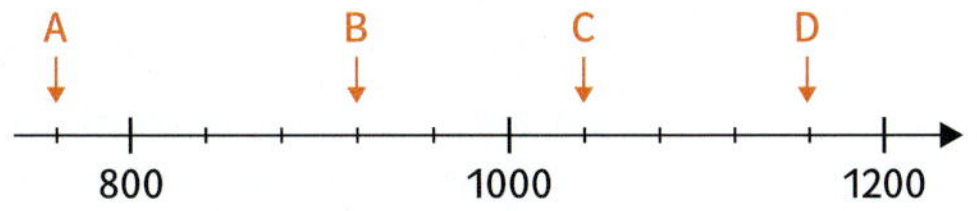

○ **2** Zeichne einen 10 cm langen Zahlenstrahl und trage folgende Zahlen ein.

a) 0; 1; 4; 6; 8; 10
b) 0; 5; 10; 15; 20
c) 0; 100; 200; 500; 1000

D17 Stellenwerttafel Zehnersystem

○ **3** In einem Schnellrestaurant bestellst du dein Essen an einem digitalen Gerät. Du erhältst eine Nummer, um zu erfahren, wann du dein Essen abholen kannst.
Gib die Nummern an, die die nächsten drei Gäste erhalten.

○ **4** Ordne die Zahlen absteigend.

a) 76; 56; 67; 75; 65; 57
b) 456; 645; 546; 564; 654; 465
c) 3244; 3424; 3243; 3423; 4234; 3442
d) 89 778; 98 787; 87 987; 89 877; 98 878

Zahlenfolgen und Zahlenmuster

○ **5** Wie lauten die nächsten drei Zahlen? Ergänze im Heft und gib die Regel an.

a) 9; 15; 21; 27; ■; ■; ■
b) 2; 4; 8; 16; ■; ■; ■
c) 75; 67; 59; 51; ■; ■; ■
d) 2; 5; 9; 14; ■; ■; ■
e) 6; 19; 32; 45; ■; ■; ■
f) 18; 19; 22; 27; ■; ■; ■
g) 26; 31; 28; 33; 30; ■; ■; ■

○ **6** Übertrage ins Heft. Setze um zwei weitere Muster fort. Notiere zu jedem Muster die Anzahl der Kästchen.

a)

b)

c)

d)

Große Zahlen im Zehnersystem

○ **7** Notiere die Zahl in Ziffern. Wenn du Hilfe brauchst, verwende eine Stellenwerttafel.

a) 6 ZT + 7 T + 8 H + 9 Z + 5 E
b) 8 T + 1 Z + 3 E
c) 5 HT + 2 T + 6 Z + 9 E
d) 8 M + 4 HT + 3 T + 4 H
e) 8 HM + 3 M + 5 ZT + 3 H
f) 2 ZM + 5 T + 4 H + 7 E

○ **8** Zerlege die Zahl in ihre Stellenwerte. Eine Stellenwerttafel kann dir helfen.

a) 5048 **b)** 57 305
c) 209 485 **d)** 29 058 501
e) 206 940 028 **f)** 495 204 140

◒ **9** Notiere die Zahl in Ziffern.

a) sechzehntausendsiebenhundertacht
b) dreihundertsechsundsiebzigtausend
c) fünfzehn Millionen sechshundertachtzigtausendsiebenhundert
d) neunundfünfzig Milliarden sechshundert
e) neunhundertfünfundzwanzig Milliarden
f) siebenhundert Billionen
g) sechzig Billionen siebenhundertachtundzwanzig Milliarden sechshunderttausend

◒ **10** Schreibe die Zahl in Worten.

a) 902 870 **b)** 739 000
c) 17 000 000 **d)** 9 000 294 427
e) 24 390 000 000 **f)** 8 905 000 470 000

11 Zahlendiktat zu zweit:
1. Notiert jeweils fünf große Zahlen.
2. Lest euch abwechselnd eure Zahlen vor und notiert sie. Für jede richtige Zahl gibt es einen Punkt.
3. Legt vorher gemeinsam fest, mit wie vielen Punkten man gewinnt.

Zahlen runden

I30 Digital Üben

Übe digital mit I30.

12 Runde die Zahlen

8472 5729 579 9695 18 652

274 84 293 7593 19 987 485 309

a) auf Zehner.
b) auf Hunderter.
c) auf Tausender.

13 Runde auf Millionen.

a) 74 928 574 b) 9 528 476
c) 50 394 742 d) 879 789 481
e) 7 592 054 f) 98 285 876 000

14 Runde auf ganze Euro.

a) 4,92 € b) 284,59 € c) 548 ct
d) 7582 ct e) 572,50 € f) 5,39 €
g) 29,98 € h) 45 999 ct i) 17 € 82 ct

15 Runde die Zahlen auf Zehner. Ordne sie dem passenden Sack zu. Richtig sortiert, erhältst du jeweils ein Lösungswort.

L 514 U 506 O 487 E 495
S 485 R 504 A 509 R 494
T 511 I 497 A 492 S 501

16 Herr Bayer bezahlt im Restaurant eine Rechnung für 71,20 €. Er gibt dem Kellner 70 €. Dieser schaut überrascht. Erkläre warum.

17 Wie lautet die größte und wie die kleinste Zahl, die gerundet
a) auf Hunderter 5800 ergibt?
b) auf Tausender 9000 ergibt?

18 Entscheide, ob es sinnvoll ist, die Zahl zu runden. Begründe.
a) Am 31.12.2023 hatte Berlin 3 878 100 Einwohner.
b) Mareike trägt die Kleidergröße 36.
c) Marija hat 32 Punkte in der Klassenarbeit.
d) New York ist Luftlinie 6384,8 Kilometer von Berlin entfernt.
e) Die beiden Panzernashörner wiegen 2173 Kilogramm bzw. 82 Kilogramm.

Anzahlen schätzen

19 Schätze die Anzahl der Erdbeeren.

20 Schätze die Anzahl der Stachelbeeren. Finde zuerst ein geeignetes Raster.

Römische Zahlen

21 Schreibe mit römischen Zahlzeichen.
a) 38 b) 57 c) 238
d) 64 e) 144 f) 472
g) 794 h) 1987 i) 2449

22 Schreibe die Zahl im Zehnersystem.
a) LXXI b) LXXXVII
c) CCXXXIX d) DCCXLIX
e) MCCLXXXVII f) MDCCLXXIV
g) MMCMLXXXIX h) MMDCCLXXXIV

23 Wann wurden die Gebäude gebaut?

a)

b)

Wir zählen wie Computer E

D28 Stellenwerttafel Zweiersystem

24 Wandle ins Zehnersystem um.
a) 110_2 b) $1\,001_2$
c) $1\,110_2$ d) $101\,101_2$
e) $111\,111_2$ f) 1010110_2
g) $10\,001\,101_2$ h) $111\,111\,111_2$

25 Wandle in eine Binärzahl um.
a) 13 b) 26
c) 31 d) 73
e) 100 f) 180
g) 227 h) 457

Vermischte Aufgaben

26 Ist die Aussage wahr oder falsch? Gib eine Begründung oder ein Gegenbeispiel für jede falsche Aussage an.

- Die Menge der natürlichen Zahlen kann man aufzählen.
- Die kleinste natürliche Zahl ist die 1.
- Jede natürliche Zahl hat einen Vorgänger und einen Nachfolger.
- Die natürlichen Zahlen kann man am Zahlenstrahl darstellen.

27 Auf dem Schulfest wird ein Wettkampf im Kirschkernweitspucken veranstaltet.
Die besten Weiten erreichen
Jana: 630 cm Paul: 640 cm
Luna: 710 cm Karim: 730 cm
Ali: 580 cm Britta: 670 cm
Stelle die Ergebnisse auf einem geeigneten Zahlenstrahl dar.

28 Größer oder kleiner? Setze im Heft das Zeichen > oder < richtig ein.
a) 482 ■ 459 b) 9482 ■ 967
c) 9285 ■ 2984 d) 54 445 ■ 55 444
e) eine Milliarde ■ hundert Millionen
f) zehn Billionen ■ hundert Milliarden
g) zehn Milliarden ■ hundert Millionen

29 Anastasia findet in der Bücherei ein Buch über die Urzeit.

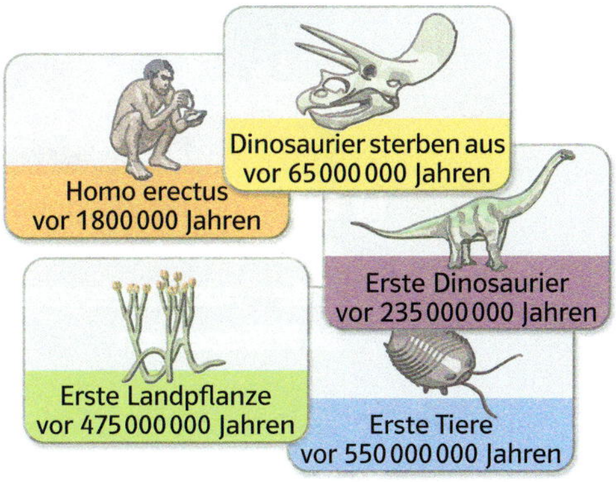

a) Lest euch die Zahlen gegenseitig laut vor.
b) Ordnet die Zahlen nach ihrer Größe.

1 Koray notiert einige Gipfelnamen der Pyrenäen, deren Höhe und das Datum der Erstbesteigung.

Pico Aneto	3404 m	20.07.1842
Maladeta	3308 m	29.09.1817
Pic Posets	3375 m	06.08.1856
Vignemale	3298 m	02.08.1792
Monte Perdido	3355 m	im Jahr 1791

a) Sortiere die Gipfel nach ihrer Höhe.
b) Runde die Höhen auf Hunderter. Beschreibe, was du feststellst.
c) Was passiert, wenn du zuerst auf Zehner rundest und anschließend nach der Größe ordnest?
d) Ordne die Pyrenäen-Gipfel nach dem Datum der Erstbesteigung.

2 Im Weltraum gibt es sehr große Entfernungen. Schreibe die Entfernungen zur Erde mit Ziffern. Wenn du Hilfe brauchst, recherchiere im Internet.
a) Erde – Zentrum der Milchstraße: 250 Billiarden km

b) Erde – nächstgelegener Stern: 40 Billionen km
c) Erde – nächstgelegene Galaxie: 24 Trillionen km

3 Ergänze die Lücken im Heft.
a) ■; ■; ■; 48; 55; 64; 75; ■; ■; ■
b) ■; ■; ■; 104; 92; 100; 88; ■; ■; ■
c) ■; ■; ■; 99; 105; 315; 321; ■; ■; ■
d) ■; ■; ■; 150; 137; 128; 115; ■; ■; ■
e) ■; ■; ■; 16; 25; 36; 49; ■; ■; ■

4 Wie viele Zahlen findest du, die
a) gerundet auf Zehner 60 ergeben?
b) gerundet auf Hunderter 2800 ergeben?
c) gerundet auf Tausender 15 000 ergeben?

5 Schätze die Anzahl der Nüsse in der Schale.

6 Ein Satz, bei dem die Summe aller darin vorkommenden römischen Zahlzeichen die Jahreszahl des Ereignisses angibt, heißt **Chronogramm**. Zwischen **V** und **U** wird nicht unterschieden.
Um die Jahreszahl zu ermitteln, muss man die Zahlzeichen sortieren und addieren.
a) In welchem Jahr war die Papstwahl von Benedikt XVI.?

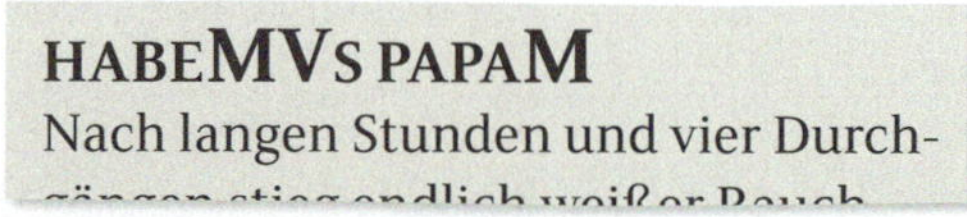
HABEMVS PAPAM
Nach langen Stunden und vier Durch-

(Habemus papam. = Wir haben einen Papst.)
b) Wann brannte das Haus ab?

7 **E** Ordne die Zahlen nach ihrer Größe.

$1\,011\,001_2$ | 79 | LVIII | $101\,110_2$ | $110\,101_2$ | 67 | XCIV | LXXIX | 74

8 **E** Erkläre, woran man im Binärsystem sofort erkennt, ob eine Zahl gerade oder ungerade ist.

1 Gib den Vorgänger und den Nachfolger der Zahl an.
a) 4520   b) 2986   c) 92 589   d) 58 399

2 Vergleiche die Zahlen. Setze im Heft > oder < richtig ein.
a) 582 ■ 825   b) 89 ■ 98   c) 889 ■ 898   d) 1375 ■ 1537

3 Auf welche Zahlen zeigen die Pfeile?
a)
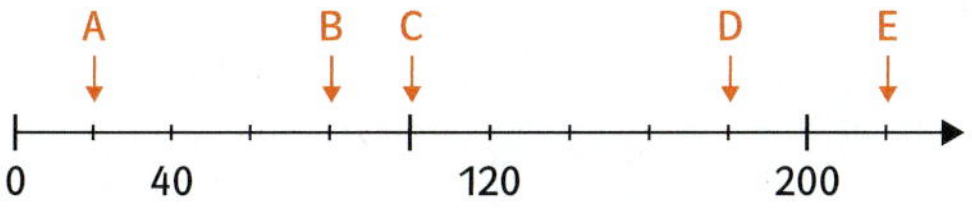

b)
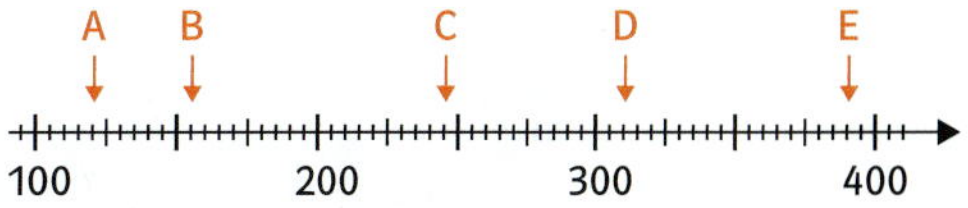

4 Ordne die Zahlen nach ihrer Größe. Beginne mit der kleinsten Zahl.
a) 465; 8564; 564; 5684; 456; 4856   b) 32 583; 32 658; 32 538; 32 667; 32 685

5 Schreibe die Zahl mit Ziffern. Eine Stellenwerttafel kann dir helfen.
a) 4 M + 5 HT + 8 T + 7 H + 4 Z   b) 7 HM + 4 M + 6 ZT + 8 H + 2 E

6 Ergänze die Zahlenfolgen im Heft.
a) 8; 12; 17; 23; 30; ■; ■; ■   b) 25; 18; 29; 22; 33; 26; ■; ■; ■
c) ■; ■; 12; 24; 48; 96; ■; ■   d) ■; ■; ■; 18; 21; 42; 45; 90; 93; ■; ■; ■

7 Schreibe mit Ziffern.
a) fünfhundertachttausendsechsundvierzig
b) siebenundsechzig Milliarden siebenhundertsechs Millionen
c) sechs Billionen siebenhunderttausend

8 Runde
a) auf Zehner: 948; 2956; 2054; 2955
b) auf Hunderter: 2958; 2906; 2543; 2961
c) auf Tausender: 27 489; 22 584; 19 685

9 Schätze die Anzahl der Kieselsteine.

10 Schreibe mit römischen Zahlzeichen.
a) 57   b) 284   c) 1597

11 Schreibe im Zehnersystem.
a) XXIX   b) DCCXXV
c) MCCCXXVIII   d) MCDLXXIX

7 Schreibe mit Ziffern.
a) achtzig Billionen dreihundert Millionen
b) vierundsiebzig Milliarden sechsunddreißig tausendvierhundertsechsundvierzig

8 Runde auf Hunderttausender.
a) 4 298 578   b) 7 994 289

9 Schätze die Anzahl der Erbsen in der Schale.

10
a) Wann wurde das Gebäude erbaut?

b) Schreibe 2499 mit römischen Zeichen.

→ Lösungen Seite 282

3 Addition und Subtraktion

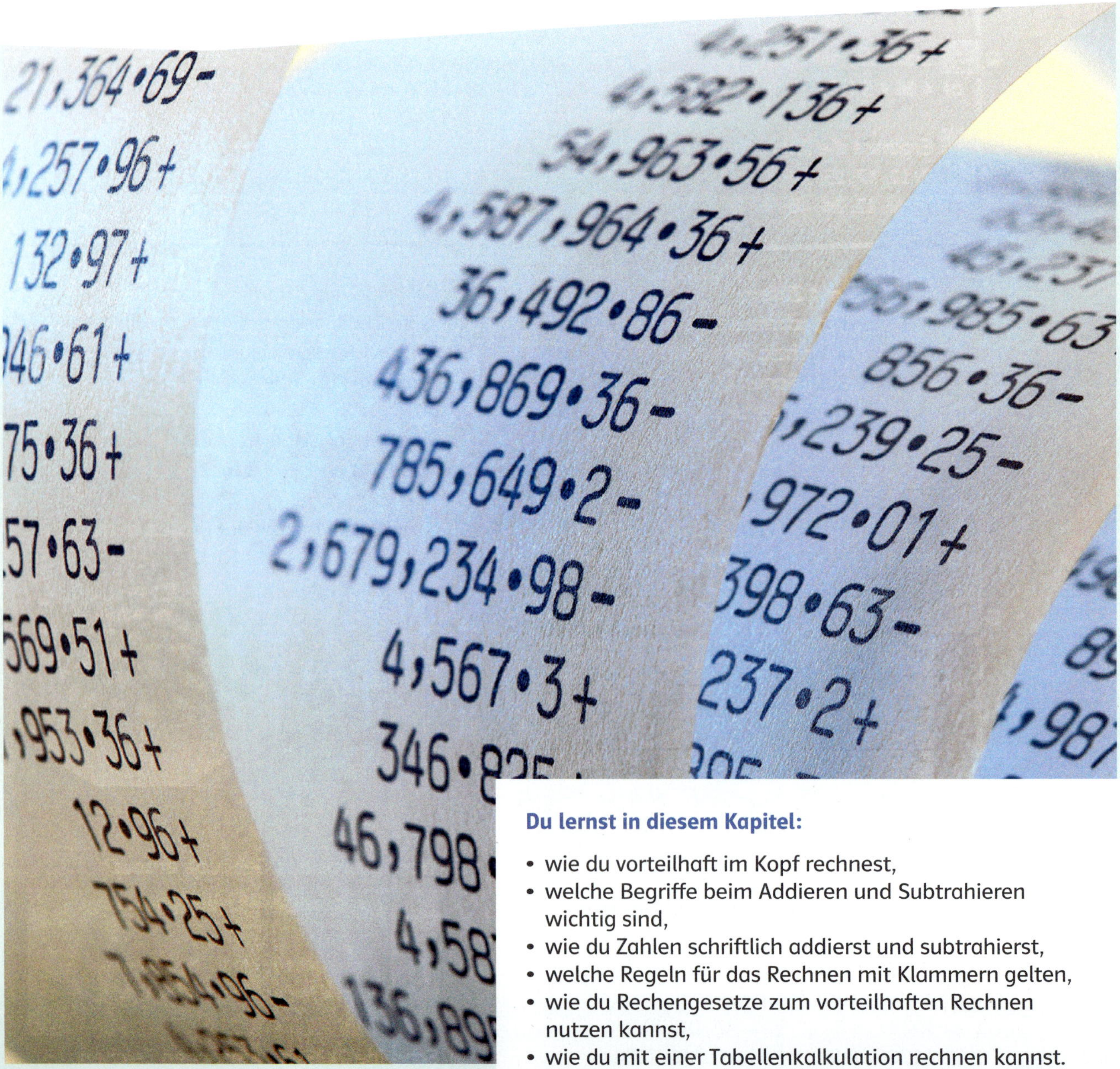

Du lernst in diesem Kapitel:

- wie du vorteilhaft im Kopf rechnest,
- welche Begriffe beim Addieren und Subtrahieren wichtig sind,
- wie du Zahlen schriftlich addierst und subtrahierst,
- welche Regeln für das Rechnen mit Klammern gelten,
- wie du Rechengesetze zum vorteilhaften Rechnen nutzen kannst,
- wie du mit einer Tabellenkalkulation rechnen kannst.

1 Aus der Stellenwerttafel ablesen

Lies die Zahlen aus der Stellenwerttafel ab.

	HT	ZT	T	H	Z	E
a)				5	9	1
b)			7	0	5	2
c)		2	0	3	0	8
d)	6	0	0	4	0	0

→ Lerntipp: Seite 258

2 Zahlen in Stellenwerttafeln eintragen

Erstelle in deinem Heft eine Stellenwerttafel und trage die Zahlen ein.

a) 79 b) 327 c) 580
d) 605 e) 1386 f) 4008

→ Lerntipp: Seite 258

3 Zahlen stellengerecht schreiben

Schreibe die Zahlen stellengerecht untereinander.

a) 1256 + 432
b) 345 + 401 + 3232
c) 2045 + 130 + 49 + 904
d) 6666 + 555 + 44 + 3

→ Lerntipp: Seite 258

4 Zahlen auf dem Zahlenstrahl ablesen

Welche Zahlen sind durch Pfeile markiert?

a)
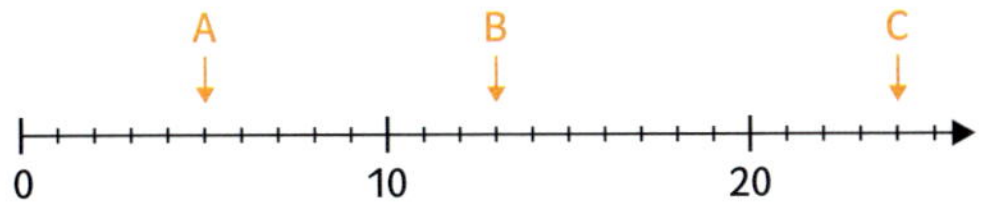

b)
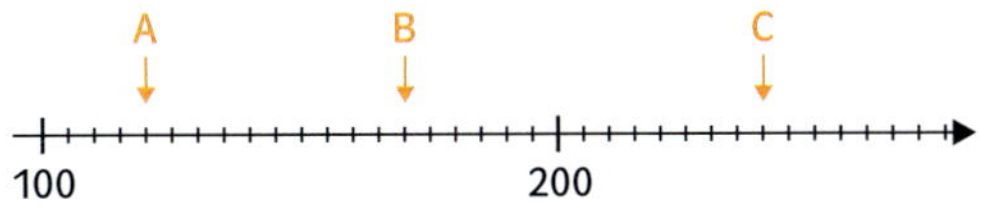

→ Lerntipp: Seite 256

5 Zahlen ergänzen

a) Ergänze zum nächsten Zehner.
31 + ■ = 40
b) Ergänze zum nächsten Hunderter.
463 + ■ = 500
c) Ergänze zum nächsten Tausender.
812 + ■ = 1000

→ Lerntipp: Seite 261

6 Zwischenschritte korrekt notieren

Berechne wie im Beispiel.

Beispiel: 57 + 36
= 57 + 30 + 6
= 87 + 6
= 93

a) 45 + 33 b) 79 − 46
c) 43 + 69 d) 84 − 37
e) 98 + 76 f) 124 − 78

→ Lerntipp: Seite 263

7 Im Kopf addieren

Mache den Hunderter voll.

Beispiel: 88 + 50 = 88 + 12 + 38
= 100 + 38
= 138

a) 77 + 40 b) 185 + 60
c) 273 + 50 d) 250 + 78
e) 120 + 96 f) 435 + 90

→ Lerntipp: Seite 262

8 Zahlen zerlegen

Zerlege die Zahl. Was musst du einsetzen?

a) 76 = 70 + ■ b) 87 = 90 − ■
c) 143 = 100 + ■ + 3 d) 649 = 700 − ■ − 1

→ Lerntipp: Seite 263

9 Umkehraufgaben bilden

Bilde eine Umkehraufgabe.

a) 18 + 43 = 61 b) 95 − 54 = 41
c) 249 + 87 = 336 d) 408 − 276 = 132

→ Lerntipp: Seite 262

10 Lückenaufgaben lösen

Welche Zahl musst du einsetzen?

a) 42 + ■ = 76 b) 77 − ■ = 23
c) ■ − 58 = 83 d) ■ + 67 = 125

→ Lerntipp: Seite 262

11 Schriftlich rechnen

Addiere bzw. subtrahiere schriftlich.

a)

	1	2	4
+	2	6	3

b)

	3	9	6
−	1	4	2

→ Lerntipp: Seite 264

→ Lösungen Seite 283 und 284

3 Erkunden

Gleiche Summen

→ 1 Kopfrechnen

1 Die aufeinanderfolgenden Zahlen von 4 bis 8 werden auf einem Streifen addiert. Der Streifen wurde so auseinandergerissen, dass auf einem Teil drei Zahlen stehen und auf dem anderen zwei.

a) Addiere die Zahlen auf jedem Streifen. Was fällt dir auf?

b) Erstelle den Streifen mit den Zahlen von 9 bis 15.
Wo musst du ihn auseinanderschneiden, damit zwei gleich große Ergebnisse entstehen?

c) Untersuche die Zahlen von 25 bis 35.
Wo musst du einen solchen Streifen auseinanderschneiden, um zwei gleich große Ergebnisse zu erhalten?

d) Findest du noch weitere Beispiele?
Stelle eine Vermutung auf und überprüfe sie mit Beispielen.

Magische Quadrate

→ 1 Kopfrechnen

→ 7 Rechengesetze und Rechenvorteile

2 In magischen Quadraten sind natürliche Zahlen so angeordnet, dass in jeder Zeile, jeder Spalte und jeder Diagonale die gleiche Summe entsteht. Dieses Ergebnis nennt man magische Zahl des Quadrats.

a) Überprüfe, ob das gelbe Quadrat ein magisches Quadrat ist. Wie heißt die magische Zahl?

4	9	2
3	5	7
8	1	6

b) Überprüfe auch das grüne und das blaue Zahlenquadrat.

17	3	16
11	12	13
8	21	7

1	6	11	16
12	15	2	5
14	9	8	3
7	4	13	10

c) Welche Zahlen müssen ergänzt werden, damit magische Quadrate entstehen? Ermittle zunächst die magische Zahl.

9	1	8
	6	
4		3

	12		13
		8	10
16	2	9	7
	5		

23	10	17		11
		5	12	24
	1	13	25	
2	14		8	
15				3

Große und kleine Hausnummer

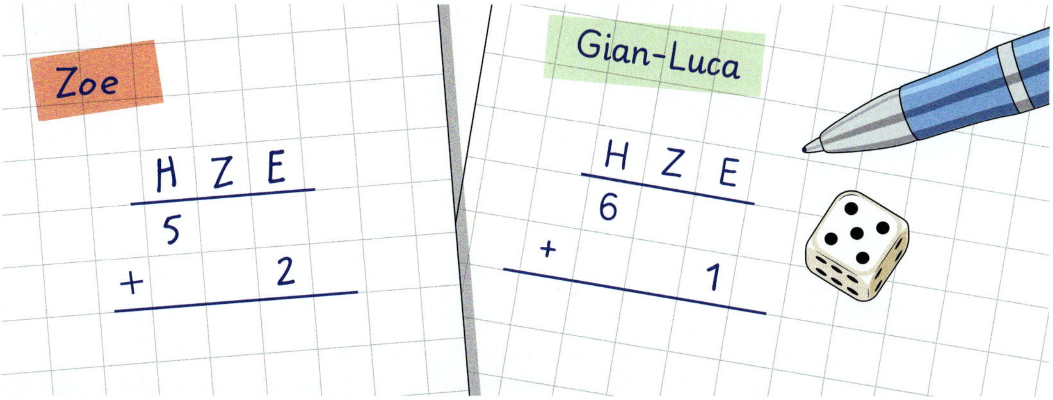

→ 3 Schriftlich addieren

3 Zoe und Gian-Luca spielen das Würfelspiel „Große Hausnummer". Dabei würfeln sie mit einem Würfel abwechselnd. Die geworfenen Augenzahlen tragen sie in die Stellenwerttafel ein. Wer am Ende die größere Summe aus zwei dreistelligen Zahlen erreicht, hat gewonnen. Zoe hat bereits eine Fünf und eine Zwei gewürfelt. Gian-Luca hat eine Sechs und eine Eins gewürfelt.

a) Probiert das Spiel aus.
b) Beim Spiel „Kleine Hausnummer" ist Sieger, wer die kleinste Summe aus zwei dreistelligen Zahlen erzielt. Spielt das Spiel.
c) Sprecht darüber, wie ihr die gewürfelten Augenzahlen in der Stellenwerttafel platziert.

Schriftlich subtrahieren

→ 4 Schriftlich subtrahieren

4 Samira und Lasse waren in verschiedenen Grundschulen. Die linke Darstellung zeigt, wie Samira das Subtrahieren gelernt hat. Die rechte Darstellung zeigt, wie Lasse in der Grundschule subtrahiert hat.

Subtrahieren mit dem **Abziehverfahren**

	5	14	11
	~~6~~	~~5~~	~~1~~
−	2	6	7
	3	8	4

Subtrahieren mit dem **Ergänzungsverfahren**

	6	5	1
−	2	6	7
	1	1	
	3	8	4

a) Beschreibe die beiden Verfahren.
b) Besprecht in der Gruppe die Unterschiede der beiden Verfahren.
c) Berechnet mit beiden Verfahren folgende Aufgaben im Heft.

A		5	3	7
	−	1	8	4

B		1	9	3	2
	−		4	6	7

1 Kopfrechnen

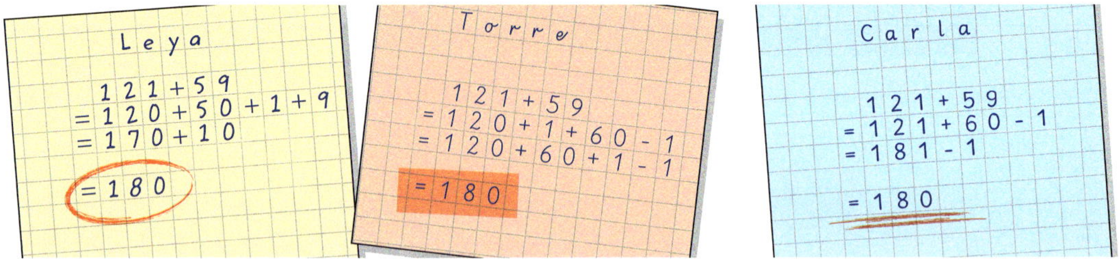

Leya, Torre und Carla haben die Aufgabe 121 + 59 unterschiedlich gelöst.
→ Beschreibe die unterschiedlichen Vorgehensweisen.
→ Findest du noch einen weiteren Lösungsweg?

Merke Beim Kopfrechnen helfen dir unterschiedliche Vorgehensweisen.
Oft kannst du Zahlen in Einer, Zehner und Hunderter **zerlegen**.
Manchmal kannst du Zahlen vorteilhaft auf den nächsten Zehner oder Hunderter **ergänzen**.

V31 Erklärvideo

Beispiele
So kannst du 59 + 37 im Kopf rechnen.

a) Tina zerlegt beide Zahlen.

b) Max zerlegt eine Zahl.

c) Camila bildet einen Zehner.

So kannst du 95 − 47 im Kopf rechnen.

d) Sue zerlegt eine Zahl.

e) Latif bildet einen Zehner.

f) Lucia ergänzt auf Zehner.

D32 Lösungen

○ **1** Addiere im Kopf.
a) 20 + 54 b) 56 + 34 c) 69 + 24
d) 57 + 32 e) 33 + 67 f) 43 + 49

○ **2** Subtrahiere im Kopf.
a) 38 − 20 b) 70 − 36 c) 125 − 38
d) 86 − 50 e) 85 − 47 f) 112 − 73

○ **3** Berechne im Kopf.
a) 48 + 56 b) 102 − 57 c) 135 − 78
d) 78 + 34 e) 132 − 69 f) 233 − 177

○ **4** Ergänze auf Zehner. Berechne dann.
Tipp: Schau dir die Beispiele c) und f) an.
a) 29 + 57 b) 88 − 39 c) 119 − 68
d) 38 + 49 e) 77 − 48 f) 128 − 87

○ **5** An der Rheinbrücke in Konstanz steht ein Fahrradzähler.
Als Mats morgens zur Schule fährt, zeigt die Radzählstelle 440 an. Auf dem Rückweg zeigt sie 2980 an. Wie viele Fahrräder haben die Brücke überquert?

6 Zerlegen oder Ergänzen? Wähle ein Verfahren aus, das für dich passt.

a) 44 + 35 b) 75 − 38 c) 49 + 67 d) 120 − 88 e) 153 − 69
f) 63 + 42 g) 84 − 19 h) 79 + 86 i) 105 − 77 j) 219 − 127

7 Notiere die Aufgabe. Rechne dann.

a) Was ergibt 95 und 45 zusammen?
b) Um wie viel ist 67 kleiner als 93?
c) Wie viel fehlt von 61 bis 105?
d) Wie groß ist der Unterschied von 87 und 19?
e) Wie viel ist 65 mehr als 39?

8 Welche Zahlenpaare kannst du leicht addieren? Schreibe vier Paare auf und berechne sie.

63 | 268 | 178 | 146
122 | 54 | 37 | 32

9 Ergänze die Lücke im Heft.

a) 85 + ☐ = 120 b) 91 − ☐ = 37
c) ☐ + 58 = 152 d) ☐ − 36 = 180
e) 87 + ☐ = 235 f) 214 − ☐ = 120

10 Wie viel fehlt noch bis zur nächstgrößeren Stufenzahl?

Stufenzahlen sind die Zahlen 10, 100, 1000, …

Beispiel: 73 + 27 = 100

a) 98; 89; 99; 995
b) 5; 55; 505; 555
c) 14; 144; 1404; 1444
d) 999; 909; 9009; 9999

11 Tara postet abends einen neuen Beitrag auf ihrem Account. Am Morgen des ersten Tags hat sie 175 Likes, am Abend bereits 455. Am Abend des darauffolgenden Tags sind es schon 1025 Likes.

a) Berechne, wie viele Likes sie am ersten Tag erhalten hat.
b) Wie viele Likes waren es am zweiten Tag?

7 Notiere die Aufgabe. Rechne dann.

a) Ziehe die Zahl 28 von 90 ab.
b) Um wie viel ist 83 kleiner als 155?
c) Berechne den Unterschied von 280 und 125.
d) Um wie viel ist 525 größer als 395?
e) Um wie viel ist die Zahl 77 größer als der Unterschied von 135 und 113?

8 Schreibe Zahlenpaare auf, die du leicht subtrahieren kannst. Berechne vier Paare.

253 | 212 | 124 | 55
74 | 88 | 345 | 53

9 Ergänze die Lücke im Heft.

a) 150 + ☐ = 185 b) 150 − ☐ = 85
c) ☐ − 165 = 295 d) ☐ + 175 = 425
e) 999 − 333 − 444 − ☐ = 111

10 Berechne die fehlenden Zahlen in deinem Heft.

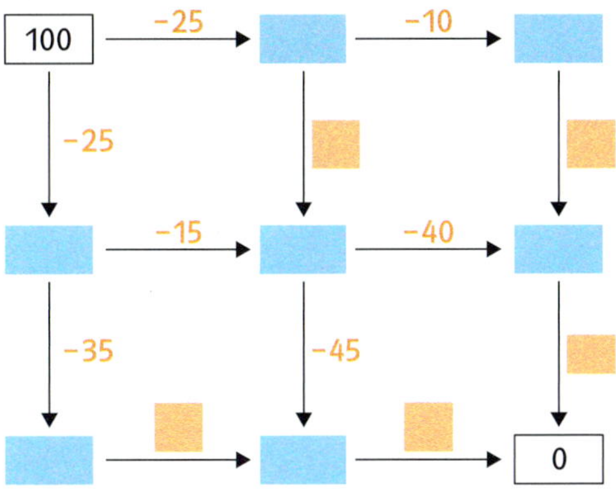

11 Sortiere die Ergebnisse nach der Größe. Beginne mit dem kleinsten Ergebnis. Wie lautet das Lösungswort?

S 44 + 68 | E 130 − 17 | N 9 + 99
D 144 − 33 | R 77 + 33
O 119 − 10 | E 66 + 55

12 Bilde eine Summe, deren Wert möglichst nahe bei 100 liegt. Du musst nicht alle Kärtchen verwenden.

21 | 22 | 24 | 37 | 35 | 19

13 In der unteren Reihe stehen fortlaufende natürliche Zahlen. Addiere nebeneinanderliegende Werte.

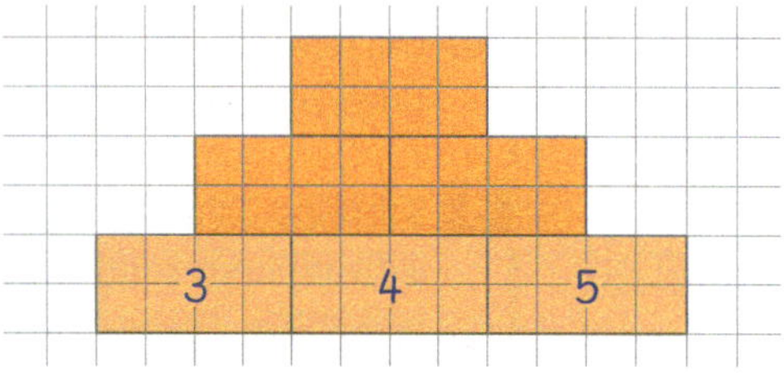

a) Berechne die Zahl in der Spitze.
b) Probiere es auch mit anderen fortlaufenden natürlichen Zahlen. Was fällt dir auf? Kannst du die Besonderheit erklären?

14 Setze die Aufgabenserie um drei weitere Aufgaben fort.
Schreibe zunächst eine Vermutung auf, wie die Ergebnisse lauten. Rechne dann.

a)
9 + 12 = 21
12 + 15 = 27
15 + 18 = 33
18 + 21 = 39
…

b)
108 − 99 = 9
99 − 87 = 12
90 − 75 = 15
81 − 63 = 18
…

15 Die SMV plant einen Spendenlauf.

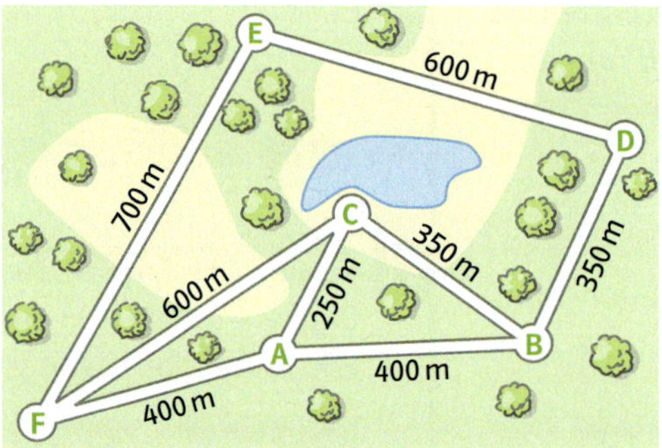

Stelle zwei Laufwege zusammen, die jeweils 2 km lang sind.
Findest du auch einen Weg, bei dem Start und Ziel am selben Ort liegen?

12 Addiere immer zwei Zahlen, die zusammen eine der abgebildeten Hunderterzahlen ergeben.

372 | 426 | 363 | 327 | 273 | 337 | 374 | 128

500 | 600 | 700 | 800

13 Wirf die Summe 120!

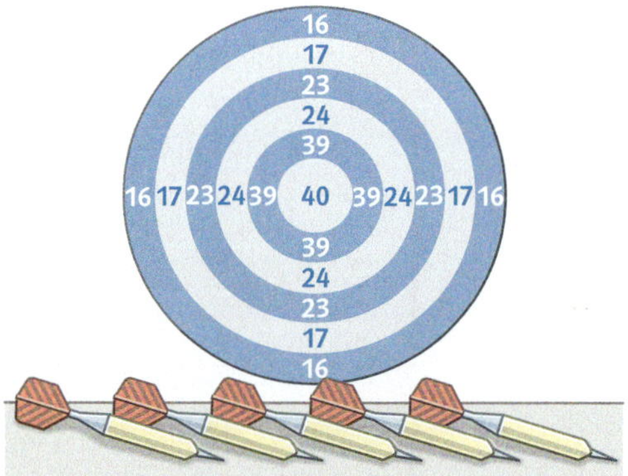

Welche Ringe musst du treffen, um die Summe 120 zu erreichen?
a) Du wirfst mit drei Pfeilen.
b) Du wirfst mit vier Pfeilen.
c) Du wirfst mit fünf Pfeilen.
d) Du wirfst mit sechs Pfeilen.
e) Kannst du mit 7 Pfeilen, die alle die Scheibe treffen, auch die Summe 120 erzielen?

14 Addiere nebeneinanderliegende Zahlen. Schreibe das Ergebnis im Heft in den darüber liegenden Stein.

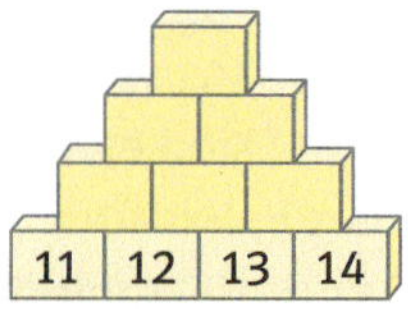

a) Berechne die Zahl im obersten Stein.
b) Erhöhe die Werte der unteren Reihe jeweils um eins. Wie verändert sich der Wert in der Spitze?
c) Stelle zunächst eine Vermutung auf, wie sich der Wert in der Spitze ändert, wenn man die Zahlen in den Grundsteinen um jeweils 2 vergrößert.
Überprüfe deine Vermutung.

2 Fachsprache: Summe und Differenz

In der Mathematik werden häufig wichtige Fachbegriffe verwendet. Mit ihnen lassen sich Sachverhalte kurz und eindeutig beschreiben.

V33 Erklärvideo

Merke

Addieren
Bei der Addition verwendet man die Begriffe Summand, Summe und **Ergebnis**.

Subtrahieren
Bei der Subtraktion verwendet man die Begriffe Minuend, Subtrahend, Differenz und **Ergebnis**.

Beispiele

a) 1. Summand 2. Summand
23 + 14 = 37
Summe (23 + 14) — **Ergebnis** (37)

b) Minuend Subtrahend
48 − 35 = 13
Differenz (48 − 35) — **Ergebnis** (13)

D34 Lösungen

○ **1** Ordne jedem Rechenausdruck den richtigen Begriff (Summe oder Differenz) zu.

A 47 + 28 | B 120 − 55 | C 432 − 123 | D 97 + 41 | E 235 − 135 | F 66 + 44

Summe | Differenz

○ **2** Schreibe den Rechenausdruck ins Heft und benenne ihn. Färbe die Summanden orange, den Minuenden grün und den Subtrahenden lila ein.
Tipp: Das M steht im Alphabet vor dem S. Der Minuend steht vor dem Subtrahend.

a) 18 + 49 b) 79 − 53 c) 184 − 107 d) 375 + 573
e) 45 + 22 f) 125 − 50 g) 16 + 18 + 20 h) 1000 − 850

◒ **3** Stelle den Rechenausdruck auf und berechne das Ergebnis.

a) Berechne die Summe aus 30 und 70.
b) Berechne die Differenz aus 150 und 60.
c) Berechne die Differenz aus 99 und 66.
d) Berechne die Summe aus 64, 78 und 12.

● **4** Ein Zoo veröffentlicht jedes Jahr Zahlen zu den Besucherinnen und Besuchern, zum Tierbestand und zu den entstandenen Kosten.

Letztes Jahr stiegen die Besucherzahlen. Es wurden 320 000 Kinder und Jugendliche sowie 450 000 Erwachsene gezählt. In Summe waren es 770 000 Besucherinnen und Besucher. Gegenüber dem Vorjahr war dies eine Differenz von 50 000 Besucherinnen und Besuchern. Die Summe der Tierarten im Zoo lag im vergangenen Jahr bei 1200. Im Jahr zuvor waren es nur 1100 Tierarten, was einer Differenz von 100 entspricht. Bei den Gesamtkosten lag die Differenz zum Vorjahr bei 200 000 Euro.

a) Was ist mit den Begriffen Summe und Differenz im Text gemeint? Erklärt euch dies gegenseitig.
b) Wie viele Besucherinnen und Besucher haben den Zoo im Jahr zuvor besucht?
c) Beschreibt, was die Differenz der Gesamtkosten zum Vorjahr bedeuten kann. Gebt dazu ein Beispiel.

3 Schriftlich addieren

Tjorben und Finja machen mit ihren Eltern eine dreitägige Fahrradtour.

	vormittags	nachmittags
Tag 1	47 km	42 km
Tag 2	43 km	48 km
Tag 3	33 km	29 km

→ Berechne die gefahrenen Kilometer für jeden Tag.
→ Sind sie an den Vormittagen oder an den Nachmittagen weiter gefahren?
→ Wie lang war die Fahrradtour insgesamt?

	T	H	Z	E
	4	7	5	2
+		9	8	6
	1	1		
	5	7	3	8

Größere Zahlen addierst du schriftlich. Die Stellenwerttafel hilft bei der Sprech- und Schreibweise.

Einer: 6 plus 2 gleich 8, schreibe 8
Zehner: 8 plus 5 gleich 13, schreibe 3, übertrage 1
Hunderter: 1 plus 9 plus 7 gleich 17, schreibe 7, übertrage 1
Tausender: 1 plus 4 gleich 5, schreibe 5

V35 Erklärvideo

Stellengerecht: Einer stehen unter Einern, Zehner unter Zehnern usw.

H	Z	E
	9	5
1	2	8

Merke

Schriftlich addieren
1. Schreibe die Zahlen stellengerecht untereinander.
2. Addiere dann von rechts nach links: Zuerst die Einer, dann die Zehner usw.
3. Entsteht ein Übertrag, schreibe ihn in die nächste Spalte und addiere ihn dort.

Überschlag
Bei der Überschlagsrechnung rundest du die Zahlen so, dass du im Kopf vorteilhaft rechnen kannst. So kannst du einschätzen, ob dein Ergebnis stimmt.

Beispiele

a)

		5	8	3
+		6	9	1
	1	1		
	1	2	7	4

Übertrag

b)

		7	3
+	6	5	4
+	1	9	8
	2	1	
	9	2	5

Auf Zehner gerundet
580 + 690 = 1270
Auf Hunderter gerundet
600 + 700 = 1300

D36 Lösungen

○ **1** Addiere schriftlich im Heft.

a) 567 + 231
b) 430 + 257
c) 1225 + 6553
d) 582 + 8306
e) 246 + 642
f) 504 + 393
g) 5067 + 4812
h) 8238 + 760

2 Schreibe im Heft stellengerecht untereinander und addiere. Überschlage zuvor im Kopf.

a) 235 + 453 b) 621 + 67 c) 560 + 237 d) 2004 + 4020
e) 712 + 185 f) 53 + 346 g) 207 + 791 h) 5432 + 567

3 Addiere schriftlich im Heft. Achte auf die Überträge.

a)

	6	3	7
+	2	4	5

b)

	2	4	6
+	5	9	3

c)

	6	3	4	8
+		9	5	6

d)

		7	9	9
+	7	7	0	5

e)

	4	8	9
+	5	7	0

f)

	1	9	7	9
+	2	0	8	6

g)

		5	8	9
+	9	0	6	1

h)

	9	0	0	9
+		9	9	9

4 Schreibe im Heft stellengerecht untereinander und addiere. Achte auf die Überträge. Überschlage im Kopf.

a) 457 + 574 b) 758 + 89 c) 76 + 895 d) 2074 + 873
e) 879 + 978 f) 909 + 8008 g) 5207 + 2098 h) 9785 + 506

5 Addiere. Denke an den Übertrag.

a)

	9	3	6
+	4	0	8
+	5	9	3

b)

		5	7	8
+	7	1	0	9
+	8	3	9	7

6 Schreibe die Zahlen stellengerecht untereinander und berechne die Summe. Überschlage zuvor im Kopf.

a) 234 + 456 + 789 b) 707 + 880 + 99
c) 5439 + 68 + 827 d) 958 + 3897 + 9879
e) 17906 + 87 + 469 f) 11 287 + 30 978 + 35

7 Eine Elefantenkuh bringt durchschnittlich alle 4 bis 5 Jahre ein Kalb zur Welt. Wieviel wiegt diese Familie zusammen? Überschlage das Ergebnis.

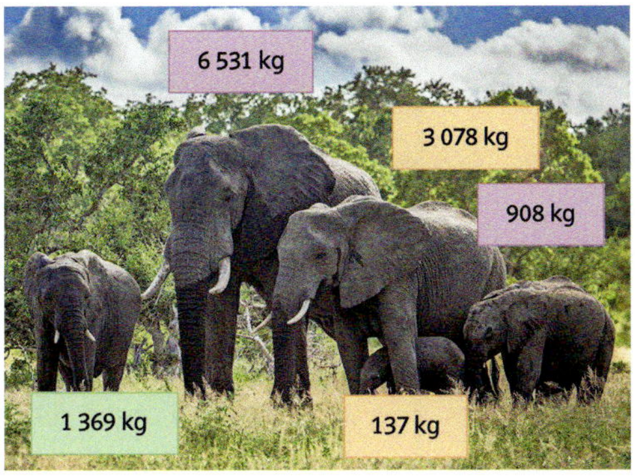

5 Addiere.

a)

	4	0	6
+	8	6	7
+		7	8
+	2	9	5

b)

		8	7	3
+	6	0	5	8
+		9	2	6
+			6	9
+	5	4	0	8

6 Schreibe die Zahlen stellengerecht untereinander und berechne die Summe. Überschlage zuvor im Kopf.

a) 5274 + 2609 + 716
b) 2468 + 496 + 32 987
c) 5007 + 692 + 10 078 + 89
d) 609 + 7806 + 79 + 25 073 + 517

7 Triff die Tausend.

	H	Z	E
	4	3	1
+	3	1	6
+	2	4	2
	9	8	9

Würfelt zu zweit neunmal und setzt eure Zahlen in eine Stellenwerttafel ein (siehe Abbildung). Gewonnen hat das Team, dessen Summe am nächsten an der Zahl 1000 liegt. Welche Strategie habt ihr entwickelt?

8 Ergänze in deinem Heft die fehlenden Ziffern.

a)

	6	3	■
+ 8	■	2	
1	4	9	7

b)

3	■	7	■
+ ■	1	■	6
7	4	9	8

9 Die Ergebnisse der sechs Aufgaben stehen in der rechten Spalte der Tabelle. Allerdings sind sie durcheinander geraten. Mache eine Überschlagsrechnung und ordne die Ergebnisse richtig zu.

Summe	Ergebnis
294 + 311	1699
89 + 220	1970
188 + 1208	605
1208 + 491	801
112 + 689	309
1379 + 591	1396

10 Annamaria und Paul haben in ihren Rechnungen unterschiedliche Fehler gemacht.

Annamaria

3	4	7	6
+ 4	5	2	
7	9	9	6

Paul

3	2	5	6
+ 5	8	5	2
8	0	0	8

a) Suche die Fehler und verbessere sie im Heft.
b) Erkläre die Fehler und gib den beiden einen Tipp für die nächsten Rechenaufgaben.

Spiegelzahl: Ordne die Ziffern einer Zahl umgekehrt an. Das ist die Spiegelzahl.

11 Merve addiert eine Zahl und ihre Spiegelzahl.

84 + 48 = 132

Mit dem Ergebnis verfährt sie genauso.

132 + 231 = 363

Sie behauptet: „Nach ein paar Schritten erhalte ich immer eine Zahl, die gleich ihrer Spiegelzahl ist."
Überprüfe die Behauptung von Merve anhand von weiteren Beispielen.

8 Ergänze in deinem Heft die fehlenden Ziffern.

a)

3	■	8	6
+ 5	9	■	2
■	■		
9	0	5	■

b)

	■	3	7	■
	+ 4	7	■	9
	■	■	■	■
1	0	■	6	7

9 Suche dreimal drei Zahlenkärtchen, die zusammen jeweils die Summe 500 ergeben.

125 | 403 | 372 | 46 | 235 | 111 | 140 | 17 | 51

10 Mareike und Serdar überlegen, welche der beiden Summen größer ist.

100 000 000	1
+ 120 000 000	+ 21
+ 123 000 000	+ 321
+ 123 400 000	+ 4 321
+ 123 450 000	+ 54 321
+ 123 456 000	+ 654 321
+ 123 456 700	+ 7 654 321
+ 123 456 780	+ 87 654 321
+ 123 456 789	+ 987 654 321

Nach einigem Überlegen kommt Serdar zum Schluss, dass beide Summen gleich groß sind.
Kannst du die Aussage von Serdar bestätigen, ohne die beiden Summen schriftlich zu addieren?

11
a) Bilde aus zwei verschiedenen ungeraden Zahlen die Summe 1000.
b) Mache dasselbe mit vier ungeraden Zahlen.
c) Vier aufeinanderfolgende ungerade Zahlen bilden die Summe 1000. Wie heißen die vier Zahlen?
d) Können fünf aufeinanderfolgende gerade Zahlen die Summe 1000 ergeben? Wenn ja, benenne die fünf Zahlen.
e) Warum kann man aus drei oder aus fünf ungeraden Zahlen die Summe 1000 nicht bilden?

4 Schriftlich subtrahieren

Die Klasse 5c ist im Schullandheim.
Die Jugendherberge liegt auf 548 m Höhe.
Die Klasse wandert zur Mittagshütte auf 947 m.
Am Nachmittag wandern sie weiter zum Talsee.
Er liegt 683 m hoch.

→ Wie viele Höhenmeter beträgt der Aufstieg zur Mittagshütte?
→ Wie viele Höhenmeter liegt die Mittagshütte über dem Talsee?

	T	H	Z	E
	5	6	5	7
–		9	8	5
	1	1		
	4	6	7	2

Einer: 5 plus 2 gleich 7, schreibe 2
Zehner: 8 plus 7 gleich 15, schreibe 7, übertrage 1
Hunderter: 1 plus 9 gleich 10, 10 plus 6 gleich 16, schreibe 6, übertrage 1
Tausender: 1 plus 4 gleich 5, schreibe 4

Größere Zahlen subtrahierst du schriftlich. Die Stellenwerttafel hilft bei der Sprech- und Schreibweise.

Merke

Schriftlich subtrahieren

1. Schreibe die Zahlen stellengerecht untereinander.
2. Beginne dann von rechts, die fehlenden Zahlen zu ergänzen.
3. Entsteht ein Übertrag, schreibe ihn unten in die nächste linke Spalte.
4. Überprüfe dein Ergebnis mit einer Überschlagsrechnung oder mache die Probe.

Beispiele

Schriftliche Rechnung — **Sprechweise**

V37 Erklärvideo

a)

	9	2	3	7
–	6	4	8	5
		1	1	
		2	7	5	2

Einer (E):	5 + 2 = 7		schreibe 2
Zehner (Z):	8 + 5 = 13	übertrage 1	schreibe 5
Hunderter (H):	1 + 4 + 7 = 12	übertrage 1	schreibe 7
Tausender (T):	1 + 6 + 2 = 9		schreibe 2

V38 Erklärvideo

b)

	7	6	4
–	1	5	8
–	2	7	9
	1	2	
	3	2	7

Auch bei zwei und mehr Subtrahenden kannst du das Verfahren anwenden.

Einer (E):	9 + 8 + 7 = 24	übertrage 2	schreibe 7
Zehner (Z):	2 + 7 + 5 + 2 = 16	übertrage 1	schreibe 2
Hunderter (H):	1 + 2 + 1 + 3 = 7		schreibe 3

c) **Überschlagsrechnung** 9237 – 6485 Überschlag auf Hunderter: 9200 – 6500 = 2700

d) **Probe** Überprüfe mit der Umkehraufgabe: 2752 + 6485 = 9237

D39 Lösungen

○ **1** Subtrahiere schriftlich im Heft. Denke an den Überschlag.

a)

	7	5	6
–	3	4	2

b)

	9	5	7
–		4	3

c)

	2	7	5	6
–	1	5	4	5

d)

	9	5	7	4
–		3	7	2

2 Schreibe im Heft stellengerecht untereinander und subtrahiere. Überschlage zuvor im Kopf.

a) 789 − 456 b) 798 − 87 c) 3678 − 2562 d) 7854 − 630 e) 7657 − 504

f) 963 − 852 g) 576 − 64 h) 3879 − 2817 i) 8888 − 567 j) 5978 − 808

3 Übertrage ins Heft und rechne. Achte auf den Übertrag.

a) 527 − 368

b) 727 − 59

c) 3245 − 2507

d) 7129 − 879

e) 913 − 749

f) 735 − 86

g) 9876 − 6080

h) 9182 − 935

4 Schreibe stellengerecht untereinander und subtrahiere. Achte auf den Übertrag. Kontrolliere mit einer Probe.

a) 753 − 537 b) 5604 − 876 c) 4139 − 875 d) 8008 − 575 e) 6606 − 4040

f) 603 − 189 g) 1025 − 607 h) 6666 − 777 i) 3003 − 909 j) 8060 − 4088

5 Übertrage ins Heft und berechne.

a) 876 − 623 − 12

b) 6879 − 2415 − 302

c) 9765 − 4321 − 3244

d) 7985 − 421 − 7563

5 Berechne. Achte auf den Übertrag.

a) 4736 − 1785 − 2114

b) 8283 − 1615 − 5453

c) 7077 − 909 − 5888

d) 6243 − 759 − 3408

6 Eine Arena bietet für ein Konzert 6500 Plätze. 4187 Karten wurden als Online-Tickets abgesetzt. An drei Vorverkaufsstellen wurden 516; 409 und 97 Tickets verkauft. Wie viele Karten bleiben für die Abendkasse?

6 Schreibe im Heft stellengerecht untereinander und berechne. Wie lautet das Lösungswort?

a) 7618 − 2504 − 3003

b) 5406 − 1091 − 2407

c) 6054 − 3807 − 38

d) 5678 − 2070 − 1409 − 347

e) 8080 − 55 − 1010 − 5005

Y	2010
H	2111
A	1908
N	2209
D	1852

7 Ergänze die fehlende Zahl im Heft.

a) 187 + ■ = 324 b) ■ − 234 = 321

c) ■ − 604 = 123 d) 560 + ■ = 1270

e) 5250 − ■ = 4444 f) ■ + 875 = 1435

7 Ergänze die fehlende Zahl im Heft.

a) 67 + 89 + ■ = 237 b) 68 + ■ + 47 = 174

c) 124 + ■ + 96 = 293 d) 404 + 303 + ■ = 999

e) ■ + 76 + 146 = 333 f) ■ + 147 + 229 = 533

8 Pauline und Paul rechnen die gleiche Aufgabe. Wer von den beiden hat einen Fehler gemacht?

Pauline	Paul
527	527
− 384	− 384
1	
143	243

9 Übertrage die Aufgabe in dein Heft und ergänze die fehlenden Ziffern.

a)

	6	1	8
−	□	7	□
	□		
	1	□	3

b)

	8	0	0
−	□	4	□
	□		
	2	□	0

10 Die Grafik zeigt die fünf beliebtesten Hunderassen Deutschlands.

In der Tabelle sind die Welpenzahlen der Jahre 2012 und 2022 dargestellt.

	2012	2022
Drahthaar	3013	3119
Golden Retriever	2265	2166
Labrador	2711	2630
Schäferhund	12 786	8395
Dackel	6171	6296

a) Wie viele Schäferhundewelpen waren es 2022 weniger als 2012?

b) Bei welcher Hunderasse hat die Welpenzahl von 2012 auf 2022 am meisten zugenommen? Wie viele Welpen waren es?

c) Im Jahr 2022 gab es insgesamt 69 391 Welpen. Im Jahr 2012 waren es noch 80 222. Berechne die Differenz.

d) Während der Coronapandemie stieg die Zahl der Welpen von 77 461 auf 85 600. Kannst du die Zunahme erklären?

e) MK Am Ende der Pandemie wurden viele Tiere in Tierheimen abgegeben. Recherchiere die Gründe.

Coronapandemie: In den Jahren 2020 bis 2023 (und bis heute) verursachte das Coronavirus die Atemwegserkrankung COVID-19.

8 Wo steckt der Fehler? Korrigiere und beschreibe ihn.

	2	4	6	8
−		5	7	8
	1	1	1	
	1	8	8	0

	5	3	7	2
−		8	9	3
−	2	5	0	9
	1	1		
	2	9	8	0

9 Übertrage die Aufgabe in dein Heft und ergänze die fehlenden Ziffern.

a)

	5	7	3	□
−		6	□	7
−	1	□	4	6
		□	□	
	4	0	6	6

b)

	9	7	5	2
−	□	6	4	2
−	2	□	3	7
−		4	5	□
	□	□	□	
	1	8	□	0

10 Setze die Aufgabenserie um zwei Aufgaben fort. Schreibe zunächst eine Vermutung auf, wie das Ergebnis der nächsten Aufgabe heißen wird. Rechne dann.

a) 99 999 − 12 345
88 888 − 12 345
77 777 − 12 345
…

b) 12 345 − 1234
23 456 − 2345
34 567 − 3456
…

11 Die Grafik zeigt die in Baden-Württemberg errichteten Windenergieanlagen.

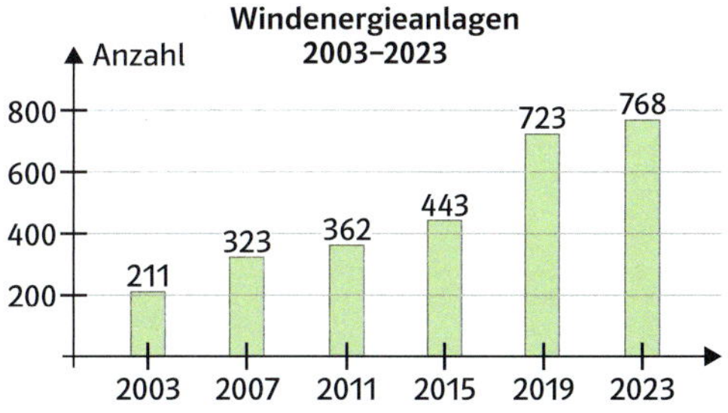

a) Wie viele Windenergieanlagen gab es 2023 mehr als 2003?

b) In welchem Vierjahresabschnitt stieg die Anzahl der Windräder am stärksten an? Berechne diesen Zuwachs.

11 Schreibe die Aufgabe als Rechnung in dein Heft und notiere das Ergebnis.
a) Berechne die Differenz von 167 und 89.
b) Wie viel fehlt von 247 bis 400?
c) Wie groß ist der Unterschied zwischen 567 bis 321?

12 Immer zwei der sechs Zahlen haben gleiche Ziffern.

565 656 212
787 878 121

a) Subtrahiere Zahlen mit gleichen Ziffern. Was stellst du fest?
b) Finde weitere solcher Zahlenpaare und subtrahiere sie voneinander. Stelle eine Vermutung auf.
c) Subtrahiere die Zahlen 535 und 353. Vergleiche die Lösung mit den Lösungen der Teilaufgabe a). Finde weitere Zahlenpaare dieser Art und subtrahiere. Was vermutest du?

13 In der Grafik sind einige der höchsten Wolkenkratzer der Welt abgebildet.
a) 1931 war das Empire State Building mit 381 m das höchste Gebäude. Vergleiche mit der Höhe des Burj Khalifa in Dubai.
b) Um wie viele Meter unterscheiden sich die Höhen der beiden Türme in New York?
c) Um wie viele Meter überragt der Burj Khalifa das 2014 fertiggestellte One World Trade Center in New York?
d) Der Jeddah Tower in Saudi-Arabien soll eine Höhe von 1007 m haben.
Berechne die Höhendifferenz des Jeddah Towers und des Burj Khalifa.

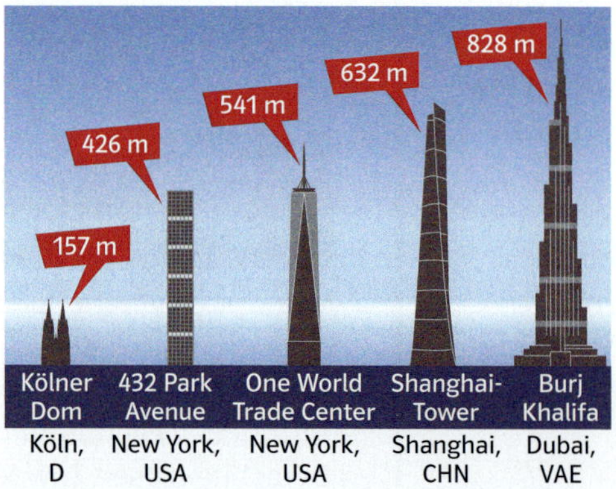

12 Berechne die Differenz der Zahlen 878 und 121. Wie verändert sich der Wert der Differenz, wenn
a) der Minuend um 25 größer wird?
b) der Subtrahend um 25 größer wird?
c) sowohl der Minuend als auch der Subtrahend um 25 größer werden?
d) der Minuend um 25 vergrößert und der Subtrahend um 25 verkleinert wird?

13

Setze die sechs Ziffern 2; 3; 5; 7; 8 und 9 in die leeren Kärtchen so ein, dass der Wert der Differenz
a) möglichst groß wird.
b) möglichst klein wird.
c) 121 beträgt.

14 Die Grafik zeigt die Müllmengen einiger europäischer Länder in Kilogramm pro Person im Jahr 2021.

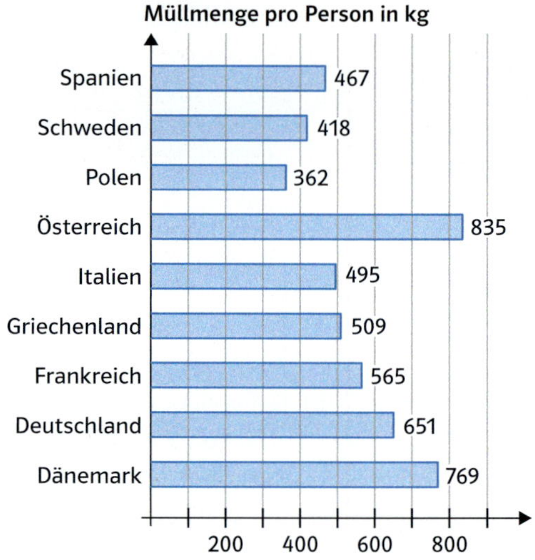

a) Berechne die Differenz der Müllmenge pro Person für die Länder Italien und Deutschland.
b) Bei welchen beiden Ländern weicht die Müllmenge am stärksten voneinander ab? Berechne diese Differenz.
c) MK Erkundige dich nach den aktuellen Müllmengen der Länder und vergleiche.

5 Rechnen mit der Tabellenkalkulation MK

Dilans großer Traum ist ein Gaming-PC. Um den voraussichtlichen Gesamtpreis zu berechnen, hat er eine Tabellenkalkulation verwendet.

→ Wer von euch hat schon einmal eine Tabellenkalkulation verwendet?

→ Welche Tabellenkalkulationen kennt ihr?

B9 =SUMME(B1:B7)

	A	B
1	Gehäuse	60
2	Netzteil	50
3	Prozessor	100
4	Kühler	24
5	Mainboard	75
6	Arbeitsspeicher	38
7	Grafikkarte	240
8		
9	**Gesamtpreis**	**587**

Eine Tabellenkalkulation ist ein Programm, mit dem du Zahlen geordnet aufschreiben und Berechnungen durchführen kannst. Du kannst dem Programm sagen, welche Zahlen wie miteinander verrechnet werden sollen. Die Tabellenkalkulation macht die Berechnungen automatisch für dich.

V40 Erklärvideo

A1

	A	B
1		
2		

Das ist die Zelle A1.

Zahlen und Rechnungen werden in Zellen auf dem Tabellenblatt geschrieben.

Wenn du später eine Zahl veränderst, werden deine Berechnungen sofort automatisch neu gemacht. Das ist praktisch und spart Zeit.

Merke

Um eine Rechenaufgabe in einzelnen Zellen einer Tabellenkalkulation zu lösen, klickst du eine beliebige Zelle an. Schreibe nun zuerst ein Gleichheitszeichen (=). Danach gibst du deine Aufgabe ein und drückst die Eingabetaste.

Eingabetaste:

Beispiel

Gib die Aufgabe ein:

	A
1	=2534+6752
2	

Drücke die Eingabetaste:

	A
1	9286
2	

D41 Material zu Aufgabe 1

D42 Lösungen

1 MK Starte eine Tabellenkalkulation und öffne die Datei D41. Für den Prozessor, das Mainboard und die Grafikkarte hat Dilan neue Angebote entdeckt, die er besser findet: Verändere die jeweiligen Preise. Wie hoch ist der neue Gesamtpreis?

Prozessor: 130 Euro

Mainboard: 65 Euro

Grafikkarte: 440 Euro

2 MK Berechne wie im Beispiel mit einer Tabellenkalkulation folgende Aufgaben.

a) 34 + 762 + 291 b) 821 − 573 + 109 c) 5431 + 354 − 1701

d) In der Zelle wird nach der Eingabe nur noch das Ergebnis angezeigt. Findest du die Stelle, wo die Rechnung steht?

3 MK Die Klasse 5 b organisiert einen Waffelverkauf. Um die Einnahmen und den Gewinn zu berechnen, nutzen die Kinder eine Tabellenkalkulation.

Die Zelle E3 steht in der Spalte E in Zeile 3.

Spalten

Zeilen

E3

	A	B	C	D	E
1	**Einnahmen Waffelverkauf**				
2					
3	Montag	61		Einnahmen	
4	Dienstag	75		Ausgaben	23
5	Mittwoch	54			
6	Donnerstag	112		**Gewinn**	
7	Freitag	48			

a) Übertrage die abgebildete Tabelle in eine Tabellenkalkulation. Achte darauf, dass die Werte in den vorgegebenen Zellen stehen.

b) Klicke auf die Zelle E3, schreibe =B3+B4+B5+B6+B7 und drücke die Eingabetaste. Dadurch addiert das Programm die Zahlen, die in diesen einzelnen Zellen stehen. Wie viel Geld wurde insgesamt beim Waffelverkauf eingenommen?
Tipp: Statt einen Zellnamen wie B3 mit der Tastatur zu schreiben, kannst du die Zelle B3 anklicken.

c) Anstatt =B3+B4+B5+B6+B7 kannst du auch =Summe(B3:B7) schreiben. Probiere es aus.
Tipp: Eine weitere Möglichkeit, die Zellen zu markieren, findest du im Erklärvideo.

d) Berechne den Gewinn in Zelle E6, indem du die passende Berechnung eingibst.

V40 Erklärvideo

Gewinn = Einnahmen − Ausgaben

4 MK Apnoetauchen ist ein Extremsport, bei dem ohne Sauerstoffflasche getaucht wird. Häufig geht es dabei in Tiefen um die 100 m.
Der Kroate Budimir Sobat hat es geschafft, bei einem solchen Tauchgang unglaubliche 24 Minuten und 37 Sekunden die Luft anzuhalten. Das sind 1477 Sekunden.

a) Könnt ihr als Klasse zusammengezählt länger die Luft anhalten? Erstellt eine Tabelle mit euren Namen. Stoppt eure individuellen Rekorde und tragt sie in Sekunden in die Tabelle ein.

b) Berechnet mit Hilfe der Tabellenkalkulation, wie lange ihr alle zusammen die Luft angehalten habt.

c) Seid ihr bereit für einen zweiten Durchgang? Der bessere Versuch eines jeden einzelnen zählt. War jemand in der zweiten Runde besser, könnt ihr den Wert in der Tabelle aktualisieren.

6 Klammern

Die Sophie-Scholl-Schule besuchen 475 Schülerinnen und Schüler. Davon kommen 65 aus Altenstadt, 38 aus Oberdorf, 47 aus Talhausen und 86 aus Seeheim.
Die restlichen Kinder sind aus Berghausen.
→ Wie viele sind das? Beschreibe deinen Rechenweg.
→ Vielleicht habt ihr unterschiedliche Lösungswege. Sprecht darüber.

Einen Rechenausdruck nennt man auch Zahlterm. Für das Berechnen eines Zahlterms gelten bestimmte Regeln.

Eine Klammer besteht immer aus zwei Zeichen: ( )

Merke

Klammerregeln

- Normalerweise rechnest du von links nach rechts.
- Enthält ein Zahlterm Klammern, so berechnest du die Klammer zuerst.
- Steht eine Klammer in einer Klammer, dann berechnest du die innere Klammer zuerst.

Beispiele

a) Von links nach rechts
35 − 11 + 16 − 25
= 24 + 16 − 25
= 40 − 25
= 15

b) Klammer zuerst
23 − (50 − 35)
= 23 − 15
= 8

c) Innere Klammer zuerst
18 − (12 + (24 − 19))
= 18 − (12 + 5)
= 18 − 17
= 1

V43 Erklärvideo

D44 Lösungen

1 Berechne von links nach rechts. Notiere wie im Beispiel a).
a) 55 − 25 + 40
b) 38 + 47 − 50
c) 56 + 32 − 27 − 51
d) 85 − 67 + 33 − 29
e) 72 + 24 − 50
f) 62 − 54 + 25
g) 88 − 44 − 33 + 22
h) 98 + 87 − 65 − 43

2 Berechne zuerst die Klammer. Notiere wie im Beispiel b).
a) 70 − (80 − 45)
b) (82 − 42) + 25
c) 25 + (52 − 38) − 28
d) (44 + 77) − 33 + 11
e) 36 + (75 − 55)
f) (120 − 90) − 25
g) 93 − (27 + 41) − 21
h) 97 − 73 − (62 − 51)

3 Berechne die innere Klammer zuerst. Notiere wie im Beispiel c).
a) 100 − (50 + (80 − 60))
b) 79 − (63 − (17 + 28))
c) 35 + ((87 − 53) − 19)
d) 70 + (120 − (60 + 40))
e) (17 + (81 − 52)) − 35
f) (105 − (29 + 67)) − 8

4 Hier kommen zwei Klammern vor.
a) 35 + (20 − 15) + (15 + 10)
b) 35 − (20 − 15) − (15 − 10)
c) 35 − (20 + 15) + (15 − 10)

5 Hier gibt es eine innere und eine äußere Klammer.
a) 55 − (48 + (77 − 59) − 16) − 4
b) 37 + (45 − (54 − 39) − 27)
c) 23 − (66 + 126 − (44 + 71) − 55)

4 Markiere die Klammern mit unterschiedlichen Farben im Heft. Rechne.
Wie heißt das Lösungswort?
(1) 100 + (75 − (25 − 20) + 10)
(2) 100 − (75 + 25 − (20 + 10))
(3) 100 − ((75 − 25) − 20 + 10)
(4) 100 + (75 − (25 + 20) − 10)
(5) 100 − 75 − ((25 − 20) + 10)
(6) 100 − (75 − (25 + 20 + 10))

I 30
D 10
K 60
A 180
I 120
O 80

6 Setze im Heft eine Klammer, damit die Rechnung stimmt.

a) 50 + 25 − 10 = 65 b) 50 − 25 − 10 = 15
c) 50 − 25 − 10 = 35 d) 50 − 25 + 10 = 15

7 In deinem Baukasten hast du vier Zahlen, zwei Plus-Zeichen, ein Minus-Zeichen und eine Klammer.

100 111) 1 (10 + + −

a) Lege die Bausteine so, dass der Zahlterm möglichst groß wird.
b) Bilde mit allen Bausteinen einen Rechenausdruck, der Null ergibt.

8 Welche Fehler haben William und Rana gemacht? Korrigiere im Heft.

William 64 − (36 − 25)
= 64 − 36 − 25
= 28 − 25
= 3

Rana 175 − (85 − (45 − 25))
= 175 − 85 − 45 − 25
= 90 − 45 − 25
= 20

9 Die Tabelle zeigt die Anzahl der Personen, die einen Freizeitpark an einem Tag besucht haben. Insgesamt waren es 23 036 Personen. Kinder unter 4 Jahren zahlen keinen Eintritt.

Alter	Anzahl Personen
4 bis 11 Jahre	7829
12 bis 64 Jahre	11 509
65 und älter	2273

Berechne die Anzahl der Kinder unter 4 Jahren, die den Park besucht haben.

5 Fasse die Subtrahenden in einer Klammer zusammen. Rechne dann.

Beispiel: 87 − 23 − 41 − 17
= 87 − (23 + 41 + 17)
= 87 − 81 = 6

a) 97 − 43 − 39
b) 74 − 18 − 29 − 13
c) 144 − 22 − 35 − 27 − 36
d) 457 − 145 − 83 − 115 − 66

6 Ihr habt vier Zahlen, ein Plus-Zeichen, zwei Minus-Zeichen und zwei Klammern.

36 9 (−) − 12 (+) 25

a) Bildet verschiedene Zahlterme und berechnet gegenseitig ihren Wert.
b) Welcher Zahlterm hat das größte, welcher das kleinste Ergebnis?

7 74 − (34 + 10) + 20 = 50

a) Ändere ein Rechenzeichen so, dass der Wert des Zahlterms um 20 größer wird.
b) Verschiebe die Klammer so, dass der Wert des Zahlterms um 20 größer wird.

8 Schreibe zuerst einen Zahlterm mit Klammern. Berechne dann seinen Wert.

a) Subtrahiere von 125 die Differenz von 82 und 37.
b) Addiere zur Summe von 24 und 46 die Differenz von 95 und 25.
c) Subtrahiere von der Summe der beiden Zahlen 75 und 25 die Differenz dieser beiden Zahlen.

9 Ergänze die fehlende Zahl im Heft.

a) 12 + (■ − 17) = 15 b) 60 − (12 + ■) = 30
c) ■ − (33 − 13) = 10 d) (36 + 14) − ■ = 22

10 135 − 21 + 12 − 10 + 25 − 13 ( )

Setze eine Klammer so, dass der Zahlterm
a) möglichst groß wird.
b) möglichst klein wird.
c) genau den Wert 100 hat.
d) Verwende bei den Aufgaben a) und b) zwei Klammerpaare. Was ändert sich?

7 Rechengesetze und Rechenvorteile

Beim Kopfrechentraining wird der Klasse folgende Aufgabe gestellt.

68 + 56 + 93 + 32 + 44 + 7

Joanna meldet sich ganz schnell und nennt das richtige Ergebnis.

→ Überlege, wie Joanna gerechnet hat.
→ Sammelt eure Vorschläge in der Klasse und besprecht sie.

Beim Addieren darfst du Summanden vertauschen. Der Wert der Summe ändert sich dadurch nicht.

Vorsicht beim Subtrahieren! Hier kannst du nicht vertauschen.

Das Zeichen ≠ bedeutet ungleich.

Merke

Vertauschungsgesetz (Kommutativgesetz)
In Summen darfst du die Summanden vertauschen. 43 + 51 = 51 + 43

Verbindungsgesetz (Assoziativgesetz)
In Summen darfst du Klammern beliebig setzen. 37 + (43 + 58) = (37 + 43) + 58

Beispiele

V45 Erklärvideo

a) 21 + 19
= 19 + 21
= 40

b) 47 + 14 + 26
= 47 + (14 + 26)
= 47 + 40
= 87

c) Das Anwenden der Gesetze bringt Vorteile.
25 + 17 + 16 + 43 + 24
= 25 + 17 + 43 + 16 + 24
= 25 + (17 + 43) + (16 + 24)
= 25 + 60 + 40
= 125

D46 Lösungen

○ **1** Setze im Heft eine Klammer. Berechne den Zahlterm wie im Beispiel b).
a) 32 + 18 + 25 b) 15 + 24 + 36 c) 43 + 27 + 29 d) 51 + 34 + 86
e) 47 + 53 + 62 f) 41 + 56 + 24 g) 77 + 23 + 46 h) 37 + 29 + 91

○ **2** Setze im Heft sinnvoll Klammern und berechne.
a) 147 + 251 + 149 b) 17 + 43 + 62 + 38 c) 67 + 33 + 42 + 58
d) 312 + 444 + 166 e) 58 + 22 + 25 + 75 f) 84 + 16 + 71 + 29

○ **3** Vertausche und setze eine Klammer im Heft. Rechne wie im Beispiel c).
a) 26 + 37 + 24 b) 77 + 34 + 66 + 23 c) 11 + 39 + 55 + 16 + 45
d) 53 + 64 + 27 e) 162 + 83 + 38 + 117 f) 57 + 52 + 21 + 48 + 43

4 Setze im Heft Klammern und rechne.
a) 23 + 77 + 56 + 14 + 48 + 32
b) 25 + 55 + 69 + 31 + 84 + 16
c) 184 + 16 + 47 + 153 + 112 + 38
d) 43 + 117 + 234 + 66 + 21 + 129
e) 233 + 167 + 86 + 164 + 189 + 111

5 Vertausche und fasse zusammen.
Beispiel: 26 + 43 + 24 + 17 + 32
= (26 + 24) + (43 + 17) + 32
= 50 + 60 + 32
= 142
a) 53 + 38 + 41 + 62 + 19
b) 83 + 65 + 34 + 27 + 35
c) 94 + 25 + 26 + 67 + 45 + 23
d) 29 + 53 + 36 + 47 + 44 + 51
e) 112 + 54 + 97 + 136 + 48 + 43

6 Die Summanden haben gleiche Abstände. Durch Vertauschen und das Verwenden von Klammern kannst du die Aufgabe leicht im Kopf rechnen.
a) 14 + 15 + 16
b) 22 + 25 + 28
c) 24 + 30 + 36 + 42 + 48
d) 28 + 42 + 56 + 70 + 84 + 98 + 112
e) 11 + 12 + 13 + 14 + 15 + 16 + 17 + 18 + 19
Lino vervielfacht den mittleren Summanden. Erkläre seine Überlegungen.

7 Emil „vereinfacht“ die Aufgabe 35 + 17 − 15 − 13 durch Vertauschen. Er rechnet 35 + 15 − 17 − 13 = 50 − 30 = 20 und erhält als Ergebnis 20.
Carla widerspricht: „Das ist falsch, bei Minus darfst du nicht vertauschen. Das richtige Ergebnis ist 24“.
Was sagst du zu dem Vorschlag von Emil? Rechne nach.

4 Vertausche nicht nur Nachbarn.
a) 57 + 19 + 44 + 51 + 26 + 33
b) 33 + 41 + 26 + 69 + 87 + 74
c) 119 + 97 + 69 + 41 + 23 + 111
d) 126 + 73 + 32 + 247 + 84 + 208

5 Rechne wie im Beispiel.
Beispiel: 23 − 9 + 77 − 34 − 31 − 16
= (23 + 77) − ((9 + 31) + (34 + 16))
= 100 − (40 + 50)
= 100 − 90
= 10
a) 150 − 36 + 75 − 63 − 64 − 37
b) 1000 − 999 + 88 − 77 + 66 − 55
c) 452 − 73− 181 − 127 − 39 + 78

6 Welchen Fehler hat Sina gemacht? Beschreibe und korrigiere den Fehler.

19 + (43 − 31)
= 19 + 31 − 43
= 50 − 43
= 7

7 Ergänze die fehlende Zahl im Heft.
a) 73 + 91 + ▪ + 127 + 109 = 444
b) 78 + 43 + 56 + ▪ + 112 + 74 + 67 = 555
c) ▪ + 131 + 84 + 208 + 279 + 256 = 1000

8 Schreibe den Zahlterm in dein Heft und berechne vorteilhaft.
a) Addiere die Zahlen 64, 53, 118, 76, 47 und 132.
b) Addiere zu den Zahlen 44 und 55 die Zahlen 73, 26 und 85.
c) Addiere die Summe der Zahlen 133 und 67 zur Differenz der Zahlen 91 und 41.

9 Ergänze die Tabelle in deinem Heft. Untersuche die Aufgaben, die zu denselben Ergebnissen führen.
Welches Rechengesetz erkennst du?

+	26	83	149	98
26	52			
83			232	
149		232		
98				

Zusammenfassung

Kopfrechnen

Durch **Zerlegen** oder **Ergänzen** kannst du viele Aufgaben leicht im Kopf rechnen.

Zerlegen	Zerlegen	Ergänzen	Zerlegen	Zerlegen	Ergänzen
48 + 63	48 + 63	48 + 63	83 − 56	83 − 56	83 − 56
= 40 + 60 + 8 + 3	= 48 + 60 + 3	= 48 + 2 + 63 − 2	= 83 − 50 − 6	= 83 − 3 − 53	= 83 − 60 + 4
= 100 + 11	= 108 + 3	= 50 + 61	= 33 − 6	= 80 − 50 − 3	= 23 + 4
= 111	= 111	= 111	= 27	= 27	= 27

Begriffe beim Addieren

Zur Addition gehört folgender Rechenausdruck.

1. Summand		2. Summand		
43	+	25	=	68
Summe				Ergebnis

Begriffe beim Subtrahieren

Zur Subtraktion gehört folgender Rechenausdruck.

Minuend		Subtrahend		
43	−	25	=	18
Differenz				Ergebnis

Schriftlich addieren

1. Schreibe die Zahlen stellengerecht untereinander.
2. Addiere dann von rechts nach links: Zuerst die Einer, dann die Zehner …
3. Entsteht ein Übertrag, schreibe ihn in die nächste Spalte und addiere ihn dort.

	5	3	7
+	3	8	4
	1	1	
	9	2	1

Schriftlich subtrahieren

1. Schreibe die Zahlen stellengerecht untereinander.
2. Beginne dann von rechts, die fehlenden Zahlen zu ergänzen.
3. Entsteht ein Übertrag, schreibe ihn unten in die nächste linke Spalte.
4. Überprüfe dein Ergebnis mit einem Überschlag oder mache die Probe.

	5	3	7
−	3	8	4
	1		
	1	5	3

Von links nach rechts rechnen

Wenn nichts vorgegeben ist, rechnest du von links nach rechts.

63 − 22 + 18 − 47
= 41 + 18 − 47
= 59 − 47
= 12

Klammer berechnen

Was in der Klammer steht, berechnest du zuerst.

45 − (32 − 17)
= 45 − 15
= 30

Innere Klammer zuerst

Kommen innere und äußere Klammern vor, berechnest du die innere Klammer zuerst.

50 − (33 + (25 − 18))
= 50 − (33 + 7)
= 50 − 40
= 10

Vertauschungsgesetz (Kommutativgesetz)

In einer Summe darfst du die **Summanden vertauschen**.

24 + 12
= 36

12 + 24
= 36

Verbindungsgesetz (Assoziativgesetz)

In einer Summe darfst du **beliebig Klammern** setzen.

15 + (8 + 12)
= 15 + 20
= 35

(15 + 8) + 12
= 23 + 12
= 35

D47 Lösungen

I48 Digital Üben

Kopfrechnen

Übe digital mit I48.

○ **1** Addiere im Kopf.
a) 34 + 23 b) 60 + 19 c) 55 + 33
d) 50 + 80 e) 70 + 103 f) 37 + 140

○ **2** Rechne im Kopf. Mache zuvor eine Überschlagsrechnung.
a) 37 + 29 b) 76 + 45 c) 41 + 58
d) 117 + 64 e) 158 + 97 f) 78 + 123

○ **3** Subtrahiere im Kopf.
a) 55 − 35 b) 67 − 20 c) 89 − 46
d) 120 − 30 e) 140 − 90 f) 270 − 150

○ **4** Rechne im Kopf. Mache zuvor eine Überschlagsrechnung.
a) 107 − 38 b) 125 − 67 c) 124 − 37
d) 167 − 89 e) 275 − 157 f) 163 − 117

○ **5** Rechne im Kopf.

a)
230 + 160
470 − 360
430 + 510

b)
7300 + 3500
6700 − 4200
2700 + 3800

I49 Digital Üben

○ **6** Nebeneinander liegende Steine werden addiert. Übertrage die Zahlenmauer ins Heft und ergänze die fehlenden Zahlen.

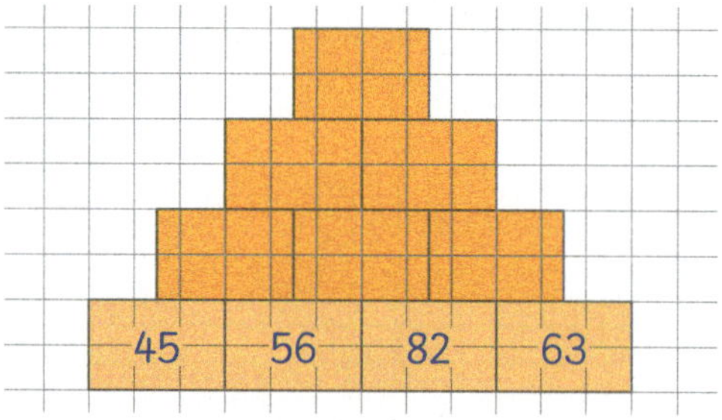

○ **7** Addiere wie im Beispiel.

Beispiel:
428 + 257 = 685

428 + 200 = 628
628 + 50 = 678
678 + 7 = 685

a) 167 + 86 b) 96 + 207 c) 209 + 76
d) 319 + 111 e) 2043 + 184 f) 476 + 4739

◒ **8** Ordne die Überschläge richtig zu.
Rechnung:

A 39 + 82
B 68 + 49 + 93
C 21 + 79 + 52
D 76 + 23 + 68
E 138 + 59 + 33
F 17 + 148 + 24

Überschlag:

170 230 120 150 190 210

◒ **9** Bilde aus je zwei Zahlen eine Summe so, dass alle Summen denselben Wert haben.

23 58 36 42 64 77

Fachsprache: Summe und Differenz

○ **10** Welche Begriffe gehören zusammen?

Subtrahend Addieren Summe
2. Summand Differenz Minuend
Subtrahieren 1. Summand

◒ **11** Notiere die Rechenaufgabe und berechne.
a) Berechne die Summe aus 179 und 97.
b) Berechne die Differenz von 403 und 276.

Schriftlich addieren

Übe digital mit I49.

○ **12** Addiere schriftlich im Heft.

a)

	1	2	5
+	2	4	3

b)

	2	1	7
+	5	6	2

○ **13** Addiere schriftlich im Heft. Achte auf die Überträge.

a)

	3	5	9
+	5	8	6

b)

	1	6	1	7
+		8	9	4

c)

	1	6	5	8
+	3	8	9	7

d)

	8	7	8	9
+	7	8	7	8

I50 Digital Üben

○ **14** In Tunneln sind Rettungswege gekennzeichnet. Wie lang ist der Tunnel?

◒ **15** Addiere schriftlich im Heft. Achte auf die Überträge und überschlage im Kopf.

a)

		3	2	7
+		5	7	8
+		4	6	9

b)

		7	8	9
+		5	6	7
+		5	4	3

c)

		7	6	8
+			8	9
+		6	7	3

d)

	4	7	6	8
+		6	5	9
+	5	6	7	3

◒ **16** Schreibe untereinander und rechne.

a) 3512 + 8204 + 1893
b) 5071 + 356 + 2408
c) 93 + 2008 + 867
d) 10185 + 43 + 4081 + 637
e) 111 + 89898 + 4040 + 77 + 5555

◒ **17** Achte auf die Nullen.

a)

		4	0	8	0
+		6	7	0	5
+		5	0	0	9

b)

	1	0	0	1	0
+		8	0	8	0
+			4	0	4

c)

	1	5	0	1	5
+			6	0	6
+		7	0	0	7

d)

	1	0	1	0	1
+		9	0	9	0
+	9	0	9	0	9

◒ **18** 1 5 9

Bilde alle dreistelligen Zahlen, die die Ziffern 1; 5 und 9 genau einmal enthalten. Addiere diese sechs Zahlen.

3 5 7

Mache dasselbe mit den Ziffern 3; 5 und 7. Vergleiche die beiden Summen.

Schriftlich subtrahieren

Übe digital mit I50.

○ **19** Subtrahiere schriftlich im Heft.

a)

		9	7	5
−		2	3	4

b)

	2	7	4	5
−		4	3	2

c)

		8	9	7
−		3	0	4
−		4	6	1

d)

	7	9	8	9
−		3	1	4
−	7	5	7	3

○ **20** Achte auf die Überträge.

a)

		4	3	6
−		3	8	9

b)

	4	0	2	6
−	3	3	0	7

c)

	5	0	0	2
−		8	0	7

d)

	7	0	5	3
−	1	9	6	3

○ **21** Schreibe in deinem Heft untereinander und rechne.

a) 809 − 473
b) 765 − 678
c) 7548 − 979
d) 2487 − 1998
e) 4004 − 3079
f) 10402 − 8907

◒ **22** Finde die Fehler und korrigiere in deinem Heft.

a)

		4	3	6
−		3	7	8
		1	4	2

b)

	4	8	1	5
−	2	5	4	
	2	2	7	5

◒ **23** Nebeneinander liegende Steine werden addiert. Übertrage die Zahlenmauer in dein Heft und ergänze die fehlenden Zahlen.

Tipp: Zeichne die Mauern wie auf S. 72.

a)

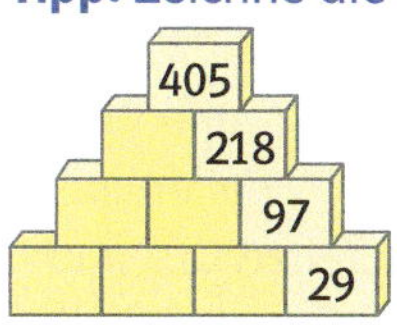

b)

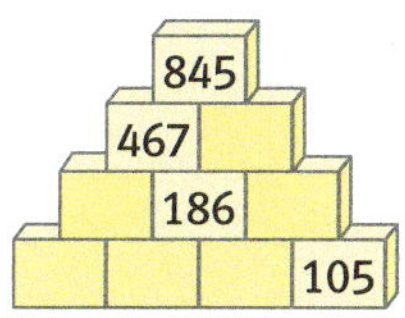

D51 Material zu Aufgabe **27**

24 Übertrage ins Heft und ergänze.

a)

	■	6	5
−	6	■	8
		■	
	3	5	■

b)

	5	0	3	■
−	2	■	0	8
	■		■	
	■	2	■	2

c)

	6	■	3
−	2	7	8
−	■	9	6
	■	■	
	1	2	■

d)

	7	0	6	■
−	3	6	■	7
−	■	5	8	3
	■	■	■	
	2	■	9	5

25 Trage in die Felder die Ziffern 1, 2, 3, 4, 6, 7, 8 und 9 so ein, dass die Differenz

	□	□	□	□
−	□	□	□	□
		?		

a) möglichst groß wird.
b) 1111 beträgt.
c) möglichst klein wird.

Rechnen mit der Tabellenkalkulation

D52 Material zu Aufgabe **26**

I53 Digital Üben

26 MK Die SMV der Schiller-Realschule benutzt für die Abrechnung des Pausenverkaufs eine Tabellenkalkulation.

a) Übertragt die Werte in eine Tabellenkalkulation.

	A	B	C
1	**Pausenverkauf während einer Woche**		
2			
3	**Einnahmen:**		212,45 €
4			
5	**Ausgaben:**		
6	Gebäck		126,50 €
7	Getränke		26,85 €
8	Reinigungsmittel		4,25 €
9	Sonstiges		11,08 €
10	**Summe Ausgaben**		
11			
12	**Überschuss:**		

b) In den Zellen C3 und C6 bis C9 stehen die Beträge für eine Woche. Berechnet mithilfe der Tabellenkalkulation die Beträge in den Zellen C10 und C12.

c) Verwendet die Tabellenkalkulation, um eigene Berechnungen durchzuführen.

27 MK Die Klasse 5a hat die Ergebnisse ihres Spendenlaufs in eine Tabellenkalkulation übertragen. Für jede Runde spendeten unterstützende Firmen fünf Euro.

a) Ermittelt mithilfe der Tabellenkalkulation das Spendenergebnis.
Tipp: Ihr müsst auch multiplizieren. In der Tabellenkalkulation nimmt man für den Malpunkt das *-Zeichen.

	A	B
1	**Name**	**Rundenzahl**
2	Sofie	7
3	Tom	23
4	Mia	8
5	Medina	12
6	Guiseppe	18
7	Samira	14
8	Luca	12
9	Juan	17
10	Frau Pfeiffer	14
11	Matteo	19
12	Noah	7
13	Magdalena	11
14	Elias	13

b) Probiert es auch mit eigenen Werten.

Klammern

Übe digital mit I53.

28 Achte auf die Klammern.
a) 37 + (28 − 19) − 41
b) (87 − 66) − (71 − 56) + (39 − 22)

29 Kann man die Klammer weglassen, ohne dass sich das Ergebnis ändert?
a) 55 − (76 − 31)
b) 78 + (61 − 47) − 36
c) 95 − (43 − 26) − 19

30 Es fehlt eine Klammer. Ergänze im Heft.
a) 50 − 15 + 25 + 5 = 5
b) 50 − 15 + 25 − 5 = 15
c) 50 − 25 − 15 + 5 = 45

31 Die Klammer sitzt falsch.
Korrigiere im Heft.

a) 12 + (18 − 13) − 3 = 20
b) 7 + (6 − 5 + 4) − 3 = 7
c) 12 − 10 + (8 − 6 + 4) − 2 = 2

Rechengesetze und Rechenvorteile

Übe digital mit I54.

I54 Digital Üben

32 Rechne vorteilhaft durch Vertauschen und Klammern setzen.

a) 23 + 64 + 17 + 36
b) 43 + 58 + 27 + 32
c) 53 + 54 + 55 + 56 + 57
d) 67 + 68 + 69 + 31 + 32 + 33
e) 56 + 67 + 129 + 33 + 144 + 71

33 Nutze Rechenvorteile. Berechne.

a) 128 + 77 + 56 + 72 + 44 + 223
b) 73 + 61 + 28 + 149 + 37 + 132
c) 131 + 156 + 73 + 69 + 244 + 127
d) 109 + 77 + 86 + 113 + 61 + 254

34 Welche Zahl musst du einsetzen, damit die Rechnung stimmt?
Nutze, wenn möglich, Rechenvorteile.

a) 73 + 58 + ■ + 27 + 22 = 245
b) 106 + 79 + 64 + ■ + 81 = 415
c) ■ + 328 + 91 + 52 + 129 + 75 = 800

Vermischte Aufgaben

Übe digital mit I55.

I55 Digital Üben

35 Wie heißt die fehlende Zahl?

a) ■ + 127 = 256
b) 107 − ■ = 36
c) ■ − 96 = 123
d) 371 + ■ = 729
e) 333 − ■ = 197
f) ■ − 635 = 247

36 Hier wurden Fehler gemacht. Beschreibe sie und korrigiere das Ergebnis im Heft.

a) 9000 + 6500 = 74 000
b) 23 500 + 7800 = 313 000
c) 16 500 + 3200 = 197 000
d) 48 000 + 48 000 = 960 000

37 Achte beim Rechnen auf die Klammer.

a) 40 − (36 − 32) − 28 + 24 − 20
b) 40 − 36 + 32 − (28 − 24) − 20
c) 40 − 36 + (32 − 28 + 24) − 20
d) 40 − (36 − (32 − 28) − 24) − 20
e) 40 − 36 + ((32 + 28 − 24) − 20)
f) 40 − (36 − (32 − 28 + 24 − 20))

38 1111 treffen
Gewürfelt wird mit drei Würfeln.
Bildet aus den Augenzahlen dreistellige Zahlen wie 135 oder 351. Nach jedem Wurf bildet ihr die Zwischensumme.

Beispiel:
1. Wurf: 135
2. Wurf: 214
135 + 214 = 349

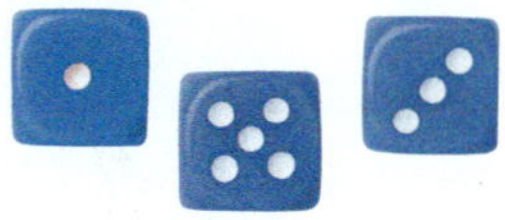

Wer nach fünf Würfen mit seiner Summe am nächsten bei 1111 liegt, hat gewonnen.

39 Die Albert-Einstein-Schule besuchen 735 Schülerinnen und Schüler.
Die Tabelle zeigt das Ergebnis zur Wahl des Schülersprechers oder der Schülersprecherin. Alle hatten eine Stimme.

Jana	Max	Ayma	Liam	Merve
86	125	146	73	96

a) Ermittle, wie viele nicht gewählt haben.
b) MK Stelle das Ergebnis in einem geeigneten Diagramm dar. Du kannst auch eine Tabellenkalkulation nutzen.

40 Stelle einen Zahlterm auf und rechne.

a) Subtrahiere von der Summe aus 127 und 248 die Zahl 359.
b) Addiere die Differenz von 29 und 15 zur Differenz von 42 und 19.
c) Subtrahiere die Differenz von 45 und 22 von der Differenz von 100 und 45.

41 Setzt drei der fünf Ziffern 3; 4; 5; 6 und 7 in die Leerstellen ein.

□ + □ − □ = ?

Beispiel: 4 + 3 − 5 = 2
Wer schafft die meisten unterschiedlichen Ergebnisse von 0 bis 10?

1 Zeichne die Mauer in dein Heft und fülle die freien Steine aus.
Tipp: Rechne nicht immer von unten nach oben.

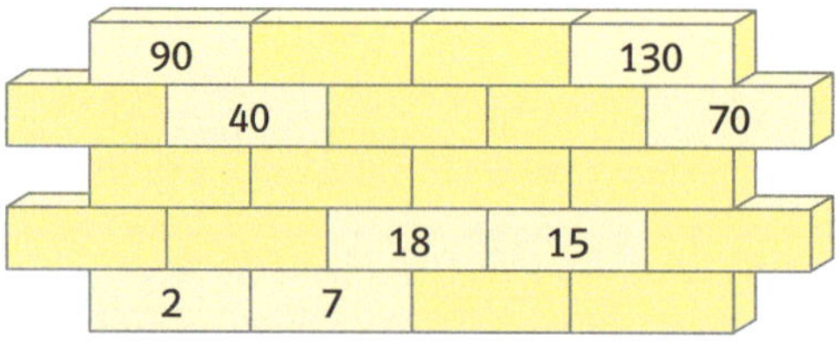

2 Jana und Joshua stellen der Klasse Mathematik-Rätsel. Stimmen die Aussagen?
a) Jana sagt: „Wenn ich zwei gerade Zahlen addiere, ist die Summe gerade."
b) Joshua meint: „Die Differenz von zwei ungeraden Zahlen ist auch ungerade."

Höhenmeter: Der Höhenunterschied zwischen zwei Orten (in m)

3 Würfelspiel mit drei Würfeln
Tipp: Zur Zahl 621 ist die Zahl 126 die Spiegelzahl.

Werft drei Würfel. Wenn ihr zweimal oder dreimal dieselbe Zahl habt, würfelt noch einmal. Bildet die größtmögliche und die kleinstmögliche Zahl. Berechnet die Differenz.
Berechnet dann die Summe aus der Differenz und ihrer Spiegelzahl. Was fällt euch auf?

4 Hier stecken Fehler drin.
a) Ändere im Heft eines der Rechenzeichen so, dass die Rechnung stimmt.

(1) 50 − (24 − 15) + 11 = 30
(2) 100 + (55 − 15) − 32 = 28
(3) 75 − (30 − 25) − 12 = 8

b) Prüft euch dann gegenseitig.

5 Schreibe zuerst einen Rechenausdruck zum Text, berechne dann.
a) Addiere zur Summe von 27 und 45 die Differenz von 75 und 36.
b) Subtrahiere die Differenz von 112 und 24 von der Summe von 76 und 13.
c) Subtrahiere die Differenz von 41 und 22 von der Differenz von 96 und 67.

6 Das Bild zeigt das Höhenprofil und die Gehzeit eines Wanderwegs in den Alpen.

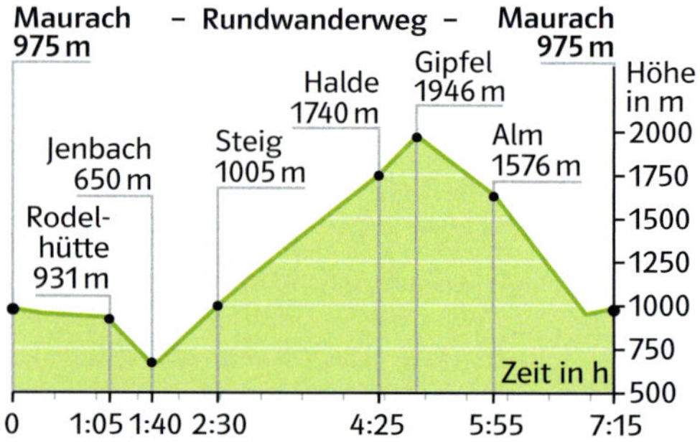

a) Wie viele Meter Anstieg sind es von Jenbach bis zum Gipfel?
b) Wie viele Höhenmeter muss man von Maurach zur Halde auf- und absteigen?
c) Der Wanderweg hat Anstiege und Abstiege. Berechne die Gesamtzahl der Höhenmeter auf den Anstiegen und den Abstiegen.
d) Stellt euch gegenseitig Aufgaben über die Gehzeiten.

7 Bei magischen Quadraten ist die Summe in allen Zeilen, Spalten und Diagonalen gleich. Magische Quadrate könnt ihr ohne Rechnen herstellen.
Die Zahlen werden aufsteigend in Schräglinien aufgeschrieben. Um die mittlere Zahl wird ein Quadrat gelegt. Die Zahlen außerhalb werden nach innen geschoben. Seht euch dazu die Zeichnung an. Vervollständigt das 5 × 5-Quadrat und prüft nach, ob es magisch ist.

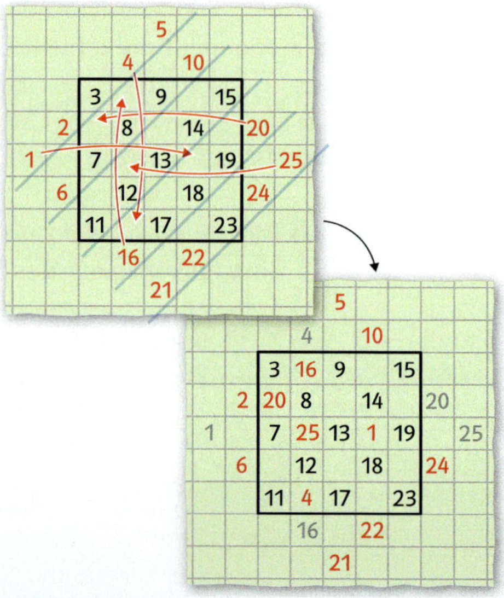

1 Rechne im Kopf. Mache zur Kontrolle einen Überschlag.
a) 23 + 47 b) 54 − 28 c) 115 + 275 d) 270 − 145

2 Berechne schriftlich im Heft.

a)

	5	9	0	3
−	1	6	7	8

b)

	9	4	7
+	2	6	9
+	3	9	8

c)

	1	5	0	9
−		8	7	6

d)

	9	4	9
−	4	7	3
−	2	8	1

3 Für ein Benefizkonzert stehen insgesamt 840 Eintrittskarten zur Verfügung. Im Vorverkauf wurden 592 Karten verkauft. An der Abendkasse waren es 406 Karten weniger als im Vorverkauf. An Ehrengäste gingen 45 Karten.
War das Konzert ausverkauft?

4 Berechne.
a) 287 + 534 + 749 b) 815 − 483 − 79

5 Berechne vorteilhaft.
a) 35 + 59 + 25 b) 17 + 61 + 43 + 29

6 Ergänze im Heft die fehlenden Ziffern.

a)

	4	■	7	1
+	6	8	■	5
■	■	■		
■	1	0	3	■

b)

	■	7	5	■
−	3	0	■	6
		■	■	
	6	■	6	6

7 Achte auf die Klammer.
a) 55 − (82 − 57) b) 74 − (95 − 45) − 23

8 Schreibe ins Heft und setze für ■ jeweils das richtige Rechenzeichen ein.
a) 25 ■ 12 − 8 ■ 5 = 24
b) 50 − (24 ■ 1) = 27

9 Berechne die Summe aus 217 und 386. Addiere 13.

10 Bilde aus allen Kärtchen einen Rechenausdruck
a) mit möglichst kleinem Ergebnis.
b) mit möglichst großem Ergebnis.

10	+	25	(	)	15	−

4 Ordne den Kärtchen die Begriffe Summe bzw. Differenz zu.

A 43 + 77 B 59 − 13
C 153 − 86 D 107 + 28

5 Nutze Rechenvorteile.
a) 157 + 65 + 36 + 43 + 235
b) 283 + 92 − 83 + 108

6 Berechne.
a) 75 − (23 + 17) − (36 − 11)
b) 26 − (20 − (15 − 8) + 12)

7 Finde den Fehler und korrigiere ihn.

100 − (34 − 14) − 20 = 32

8 Eine Klammer fehlt. Setze sie im Heft.
a) 34 − 23 + 8 + 3 = 6
b) 12 + 45 − 18 − 5 = 44

9 Setze für ■ die richtige Zahl ein.
a) 99 − ■ − 44 − 11 = 22
b) 88 + 32 − (■ − 66) = 99
c) 60 − (150 − (36 + ■)) = 10

10 Um wie viel ist die Differenz aus 325 und 182 kleiner als die Summe aus 39 und 126?

→ Lösungen Seite 284

4 Multiplikation und Division

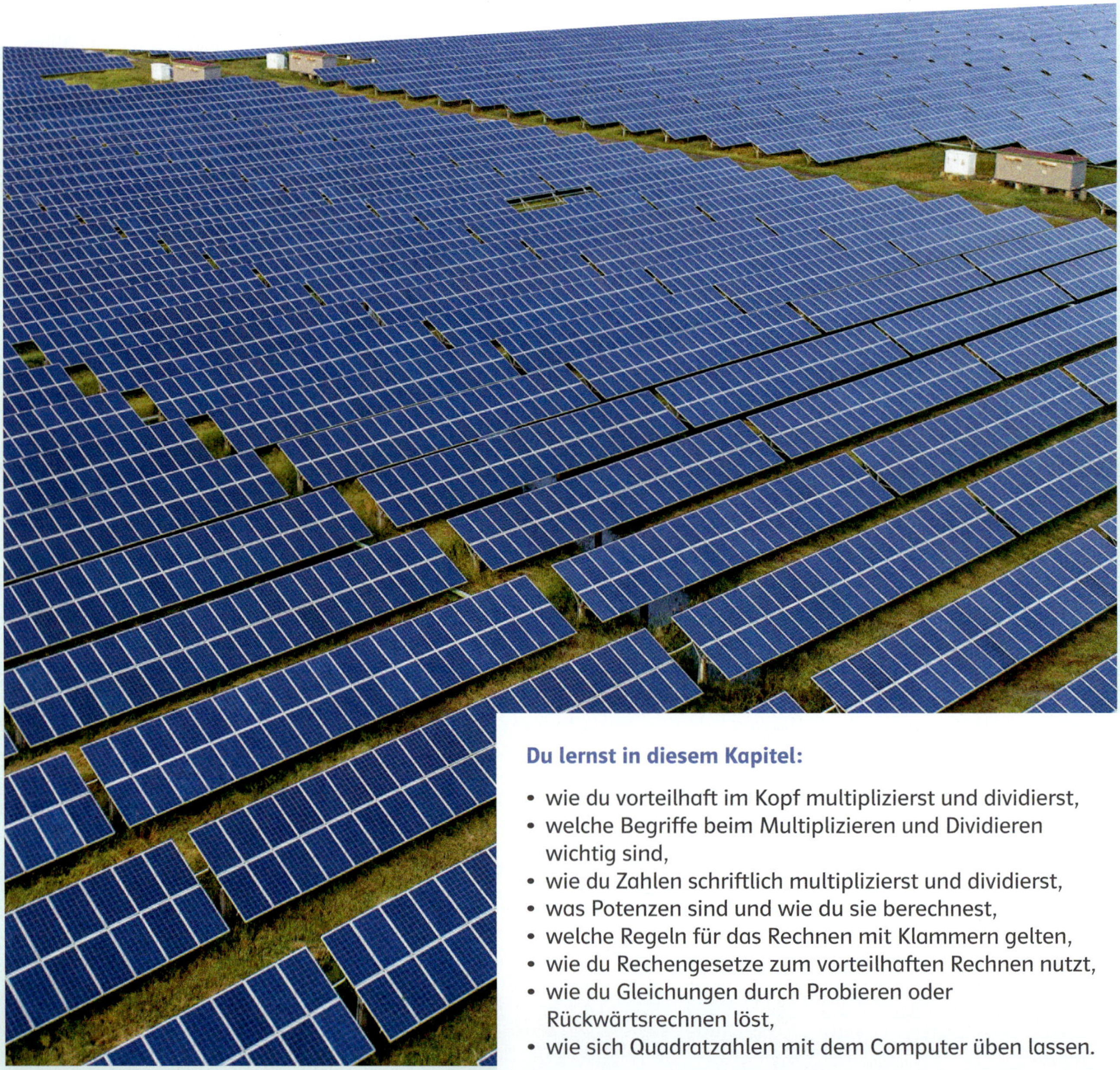

Du lernst in diesem Kapitel:

- wie du vorteilhaft im Kopf multiplizierst und dividierst,
- welche Begriffe beim Multiplizieren und Dividieren wichtig sind,
- wie du Zahlen schriftlich multiplizierst und dividierst,
- was Potenzen sind und wie du sie berechnest,
- welche Regeln für das Rechnen mit Klammern gelten,
- wie du Rechengesetze zum vorteilhaften Rechnen nutzt,
- wie du Gleichungen durch Probieren oder Rückwärtsrechnen löst,
- wie sich Quadratzahlen mit dem Computer üben lassen.

1 Eine Summe mit gleichen Summanden als Multiplikation schreiben

Schreibe als Multiplikationsaufgabe.

a) 5 + 5 + 5 + 5 b) 2 + 2 + 2 + 2 + 2 + 2
c) 9 + 9 + 9 + 9 + 9 + 9 + 9 + 9

→ **Lerntipp:** Seite 265

2 Geschickt abzählen

Bestimme die Gesamtzahl.

a)

b)

→ **Lerntipp:** Seite 265

3 Multiplikationsaufgaben erstellen

Schreibe zu jedem Foto eine Multiplikationsaufgabe.

a)

b)

→ **Lerntipp:** Seite 265

4 Fair verteilen

Verteile 48 Gummibärchen gerecht an

a) 2 Personen. b) 3 Personen.
c) 8 Personen. d) 12 Personen.

→ **Lerntipp:** Seite 265

5 Kleines Einmaleins

Schreibe das kleine Einmaleins auf Zettel. Notiere jede Reihe gesondert.

1 · 4 = 4
2 · 4 = 8
3 · 4 = 12
…

1 · 7 = 7
2 · 7 = 14
3 · 7 = 21
…

→ **Lerntipp:** Seite 266

6 Halbieren und verdoppeln

Halbiere und verdopple die Zahl.

a) 6 b) 12 c) 36 d) 54 e) 72

→ **Lerntipp:** Seite 267

7 Umkehraufgaben zuordnen

Welche Kärtchen gehören zusammen?

6 · 7 8 · 9 6 · 11
72 : 9 66 : 11 42 : 7

→ **Lerntipp:** Seite 267

8 Mit der Umkehraufgabe überprüfen

Berechne. Kontrolliere anschließend mit der Umkehraufgabe.

a) 48 : 6 b) 7 · 9 c) 77 : 11 d) 8 · 9

→ **Lerntipp:** Seite 267

9 Lückenaufgaben lösen

Setze die richtige Zahl ein.

a) 7 · □ = 49 b) □ · 12 = 36
c) □ : 9 = 6 d) □ : 6 = 12

→ **Lerntipp:** Seite 262 und 267

Erkunden

Gaußsche Summe

→ 1 Kopfrechnen

1 Carl Friedrich Gauß war ein berühmter Mathematiker. Im Jahr 1786 soll er als Neunjähriger die Summe der Zahlen von 1 bis 100 in kürzester Zeit im Kopf errechnet haben. Dazu hat er wohl gedanklich eine Tabelle erstellt.

a) Beschreibe, was Carl Friedrich sich überlegt hatte.

1	2	3	4	5	...	49	50
100	99	98	97	96	...	52	51
101	101	101	101	101	...	101	101

b) Versuche, mit dieser Überlegung die Summe der natürlichen Zahlen von 1 bis 10 zu berechnen.

c) Berechne die Summe der natürlichen Zahlen von 1 bis 100.

d) Wenn du ganz mutig bist, kannst du bestimmt die Summe $1 + 2 + 3 + \ldots + 997 + 998 + 999 + 1000$ berechnen.

Mit Stäbchen multiplizieren

→ 5 Schriftlich multiplizieren

2 Eine aus Japan und China stammende Methode zeigt, wie du mithilfe von Stäbchen multiplizieren kannst.

Das Bild zeigt die Aufgabe $32 \cdot 21$.
Das Ergebnis lautet 672.

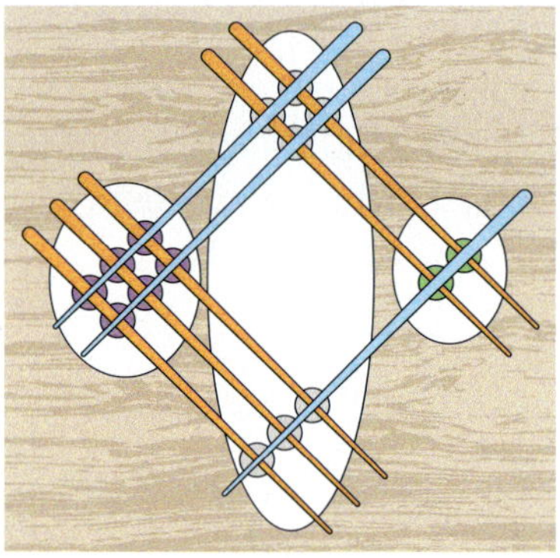

a) Zähle die Punkte im linken, mittleren und rechten Feld, wo die Stäbchen übereinanderliegen. Wo kannst du die 6 Hunderter, die 7 Zehner und die 2 Einer ablesen?

b) Berechne so die Aufgaben $21 \cdot 13$ und $31 \cdot 12$.

c) Da die Stäbchen oft nicht verfügbar sind oder nicht an Ort und Stelle liegen bleiben, kannst du auch freihändig Linien skizzieren.
So lässt sich die Aufgabe $43 \cdot 32$ darstellen.
Zähle die violetten, gelben und grünen Kreuzungspunkte.
Wie viele Hunderter, Zehner und Einer entstehen? Was musst du bei den Zehnern und Hundertern beachten?

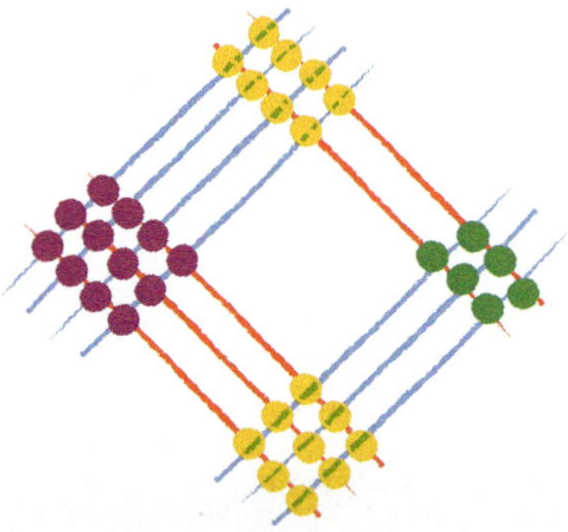

d) Berechne auf diese Weise $54 \cdot 23$ und $61 \cdot 25$.

Das Schachbrett und die Reiskörner

→ 6
Potenzieren

Legende
Hier: Erzählung, die einen wahren Kern hat, aber später weiter ausgeschmückt wurde

3 Einer alten Legende zufolge wollte der indische König Sher Khan den Erfinder des Schachspiels belohnen. Der Erfinder wünschte sich auf das erste Feld des Schachspiels ein Reiskorn und auf jedes weitere Feld immer doppelt so viele Reiskörner wie auf dem Feld davor.

Der König musste zunächst lachen, denn das kam ihm sehr wenig vor. Das Lachen verging ihm allerdings bald.

a) Berechne, wie viele Reiskörner auf den jeweiligen Feldern liegen.

Feld	1	2	3	4	5	6	7	8
Anzahl der Reiskörner	■	■	■	■	■	■	■	■

b) Auf dem 64. Feld, dem letzten Feld des Schachspiels, würden demnach 9.223.372.036.854.775.808 Reiskörner liegen. Lies die Zahl und schreibe sie in Worten.

c) In wenigen Jahren werden 9 000 000 000 Menschen auf der Welt leben. Mia überlegt, ob die Menge der Reiskörner auf dem 64. Feld die Menschheit ein Jahr lang ernähren könnte.
Tipp: In einem Jahr werden ungefähr 800 000 000 Tonnen Reis geerntet.
50 000 000 Körner wiegen ca. 1 Tonne.
Besprecht das miteinander. Recherchiert gegebenenfalls.

Streichholzrätsel lösen

→ 9
Lösungen für Gleichungen finden

4 Diego und Beatriz bereiten für einen Kindergeburtstag Rätsel vor. Dazu verwenden sie Streichholzschachteln und Streichhölzer.
Für die Rätsel gelten zwei Bedingungen:
(1) In jeder Schachtel liegen gleich viele Streichhölzer.
(2) Auf jeder Seite des Gleichheitszeichens liegen ebenfalls gleich viele Streichhölzer.

Wie viele Streichhölzer liegen jeweils in einer Streichholzschachtel?

a)

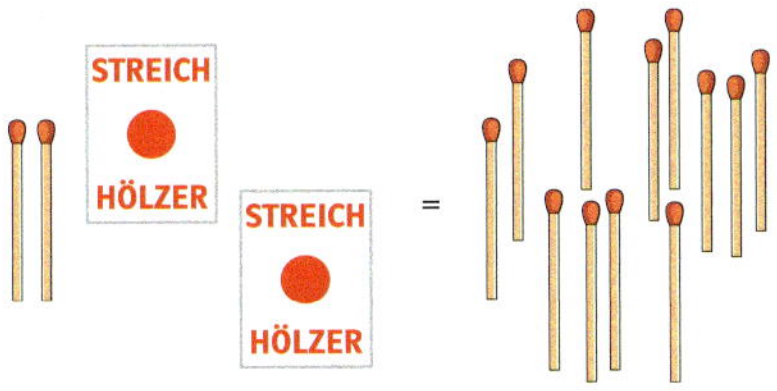

b)

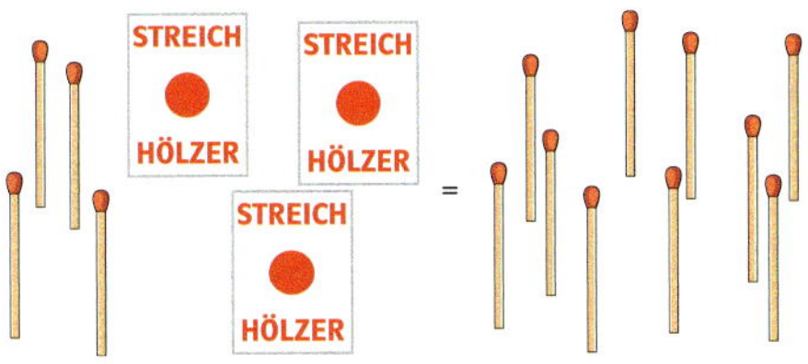

c)

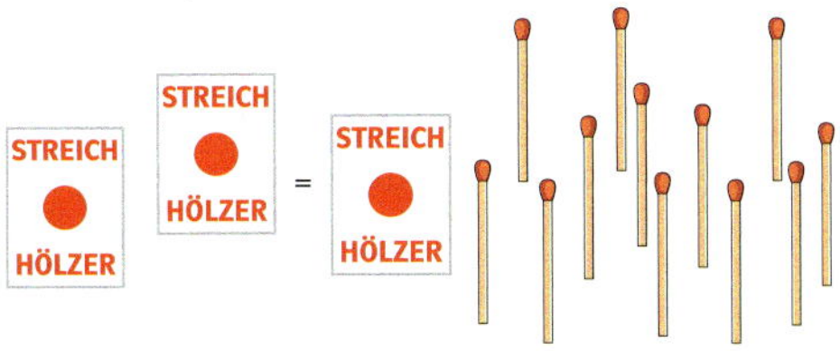

d)

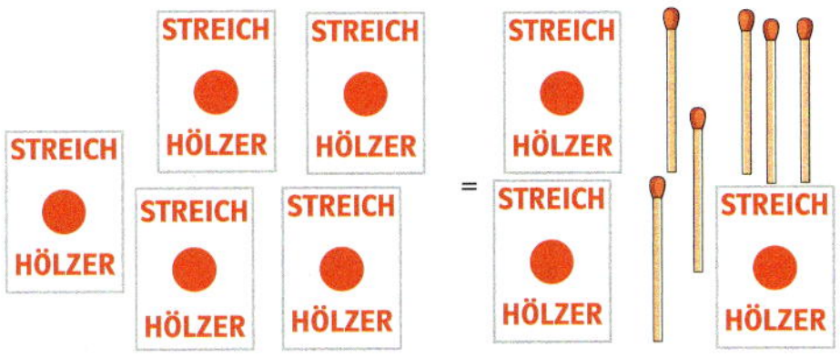

e) Stellt euch gegenseitig ähnliche Aufgaben.

1 Kopfrechnen

Das Herz eines Elefanten schlägt in Ruhe 30-mal pro Minute. Bei einer Maus sind es 600 Schläge pro Minute.

→ Berechne die Anzahl der Herzschläge eines Elefanten in einer Stunde.

→ Nach welcher Zeit hat die Maus diese Anzahl von Herzschlägen des Elefanten erreicht?

Merke Wenn du Zahlen im Kopf multiplizieren oder dividieren möchtest, helfen dir unterschiedliche Vorgehensweisen.

V56 Erklärvideo

Beispiele

So rechnest du **halbschriftlich**:

a)
$16 \cdot 9 = 144$
$10 \cdot 9 = 90$
$6 \cdot 9 = 54$ (+)

b)
$96 : 8 = 12$
$80 : 8 = 10$
$16 : 8 = 2$ (+)

So rechnest du im Kopf:

c) **Multiplikation – Zerlegen einer Zahl**

$16 \cdot 9 = 10 \cdot 9 + 6 \cdot 9$
$= 90 + 54$
$= 144$

d) **Division – Zerlegen einer Zahl**

$96 : 8 = 80 : 8 + 16 : 8$
$= 10 + 2$
$= 12$

e) **Hilfsaufgabe nutzen**

Statt $19 \cdot 7$ rechnest du $20 \cdot 7$.
Die eine Sieben, die du zu viel gerechnet hast, musst du wieder abziehen.

$19 \cdot 7 = 20 \cdot 7 - 1 \cdot 7$
$= 140 - 7$
$= 133$

f) **Verdoppeln und Halbieren**

Verdopple und halbiere richtig.

Halbieren
$5 \cdot 36 = 10 \cdot 18$
Verdoppeln
$= 180$
Beim Multiplizieren musst du verdoppeln und halbieren.

Halbieren
$640 : 20 = 320 : 10$
Halbieren
$= 32$
Beim Dividieren musst du zweimal halbieren.

D57 Lösungen

○ **1** Multipliziere im Kopf.

a) $6 \cdot 7$ b) $7 \cdot 8$ c) $11 \cdot 4$
d) $8 \cdot 9$ e) $9 \cdot 7$ f) $3 \cdot 12$

○ **2** Dividiere im Kopf.

a) $24 : 6$ b) $42 : 7$ c) $63 : 9$
d) $36 : 4$ e) $48 : 8$ f) $72 : 9$

○ **3** MK Suche im Internet nach einem Einmaleins-Trainer und übe.

○ **4** Berechne. Nutze die Rechenvorteile.

Tipp: Rechne wie im Beispiel c) und d).

a) $14 \cdot 6$ b) $32 \cdot 5$ c) $22 \cdot 8$ d) $85 : 5$ e) $78 : 6$
f) $21 \cdot 7$ g) $41 \cdot 3$ h) $32 \cdot 7$ i) $84 : 7$ j) $126 : 9$

5 Ergänze zunächst eine der beiden Zahlen auf Zehner oder Hunderter. Rechne dann.
Tipp: Schau dir das Beispiel e) an.

a) 19 · 8 b) 29 · 7 c) 9 · 39 d) 38 · 9 e) 98 · 7 f) 199 · 8

6 Achte genau darauf, wann du verdoppeln und wann du halbieren musst.
Tipp: Beispiel f) hilft dir beim Lösen.

a) 5 · 28 b) 160 : 20 c) 20 · 33 d) 24 · 5 e) 360 : 20 f) 46 · 20

7 Die Buchstaben auf den Fahnen ergeben den Lösungssatz. Beginne links oben und rechne zeilenweise.

15 · 3 16 · 3 15 · 5
52 : 13 5 · 18 14 · 7
60 : 5 66 : 11 96 : 12

8 Nebeneinanderliegende Zahlen werden multipliziert. Vervollständige die Zahlenmauer in deinem Heft.

a)
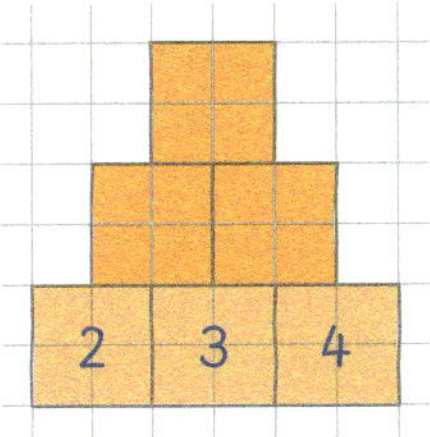

b)
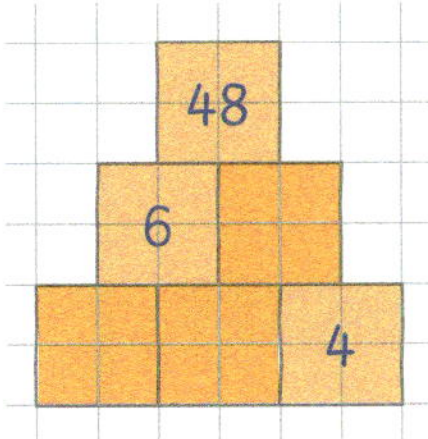

9 Notiere die Aufgabe im Heft und rechne.
a) Bäcker Mahl packt immer 4 Brezeln in eine Tüte. Er muss 64 Brezeln verpacken. Wie viele Tüten braucht er?
b) Franca fährt mit dem Rad zur Schule. Der Weg ist 7 km lang. Welche Strecke fährt sie in einer Schulwoche?

10 Berechne im Kopf.
a) 2 · 3 · 4 b) 5 · 4 · 3 · 2
c) 120 : 2 : 3 d) 500 : 5 : 10 : 2

7 Berechne im Kopf. Notiere im Heft, welche Vorgehensweise du gewählt hast.

a) 12 · 6 b) 27 · 3 c) 48 : 3 d) 84 : 6
e) 13 · 5 f) 4 · 16 g) 90 : 5 h) 240 : 20
i) 24 · 8 j) 9 · 18 k) 68 : 4 l) 84 : 7

8 Berechne die fehlende Zahl mithilfe der Umkehraufgabe.

a) 6 · □ = 72 b) 75 : □ = 5 c) □ · 12 = 96
d) □ · 7 = 91 e) □ : 3 = 28 f) 135 : □ = 9

9 Zwei nebeneinanderliegende Zahlen werden multipliziert.
a) Vervollständige die Zahlenmauer in deinem Heft.

b) Berechne den Wert im oberen Stein, wenn in allen vier Steinen der unteren Reihe die Zahl 2 steht.

10 Mia hat die Aufgabe 120 · 8 so gerechnet.

120 · 8
= 240 · 4
= 480 · 2
= 960 · 1 = 960

a) Erkläre, wie Mia gerechnet hat.
b) Rechne die Aufgaben in gleicher Weise:
45 · 4 25 · 8 15 · 16
c) Warum lässt sich die Aufgabe 40 · 5 nicht in dieser Weise lösen?
d) Kann man die Divisionsaufgabe 2800 : 8 in ähnlicher Weise lösen?

2 Rechnen mit Stufenzahlen

Im Juni wurden in einer Kleinstadt 900 000 kg Verpackungsmüll eingesammelt.
→ Wie viele Tage hat der Juni?
→ Wie viele Kilogramm waren das durchschnittlich pro Tag?

Stufenzahlen sind die Zahlen 10, 100, 1000, …

V58 Erklärvideo

Merke

Mit Stufenzahlen kannst du leicht im Kopf rechnen.

Kommen bei einer **Multiplikationsaufgabe** Nullen vor, rechne zuerst ohne Nullen. Anschließend hängst du alle Nullen an.

Kommen bei einer **Divisionsaufgabe** Nullen vor, rechne zuerst ohne Nullen. Hänge dann die richtige Anzahl Nullen an.

Beispiele

a) 6 · 100 = 600
b) 1000 · 40 = 40 000
c) 500 · 400 = 200 000
d) 560 : 8 = 70
e) 5000 : 25 = 200
f) 45 000 : 1500 = 45 0~~00~~ : 15~~00~~ = 30

D59 Lösungen

1 Multipliziere mit den Stufenzahlen.

a) 2 · 10; 2 · 100; 2 · 1000
b) 7 · 100; 7 · 1000; 7 · 10 000
c) 100 · 9; 1000 · 9; 10 000 · 9
d) 10 · 12; 100 · 12; 1000 · 12

2 Dividiere durch die Stufenzahlen.

a) 8000 : 10; 8000 : 100; 8000 : 1000
b) 320 : 10; 3200 : 100; 32 000 : 1000
c) 25 000 : 10; 25 000 : 100; 250 000 : 1000
d) 65 000 : 10; 65 000 : 100; 65 000 : 1000

3 Berechne im Kopf.

a) 7 · 60; 7 · 600; 7 · 6000
b) 40 · 9; 40 · 90; 400 · 900
c) 32 : 8; 320 : 8; 3200 : 8

4 Bilde drei korrekte Sätze.

(1) Beim Dividieren durch 100 …
(A) … werden aus Hundertern Tausender.
(2) Beim Multiplizieren mit 10 …
(B) … werden aus Tausendern Hunderter.
(3) Beim Dividieren durch 10 …
(C) … werden aus Hundertern Einer.

5 Achte auf die Nullen. Rechne.

Beispiel: 120 · 400 = 48 000

a) 20 · 30
b) 40 · 200
c) 50 · 60
d) 50 · 70
e) 20 · 250
f) 30 · 150
g) 60 · 500
h) 900 · 30
i) 700 · 900

3 Welche Zahlen fehlen hier?

a) 40 · ▒ = 4800
b) 6400 : ▒ = 800
c) 700 · ▒ = 35 000
d) ▒ : 600 = 20

4 Welche Aufgaben haben das gleiche Ergebnis? Prüfe nach.

3600 : 18; 40 · 50; 8000 : 400; 100 000 : 5000; 25 · 80; 400 · 5; 500 · 4; 96 000 : 480

5 Schreibe wie im Beispiel. Rechne dann.

Beispiel: 5400 : 90 = 540 : 9 = 60

a) 1600 : 80
b) 28 000 : 40
c) 12 500 : 500
d) 240 000 : 30 000

6 Berechne.

a) Wie oft passt 5000 in eine Million?
b) Berechne das 50-Fache von 20 000.
c) Mit welcher Zahl musst du 125 multiplizieren, um 10 Millionen zu erhalten?

3 Fachsprache: Produkt und Quotient

In der Mathematik werden häufig wichtige Fachbegriffe verwendet. Mit ihnen lassen sich Sachverhalte kurz und eindeutig beschreiben.

V60 Erklärvideo

Merke

Produkt
Bei der Multiplikation verwendet man die Begriffe Faktor, Produkt und Ergebnis.

Quotient
Bei der Division verwendet man die Begriffe Dividend, Divisor, Quotient und Ergebnis.

Beispiele

a) 1. Faktor · 2. Faktor
$8 \cdot 12 = 96$
$8 \cdot 12$: Produkt; 96: Ergebnis

b) Dividend : Divisor
$63 : 7 = 9$
$63 : 7$: Quotient; 9: Ergebnis

D61 Lösungen

1 Ordne jedem Rechenausdruck die richtigen Begriffe zu.

multiplizieren | vervielfachen mit 6 | 45 : 9 | Produkt | das Sechsfache | 12 · 6 | Quotient | der neunte Teil | dividieren | teilen durch 9

2 Schreibe den Rechenausdruck ins Heft und benenne ihn. Färbe die Faktoren orange, den Dividenden blau und den Divisor lila ein.
Tipp: Im Alphabet steht der Buchstabe D vor dem S. Und der Dividend steht vor dem Divisor.

a) $10 \cdot 9$ b) $56 : 7$ c) $5 \cdot 12 \cdot 9$ d) $125 : 5$
e) $8 \cdot 11$ f) $81 : 9$ g) $6 \cdot 15 \cdot 3$ h) $144 : 12$

3 Stelle den Rechenausdruck auf und berechne das Ergebnis.
a) Bilde das Produkt aus 12 und 5.
b) Bilde den Quotienten von 72 und 9.
c) Bilde das Produkt aus 3; 4 und 5.
d) Bilde den Quotienten von 96 und 8.

4 Beim Dart-Spiel gibt es Regeln, wie die Punkte gezählt werden.

Äußerer Ring: doppelte Punktzahl
Mittlerer Ring: dreifache Punktzahl

Samy wirft drei Pfeile wie abgebildet. Beschreibe, wie das Ergebnis eines jeden Pfeils berechnet werden kann. Verwende dazu die Begriffe Faktor und Produkt.

5 Während der Corona-Pandemie fanden in vielen Sportarten nicht alle Spiele statt. Beim Eishockey wurden damals die Platzierungen in der Tabelle nach der Quotientenregel (Punkte geteilt durch Spiele) ermittelt.
Die Ice Hawks hatten 45 Punkte in 18 Spielen geholt. Die Power Wings kamen bei 16 Spielen auf 48 Punkte.
Welches Team lag in der Tabelle vorne?

4 Rechengesetze und Rechenvorteile

Die Klasse soll die Aufgabe $25 \cdot 39 \cdot 4$ lösen.
Paul ist ein guter Kopfrechner.
→ Erklärt, wie Paul rechnet.
→ Besprecht auch den Rechenweg von Pia.
→ Tauscht euch in der Klasse aus, welcher der beiden Rechenwege mehr Vorteile bietet.

Beim Multiplizieren darfst du Faktoren vertauschen. Das Ergebnis ändert sich dabei nicht.

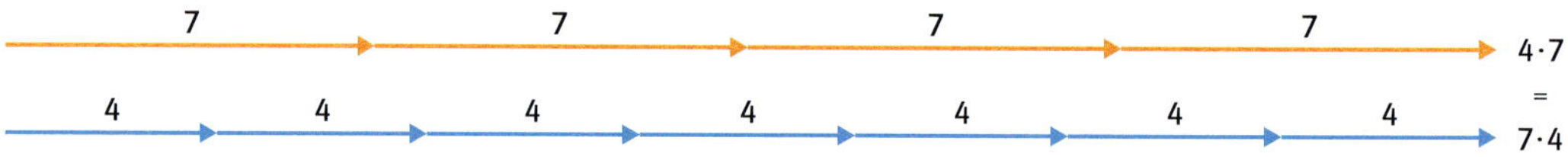

Beim Multiplizieren mehrerer Zahlen darfst du die Faktoren beliebig zusammenfassen.

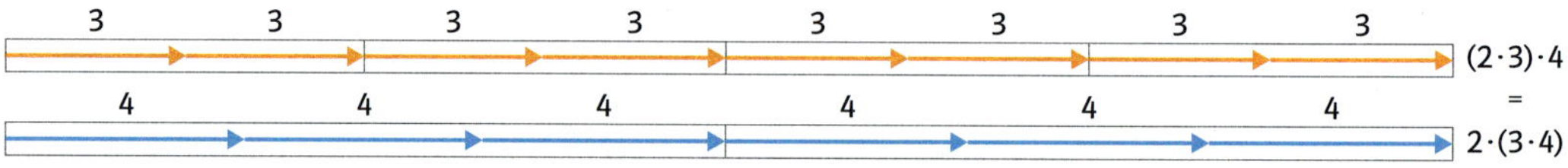

Merke

Vertauschungsgesetz (Kommutativgesetz)
In Produkten darfst du die Faktoren vertauschen.

$5 \cdot 12$
$= 12 \cdot 5$

Verbindungsgesetz (Assoziativgesetz)
In Produkten darfst du Klammern beliebig setzen.

$3 \cdot (4 \cdot 5)$
$= (3 \cdot 4) \cdot 5$

V62 Erklärvideo

Beispiele

a) Klammern bieten Rechenvorteile.

$9 \cdot 5 \cdot 20$
$= 9 \cdot (5 \cdot 20)$
$= 9 \cdot 100$
$= 900$

b) Nutzt du beide Gesetze zusammen, entstehen häufig Rechenvorteile.

$3 \cdot 25 \cdot 5 \cdot 4 \cdot 20$ Vertauschungsgesetz
$= 3 \cdot 25 \cdot 4 \cdot 5 \cdot 20$ Verbindungsgesetz
$= 3 \cdot (25 \cdot 4) \cdot (5 \cdot 20)$
$= 3 \cdot 100 \cdot 100$
$= 30\,000$

D63 Lösungen

○ **1** Berechne die Klammer zuerst.

a) $9 \cdot (2 \cdot 5)$ b) $(5 \cdot 20) \cdot 7$ c) $9 \cdot (25 \cdot 4)$ d) $(50 \cdot 4) \cdot 3$
e) $(4 \cdot 25) \cdot 3$ f) $(50 \cdot 2) \cdot 6$ g) $3 \cdot (40 \cdot 5)$ h) $(250 \cdot 4) \cdot 7$

○ **2** Welche zwei „verliebte Zahlen“ ergeben beim Multiplizieren eine Stufenzahl?
Notiere wie im Beispiel.
Beispiel: $4 \cdot 25 = 100$

250 125 2 8
25 20 5 4 50

○ **3** Übertrage ins Heft und setze eine Klammer so, dass du im Kopf rechnen kannst.

a) $2 \cdot 50 \cdot 17$ b) $4 \cdot 250 \cdot 3$ c) $6 \cdot 200 \cdot 5$ d) $7 \cdot 4 \cdot 25$
e) $3 \cdot 8 \cdot 25$ f) $14 \cdot 25 \cdot 4$ g) $13 \cdot 50 \cdot 20$ h) $8 \cdot 125 \cdot 3$

4 Welche Zahlen verstehen sich gut? Markiere im Heft und berechne.

a) $4 \cdot 9 \cdot 25$ b) $250 \cdot 3 \cdot 4$
c) $2 \cdot 11 \cdot 50$ d) $200 \cdot 6 \cdot 5$
e) $50 \cdot 6 \cdot 20$ f) $8 \cdot 3 \cdot 125$

5 Rechne wie im Beispiel.

Beispiel: $11 \cdot 5 \cdot 6 \cdot 2$
$= (11 \cdot 6) \cdot (5 \cdot 2)$
$= 66 \cdot 10$
$= 660$

a) $4 \cdot 2 \cdot 5 \cdot 12$ b) $3 \cdot 8 \cdot 50 \cdot 2$
c) $9 \cdot 25 \cdot 4 \cdot 3$ d) $7 \cdot 20 \cdot 5 \cdot 8$

6 Das Beispiel zeigt, dass beim Dividieren das Verbindungsgesetz nicht gilt. Ergänze im Heft die fehlende Klammer.

Beispiel: $120:(12:2)$ $= 120:6$ $= 20$ $(120:12):2$ $= 10:2$ $= 5$

a) $75:15:5 = 1$ $75:15:5 = 25$
b) $36:12:3 = 9$ $36:12:3 = 1$
c) $96:8:4 = 3$ $96:8:4 = 48$

7 Erstellt zu zweit Multiplikationsaufgaben mit fünf Faktoren. Das Ergebnis soll 7000; 70 000 oder 700 000 sein. Wer findet die meisten Aufgaben?

25 125 2 7 8 4 5 20 50

Beispiel: $7 \cdot 125 \cdot 8 \cdot 5 \cdot 20$
$= 7 \cdot (125 \cdot 8) \cdot (5 \cdot 20)$
$= 7 \cdot 1000 \cdot 100 = 700\,000$

8 Notiere den zugehörigen Zahlterm und berechne ihn.

a) Berechne das Produkt der drei Zahlen 25; 50 und 8.
b) Multipliziere das Produkt aus 20 und 5 mit der Zahl 9.
c) Multipliziere das Produkt aus 2 und 12 mit dem Produkt aus 5 und 3.

4 Wie heißt das Lösungswort?

a) $50 \cdot 9 \cdot 2$ b) $4 \cdot 11 \cdot 25$
c) $10 \cdot 5 \cdot 2 \cdot 7$ d) $5 \cdot 2 \cdot 3 \cdot 2 \cdot 50$
e) $20 \cdot 25 \cdot 5 \cdot 4$ f) $4 \cdot 125 \cdot 25 \cdot 8 \cdot 6$

G 700 | A 10 000 | J 900
U 3000 | R 600 000 | A 1100

5 Vertausche nicht nur Nachbarzahlen.

Beispiel: $40 \cdot 5 \cdot 25 \cdot 6 \cdot 20$
$= 6 \cdot 5 \cdot 20 \cdot 40 \cdot 25$
$= 6 \cdot 100 \cdot 1000$
$= 600\,000$

a) $4 \cdot 7 \cdot 2 \cdot 25 \cdot 5$ b) $8 \cdot 5 \cdot 25 \cdot 3 \cdot 20$
c) $50 \cdot 25 \cdot 9 \cdot 4 \cdot 2$ d) $19 \cdot 5 \cdot 25 \cdot 4 \cdot 5 \cdot 4$
e) $30 \cdot 125 \cdot 25 \cdot 8 \cdot 30 \cdot 4$
f) $5 \cdot 7 \cdot 500 \cdot 8 \cdot 2 \cdot 20 \cdot 125$

6 Zerlege Faktoren vorteilhaft und nutze das Vertauschungs- und das Verbindungsgesetz zum Kopfrechnen.

Beispiel: $25 \cdot 24$
$= 25 \cdot 4 \cdot 6$
$= (25 \cdot 4) \cdot 6$
$= 100 \cdot 6 = 600$

a) $50 \cdot 12$ b) $20 \cdot 35$ c) $40 \cdot 25$
d) $25 \cdot 16$ e) $75 \cdot 8$ f) $125 \cdot 16$

7 Wie bekommst du eine Million?

40 200 2 125 50 5 25 20 8 80 4

Multipliziere mehrere Faktoren miteinander, sodass du eine Million erhältst. Es gibt mehrere Möglichkeiten.

Beispiel: $200 \cdot 5 \cdot 8 \cdot 125$
$= 1000 \cdot 1000$
$= 1\,000\,000$

8 Ein Produkt besteht aus drei Faktoren. Wie ändert sich das Ergebnis des Produkts, wenn jeder der drei Faktoren verdoppelt wird? Beschreibe und gib Beispiele an.

5 Schriftlich multiplizieren

Bei der Aktion „Klasse macht Frühstück" hat die Klasse 5a für einen Monat den Pausenverkauf übernommen.

→ Am ersten Tag werden 75 belegte Brötchen zu je 2 € verkauft. Tiara möchte die Monatseinnahmen überschlagen. Sie rechnet mit 18 Schultagen.

Treten bei einem Produkt größere Faktoren auf, rechnet man in der Regel schriftlich.

V64 Erklärvideo

Merke

Schriftlich multiplizieren

1. Schreibe die Faktoren nebeneinander.
2. Multipliziere die höchste Stelle des zweiten Faktors stellenweise mit dem ersten Faktor.
3. Berechne die weiteren Teilprodukte und rücke sie jeweils um eine Stelle nach rechts.
4. Addiere alle Teilprodukte.

2	4	8	·	3	2
		7	4	4	0
			4	9	6
			1		
		7	9	3	6

Eigentlich rechnet man:

$248 \cdot 30 = 7440$
$+248 \cdot 2 = 496$
7936

Überschlagsrechnung

Bei einer Überschlagsrechnung rundest du die Faktoren so, dass du vorteilhaft im Kopf rechnen kannst. So kannst du einschätzen, ob dein Ergebnis stimmt.

Wenn du einen Faktor aufrundest und den anderen abrundest, wird der Überschlag genauer.

$248 \cdot 32$
Auf Zehner gerundet: $250 \cdot 30 = 7500$

Beispiele

a) **Beachte die Überträge.**

7	8	9	·	6	5
	4	7	3	4	0
		3	9	4	5
	1	1			
	5	1	2	8	5

Diese Stelle musst du frei lassen oder eine 0 ergänzen.

b) **Achte auf die Nullen.**

6	0	8	·	4	7	0
	2	4	3	2		
		4	2	5	6	
				0	0	0
	2	8	5	7	6	0

D65 Lösungen

○ **1** Multipliziere schriftlich im Heft.
Tipp: Überlege, ob es sinnvoll ist, die Faktoren zu tauschen.

a) $34 \cdot 6$ b) $46 \cdot 6$ c) $72 \cdot 5$ d) $8 \cdot 49$ e) $7 \cdot 68$
f) $43 \cdot 7$ g) $57 \cdot 8$ h) $78 \cdot 9$ i) $6 \cdot 58$ j) $9 \cdot 77$

○ **2** Ordne den Produkten das richtige Ergebnis zu. Wie heißt das Lösungswort?

S 864	R 448	P 756	I 648	A 384
(1) $36 \cdot 21$	(2) $64 \cdot 6$	(3) $32 \cdot 14$	(4) $72 \cdot 9$	(5) $48 \cdot 18$

○ **3** Übertrage die Aufgabe ins Heft und rechne. Mache zuvor eine Überschlagsrechnung.

a) $26 \cdot 12$ b) $24 \cdot 36$ c) $45 \cdot 31$ d) $60 \cdot 34$ e) $86 \cdot 70$
f) $37 \cdot 15$ g) $28 \cdot 18$ h) $48 \cdot 23$ i) $80 \cdot 42$ j) $94 \cdot 90$

4 Auf den Kärtchen findest du die Lösungen. Entscheide mithilfe einer Überschlagsrechnung. Prüfe im Zweifel schriftlich nach.

a) 28 · 12 b) 39 · 21 c) 52 · 19
d) 32 · 18 e) 23 · 18 f) 9 · 69

(1) 576 (2) 988 (3) 336
(4) 621 (5) 819 (6) 414

5 Multipliziere schriftlich.

a) 643 · 7 b) 231 · 8 c) 312 · 9
d) 969 · 9 e) 578 · 11 f) 947 · 12

6 Finde den Fehler und korrigiere ihn.

a)

7	3	·	2	8
	1	4	6	
	5	6	2	4
	1			
	7	0	8	4

b)

4	3	2	·	5	6
	2	1	6	0	
		2	5	9	2
	2	3	1	9	2

7 Mache zunächst einen Überschlag. Rechne dann.

a) 384 · 12 b) 263 · 17 c) 357 · 14
d) 432 · 27 e) 579 · 38 f) 753 · 69
g) 673 · 76 h) 498 · 92 i) 828 · 87

8 Achte auf die Nullen.

a) 440 · 20 b) 720 · 30 c) 308 · 70
d) 450 · 80 e) 701 · 109 f) 6098 · 9
g) 5007 · 7 h) 8010 · 16 i) 7050 · 20

9 Berechne die Produkte.
Musst du alle Produkte ausrechnen oder erkennst du einen vorteilhafteren Weg?

37 037 · 9 37 037 · 3 37 037 · 6
37 037 · 12 37 037 · 30

10 Ein Aufzug wird täglich durchschnittlich 185 Mal benutzt.

a) Wie viele Bewegungen sind dies in einem Jahr?
b) Nach 13 Jahren muss der Aufzug ausgetauscht werden. Wie viele Fahrten waren es während dieses Zeitraums?

4 Welches Produkt ist größer als 5000? Entscheide mit einer Überschlagsrechnung.

a) 50 · 98 b) 2512 · 2 c) 150 · 41
d) 1212 · 4 e) 7 · 845 f) 68 · 81
g) 12 · 398 h) 71 · 69 i) 67 · 82

5 Multipliziere schriftlich.

a) 832 · 37 b) 634 · 21 c) 557 · 88
d) 478 · 54 e) 806 · 49 f) 4297 · 27
g) 5968 · 12 h) 2972 · 21 i) 1493 · 52

6 Finde den Fehler und korrigiere ihn.

4	8	6	·	3	0	5
	1	4	5	8		
		2	4	3	0	
		1	1			
	1	7	0	1	0	

7 Ordne den Produkten die Ergebnisse zu. Durch Überschlagen sparst du Zeit. Wie heißt das Lösungswort?

a) 763 · 49 b) 897 · 56
c) 709 · 543 d) 867 · 608
e) 2075 · 39 f) 5704 · 123
g) 7007 · 202 h) 8800 · 880

O 384 987 L 1 415 414 A 701 592
L 7 744 000 B 80 925 F 37 387
T 527 136 O 50 232

8 Lehrerin Schmid erkennt sofort, dass die Aufgabe falsch gerechnet wurde. Sie prüft dazu das Produkt der beiden letzten Stellen.

Beispiel: 453 · 27 = 12 234
Richtig wäre: 3 · 7 = 21
Das Ergebnis ist somit falsch.

Prüfe auf diese Weise nach, ob das Ergebnis stimmen kann.

	Produkt	Ergebnis?
a)	453 · 28	12 685
b)	478 · 54	25 812
c)	5968 · 19	113 329
d)	6079 · 28	170 212
e)	8706 · 67	583 308

11 Übertrage in dein Heft und ergänze die fehlenden Ziffern.

a)

4	5	6	·	■	9
		4	5	6	
		4	■	0	4
		■	6	6	■

b)

3	7	■	·	2	■
		7	5	0	
		■	■	2	5
		■			
	1	0	1	■	■

12 Bei einem Vulkanausbruch wurden pro Minute 35 Blitze gezählt. Wie viele Blitze wären das bei einem 5-stündigen Ausbruch?

13 Notiere den zugehörigen Rechenausdruck und berechne ihn.

a) Der erste Faktor eines Produkts ist 18, der zweite 32.
b) Bilde ein Produkt mit den Faktoren 8; 12 und 15.
c) Verdreifache die Zahl 475.
d) Verdopple das Produkt aus 23 und 14.

Ruhepuls
Anzahl der Herzschläge während einer Minute ohne Belastung.

14 Setze den Malpunkt so, dass die Rechnung stimmt.

3 4 5 6 = 2070 ·

15 Das Ergebnis des Produkts
111 111 111 · 111 111 111
kannst du einfach herausbekommen.
Rechne dazu die folgenden Aufgaben aus.
Beschreibe, wie du vorgehst.

1 · 1
11 · 11
111 · 111
1111 · 1111
…

9 Übertragt ins Heft und setzt die Ziffern ein.

a) Bildet verschiedene Produkte und berechnet deren Ergebnisse.
b) Welches Produkt hat den größten Wert? Begründet eure Lösung.
c) Welches Produkt hat den kleinsten Wert? Begründet eure Lösung.
d) Findet Produktwerte, die an der letzten Stelle die Ziffer 6 haben.
e) Gibt es einen Produktwert, der an der letzten Stelle eine Null hat?
f) Lässt sich der Wert 969 erzeugen?

10 Notiere den zugehörigen Rechenausdruck und berechne ihn.

a) Die Zahl 36 ist sowohl erster als auch zweiter Faktor eines Produkts.
b) Berechne das Ergebnis des Produkts aus 43 und der um 16 größeren Zahl.
c) Ein Produkt besteht aus der Zahl 6 und dem Doppelten dieser Zahl.

11 Liv und Bennet messen ihren Ruhepuls. Liv misst in einer Minute 72 Schläge. Bennet zählt in 15 Sekunden 16 Schläge.

a) Wie häufig schlägt das Herz der beiden in einer Stunde?
b) Messt euren Ruhepuls und berechnet die Anzahl eurer Herzschläge während einer Stunde.
c) Liv trainiert 30 Minuten lang mit Puls 160. Berechne die Anzahl der Herzschläge.

6 Potenzieren

(Papier-) Bogen: ein Blatt Papier, das eine bestimmte Größe hat

Faltet den Bogen einer Tageszeitung so, dass die Lagen Papier sich überdecken.
→ Bevor ihr anfangt, ratet zu zweit, wie viele Lagen Papier nach der 6. Faltung übereinander liegen.
→ Vervollständigt die Tabelle in eurem Heft.
→ Erkundigt euch in der Klasse, ob jemand den Bogen zehnmal falten konnte.

Faltung	1	2	3	4	5	6	7
Papierlagen	2	■	■	■	■	■	■

Ein Produkt, das aus gleichen Faktoren besteht, kannst du kürzer schreiben.

$3 \cdot 3 = 3^2$ Lies: drei hoch zwei
$3 \cdot 3 \cdot 3 = 3^3$ Lies: drei hoch drei
$3 \cdot 3 \cdot 3 \cdot 3 = 3^4$ Lies: drei hoch vier
$3 \cdot 3 \cdot 3 \cdot 3 \cdot 3 = 3^5$ Lies: drei hoch fünf

Diese Rechenart heißt **Potenzieren**.

V66 Erklärvideo

Merke

Der Zahlterm 3^5 heißt Potenz.
Die Grundzahl gibt den Faktor an, die Hochzahl die Anzahl der gleichen Faktoren.

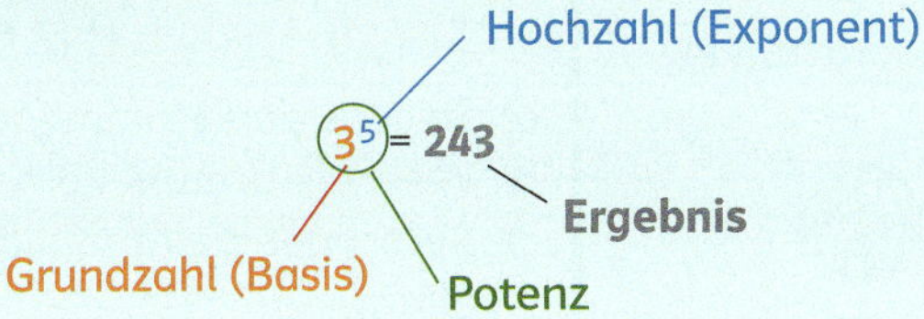

Beispiele

a) Potenzen mit der Grundzahl 2 heißen **Zweierpotenzen**.
$2^4 = 2 \cdot 2 \cdot 2 \cdot 2 = 16$

b) Potenzen mit der Grundzahl 10 heißen **Zehnerpotenzen**.
$10^4 = 10 \cdot 10 \cdot 10 \cdot 10 = 10\,000$

c) Potenzen mit der Hochzahl 2 heißen **Quadratzahlen**.
$7^2 = 7 \cdot 7 = 49$ $12^2 = 12 \cdot 12 = 144$

D67 Lösungen

1 Schreibe im Heft als Potenz und berechne das Ergebnis.

a) $6 \cdot 6$ b) $10 \cdot 10$ c) $3 \cdot 3 \cdot 3$ d) $2 \cdot 2 \cdot 2 \cdot 2$
e) $7 \cdot 7$ f) $12 \cdot 12$ g) $4 \cdot 4 \cdot 4$ h) $3 \cdot 3 \cdot 3 \cdot 3$

2 Berechne die Quadratzahlen bis 15^2 in deinem Heft. Lerne sie auswendig.

3 Schreibe die Potenz als Produkt gleicher Faktoren in dein Heft. Berechne.

a) 5^2 b) 9^2 c) 2^3 d) 2^5 e) 3^4 f) 5^3
g) 8^2 h) 11^2 i) 3^3 j) 2^6 k) 6^3 l) 3^5

4 Welche Kärtchen haben denselben Wert? Ordne in deinem Heft.

2^3 | 3^3 | $4 \cdot 4$ | 16 | $5 + 5$ | $2 \cdot 2 \cdot 2$
5^2 | $2 \cdot 5$ | $5 \cdot 5$ | 2^5 | 25
$2 + 2 + 2 + 2$ | 4^2 | 27 | $3 \cdot 3 \cdot 3$ | 8

4 Welche Kärtchen haben denselben Wert? Ordne in deinem Heft.

$5 + 5 + 5 + 5$ | $5 \cdot 5 \cdot 5 \cdot 5$ | 20 | 1024
625 | 5^4 | 4^5 | $4 \cdot 5$
$5 \cdot 4$ | $4 + 4 + 4 + 4 + 4$ | $4 \cdot 4 \cdot 4 \cdot 4 \cdot 4$

5 Die Potenzen passen bis auf drei Potenzen in die vier Gefäße. Ordne zu. Welche passen nicht?

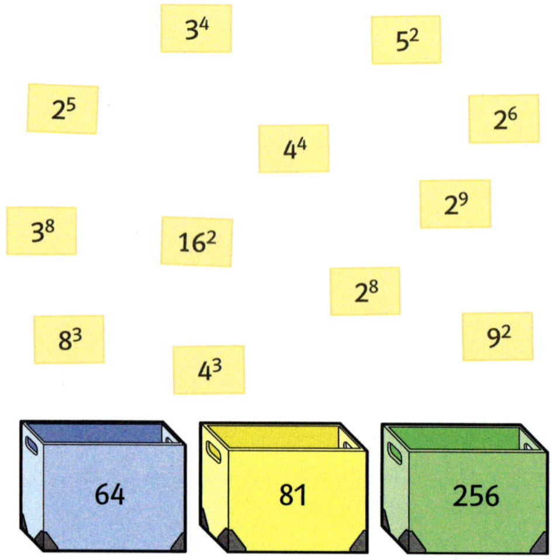

6 Setze im Heft <; > oder = ein.

a) $2^3 \square 3^2$ b) $3^4 \square 4^3$
c) $4^2 \square 2^4$ d) $3^4 \square 9^2$
e) $3^3 \square 4^2$ f) $5^2 \square 2^5$
g) $1^7 \square 7^1$ h) $4^3 \square 2^6$

7 Die Grafik zeigt die ersten Quadratzahlen 1^2; 2^2; 3^2 und 4^2.

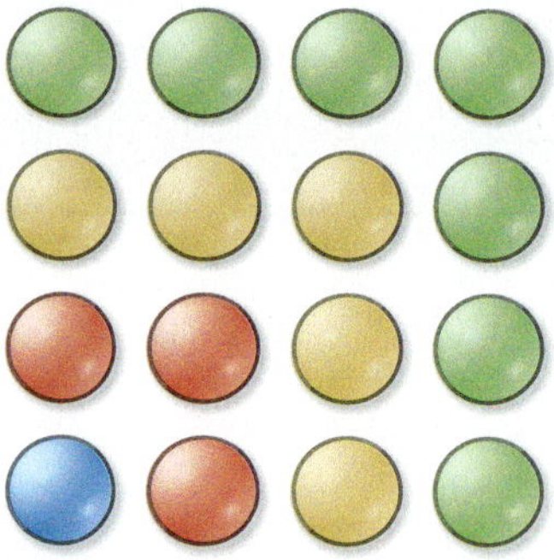

a) Wo lassen sich die Quadratzahlen erkennen?
b) Übertrage die Grafik in dein Heft. Zeichne die Grafik für die nächste Quadratzahl.
c) Erkläre, wie du mithilfe des Bildes auch schnell die Summen $1 + 3 + 5 + 7$ ablesen kannst.
d) Wie sieht die Grafik für die Summe $1 + 3 + 5 + 7 + 9 + 11$ aus? Wie heißt die zugehörige Quadratzahl?
e) Wie viele verschiedene Farben brauchst du, um eine Grafik der Quadratzahl 10^2 darzustellen?

5 Schreibe als Potenz. Bei einigen Zahlen gibt es mehrere Möglichkeiten.

a) 25 b) 36 c) 49 d) 81
e) 16 f) 64 g) 256 h) 125

6 Welchen Wert muss du für $\square$ einsetzen?

a) $2^5 = \square$ b) $3^3 = \square$
c) $\square^3 = 64$ d) $\square^7 = 128$
e) $2^{\square} = 256$ f) $7^{\square} = 343$

7 Suche den Fehler und korrigiere.

a) $2^3 = 2 \cdot 3$ b) $3 \cdot 3 \cdot 3 \cdot 3 = 4^3$
c) $5 + 5 + 5 + 5 = 5^4$ d) $4^7 = 7 \cdot 7 \cdot 7 \cdot 7$

8 Petra hat den Anfang eines Familienstammbaums gezeichnet.

a) Zeichne den Stammbaum deiner Familie.
b) Wie viele Urgroßeltern hat Petra?
c) Berechnet die Anzahl der Ur-Ur-Urgroßeltern.
d) Zwischen der Geburt der Eltern und der Kinder liegen etwa 30 Jahre. Wie viele Vorfahren hattet ihr dann vor etwa 300 Jahren?

9 Schreibe als Zehnerpotenz und berechne das Ergebnis. Wie heißen die Zahlen?

a) $10 \cdot 10 \cdot 10$
b) $10 \cdot 10 \cdot 10 \cdot 10 \cdot 10 \cdot 10 \cdot 10$
c) $10 \cdot 10 \cdot 10 \cdot 10 \cdot 10 \cdot 10 \cdot 10 \cdot 10 \cdot 10$

10 Schreibe als Zahl und als Zehnerpotenz.

a) tausend b) zehntausend
c) hunderttausend d) zehn Millionen

11 Berechne die Quadratzahlen.

a) 15^2 b) 16^2 c) 17^2
d) 18^2 e) 19^2 f) 20^2

7 Ein Rechentrainer für Quadratzahlen MK

Quadratzahlen begegnen dir im Unterricht immer wieder. Es ist hilfreich, die ersten 15 oder 20 Quadratzahlen auswendig zu können.
Mit der Programmiersprache Scratch kannst du dir deinen eigenen Quadratzahlentrainer programmieren.

V68 Erklärvideo

1 MK Gib „Scratch“ in eine Suchmaschine ein und klicke auf https://scratch.mit.edu/. Gehe auf „Entwickeln“. Baue das abgebildete Programm in Scratch nach. Die Farben helfen dir beim Finden der richtigen Blöcke.

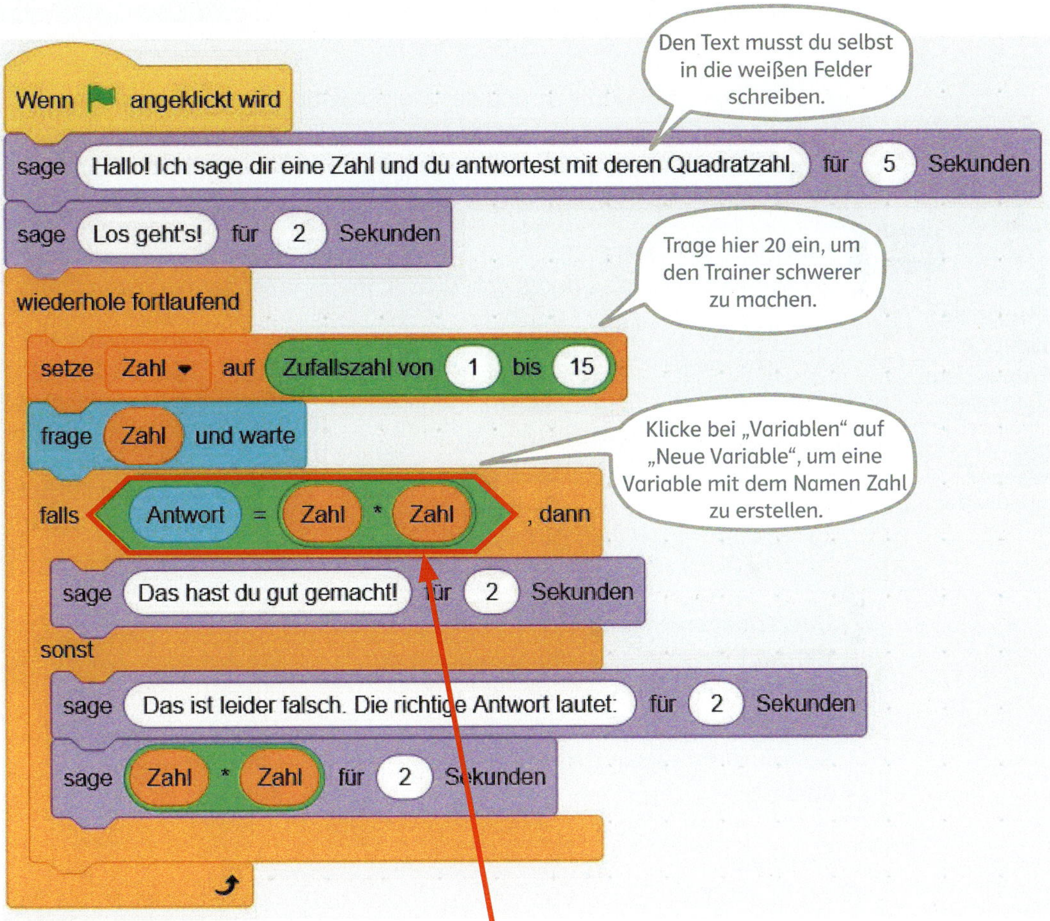

Die Bedingung für das „falls …, dann …“ baust du aus mehreren Blöcken zusammen. Ziehe einen Baustein auf ein freies Feld, um diesen dort einzusetzen. Lasse ihn los, sobald das freie Feld leuchtet.

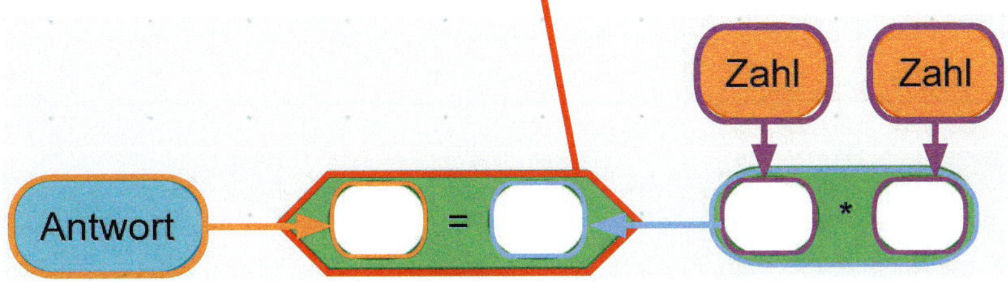

8 Schriftlich dividieren

Die SMV der Kopernikus-Schule möchte mit dem Gewinn des Muffinverkaufs eine Kinderklinik unterstützen. Sechs dieser Muffins werden immer in eine Box verpackt und dann verkauft.

→ Insgesamt sollen 288 Muffins verpackt werden. Wie viele Boxen muss die SMV im Vorfeld mindestens bestellen?

→ Bleiben Muffins übrig?

Die Division ist die Umkehrung der Multiplikation.
Aus $12 \cdot 5 = 60$ ergibt sich $60 : 5 = 12$.
Kommen in einer Division größere Zahlen vor, rechnest du schriftlich.

Divisor
Das ist die Zahl, die eine andere Zahl teilt.

V69 Erklärvideo

Merke

Schriftlich dividieren

Dividiere stellenweise durch den Divisor. Beginne an der höchsten Stelle.

	T	H	Z	E				H	Z	E
	3	6	2	4	:	8	=	4	5	3
−	3	2								
		4	2							
	−	4	0							
			2	4						
		−	2	4						
				0						

Steht am Ende 0, hat die Division keinen Rest.

Sprechweise

8 geht nicht in 3.

32 H : 8 = 4 H — 8 geht viermal in 36, schreibe 4. Verbleiben 4, hole die 2 nach unten.

40 Z : 8 = 5 Z — 8 geht fünfmal in 42, schreibe 5. Verbleiben 2, hole die 4 nach unten.

24 E : 8 = 3 E — 8 geht dreimal in 24, schreibe 3.

Überschlagsrechnung

Bei der Überschlagsrechnung rundest du Dividend und Divisor so, dass du gut im Kopf rechnen kannst.
So kannst du einschätzen, ob dein Ergebnis stimmt.

Die Aufgabe $726 : 11$ überschlägt man so:
$700 : 10 = 70$
Das genaue Ergebnis ist 66.

Wenn du beide Zahlen in die gleiche Richtung rundest, wird der Überschlag genauer.

Beispiele

a) Achte auf die entstehende Null.

2765 : 9 = 307 Rest 2
−27
06
−00 — 9 geht 0-mal in die 6.
65
−63
2

Ist das Ergebnis der letzten Differenz nicht Null, wird der Rest dem Ergebnis hinzugefügt.

b) Denke immer an die **Probe**.

342 : 6 = 57
−30
42
−42
0

Probe
57 · 6
342

Durch eine Probe kannst du dein Ergebnis überprüfen.

D70 Lösungen

1 Dividiere schriftlich im Heft.
Prüfe wie in Beispiel b).

a) 78 : 3 b) 92 : 4 c) 145 : 5
d) 342 : 6 e) 365 : 5 f) 656 : 8
g) 368 : 4 h) 889 : 7 i) 657 : 9

2 Dividiere schriftlich im Heft.
Achte auf die entstehende Null.

a) 1232 : 4 b) 4032 : 8 c) 2135 : 7
d) 4515 : 3 e) 3672 : 9 f) 4848 : 8
g) 4020 : 6 h) 2142 : 7 i) 3012 : 3

3 Hier entsteht ein Rest. Mache die Probe.

a) 88 : 3 b) 176 : 5 c) 451 : 7 d) 670 : 9 e) 929 : 11
f) 91 : 4 g) 267 : 6 h) 511 : 8 i) 574 : 10 j) 677 : 12

4 Vier Personen spielen Lotto in einer Tippgemeinschaft und gewinnen zusammen 27 212 €. Wie viel Euro bekommt jede Person aus der Tippgemeinschaft?

5 Dividiere. Auf den Kärtchen findest du das Lösungswort.

a) 420 : 10 b) 670 : 10 c) 280 : 20
d) 920 : 20 e) 1950 : 30 f) 2120 : 40
g) 3600 : 50 h) 4130 : 70 i) 8010 : 90

O 53 | B 65 | N 67 | R 59 | S 42 | O 14 | A 72 | W 46 | D 89 | L 79

6 Dividiere schriftlich. Mache zuvor einen Überschlag. Kontrolliere durch eine Probe.

a) 2367 : 3 b) 2616 : 4 c) 4285 : 5 d) 2538 : 6 e) 4823 : 7 f) 4635 : 9
g) 5656 : 8 h) 6354 : 9 i) 1872 : 8 j) 8845 : 5 k) 5418 : 6 l) 5551 : 7

7 Hier entsteht ein Rest.

a) 493 : 4 b) 459 : 5 c) 331 : 4 d) 472 : 6 e) 588 : 8 f) 585 : 7
g) 883 : 9 h) 1478 : 9 i) 4739 : 6 j) 5645 : 6 k) 1359 : 11 l) 7700 : 12

8 Hier ist etwas Unordnung entstanden. Welcher Zettel gehört in welche Box? Rechne nach.

1872 : 8 | 3105 : 9 | 1638 : 7 | 3795 : 11 | 1107 : 9 | 1476 : 12 | 2760 : 8 | 984 : 8 | 1404 : 6

9 Dividiere durch die Zahl, die auf dem zugehörigen Kärtchen steht.

a) 1876; 2436; 1932; 4256 — 7
b) 624: 1256; 5232; 6456 — 8
c) 738; 873; 2241; 4554 — 9

10 Du erhältst besondere Ergebnisse.

a) 91 : 7
9191 : 7
919191 : 7
...

b) 63 : 9
693 : 9
6993 : 9
...

8 Dividiere die Zahlen auf den gelben Kärtchen durch die auf den blauen. Welche Divisionen ergeben keinen Rest?

Gelb: 6552 | 3864 | 4536 | 4788
Blau: 6 | 7 | 8 | 9

9 Mache bei zweistelligen Divisoren zuerst eine Überschlagsrechnung.

Beispiel:	Rechnung	Überschlag
	1387 : 19 = 73	1400 : 20
	−133	= 140 : 2
	57	= 70
	−57	
	0	

Tipp: Die Neunzehnerreihe 19; 38; 57; … hilft dir.

a) 7414 : 11 b) 3477 : 12 c) 5447 : 13
d) 6915 : 15 e) 5712 : 16 f) 1134 : 18

10 Achte auf die Nullen.

a) 2727 : 3 b) 8200 : 5 c) 1863 : 9
d) 1188 : 11 e) 7284 : 12 f) 18 063 : 9
g) 40 040 : 8 h) 90 900 : 15 i) 40 500 : 45

11 Ergänze die fehlenden Ziffern in deinem Heft.

a)
```
  4 7 6 : 7 = 6 ■
- ■ ■
    5 6
  - ■ ■
      0
```

b)
```
  2 9 4 : 6 = ■ ■
- 2 4
    5 4
  - ■ ■
      0
```

12 Übertrage die Tabelle in dein Heft und vervollständige sie.

:	6	8	12	15
840	140	■	■	■
2880	■	■	■	■
4680	■	■	■	■
6840	■	■	■	■

13 Welche Aufgabe gehört zu welchem Ergebnis? Überschlage zunächst. Wie heißt das Lösungswort?

a) 1232 : 7 b) 6102 : 9 c) 10 461 : 11
d) 4284 : 12 e) 7020 : 13 f) 11 830 : 14
g) 3705 : 15 h) 9328 : 16 i) 12 762 : 18

E 583 | O 540 | S 951 | H 357 | E 176 | Y 709 | K 247 | C 845 | I 678

14 Setze im Heft die fehlende Zahl ein.

a) 162 : 6 = ■ b) 144 : ■ = 9
c) ■ : 7 = 63 d) 108 : 9 = ■
e) 156 : ■ = 12 f) ■ : 9 = 14
g) 731 : ■ = 43 h) ■ : 12 = 56

15 Schreibe die Aufgabe so um, dass der Divisor am Ende keine Nullen hat. Rechne dann.

Beispiel: 7470 : 90 = 747 : 9 = 83

a) 3280 : 80 b) 5340 : 60
c) 28 280 : 40 d) 48 500 : 500
e) 120 000 : 3000 f) 2 600 000 : 8000

11 Ergänze die fehlenden Ziffern in deinem Heft.

a)
```
  7 8 ■ : 9 = ■ 7
- 7 2
    ■ 3
  - ■ ■
      0
```

b)
```
  3 ■ 6 ■ : 1 3 = ■ 3 ■
- 2 6
    4 ■
  - ■ ■
      7 8
    - ■ ■
        0
```

12 Übertrage die Tabelle in dein Heft und ergänze.

	Dividend	Divisor	Ergebnis
a)	876	12	■
b)	1292	■	76
c)	■	7	231
d)	893	■	19

13 Führe eine Überschlagsrechnung durch, bevor du rechnest.

a) 3978 : 17 b) 5094 : 18 c) 7560 : 21
d) 5658 : 23 e) 13 662 : 27 f) 25 344 : 36

14 Wie heißen die fehlenden Ziffern?

a) 3■5 : 5 = 77 b) 40■ : 6 = ▲8
c) ■48 : 8 = 5▲ d) 57■ : 7 = ▲2
e) ■62 : 9 = 1▲ f) ■24 : 12 = 2▲

15 Finde den Fehler. Korrigiere im Heft.

a)
```
3690 : 18 = 25
-36
 090
 -90
   0
```

b)
```
608 : 16 = 308
-48
 12
- 0
 128
-128
   0
```

16 Welche Ziffern kannst du einsetzen, sodass bei der Division kein Rest entsteht?

a) 57■ : 2 b) 64■ : 4
c) 7■5 : 5 d) ■70 : 7
e) 303■ : 3 f) 6■6 : 6

16 Der Hersteller des Aufzugs bringt ein Schild an. Wie viel Kilogramm darf eine Person durchschnittlich wiegen?

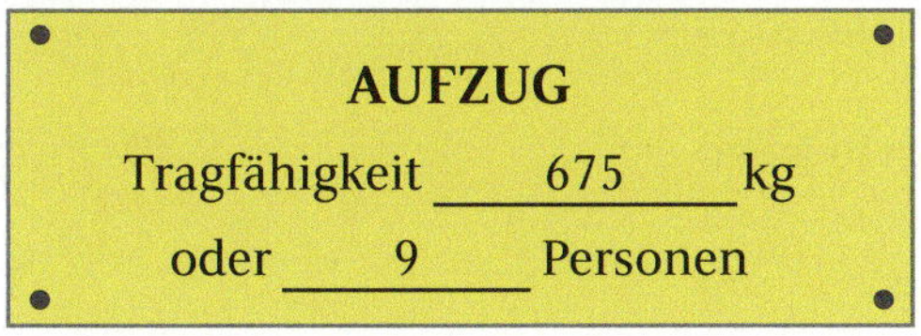

17 Setze links vom Gleichheitszeichen das Divisionszeichen, sodass die Rechnung stimmt. Ein Überschlag hilft.

a) 3 3 2 4 = 83
b) 7 8 3 9 = 87
c) 7 3 8 6 = 123
d) 3 9 6 1 2 = 33

D71 Material zu Aufgabe 18

18 MK Die SMV prüft die Kosten für eine dreitägige Tagung. Es nehmen zwischen 32 und 36 Personen teil. Bilde das Tabellenkalkulationsblatt nach und trage in die drei gefärbten Felder die richtigen Formeln ein. Mit welchen Kosten pro Person muss die SMV rechnen?

	A	B
1		**Pauschalpreise**
2	2 Übernachtungen	1.800,00 €
3	Verpflegung	1.200,00 €
4	Bus-Transfer	600,00 €
5	**Summe Ausgaben**	
6	**Anzahl der Teilnehmer**	
7	**Kosten pro Teilnehmer**	

19 Schreibe eine dreistellige Zahl zweimal nebeneinander, sodass eine sechsstellige Zahl entsteht.
Beispiel: 857 857

a) Dividiere diese Zahl durch 7, durch 11 und durch 13. Was fällt dir auf?
b) Teste auch für andere dreistellige Zahlen.

17 Für seinen Weg um die Erde braucht der Mond ungefähr einen Monat. Er legt an einem Tag 87 840 km zurück.
Berechne den Weg, den er

a) in einer Stunde zurücklegt.
b) in einer Minute zurücklegt.

18 Setze die Ziffern ein.

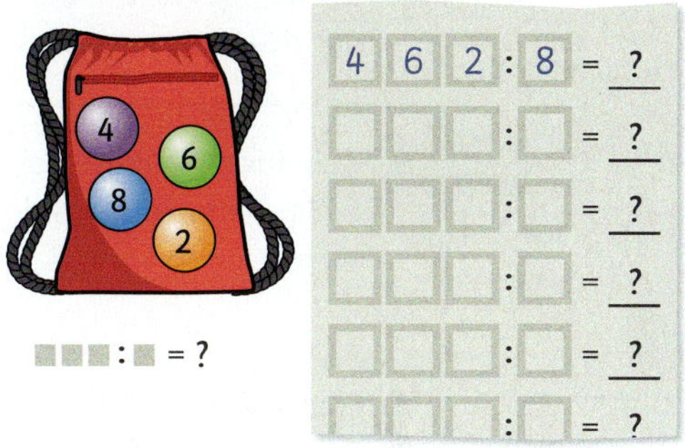

a) Das Ergebnis soll möglichst groß sein.
b) Das Ergebnis soll möglichst klein sein.
c) Das Ergebnis ist 157.
d) Alle Aufgaben mit dem Divisor 6 ergeben einen Rest. Prüfe.

19 Schreibe die zum Text passende Aufgabe und löse sie.

a) Berechne das Ergebnis des Quotienten der Zahlen 705 und 15.
b) Der Dividend ist 112, der Divisor ist 7. Wie heißt das Ergebnis des Quotienten?
c) Der Quotient ist 32, der Dividend die Zahl 384. Wie heißt der Divisor?

20 MK Die Zahl 15 120 ist eine besondere Zahl. Du darfst zur Lösung eine Tabellenkalkulation verwenden.

a) Teile sie durch die Zahlen von 1 bis 10. Was stellst du fest?
b) Teile auch die Nachbarzahl 15 121 durch die Zahlen von 1 bis 10. Was beobachtest du? Kannst du das erklären?

9 Lösungen für Gleichungen finden

Luisa stellt der Klasse ein Rätsel.
In jeder Streichholzschachtel liegen gleich viele Streichhölzer. Auf jeder Seite des Gleichheitszeichens liegen auch gleich viele Streichhölzer.
→ Wie viele Streichhölzer liegen in jeder Streichholzschachtel?
Besprecht euch in der Klasse.

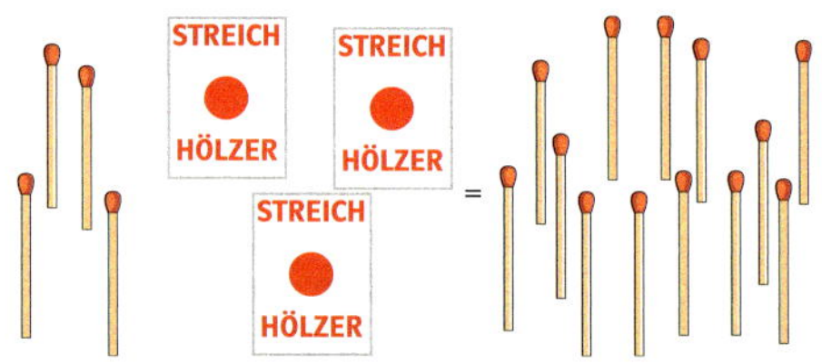

Die Waage mit den beiden Waagschalen befindet sich im Gleichgewicht.
Mit dieser Vorstellung verbindet man in der Mathematik eine **Gleichung**.
Eine Gleichung besteht aus einer linken und einer rechten Seite.
Ein Gleichheitszeichen verbindet sie.
Oft ist ein Wert in der Gleichung unbekannt.
Auf der Waage ist das beispielsweise der Würfel.

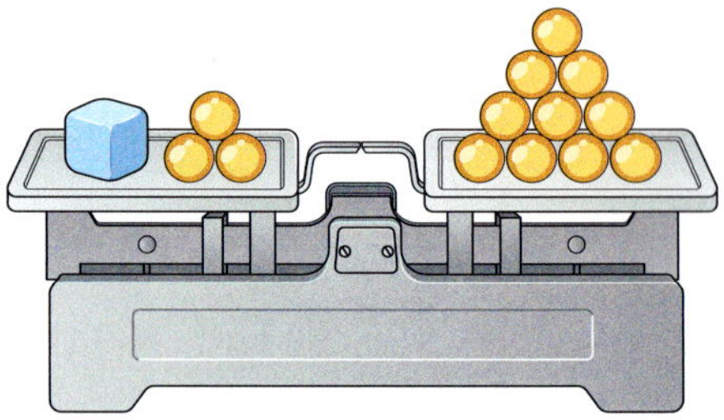

Merke Bei einer **Gleichung** sucht man nach der Zahl, die beim Einsetzen auf beiden Seiten des Gleichheitszeichens denselben Wert ergibt. Diese Zahl heißt **Lösung** der Gleichung. Einfache Gleichungen kannst du durch **Probieren** oder durch **Rückwärtsrechnen** lösen.

V72 Erklärvideo

Beispiele

a) **Lösen der Gleichung ■ · 4 + 7 = 23 durch Probieren**
- Probieren, ob die Zahl **2** passt:
  2 · 4 + 7 = 8 + 7 = **15** Passt nicht.
  Das Ergebnis ist zu klein.
- Probieren, ob die Zahl **5** passt:
  5 · 4 + 7 = 20 + 7 = **27** Passt nicht.
  Das Ergebnis ist zu groß.
- Probieren, ob die Zahl **4** passt:
  4 · 4 + 7 = 16 + 7 = **23** ✓

Die Zahl 4 ist die Lösung der Gleichung.

b) **Lösen der Gleichung ■ · 4 + 7 = 23 durch Rückwärtsrechnen**
Die gesuchte Zahl wird zuerst mit 4 multipliziert, dann wird 7 addiert. Um die gesuchte Zahl zu berechnen, arbeitest du rückwärts. Du subtrahierst zuerst 7 von 23 und dividierst dann durch 4.

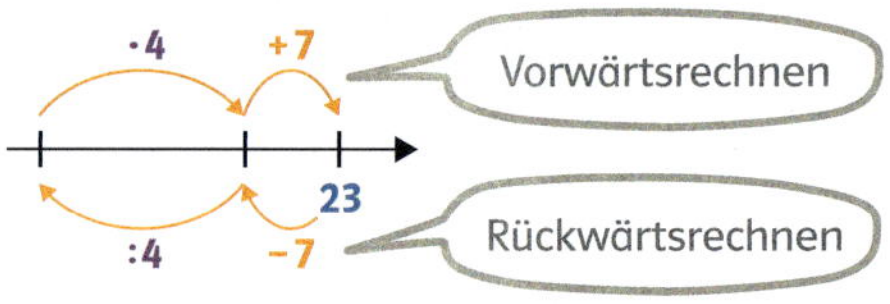

23 − 7 = 16 16 : 4 = 4
Die Zahl 4 ist die Lösung der Gleichung.

D73 Lösungen

○ **1** Für welche der Gleichungen ist die Zahl auf dem Kärtchen die Lösung? Prüfe nach.

a) 5 A ■ · 3 = 18 B 4 · ■ = 20 C ■ + 9 = 14 D 19 − ■ = 11

b) 8 A 5 · ■ = 42 B ■ · 7 = 56 C 32 − ■ = 24 D 26 + ■ = 33

○ **2** Löse die Gleichung im Kopf.

a) ■ + 8 = 20 b) ■ − 7 = 42 c) ■ · 2 = 36 d) 2 · ■ − 15 = 3
e) 11 + ■ = 18 f) 22 − ■ = 15 g) 3 · ■ = 18 h) ■ · 3 + 12 = 27

3 Welche Zahl ist Lösung welcher Gleichung? Ordne zu.

a) A □ + 69 = 87 B 2 · □ + 25 = 85 C 67 = □ · 2 + 23 18 30 22

b) D 19 = 91 − □ E □ · 2 − 37 = 55 F 75 = 3 · □ + 39 12 46 72

4 Löse die Gleichung durch Rückwärtsrechnen. Nutze das Pfeilbild wie in Beispiel b).

a) 12 + □ = 29 b) 4 · □ = 48 c) □ · 2 − 9 = 33 d) 5 · □ + 30 = 60
e) □ − 7 = 26 f) 56 = □ · 7 g) 8 · □ + 13 = 53 h) □ · 6 + 3 = 27

5 Eine Kugel wiegt 1 kg.
Wie schwer ist einer der Würfel?

a)

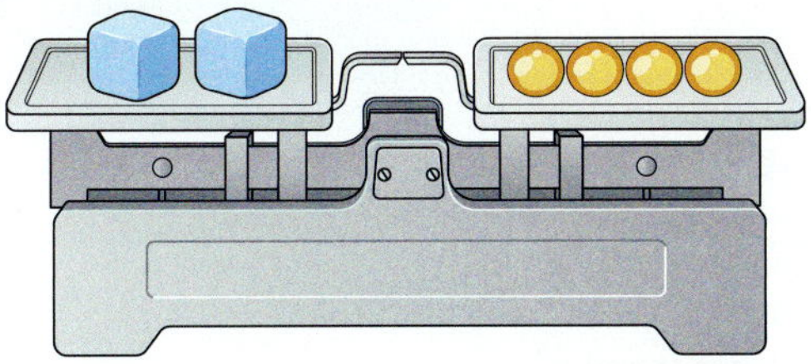

b)

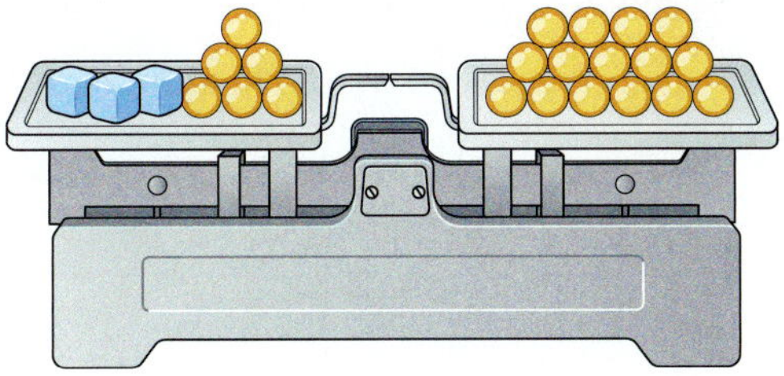

6 Die Summe aller Lösungen ergibt 45.
Berechne und prüfe die Summe.

A 4 · □ + 5 = 29 B 3 · □ − 20 = 7
C □ : 2 − 2 = 4 D 7 · □ − 21 = 35
E 13 = □ · 9 − 32 F 10 = (5 · □) : 4

7 Carlotta und Jamal wollen die Gleichung 4 · □ + 14 = 38 lösen. Carlotta setzt 1 ein und kommt auf 18. Jamal setzt 10 ein und kommt auf 54. Die beiden unterhalten sich, welche Zahl als Nächstes sinnvoll wäre. Was meinst du?

8 Mia erhält jeden Monat 25 € Taschengeld. In ihrem Sparschwein liegen 43 €. Wie lange muss sie sparen, bis sie sich die neuen Kopfhörer für 179 € kaufen kann?

5 Das Mobile ist im Gleichgewicht. Eine Kugel wiegt 200 g. Wie schwer ist ein Würfel?

a)

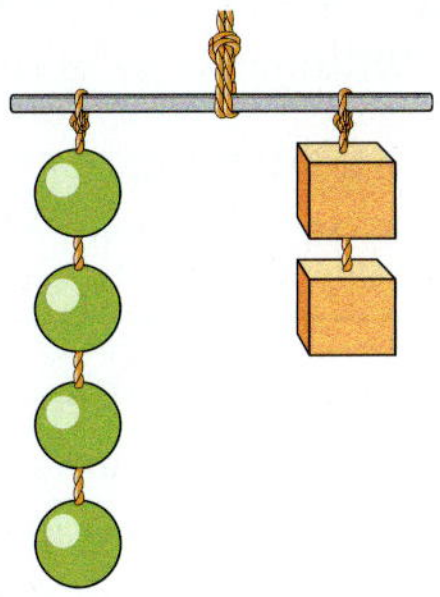

b)

6 Mithilfe von Tabellen kannst du gezielter probieren. Musst du alle Werte berechnen?

a)

□	0	1	2	3	4	5	6
□ · 3 + 5 = 20	5	8					

b)

□	2	4	6	8	10	12	14
5 · □ − 1 = 39						59	

c)

□	7	8	9	10	11	12	13
6 · □ + 5 = 71							

7 Erfindet drei Gleichungen mit der Lösung 5. Verwendet dabei je eine Punkt- und eine Strichrechnung.

8 Stelle eine Gleichung auf und löse sie durch Probieren.

a) Die Zahl ist um 17 kleiner als 63.
b) Das Doppelte einer Zahl ist 120.
c) Die Hälfte einer Zahl ist 36.
d) Wenn ich eine Zahl verdopple und 5 addiere, erhalte ich 37.

9 Georgia stellt ihrer Tante ein Rätsel: „Wenn meine Schwester Xenia viermal so alt ist wie heute, dann sind 18 Jahre vergangen.“ Wie alt ist Xenia heute?

10 Punkt vor Strich und Klammern

Frau Sanchez stellt der Klasse 5a Aufgaben in Quizform. Alex entscheidet sich für das Ergebnis A. Bella tippt auf B und Chiara wählt den Buchstaben C.

→ Was meint ihr?
Besprecht die Lösungen in der Klasse.

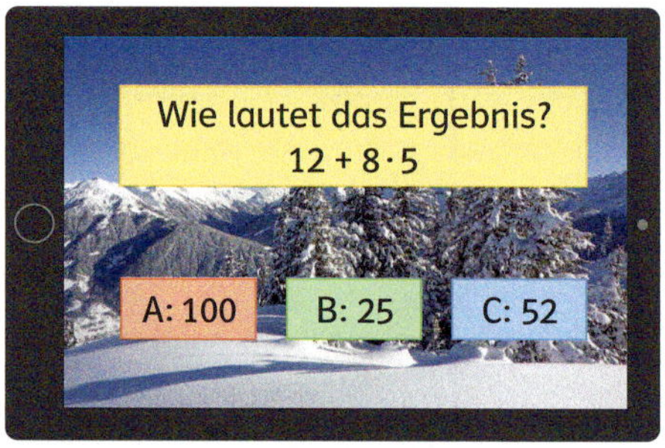

Beim Rechnen unterscheidet man

Strichrechnungen und	**Punktrechnungen**
Addition +	Multiplikation ·
Subtraktion −	Division :

Für die Reihenfolge beim Rechnen gelten Regeln, genau wie im Straßenverkehr.

Im Straßenverkehr gilt:

Ampel vor Schild

Polizist vor Ampel

Merke

Reihenfolge beim Berechnen von Rechenausdrücken (Zahltermen)

1. Punktrechnung kommt vor Strichrechnung.
2. Was in Klammern steht, wird zuerst gerechnet.
3. Kommen mehrere Klammern vor, rechnest du die innere Klammer vor der äußeren.

Hier hat das Multiplizieren Vorrang:

$4 + 5 \cdot 6$
$= 4 + 30$
$= 34$

Man sagt: Punkt „·" vor Strich „+".

Hier hat die Klammer Vorrang:

$(4 + 5) \cdot 6$
$= 9 \cdot 6$
$= 54$

Man sagt: „Klammer zuerst".

V74 Erklärvideo

Beispiele

a) **Punktrechnung vor Strichrechnung**

$17 + 72 : 9$
$= 17 + 8$
$= 25$

b) **Klammer zuerst**

$36 : (14 - 2 \cdot 5)$
$= 36 : (14 - 10)$
$= 36 : 4$
$= 9$

c) **Innere Klammer zuerst**

$(43 - (7 + 6)) : 5$
$= (43 - 13) : 5$
$= 30 : 5$
$= 6$

D75 Lösungen

1 Berechne in deinem Heft. Achte auf die Regel „Punkt vor Strich".

a) $5 \cdot 3 + 4$ b) $12 - 54 : 9$
c) $34 - 8 \cdot 4$ d) $6 + 72 : 8$
e) $20 : 5 + 4$ f) $15 + 36 : 12$

2 Berechne. Achte darauf, die Klammer zuerst zu berechnen.

a) $(2 + 8) \cdot 6$ b) $18 : (54 : 6)$
c) $4 \cdot (19 - 12)$ d) $(120 : 30) \cdot 5$
e) $48 : (12 - 4) + 7$ f) $8 \cdot (25 - 15) + 5$

3 Berechne. Beachte die Regel „Punkt vor Strich".

a) $9 \cdot 6 + 8 \cdot 5$ b) $56 : 7 + 6 \cdot 9$ c) $10 \cdot 6 - 4 \cdot 5$ d) $17 - 81 : 9 - 7$
e) $7 \cdot 4 + 9 \cdot 3$ f) $8 \cdot 9 - 63 : 7$ g) $15 + 3 \cdot 7 - 14$ h) $25 - 15 + 45 : 9$

4 Berechne. Die innere Klammer musst du zuerst berechnen.

a) $(2 \cdot (3 + 4)) - 5$ b) $(8 \cdot (7 - 6)) + 5$ c) $(80 - (16 + 24)) : 8$ d) $(2 + 3 \cdot (4 + 5)) - 6$
e) $((2 + 3) \cdot 4) - 5$ f) $8 \cdot ((7 - 6) + 5)$ g) $25 - ((16 + 20) : 9)$ h) $2 + 3 \cdot ((4 + 5) - 6)$

5 Auf den gelben Kärtchen stehen die Aufgaben, die Lösungen auf den blauen. Ordne zu.

A $42 - 6 \cdot 4 + 2$ | 9 | C $6 \cdot 5 - 7 \cdot 3$ | 20 | E $6 + (14 - 3 \cdot 2)$

12 | B $40 - 32 : 8 - 20$ | 14 | D $63 : (23 - 16) + 3$ | 16

6 Entscheide zuerst, mit welchem Kärtchen du beginnst. Rechne dann.

A Punkt vor Strich | B Klammer zuerst | C Innere Klammer zuerst

a) $10 - 48 : 8$
b) $72 : (5 + 4) - 7$
c) $8 \cdot 6 - 49 : 7$
d) $(9 - 3 \cdot (7 - 5)) + 8$
e) $9 \cdot (26 - 19)$
f) $8 - 2 \cdot ((9 + 6) : 5)$
g) $(12 + 63) : 25$
h) $84 : 12 + 4 \cdot 8$

7 Berechne und vergleiche.

a) $3 \cdot 4 + 5 \cdot 6$
$3 \cdot (4 + 5 \cdot 6)$
$3 \cdot (4 + 5) \cdot 6$
$(3 \cdot 4 + 5) \cdot 6$

b) $40 : 5 - 3 + 2$
$40 : (5 - 3 + 2)$
$(40 : 5 - 3) + 2$
$40 : 5 - (3 + 2)$

8 Steckt die Rechenausdrücke in die richtige Box.

A $25 + 6 \cdot 15 - 15$
B $18 \cdot 10 - 5 \cdot 12$
C $112 - 144 : 12 - 20$
D $120 : 4 + 10 \cdot 7$
E $12 \cdot 4 + 2 \cdot 16$

Findet weitere Aufgaben mit den Ergebnissen 80; 100 und 120.

9 Finde den Fehler und korrigiere ihn in deinem Heft.

a)
$36 + 4 \cdot 5$
$= 40 \cdot 5$
$= 200$

b)
$50 - 25 : 5$
$= 25 : 5$
$= 5$

10 Milo bekommt von seiner Lehrerin einen Fehler angestrichen. Erkläre, was Milo falsch gemacht hat.

$7 \cdot 6 + 9$
$= 42$ f
$= 42 + 9$
$= 51$

7 Berechne und vergleiche.

a) $2 \cdot 3 + 4 \cdot 5 + 6 \cdot 7$
$(2 + 3) \cdot (4 + 5) \cdot (6 + 7)$

b) $9 \cdot (8 - 7) \cdot (6 - 5) \cdot (4 - 3) \cdot (2 - 1)$
$(9 - 8) \cdot (7 - 6) \cdot (5 - 4) \cdot (3 - 2) \cdot 1$

8 Berechne. Wie heißt das Lösungswort?

a) $(32 - 14) : 9 + 6$
b) $3 \cdot (4 + 6) - 7$
c) $40 : (47 - 39) - 4$
d) $17 - (17 - 12) \cdot 3$
e) $5 - (8 + 6) : 7$
f) $42 - 3 \cdot (15 - 5)$
g) $17 - (49 + 11) : 6$
h) $(15 + 5) : (23 - 18)$

Z 1 | M 3 | E 2 | E 7 | B 12 | E 23 | D 8 | R 4

9 Finde den Fehler und korrigiere ihn in deinem Heft.

a)
$8 \cdot 6 + 9 : 3$
$= 8 \cdot 15 : 3$
$= 120 : 3$
$= 40$

b)
$24 - 16 : 4 + 3$
$= 8 : 4 + 3$
$= 2 + 3$
$= 5$

10 Berechne.

a) $45 - 8 \cdot 5 + 56 : 7$
b) $81 : 9 + 12 \cdot 4 - 4$
c) $7 \cdot 8 + 72 : 8 - 5 \cdot 11$
d) $44 : 11 - 3 + 3 \cdot 8 - 45 : 9$

11 Ordne die Ergebnisse den Aufgaben zu.
(1) 1 + 2·(3 + 4·5) + 6·(7 + 8·9)
(2) (1 + 2)·3 + (4 + 5)·6 + (7 + 8)·9
(3) 1·(2 + 3)·(4 + 5)·(6 + 7)·(8 + 9)
(4) (1 + 2)·(3 + 4)·(5 + 6)·(7 + 8)·9

A 9945 | C 198 | D 521 | B 31185

D76 Material zu Aufgabe 12 und 12

12 MK Übertrage in eine Tabellenkalkulation und berechne die Zahlterme. Probiere verschiedene Werte aus.
Tipp: Zum Dividieren verwendest du in einer Tabellenkalkulation das Zeichen „/".

	A	B	C
1	**Dein Taschenrechner**		
2	**Zahl A**	**Zahl B**	**Zahl C**
3	10	5	8
4			
5	**Rechnung**		
6	A·B	=A3*B3	
7	A:B	=A3/B3	
8	A + B·C		

13 Setze im Heft eine Klammer so, dass das Ergebnis stimmt.
Beispiel: 26 − 14:3 = 4
Klammern setzen: (26 − 14):3 = 4
12:3 = 4

( )

a) 3 + 12·4 = 60
b) 50:12 − 2 = 5
c) 32 − 12·4 = 80
d) 4·8 + 3:7 = 5
e) 5·3 + 4·2 = 55
f) 16 + 5·4 − 12 = 72

14 Die Klammer sitzt falsch. Setze die Klammer in deinem Heft richtig.

(5 + 4)·3 − 2:1 = 15

15 Löse durch Probieren oder durch Rückwärtsrechnen.
a) 6·5 + ▢ = 40
b) ▢ + 4·5 = 25
c) ▢ − 3·10 = 20
d) 27:▢ − 1 = 2

16 Berechne die innere Klammer zuerst. Wie heißt das Lösungswort?
a) 6 − ((5 − 4) + 3):2
b) 5 − ((6 + 4):2 − 3)
c) 5 − (3·(2 + 4)):6
d) 6:((4 − 2)·3) + 5
e) 2 − (4 − (5 − 6:3))
f) (6:(5 − 3)) + 4:2

O 1 | L 6 | N 5 | A 3 | L 2 | B 4

11

(| + | : | · | 5 | 20 | 10 |) | −

Bildet mit den Kärtchen mindestens drei Aufgaben, die ein einstelliges Ergebnis haben. Ihr könnt die Kärtchen auch mehrfach verwenden.
Beispiel:
20 : (10 − 5) = 20:5
= 4

12 MK Nutze die Tabellenkalkulation als Taschenrechner. Übertrage dazu die Tabelle. Probiere auch eigene Zahlen aus.

	A	B	C	D
1	**Dein Taschenrechner**			
2	**Zahl A**	**Zahl B**	**Zahl C**	**Zahl D**
3	10	8	5	2
4				
5	**Rechnung**		**Ergebnis**	
6	A·B + C·D		=A3*B3 + C3*D3	
7	A·(B + C) − D			
8	A·(B − C):D			

13 Die Klammern wurden falsch gesetzt. Korrigiere im Heft und rechne.
a) 60 − (25:5) = 7
b) 28 + (7·2) = 70
c) 6 + (15:3) − 1 = 6
d) 3·4 − (6:2) = 3
e) (20 + 90 − 15)·2 − 120 = 50

14 Setze im Heft eine Klammer so, dass das Ergebnis möglichst groß wird.

5 + 4·3 − 2:1

15 Löse durch Probieren oder durch Rückwärtsrechnen.
a) 3·(18 + ▢) = 75
b) 2·(38 − ▢) = 32
c) (▢ + 12):4 = 5
d) 4·(▢ + 10) = 100
e) (▢·7 + 8):9 = 4
f) ▢·3 − (8 + 4·3) = 1

16 Berechne.
a) 12 + 3·(52 − 36)
b) 45 − 5 + (8·3):(44 − 6·4 − 12)
c) 5 − ((6 + 4):2 − 3)
d) (25 − 19)·4 − (22 − (3·6 + 2):5)
e) 50 − (10 − (43 − 19):8)·7 − 1

17

Chris	Lisa	Aufgabe	gew.
2; 5; 6		2 + 5 + 6 = 13	
	2; 5; 4	2 · 5 + 4 = 14	Lisa
	6; 2; 6	6 + 2 + 6 = 14	
1; 5; 4		5 · (4 − 1) = 15	Chris

Lisa und Chris spielen „15 gewinnt“. Sie werfen abwechselnd drei Würfel. Aus den drei gewürfelten Zahlen bilden sie mithilfe von +; −; ·; : und einer Klammer eine Rechenaufgabe. Das Ergebnis der Aufgabe soll möglichst nahe an der Zahl 15 sein.

a) Prüfe die Rechnung von Lisa und Chris.

b) Spielt das Spiel mehrmals.

D77 Material zu Aufgabe 18

18 MK Die Klasse 8a plant einen Aufenthalt im Schullandheim an der Nordsee. Übertrage die Planungen in eine Tabellenkalkulation. Fülle die gefärbten Felder mit Formeln.

a) Welche Kosten entstehen für jede Person?

b) Wie hoch sind die Kosten bei einem siebentägigen Aufenthalt?

	A	B	C	D
1	**Ausgaben**		**pro Person**	**gesamt**
2	6 Tage Vollpension	28	240,00 €	
3	Hin- und Rückfahrt DB	28	110,00 €	
4	Bus-Transfer			670,00 €
5	Watt-Führung			200,00 €
6	Krabbenkutter			550,00 €
7	Bus Husum			410,00 €
8	**Summe Ausgaben**			
9				
10	*Kosten pro Person*			

17 Setze im Heft eine Klammer so, dass das Ergebnis möglichst groß wird.

a) 5 + 5 · 5 + 5 b) 1 + 3 · 5 + 7

18

1 2 3 4 5 : · + − ( )

Erstellt mit den Ziffern von 1 bis 5, den vier Rechenzeichen und dem Klammerpaar möglichst viele verschiedene Rechenausdrücke. Jedes Kärtchen soll genau einmal eingesetzt werden.

Beispiel: (5 · 2 − 1) : 3 + 4 = 7

19 Stelle zuerst einen Rechenausdruck auf. Berechne dann seinen Wert.

a) Berechne die Summe aus dem Produkt von 12 und 8 und dem Quotienten von 400 und 25.

b) Berechne die Differenz des Produkts von 12 und 4 und dem Quotienten dieser beiden Zahlen.

20 Bei Rechenausdrücken mit mehreren Rechenarten entscheidet der letzte Rechenschritt über die Bezeichnung.

Beispiel: 25 − 8 · 3
= 25 − 24 = 1 (Differenz)

Ordne die Begriffe richtig zu.

A 32 − 3 · 8
B 12 + 36 : 9
C (12 + 36) : 9
D (32 − 3) · 8

Summe, Quotient, Produkt, Differenz

21 Der Zahlterm (2 + 3) · 12 bedeutet in Worten: „Multipliziere die Summe der Zahlen 2 und 3 mit der Zahl 12.“
Schreibe die Rechenausdrücke in Worten und berechne ihren Wert.

a) (18 − 12) · 8 b) 27 − 6 · 4

c) 3 · 8 + 11 · 12 d) 35 − 2 · (6 + 5)

Folgende Begriffe helfen dir dabei.

multiplizieren, addieren, Produkt, Summe, subtrahieren, Differenz

11 Ausklammern und ausmultiplizieren E

Das Abschlussfest soll in der Schulaula stattfinden.
Frau Meier und Herr Özdemir tauschen sich darüber aus. Frau Meier meint, es sind 5 Reihen mit je 10 Tischen; insgesamt also 50 Tische. Herr Özdemir zählt 5 Reihen mit je 4 Tischen und 5 Reihen mit je 6 Tischen; insgesamt also 20 Tische plus 30 Tische.
→ Besprecht die Sichtweisen der beiden in der Klasse.

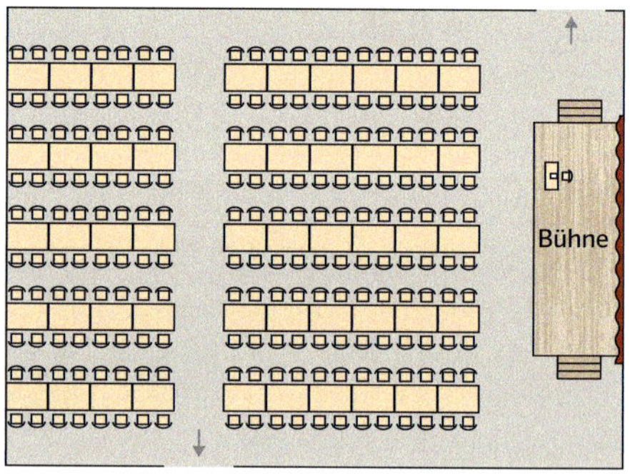

Zur Bestimmung der Aufgabe $4 \cdot 3 + 6 \cdot 3$ berechnest du zuerst die Teilprodukte. Anschließend bildest du die Summe.

$4 \cdot 3 + 6 \cdot 3$
$= 12 + 18$
$= 30$

Du kannst aber auch so rechnen:

$4 \cdot 3 + 6 \cdot 3$
$= (4 + 6) \cdot 3$
$= 10 \cdot 3$
$= 30$

Dieser Vorgang heißt **Ausklammern.**

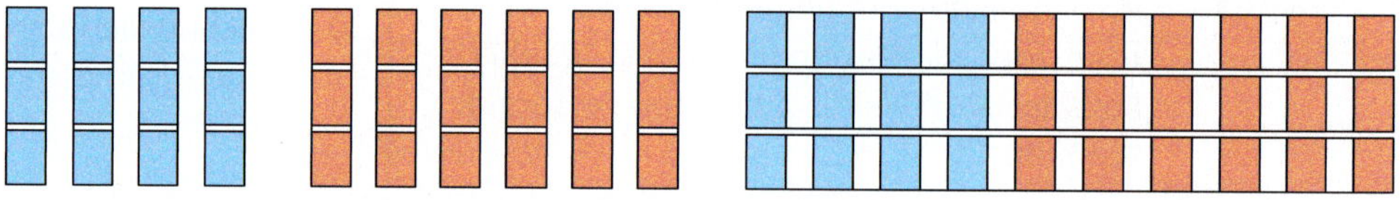

$4 \cdot 3$ + $6 \cdot 3$ = $(4 + 6) \cdot 3$

Den Zahlterm $8 \cdot (50 + 7)$ müsstest du nach der Regel „Klammer zuerst“ mit $8 \cdot 57$ berechnen.

Vorteilhaft rechnest du aber $8 \cdot (50 + 7) = 8 \cdot 50 + 8 \cdot 7 = 400 + 56 = 456$

Dieser Vorgang heißt **Ausmultiplizieren.**

Merke

Verteilungsgesetz (Distributivgesetz)

Ausmultiplizieren
Steht ein Faktor vor einer Klammer, kannst du diesen Faktor mit jedem einzelnen Summanden multiplizieren.

Ausklammern
Kommt in einer Summe oder Differenz ein Faktor mehrmals vor, kannst du diesen gemeinsamen Faktor ausklammern.

V78 Erklärvideo

Beispiele

a) $27 \cdot (20 + 3)$
$= 27 \cdot 20 + 27 \cdot 3$
$= 540 + 81$
$= 621$
Hier ist Ausmultiplizieren vorteilhaft.

b) $12 \cdot 87 + 12 \cdot 13$
$= 12 \cdot (87 + 13)$
$= 12 \cdot 100$
$= 1200$
Hier ist Ausklammern vorteilhaft.

Das Verteilungsgesetz gilt auch bei der Division.

c) $(260 - 26) : 13$
$= 260 : 13 - 26 : 13$
$= 20 - 2$
$= 18$

d) $80 : 14 + 60 : 14$
$= (80 + 60) : 14$
$= 140 : 14$
$= 10$

D79 Lösungen

1 Multipliziere aus und berechne.

a) $5 \cdot (8 + 6)$ b) $12 \cdot (5 + 8)$ c) $7 \cdot (40 - 4)$ d) $(11 + 6) \cdot 6$
e) $8 \cdot (20 + 7)$ f) $5 \cdot (30 + 4)$ g) $8 \cdot (60 - 3)$ h) $(20 + 3) \cdot 7$

2 Klammere den gemeinsamen Faktor aus und berechne.

a) $5 \cdot 12 + 5 \cdot 8$ b) $14 \cdot 9 + 14 \cdot 11$ c) $2 \cdot 17 + 2 \cdot 7$ d) $15 \cdot 11 + 5 \cdot 11$
e) $9 \cdot 7 + 9 \cdot 13$ f) $8 \cdot 49 + 2 \cdot 49$ g) $7 \cdot 14 + 7 \cdot 16$ h) $9 \cdot 17 + 9 \cdot 23$

3 Verwende das Verteilungsgesetz. Berechne.

a) $(48 + 36) : 4$ b) $(70 + 49) : 7$ c) $42 : 6 + 18 : 6$ d) $54 : 9 + 36 : 9$
e) $(54 + 48) : 6$ f) $(99 + 66) : 11$ g) $104 : 8 + 56 : 8$ h) $119 : 7 + 21 : 7$

4 Beim Kopfrechnen ist das Verteilungsgesetz oft hilfreich.

Beispiel: $42 \cdot 18 = 40 \cdot 18 + 2 \cdot 18 = 720 + 36 = 756$

a) $12 \cdot 26$ b) $23 \cdot 34$ c) $67 \cdot 24$ d) $19 \cdot 28$ e) $49 \cdot 42$ f) $52 \cdot 39$

5 Rechne wie im Beispiel.

Beispiel: $49 \cdot 7 = (50 - 1) \cdot 7$
$= 50 \cdot 7 - 1 \cdot 7$
$= 350 - 7 = 343$

a) $19 \cdot 3$ b) $67 \cdot 9$ c) $199 \cdot 2$
d) $27 \cdot 8$ e) $79 \cdot 8$ f) $98 \cdot 7$
g) $38 \cdot 7$ h) $87 \cdot 9$ i) $96 \cdot 6$

6 Ausmultiplizieren oder Ausklammern? Entscheide und rechne dann im Kopf.

a) $12 \cdot 7 + 12 \cdot 13$ b) $9 \cdot (50 + 3)$ c) $76 \cdot 8 - 66 \cdot 8$ d) $(160 + 48) : 16$

7 Wer klug im Kopf rechnet, rechnet so.

Beispiel: $7 \cdot 23 + 69$ ($69 = 3 \cdot 23$)
$= 7 \cdot 23 + 3 \cdot 23$
$= (7 + 3) \cdot 23$
$= 10 \cdot 23 = 230$

a) $70 + 8 \cdot 35$ b) $48 + 6 \cdot 12$
c) $27 + 17 \cdot 9$ d) $52 + 6 \cdot 13$
e) $180 - 3 \cdot 59$ f) $84 - 7 \cdot 7$

8 Ein Jugendorchester hat 48 Mitglieder. Von einer Spende können für jedes Mitglied ein Notenbuch (29 €), ein Notenständer (34 €) und ein T-Shirt (37 €) angeschafft werden.
Welcher Spendenbetrag ist mindestens erreicht worden?

9 Frau Gomez arbeitet im Schwimmbad an der Kasse. Im Rahmen einer Aktion verkauft sie gleich viele Eintrittskarten an Erwachsene und an Kinder. Danach hat sie genau 1032 € eingenommen. Woran erkennt sie, dass die Kasse nicht stimmt?

Eintrittspreise
Erwachsene 7 € Ermäßigt 3 €

10 Schreibe zuerst den Zahlterm. Rechne dann vorteilhaft.

a) Multipliziere 7 mit 22 und addiere das Produkt von 13 und 22 hinzu.
b) Addiere das Produkt von 12 und 36 und das Produkt von 12 und 14.
c) Subtrahiere vom Produkt von 93 und 37 das Produkt von 93 und 27.

Kopfrechnen

Durch bestimmte Strategien kannst du viele Aufgaben leicht im Kopf rechnen.

Zerlegen einer Zahl

$17 \cdot 8 = \underbrace{10 \cdot 8} + \underbrace{7 \cdot 8}$
$= 80 + 56$
$= 136$

Zerlegen einer Zahl

$91 : 7 = \underbrace{70 : 7} + \underbrace{21 : 7}$
$= 10 + 3$
$= 13$

Hilfsaufgabe nutzen

$29 \cdot 8 = 30 \cdot 8 - 1 \cdot 8$
$= 240 - 8$
$= 232$

Rechnen mit Stufenzahlen

Mit Stufenzahlen kannst du leicht im Kopf rechnen.

$1000 \cdot 70 = 70\,000$

$6000 : 15 = 400$

Begriffe beim Multiplizieren

1. Faktor · 2. Faktor

$\underbrace{8 \cdot 9}_{\text{Produkt}} = 72$ Ergebnis

Begriffe beim Dividieren

Dividend : Divisor

$\underbrace{56 : 7}_{\text{Quotient}} = 8$ Ergebnis

Begriffe beim Potenzieren

Ein Produkt mit gleichen Faktoren kannst du als Potenz schreiben.

$2^5 = 2 \cdot 2 \cdot 2 \cdot 2 \cdot 2 = 32$

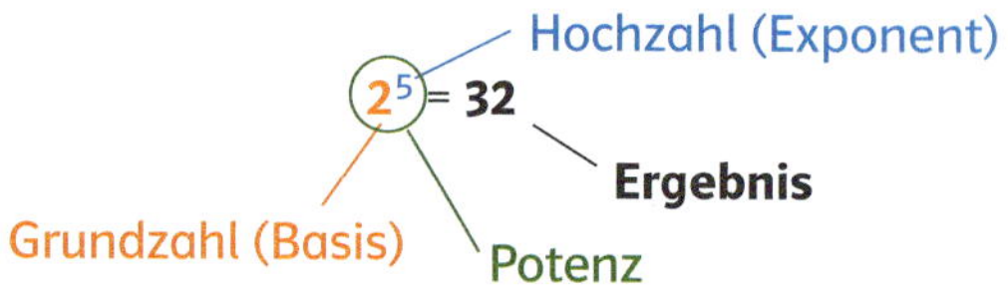

Schriftlich multiplizieren

Beim schriftlichen Multiplizieren berechnest du zuerst die Teilprodukte. Anschließend addierst du sie.

2	8	3	·	3	2
		8	4	9	
	+		5	6	6
		1	1		
		9	0	5	6

Um dein Ergebnis zu kontrollieren, verwendest du eine Überschlagsrechnung.

Überschlag:
$300 \cdot 30 = 9000$

Schriftlich dividieren

Beginne beim Teilen links und rechne schrittweise nach rechts.

	8	7	6	:	1	2	=	7 3
−	8	4						
		3	6					
	−	3	6					
			0					

Um dein Ergebnis zu überprüfen, verwendest du die Probe.

7	3	·	1	2
	7	3		
		1	4	6
		8	7	6

Punkt vor Strich

$7 + 8 \cdot 9$
$= 7 + 72$
$= 79$

Klammer zuerst

$35 : (46 - 39)$
$= 35 : 7$
$= 5$

Innere Klammer zuerst

$82 - ((17 + 3) \cdot 4)$
$= 82 - (20 \cdot 4)$
$= 82 - 80$
$= 2$

Vertauschungsgesetz (Kommutativgesetz)

In Produkten darfst du **Faktoren vertauschen.**

$8 \cdot 9 = 9 \cdot 8 = 72$

Verbindungsgesetz (Assoziativgesetz)

In Produkten darfst du **beliebig Klammern** setzen.

$2 \cdot (5 \cdot 7) = (2 \cdot 5) \cdot 7$

Verteilungsgesetz (Distributivgesetz)

Ausmultiplizieren

$5 \cdot (40 + 6)$
$= 5 \cdot 40 + 5 \cdot 6$
$= 200 + 30$
$= 230$

Ausklammern

$13 \cdot 11 + 13 \cdot 9$
$= 13 \cdot (11 + 9)$
$= 13 \cdot 20$
$= 260$

D80 Lösungen

I81 Digital Üben

Kopfrechnen

Übe digital mit I81.

1 Multipliziere im Kopf.

a) 7 · 6 b) 8 · 9 c) 9 · 7
d) 11 · 9 e) 3 · 24 f) 16 · 3
g) 14 · 3 h) 5 · 15 i) 11 · 12

2 Dividiere im Kopf.

a) 36 : 6 b) 48 : 8 c) 49 : 7
d) 63 : 9 e) 75 : 5 f) 72 : 6
g) 96 : 8 h) 84 : 12 i) 108 : 9

3 Berechne im Kopf.

a) Verdopple: 12; 13; 18; 23; 29; 34; 56.
b) Verdreifache: 15; 22; 31; 33; 45; 57.
c) Verfünffache: 7; 9; 13; 20; 25; 32; 44.
d) Halbiere: 24; 36; 52; 76; 106; 198.

4 Übertrage die Zahlenmauer ins Heft. Nebeneinander liegende Steine werden multipliziert. Ergänze.

a)

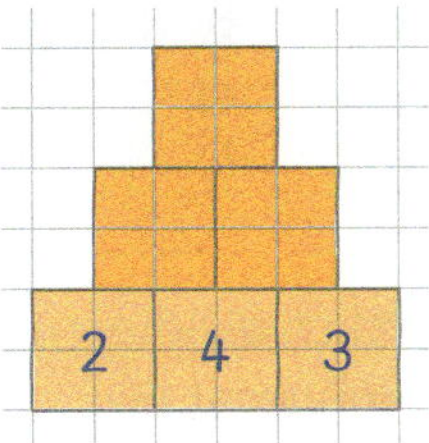

b)

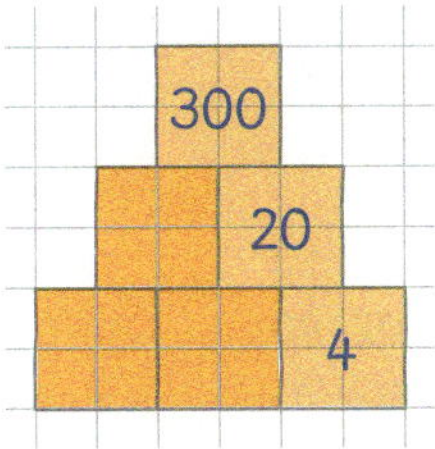

5 Beim Kopfrechnen gibt es Tricks.

Rechnung	Trick
multipliziere mit 5	mal 10; durch 2
Beispiel: 28 · 5	28 · 10 = 280 280 : 2 = 140

a) Teste diesen „Trick“ mit verschiedenen selbst gewählten Zahlen.
b) Probiere auch die folgenden Tricks.

I82 Digital Üben

dividiere durch 5 — mal 2; durch 10
dividiere durch 4 — durch 2; durch 2
multipliziere mit 6 — mal 3; mal 2

6 Die Zahl 18 kannst du zerlegen.

Beispiel: 18 = 1 · 18 = 2 · 9 = 3 · 6

24 36 42 45 60

a) Zerlege die Zahlen in Produkte mit zwei Faktoren.
b) Welche Zahl hat die meisten Produkte?

7 Ordne die Überschläge richtig zu.

A 52 · 9 C 18 · 91 E 41 · 49
B 37 · 11 D 789 · 7

400 2000 1800 500 5600

Rechnen mit Stufenzahlen

8 Forme so um, dass der Divisor keine Nullen mehr hat. Rechne dann im Kopf.

Beispiel: 420 : 70 = 42 : 7 = 6

a) 280 : 40 b) 640 : 80 c) 3500 : 70
d) 6300 : 90 e) 2800 : 400 f) 5400 : 600
g) 5600 : 700 h) 8100 : 900 i) 14 400 : 400

Fachsprache: Produkt und Quotient

9 Ordne den Aufgaben die Begriffe zu.

48 : 6 = 8 8 · 12 = 96

Dividend Multiplizieren Produkt
1. Faktor Quotient Divisor
Dividieren 2. Faktor

10 Notiere den Rechenausdruck und berechne das Ergebnis.

a) Berechne das Produkt aus 15 und 6.
b) Berechne den Quotienten aus 96 und 8.
c) Berechne das Produkt der Zahlen 2; 5 und 12.

Rechengesetze und Rechenvorteile

Übe digital mit I82.

11 Setze eine Klammer. Rechne vorteilhaft.

a) 4 · 25 · 9 b) 50 · 2 · 13 c) 250 · 4 · 7
d) 9 · 4 · 50 e) 125 · 8 · 5 f) 6 · 4 · 2500

12 Vertausche so, dass „Partnerzahlen“ nebeneinander stehen. Setze dann Klammern und rechne.

a) 25 · 7 · 4 b) 5 · 9 · 20
c) 40 · 11 · 25 d) 3 · 25 · 2 · 4
e) 25 · 2 · 4 · 50 f) 50 · 3 · 9 · 2
g) 9 · 125 · 7 · 8 h) 4 · 7 · 20 · 25 · 5

13 Zerlege eine Zahl, sodass Partnerzahlen entstehen. Rechne dann.

Beispiel: $32 \cdot 25$
$= 8 \cdot 4 \cdot 25$
$= 8 \cdot (4 \cdot 25)$
$= 8 \cdot 100 = 800$

a) $42 \cdot 50$ b) $28 \cdot 25$ c) $20 \cdot 65$
d) $250 \cdot 32$ e) $375 \cdot 8$ f) $25 \cdot 444$

Schriftlich multiplizieren

Übe digital mit I83.

I83 Digital Üben

14 Multipliziere schriftlich im Heft.

a) $73 \cdot 6$ b) $47 \cdot 8$ c) $54 \cdot 9$
d) $567 \cdot 3$ e) $258 \cdot 6$ f) $4545 \cdot 7$
g) $82 \cdot 17$ h) $36 \cdot 49$ i) $64 \cdot 24$
j) $108 \cdot 22$ k) $235 \cdot 18$ l) $409 \cdot 35$

15 Mache zunächst einen Überschlag. Multipliziere dann schriftlich im Heft.

a) $77 \cdot 12$ b) $405 \cdot 19$ c) $13 \cdot 39$
d) $294 \cdot 21$ e) $28 \cdot 22$ f) $513 \cdot 17$
g) $41 \cdot 69$ h) $703 \cdot 29$ i) $696 \cdot 32$

16 Multipliziere. Achte auf die Nullen.

a) $85 \cdot 20$ b) $59 \cdot 30$ c) $268 \cdot 50$
d) $105 \cdot 60$ e) $308 \cdot 40$ f) $407 \cdot 80$
g) $109 \cdot 90$ h) $305 \cdot 280$ i) $707 \cdot 70$

I84 Digital Üben

17 Finde den Fehler. Rechne richtig.

a)

6	5	4	·	3	1
	1	9	6	2	
		6	5	4	
	1	1			
	2	6	1	6	

b)

1	3	2	·	4	0	2
		5	2	8		
			2	6	4	
			1			
		5	5	4	4	

18 Was musst du in die Lücken einsetzen?

a)

7	6	·	■	4
		7	6	
		■	0	■
	■			
	■	0	■	4

b)

1	4	7	·	6	■
		8	■	2	
			4	■	1
		■			
		■	2	6	■

Potenzieren

19 Ordne richtig zu.

A $5 \cdot 5 \cdot 5 \cdot 5$
B $3 \cdot 3 \cdot 3 \cdot 3 \cdot 3 \cdot 3 \cdot 3$
C $4 \cdot 4 \cdot 4 \cdot 4 \cdot 4$
D $7 \cdot 7 \cdot 7$
E $4 \cdot 4 \cdot 4 \cdot 4$

4^5 4^4 7^3 3^7 5^4

20 Schreibe als Potenz und berechne.

a) $6 \cdot 6$ b) $5 \cdot 5 \cdot 5$
c) $2 \cdot 2 \cdot 2 \cdot 2$ d) $3 \cdot 3 \cdot 3 \cdot 3$
e) $10 \cdot 10 \cdot 10 \cdot 10$ f) $4 \cdot 4 \cdot 4$
g) $6 \cdot 6 \cdot 6$ h) $2 \cdot 2 \cdot 2 \cdot 2 \cdot 2 \cdot 2 \cdot 2$

21 Was musst du in die Lücken einsetzen?

a) $4^3 = ■$ b) $3^{■} = 27$ c) $■^2 = 121$
d) $■^5 = 32$ e) $3^4 = ■$ f) $6^{■} = 216$

22 Berechne.

a) $2^2 + 3^2$ b) $2^2 + 2^3$ c) $2^4 - 2^3$
d) $5^2 + 6^2$ e) $2^5 - 5^2$ f) $3^5 - 5^3$
g) $10^2 + 5^3$ h) $13^2 - 10^2$ i) $11^2 + 12^2$

Schriftlich dividieren

Übe digital mit I84.

23 Berechne die Anzahl der benötigten Verpackungen.

	Gegenstand	Verpackungsgröße
a)	2616 Saftflaschen	Sechserkisten
b)	5202 Pralinen	Neunerschachteln
c)	7716 Milchtüten	Zwölferpack

I85 Digital Üben

○ **24** Dividiere schriftlich. Die Kärtchen verraten dir das Lösungswort.

U 409 | A 187 | K 94 | T 352 | S 953 | K 143

a) 572 : 4　　b) 935 : 5
c) 564 : 6　　d) 2464 : 7
e) 3272 : 8　　f) 8577 : 9

○ **25** Dividiere. Es entsteht ein Rest.

a) 106 : 3　　b) 541 : 7
c) 147 : 4　　d) 293 : 8
e) 128 : 5　　f) 485 : 9
g) 255 : 6　　h) 679 : 12

◒ **26** Korrigiere den Fehler in deinem Heft.

```
  5 2 8 : 6 = 1 3 9
-   6
  ---
    2 2
  - 1 8
    ---
    5 4
```

◒ **27** Was musst du in die Lücken einsetzen?

```
  ■ 8 4 : 8 = 7 ■
- 5 6
  ---
    ■ 4
  - 2 ■
    ---
      0
```

I86 Digital Üben

Lösungen für Gleichungen finden

Übe digital mit I86.

○ **28** Löse die Gleichung.

a) ■ + 72 = 100　　b) ■ − 61 = 26
c) ■ · 6 = 54　　d) 120 : ■ = 30
e) 2 · ■ + 11 = 77　　f) 5 · ■ − 17 = 8

◒ **29** Ordne den Gleichungen die richtigen Lösungen zu.

A 5 · ■ − 13 = 27
B 3 · ■ + 11 = 32
C ■ : 5 + 9 = 16
D 60 : ■ + 2 = 7

8 | 18 | 35 | 9 | 7 | 16 | 12

Punkt vor Strich und Klammern

Übe digital mit I85.

○ **30** Beachte Punkt vor Strich.

a) 8 − 12 : 6　　b) 32 + 16 · 2
c) 37 + 3 · 7　　d) 24 − 24 : 6
e) 2 · 3 + 4 · 5　　f) 5 + 2 · 3 − 4
g) 17 + 36 : 9　　h) 56 : 7 − 63 : 9

○ **31** Berechne.

a) 3 · (17 + 13) − 87
b) 15 · (25 − 18) − 104
c) 4 · (28 − 16) − 40 : 8
d) 20 + 3 · 7 − (45 − 15)

◒ **32** Setze die Zeichen + und · richtig ein.

a) 3 ■ 4 ■ 5 = 17　　b) 8 ■ 4 ■ 2 = 34
c) 25 ■ 5 ■ 4 = 45　　d) 4 ■ 8 ■ 2 = 20
e) 12 ■ 3 ■ 5 = 27　　f) 2 ■ 4 ■ 8 = 16
g) 5 ■ 6 ■ 7 = 37　　h) 8 ■ 4 ■ 2 = 34

◒ **33** Achte auf die Klammern. Die Kärtchen zeigen die Ergebnisse.

a) 20 − (53 − 7 · 6)　　b) 42 − 6 · (52 − 46)
c) (4 · 12 − 34) : 7　　d) 5 − (6 + 4) : 2 + 1
e) 10 − (37 − 8 · 2) : 3　　f) 16 − (20 + 68) : 8

6 | 3 | 1 | 2 | 5 | 9

◒ **34** Mora kauft ein Tablet zum Preis von 699 €. Sie zahlt 350 € sofort, den Rest in 8 Monatsraten zu je 45 €. Um wie viel Euro wird das Tablet dadurch teurer?

35 Berechne. Auf den Kärtchen findest du die Lösungen.

a) $8 - ((7 + 3) : 2 - 2)$
b) $(1 + 3 \cdot (4 + 5)) : 7$
c) $60 : ((27 - 15) \cdot 3 - 6)$
d) $25 - (37 - (49 - 48 : 3)) \cdot 6$
e) $51 - (10 - (43 - 19) : 8) \cdot 7$

1 | 2 | 3 | 4 | 5

Ausklammern und ausmultiplizieren E

Übe digital mit I87.

I87 Digital Üben

36 Verwende das Verteilungsgesetz.

a) $7 \cdot 15 + 13 \cdot 15$
b) $9 \cdot (30 + 4)$
c) $27 \cdot 7 - 17 \cdot 7$
d) $(40 + 5) \cdot 7$
e) $6 \cdot (20 - 7)$
f) $147 \cdot 4 + 3 \cdot 4$
g) $211 \cdot 18 - 11 \cdot 18$
h) $11 \cdot (80 + 7)$

Vermischte Aufgaben

37 Wie heißt die fehlende Zahl?

a) ■ + 127 = 256
b) 107 − ■ = 36
c) ■ − 96 = 123
d) 371 + ■ = 729
e) 333 − ■ = 197
f) ■ − 635 = 247

38 Korrigiere die Fehler im Heft.

a) $32 - 24 : 8 + 2 \cdot 3$
$= 8 : 8 + 2 \cdot 3$
$= 1 + 2 \cdot 3$
$= 3 \cdot 3$
$= 9$

b) $12 + (9 - 2 \cdot 4)$
$= 12 + 7 \cdot 4$
$= 19 \cdot 4$
$= 76$

39 Setze eine Klammer so, dass das Ergebnis möglichst groß wird.

$8 + 8 \cdot 8 - 8 : 8$

40 Übertrage ins Heft und setze das richtige Rechenzeichen.

+ | − | · | :

a) 79 ■ 25 = 54
b) 24 ■ 6 = 144
c) 12 ■ 9 = 108
d) 132 ■ 12 = 11
e) 17 ■ 5 = 85
f) 90 ■ 15 = 6
g) 48 ■ 32 = 16
h) 98 ■ 7 = 14

41 Setze die Aufgabenreihen fort. Versuche die Ergebnisse vorherzusagen, ohne dass du rechnest.

a) $4 \cdot 5 - 4$
$5 \cdot 6 - 5$
$6 \cdot 7 - 6$
…

b) $5 \cdot 6 + 6$
$6 \cdot 7 + 7$
$7 \cdot 8 + 8$
…

c) $7 \cdot 5 + 1$
$8 \cdot 6 + 1$
$9 \cdot 7 + 1$
…

d) $1 \cdot 9 + 2$
$12 \cdot 9 + 3$
$123 \cdot 9 + 4$
…

42 Das Wasserkraftwerk Iffezheim ist eins der größten in Deutschland. Der maximale Wasserdurchfluss zur Stromerzeugung beträgt 1 500 000 Liter pro Sekunde.

a) Wie viele Liter sind das in einer Stunde?
b) Ein Schwimmbecken fasst ungefähr 3 000 000 Liter Wasser. Wie viele Becken könnte man mit dem Wasser, das pro Stunde durch das Kraftwerk fließt, füllen?

43 Spiel mit drei Würfeln: Bilde mit den Augenzahlen der Würfel Rechenausdrücke. Dabei darfst du Klammern und alle Rechenzeichen verwenden.

Streiche dann das Ergebnis des Rechenausdrucks in der Pyramide.

Beispiel:
Gewürfelte Augenzahlen 1; 3 und 5
Möglicher Rechenausdruck $5 + 1 - 3 = 3$

Wer zuerst keine Zahl mehr in seiner Pyramide streichen kann, hat verloren.

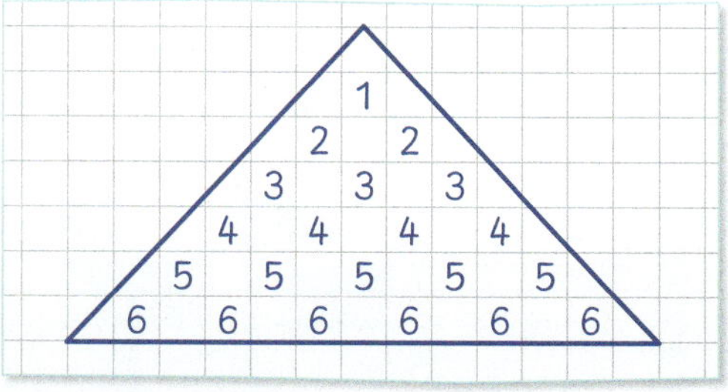

Vertiefen

1 Nebeneinander liegende Steine werden multipliziert. Übertrage ins Heft und fülle die freien Steine aus.

a)

b)

c) Vertausche in Teilaufgabe a) die Zahlen in der unteren Reihe so, dass das Ergebnis im obersten Stein möglichst klein wird.

2 Die rechte Zahl entsteht nach zwei Rechenschritten aus der linken Zahl.

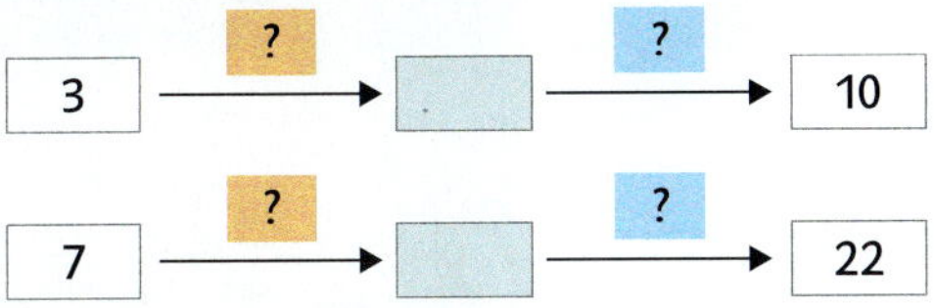

a) Findet heraus, was ihr in das orange und blaue Feld einsetzen müsst.

b) Welches Ergebnis bekommt ihr bei 12; 20 und 52?

c) Erfindet eigene Aufgaben und stellt sie euch gegenseitig vor.

3 Die Aufgabe hat mehr als eine Klammer. Berechne. Vergleiche mit den angegebenen Lösungen.

a) $((12 \cdot 6 - 2) \cdot 4 - 80) \cdot 5$

b) $11 \cdot ((45 - 5 \cdot 8) \cdot 2 - 9)$

c) $6 - (15 - (12 \cdot 5 + 6) : 6)$

d) $(15 - 10 + (62 - 29) : 11) \cdot 4 - 31$

e) $20 - (35 - (24 + 63 : 7)) \cdot 6$

f) $3 \cdot (42 - 2 \cdot (36 - 96 : 4)) - 50$

8 | 1 | 11 | 1000 | 4 | 2

4 Bildet Rechenausdrücke, bei denen fünfmal die Ziffer 5 verwendet wird. Ihr dürft zwei Klammerpaare und alle Rechenzeichen verwenden. Berechnet die Rechenausdrücke.

Beispiel: $5 \cdot (5 + (5 - 5) \cdot 5) = 25$

5 Ordne den Rechenausdrücken die richtigen Bezeichnungen zu.

a) $11 \cdot 7 - 56$

b) $5 \cdot (12 + 24)$

c) $23 + (36 : 9)$

d) $(105 - 75) : 15$

Differenz | Quotient | Produkt | Summe

6 Setze die Reihe um weitere drei Schritte fort.
Musst du immer beide Quadratzahlen berechnen? Erkläre.

$24^2 = 576$ $\quad$ $26^2 = 676$

$23^2 = 529$ $\quad$ $27^2 = 729$

… $\quad$ …

7 MK Frau Sanchez kauft Getränke für einen Kindergeburtstag. Sie überprüft den Einkauf mit einer Tabellenkalkulation.

	A	B	C	D
1	**Getränke**	Bio-Limo	Wasser	O-Saft
2	**Preis pro Flasche**	1,49 €	0,49 €	2,49 €
3	**Anzahl**	12	18	6
4				
5	**Gesamtpreis**	41,64 €		

a) Übertrage in eine Tabellenkalkulation und trage in Zelle B5 eine passende Formel ein.

b) Probiere eigene Angaben aus.

8 Übertragt die Liste ins Heft. Zwei Kinder werfen abwechselnd mit drei Würfeln. Mit den Augenzahlen wird ein Rechenausdruck erstellt, dessen Ergebnis ihr in die Liste eintragt.
Eure Ergebnisse addiert ihr fortlaufend. Gewonnen hat, wer zuerst die Zahl 71 erreicht.
Wer über 71 hinauskommt, hat verloren.
Im gezeigten Beispiel hat Chris verloren, weil er mit seinem letzten Wurf weder eine 0 noch eine 1 kombinieren kann.

Lisa	Chris	Rechnung	Summe
2; 6; 3		$2 \cdot 5 + 4 = 14$	36
	3; 5; 5	$3 \cdot 5 + 5 = 20$	56
1; 3; 3		$(3 + 1) \cdot 3 = 12$	68
	1; 5; 6	$6 - 5 + 1 = 2$	70
3; 3; 3		$3 \cdot (3 - 3) = 0$	70
	1; 2; 5	~~5 – 2 – 1 = 2~~	
		~~1 · 5 – 2 = 3~~	
		:-(	

9 Wenn man vier aufeinanderfolgende Zahlen miteinander multipliziert und zum Ergebnis 1 addiert, erhält man immer eine Quadratzahl.

$1 \cdot 2 \cdot 3 \cdot 4 + 1 = 25 = 5^2$
$2 \cdot 3 \cdot 4 \cdot 5 + 1 = 121 = 11^2$
$3 \cdot 4 \cdot 5 \cdot 6 + 1 = 361 = 19^2$

a) Berechne $4 \cdot 5 \cdot 6 \cdot 7 + 1$ und $5 \cdot 6 \cdot 7 \cdot 8 + 1$.
b) Berechne auch die Quadratzahlen 29^2 und 41^2. Was stellst du fest?
c) Kannst du eine Gesetzmäßigkeit erkennen? Beschreibe.

D88 Material zu Aufgabe 14

10 Berechne zuerst die beiden Produkte. Berechne dann die Differenz. Was fällt dir auf? Beschreibe.

a) $10 \cdot 10 - 9 \cdot 11$
$10 \cdot 10 - 8 \cdot 12$
$10 \cdot 10 - 7 \cdot 13$
$10 \cdot 10 - 6 \cdot 14$
...

b) $20 \cdot 20 - 19 \cdot 21$
$20 \cdot 20 - 18 \cdot 22$
$20 \cdot 20 - 17 \cdot 23$
$20 \cdot 20 - 16 \cdot 24$
...

c) Erfinde selbst entsprechende Aufgaben. Überprüfe deine Vermutung durch Rechnung.

11 Quadratzahlen, an deren Einerstelle eine 5 steht, lassen sich nach einem bestimmten Muster berechnen.

$5^2 = 25$ $15^2 = 225$
$25^2 = 625$ $35^2 = 1225$

a) Berechne 45^2; 55^2 und 75^2.
b) Wie lautet die Gesetzmäßigkeit, mit der man diese Quadratzahlen schnell im Kopf rechnen kann?
Tipp: Wie hängen die orange gefärbten Zahlen mit den blau gefärbten Ziffern zusammen?
c) Berechne nun im Kopf die folgenden Quadratzahlen: 65^2; 85^2; 95^2; 125^2.

12 Beim Radfahren verbraucht der Mensch durchschnittlich 40 Liter Luft in der Minute.
Wie viel Liter Luft werden bei einer dreistündigen Radtour ungefähr verbraucht?

13 Ein Produkt besteht aus zwei Faktoren. Wie verändert sich der Wert des Produkts, wenn
a) beide Faktoren verdoppelt werden?
b) ein Faktor verdoppelt und der andere halbiert wird?
c) beide Faktoren verdreifacht werden?
d) ein Faktor halbiert und der andere Faktor verzehnfacht wird?

14 MK Das Hotel Bellevue hat 44 Doppelzimmer und 20 Einzelzimmer.

D8 =C3*B8*C8

	A	B	C	D
1	**Buchungen Hotel Bellevue**			
2				
3	**Monat August**	Anzahl Tage	31	
4				
5	**Zimmer**	**Anzahl Zimmer**	**Preis**	**Gesamtbetrag**
6				
7	Doppelz.	44	125,00 €	170.500,00 €
8	Einzelz.	20	75,00 €	46.500,00 €
9				
10	**Summe Einnahmen**			217.000,00 €

a) Im August sind alle Zimmer ausgebucht. Trage in die gefärbten Felder die passenden Formeln ein, sodass der Gesamtbetrag berechnet wird.
b) Im September waren an 14 Tagen 30 Doppelzimmer und 12 Einzelzimmer sowie an 10 Tagen 30 Doppelzimmer und 12 Einzelzimmer gebucht. Nutze dein Tabellenblatt, um die Gesamteinnahmen für den September zu berechnen. Du kannst in zwei Schritten rechnen.

1 Rechne im Kopf.
a) $9 \cdot 8$ b) $63 : 9$ c) $31 \cdot 7$ d) $2800 : 70$

2 Ordne den Kärtchen die Begriffe Produkt bzw. Quotient zu.
A $23 \cdot 17$ B $468 : 13$ C $126 : 9$ D $13 \cdot 107$

3 Berechne schriftlich im Heft.
a) $87 \cdot 9$ b) $154 : 7$ c) $74 \cdot 59$ d) $1128 : 12$

4 Rechne vorteilhaft.
a) $5 \cdot 13 \cdot 4$ b) $50 \cdot 9 \cdot 2$ c) $25 \cdot 15 \cdot 4 \cdot 2$ d) $8 \cdot 2 \cdot 125 \cdot 3 \cdot 50$

5 Berechne.
a) 2^4 b) 4^3 c) 2^6

6 Achte auf Punkt vor Strich.
a) $44 + 8 \cdot 7$ b) $25 \cdot 6 - 84 : 7$

7 Achte auf die Klammer.
a) $12 + 3 \cdot (25 - 16)$ b) $38 - (8 + 4 \cdot 12) : 7$

8 Setze für ■ die richtige Zahl ein.
$19 - 54 : ■ = 10$

9 Addiere zum Quotienten der Zahlen 207 und 9 die Zahl 37.

10 5 + − 6 8 2 ·
Bilde mit den vier Ziffern und den drei Rechenzeichen einen Rechenausdruck, dessen Wert möglichst groß ist.

11 Eine Kinovorstellung ist bis auf den letzten Platz ausverkauft. Der Saal hat 28 Reihen mit je 25 Sitzen. Eine Karte kostet 12 €. Berechne die Einnahmen.

5 Setze für ■ die richtige Zahl ein.
a) $5^{■} = 125$ b) $■^4 = 81$

6 Achte auf Punkt vor Strich.
$24 + 72 : 9 - 12 \cdot 2 - 7$

7 Löse die Gleichung im Kopf.
a) $4 \cdot ■ = 120$ b) $8 + 5 \cdot ■ = 53$

8 Finde den Fehler und korrigiere ihn.

$12 + (9 - 2 \cdot 4)$
$= 12 + 7 \cdot 4$
$= 12 + 28$
$= 40$

9 Eine Klammer fehlt. Setze sie im Heft.
a) $3 + 12 \cdot 4 - 5 = 55$
b) $15 - 3 \cdot 12 - 8 : 2 = 1$

10 Achte auf die Klammern.
a) $9 - (13 + 7 \cdot 5) : (44 - 6 \cdot 4 - 12)$
b) $40 - 3 \cdot 12 - ((67 - 2 \cdot 24 + 8) : 9)$

11 Subtrahiere vom Produkt der Zahlen 25 und 7 das Ergebnis des Quotienten von 168 und 7.

12 Übertrage die Rechnung in dein Heft. Setze die drei Zahlen so in die Kästchen ein, dass der Rechenausdruck das richtige Ergebnis bekommt.
2 5 8
$■ + (■ \cdot 3) : 6 - ■ = 1$

→ Lösungen Seite 286

5 Geometrie

Du lernst in diesem Kapitel:

- wie du mit einem Koordinatensystem arbeitest,
- wie du Punkte, Strecken und Geraden erkennst und zeichnest,
- wie du Senkrechte und Parallelen erkennst und zeichnest,
- wie achsensymmetrische und punktsymmetrische Figuren aussehen und welche Eigenschaften sie haben,
- wie du achsensymmetrische und punktsymmetrische Figuren zeichnest,
- wie du mit einer dynamischen Geometrie-Software (DGS) umgehst,
- wie du Quadrate und Rechtecke erkennst und zeichnest,
- dass es neben Quadrat und Rechteck noch andere interessante Vierecke gibt.

1 Längen mit dem Lineal abmessen

a) Lies die Länge der Linie ab.

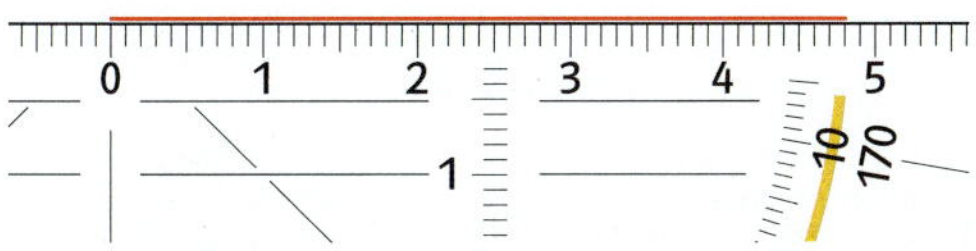

b) Miss die Länge der Strecke.

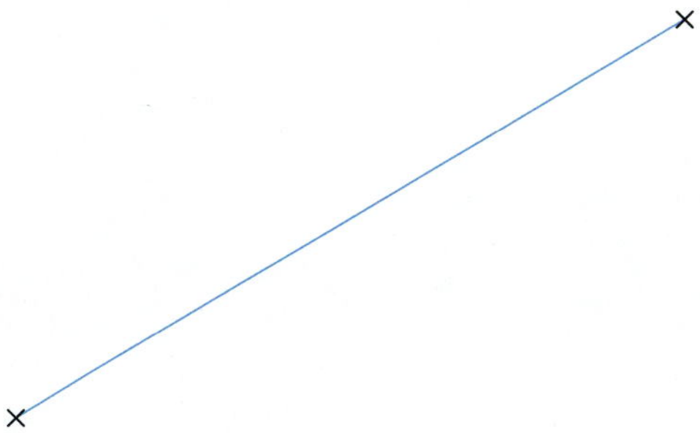

→ **Lerntipp:** Seite 270 und 271

2 Strecken mit dem Lineal zeichnen

Zeichne eine Strecke mit der Länge

a) 3 cm. **b)** 12 cm. **c)** 5,5 cm.

→ **Lerntipp:** Seite 271

3 Rechte Winkel erkennen

Übertrage die Figur ins Heft. Ein rechter Winkel ist markiert. Finde weitere rechte Winkel und markiere sie.

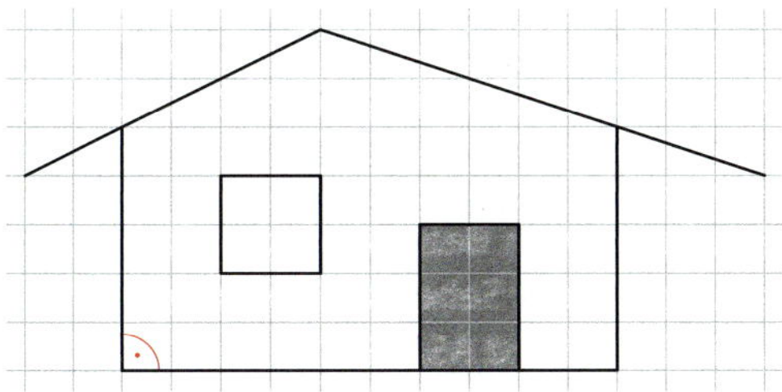

→ **Lerntipp:** Seite 272 und 275

4 Achsensymmetrie erkennen

Ist die Figur achsensymmetrisch?
Wenn ja, beschreibe die Lage der Spiegelachse.

→ **Lerntipp:** Seite 272

5 Einen Zahlenstrahl zeichnen

Übertrage ins Heft. Ergänze den Zahlenstrahl bis 20 Einheiten.

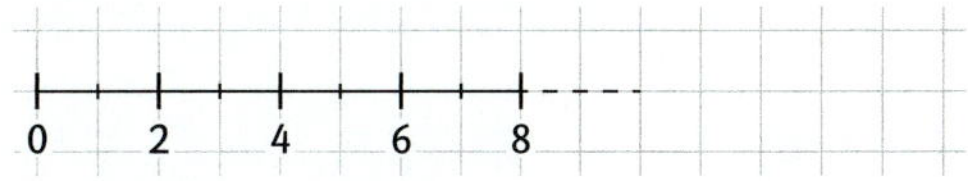

→ **Lerntipp:** Seite 257

6 Eine Figur exakt ins Heft übertragen

Übertrage die Figur ins Heft.

a)

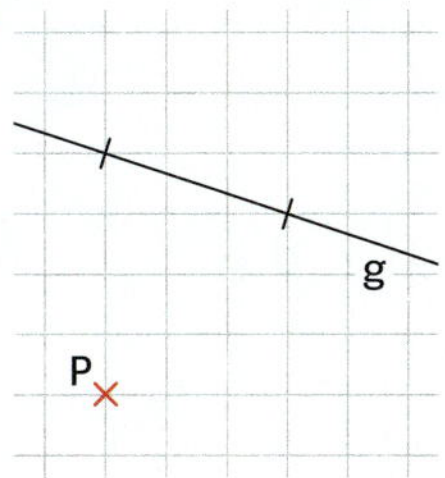

b)

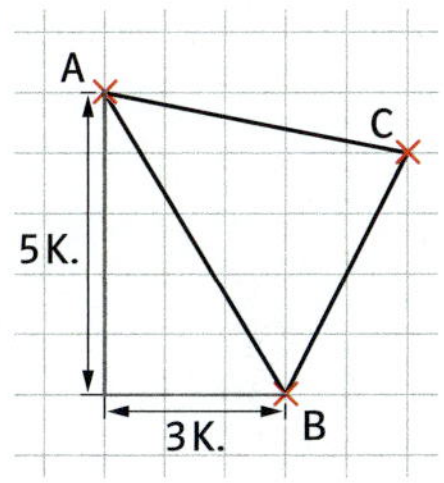

→ **Lerntipp:** Seite 272 und 273

7 Teile von Flächen benennen

Ordne den Begriffen auf den Kärtchen die richtige Nummer zu.

Seite

Ecke

Fläche

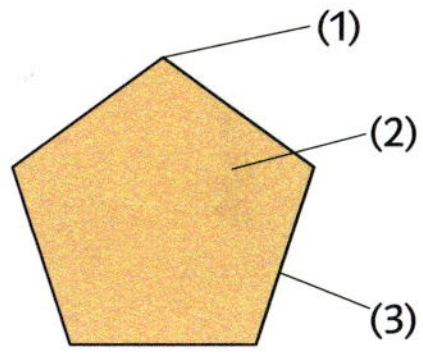

→ **Lerntipp:** Seite 273

8 Figuren benennen

Benenne die Figuren.

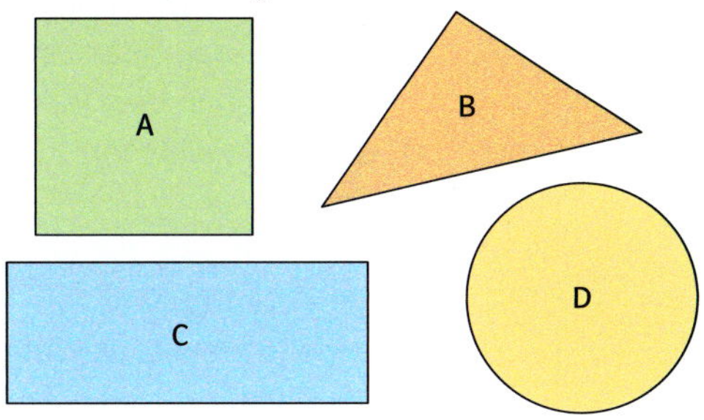

→ **Lerntipp:** Seite 273

Mannheim – Stadt im Quadrat

→ 1 Das Koordinatensystem

1 Die Abbildung zeigt den Innenstadtplan von Mannheim.

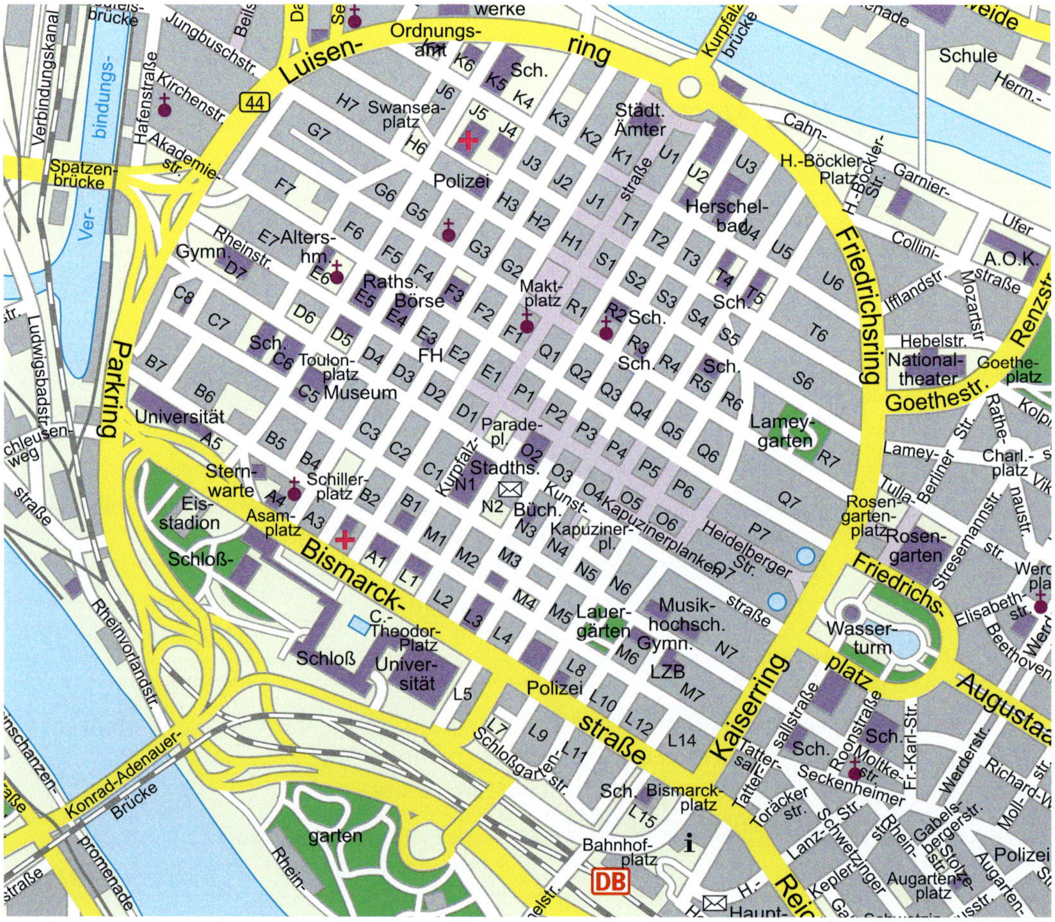

a) Was könnte „Stadt im Quadrat" bedeuten?

b) In der Innenstadt werden statt Straßennamen Bezeichnungen für Blöcke verwendet. Welche Einrichtungen oder Sehenswürdigkeiten findest du in den Blöcken R7, E4, N7, B3, O1 und A5/B6?

c) Gib an, in welchen Blöcken du die Orte findest, die rechts abgebildet sind.

d) Überlege, was die lila Farbe zwischen den Blöcken P1 – P7 und O1 – O7 bedeuten könnte.

e) In der Innenstadt gibt es nur wenige Straßennamen.
Die Kurpfalzstraße legt eine „Achse" durch die Innenstadt. Finde heraus, was diese Achse mit den Bezeichnungen der Blöcke zu tun hat. Skizziere.

Herschelbad

Marktplatz

Mit Faltlinien zum Papierflieger

→ 3 Zueinander senkrecht

→ 4 Zueinander parallel

2 Papierstücke kannst du falten. Dabei entstehen Faltlinien.

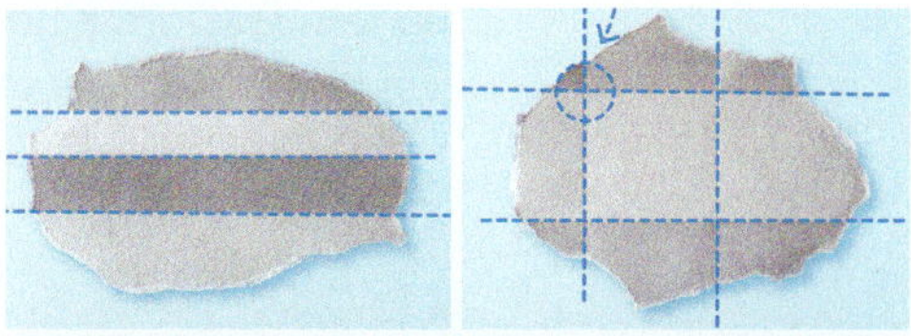

a) Falte so, dass sich die Linien nicht kreuzen. Welche Lage haben die Faltlinien zueinander?

b) Falte so, dass sich die Linien in einem rechten Winkel kreuzen. Prüfe deine Faltung mit einem Geodreieck. Beschreibe, was du dabei beim Falten beachten musst.

c) Faltet einen Papierflieger. Wenn ihr das nicht könnt, sucht im Internet eine Bauanleitung und probiert sie aus.
Faltet den Flieger wieder auseinander. Findet ihr Linien, die so liegen wie auf den Bildern oben?

d) Organisiert in der Klasse einen Wettbewerb, wessen Flieger am weitesten fliegt.

Muster zeichnen

→ 5 Achsensymmetrie

→ 7 Punktsymmetrie

3 Aus dem rechts abgebildeten Grundmuster kannst du verschiedenartige Muster zeichnen.

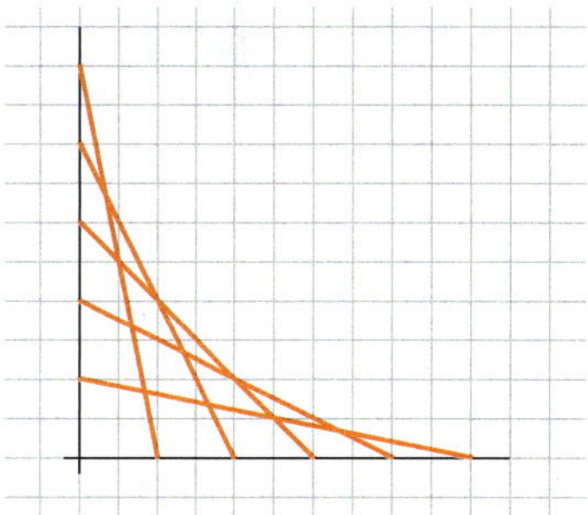

a) Zeichne das Grundmuster in dein Heft.

b) Experimentiere mit dem Grundmuster. Kannst du das Grundmuster an einer oder beiden Achsen spiegeln?

c) Erfinde eigene Muster oder lass dich von den abgebildeten Mustern anregen.

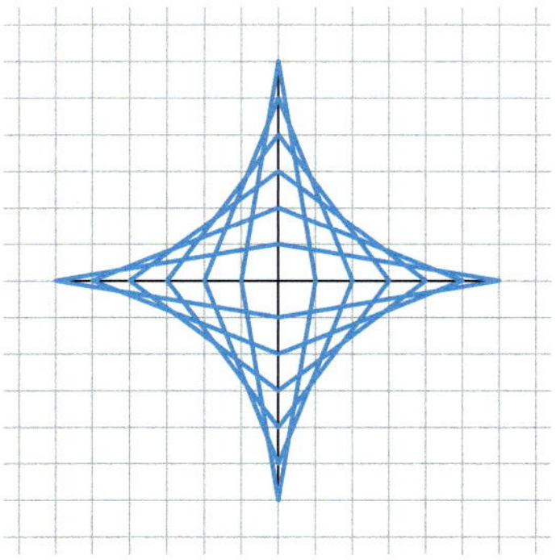

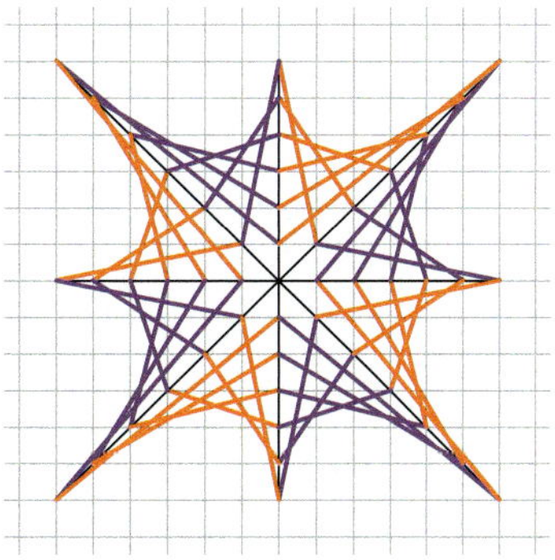

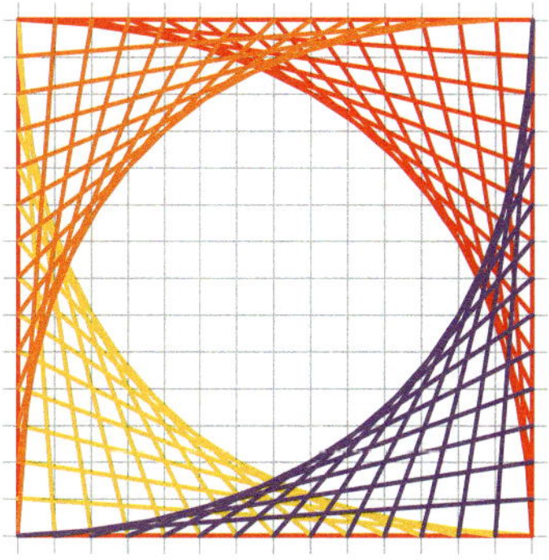

1 Das Koordinatensystem

Für einen Kinobesuch kann man online Karten kaufen und Plätze reservieren.

→ Zum Reservieren klickt Jeremy auf einen Platz. Dieser färbt sich grün. Beschreibe, wie er den Platz im Kino findet.

→ Im Kino sieht er einen Freund zwei Sitze vor seinem Sitz. Beschreibe den Sitzplatz seines Freundes.

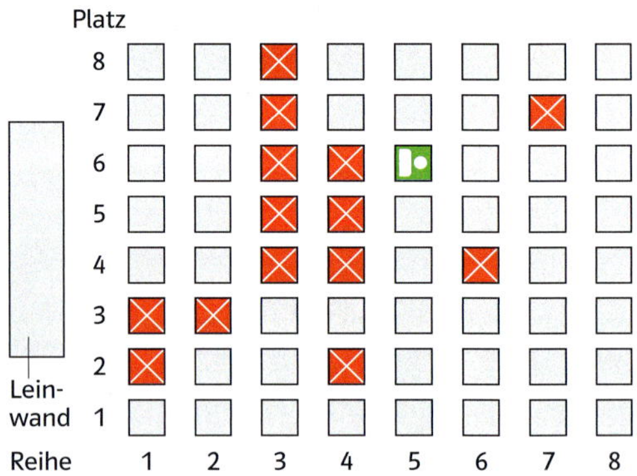

V89 Erklärvideo

Merke

Koordinatensystem

Ein **Koordinatensystem** hat zwei Achsen:
Die **x-Achse** (Rechtsachse) und die **y-Achse** (Hochachse).
Die x-Achse zeigt nach rechts, die y-Achse zeigt nach oben.

Die Lage eines Punktes gibst du mit zwei Zahlen an, den **Koordinaten**.

Der Punkt A hat die Koordinaten (2 | 10).
2 ist die x-Koordinate,
10 ist die y-Koordinate.

Beispiel

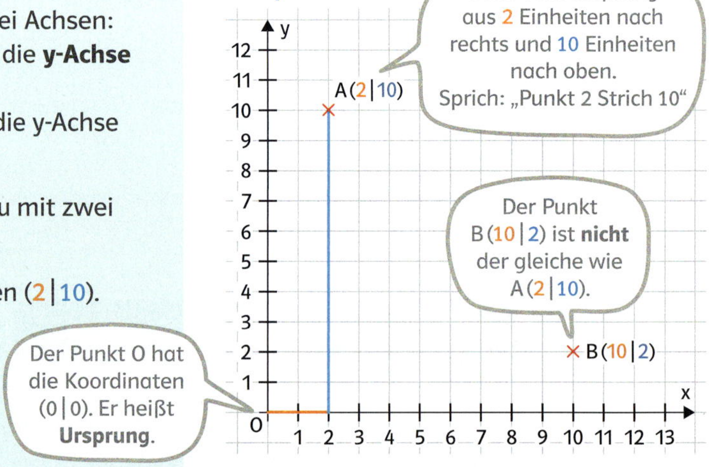

D90 Lösungen

○ **1** Ordne die Kärtchen den abgebildeten Punkten zu.

a) (8 | 0) (5 | 3) (1 | 2) (3 | 5) (11 | 4)

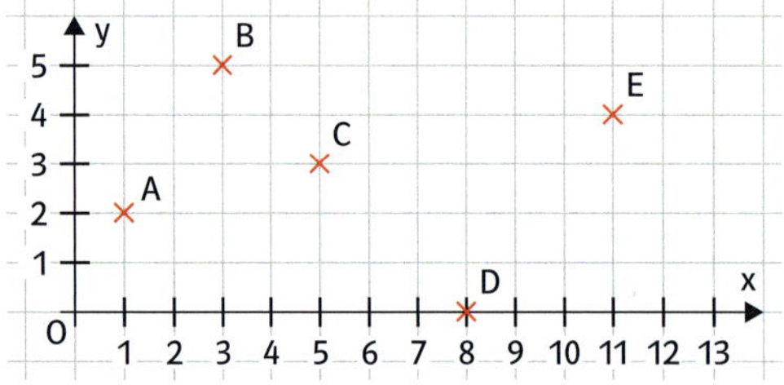

b) (4 | 2) (12 | 3) (0 | 1) (2 | 4) (7 | 5)

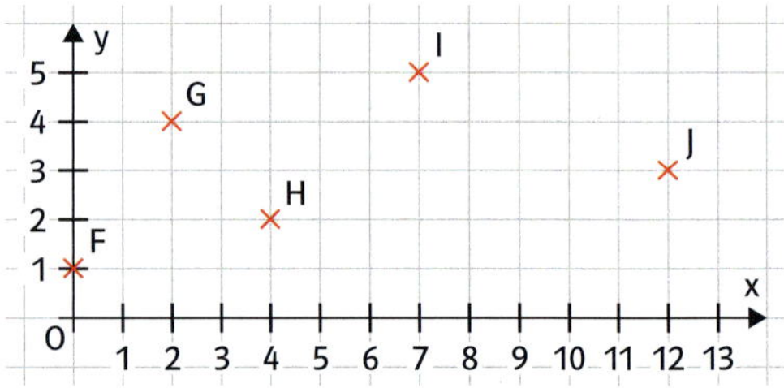

○ **2** Gib die Koordinaten der Punkte an. Achte auf die richtige Schreibweise.

a)

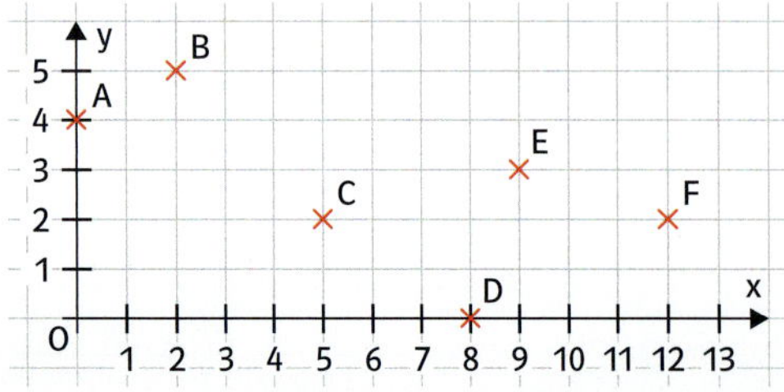

b)

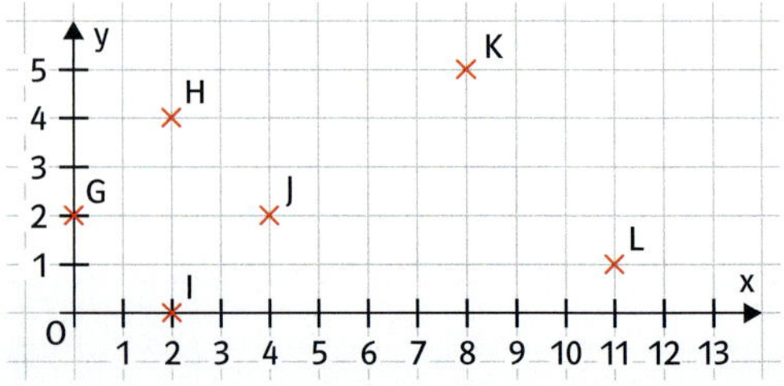

3 Zeichne ein Koordinatensystem (x-Achse und y-Achse von 0 bis 12). Trage die Punkte ein und beschreibe den Weg vom Koordinatenursprung zu jedem Punkt.
Beispiel: So kommst du zu Punkt P(2|7): Gehe vom Ursprung aus 2 Einheiten nach rechts und sieben Einheiten nach oben.

a) A(5|8); B(8|5); C(7|1); D(2|11) **b)** E(10|2); F(2|10); G(6|7); H(3|5)

4 Sahin hat ihre Hausaufgaben erledigt. Sie hat beim Zeichnen des Koordinatensystems und beim Einzeichnen der Punkte Fehler gemacht. Finde alle sechs Fehler. Korrigiere im Heft.

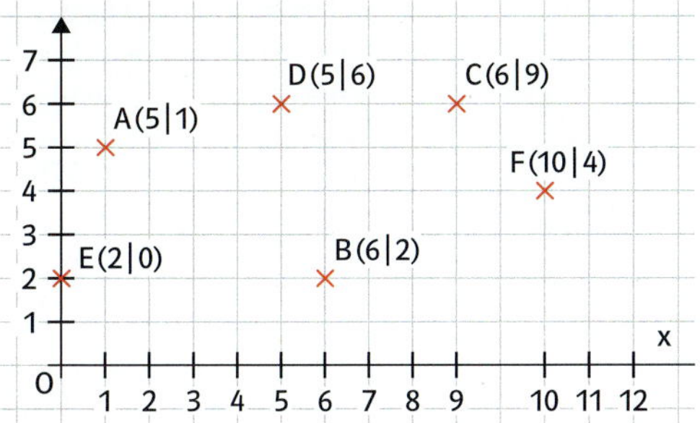

5 Der Weg des Balls ist durch die Punkte vorgegeben. (1|1) → (9|2) → (4|6) → (2|4) → (7|6) → (1|1)
Wer spielt an wen ab? Notiere die Spieler in der richtigen Reihenfolge.

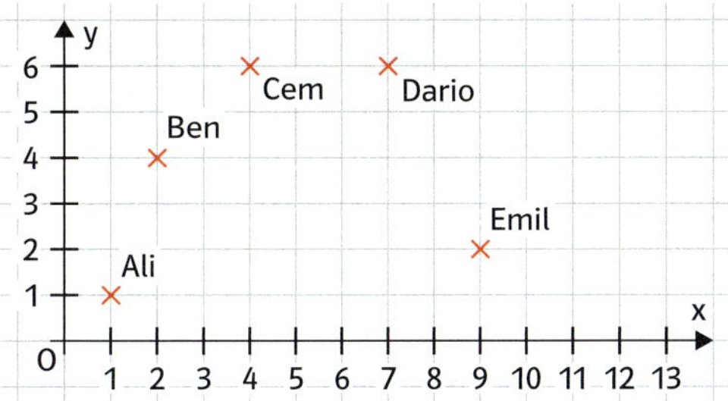

6 Bestimme die Koordinaten des Punktes.

a) Gehe von Punkt A(3|1) aus 2 Einheiten nach rechts und 3 Einheiten nach oben.

b) Stellt euch gegenseitig ähnliche Aufgaben wie in Teilaufgabe a).

7 Zeichne das Dreieck mit den Eckpunkten A(2|0); B(11|3) und C(8|9). Gib die Koordinaten von je zwei Punkten an,

a) die innerhalb des Dreiecks liegen.

b) die außerhalb des Dreiecks liegen.

c) die auf einer Dreiecksseite liegen.

4 Paul sollte ein Koordinatensystem zeichnen und Punkte eintragen. Dabei sind einige Fehler passiert. Finde sie und korrigiere im Heft.

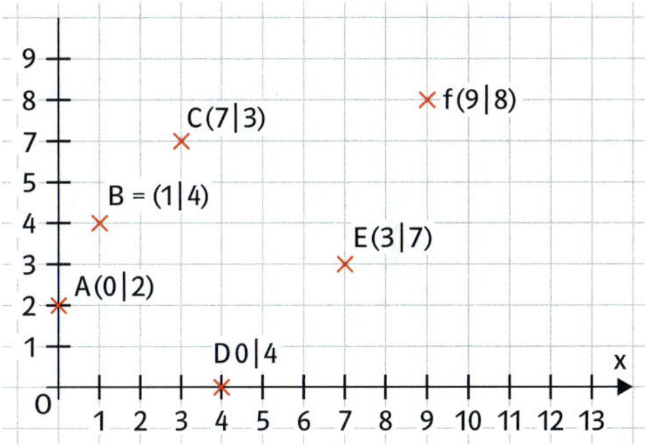

5 Im Koordinatensystem kann man Figuren darstellen.

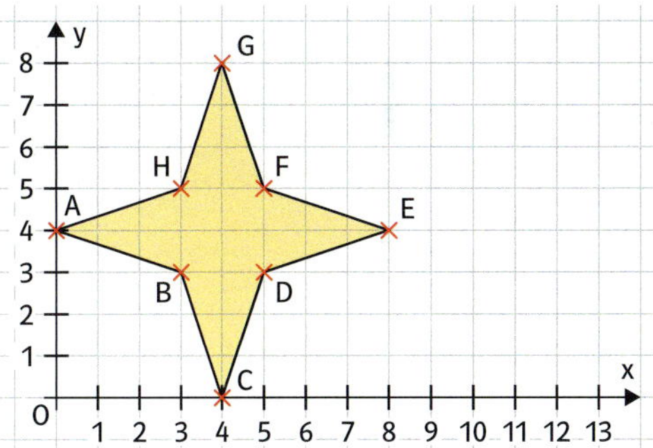

a) Gib die Koordinaten der Eckpunkte des Sterns an.

b) Arbeitet zu zweit. Beide zeichnen eine Figur im Koordinatensystem. Diktiert euch gegenseitig eure Koordinaten und vergleicht die Bilder.

6 Die Abbildung zeigt einen Ausschnitt aus einem Koordinatensystem. Gib die Koordinaten der Punkte A bis D an.

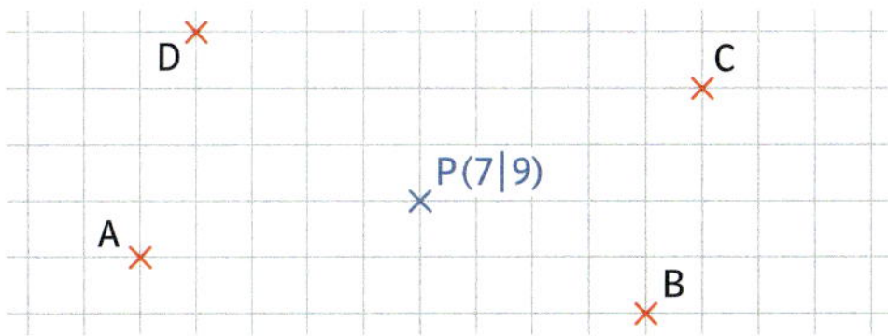

2 Punkt, Strecke und Gerade

Yolanda fährt mit ihren Eltern von Stuttgart nach München, um ihre Oma zu besuchen. Laut Internet beträgt die Entfernung 190 km. Als sie ankommen, sind sie 223 km gefahren.
→ Kannst du die verschiedenen Kilometerangaben erklären?

Punkte, Strecken und Geraden sind grundlegende geometrische Objekte.

V91 Erklärvideo

Merke

Punkt
Punkte werden mit Großbuchstaben bezeichnet.

Strecke
Eine **Strecke** ist die kürzeste Verbindung zwischen zwei Punkten.
Strecken werden durch ihre Endpunkte bezeichnet.

Gerade
Eine **Gerade** ist eine gerade Linie ohne Anfangspunkt und ohne Endpunkt.
Geraden werden mit Kleinbuchstaben bezeichnet.

Schnittpunkt
Schneiden sich Linien, entstehen Schnittpunkte.

Beispiele

a) So zeichnest du Punkte.

b) So misst du Strecken.

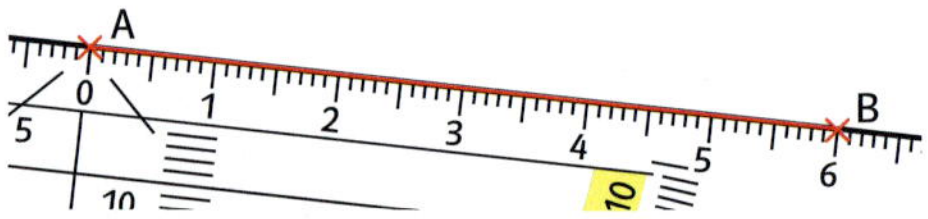

Ein Ende der Strecke liegt auf der Null.
Am anderen Ende liest du die Länge ab.
Die Streckenlänge beträgt 6 cm.

So zeichnest du Strecken.

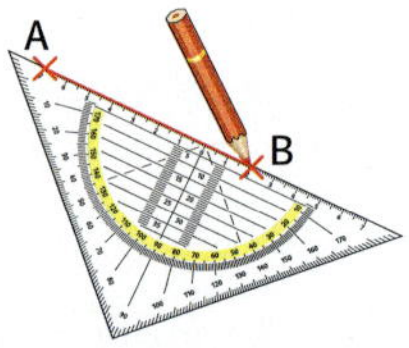

Die Strecke $\overline{AB}$ ist 11 cm lang.
Schreibe:
$\overline{AB}$ = 11 cm
Lies: „Die Strecke AB ist 11 cm lang."

c) So zeichnest du die Gerade g durch die Punkte A und B.

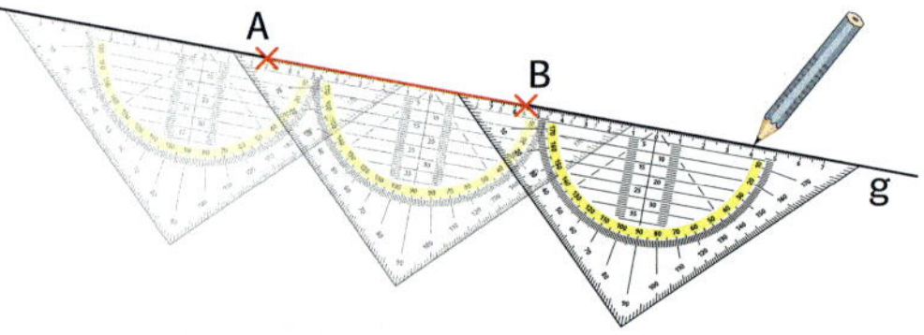

d) Die Strecke $\overline{AB}$ und die Gerade g haben den **Schnittpunkt** S.

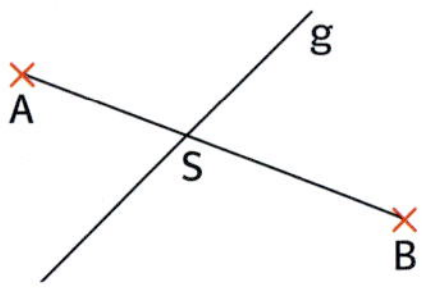

D92 Lösungen

○ **1** Strecke, Gerade oder keines von beiden? Erkläre.

a)

b)

c)

d)

e)

f)

○ **2** Übertrage ins Heft. Bezeichne die Punkte. Verbinde alle Punkte durch Strecken. Wie viele Strecken hast du gezeichnet?

a)

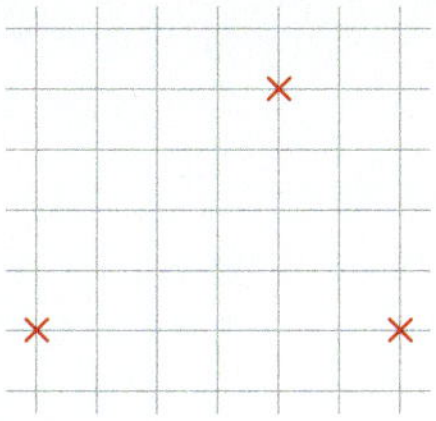

b)

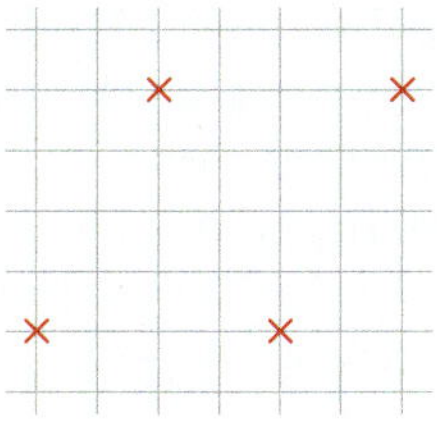

c)

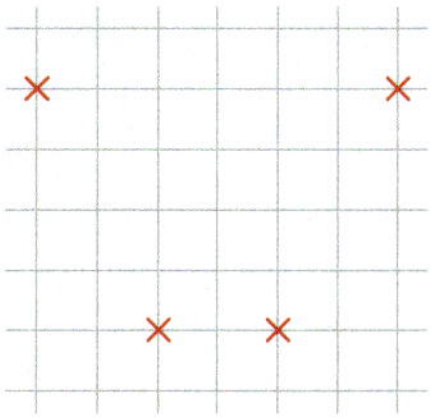

○ **3** Miss die Länge der Strecken und notiere wie im Beispiel b).

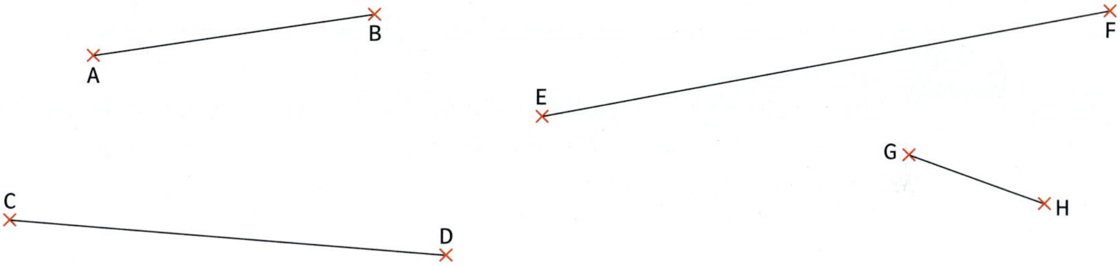

○ **4** Zeichne die Strecken in dein Heft. Tausche dann dein Heft mit deinem Nachbarn oder deiner Nachbarin. Kontrolliert eure Zeichnungen gegenseitig.

a)

Strecke	$\overline{AB}$	$\overline{CD}$	$\overline{EF}$	$\overline{GH}$
Länge	6,0 cm	3,7 cm	28 mm	9,6 cm

b)

Strecke	$\overline{IJ}$	$\overline{KL}$	$\overline{MN}$	$\overline{OP}$
Länge	4,0 cm	4,8 cm	53 mm	10,3 cm

○ **5** Zeichne im Heft eine Gerade g durch die Punkte A und C. Zeichne eine Gerade h durch die Punkte B und D. Markiere den Schnittpunkt mit S.

a)

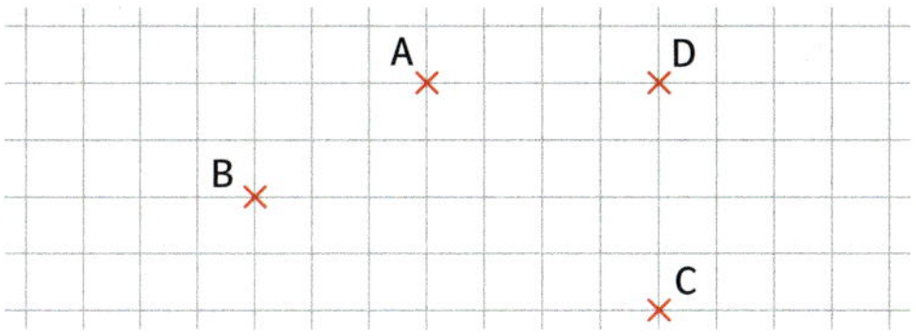

b)

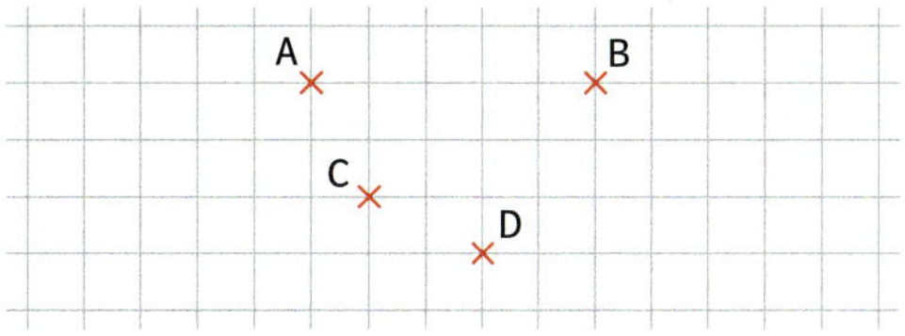

◒ **6** Auf der Geraden g liegen die Punkte C; D; E und F.

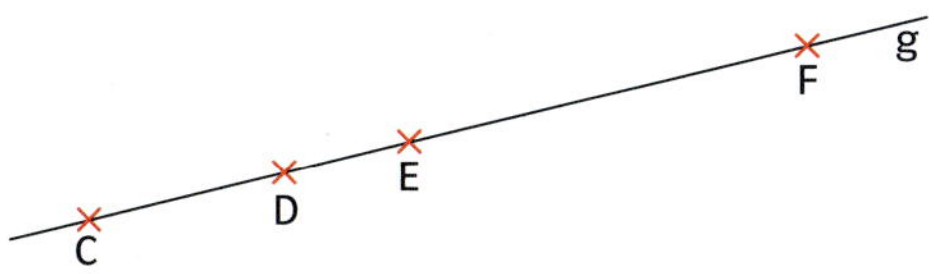

a) Wie viele Strecken findest du?

b) Bezeichne alle Strecken.

◒ **7** Zeichne die Punkte A(1|8); B(4|1); C(11|6) und D(11|13) in ein Koordinatensystem ein. Verbinde sie zu einem Viereck. Miss und bezeichne alle Strecken.

◒ **6** Zeichne die Punkte A(1|2); B(8|0); C(15|2); D(16|4); E(9|6); F(6|6); G(2|8); H(0|12); I(4|12) und J(15|9) in ein Koordinatensystem ein.
Finde vier Strecken, die jeweils durch drei Punkte verlaufen. Bezeichne und miss diese Strecken.

● **7** Zeichne drei Geraden in dein Heft, sodass

a) ein Schnittpunkt auf deinem Blatt entsteht.

b) drei Schnittpunkte entstehen.

c) weder ein Schnittpunkt auf dem Blatt noch außerhalb des Blattes entsteht.

3 Zueinander senkrecht

→ Falte ein Blatt Papier so wie auf den Fotos.
→ Beschreibe, wie die Faltlinien zueinander liegen.
→ Welche Linien auf dem Geodreieck liegen so zueinander wie die Faltlinien?
→ Suche im Klassenzimmer Linien, die wie deine Faltlinien zueinander liegen. Prüfe mit deinem Faltpapier oder dem Geodreieck.

V93 Erklärvideo

Merke

Zueinander senkrecht

Schneiden sich zwei Geraden in einem rechten Winkel, dann liegen sie **zueinander senkrecht (orthogonal)**.
In Zeichnungen markierst du rechte Winkel mit dem Zeichen ⊾.

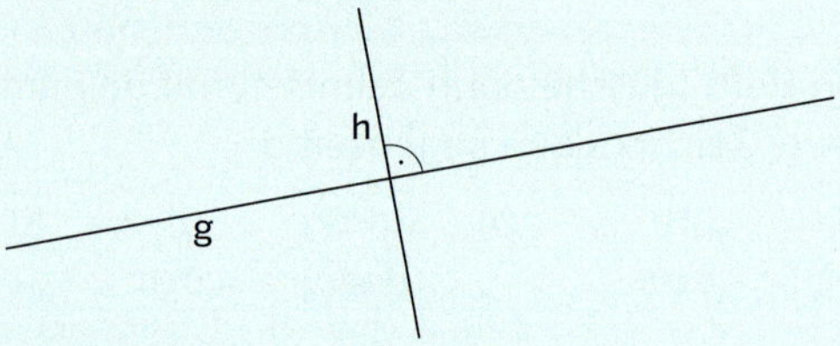

Schreibe: $g \perp h$
Lies: „g ist senkrecht zu h"

Abstand

Die kürzeste Entfernung zwischen einem Punkt P und einer Geraden g ist der Abstand von P zu g. Der Abstand ist die Länge der Strecke, die von P aus senkrecht zu g führt.

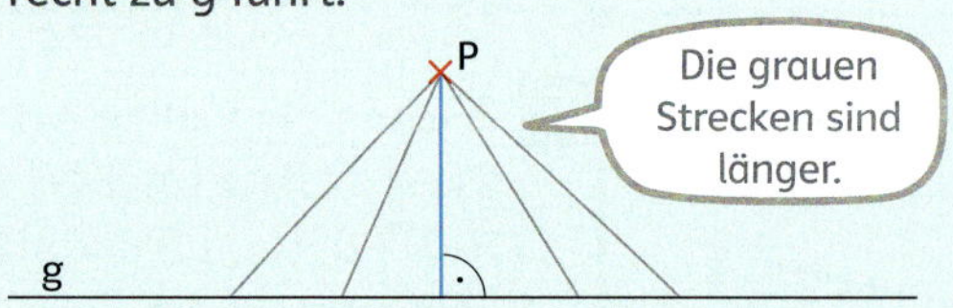

Beispiele

a) So zeichnest du eine Senkrechte zu g durch den Punkt P.
P liegt auf g.

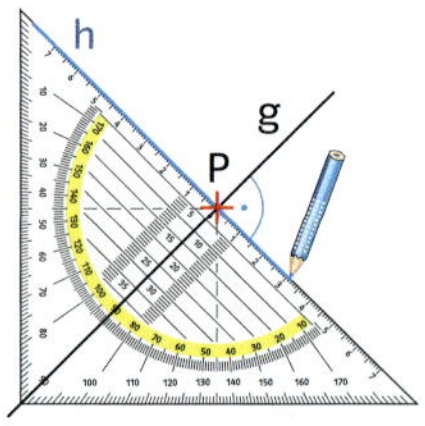

P liegt nicht auf g.

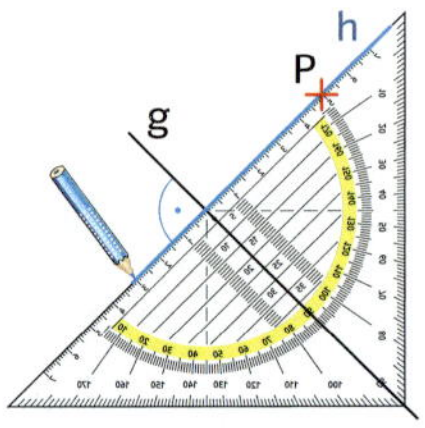

b) So kannst du den Abstand von P zu g messen und markieren.

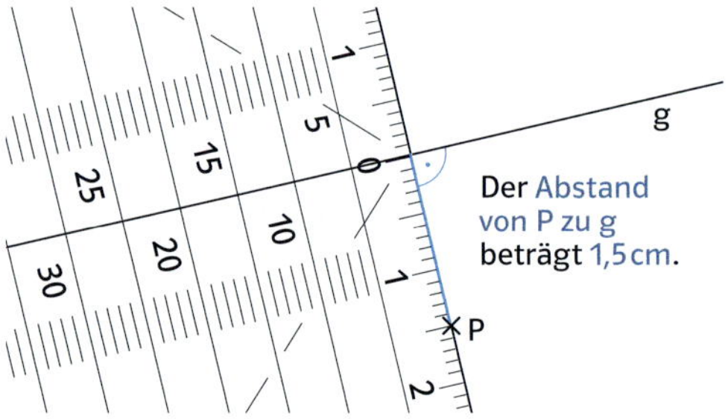

D94 Lösungen

○ **1** Prüfe mit dem Geodreieck, welche Geraden senkrecht zu g liegen.

a)

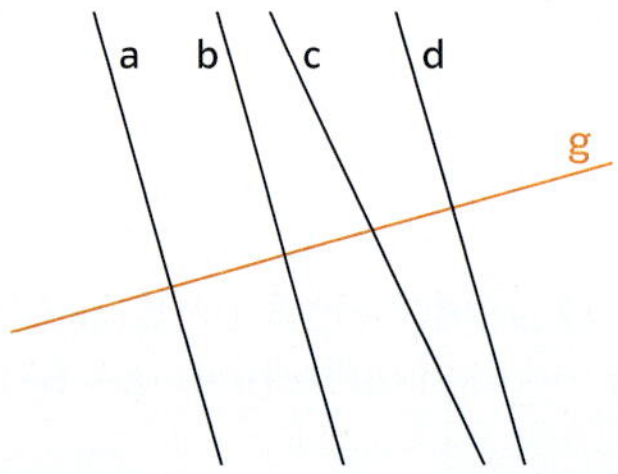

b)

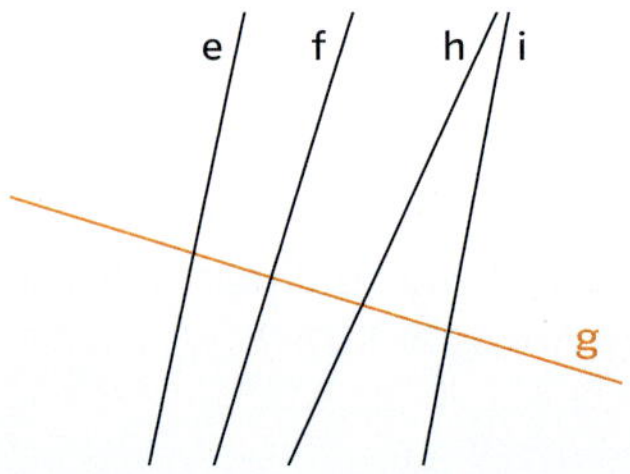

c)

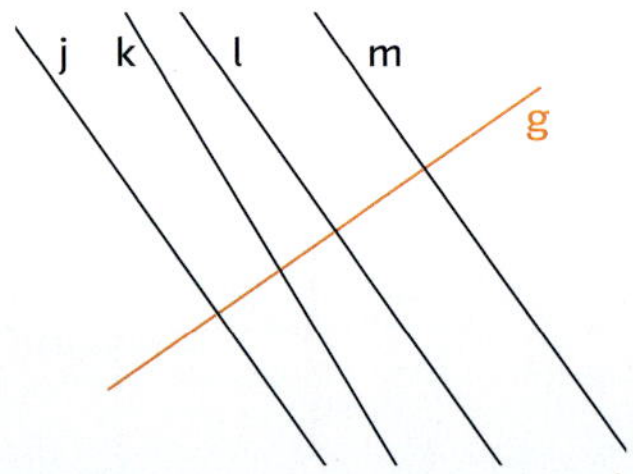

2 Übertrage ins Heft. Zeichne die Senkrechte zur Geraden g, die durch den Punkt P verläuft.

a)
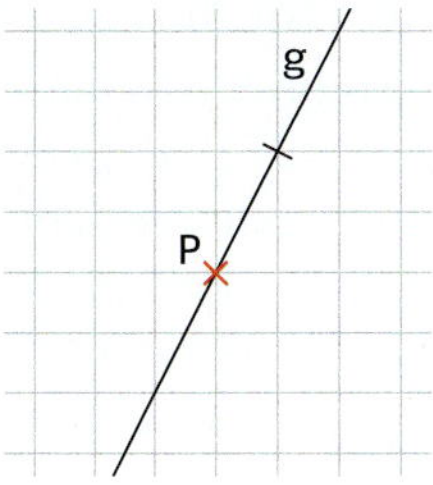

b)
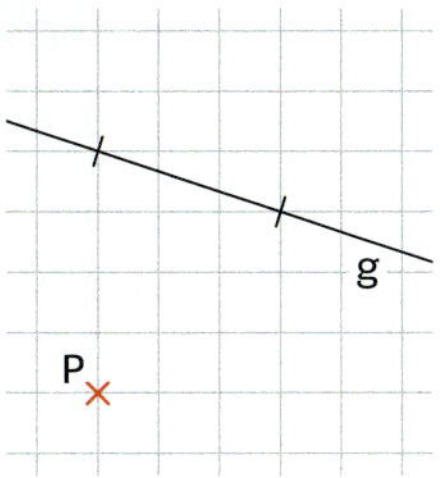

c)
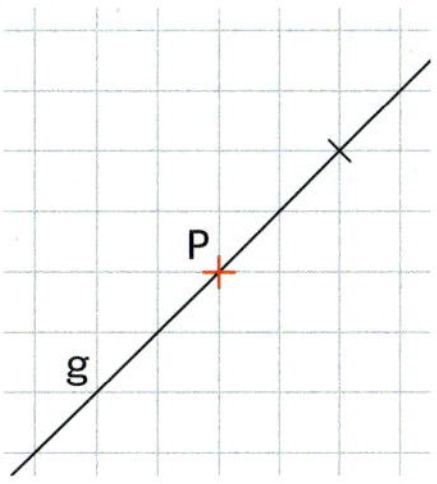

d)
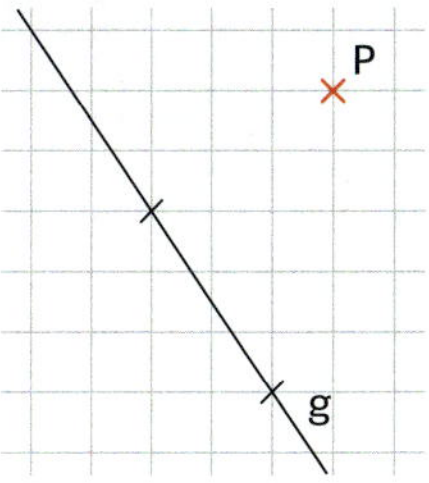

3 Miss den Abstand des Punktes P von der Geraden g.

a)
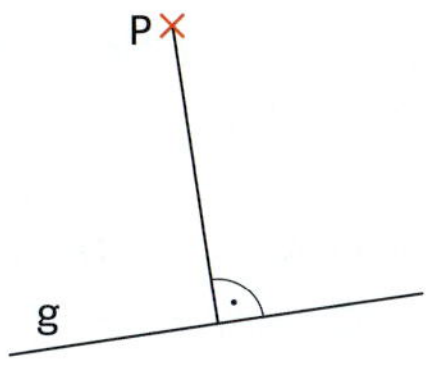

b)
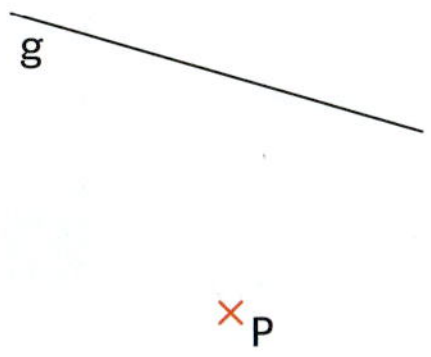

c)
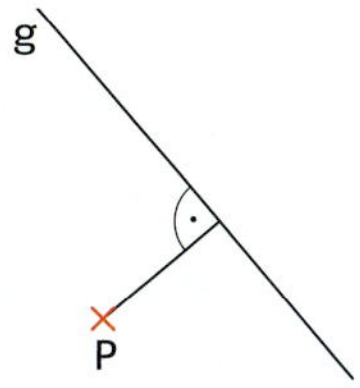

d)
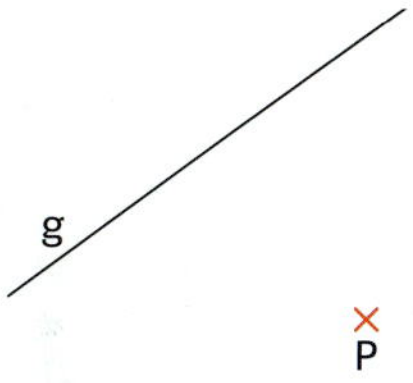

4 Welche der Geraden sind zueinander senkrecht? Prüfe mit dem Geodreieck.
Beispiel: a ⊥ d

a)
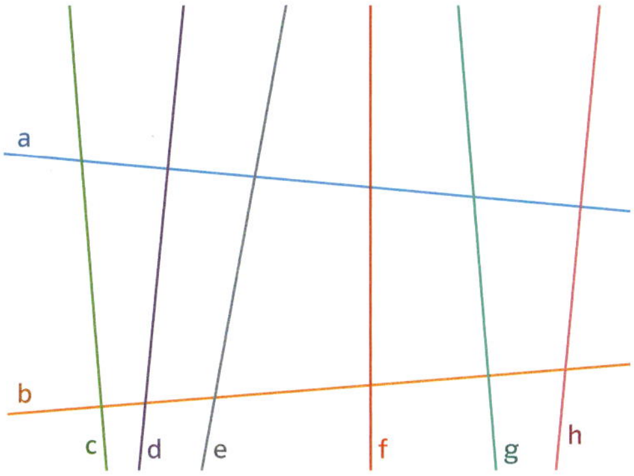

b)
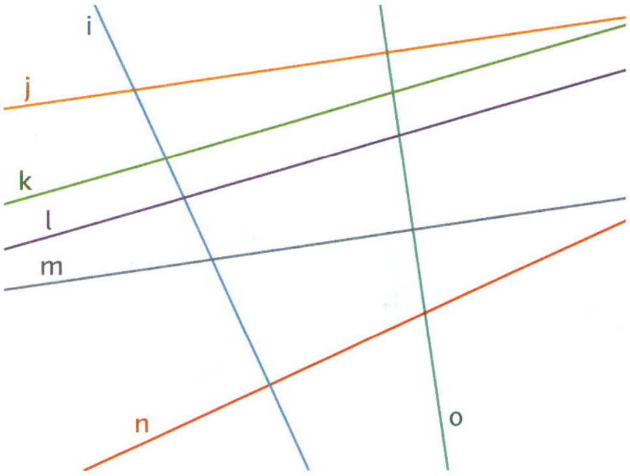

5 (1) Übertrage ins Heft. Prüfe, ob die Geraden g und h senkrecht zueinander verlaufen. Wenn ja, markiere einen rechten Winkel.
(2) Zeichne die Senkrechte zu h durch den Punkt A. Bezeichne sie mit e.
(3) Zeichne die Senkrechte zu h durch den Punkt B. Bezeichne sie mit f.

a)
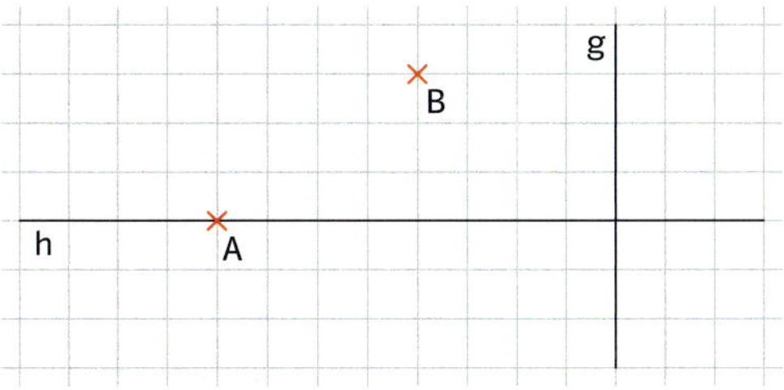

b)
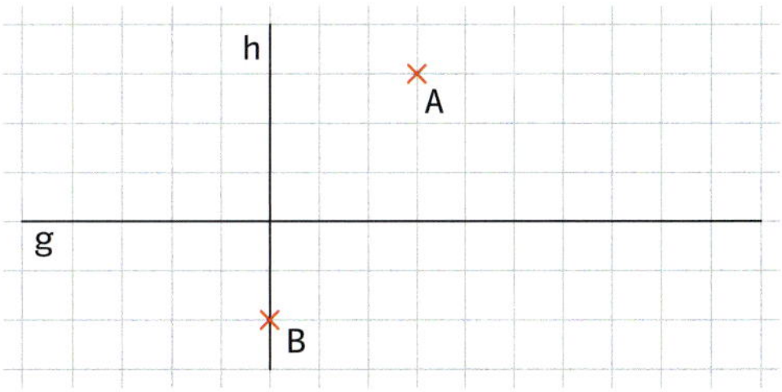

c)
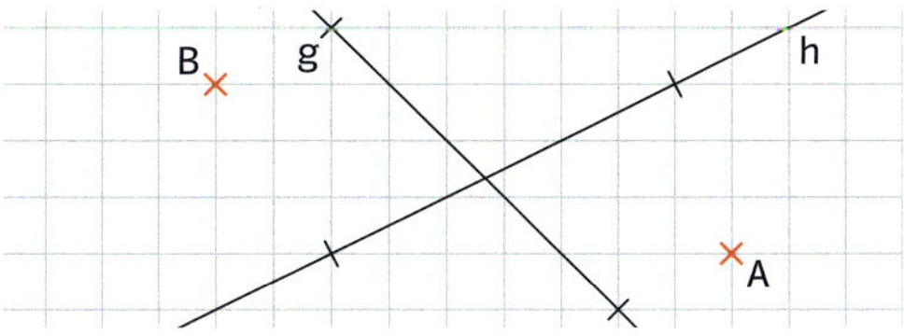

d)
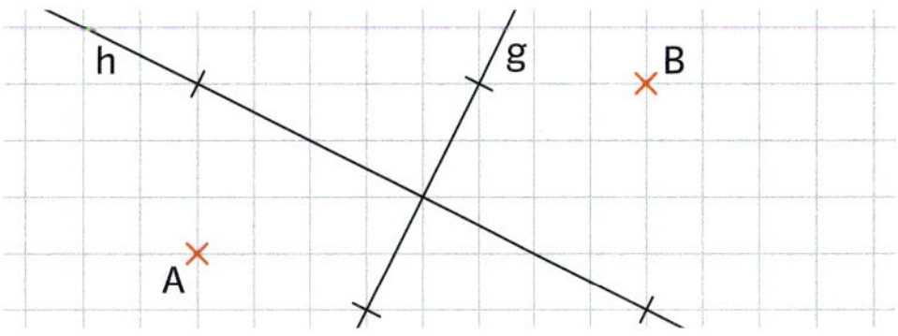

6 Übertrage die Punkte in dein Heft.

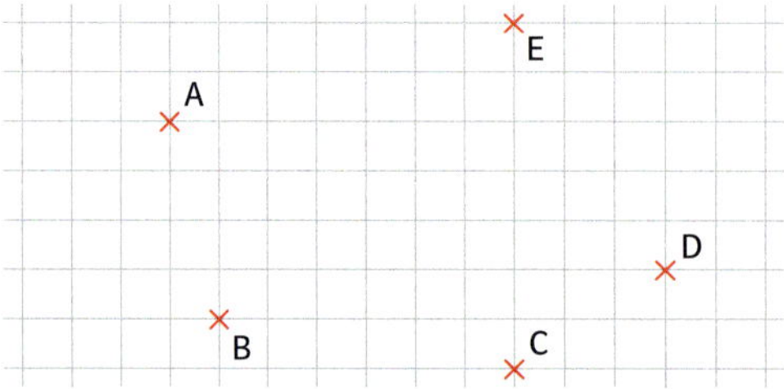

a) Zeichne die Gerade h durch die Punkte A und D.
b) Zeichne die Senkrechten zu h durch die Punkte A; B; C; D und E.

7 Übertrage ins Heft. Zeichne und miss die Abstände aller Punkte zur Geraden h.

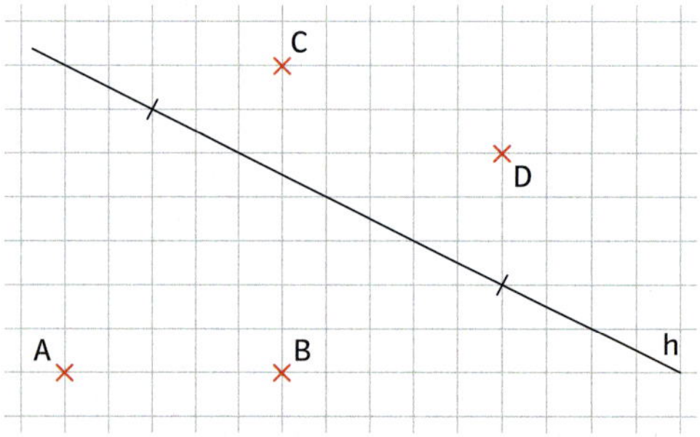

8 Zeichne eine Gerade g auf einem weißen Blatt Papier.

a) Zeichne drei Punkte mit dem angegebenen Abstand ein.
Punkt A: Abstand 4,5 cm
Punkt B: Abstand 3,1 cm
Punkt C: Abstand 2,7 cm
b) Tauscht eure Hefte aus und kontrolliert eure Zeichnungen gegenseitig.

9 Arbeitet zu zweit. Ein Kind stellt sich im Raum auf. Das andere Kind misst den Abstand von der Fußspitze zu einer Wand. Tauscht dann die Rollen.

10 Setze die Figur um mindestens sechs Strecken fort.

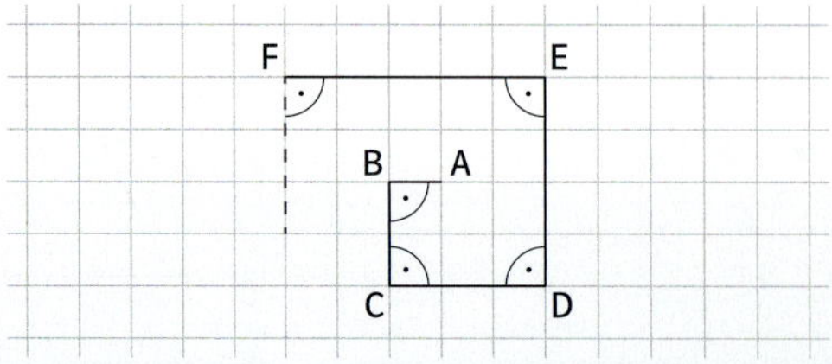

6 Arbeitet zu zweit.
(1) Zeichnet beide die Punkte A(4|9); B(4|4); C(9|3); D(14|4); E(14|8) und F(8|10) in ein Koordinatensystem ins Heft.
(2) Ein Kind zeichnet in seinem Heft die Gerade g durch die Punkte A und D. Das andere Kind zeichnet die Gerade h durch die Punkte B und E.
(3) Zeichnet die Senkrechten zu g bzw. zu h durch alle Punkte A, B, C, D, E und F.
(4) Tauscht eure Hefte aus und kontrolliert eure Zeichnungen gegenseitig.

7 Miss den Abstand jedes Punktes zur Geraden g. Notiere im Heft in einer Tabelle.

Punkt	A	B	C	D	E	F
Abstand zu g	■	■	■	■	■	■

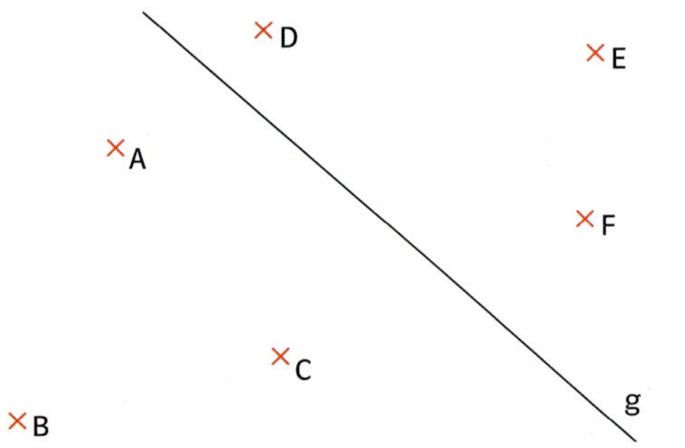

8
a) Zeichne die Punkte A(3|6); B(8|12) und C(14|2) in ein Koordinatensystem.
b) Zeichne zu Punkt A eine Gerade a, die einen Abstand von 3 cm zu Punkt A hat. Die Gerade soll nicht auf dem Gitternetz deines Heftes liegen.
c) Verfahre für die anderen Punkte ebenso wie bei Punkt A.
d) Tauscht eure Hefte aus und kontrolliert eure Zeichnungen gegenseitig.

9 Der Streckenzug ist nach einer Regel gezeichnet. Setze ihn möglichst weit fort.
Tipp: Achte auf die rechten Winkel.

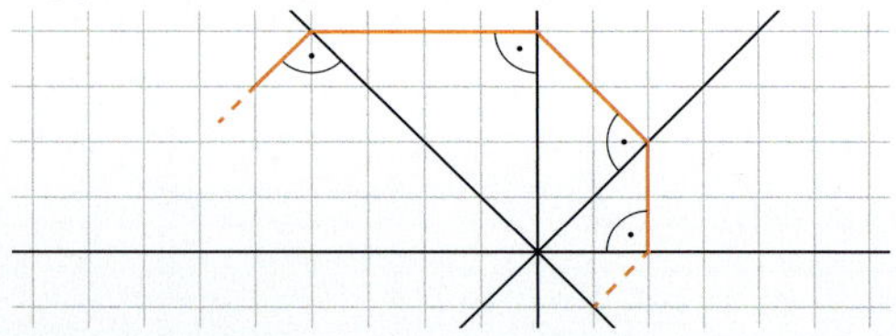

4 Zueinander parallel

→ Falte ein Blatt Papier wie abgebildet zu einem Fächer. Die Streifen sind 2 cm breit.
→ Beschreibe, wie die Faltlinien zueinander liegen.
→ Welche Linien auf dem Geodreieck liegen so zueinander wie die Faltlinien?
→ Suche im Klassenzimmer Linien, die wie deine Faltlinien zueinander liegen.

Merke Zwei Geraden, die an jeder Stelle denselben Abstand haben, liegen **zueinander parallel**. Sie schneiden sich nicht.

Schreibe: $g \parallel h$

Lies: „g ist parallel zu h"

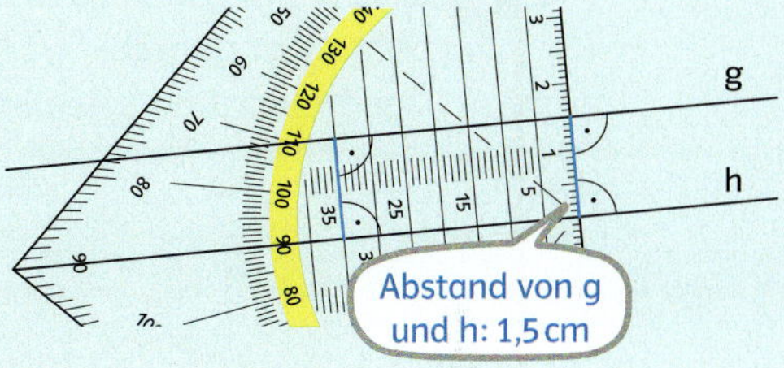

V95 Erklärvideo

Beispiele

a) So zeichnest du eine Parallele zu g durch den Punkt P.

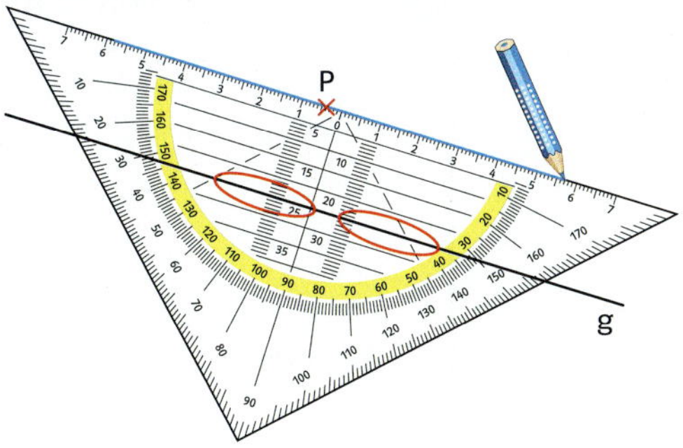

b) So prüfst du, ob eine Gerade parallel zu g liegt.

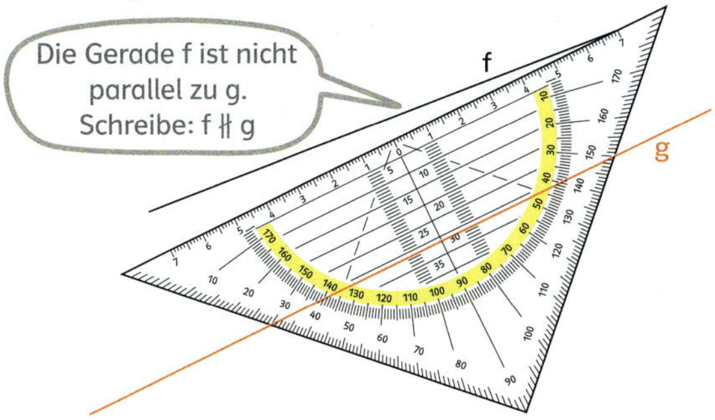

D96 Lösungen

○ **1** Zeichne fünf zueinander parallele Geraden in dein Heft.

○ **2** Prüfe mit dem Geodreieck, welche Geraden parallel zu g liegen.

a) 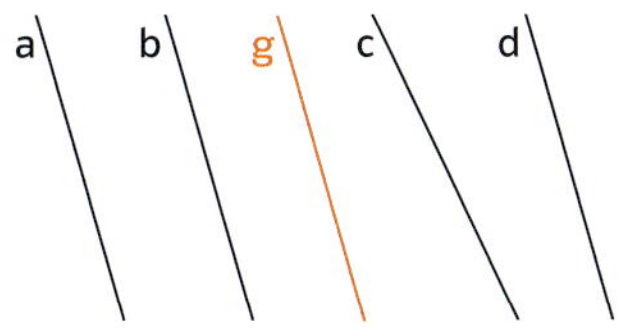

b) 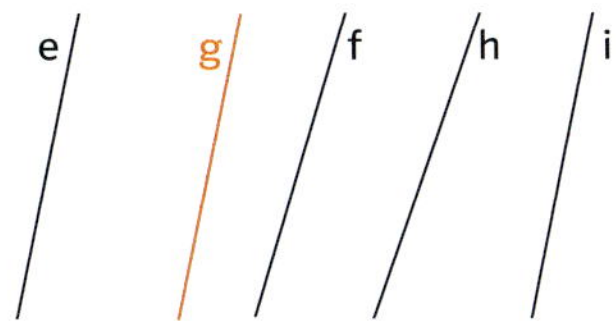

c) 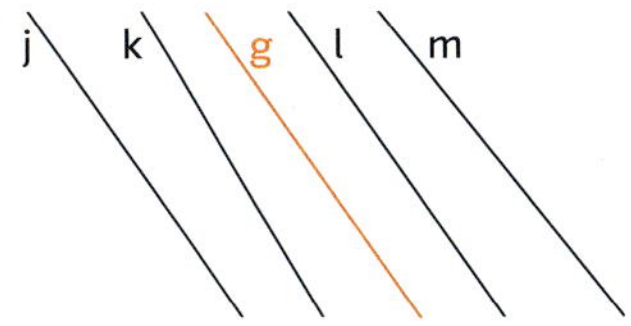

○ **3** Übertrage ins Heft. Zeichne die Parallele zu g, die durch den Punkt P verläuft. Miss dann den Abstand zwischen den beiden Geraden.

a) 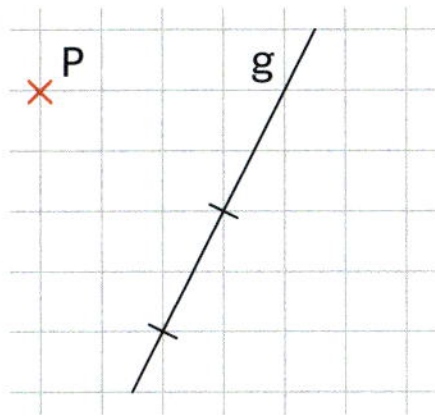

b) 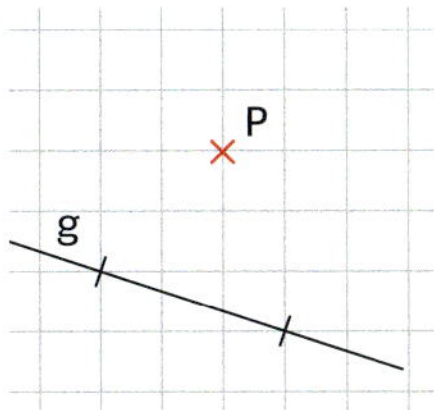

c) 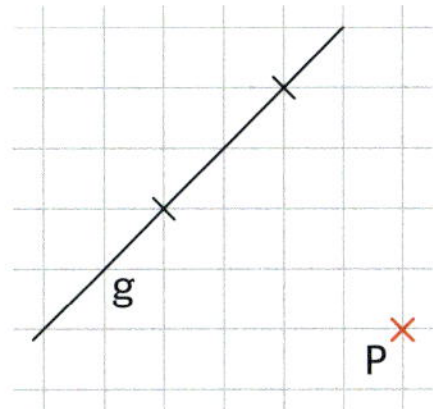

d) 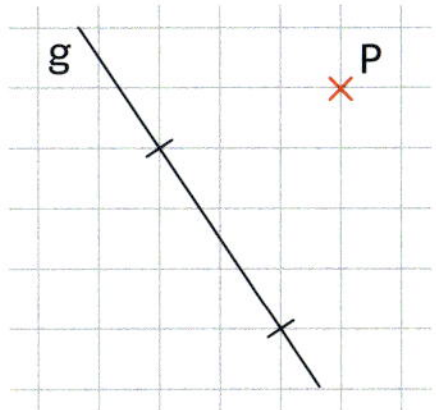

4 Zeichne fünf parallele Geraden mit dem Abstand 1 cm zur Nachbargeraden.

5 Zeichne eine Gerade g. Zeichne eine zu g parallele Gerade h mit dem Abstand

a) 2 cm. **b)** 2,5 cm.
c) 3 cm. **d)** 1,5 cm.

Tipp: Diese Linien helfen dir, Parallelen mit einem vorgegebenen Abstand zu zeichnen.

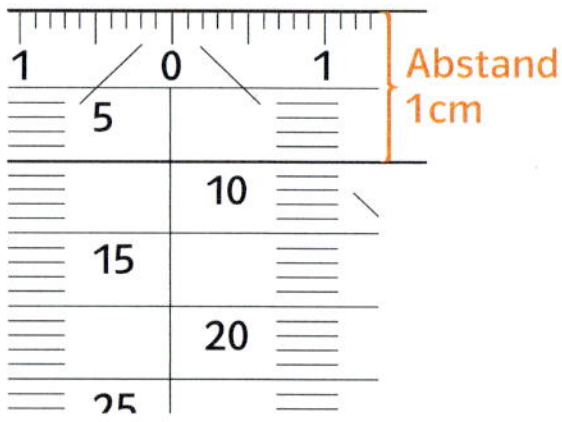

6 Sind die Geraden zueinander parallel (∥) oder nicht parallel (∦)? Prüfe mit dem Geodreieck und setze im Heft richtig ein.

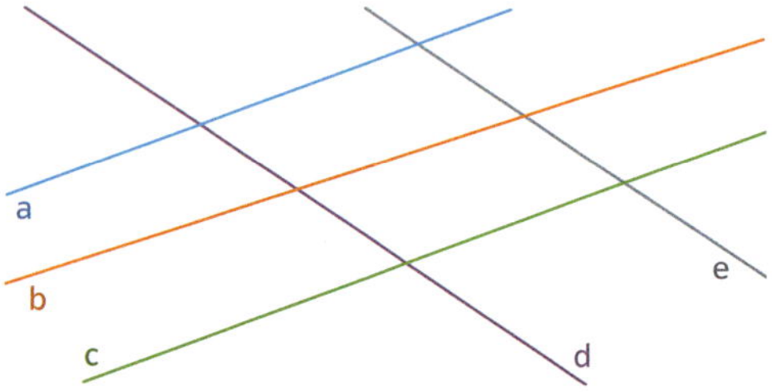

a ■ b a ■ c d ■ e
c ■ b c ■ d e ■ d

7 Übertrage in dein Heft.

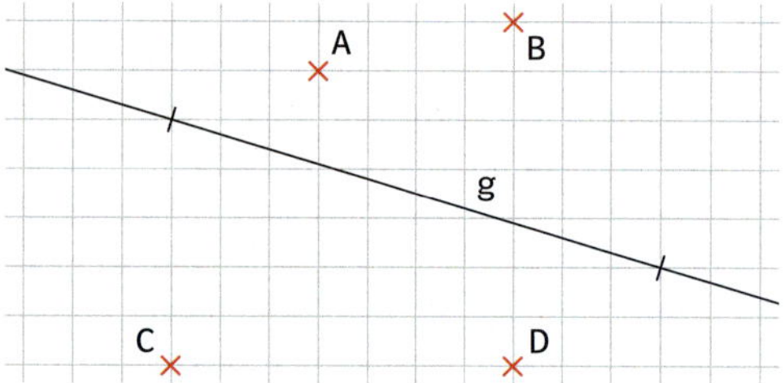

a) Zeichne parallele Geraden zu g durch die Punkte A; B; C und D.
b) Zeichne den Abstand der beiden Geraden durch B und durch C ein und miss ihn.

8

a) Zeichne die Punkte A(0|10); B(16|0); C(3|3); D(8|12) und E(14|11) in ein Koordinatensystem.
b) Zeichne die Gerade g durch die Punkte A und B.
c) Zeichne Parallelen zu g durch die Punkte C; D und E.
d) Zeichne und miss den Abstand der Parallelen zu g.

6 Welche Geraden sind zueinander parallel? Verwende das Zeichen ∥.

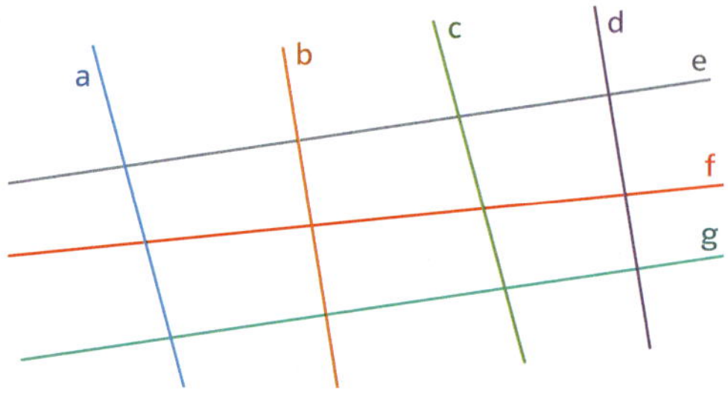

7 Übertrage in dein Heft.

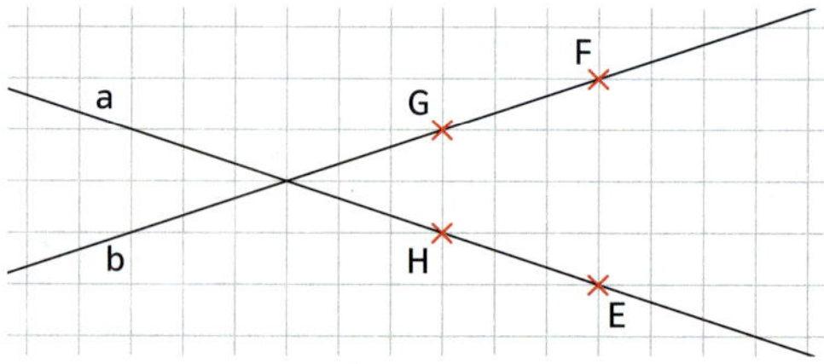

a) Zeichne die Parallelen zur Geraden a durch die Punkte F und G.
b) Zeichne die Parallelen zur Geraden b durch die Punkte E und H.

8 Selina findet eine weitere Methode, um parallele Geraden zu zeichnen.

Zeichne eine Gerade a. Zeichne die Gerade b mit b ⊥ a. Zeichne die Gerade c mit c ⊥ b. Dann sind die Geraden a und c zueinander parallel.

Prüfe diese Methode anhand mehrerer Beispiele.

9

a) Zeichne eine Gerade g in dein Heft, die nicht auf den Karolinien liegt. Zeichne eine zu g parallele Gerade h mit dem Abstand 6 cm.
b) Besprecht zu zweit, welche Probleme ihr hattet und wie ihr vorgegangen seid.

5 Achsensymmetrie

→ Falte das Papier wie auf dem Bild. Schneide an der gefalteten Kante eine Figur aus und klappe das Papier auf.
→ Beschreibe deine Figur.
→ Welche Bedeutung hat die Faltlinie für deine Figur?
→ Finde Beispiele in deiner Umgebung für solche Figuren.

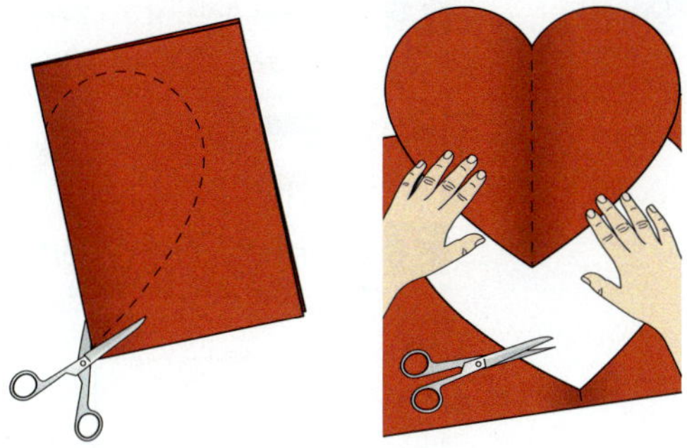

Merke Eine Figur heißt **achsensymmetrisch**, wenn sie aus zwei spiegelbildlichen Hälften besteht. Die Gerade, an der du spiegelst, heißt Symmetrieachse oder Spiegelachse.

Die Verbindungsstrecke zwischen einem Punkt A und seinem Bildpunkt A′ verläuft senkrecht zur Symmetrieachse. Punkt und Bildpunkt haben von der Symmetrieachse den gleichen Abstand.

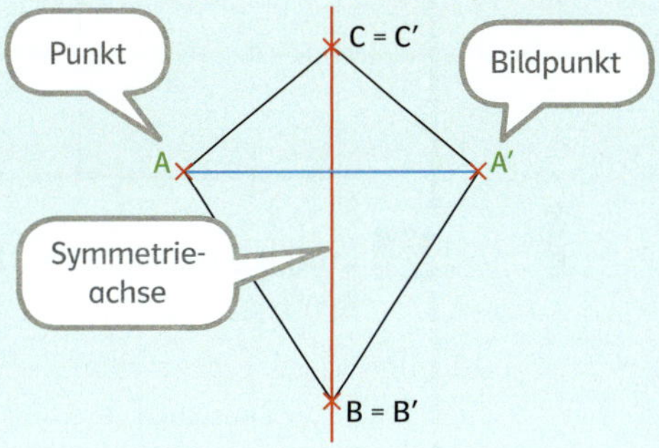

V97 Erklärvideo

Beispiele

a) Achsensymmetrische Figuren können eine oder mehrere Symmetrieachsen haben.

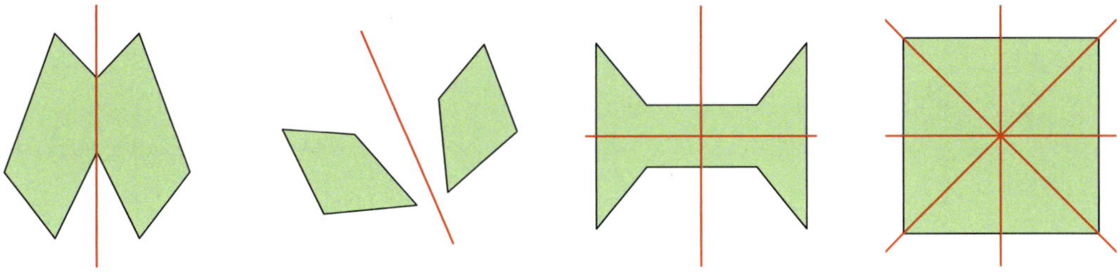

b) So spiegelst du Figuren an einer Spiegelachse.
Entweder mithilfe des Geodreiecks:

Trage die Bildpunkte mit dem Geodreieck ab.

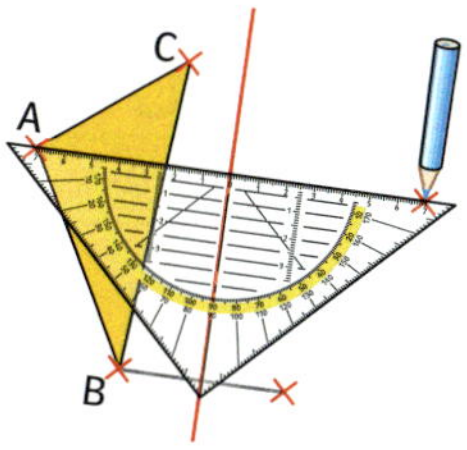

Benenne die Bildpunkte und verbinde sie zur spiegelbildlichen Figur.

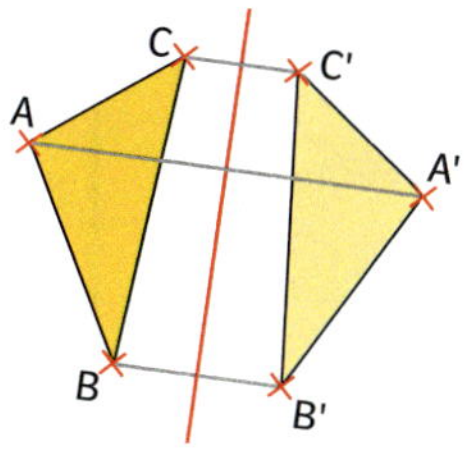

oder mithilfe der Kästchen:
Zähle hier die Kästchendiagonalen (D).

Kästchendiagonale

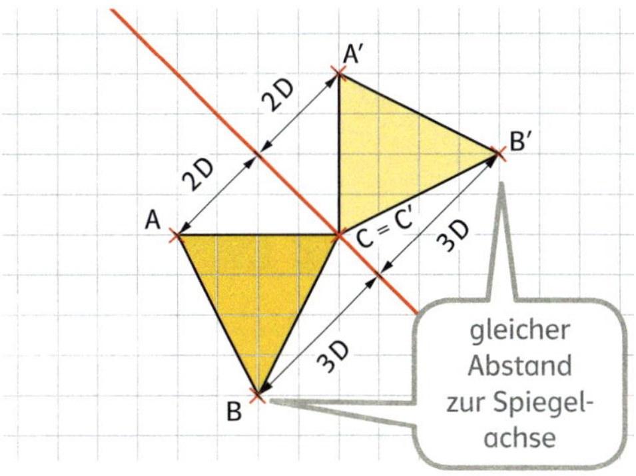

D98 Lösungen

○ **1** Besprecht zu zweit, wie viele Spiegelachsen ihr für das Verkehrsschild findet.

a) 
b) 
c) 
d) 
e) 
f) 

○ **2** Übertrage auf kariertes Papier und zeichne alle Symmetrieachsen ein. Prüfe, indem du die Figuren ausschneidest und an den Symmetrieachsen faltest.

a) 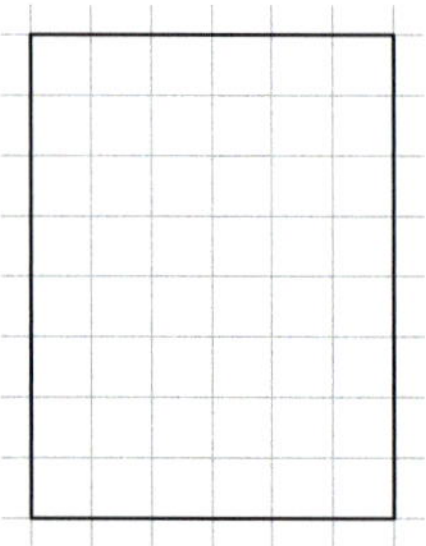
b) 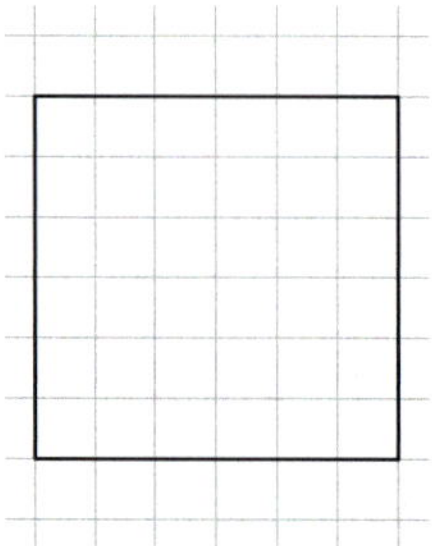
c) 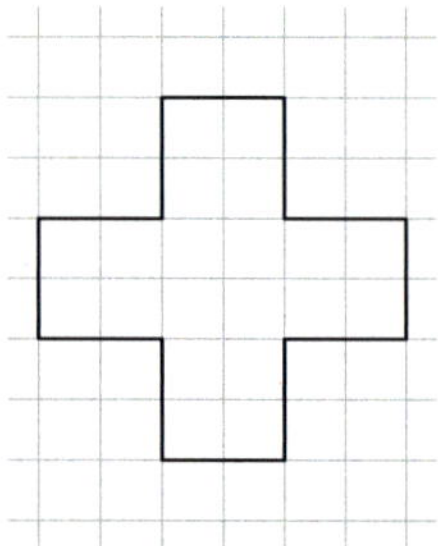
d) 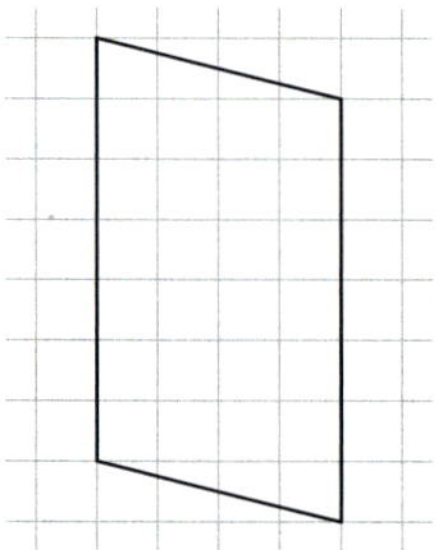

○ **3** Ergänze die Figur im Heft zu einer achsensymmetrischen Figur. Die rote Gerade ist die Symmetrieachse.

a) 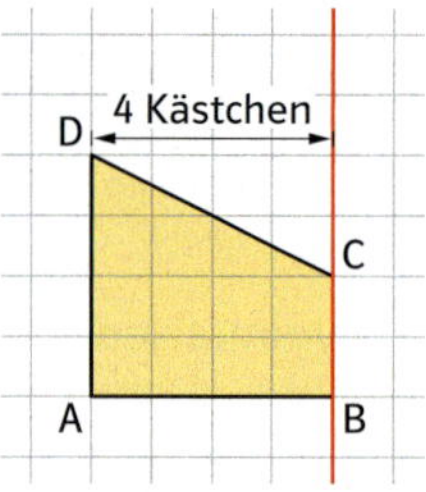

b) 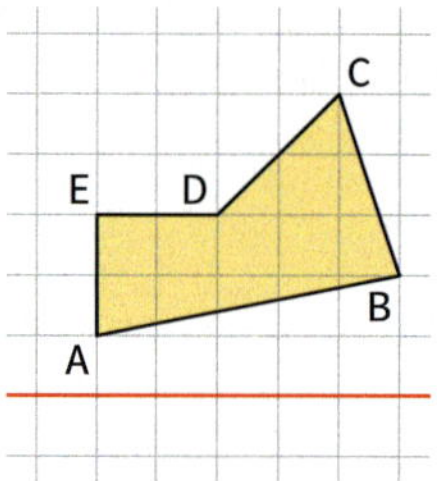

c) 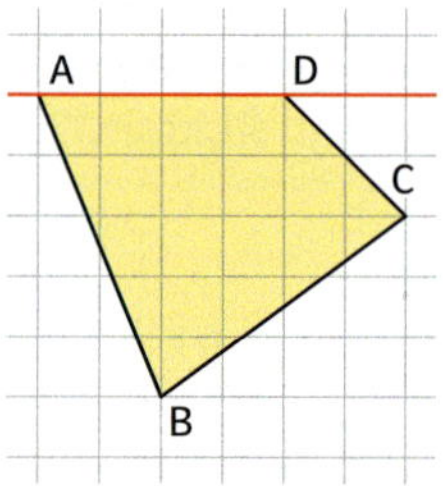

d) 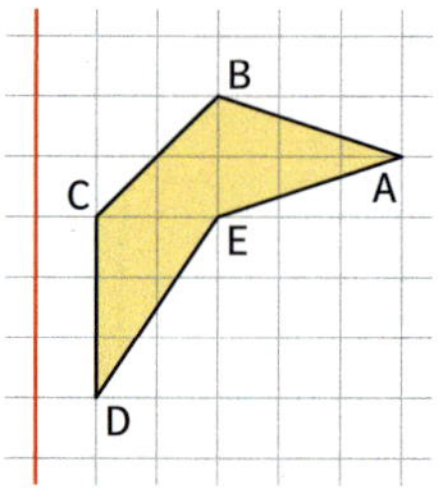

○ **4** Ergänze im Heft zu einer achsensymmetrischen Figur.

a) 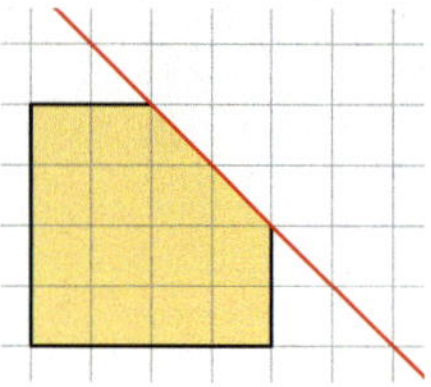
b) 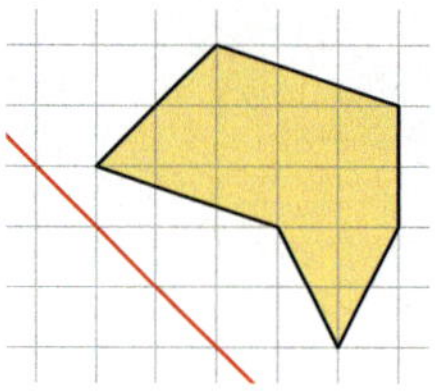
c) 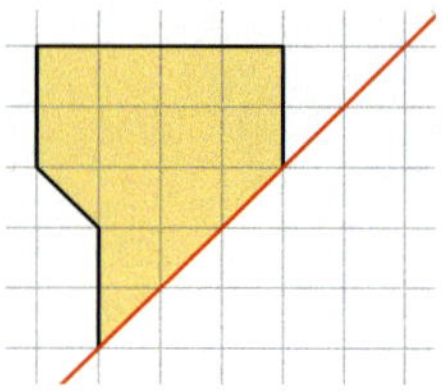
d) 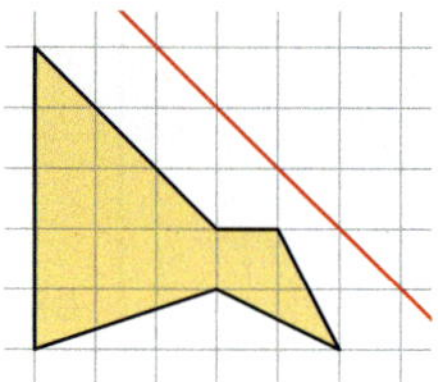

5 Viele Flaggen sind achsensymmetrisch.

(1) 
(2) 
(3) 

Schweiz | Schweden | Großbritannien

a) Zu welchen Ländern gehören die Flaggen? Ordne zu.
b) Welche der Nationalflaggen sind achsensymmetrisch? Beschreibe die Lage der Symmetrieachsen.
c) MK Sucht weitere achsensymmetrische Nationalflaggen.

5 Die Buchstaben O und T sind unterschiedlich zusammengestellt.

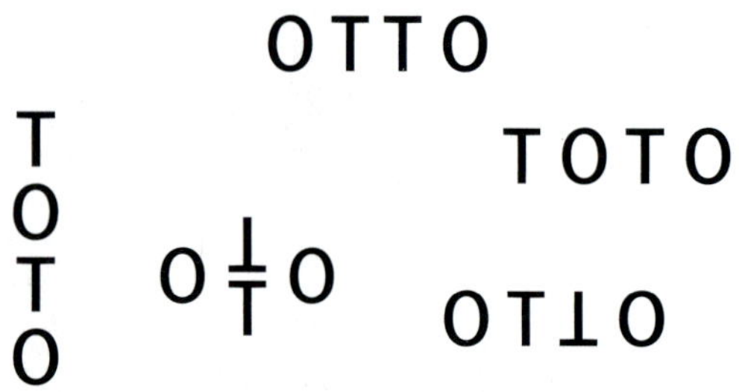

a) Zeichne im Heft die Symmetrieachsen ein.
b) Findest du weitere Buchstaben, mit denen man auf diese Art achsensymmetrische Wörter kombinieren kann?

Streckenzug
Mehrere zusammenhängende Strecken

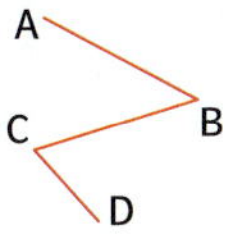

6 Übertrage die Figur ins Heft. Spiegle die Figur und gib die Koordinaten der Bildpunkte an.

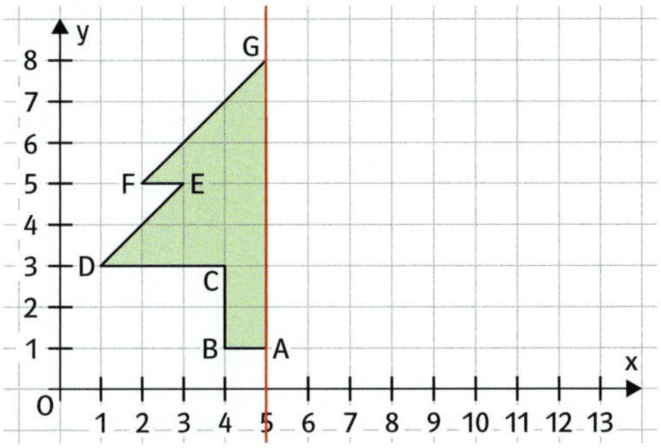

7

a) Übertrage die Figur mit den Symmetrieachsen an den linken Rand deiner Heftseite. Spiegle die Figur an der Symmetrieachse ganz links. Spiegle die neue Figur dann an der nächsten Spiegelachse. Spiegle weiter bis zum rechten Heftrand.

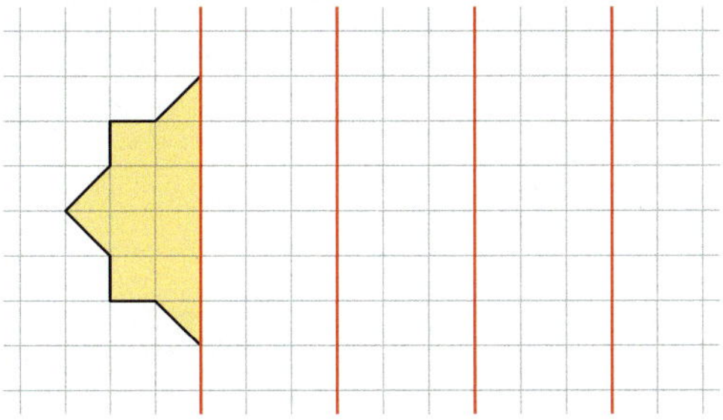

b) Finde in deiner fertigen Zeichnung eine weitere Symmetrieachse. Zeichne sie ein.

8 Josephine hat ein Bild gespiegelt. Finde und erkläre ihre Fehler.

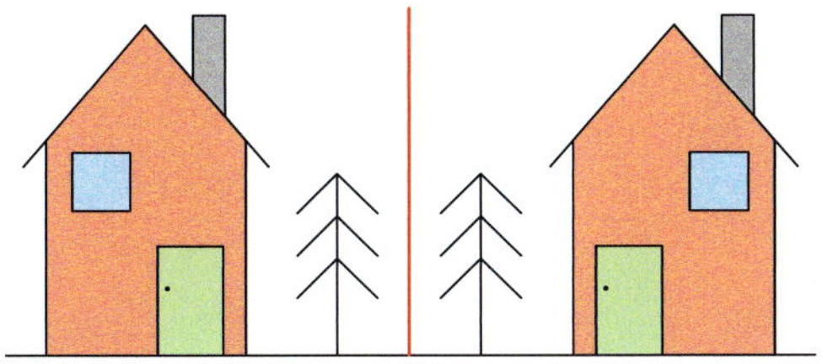

9 Zeichne das Dreieck ABC und den Bildpunkt A′ in ein Koordinatensystem. Finde die Spiegelachse und ergänze die Achsenspiegelung. Gib die Koordinaten von B′ und C′ an.

a) A(2|2); B(4|8); C(0|7); A′(8|2)
b) A(5|4); B(9|0); C(11|6); A′(5|8)

6 Zeichne den Streckenzug in ein Koordinatensystem. Spiegle ihn an der Symmetrieachse durch die Punkte P(4|4) und Q(12|12);
Streckenzug: A(1|1); B(0|5); C(2|5); D(2|10); E(4|8); F(4|10); G(12|11); H(16|11)

7 Spiegle die Figur zuerst an der Symmetrieachse g. Spiegle dann die entstandene Figur an der Symmetrieachse h.

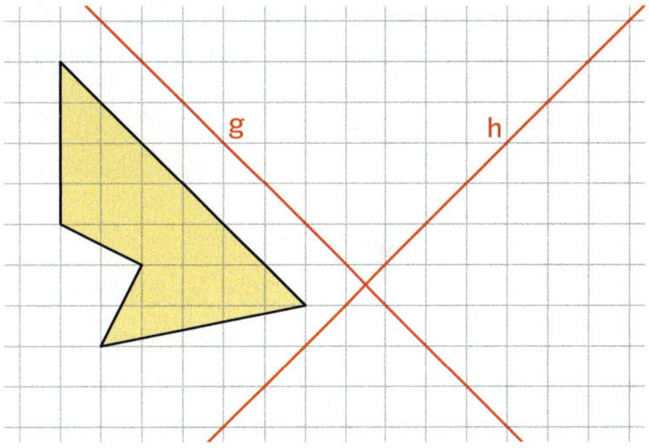

8 Spiegle die Figur an der Symmetrieachse g.
Tipp: Hier kommst du mit Kästchenzählen nicht weiter.

a)
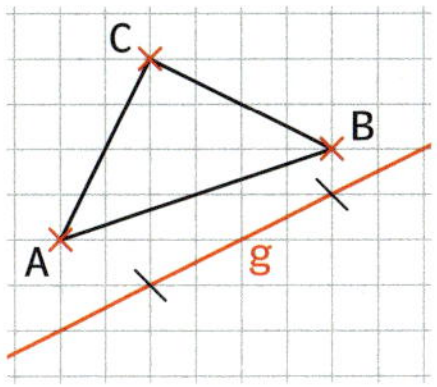

b)
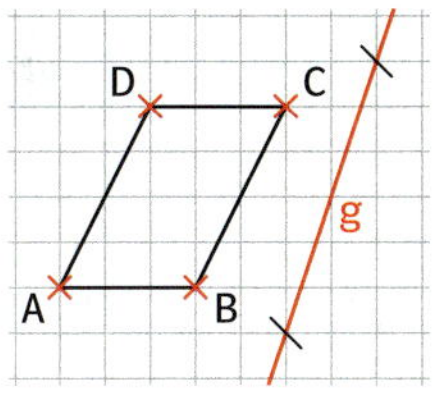

c)
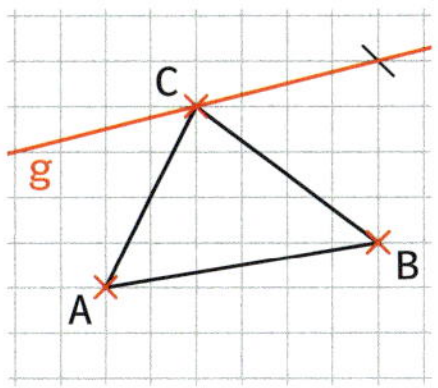

d)
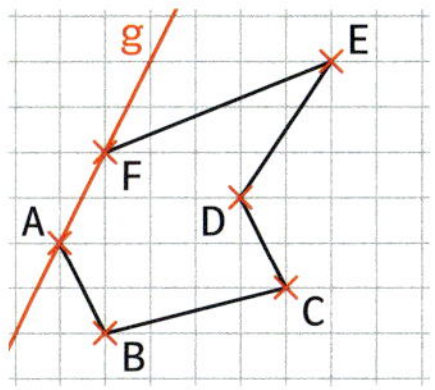

9

a) Zeichne das Viereck mit den Eckpunkten A(3|8); B(0|9); C(5|14) und D(8|10) in ein Koordinatensystem ein.
b) Tausche die x-Koordinate und die y-Koordinate der Punkte und zeichne auch das neue Viereck in das Koordinatensystem ein.
Beispiel: A(3|8) wird zu A′(8|3)
c) Beschreibe, was du feststellst. Zeichne auch die Spiegelachse ein.

6 Geometrie dynamisch erleben MK

Um Geometrie zu erforschen, gibt es ein hilfreiches Werkzeug: Dynamische Geometrie-Software (DGS).

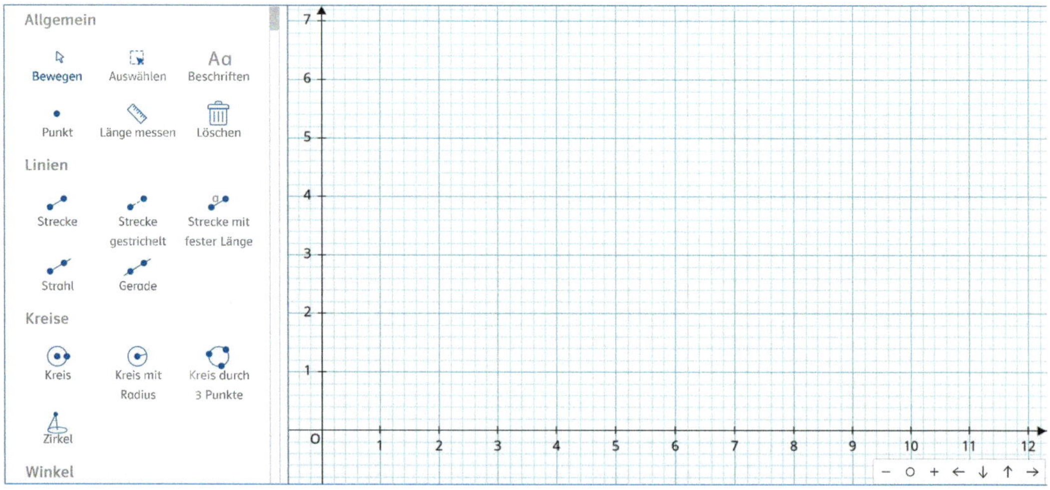

Eine DGS ist ein Programm, mit dem du Punkte, Strecken und Figuren aus der Geometrie zeichnen kannst. Sie ist wie ein digitales Papier mit eingebauter Zeichenhilfe.

Deine Zeichnungen und einzelne Elemente hiervon kannst du bewegen und verändern: Sie sind dynamisch. Dadurch kannst du sehen und verstehen, wie sich die einzelnen Elemente gegenseitig beeinflussen. Ein Beispiel für eine DGS ist das Geometrie-Tool I100.

I100 Geometrie-Tool

V99 Erklärvideo

1 MK

1. Zeichne die Punkte (5|2) und (5|5) in das Koordinatensystem der DGS.

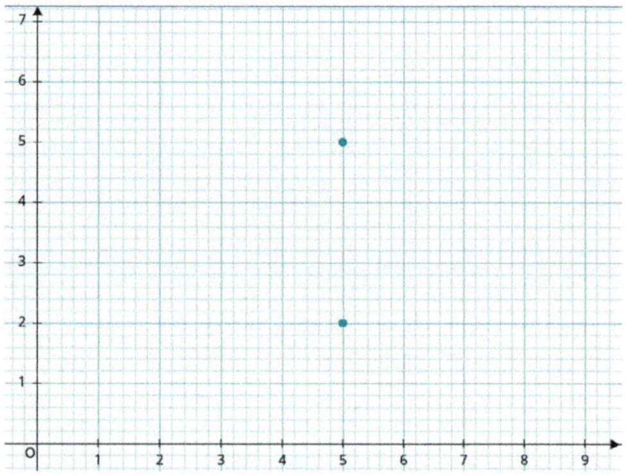

2. Lege eine Gerade durch die beiden Punkte.

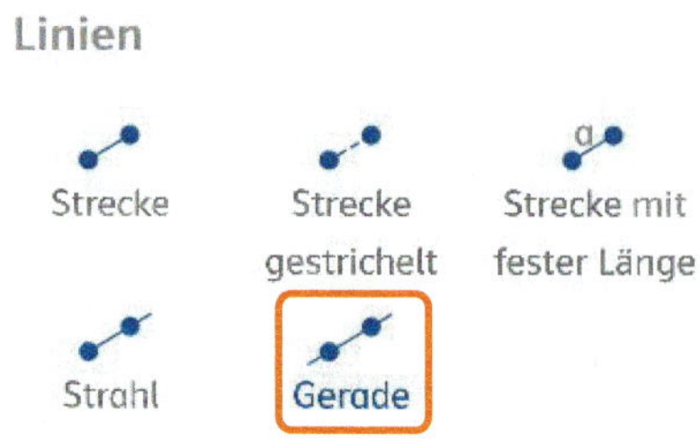

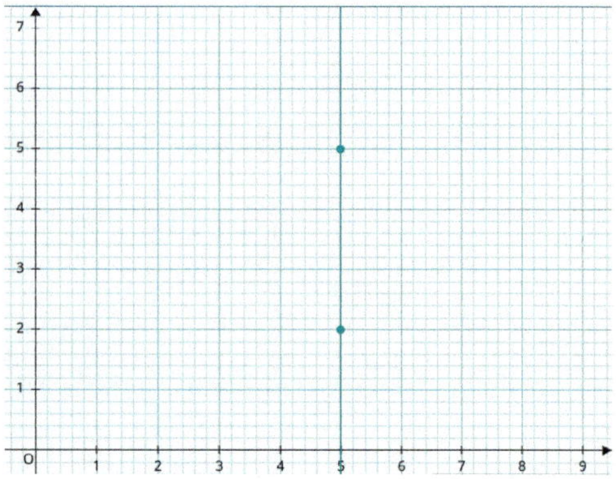

3. Zeichne die Punkte (8 | 6); (9 | 5); (7 | 3); (9 | 2) und (8 | 1) ein.
Verbinde die Punkte mit dem Streckenwerkzeug.

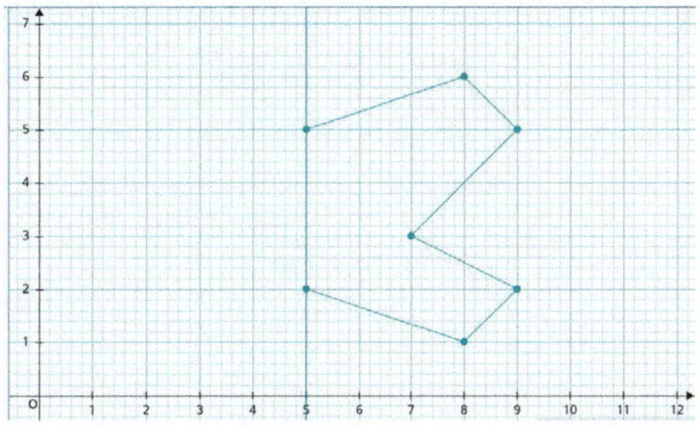

4. Spiegle nun alle Punkte an der Geraden.

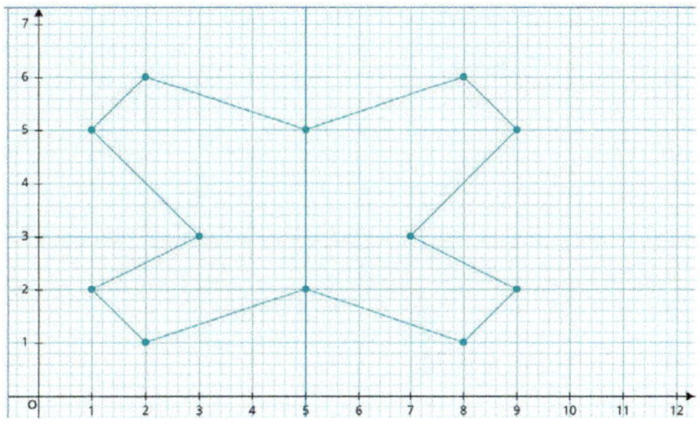

5. Verbinde die gespiegelten Punkte mit Strecken, sodass eine achsensymmetrische Figur entsteht.

Wähle das „Bewegen"-Werkzeug aus und verändere die Position von einzelnen Punkten. Was fällt dir auf?

6. Stelle die ursprüngliche Form mit dem „Zurück-Pfeil" wieder her.
Zerlege die Figur symmetrisch in Dreiecke.

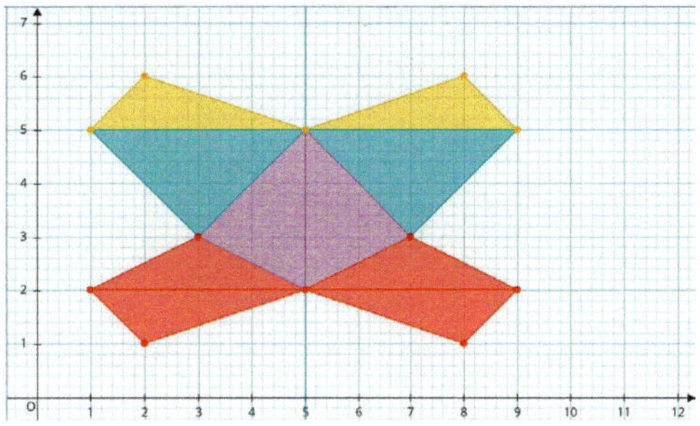

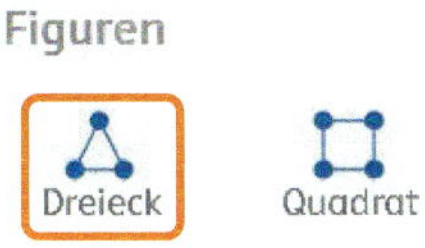

7. Finde das Werkzeug „Färben". Färbe die Dreiecke achsensymmetrisch ein.
Erkennst du den Schmetterling?

Tipp: Manche DGS-Systeme haben kein „Färben"-Werkzeug. Klicke die Figur mit der rechten Maustaste an. Du kommst in die Einstellungen und kannst dort die Farbe ändern.

8. Bewege die Punkte auf der rechten Seite der Geraden. Kommst du der Figur eines Schmetterlings noch näher?

9. Ziehe zusätzlich auch an den Punkten auf der Geraden. Kannst du aus deinem Schmetterling eine Rakete machen?

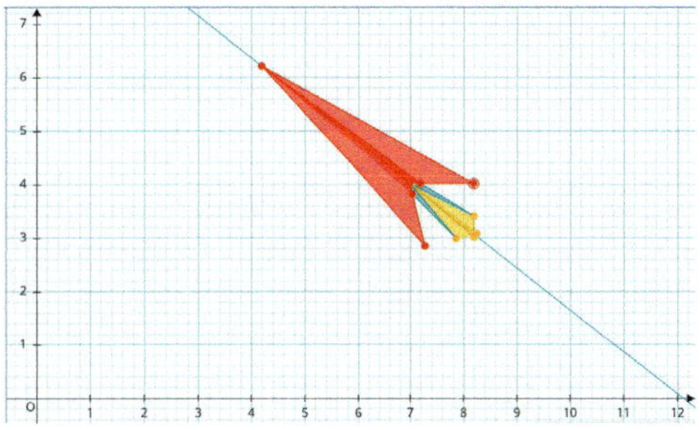

7 Punktsymmetrie

Jannis behauptet: „Diese Karten sind alle achsensymmetrisch.“ Jemal widerspricht: „Die sind zwar alle symmetrisch, aber nicht achsensymmetrisch.“
→ Beschreibt die Symmetrie, die der Herzbube (B) aufweist.
→ Besprecht, ob alle drei Karten dieselbe Symmetrie besitzen.

Merke Eine Figur heißt **punktsymmetrisch**, wenn sich alle Verbindungsstrecken zwischen spiegelbildlichen Punkten in einem gemeinsamen Punkt schneiden. Dieser Punkt heißt Symmetriezentrum Z. Punkt und Bildpunkt haben vom Symmetriezentrum den gleichen Abstand.

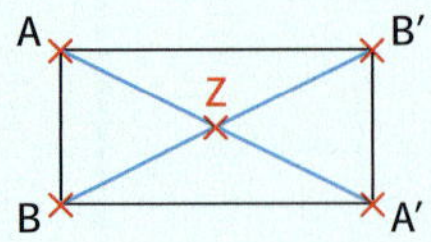

V101 Erklärvideo

Beispiele

a) So prüfst du Figuren auf Punktsymmetrie.

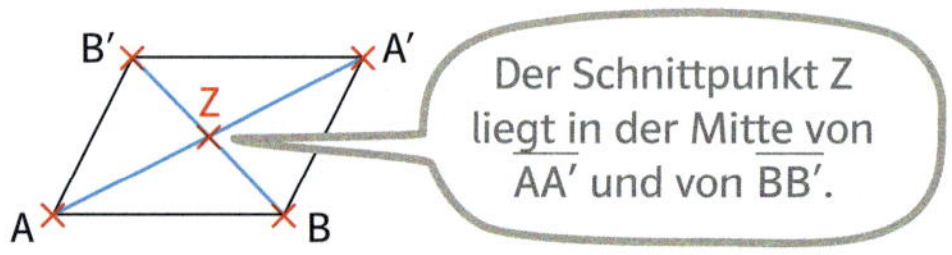

Die Figur ist punktsymmetrisch.

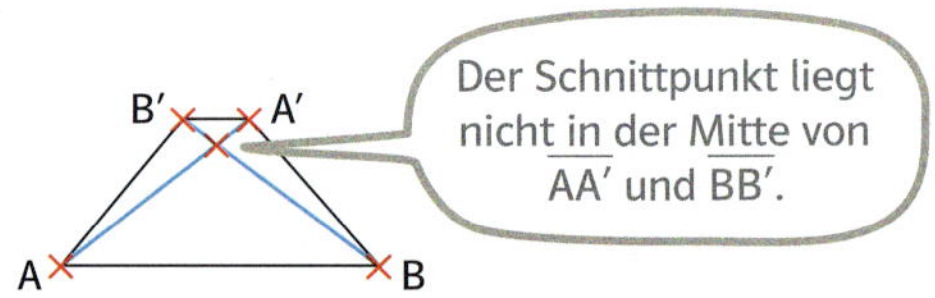

Die Figur ist nicht punktsymmetrisch.

b) So spiegelst du die Figur an einem Punkt.

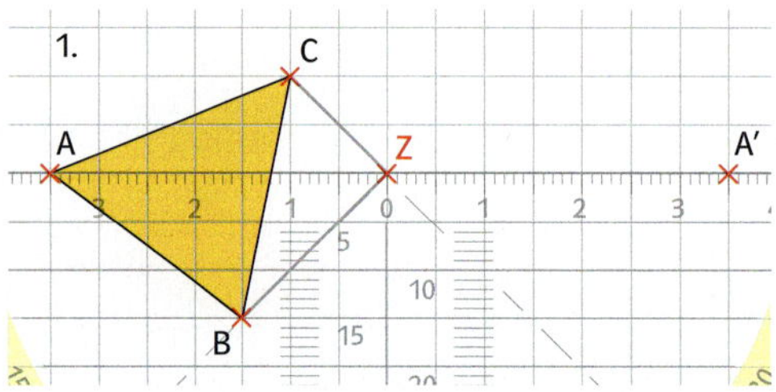

Übertrage die Länge von A zu Z auf die andere Seite von Z. Du erhältst A′.

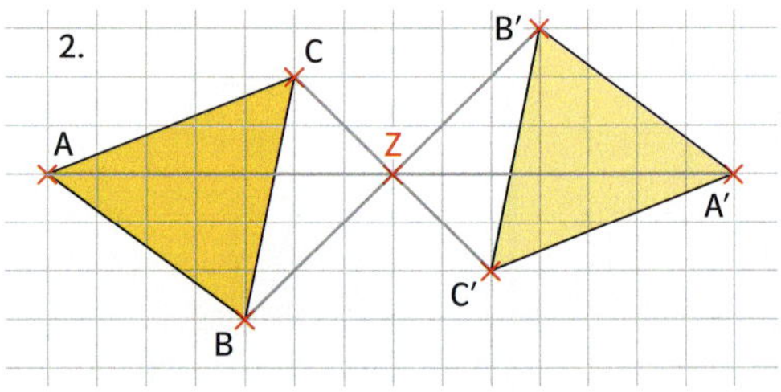

Verfahre ebenso mit den Punkten B und C. Verbinde die Bildpunkte.

D102 Lösungen

○ **1** Übertrage alle punktsymmetrischen Figuren ins Heft. Zeichne das Symmetriezentrum ein.

a) 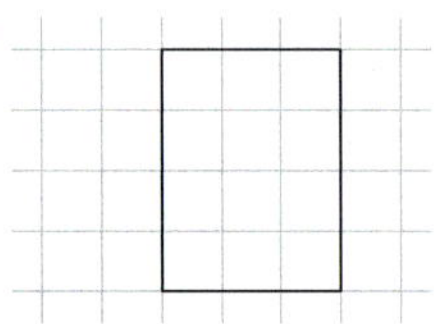
b) 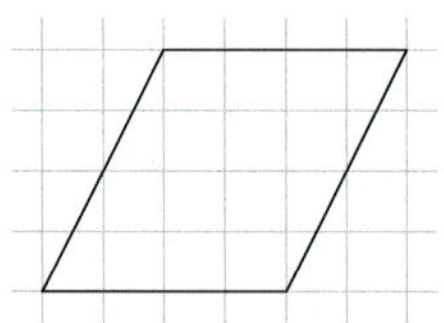
c) 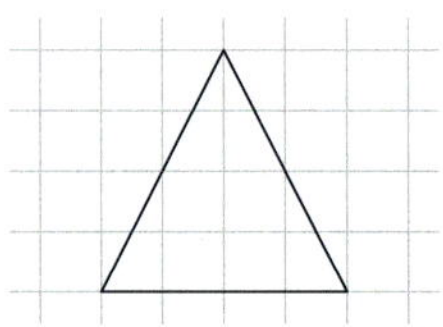
d) 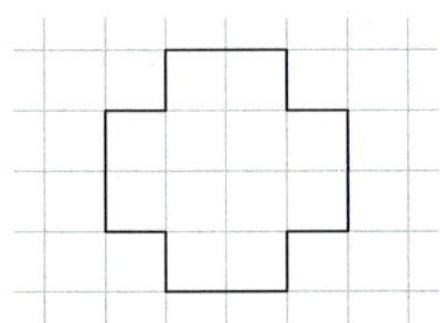

○ **2** Ist das Schild punktsymmetrisch? Wenn ja, beschreibt die Lage des Symmetriezentrums.
Tipp: Eine punktsymmetrische Figur sieht nach einer halben Drehung des Buchs genauso aus wie vorher.

a) 
b) 
c) 
d) 
e) 

3 Übertrage ins Heft. Spiegle am Punkt Z wie im Beispiel b).

a) 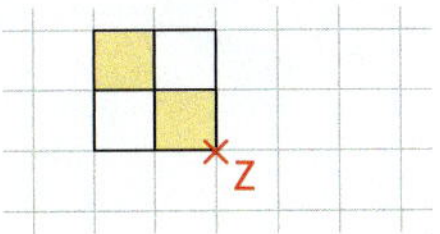

b) 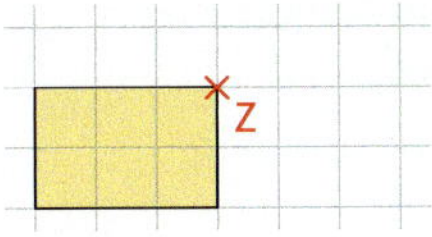

c) 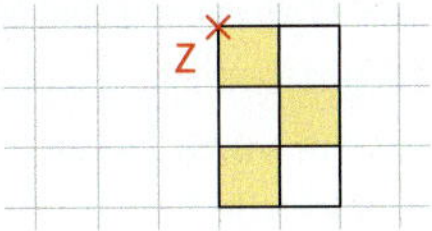

d) 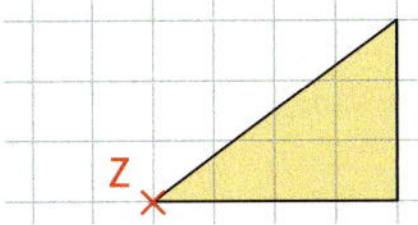

4 Übertrage ins Heft. Spiegle am Punkt Z wie im Beispiel b).
Tipp: Du kannst auch Kästchen zählen.

a) 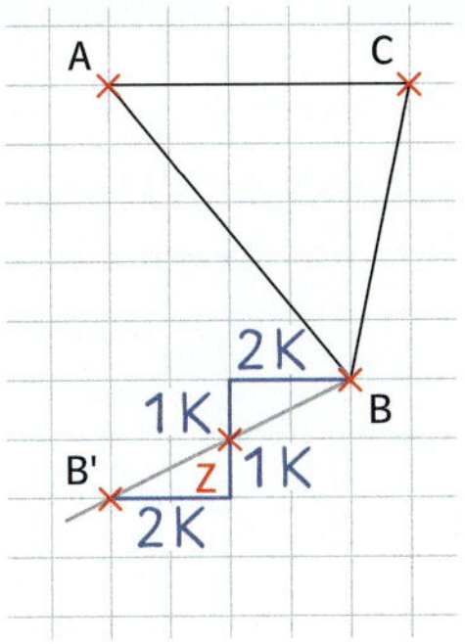

b) 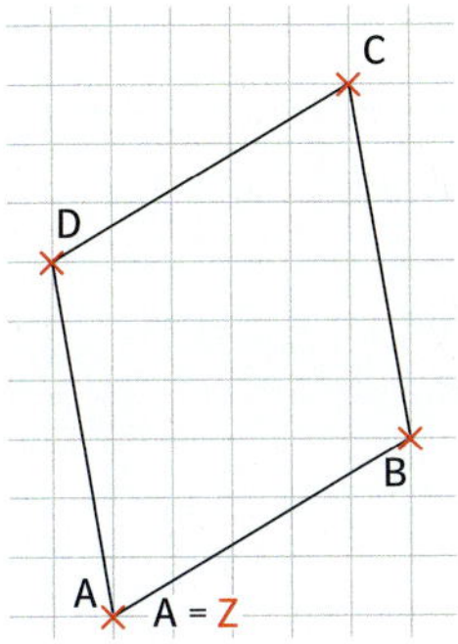

c) 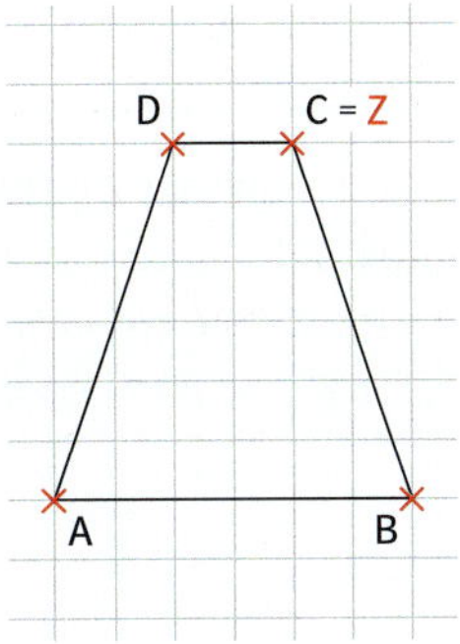

d) 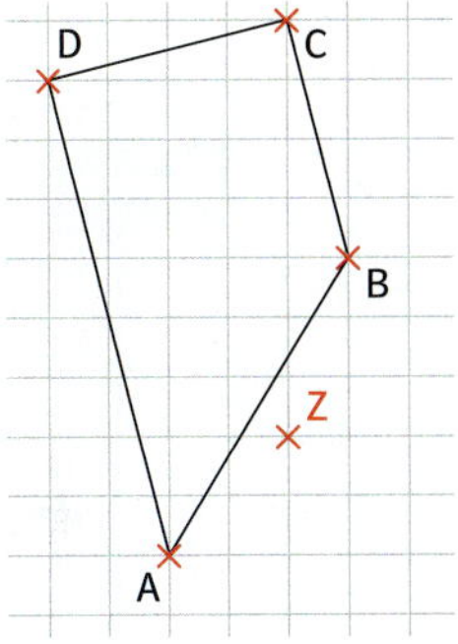

I100 Geometrie-Tool

5 Übertrage die Figur ins Heft. Färbe sie so, dass sie punktsymmetrisch ist.

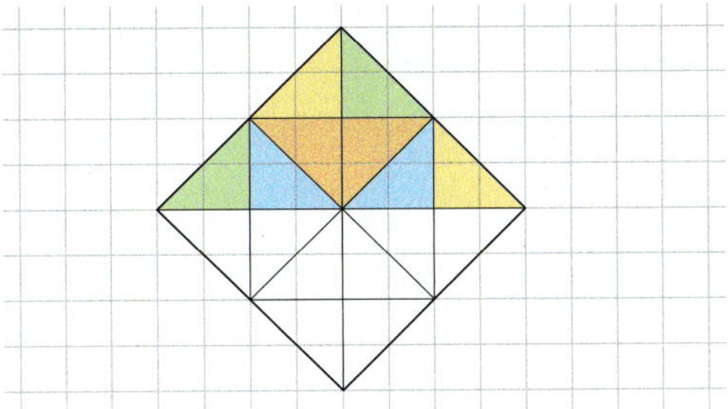

6 Gib an, welche Blütenbilder punktsymmetrisch sind.

(1) 

(2) 

(3) 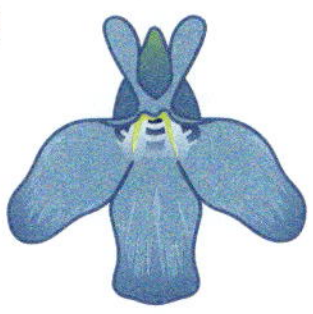

(4) 

(5) 

(6) 

7 (1) 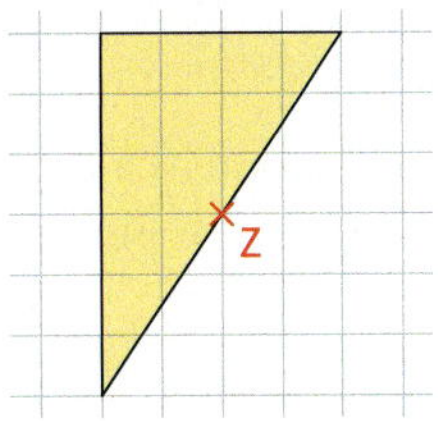

(2) 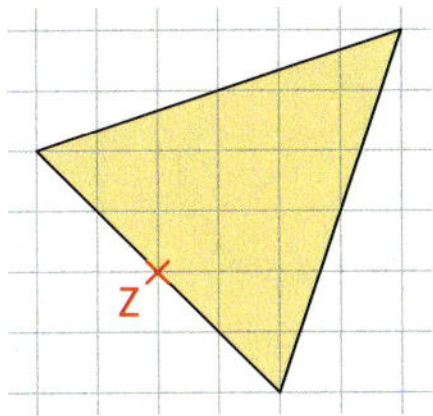

a) Spiegle die Dreiecke am Punkt Z.
b) MK Zeichne mit einer DGS ein Dreieck und einen Punkt Z ähnlich den Abbildungen. Spiegle das Dreieck an Z. Bewege einzelne Eckpunkte deines Dreiecks oder den Punkt Z.
Beobachte deine Konstruktion.

8 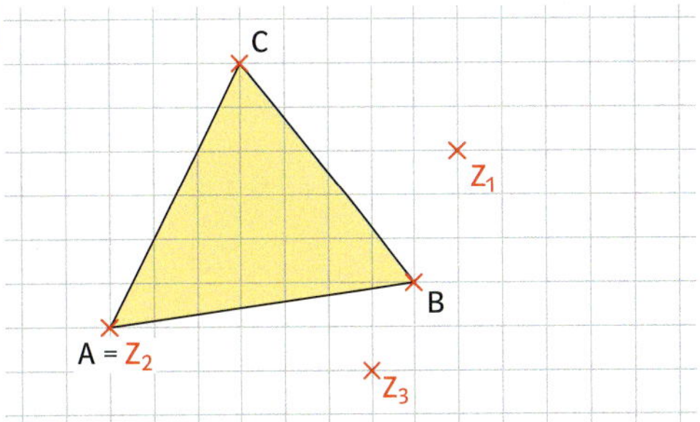

a) Spiegle das Dreieck an Z_1, Z_2 und Z_3.
b) MK Führe die Punktspiegelungen mithilfe einer DGS aus. Bewege die Punkte A; B; C; Z_1; Z_2 oder Z_3. Beschreibe, was passiert.

8 Rechteck und Quadrat

Jasin faltet ein Papiertaschentuch auseinander. Er entdeckt dabei Quadrate und Rechtecke.
→ Falte ein Taschentuch auseinander. Wie viele verschieden große Quadrate entdeckst du?
→ Finde verschiedene Rechtecke. Vergleicht eure Ergebnisse.
→ Findet im Klassenzimmer Rechtecke und Quadrate.

Merke

Ein Viereck mit vier rechten Winkeln heißt **Rechteck**.
Im Rechteck sind gegenüberliegende Seiten gleich lang und zueinander parallel.

Das **Quadrat** ist ein besonderes Rechteck. Es hat vier gleich lange Seiten.

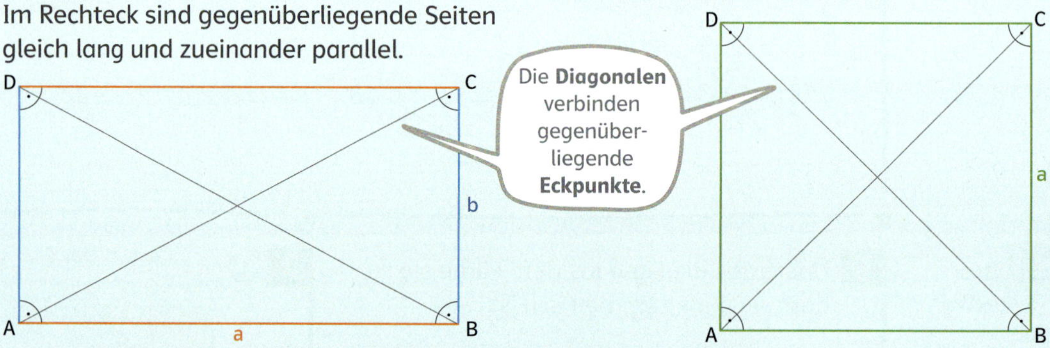

Die Eckpunkte in Vierecken werden mit Großbuchstaben bezeichnet. Man ordnet die Buchstaben gegen den Uhrzeigersinn an.

gegen den Uhrzeigersinn

Beispiel

So zeichnest du ein Rechteck mit der Länge a = 6 cm und der Breite b = 4 cm.

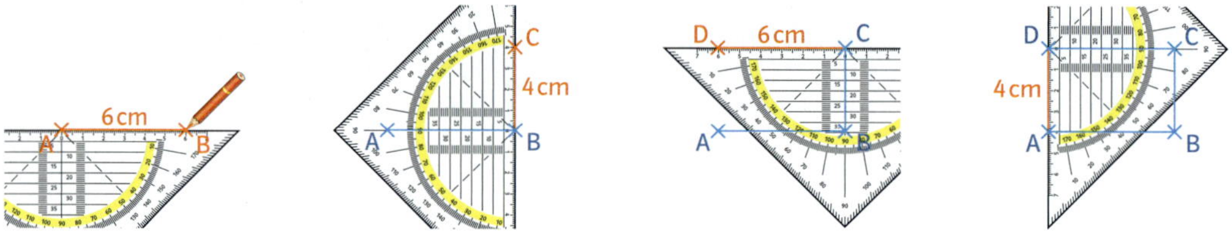

V103 Erklärvideo

D104 Lösungen

○ **1** Welche der folgenden Figuren sind Rechtecke, welche sind sogar Quadrate?

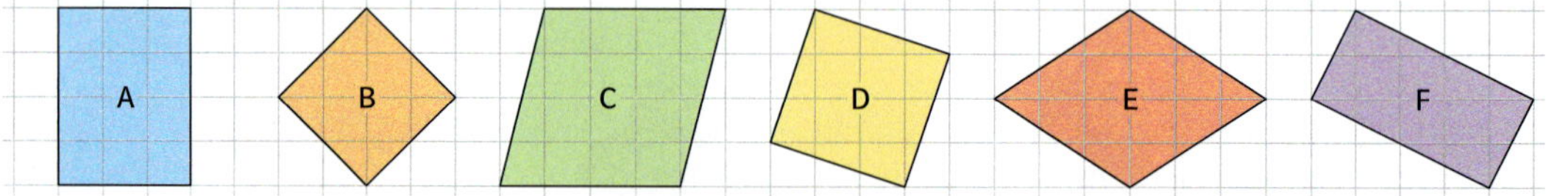

○ **2** Zeichne das Rechteck bzw. Quadrat mit den angegebenen Seitenlängen. Bezeichne die Eckpunkte mit den Buchstaben A, B, C und D. Markiere die rechten Winkel.

a) a = 5 cm; b = 3,5 cm **b)** a = 45 mm; b = 60 mm **c)** a = 25 mm
d) a = 2,5 cm; b = 7 cm **e)** a = 25 mm; b = 50 mm **f)** a = 5,5 cm

3 Ergänze im Heft zu einem Rechteck oder Quadrat. Bezeichne den fehlenden Eckpunkt.

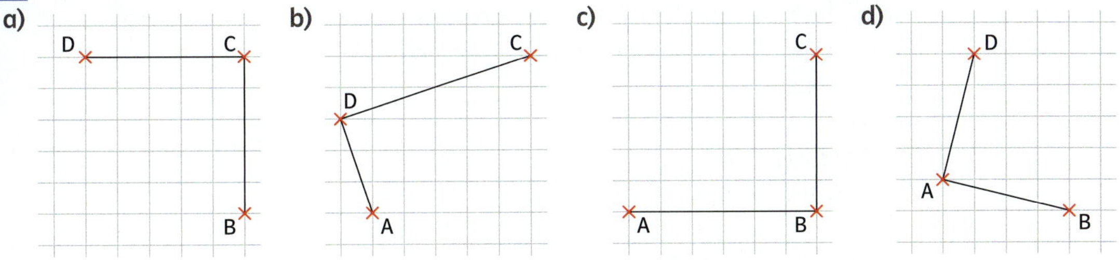

4 Zeichne ein Rechteck (a = 4 cm; b = 6 cm) und ein Quadrat (a = 5 cm). Zeichne in beide Vierecke die Diagonalen ein. Prüfe, welche Eigenschaften auf den Kärtchen für das Rechteck und welche für das Quadrat zutreffen.

A Alle vier Seiten sind gleich lang.

B Benachbarte Seiten liegen zueinander senkrecht.

C Gegenüberliegende Seiten sind zueinander parallel.

D Die Diagonalen sind zueinander senkrecht.

E Die Diagonalen sind gleich lang.

5 Drei Eckpunkte eines Rechtecks ABCD sind gegeben. Zeichne das Rechteck in ein Koordinatensystem (x-Achse und y-Achse: 20 Einheiten). Lies die Koordinaten des fehlenden Eckpunkts ab.

a) A(1|2); B(5|2); C(5|10)
b) A(3|18); B(3|12); D(9|18)
c) A(12|13); C(20|17); D(14|19)
d) B(14|11); C(10|7); D(16|1)

6 Zeichne Rechtecke und Quadrate auf weißes, unliniertes Papier.

a) Quadrat: a = 3,5 cm
b) Rechteck: a = 2 cm; b = 4 cm
c) Rechteck: a = 4,5 cm; b = 8 cm

7 Lege Vierecke mit Streichhölzern.

a) Lege mit 8 Streichhölzern ein Quadrat.
b) Lege mit 8 Streichhölzern ein Rechteck, das kein Quadrat ist.
c) Lege mit 12 Streichhölzern vier Quadrate.
d) Nimm bei der abgebildeten Figur drei Streichhölzer so weg, dass nur drei Quadrate übrig bleiben.

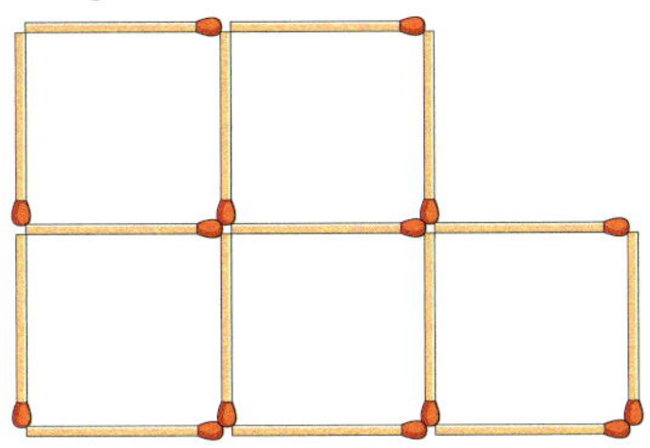

5 Drei Eckpunkte eines Rechtecks ABCD sind gegeben. Zeichne das Viereck und lies die Koordinaten des vierten Eckpunkts ab.

a) A(0|5); B(15|5); C(15|16)
b) A(5|0); B(15|5); D(0|10)
c) B(18|10); C(14|16); D(5|10)

6 Zeichne die Figur, die nur aus Rechtecken besteht. Beginne links unten.

Tipp: Die Breite b bleibt immer gleich. Die Länge jedes neuen Rechtecks ist die Diagonale des vorherigen Rechtecks.

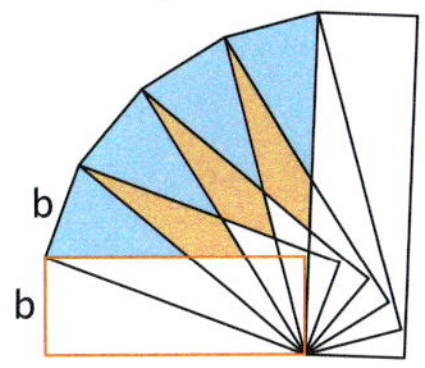

7 Vierecke kann man auch falten.

a) Falte ein Rechteck. Starte dabei mit einem rechten Winkel.

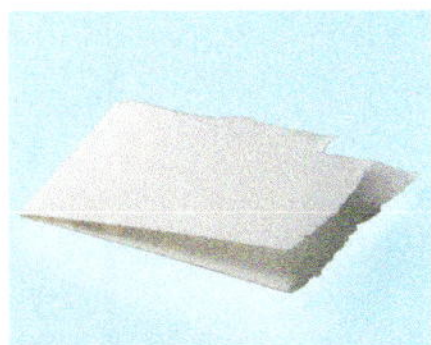

b) Schaffst du es auch, ein Quadrat zu falten? Verwende hierbei die Eigenschaften der Diagonalen.

9 Parallelogramm und Raute E

Samir zeichnet zwei Strecken, die sich gegenseitig halbieren und zueinander senkrecht liegen. Die Endpunkte der Strecken verbindet er zu einem Viereck.
→ Zeichne das Viereck. Beschreibe seine Eigenschaften.
→ Zeichne ein Viereck wie Samir, bei dem die Strecken aber gleich lang sind. Beschreibe seine Eigenschaften.
→ Vergleiche die beiden Vierecke.

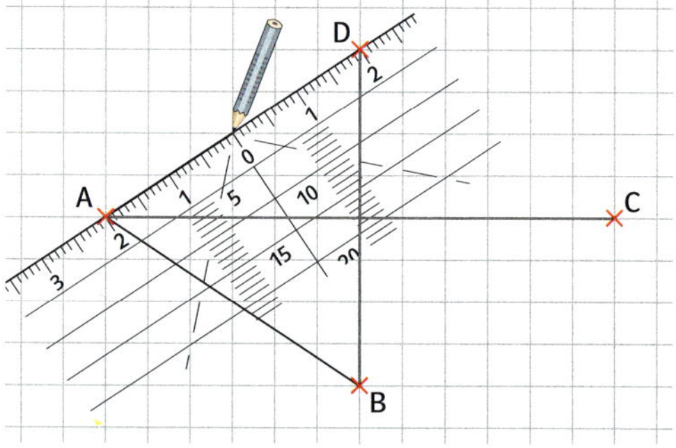

Merke Ein Viereck, in dem je zwei gegenüberliegende Seiten parallel und gleich lang sind, heißt **Parallelogramm**.

Die **Raute** ist ein besonderes Parallelogramm.
Sie hat vier gleich lange Seiten.

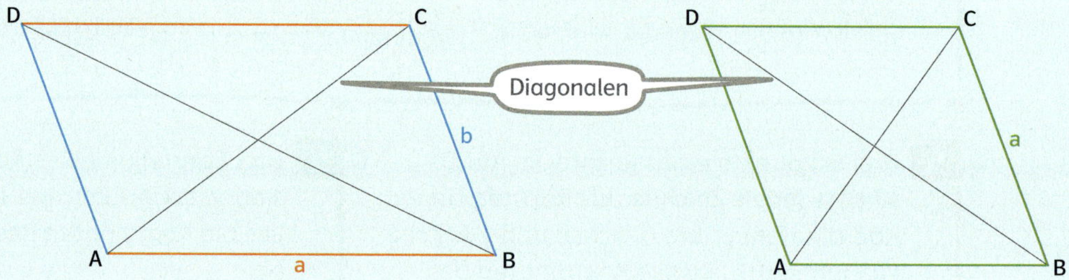

Beispiel
So zeichnest du ein Parallelogramm mit den Seitenlängen 6 cm und 4 cm.

V105 Erklärvideo

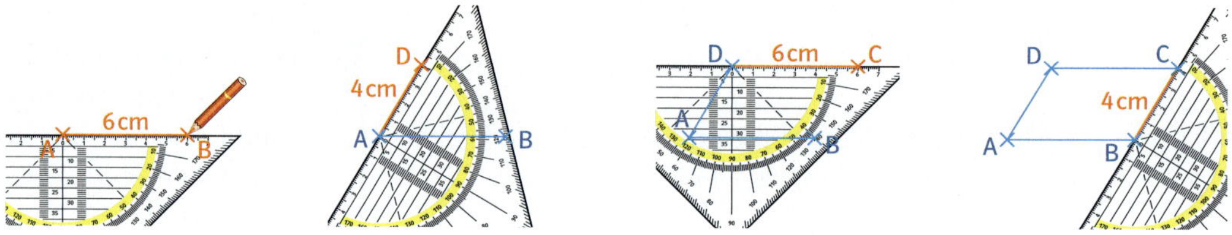

D106 Lösungen

1 Welche der Figuren sind Parallelogramme, welche sind sogar Rauten?

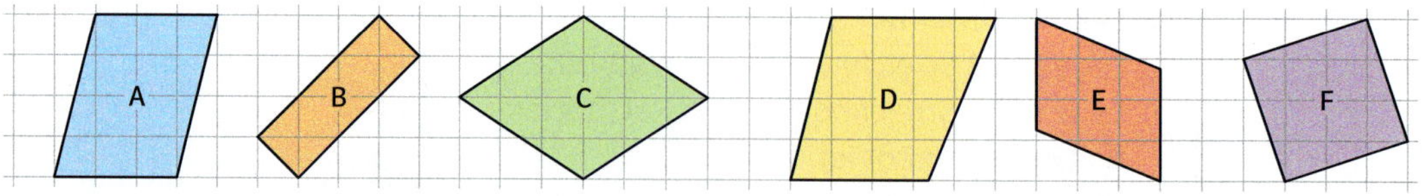

2 Zeichne das Parallelogramm bzw. die Raute mit den angegebenen Seitenlängen in dein Heft. Bezeichne die Eckpunkte mit den Buchstaben A, B, C und D. Vergleicht eure Zeichnungen.

a) a = 6 cm; b = 4 cm
b) a = 35 mm; b = 50 mm
c) a = 4,5 cm
d) a = 60 mm
e) a = 3,5 cm; b = 5 cm
f) a = 45 mm; b = 60 mm
g) a = 5,5 cm
h) a = 75 mm

○ **3** Ergänze im Heft zu einem Parallelogramm oder zu einer Raute. Bezeichne den fehlenden Eckpunkt.
Tipp: Den fehlenden Eckpunkt kannst du auch durch Auszählen der Kästchen finden.

a) 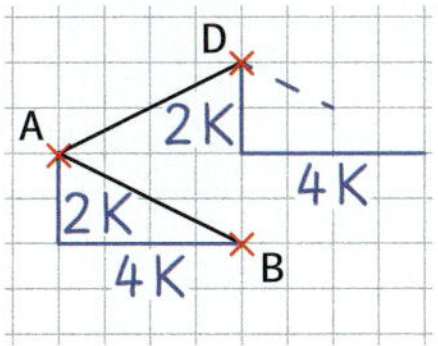

b) 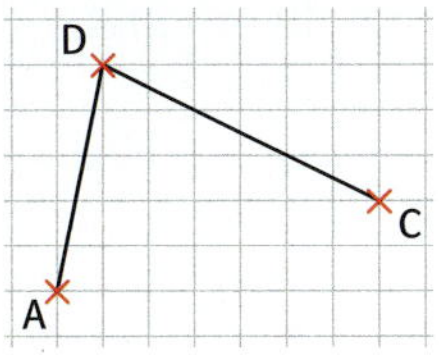

c) 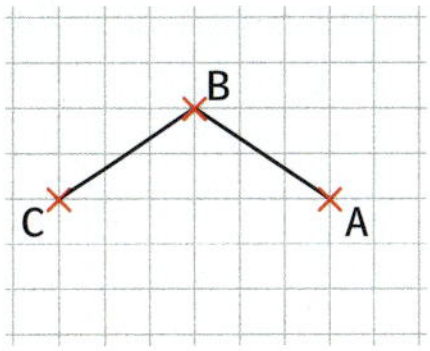

d) 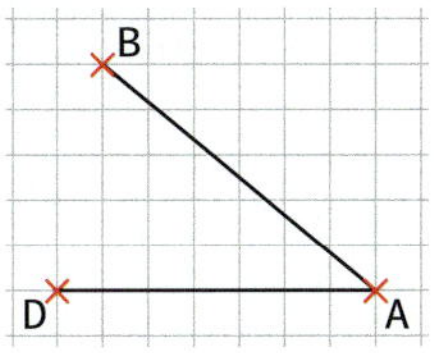

◒ **4** Zeichne ein Parallelogramm (a = 3 cm; b = 4 cm), das kein Rechteck ist, und eine Raute (a = 5 cm), die kein Quadrat ist.
Zeichne in beide Vierecke die Diagonalen ein. Prüfe, welche Eigenschaften auf den Kärtchen für das Parallelogramm und welche für die Raute zutreffen.

A Gegenüberliegende Seiten sind zueinander parallel.

B Gegenüberliegende Seiten sind gleich lang.

C Alle vier Seiten sind gleich lang.

D Die Diagonalen halbieren sich gegenseitig.

E Die Diagonalen sind gleich lang.

F Die Diagonalen sind zueinander senkrecht.

◒ **5** Übertrage das abgebildete Dreieck viermal auf ein kariertes Blatt Papier. Schneide die Dreiecke aus.

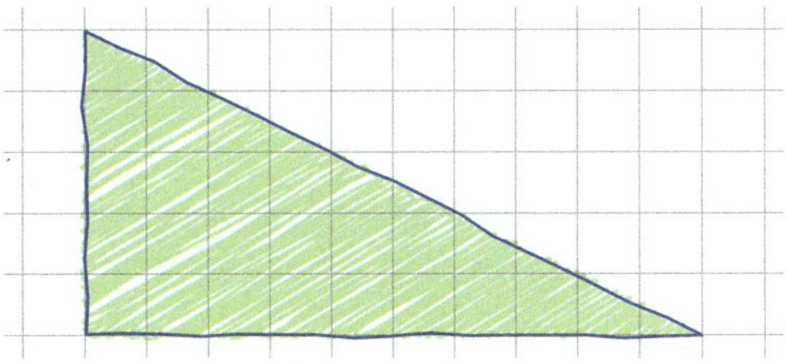

Lege aus den vier Dreiecken
a) ein Quadrat.
b) ein Rechteck, das kein Quadrat ist.
c) eine Raute, die kein Quadrat ist.
d) ein Parallelogramm, das kein Rechteck ist.
e) Zeichne die Figuren mit ihren Teilungslinien ins Heft.

◒ **6** Legt gemeinsam mit vier Geodreiecken folgende Figuren.
a) ein Quadrat
b) ein Rechteck, das kein Quadrat ist
c) ein Parallelogramm, das kein Rechteck ist
d) Alika behauptet: „Ich kann mit vier Geodreiecken auch eine Raute legen, die kein Quadrat ist." Hat Alika recht? Begründet.

◒ **7** Zeichne eine Raute mit einer Diagonalen von 8 cm und einer Diagonalen von 4 cm.
Tipp: Verwende dabei die Eigenschaften der Diagonalen.

◒ **8** MK Drei Eckpunkte eines Parallelogramms ABCD sind gegeben.
a) Ermittle die Koordinaten des vierten Eckpunkts mit einer Zeichnung oder mithilfe einer DGS.
(1) A(0|4); B(3|0); C(8|0)
(2) A(12|10); C(6|14); D(6|8)
(3) A(15|2); C(21|6); D(16|7)
(4) B(19|15); C(10|9); D(12|6)
b) Bezeichne die Vierecke mit vier verschiedenen Namen.

● **9** Stimmt die Aussage oder ist sie falsch? Begründe mithilfe der Eigenschaften der Vierecke.
a) Jede Raute ist auch ein Parallelogramm.
b) Jedes Parallelogramm ist auch eine Raute.
c) Ein Rechteck ist eine besondere Raute.
d) Ein Quadrat ist eine besondere Raute.

10 Drachenviereck und Trapez E

Falte zwei Papiere. Zeichne die Schnittlinien wie abgebildet auf und schneide aus.
→ Klappe die Papiere auf. Beschreibe die Eigenschaften der Vierecke, die du erhältst.

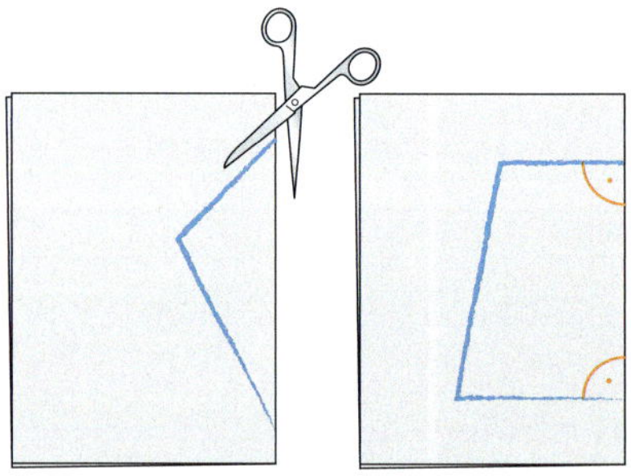

Merke

Ein Viereck, in dem nur eine Diagonale Symmetrieachse ist, heißt **Drachenviereck**.

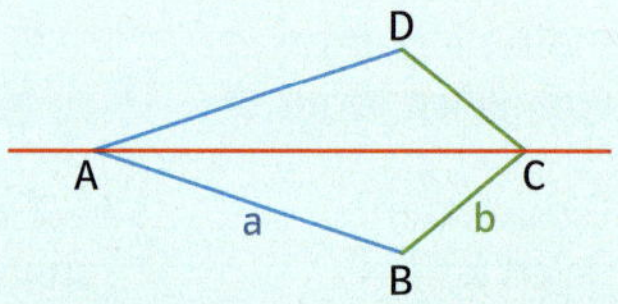

Ein Viereck, in dem zwei Seiten zueinander parallel sind, heißt **Trapez**.

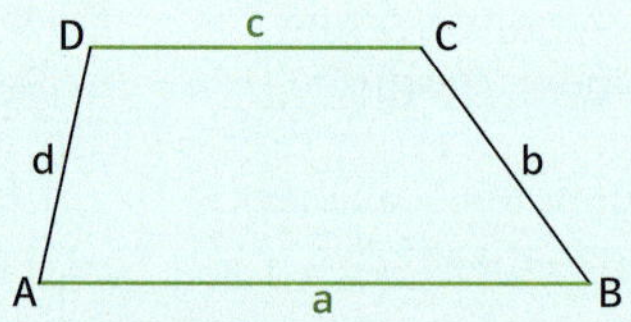

Ein Trapez mit einer Symmetrieachse heißt **symmetrisches Trapez**.

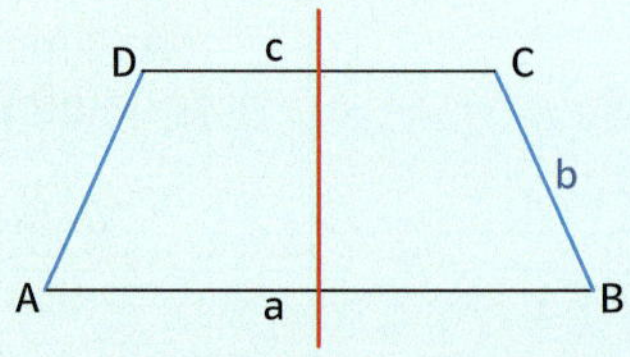

Beispiele

V107 Erklärvideo

a) Ein Drachenviereck kannst du mithilfe seiner Diagonalen zeichnen. Sie stehen zueinander senkrecht und eine Diagonale halbiert die andere.

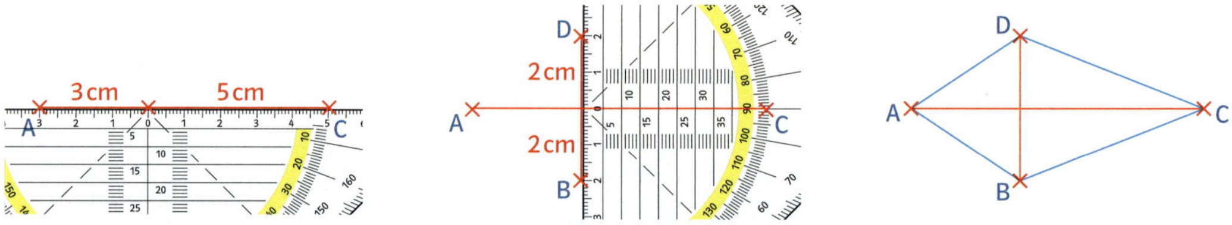

V108 Erklärvideo

b) Ein symmetrisches Trapez kannst du mithilfe der Symmetrieachse zeichnen.

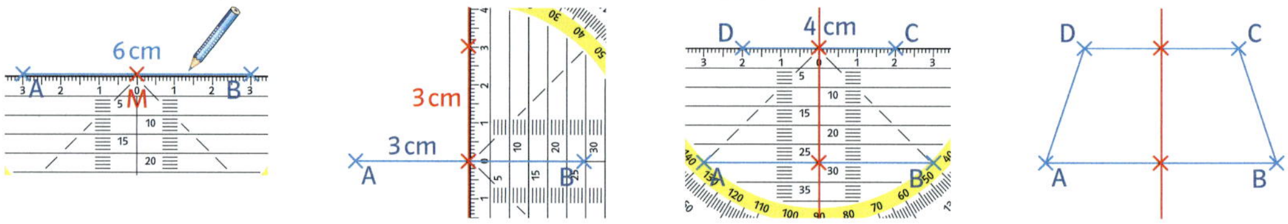

D109 Lösungen

○ **1** Welche Figuren sind Drachenvierecke?

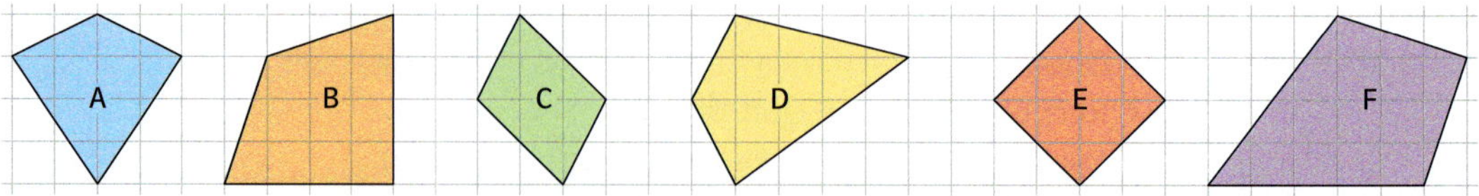

○ **2** Welche Figuren sind Trapeze, welche sind sogar symmetrische Trapeze?

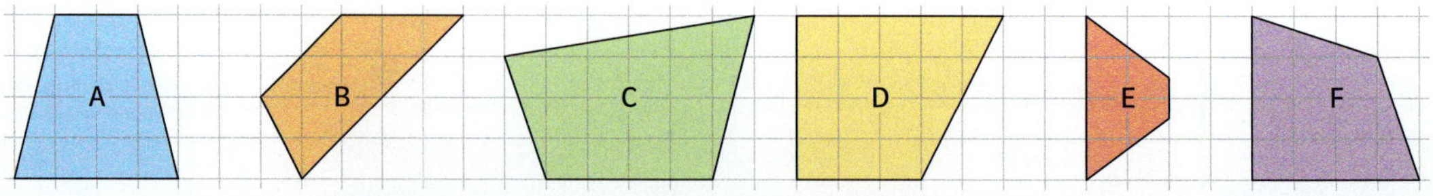

○ **3** Ergänze zu einem symmetrischen Trapez. Zeichne die fehlenden Eckpunkte und benenne sie.

a)

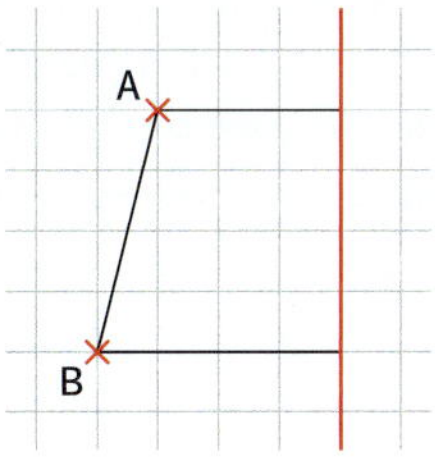

b)

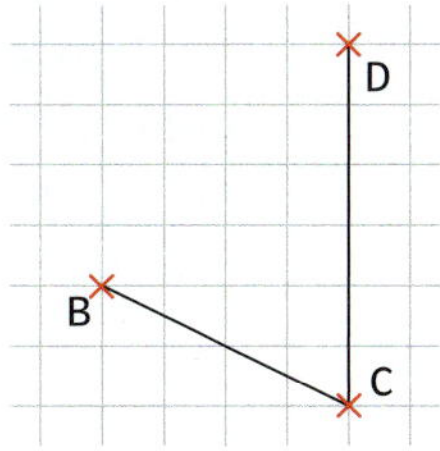

c)

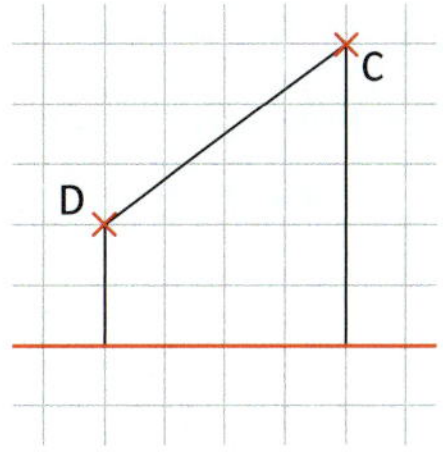

d)

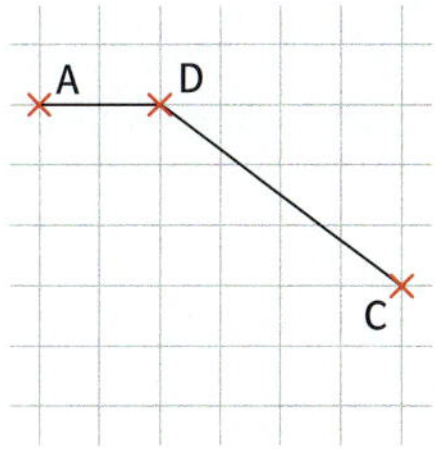

○ **4** Ergänze zu einem Drachenviereck. Zeichne die fehlenden Eckpunkte und benenne sie.
Tipp: Den fehlenden Eckpunkt kannst du auch durch Auszählen der Kästchen finden.

a)

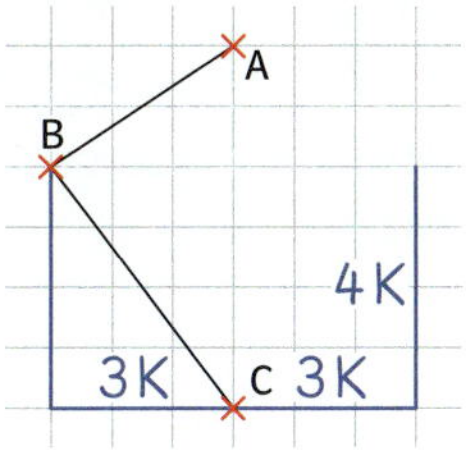

b)

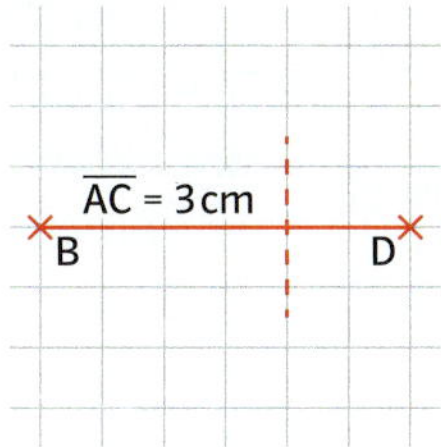

c)

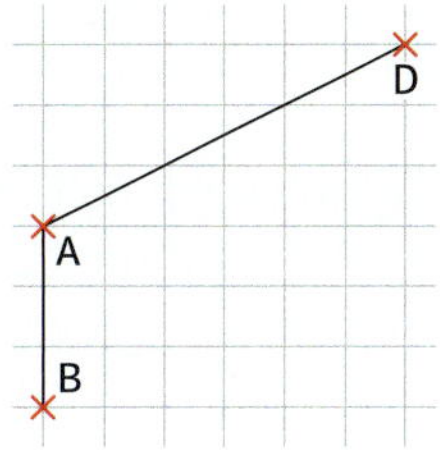

d)

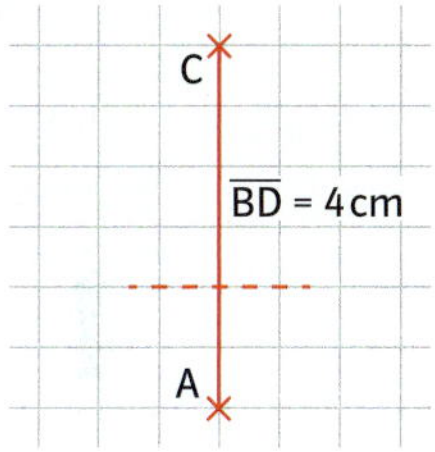

◒ **5** Zeichne ein Trapez, ein symmetrisches Trapez und ein Drachenviereck. Zeichne in alle Vierecke die Diagonalen ein. Prüfe, welche Eigenschaften auf den Kärtchen für das Trapez, welche für das symmetrische Trapez und welche für das Drachenviereck zutreffen.

A Zwei Paare nebeneinanderliegender Seiten sind gleich lang.

B Das Viereck hat mindestens zwei parallele Seiten.

C Die Diagonalen sind zueinander senkrecht.

D Die Diagonalen sind gleich lang.

E Mindestens zwei Seiten sind gleich lang.

◒ **6** Übertrage die Figur in doppelter Größe auf kariertes Papier. Schneide die Dreiecke aus.

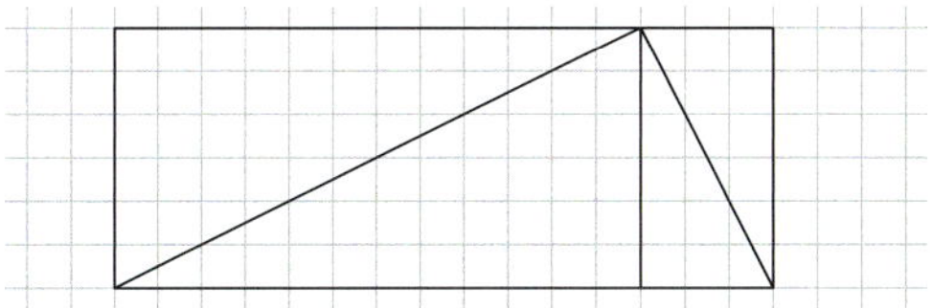

a) Aus allen vier Teilen kannst du vier verschiedene Vierecke legen. Findest du alle?
b) Zeichne die Figuren mit allen Teilungslinien.

◒ **7** MK Finde den vierten Eckpunkt des symmetrischen Trapezes ABCD. Die Symmetrieachse liegt senkrecht zur Seite $\overline{AB}$. Zeichne im Heft oder mithilfe einer DGS.
a) A(1 | 1); B(11 | 1); C(9 | 6)
b) A(0 | 16); B(0 | 8); D(8 | 13)
c) A(10|10); B(16 | 4); C(22 | 6)

◒ **8** Zeichne ein symmetrisches Trapez. Die parallelen Seiten haben einen Abstand von 3 cm. Die längere Parallele ist 7 cm lang. Außerdem gilt:
a) Die gleich langen Seiten sind beide 4 cm lang.
b) Die Diagonalen sind 6 cm lang.

● **9** Ist die Aussage wahr oder falsch? Begründe.
a) Eine Raute ist ein besonderes Drachenviereck.
b) Ein Drachenviereck ist ein besonderes Trapez.
c) Es gibt ein Viereck, das zugleich ein Drachenviereck und ein symmetrisches Trapez ist.

Zusammenfassung

Das Koordinatensystem
Im Koordinatensystem gibst du Punkte mit zwei Zahlen an, den **Koordinaten**. Für den Punkt P mit der x-Koordinate 8 und der y-Koordinate 3 schreibst du P(8|3).

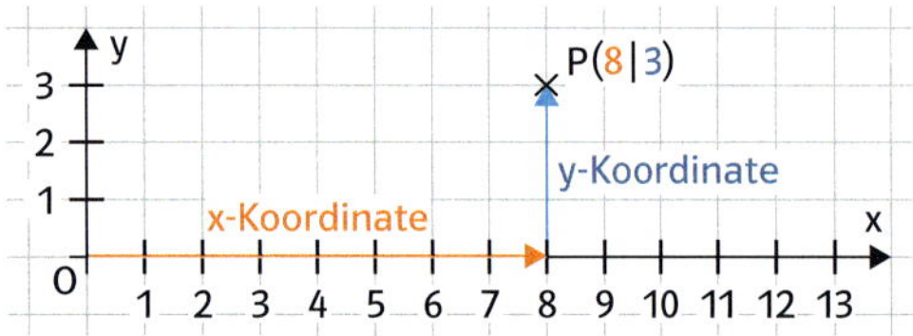

Punkt, Strecke und Gerade
Eine **Strecke** ist die kürzeste Verbindung zwischen zwei Punkten. Eine **Gerade** hat keinen Anfangspunkt und keinen Endpunkt. Schneiden sich zwei Linien, entsteht ein **Schnittpunkt**.

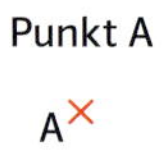

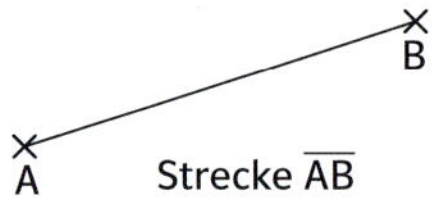

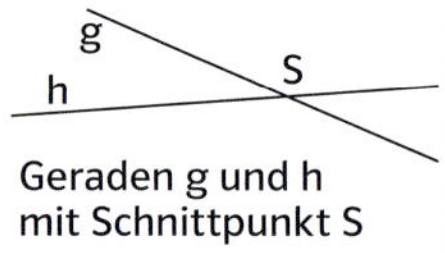

Zueinander senkrecht
Schneiden sich zwei Geraden in einem rechten Winkel, dann liegen sie **zueinander senkrecht (orthogonal)**. Der **Abstand** ist die kürzeste Entfernung zwischen einem Punkt und einer Geraden.

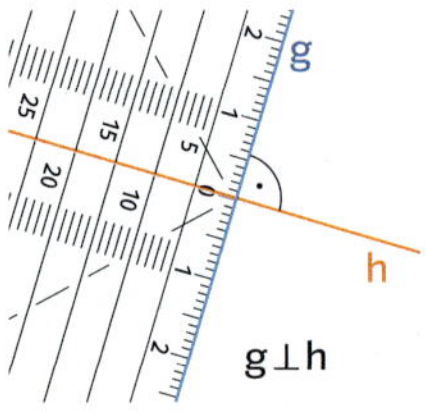

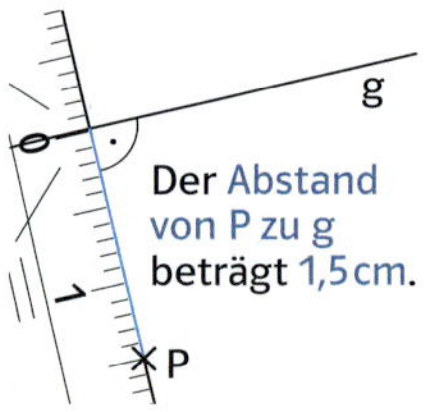

Zueinander parallel
Zwei Geraden, die sich nicht schneiden, liegen **zueinander parallel**. Sie haben an jeder Stelle denselben Abstand.

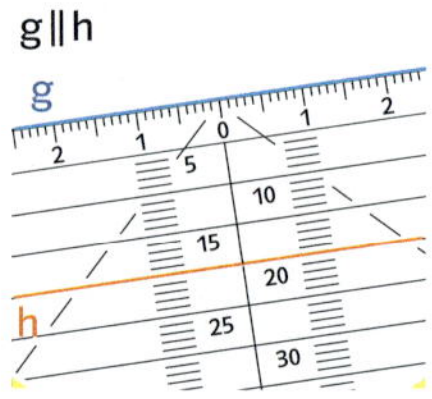

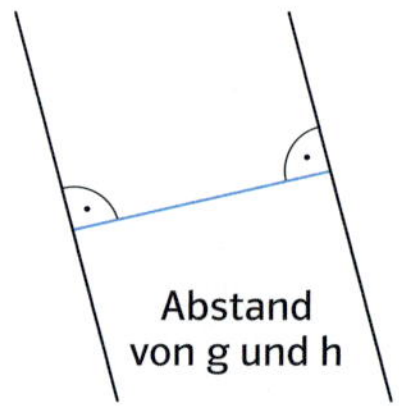

Achsensymmetrie und Punktsymmetrie
Eine Figur mit zwei spiegelbildlichen Hälften heißt **achsensymmetrisch**. Die Gerade, an der gespiegelt wird, heißt Symmetrieachse oder Spiegelachse. Bei **punktsymmetrischen** Figuren schneiden sich alle Verbindungsstrecken spiegelbildlicher Punkte im Symmetriezentrum Z. Die Abstände von Punkt und Bildpunkt zu Z sind gleich.

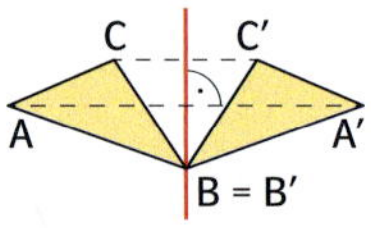

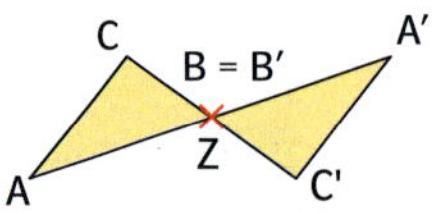

Rechteck und Quadrat
Ein **Rechteck** hat vier rechte Winkel. Gegenüberliegende Seiten sind parallel und gleich lang.

Ein **Quadrat** ist ein besonderes Rechteck mit vier gleich langen Seiten.

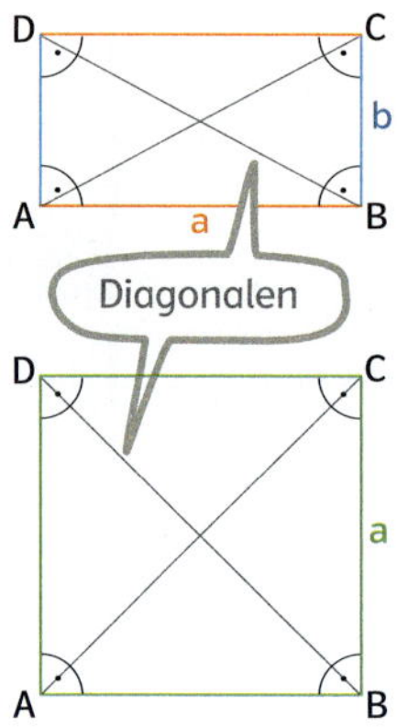

Raute und Parallelogramm
Ein Viereck, in dem gegenüberliegende Seiten parallel und gleich lang sind, heißt **Parallelogramm**.

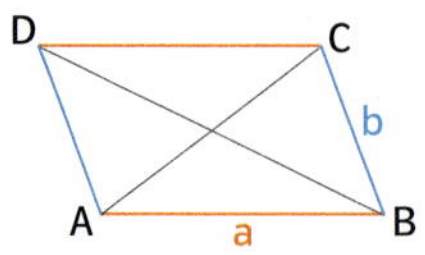

Eine **Raute** ist ein besonderes Parallelogramm. Sie hat vier gleich lange Seiten.

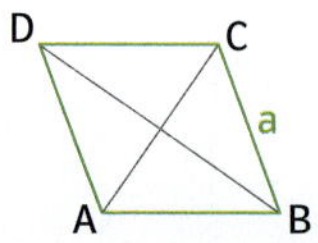

Drachenviereck und Trapez
Ein Viereck, in dem eine Diagonale Symmetrieachse ist, heißt **Drachenviereck**.

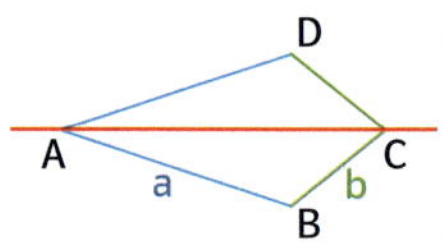

Ein Viereck, in dem zwei Seiten zueinander parallel sind, heißt **Trapez**.

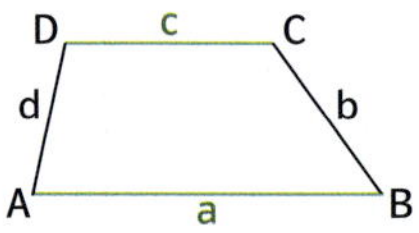

Ein Trapez mit einer Symmetrieachse heißt **symmetrisches Trapez**.

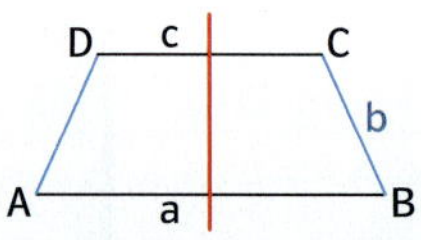

D110 Lösungen

Das Koordinatensystem

○ **1** Ordne die Koordinaten den Punkten zu.

(5|1) (1|2) (9|3)
(6|4) (3|5) (4|6)

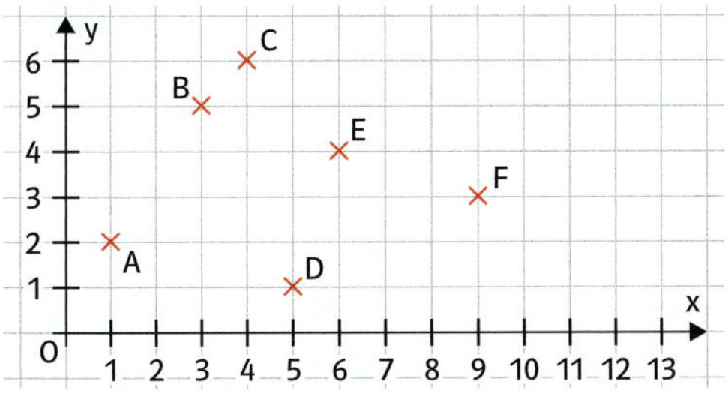

○ **2** Notiere die Koordinaten der Eckpunkte der Figur.

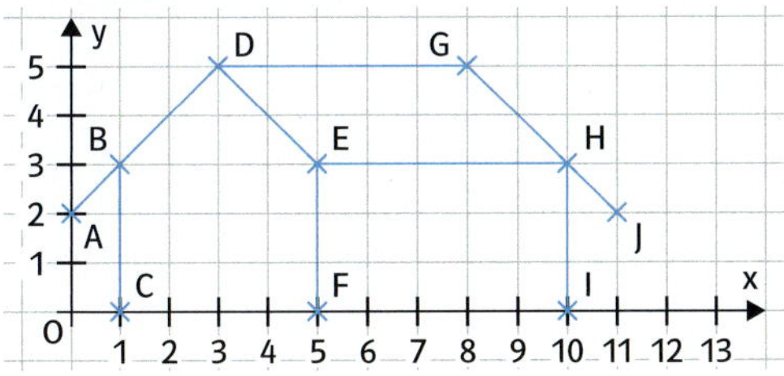

○ **3** Trage die Punkte A(3|0); B(3|6); C(6|10); D(9|6) und E(9|0) in ein Koordinatensystem ein. Verbinde sie in der Reihenfolge A–B–C–D–B–E–A–D–E zu einer Figur.

◒ **4** In drei Koordinatensystemen wurden Fehler gemacht. Finde und beschreibe sie.

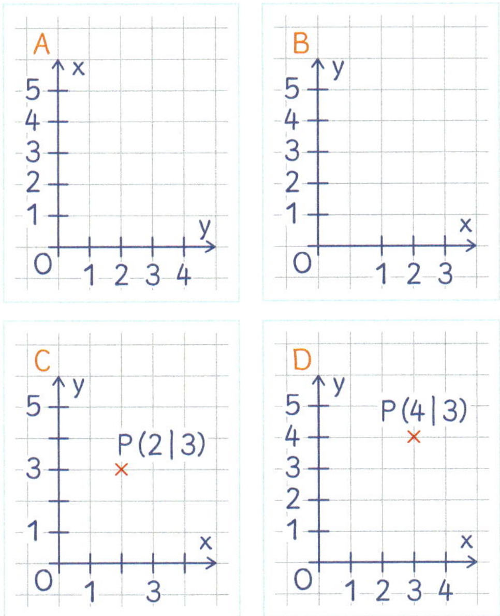

◒ **5** MK Trage die gegebenen Punkte in ein Koordinatensystem ein. Verbinde sie nacheinander. Setze einen weiteren Punkt so, dass der orange gefärbte Buchstabe entsteht. Schreibe die Koordinaten des Punktes auf.
Du kannst im Heft oder mithilfe einer DGS arbeiten.

a) V: (2|9); (3|6); (■|■)
b) T: (6|6); (4|6); (4|2); (■|■)
c) N: (7|0); (7|4); (10|0); (■|■)
d) Stellt euch gegenseitig ähnliche Aufgaben.

Punkt, Strecke und Gerade

○ **6** Welches geometrische Objekt ist abgebildet? Bezeichne es.

a)  b)  c) 

○ **7** Welche Linien sind Strecken, welche sind Geraden?

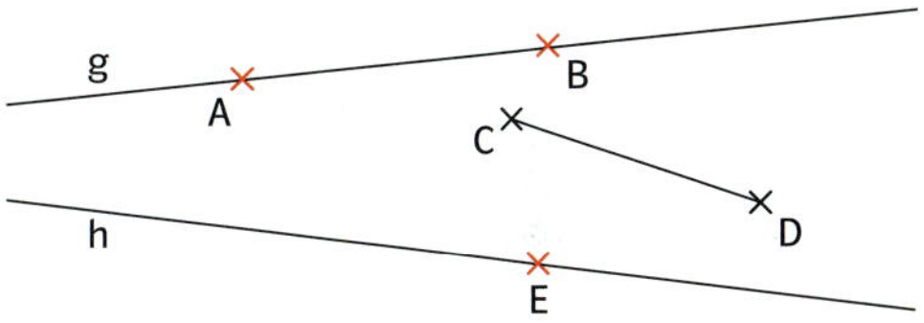

○ **8**

a) Miss die Länge der Strecken.

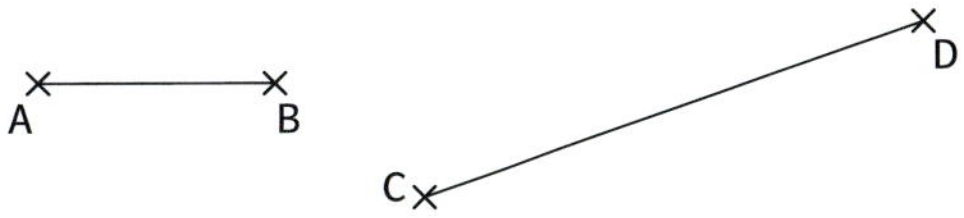

b) Zeichne die Strecken $\overline{EF} = 7\,cm$ und $\overline{GH} = 37\,mm$ in dein Heft.

○ **9** Übertrage ins Heft.

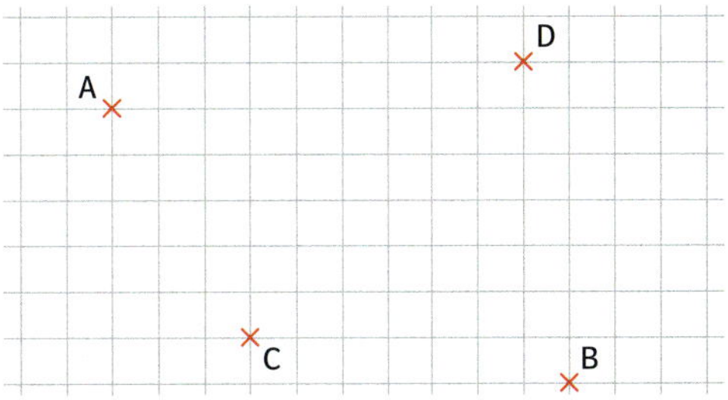

a) Zeichne eine Gerade g durch die Punkte A und B sowie die Strecke $\overline{CD}$.
b) Bezeichne den Schnittpunkt mit S.

○ **10** Welche Strecke ist länger, die rote oder die blaue? Schätze zuerst, miss dann nach.

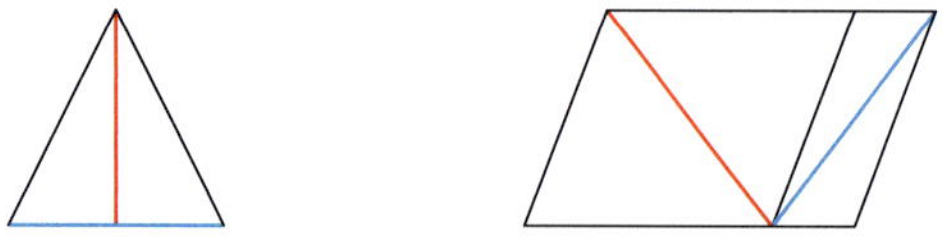

○ **11** Verbinde alle Punkte durch Strecken. Wie viele Strecken enthält die Figur? Überlege zuerst, zeichne dann. Zähle mit System.

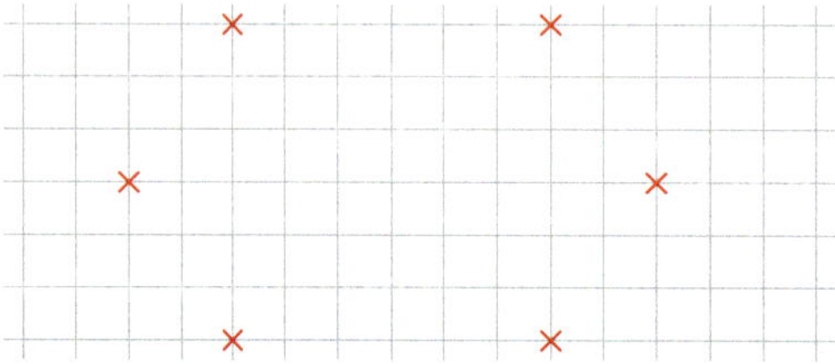

Zueinander senkrecht und zueinander parallel

○ **12** Welche der Geraden sind zueinander senkrecht, welche sind zueinander parallel?
Notiere mithilfe der Zeichen ⊥ und ||.

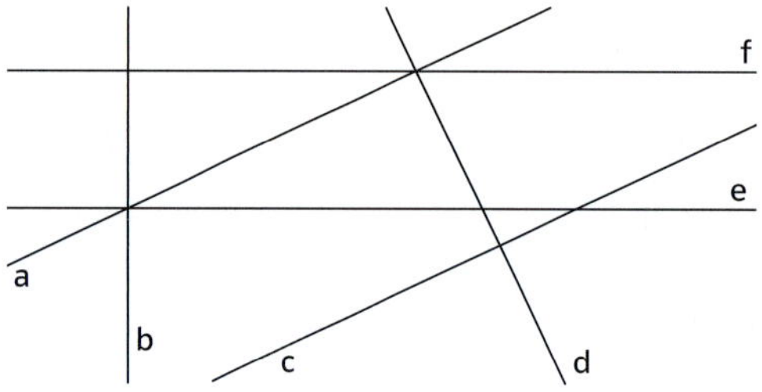

○ **13** Übertrage die Zeichnung ins Heft.

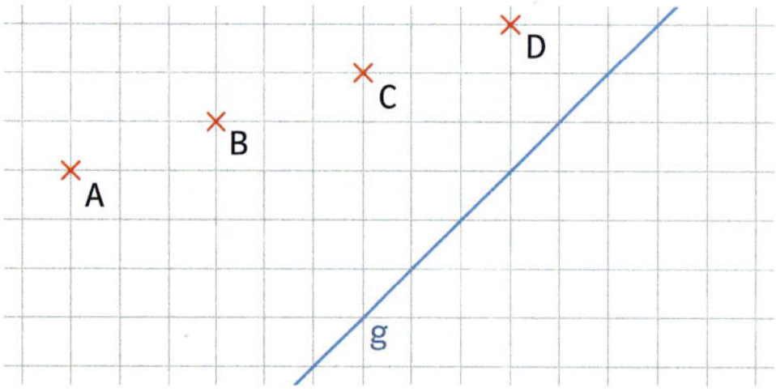

a) Zeichne durch jeden Punkt eine Gerade, die zu g senkrecht ist.
b) Zeichne durch jeden Punkt die Gerade, die zu g parallel ist.
c) Miss den Abstand jedes Punktes zur Geraden g.

○ **14** Zeichne eine Gerade a. Zeichne zu a parallele Geraden mit den Abständen 0,5 cm; 1 cm; 1,5 cm und 2 cm. Bezeichne die Geraden mit b, c, d und e.

○ **15** Miss den Abstand der Geraden g und h und die Abstände der Geraden a, b und c zueinander.

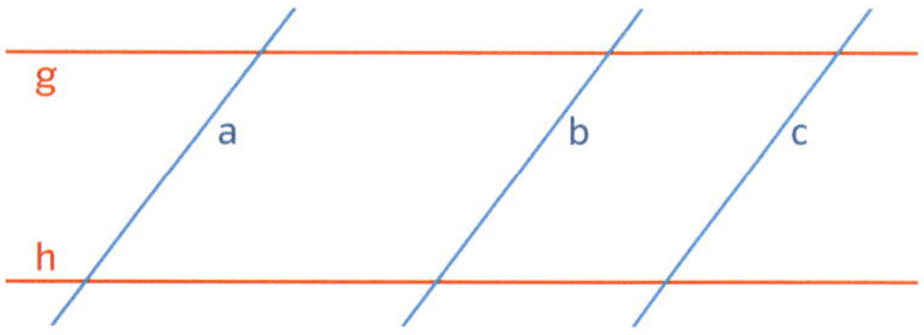

◒ **16** Marc hat beim Zeichnen und Messen der Abstände zur Geraden g Fehler gemacht. Korrigiere im Heft.

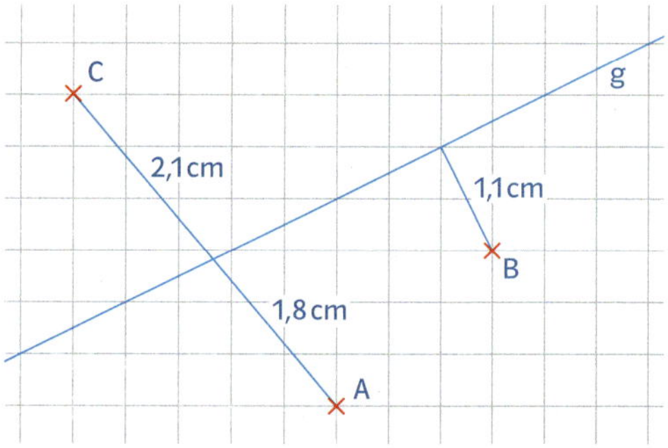

Achsensymmetrie und Punktsymmetrie

○ **17** A

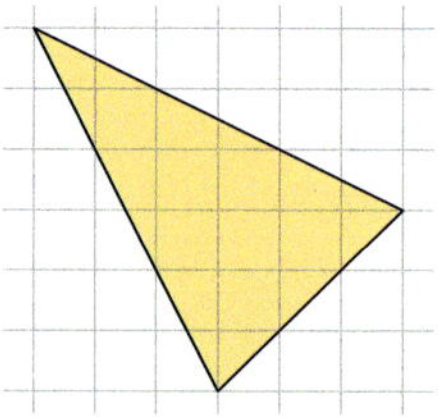

B

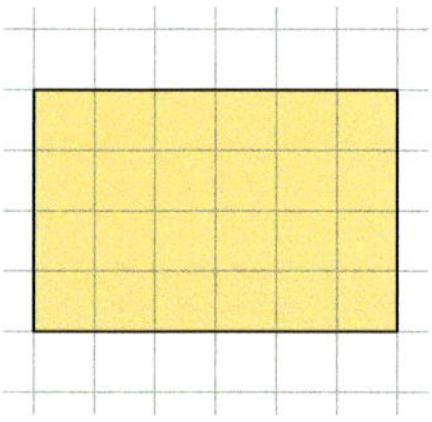

C

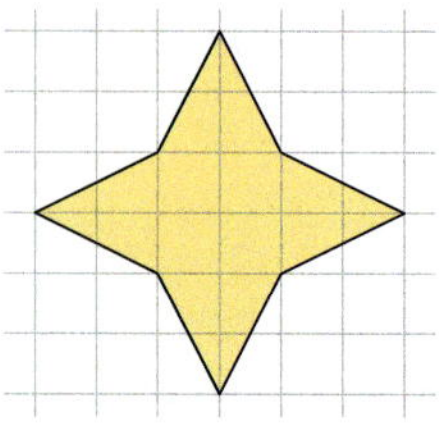

D

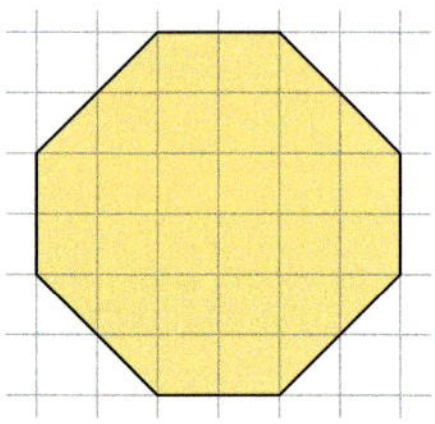

a) Übertrage die Figuren ins Heft. Zeichne alle Symmetrieachsen ein.
b) Zeichne für alle punktsymmetrischen Figuren das Symmetriezentrum Z ein.

○ **18**
a) Wie viele Symmetrieachsen haben die Verkehrszeichen? Beschreibe ihre Lage.
b) Welche Verkehrszeichen sind punktsymmetrisch?

○ **19**

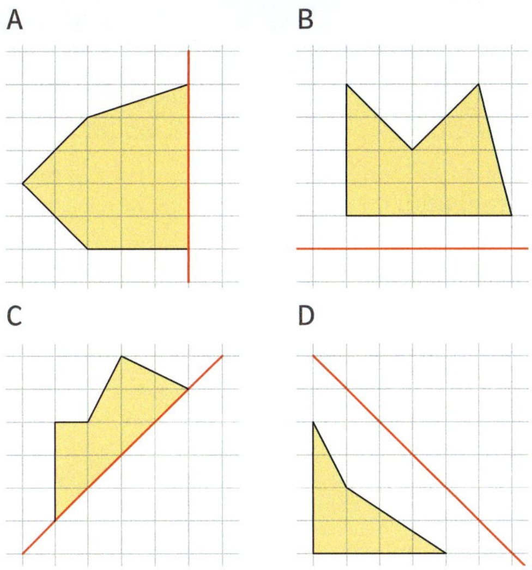

a) Übertrage die Figur ins Heft. Führe eine Achsenspiegelung durch.
b) Stellt euch gegenseitig ähnliche Aufgaben.

Skizzieren eine einfache Zeichnung ohne genaue Maße anfertigen

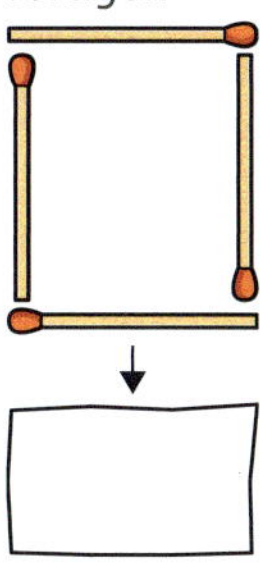

○ **20**

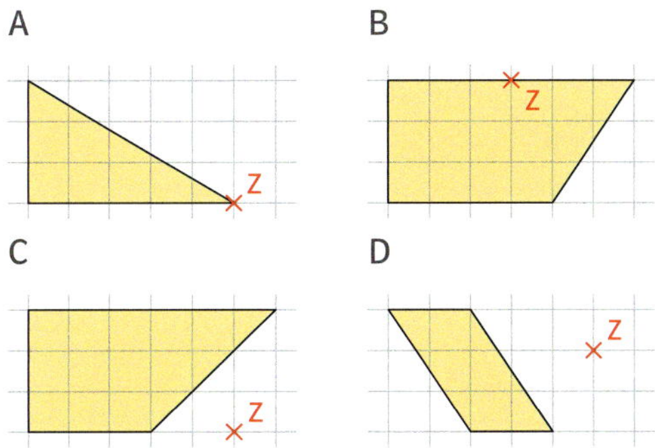

a) Spiegle die Figur im Heft an Z.
b) Stellt euch gegenseitig ähnliche Aufgaben.

◒ **21**

A B C D E F G H I
J K L M N O P Q R
S T U V W X Y Z

Welche Großbuchstaben haben
a) eine Symmetrieachse?
b) zwei Symmetrieachsen?
c) mehr als zwei Symmetrieachsen?
d) ein Symmetriezentrum?

Rechteck und Quadrat

○ **22** Zeichne Rechtecke und Quadrate.
a) Rechteck mit a = 4 cm; b = 3,5 cm
b) Rechteck mit a = 6,5 cm; b = 25 mm
c) Quadrat mit a = 3,5 cm

○ **23** Ergänze im Heft zum
a) Rechteck. b) Quadrat.

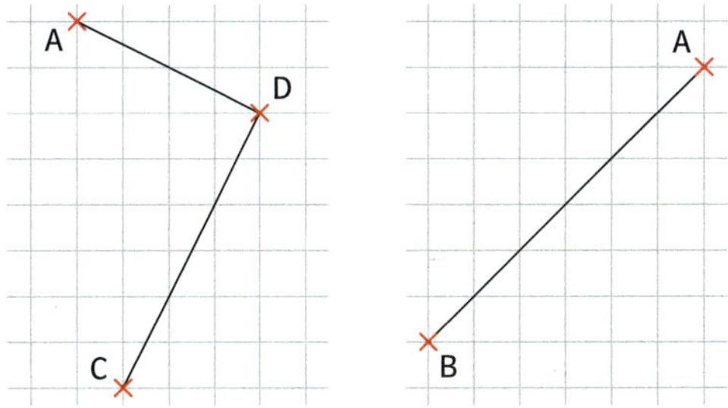

○ **24** Legt verschiedene Rechtecke und Quadrate mit 12 Streichhölzern. Skizziert die gefundenen Figuren ins Heft.

Weitere Vierecke E

○ **25**
a) Ergänze im Heft zu einem Parallelogramm.

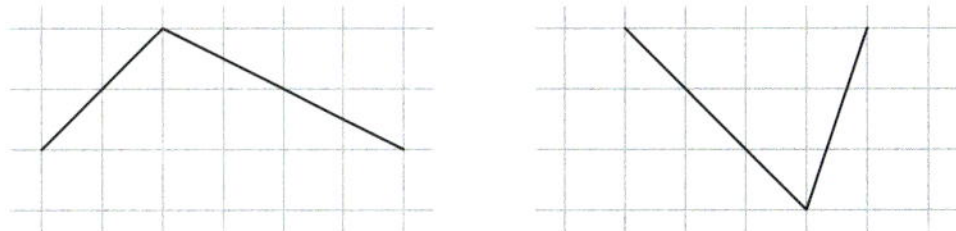

b) Ergänze zu einer Raute.

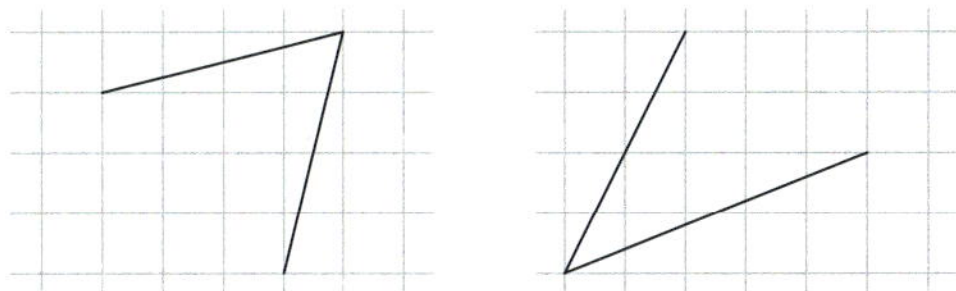

26 Zeichne das Viereck.
a) Drachenviereck mit den Diagonalen 7 cm und 5 cm
b) Symmetrisches Trapez mit den parallelen Seiten 4 cm und 6 cm
c) Vergleicht eure Vierecke in der Klasse.

Vermischte Aufgaben

27
a) Trage die Punkte A(4|6); B(17|5); C(14|15); D(8|12); E(0|12) und F(19|11) in ein Koordinatensystem ein.
b) Zeichne die Gerade g durch die Punkte A und F.
c) Zeichne zwei zu g senkrechte Geraden durch die Punkte A und F.
d) Zeichne zwei zu g parallele Geraden durch die Punkte B und D.
e) Bestimme den Abstand der Punkte C und E von g.

I100 Geometrie-Tool

28 Zeichne im Koordinatensystem.
a) Zeichne das Dreieck mit den Eckpunkten A(5|10); B(3|0) und C(12|7) in ein Koordinatensystem.
b) Trage den Punkt P(6|4) ein.
c) Zeichne und miss den Abstand des Punktes P von den Seiten $\overline{AB}$; $\overline{BC}$ und $\overline{AC}$ des Dreiecks.

29 Drei Eckpunkte eines Rechtecks sind gegeben. Zeichne das Rechteck und lies die Koordinaten des vierten Eckpunkts ab.
a) A(0|5); B(5|0); C(10|5)
b) E(4|12); F(16|4); G(20|10)

30 Ergänze den fehlenden Punkt zum angegebenen Viereck. Spiegle dann das Viereck an der Spiegelachse durch die Punkte P(2|2) und Q(15|15). Gib die Koordinaten der Bildpunkte an.
a) Quadrat: A(10|10); B(10|0); C(20|0); D(■|■)
b) Rechteck: A(■|■); B(14|3); C(14|10); D(0|10)
c) Quadrat: A(12|2); B(19|4); C(17|11); D(■|■)
d) Rechteck: A(3|7); B(9|9); C(■|■); D(0|16)

31 Zeichne das Dreieck ABC mit A(5|2); B(4|7) und C(0|3) im Koordinatensystem.
a) Spiegle das Dreieck an der Spiegelachse durch die Punkte D(0|9) und E(7|9).
b) Spiegle das Dreieck am Punkt Z(7|5). Gib die Koordinaten der Bildpunkte an.

32 E Zeichne das Drachenviereck mit den angegebenen Eckpunkten. Die Strecke $\overline{AC}$ ist Symmetrieachse des Vierecks. Gib die Koordinaten des Eckpunktes D an.
a) A(0|4); B(6|0); C(8|4)
b) A(9|1); B(15|3); C(15|7)

33 E MK Überlege, welches Viereck als Gesamtfigur entsteht, wenn du die Figur an der Spiegelachse spiegelst. Prüfe mit einer DGS, ob du recht hattest.

a)
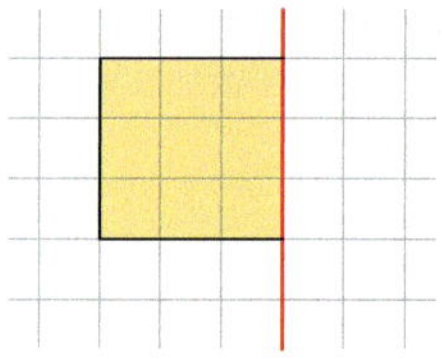

b)
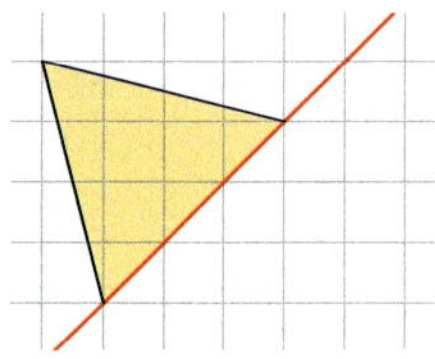

c)
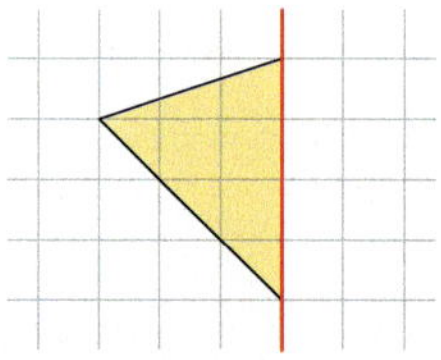

d)
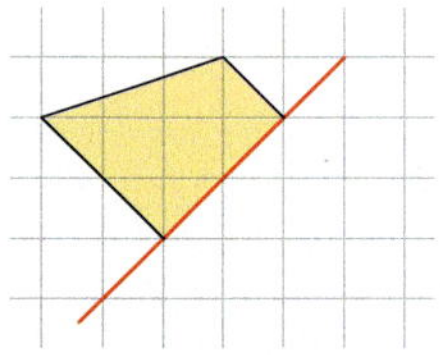

34 E Gib alle Vierecke an, auf die die Aussage zutrifft.
a) Ich habe zwei Paare paralleler Seiten.
b) Bei mir sind alle vier Seiten gleich lang.
c) Ich habe genau eine Symmetrieachse.
d) Meine Diagonalen sind gleich lang.
e) Meine Diagonalen halbieren sich gegenseitig.
f) Mindestens zwei meiner Seiten sind gleich lang.
g) Ich bin punktsymmetrisch.

I111 Tutorial

1 Abgebildet ist ein Ausschnitt aus einem Koordinatensystem.

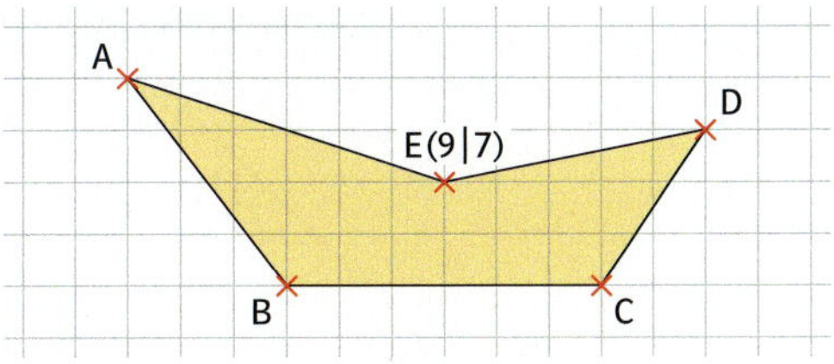

Gib die Koordinaten der Punkte A bis D an.

2 Ein Flammkuchen wird durch drei Schnitte geteilt. Jeder Schnitt läuft geradlinig von Rand zu Rand.

a) Wie viele Stücke kann das geben? Skizziere.
b) Wie sieht es bei vier Schnitten aus?

I112 Tutorial

3 Finde alle Punkte, die von der Geraden g den Abstand 3 cm und zugleich von der Geraden h den Abstand 2 cm haben.

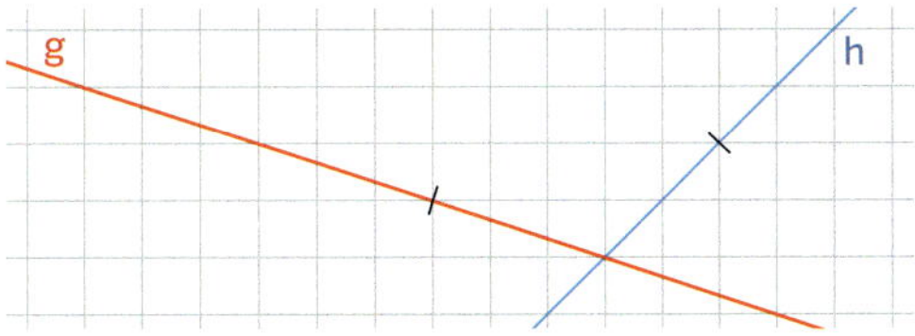

4 Wie liegen die Geraden a und c zueinander, wenn

a) $a \perp b$ und $c \perp b$?
b) $a \parallel b$ und $b \parallel c$?
c) $a \perp b$ und $c \parallel b$?
d) $a \parallel b$ und $b \perp c$?
e) $a \parallel b$ und $b \perp d$ und $d \perp c$?
f) $a \perp b$ und $b \parallel d$ und $d \parallel c$?

5 Die Gerade g verläuft durch die Punkte A(0|2) und B(15|4) und P liegt bei P(7|15). Mikail soll eine parallele Gerade zu g durch den Punkt P zeichnen. Er meint: „Das geht nicht, mein Geodreieck ist dafür zu klein.“ Hast du einen Tipp für Mikail, wie er die Aufgabe lösen kann?

6 Eine der beiden Spielkarten ist eine Fälschung. Finde das Original. Welche Symmetrieeigenschaft hat jede Karte?

7 Zeichne die Figur dreimal in dein Heft.

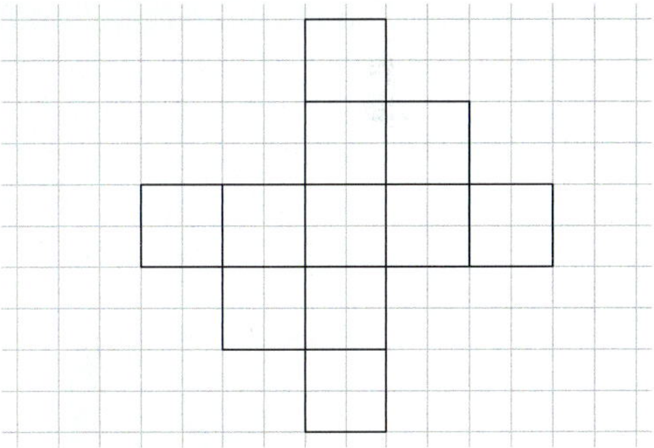

Färbe die Figur so, dass sie
a) punkt- und achsensymmetrisch ist.
b) punktsymmetrisch, aber nicht achsensymmetrisch ist.
c) achsensymmetrisch, aber nicht punktsymmetrisch ist.

8
a) Zeichne die Figur in dein Heft.
b) Zeichne die Figur nach außen weiter.
c) MK Zeichne die Figur mithilfe einer DGS.

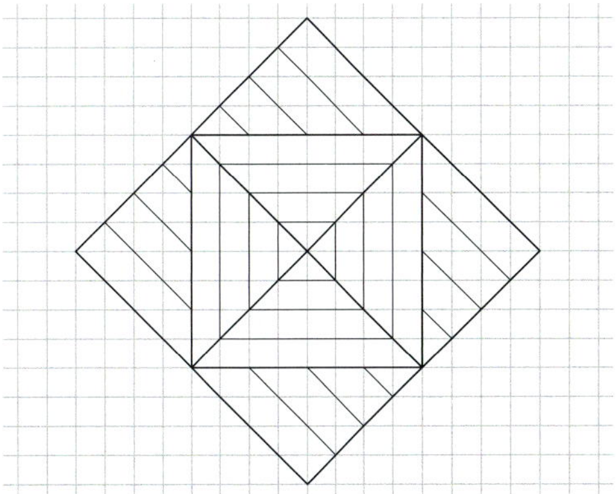

9 Übertrage die Figur in dein Heft.

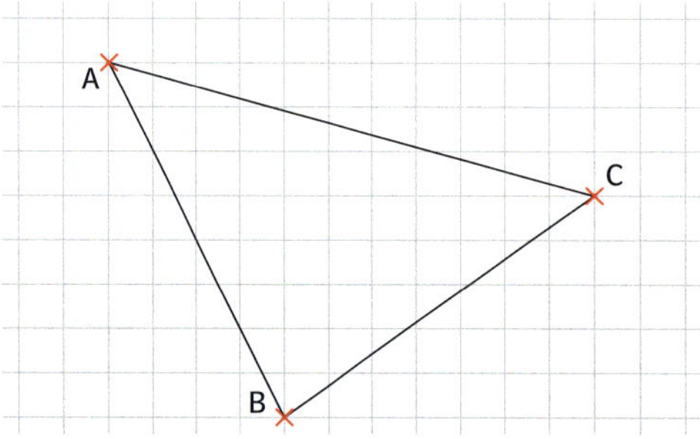

a) Zeichne den Abstand jedes Eckpunkts zur gegenüberliegenden Seite ein. Beschreibe, was du feststellst.
b) Probiere, ob deine Feststellung auch für andere Dreiecke zutrifft.

10 Das rot-weiße Schild informiert die Feuerwehr darüber, dass 6,1 m vor dem Schild und 2,1 m links vom Schild ein Hydrant für einen Schlauch mit einer Dicke von 300 mm vorhanden ist.

Hydrant Stelle, an der von der Feuerwehr Wasser entnommen werden kann.

a) Wie muss das Schild aussehen, wenn der Hydrant 6,8 m vor und 11,3 m rechts vom Schild liegt? Er ist für einen Schlauch mit einem Durchmesser von 150 mm geeignet. Skizziere das Schild.
b) Erkläre, welche Informationen die blauen Schilder der Abwasserleitung enthalten.

11 **E** Oktay und Yousef zeichnen dasselbe rechtwinklige Dreieck.

Für Oktay ist die rote Linie Diagonale seines Vierecks. Bei Yousef ist sie die Symmetrieachse seines Vierecks. Welche Vierecke entstehen? Überlege zuerst, zeichne dann.

12 **E** Ergänze die Figur einmal zu einem Parallelogramm und einmal zu einem Drachenviereck.

a)

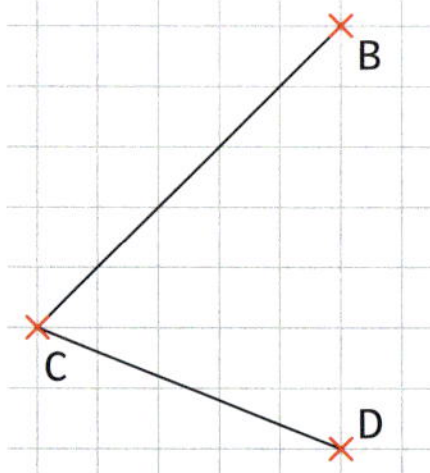

b)

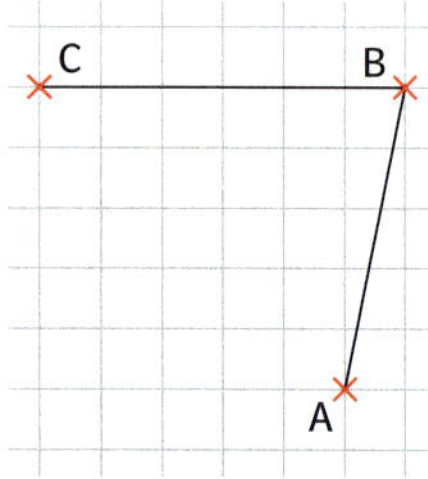

13 **E** Markiere in deinem Heft die Seitenmitten des Vierecks wie bei A. Verbinde sie zu einem Viereck. Welches Viereck entsteht jeweils? Prüfe an anderen Vierecken, ob immer dasselbe Viereck entsteht.

A

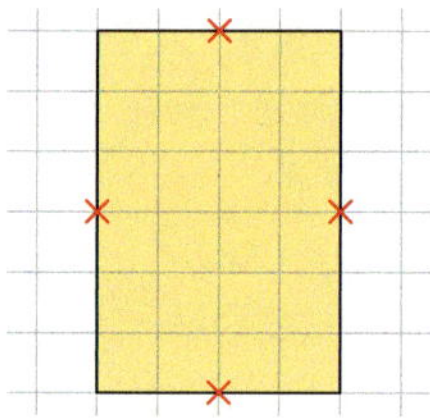

B

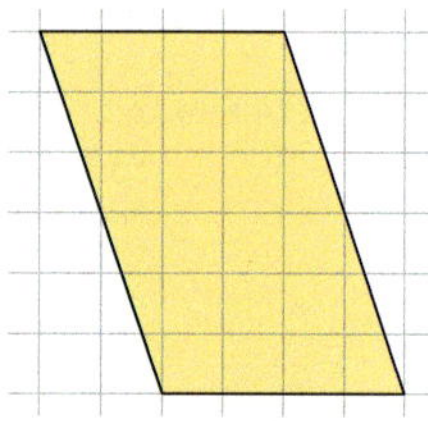

C

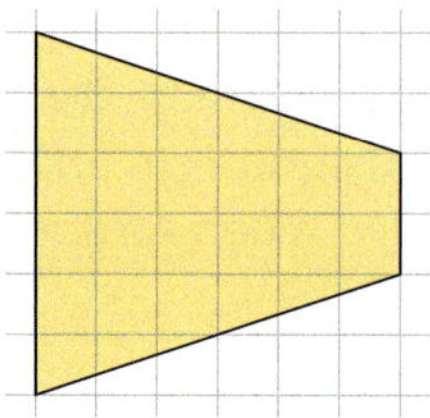

D

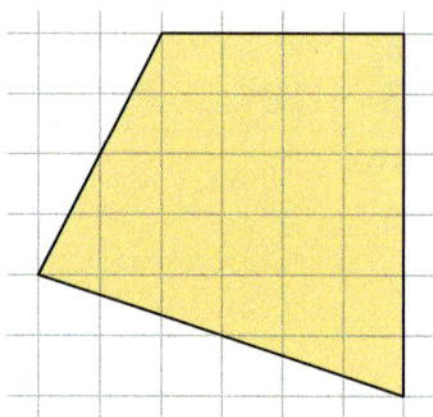

14 **E** Prüfe, ob die Aussage wahr oder falsch ist. Begründe.
a) Jedes Rechteck ist ein Quadrat.
b) Jedes Quadrat ist ein Rechteck.
c) Jede Raute ist ein Drachenviereck.
d) Jedes Rechteck ist ein Drachenviereck.

15 **E**
a) Zeichne das symmetrische Trapez ABCD. Gegeben sind die Punkte A(2|1), D(0|7) und die Symmetrieachse durch die Punkte E(9|0) und F(0|9).
b) Zeichne das Parallelogramm ABCD. Gegeben sind die Punkte A(11|0), B(18|4) und der Schnittpunkt der beiden Diagonalen S(14|5). Gib die Koordinaten der Eckpunkte C und D an.

1

a) Miss die Länge der Strecken $\overline{AB}$ und $\overline{CD}$.
b) Zeichne und beschrifte im Heft die Strecken $\overline{EF}$ = 4,7 cm und $\overline{GH}$ = 9 cm.

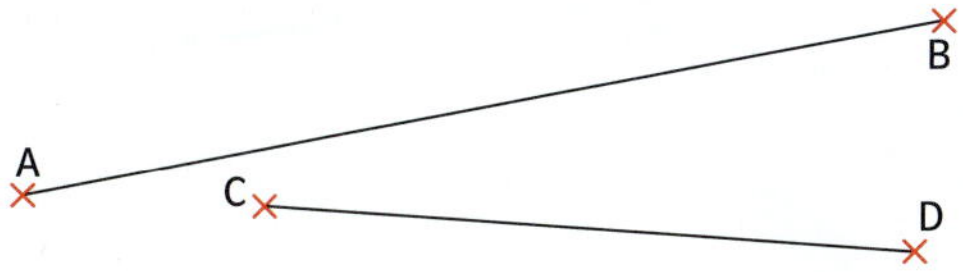

2 Zeichne auf weißes Papier. Beschrifte die Eckpunkte und zeichne die Diagonalen ein.

a) Quadrat mit a = 3 cm
b) Rechteck mit a = 5 cm und b = 6 cm

3

a) Welche Ziffern sind achsensymmetrisch? Gib jeweils die Anzahl der Symmetrieachsen an.
b) Welche Ziffern sind punktsymmetrisch?

4 Übertrage die Punkte ins Heft.

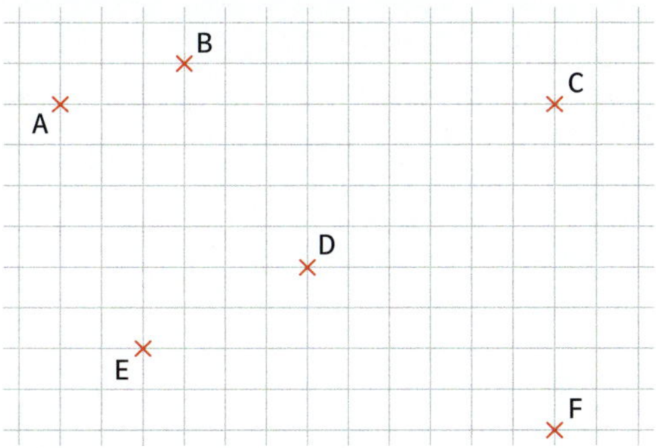

a) Zeichne die Gerade g durch die Punkte A und F.
b) Zeichne zu g parallele Geraden durch die Punkte B und C.
c) Zeichne zu g senkrechte Geraden durch die Punkte D und E.
d) Miss die Abstände von E zu g und C zu g.

5 Spiegle die Figur an der Symmetrieachse g bzw. am Symmetriezentrum Z.

a)

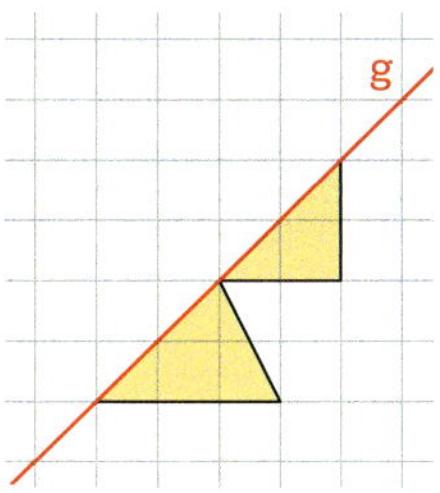

b)

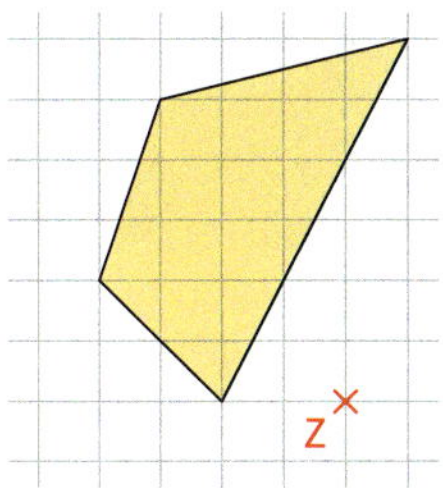

6 Zeichne das Rechteck mit den Eckpunkten A(3|2); B(13|6) und C(11|11) in ein Koordinatensystem. Lies die Koordinaten des Eckpunkts D ab.

4 Übertrage ins Heft.

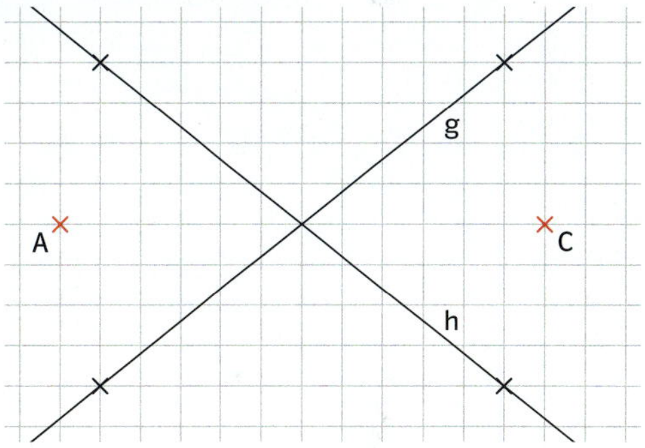

a) Miss den Abstand des Punktes A zu g.
b) Zeichne je eine senkrechte Gerade zu g und zu h durch den Punkt A.
c) Zeichne je eine parallele Gerade zu g und zu h durch den Punkt C.
d) Bezeichne die Schnittpunkte der neu gezeichneten Geraden so, dass sie ein Viereck ABCD bilden.

5 Spiegle die Figur an der Symmetrieachse g bzw. am Symmetriezentrum Z.

a)

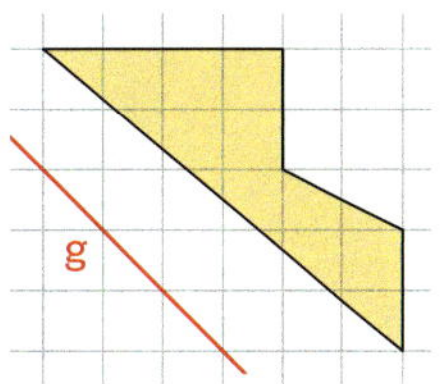

b)

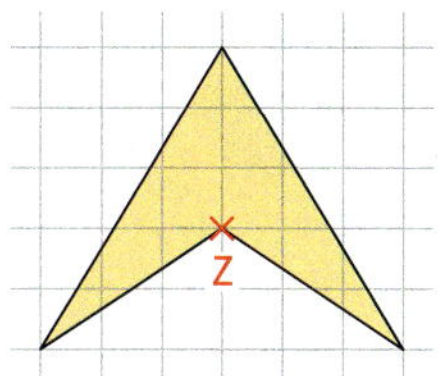

6 Zeichne die Punkte A(4|5); B(11|9); C(7|11) und den Bildpunkt C′(15|3) in ein Koordinatensystem. Finde die Spiegelachse und spiegle das Dreieck ABC. Gib die Koordinaten der Bildpunkte A′ und B′ an.

→ Lösungen Seite 289

6 Kreis und Winkel

Du lernst in diesem Kapitel:

- wie du Kreise und Kreisfiguren zeichnest,
- wie du Winkelweiten angibst,
- wie du die verschiedenen Arten von Winkeln unterscheidest,
- wie du Winkel schätzt, misst und zeichnest,
- wie du Dreiecke nach Winkelweiten unterscheidest,
- wie du einen Erklärfilm erstellst.

1 Mit dem Zirkel Kreise zeichnen

Zeichne drei verschieden große Kreise mit dem Zirkel.

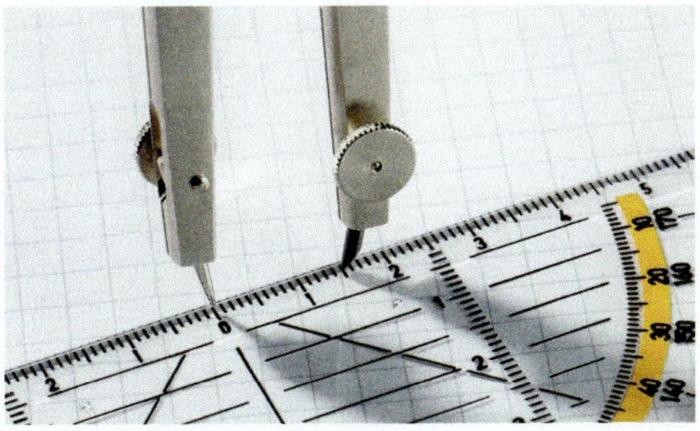

→ **Lerntipp:** Seite 274

2 Strecken messen

Miss die Länge der Strecken.

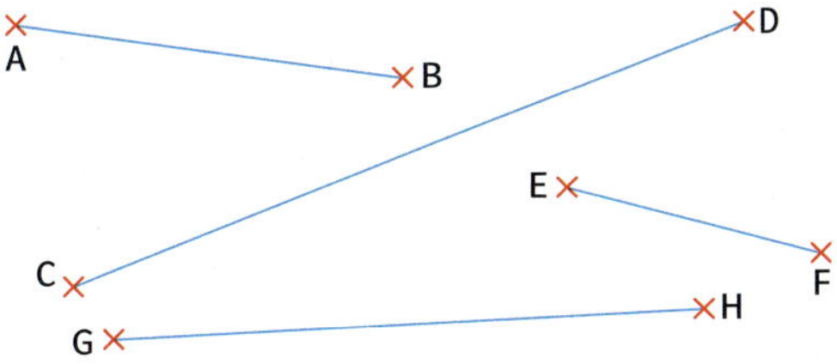

→ **Lerntipp:** Seite 270 und 271

3 Strecken zeichnen

Zeichne eine Strecke mit der Länge

a) 4,5 cm. **b)** 13 cm.
c) 65 mm. **d)** 105 mm.

→ **Lerntipp:** Seite 271

4 Figuren sauber ins Heft übertragen

Übertrage die Figur ins Heft.

a)

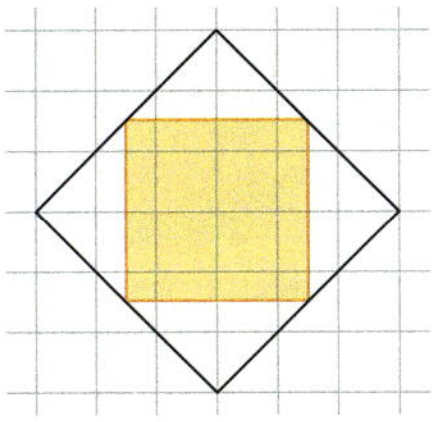

b)

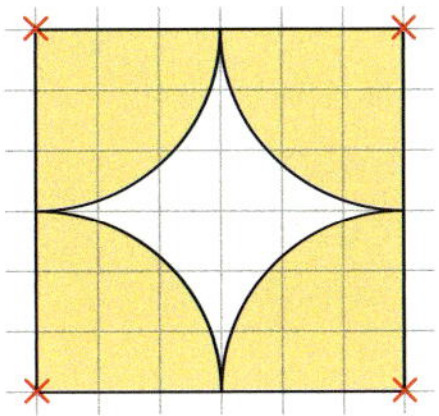

→ **Lerntipp:** Seite 272 und 273

5 Rechte Winkel erkennen

Wo liegen rechte Winkel? Übertrage sie ins Heft und markiere sie mit ⊾.

a)

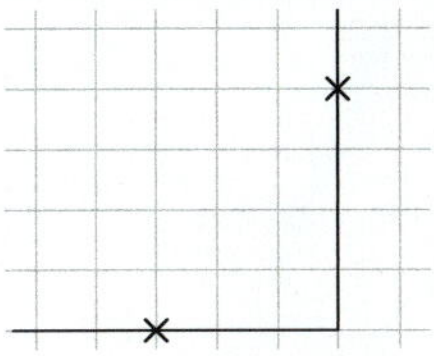

b)

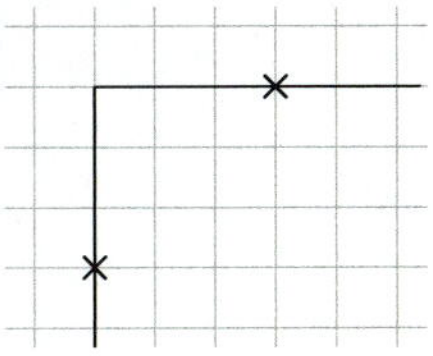

c)

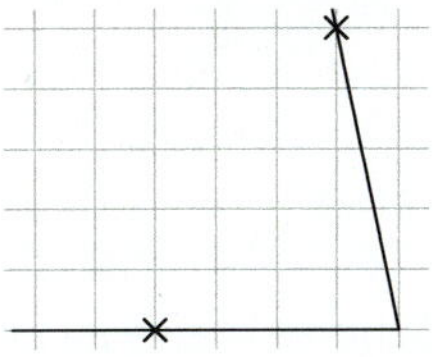

d)

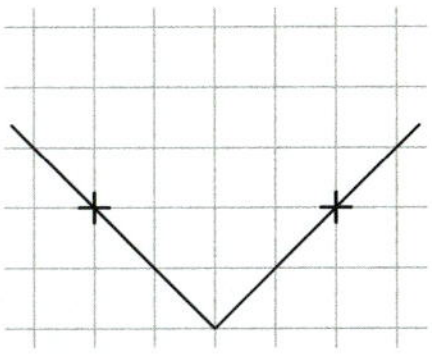

→ **Lerntipp:** Seite 275

6 Rechte Winkel zeichnen

a) Zeichne drei rechte Winkel in verschiedenen Lagen ins Heft. Markiere sie mit ⊾.

b) Zeichne ein Rechteck mit den Seitenlängen $a = 4\,cm$ und $b = 5\,cm$. Markiere die rechten Winkel.

→ **Lerntipp:** Seite 275

7 Punkte aus einem Koordinatensystem ablesen und eintragen

a) Lies für jeden Punkt die Koordinaten ab und notiere sie im Heft.

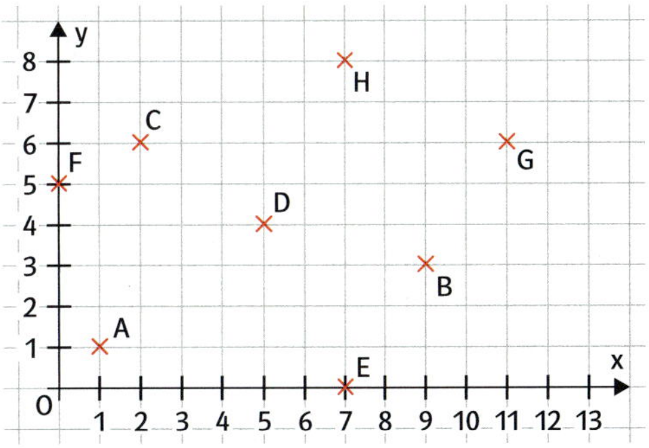

b) Zeichne ein Koordinatensystem in dein Heft. Trage die Punkte A(5|6); B(8|7); C(0|5); D(6|4); E(4|0) und F(1|3) ein.

→ **Lerntipp:** Seite 276

Von kleinen und großen Kreisen

→ 1 Kreis

1 Schöne Kreise zu zeichnen, ist nicht einfach.

a) Überlegt euch Möglichkeiten, wie ihr Kreise zeichnen könnt, und probiert sie aus. Besprecht Vorteile und Nachteile.

b) Versucht, auf dem Schulhof große Kreise mit Kreide zu zeichnen. Wie geht ihr dabei vor?

Toter Winkel

→ 3 Winkel schätzen und einteilen

2 Du kannst von Personen, die einen Pkw, Lkw oder Bus fahren, leicht übersehen werden, wenn du dich im „toten Winkel“ befindest. Im toten Winkel liegen die Bereiche außerhalb des Fahrzeugs, die die Fahrerin bzw. der Fahrer trotz der Spiegel nicht einsehen kann. Alle Pkw, Lkw oder Busse haben solche Bereiche: direkt vor und hinter dem Fahrzeug sowie an beiden Fahrzeugseiten.

a) Stellt den „toten Winkel“ dar. Befestigt dazu ein Band in 2 m Höhe an der Wand. Spannt das Band so in den Raum hinein, wie es im Bild mit dem Pfeil dargestellt ist. Ihr könnt dafür das andere Ende an einem Stuhl festbinden, der mindestens 2 m von der Wand entfernt steht. Probiert, wie viele Kinder eurer Klasse im toten Winkel stehen können.

b) In welchen Situationen geratet ihr durch den toten Winkel in Gefahr? Überlegt, wie ihr das vermeiden könnt.

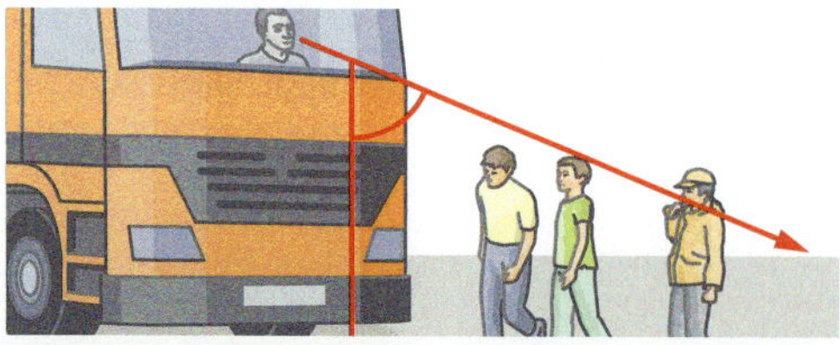

Gesichtsfelder

→ 3 Winkel schätzen und einteilen

3 In den Bildern sind jeweils die Bereiche markiert, die die Tiere mit dem linken bzw. rechten Auge und mit beiden Augen sehen können.

Hund:

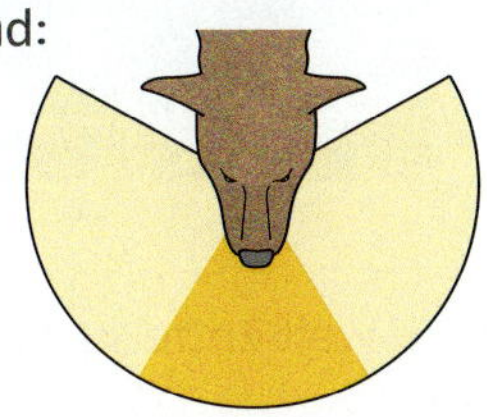

Eule:

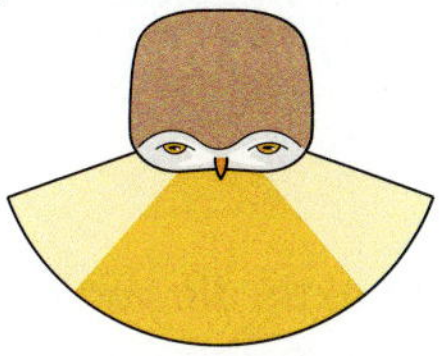

Taube:

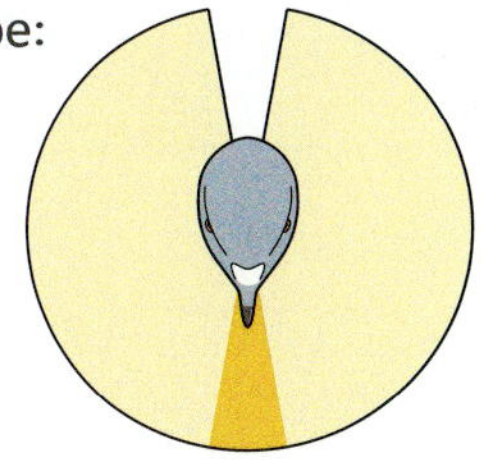

a) Beschreibt die Gesichtsfelder der Tiere mit euren Worten.
b) Erklärt, warum die Gesichtsfelder unterschiedlich groß sind. Achtet auf die Kopfform und die Lage der Augen.
c) Überlegt euch, welche Vorteile und Nachteile die Gesichtsfelder für die Tiere haben. Bedenkt dabei, ob es sich um ein Raubtier oder Fluchttier handelt.
d) MK Fallen euch noch mehr Tiere ein, bei denen die Größe des Gesichtsfeldes interessant sein könnte? Recherchiert im Internet.

4

a) Findet heraus, wie groß euer eigenes Gesichtsfeld ist. Macht es wie auf dem Bild:

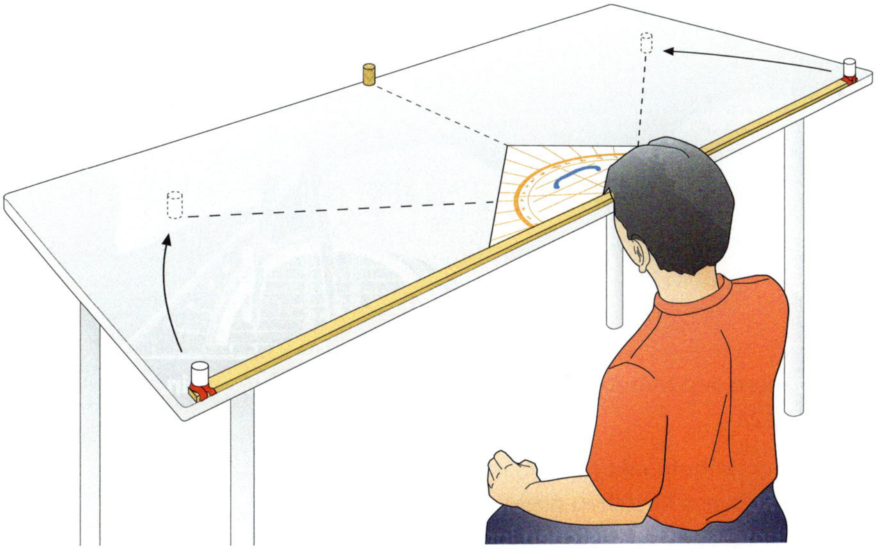

1. Lege zuerst ein großes Geodreieck wie abgebildet an die Tischkante. Befestige es dort. Setz dich an den Tisch und halte die Augen in Höhe der Tischkante nah vor das Geodreieck. Du darfst den Kopft nicht drehen und schaust während des ganzen Experiments auf das Geodreieck.
2. Dein Partner oder deine Partnerin steht neben dem Tisch. Er oder sie bewegt ein Stück Kreide langsam den Tisch entlang bis in dein Gesichtsfeld. Sobald du die Kreide sehen kannst, rufst du: „Stopp“. Diese Stelle markiert ihr.
3. Wiederholt den Vorgang auf der anderen Seite.
4. Dann verbindet ihr die markierten Stellen mit dem Punkt, auf dem dein Kinn lag.

b) Vergleicht eure Gesichtsfelder mit den Gesichtsfeldern der Tiere aus Aufgabe 3.

1 Kreis

Beim Longieren läuft das Pferd an einer Leine. Der Mann in der Mitte dreht sich dabei auf einem Punkt.

→ Skizziere die Laufbahn des Pferdes bei gespannter Leine.

→ Besprecht zu zweit, wie sich die Laufbahn ändert, wenn die Leine länger bzw. kürzer ist. Macht eine Skizze.

Zeichnest du alle Punkte, die von einem Punkt gleich weit entfernt sind, entsteht ein **Kreis**. Im Heft zeichnet man Kreise meistens mit dem Zirkel.

Merke Die **Kreislinie** ist der **Rand des Kreises**.

Jede Strecke vom **Mittelpunkt M** zu einem Punkt auf der Kreislinie heißt **Radius r**.

Eine Strecke, die zwei Punkte auf der Kreislinie verbindet und durch den Mittelpunkt verläuft, heißt **Durchmesser d**. Der Durchmesser ist doppelt so lang wie der Radius.

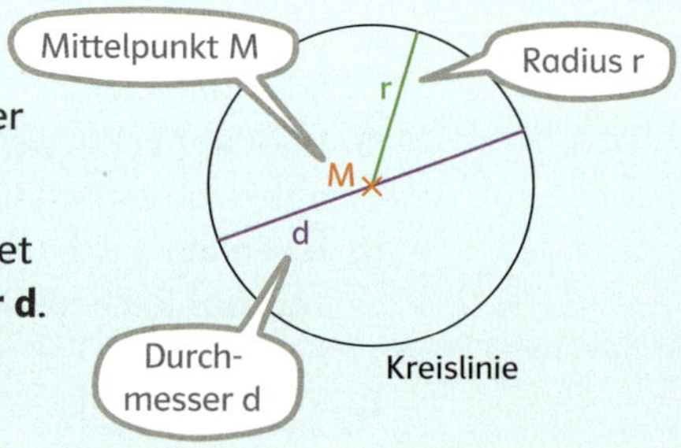

V113 Erklärvideo

Beispiele

a) So zeichnest du einen Kreis:

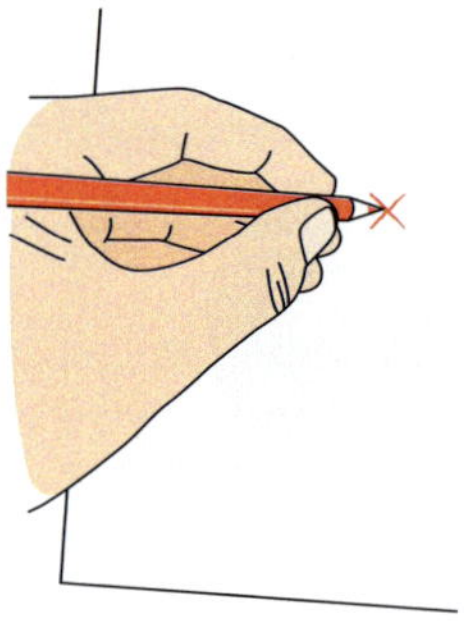

Markiere den Mittelpunkt M.

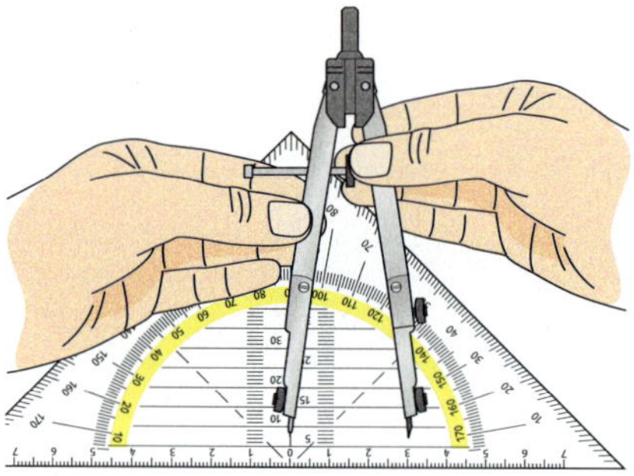

Stelle den Radius am Zirkel ein.

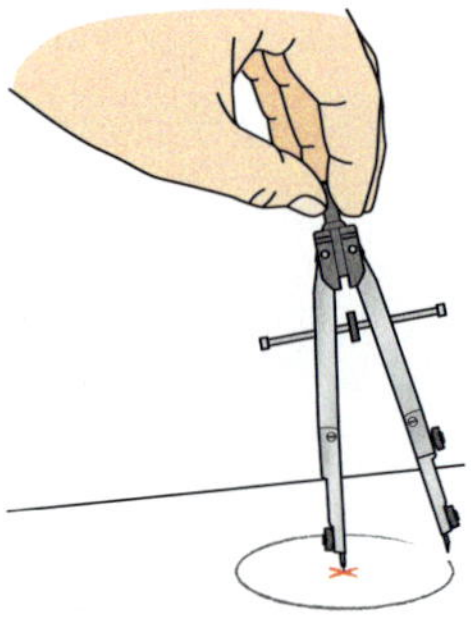

Zeichne um M mit dem Zirkel die Kreislinie ein.

b) Um den Mittelpunkt M(7|4) ist ein Kreis mit dem Radius 4 Kästchen gezeichnet. Der Durchmesser ist 8 Kästchen lang.
Auf diesem Kreis liegen die Punkte mit den Koordinaten P(3|4), Q(7|0), R(11|4) und S(7|8).

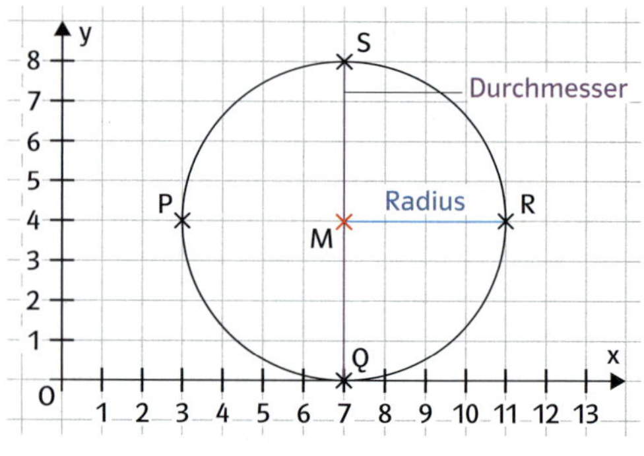

D114 Lösungen

○ **1** Markiere einen Mittelpunkt M im Heft. Zeichne um M Kreise mit dem Radius

a) 3 cm. **b)** 9 cm. **c)** 6 cm. **d)** 4 cm. **e)** 8 cm. **f)** 5 cm.

○ **2** Übertrage den Mittelpunkt ins Heft. Zeichne den Kreis fertig.
Trage den Radius in Rot und den Durchmesser in Blau ein. Beschrifte M, r = ■ cm und d = ■ cm.

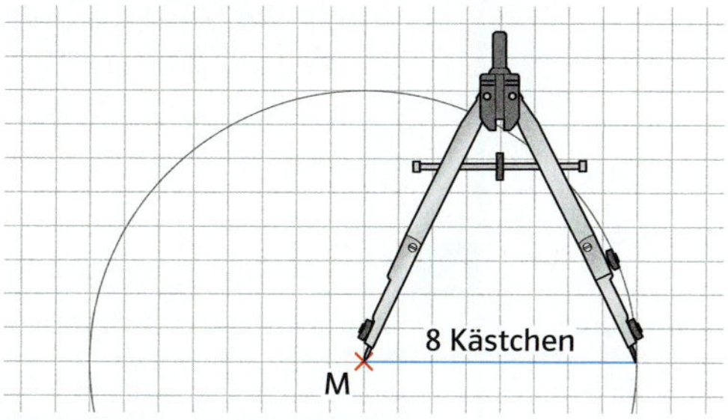

○ **3** Übertrage die Kreise ins Heft. Zeichne den Radius und den Durchmesser ein und miss deren Längen.
Tipp: Achte darauf, dass die Minen deines Zirkels und Bleistifts immer gespitzt sind.

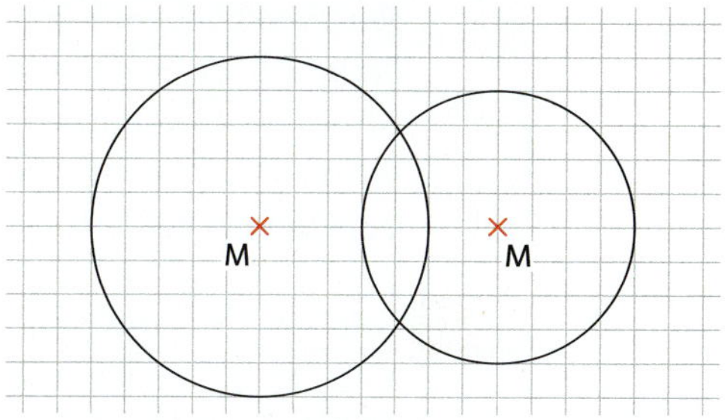

○ **4** Markiere einen Mittelpunkt M und zeichne um ihn den Kreis mit dem Radius r. Wie lang ist der Durchmesser?

a) r = 50 mm **b)** r = 3,5 cm **c)** r = 65 mm **d)** r = 2,7 cm

○ **5** Markiere einen Mittelpunkt M und zeichne um ihn den Kreis mit dem Durchmesser d. Wie lang ist der Radius?

a) d = 4 cm **b)** d = 8 cm **c)** d = 70 mm **d)** d = 48 mm
e) d = 6 cm **f)** d = 9 cm **g)** d = 80 mm **h)** d = 72 mm

○ **6** Berechne den Radius oder den Durchmesser des Kreises.

a) r = 7 cm **b)** r = 16 m **c)** d = 8 mm **d)** r = 3,5 cm **e)** d = 78 cm **f)** r = 9 mm

◒ **7** Zeichne einen Kreis mit Radius r bzw. Durchmesser d. Markiere den Mittelpunkt M. Färbe das Innere des Kreises grün.

a) r = 2 cm **b)** r = 35 mm
c) d = 6 cm **d)** d = 50 mm

◒ **8** Zeichne im Koordinatensystem den Kreis um M. Gib drei Punkte an, die auf der Kreislinie liegen.

a) M(8|10); r = 3 cm
b) M(4|7); r = 20 mm
c) M(5|8); d = 5 cm
d) M(8|12); d = 30 mm

schneiden

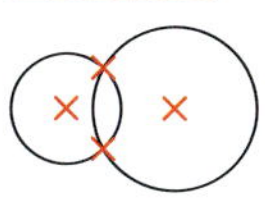

berühren

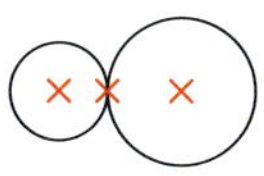

◒ **9** Zeichne zwei Kreise mit den Radien r = 3 cm und r = 4 cm.

a) Die Kreise sollen sich nicht schneiden und sich nicht berühren.
b) Die Kreise sollen sich schneiden.
c) Die Kreise sollen sich berühren.

◒ **7** Zeichne einen Mittelpunkt M ins Heft. Zeichne vier Kreise um M mit d = 20 cm; r = 6 cm; d = 9 cm und d = 4 cm.

◒ **8** Zeichne den Kreis im Koordinatensystem. Gib vier Punkte an, die auf der Kreislinie liegen.

a) Kreis um M(4|6) mit r = 2 cm
b) Kreis um M(7|8) mit d = 50 mm
c) Kreis um M(7|9) durch P(0|9)

◒ **9** Zeichne die Kreise in ein Koordinatensystem und beschreibe ihre Lage zueinander.
M_1(6|6) mit r = 3 cm; M_2(8|6) mit d = 4 cm; M_3(10|8) mit r = 2 cm und M_4(18|4) mit d = 2 cm

a) Welche Kreise berühren oder schneiden sich?
b) Gibt es Kreise, die sich weder berühren noch schneiden?

10 Zeichne einen Kreis mit Radius 5 cm. Zeichne in den Kreis ein Rechteck ein, das mit seinen Ecken auf der Kreislinie liegt. Eine Seite des Rechtecks soll 5 cm lang sein. Wie lang ist die andere Seite des Rechtecks?
Tipp: Markiere einen Punkt A auf der Kreislinie. Miss dann mit dem Geodreieck, wo der nächste Punkt mit 5 cm Abstand zu A auf der Kreislinie liegt.

11 Zeichne drei Kreise mit einem Radius von $r = 2\,cm$ nebeneinander. Die Kreislinien sollen einen Abstand von 1 cm haben.

12 Zeichne die Kreisfigur in dein Heft. Male die Figur bunt aus.
Tipp: Steche die Zirkelspitze bei × ein.

a)
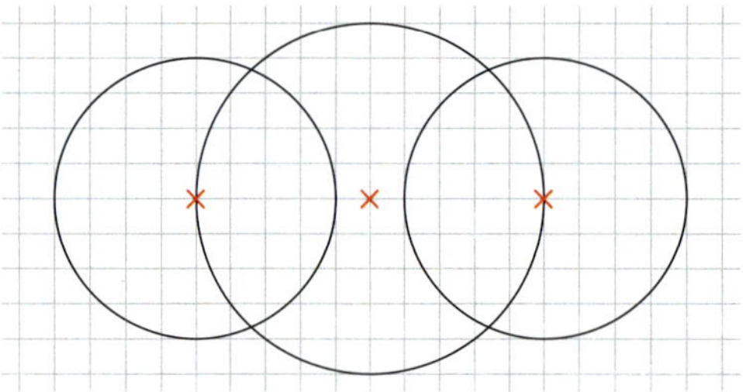

b)
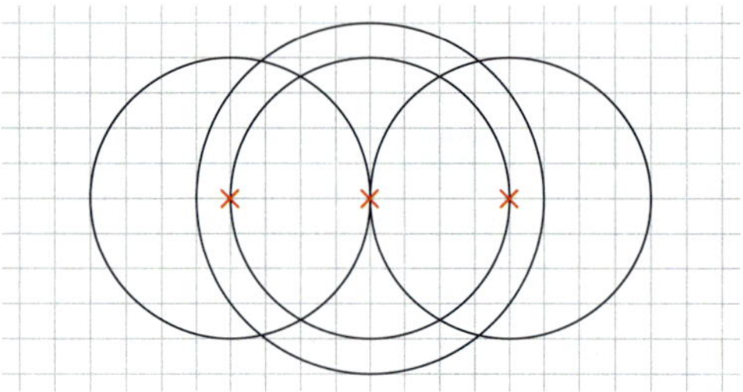

c)
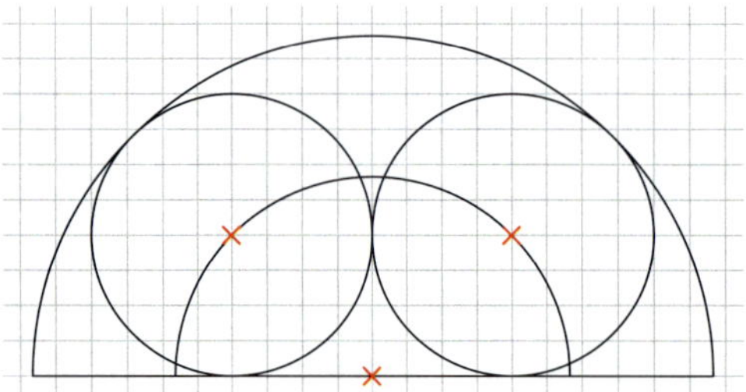

13 Zeichne im Heft um jeden Punkt einen Kreis mit Radius 2 cm. Beschreibe das entstandene Muster.

a)
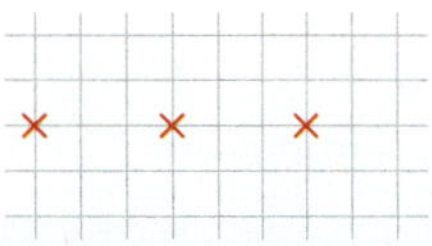

b)
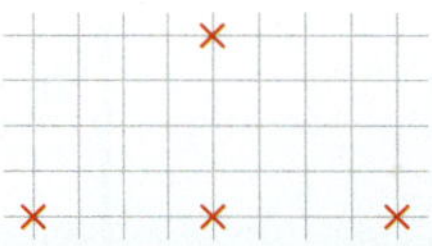

10 Zeichne ein Quadrat mit $a = 7\,cm$.
a) Zeichne in das Quadrat einen Kreis, der weder die Seitenlinien noch die Eckpunkte berührt.
b) Zeichne um das Quadrat einen Kreis, der durch alle vier Eckpunkte verläuft.
c) Zeichne einen Kreis, der alle Seiten des Quadrats berührt. Wie lang ist der Radius r?

11 Auf der olympischen Flagge sind fünf Ringe abgebildet. Jeder Ring steht symbolisch für einen Kontinent.

a) Ergänze den Mittelpunkt für den fünften Kreis im Heft. Zeichne um jeden markierten Punkt zwei Kreise mit den Radien $r = 2\,cm$ und $r = 2{,}5\,cm$.

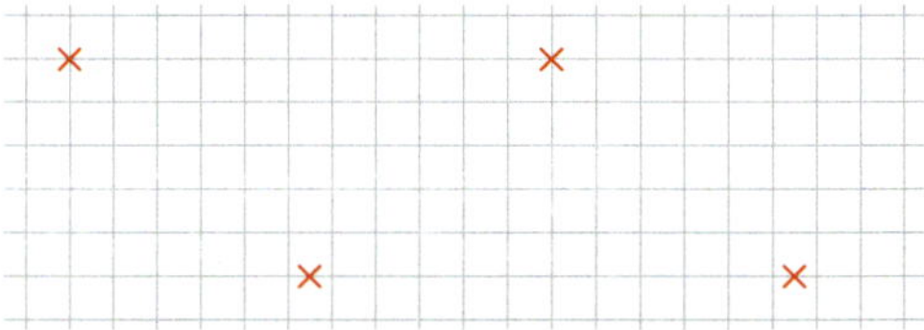

b) Färbe die Ringe wie in der Flagge.
c) MK Recherchiere, welche Farbe für welchen Kontinent steht.

12 Zeichne die Kreisfigur vergrößert ins Heft und färbe sie. Erklärt euch gegenseitig, wie ihr vorgegangen seid. Erfindet eigene Kreisfiguren.
Tipp: Mit × sind die Mittelpunkte der Kreise markiert.

a)
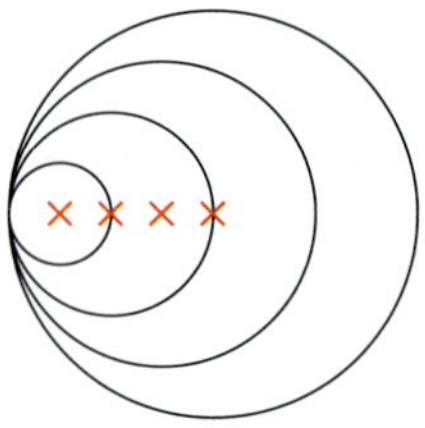

b)
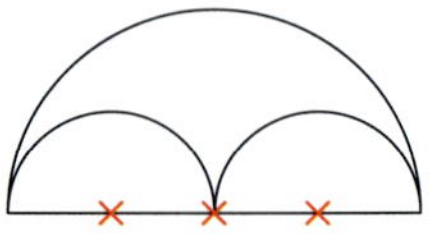

c)
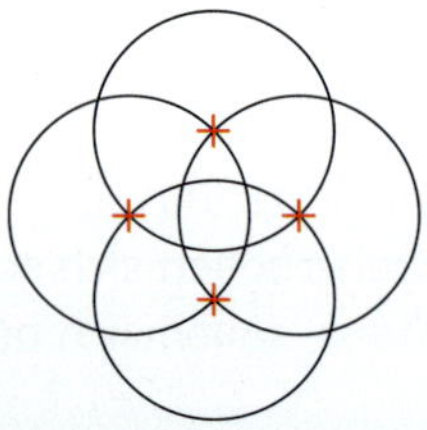

d)
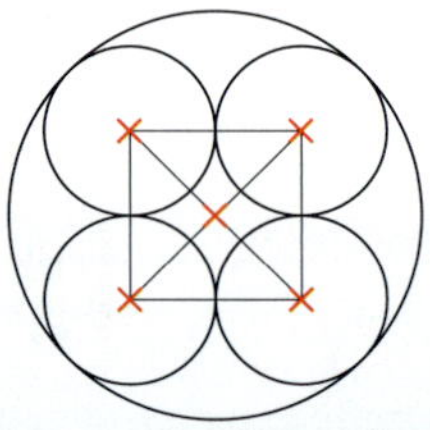

2 Winkel

Kuchenstücke können in unterschiedliche Größen geschnitten werden.
→ Zeichne unterschiedlich große Kuchenstücke.
→ Besprecht zu zweit, was eure gezeichneten Kuchenstücke gemeinsam haben.
→ Worin unterscheiden sich die Stücke?

Merke Ein **Winkel** wird von zwei **Schenkeln** mit gemeinsamem Anfangspunkt S begrenzt. Der Punkt **S** heißt **Scheitel**.

Winkel werden mit einem **Winkelbogen** markiert und mit griechischen Buchstaben bezeichnet:

α	β	γ	δ	ε	φ
alpha	beta	gamma	delta	epsilon	phi

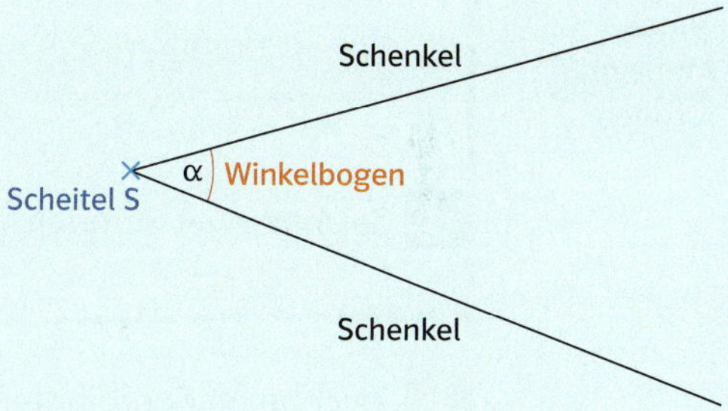

Die Öffnung des Winkels nennt man **Winkelweite**.

V115 Erklärvideo

Beispiele

a) 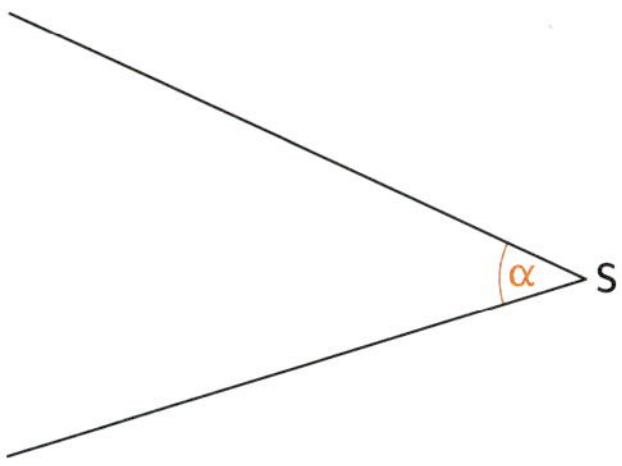

b) 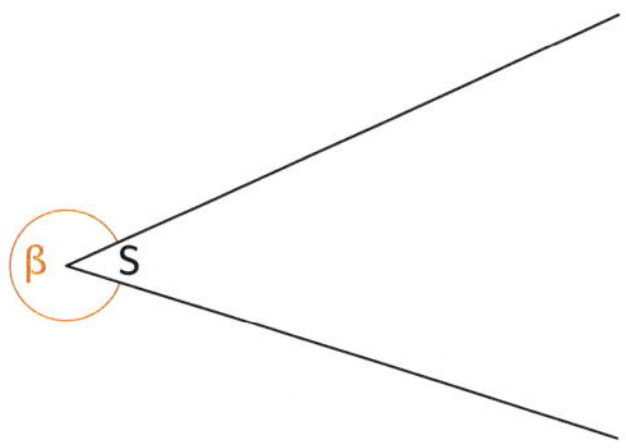

c) 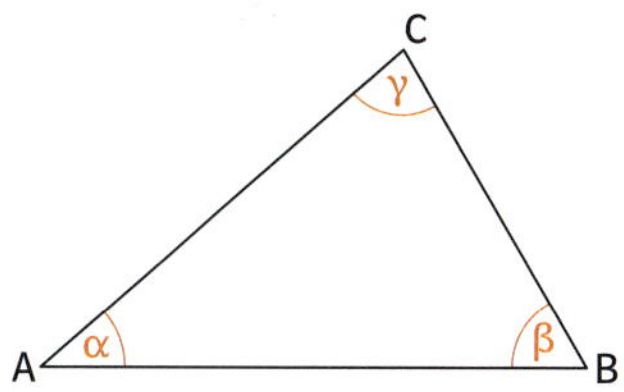

D116 Lösungen

1 Ordne die Begriffe den Bildern richtig zu.

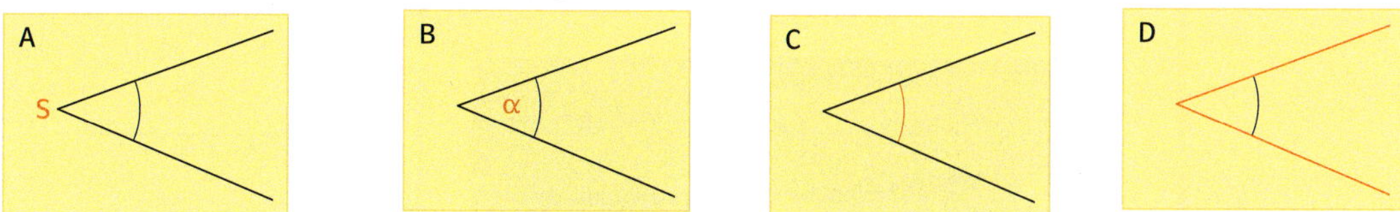

Winkelbezeichnung | Scheitel | Schenkel | Winkelbogen

2 Zeichne drei verschiedene Winkel und beschrifte sie wie in Beispiel a) oder b).

3 Nehmt zwei Stifte und legt verschiedene Winkel. Hängt die Weite des Winkels von der Länge der Stifte ab?

4 Wie heißt im abgebildeten Dreieck
a) der Winkel zwischen den Schenkeln a und c?
b) der Scheitel von Winkel α?
c) der Winkel zwischen den Schenkeln b und a?
d) der Scheitel von Winkel β?

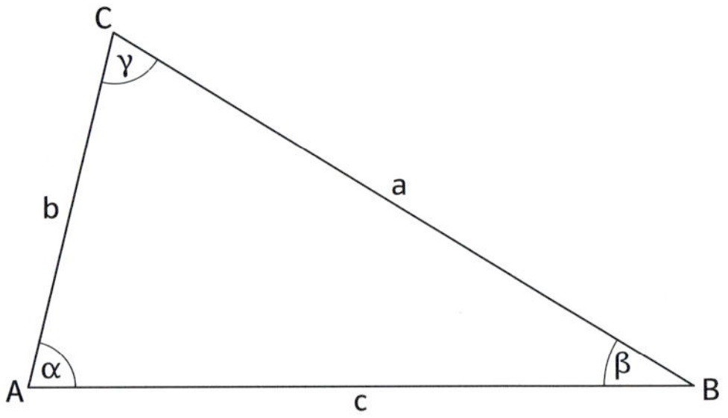

Skizzieren eine einfache Zeichnung ohne genaue Maße anfertigen

5 Skizziere die Figur im Heft. Markiere alle Winkel innerhalb der Figur und benenne sie.

a)
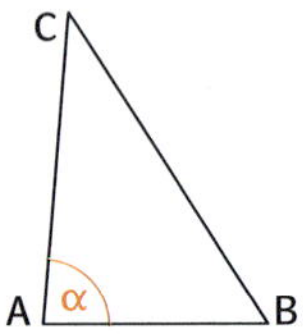

b)
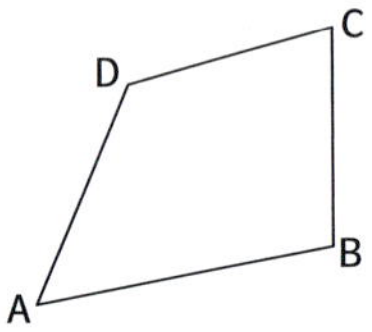

c)
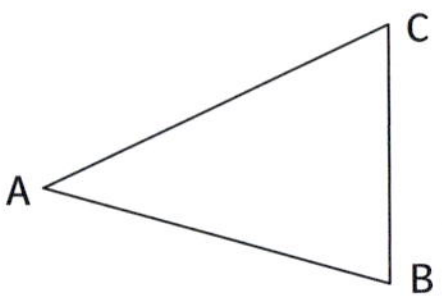

d)
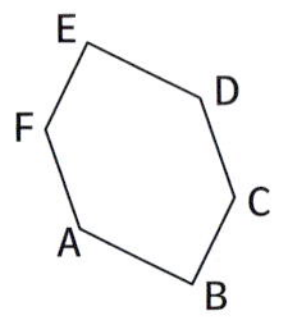

6 Zeichne zwei Geraden, die sich schneiden. Markiere und bezeichne alle entstandenen Winkel.

7 Zeichne im Koordinatensystem. Der Scheitel liegt im Punkt A(3|5). Ein Schenkel geht durch B(10|2), der andere durch C(2|10). Es entstehen zwei Winkel. Markiere und benenne sie. Welcher Winkel hat die größere Winkelweite?

8
a) Wo liegt bei den Gegenständen der Scheitel, wo liegen die Schenkel des Winkels?

(1)
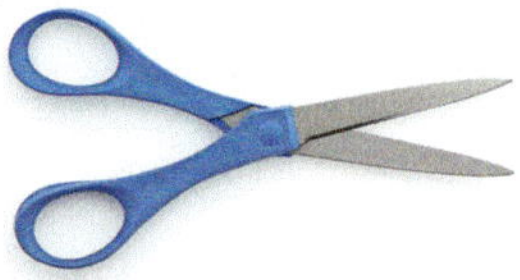

(2)

(3)

b) Sucht Winkel in eurer Umgebung. Beschreibt euch gegenseitig die Lage der Schenkel und des Scheitels.

7 Hier entstehen jeweils zwei Winkel. Benenne sie. Welcher ist der größere?
a) Der Scheitel liegt im Punkt A(8|4). Ein Schenkel geht durch den Punkt B(4|10), der andere durch C(11|12).
b) Die beiden Schenkel verlaufen durch die Punkte G(8|0) und H(0|8). Der Scheitel liegt in I(8|8).
c) Der Scheitel liegt im Punkt P(5|5). Ein Schenkel geht durch den Punkt O(0|0), der andere durch den Punkt Q(12|5).

8 Übertrage die Figur ins Heft. Färbe Winkel, die dir gleich groß erscheinen, in derselben Farbe.

a)
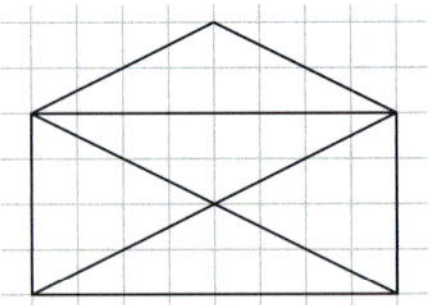

b)
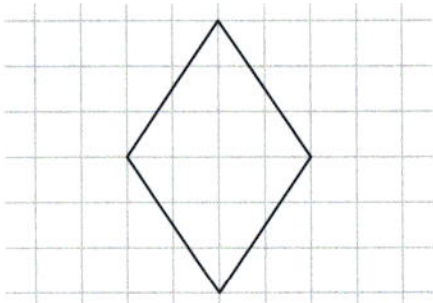

9 Der Minuten- und der Stundenzeiger einer Uhr bilden um 09:00 Uhr einen besonderen Winkel.
a) Gibt es diesen Winkel auch zu anderen Uhrzeiten?
b) Ein Kind nennt eine Uhrzeit, das andere skizziert dazu den Winkel, den die Zeiger bilden. Wechselt euch ab.

3 Winkel schätzen und einteilen

Beim Handball ist die Chance, beim Torschuss zu treffen, auch von der Schussposition abhängig.
→ Wo würdest du gerne stehen?
→ Mitspielerin Mila sagt:
„Aus einem sehr spitzen Winkel kann man nur schwer ein Tor schießen.“ Besprecht in eurer Klasse, was Mila mit dieser Aussage meint.

Merke Um die **Weite eines Winkels** anzugeben, verwendet man die Einheit **Grad**. Dazu zerlegst du einen Kreis in 360 gleiche Teile. Ein solcher Teil heißt 1°. Lies: 1 Grad.
Winkel kannst du ihrer Weite nach in verschiedene Winkelarten einteilen.

spitzer Winkel (kleiner als 90°)	**rechter** Winkel (90°)	**stumpfer** Winkel (größer als 90° und kleiner als 180°)	**gestreckter** Winkel (180°)	**überstumpfer** Winkel (größer als 180° und kleiner als 360°)	**Vollwinkel** (360°)

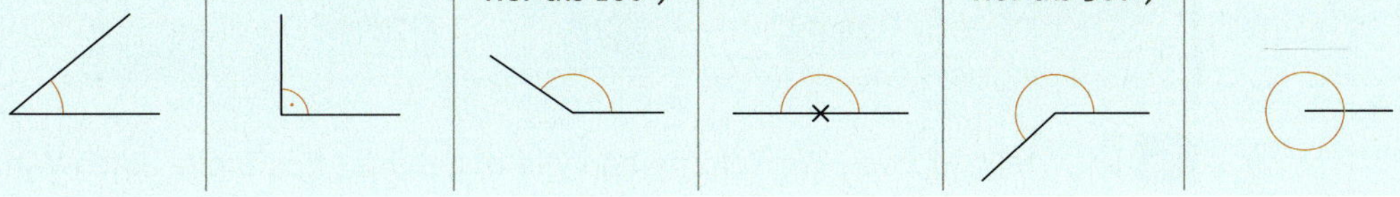

V117 Erklärvideo

Beispiele

a) Der Kreis ist in 4 gleich große Teile eingeteilt.
Also misst jeder Winkel
$\alpha = 360° : 4$
$\alpha = 90°$
Man erhält vier rechte Winkel.

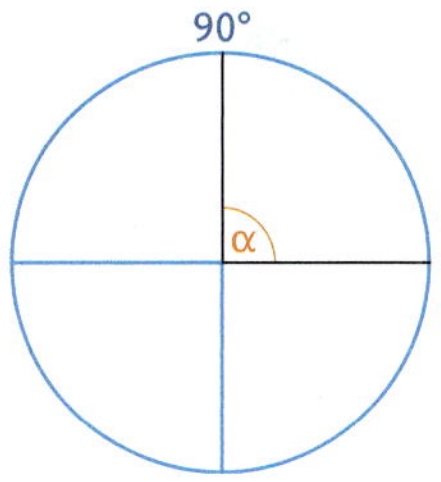

b) Beim Schätzen von Winkeln verwendet man bekannte Winkelweiten als Hilfe. β ist größer als 90° und kleiner als 180°, also ein stumpfer Winkel. In der Mitte von 90° und 180° liegt 135°. Also schätzt man, dass der Winkel β zwischen 90° und 135° liegt.

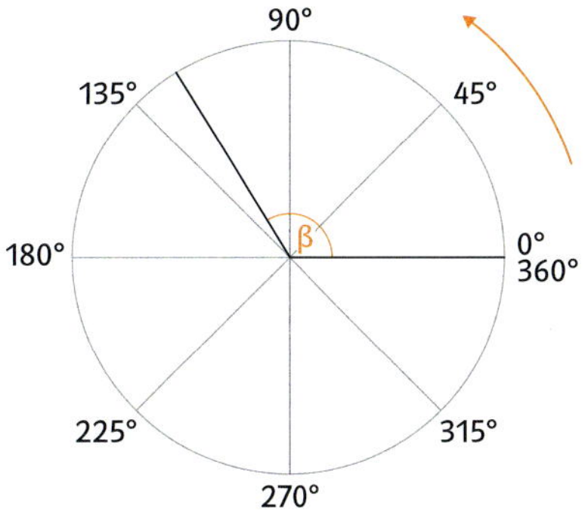

D118 Lösungen

○ **1** Gib die Winkelart an.

a) 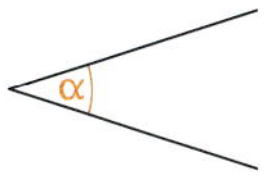

b) 

c) 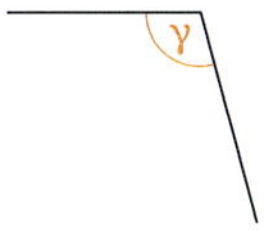

d) 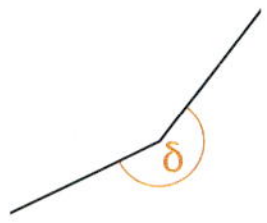

e) 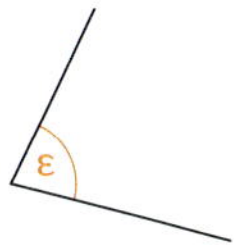

f) 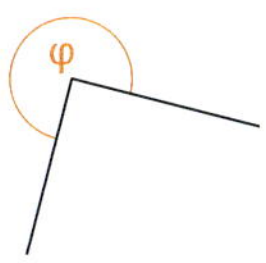

2 Gib die Winkelart an.

a) $\alpha = 40°$; $\beta = 190°$; $\gamma = 136°$; $\delta = 90°$

b) $\alpha = 130°$; $\beta = 360°$; $\gamma = 179°$; $\delta = 180°$

c) $\alpha = 1°$; $\beta = 20°$; $\gamma = 95°$; $\delta = 119°$

d) $\alpha = 34°$; $\beta = 305°$; $\gamma = 191°$; $\delta = 89°$

3 Gib die Winkelart an. In welchem Bereich liegt der abgebildete Winkel?

Tipp: Schreibe zum Beispiel … liegt zwischen 90° und 135°. Orientiere dich an der Einteilung des Kreises bei den Beispielen.

a) 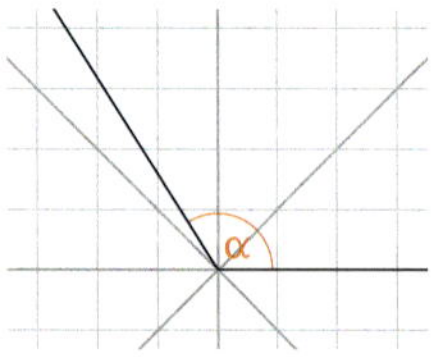

b) 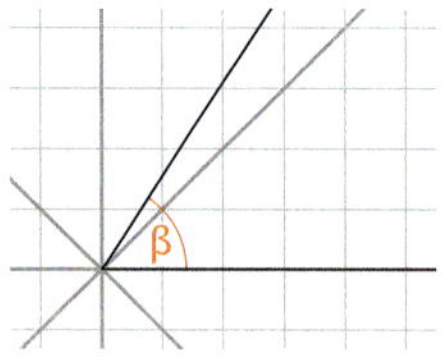

c) 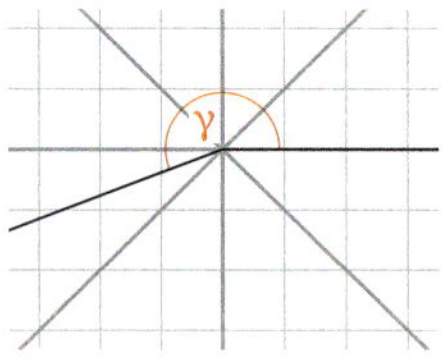

d) 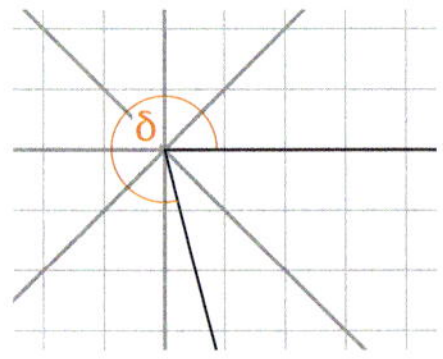

4 Gib die Winkelart an. Ordne die Winkelweiten richtig zu. Welches Kärtchen bleibt übrig?

a) 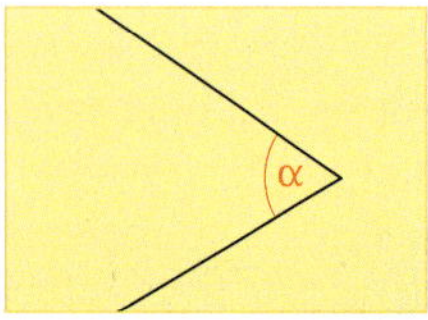

b) 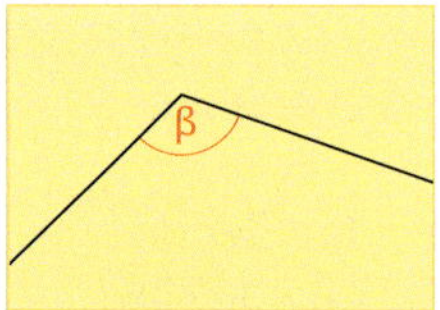

c) 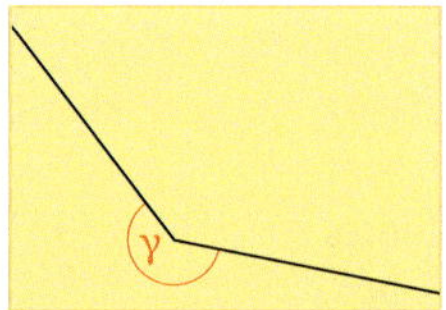

d) 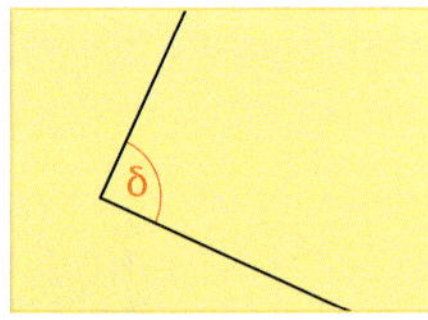

180° | 90° | 220° | 115° | 65°

5 Stellt zu zweit Winkelscheiben wie abgebildet her. Stelle einen Winkel ein. Deine Partnerin oder dein Partner gibt die Winkelart an und schätzt die Weite des Winkels. Wechselt euch ab.

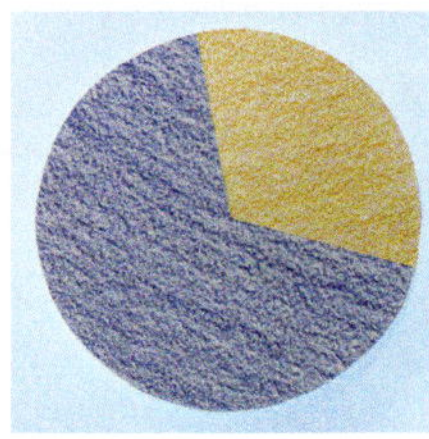

6

a) Übertrage die Winkel ins Heft.

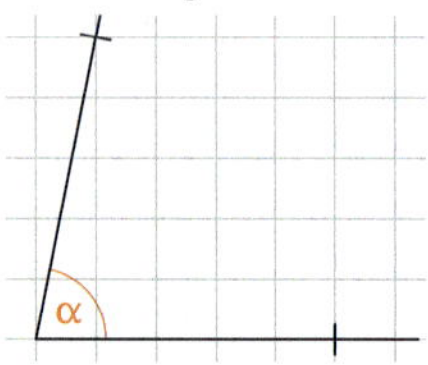

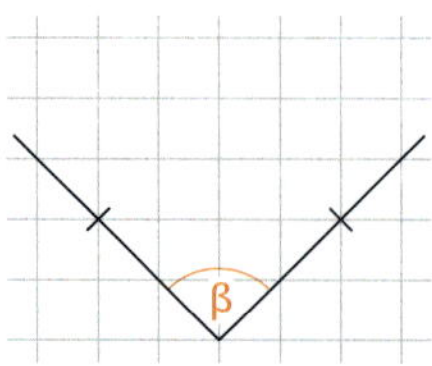

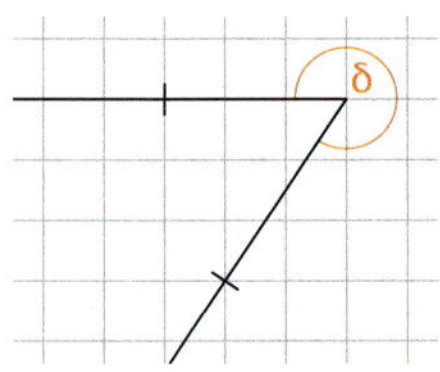

b) Schätze die Weite der Winkel. Zu welcher Winkelart gehören die Winkel?

7 Zeichne jeweils vier Winkel und benenne sie mit griechischen Buchstaben.

a) spitzer Winkel

b) stumpfer Winkel

c) rechter Winkel

7 Welche Winkelart wird beschrieben?

a) kleiner als ein rechter Winkel

b) so groß wie ein gestreckter und ein spitzer Winkel zusammen

c) zwei stumpfe Winkel zusammen

d) Erfindet weitere Aussagen dieser Art.

8 Gib bei jedem Winkel des Dreiecks an, um welche Winkelart es sich handelt.

a) b)

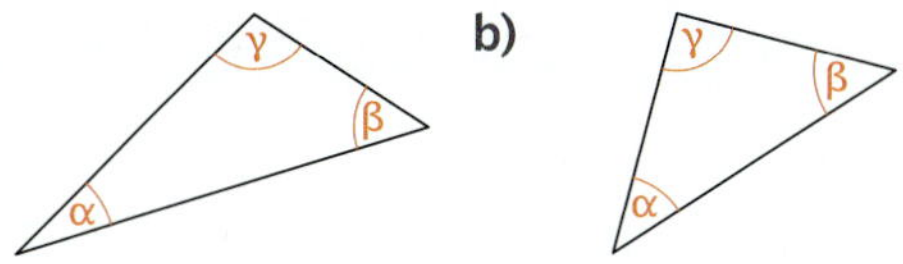

9 Zu welcher Winkelart gehören die eingezeichneten Winkel im Haus?

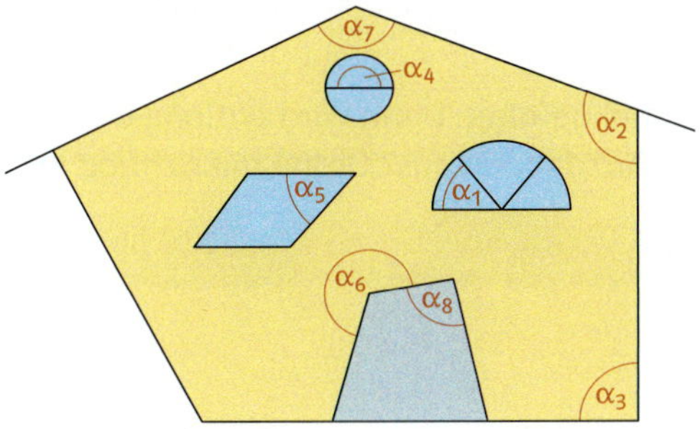

10 Gib die Winkelart an und schätze ihre Winkelweite.

a) b)

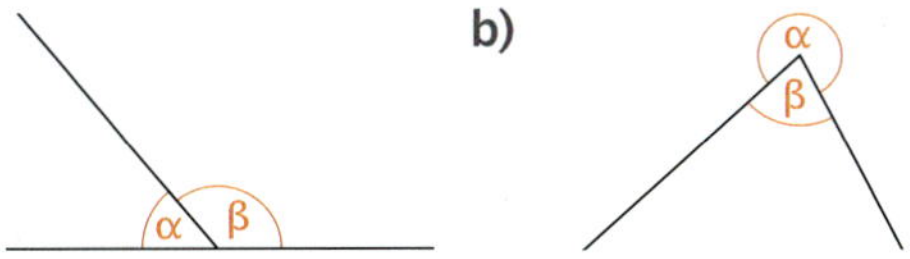

11 Der Kreis wurde gleichmäßig zerlegt. Bestimme die Weite des Winkels. Erkläre, wie du vorgegangen bist.

a) b) c) d)

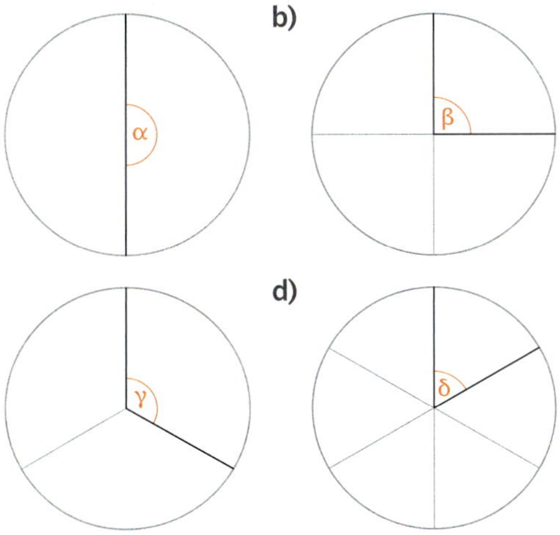

12 Bestimme die Weite der Winkel.

a) b) c)

8 Benenne bei jedem Winkel die Winkelart. Gibt es Winkel mit der gleichen Winkelweite?

a) b)

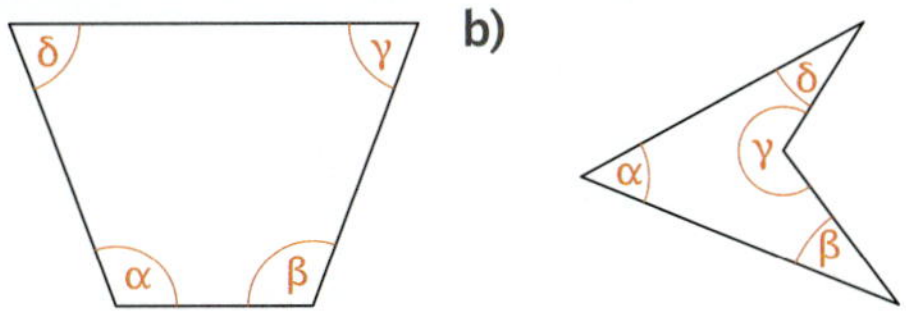

9 Wie viele spitze, rechte, stumpfe, überstumpfe und volle Winkel findest du im abgebildeten Haus?

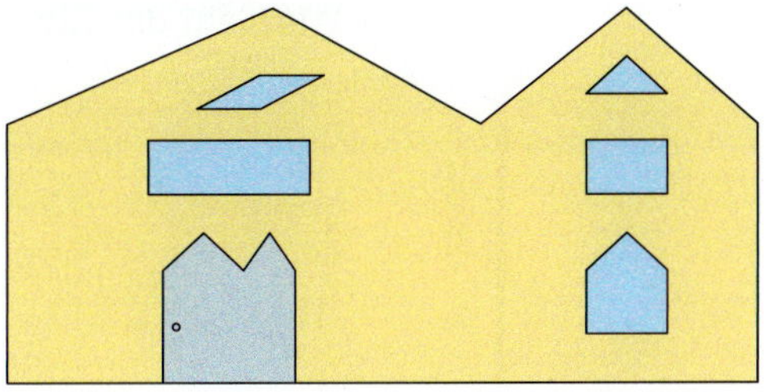

10 Notiere die Winkelart der abgebildeten Winkel und schätze ihre Weite. Welche Weite haben die drei Winkel zusammen?

a) b)

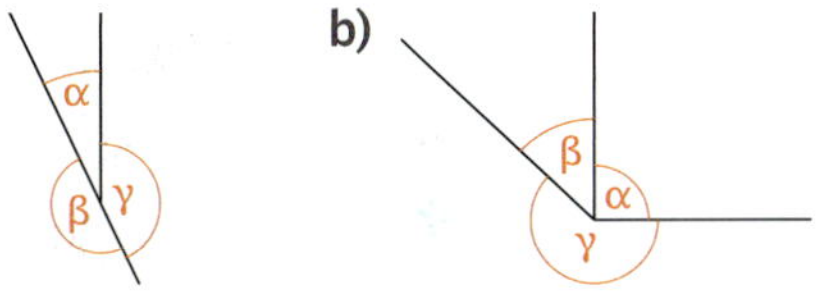

11 Bestimme die Weite des Winkels, der durch gleichmäßige Zerlegung des Kreises entstanden ist. Erkläre, wie du vorgegangen bist.

a) b) c) d)

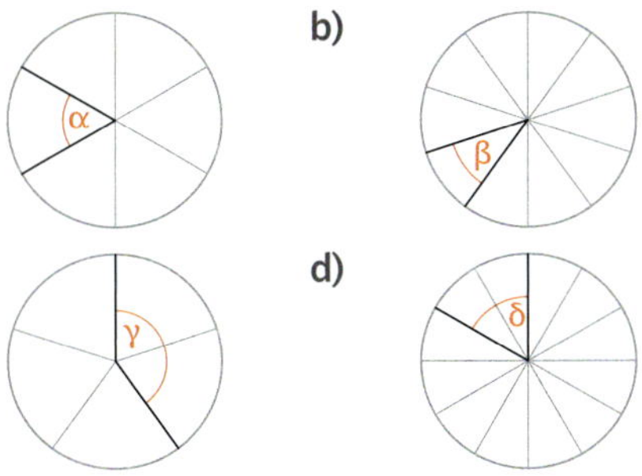

12 Wie groß ist das farbige Winkelfeld? Gib auch die Winkelart an.

a) b) c)

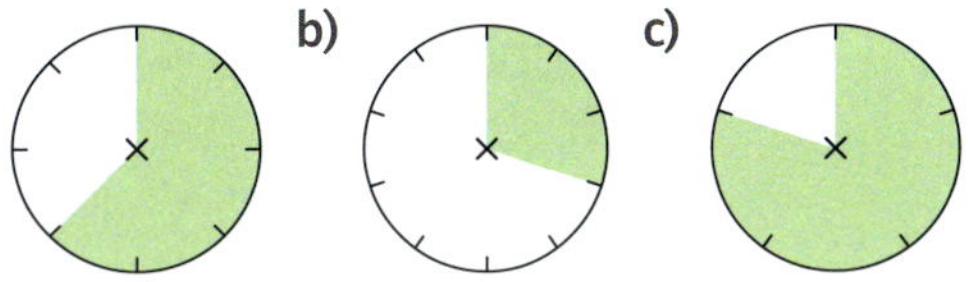

4 Kopfgeometrie in der Ebene

1 Durch Spiegelung oder Drehung der ersten, blauen Figur entstehen die anderen Figuren. Gib alle Buchstaben der Figuren an, die gespiegelt wurden.

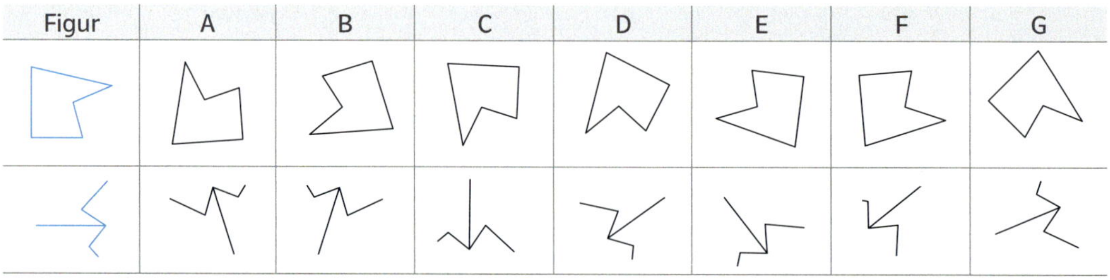

2 Ein quadratisches Blatt wird zweimal gefaltet. Dann wird entlang der roten Linie geschnitten. Wie sieht das Blatt nach dem Aufklappen aus? Ordne die richtige Abbildung zu.

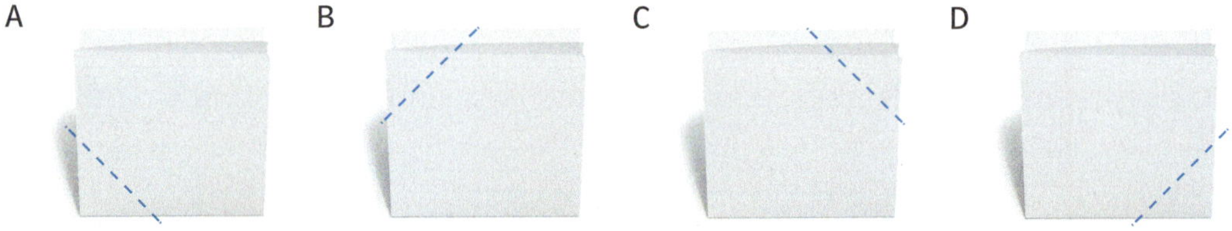

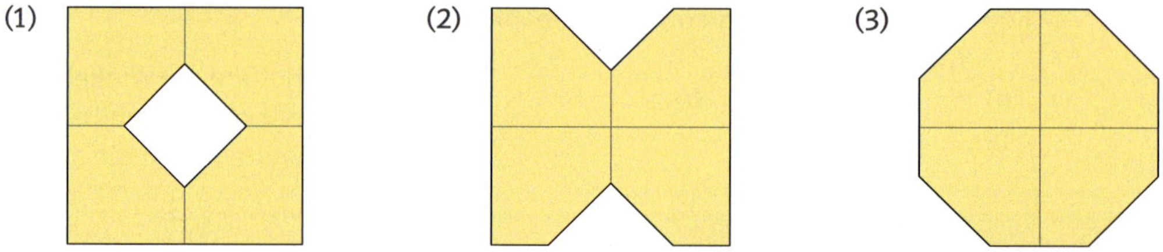

3 Ein Strahler, ein Ball und eine Leinwand sind wie auf dem Bild angeordnet. Beschreibe mithilfe der Kärtchen, wie sich der Winkel α und die Größe des Schattens jeweils verändern.

wird größer | bleibt gleich | wird kleiner

a) Der Strahler wird in Richung des Balls verschoben.

b) Der Ball wird in Richtung der Wand verschoben.

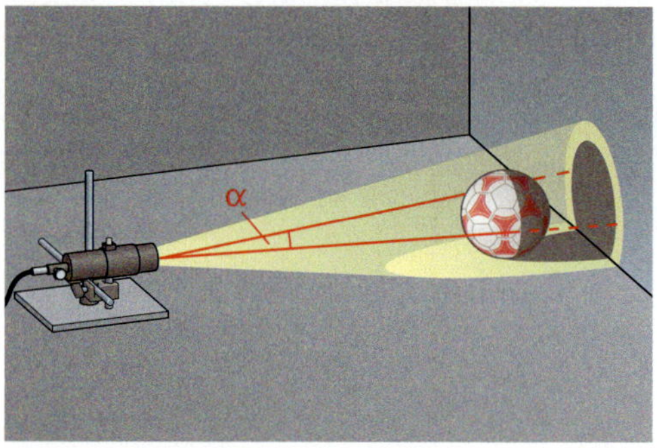

4 Ein Quadrat mit seinen Diagonalen ist wie abgebildet beschriftet. Ein Spielwürfel bestimmt, wie du dich auf den Linien bewegst.

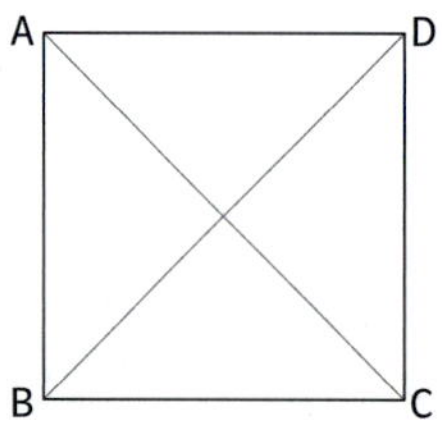

a) Du startest bei A und würfelst eine 5 und eine 2. Wo stehst du dann?

b) Canay startet bei C und würfelt eine 4, eine 1 und eine 5. Wo steht er am Ende?

c) Jana startet bei B und würfelt nacheinander: 2, 6, 1, 3, 5, 4. Wo steht sie am Ende?

d) Piril startet bei D und steht nach 3 Würfen wieder bei D. Was kann er gewürfelt haben?

5 Wo kommt die Gerade g heraus, bei A oder B? Entscheide nur mit dem Augenmaß, kontrolliere anschließend mit einem Lineal.

a)

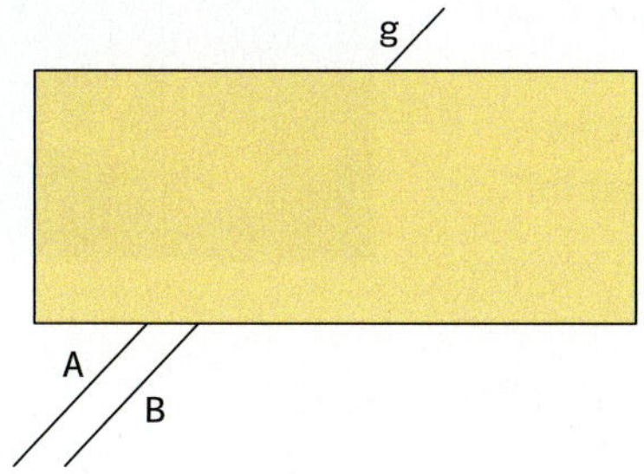

b)

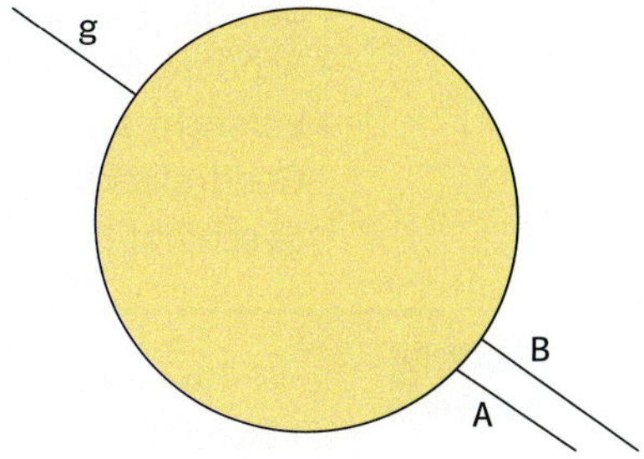

6 Für jede farbige Figur werden nur 3 weiße Flächen benötigt. Gib an, welche Fläche übrig bleibt. Du musst die Teile nicht drehen.

a)

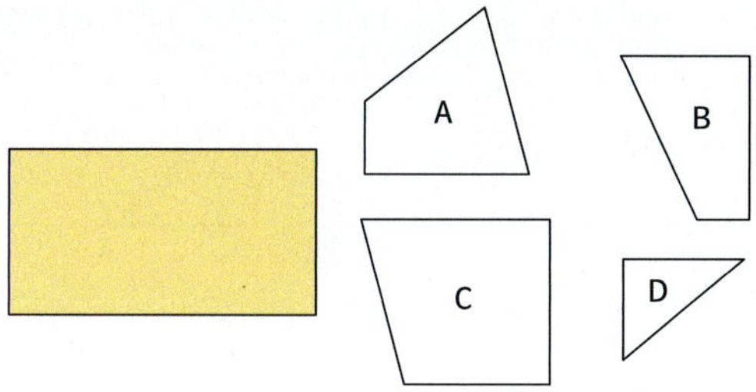

b)

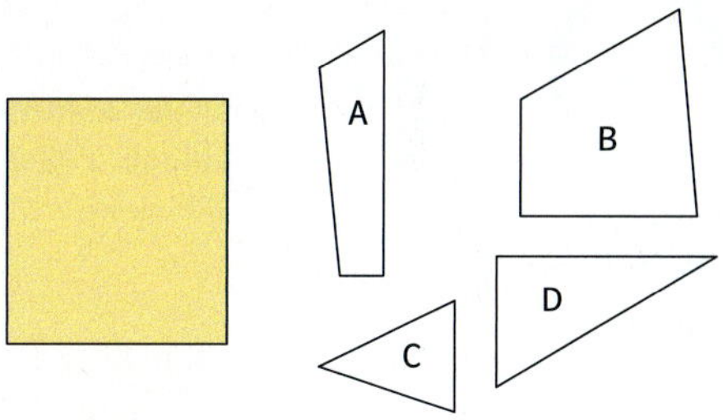

c)

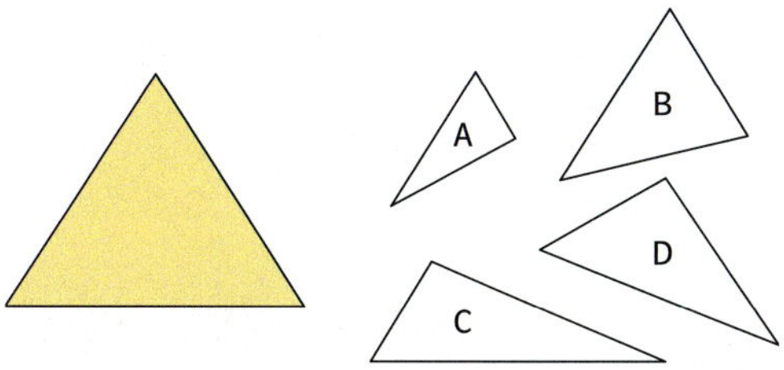

d)

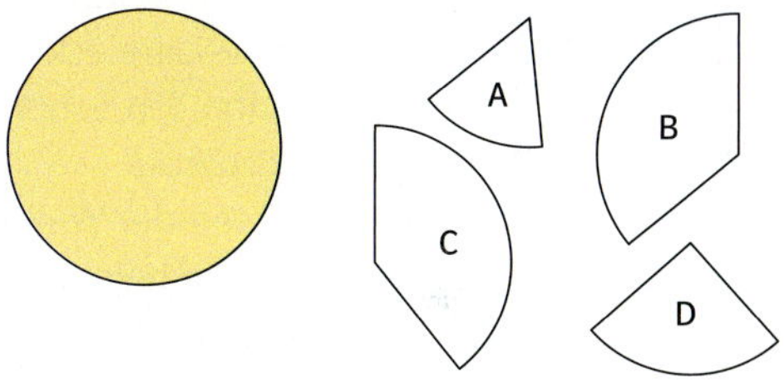

7 Jeweils drei Dreiecke sind genau gleich, wenn du sie ausschneiden und übereinanderlegen würdest. Sie dürfen auch umgedreht werden. Welche sind das?

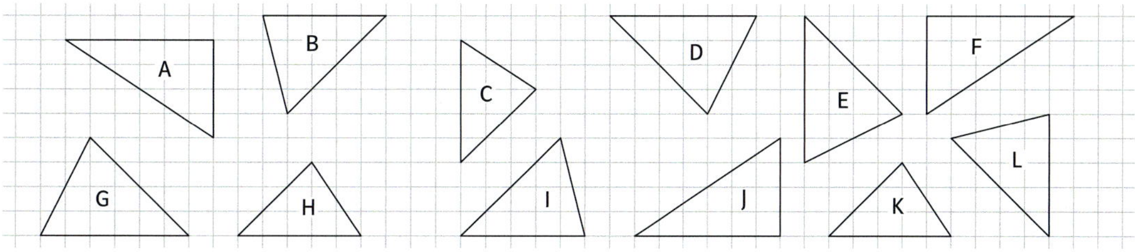

8 Die Eckpunkte eines Quadrats sind gegen den Uhrzeigersinn mit A, B, C, D beschriftet. Welche Figur entsteht, wenn du

a) den Eckpunkt B entlang der Quadratseite in Richtung C verschiebst?

b) den Eckpunkt C entlang der Diagonalen in Richtung des Schnittpunkts der Diagonalen verschiebst?

9 Ein quadratisches Blatt Papier wird einmal geradlinig durchgeschnitten. Welche zwei Figuren können entstehen? Versuche zuerst im Kopf alle Möglichkeiten zu finden.

5 Winkel messen

Wer reißt sein Maul weiter auf, das Nilpferd oder das Krokodil?
→ Skizziere die Öffnung der Mäuler als Winkel.
→ Schätze die Größe der Winkel.
→ Versucht an euren Skizzen mithilfe des Geodreiecks herauszufinden, wie gut ihr geschätzt habt.

Merke

Die **Weite eines Winkels** misst du mit dem Geodreieck.
Das Geodreieck hat zwei Messskalen.

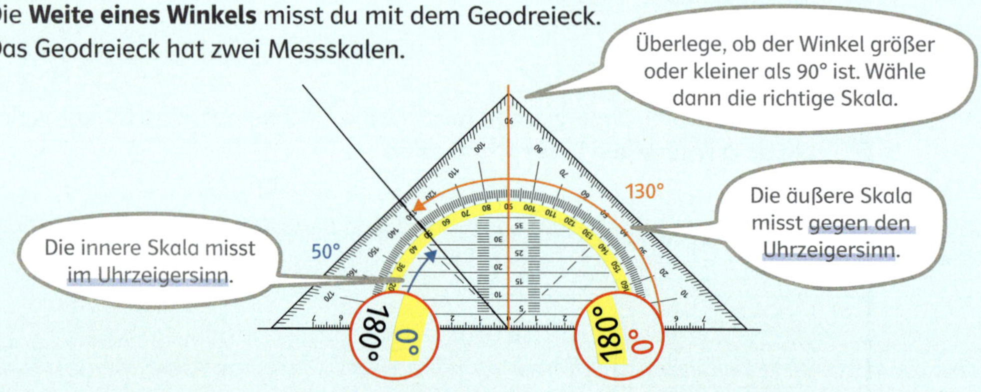

gegen den Uhrzeigersinn

im Uhrzeigersinn

V119 Erklärvideo

Beispiele

a) Lege das Geodreieck mit dem Nullpunkt an den Scheitel. Ein Schenkel liegt an der Kante des Geodreiecks.
Zum Ablesen der Winkelweite verwendest du die Skala, die beim angelegten Schenkel mit 0° beginnt.
Der Winkel α hat eine Weite von 115°.

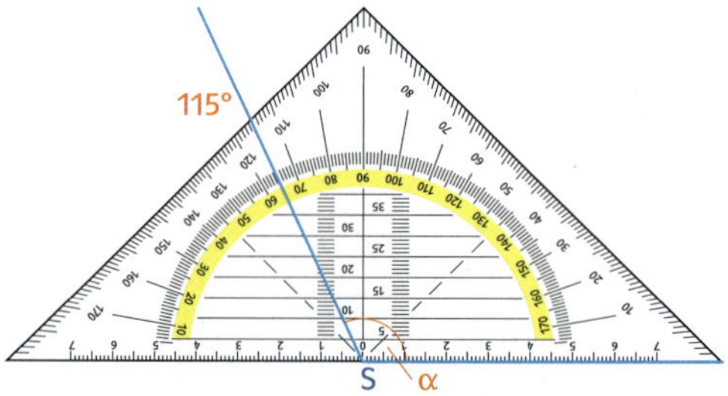

b) Mit dem Geodreieck kannst du Winkel über 180° nicht direkt messen, da die Messskala nur bis 180° reicht. Es gibt zwei Möglichkeiten, wie du größere Winkel messen kannst.

Bilden einer Summe

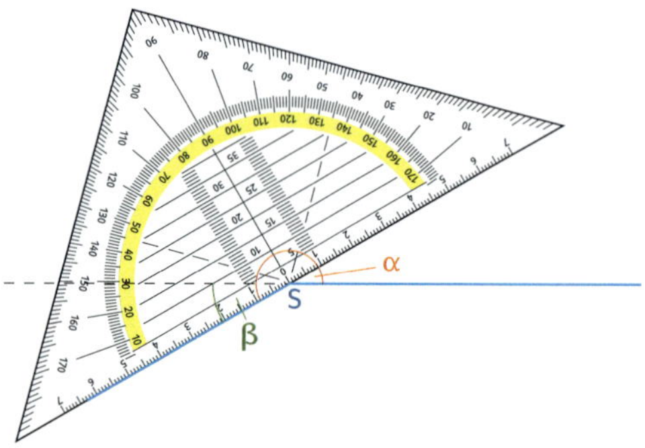

Verlängere den ersten Schenkel über den Scheitel hinaus.
Miss die Weite des Winkels $\beta = 30°$.
Berechne $\alpha = 180° + 30° = 210°$.

Bilden einer Differenz

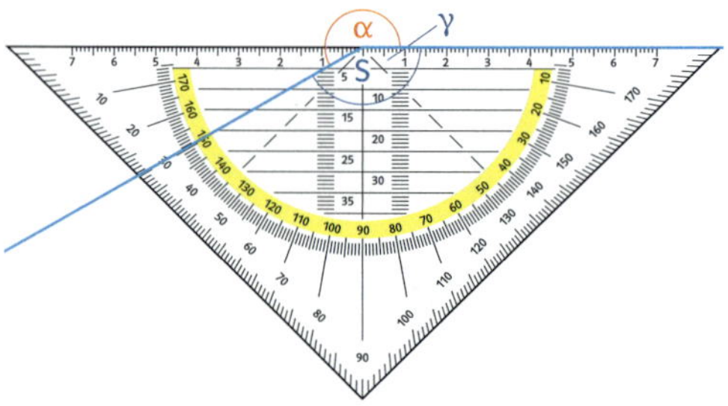

Zusammen ergeben α und γ einen Vollwinkel (360°).
Miss die Weite des Winkels $\gamma = 150°$.
Berechne $\alpha = 360° - 150° = 210°$.

D120 Lösungen

1 Lies die Weite des Winkels ab. Welche Skala musst du verwenden? Begründe.

a)

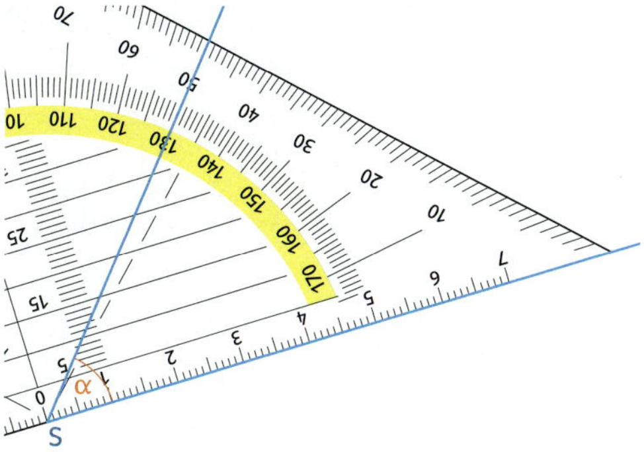

b)

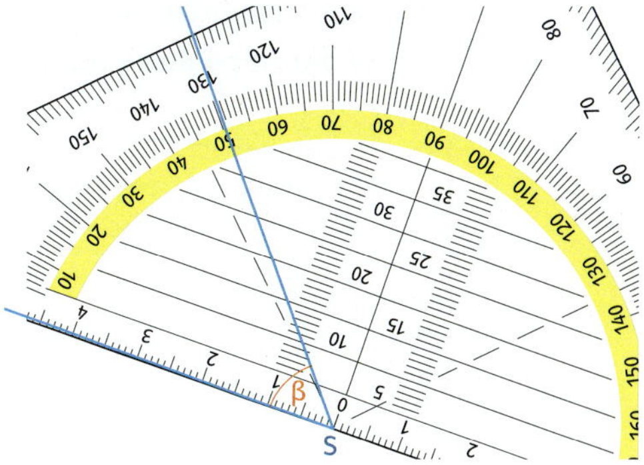

2 Miss die Weite der Winkel.

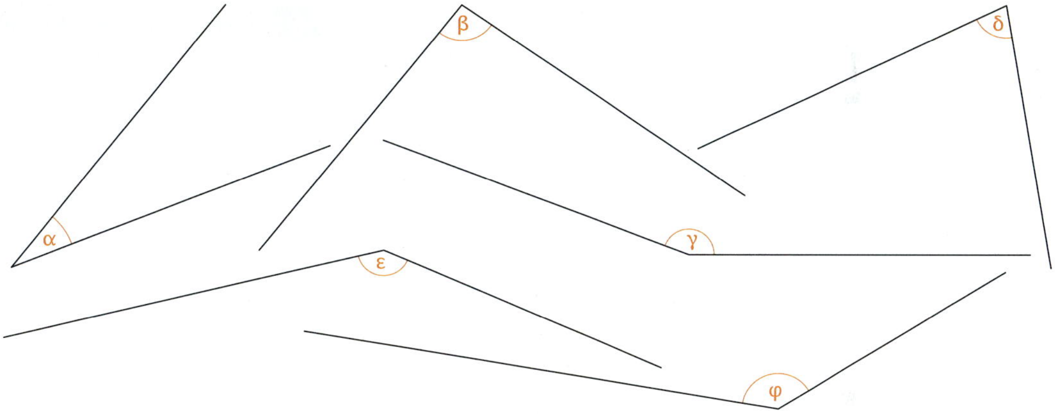

3 Übertrage die Winkel in dein Heft. Schätze zuerst ihre Weite und miss dann.

Tipp: Verlängere die Schenkel, um die Weite besser messen zu können.

a)

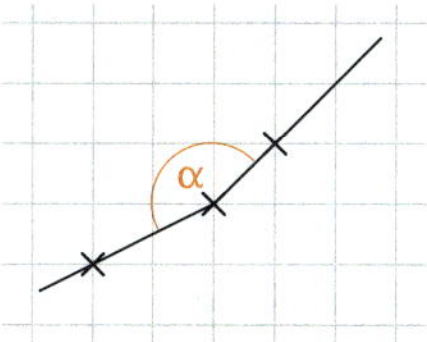

b)

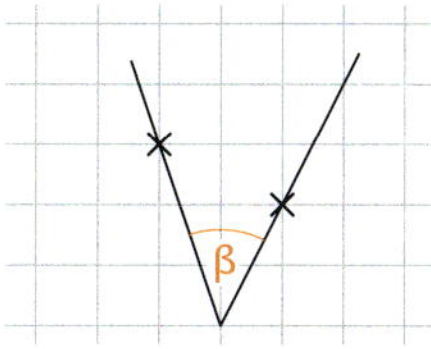

c)

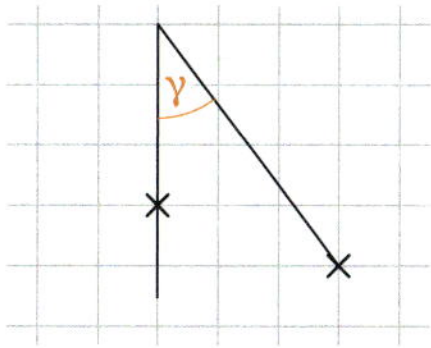

d)

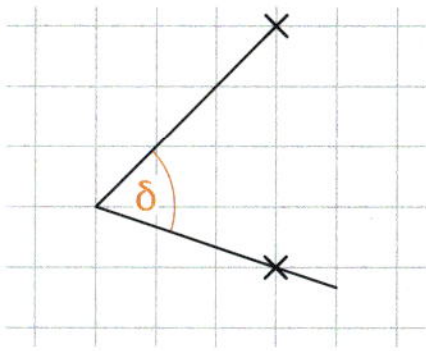

4 Miss die Weite der überstumpfen Winkel wie im Beispiel b).

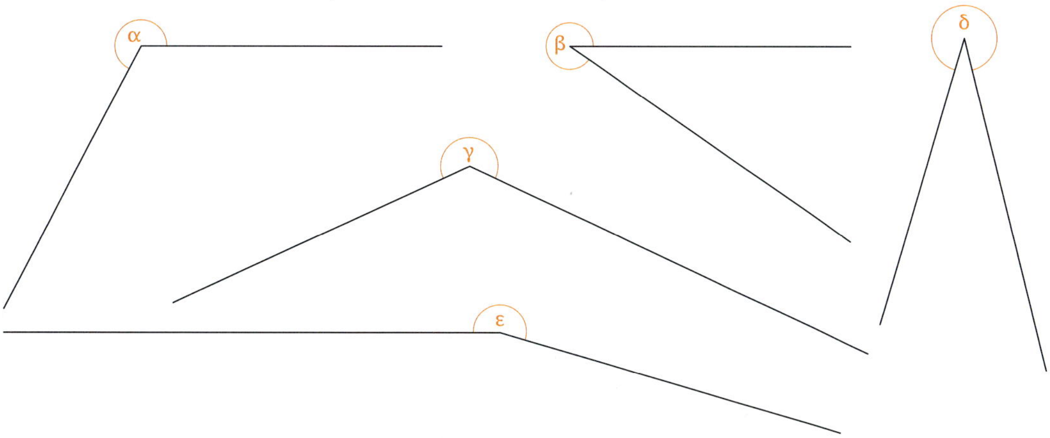

5 Musst du beide Winkel messen, um ihre Weite zu bestimmen?

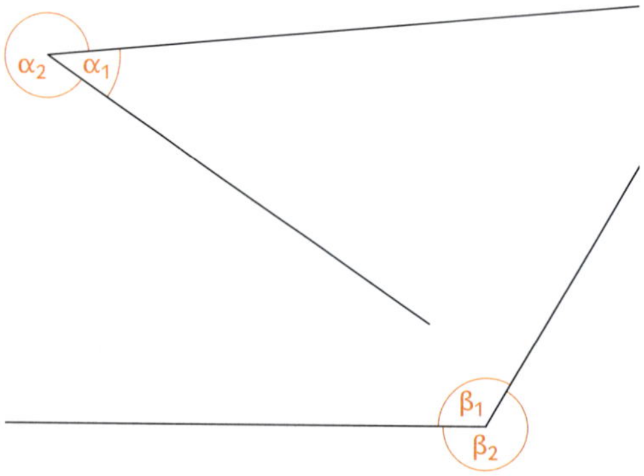

6 Trage die Punkte in ein Koordinatensystem ein. Verbinde sie zu einem Dreieck oder Viereck. Schätze die Weite der Winkel. Miss anschließend und vergleiche.

a) A(0 | 24); B(28 | 16); C(24 | 28)
b) A(0 | 4); B(16 | 0); C(12 | 24)
c) A(2 | 10); B(12 | 10); C(12 | 24); D(2 | 16)
d) A(16 | 4); B(28 | 4); C(20 | 22); D(16 | 16)

7 Zeichne ein Rechteck mit den Seitenlängen 6 cm und 8 cm. Zeichne die beiden Diagonalen ein. Miss die vier Winkel, die die beiden Diagonalen miteinander bilden. Was stellst du fest?

8 Übertrage ins Heft und schätze die Winkelweite. Überprüfe durch Messen.
Tipp: Zeichne die Schenkel länger.

a)
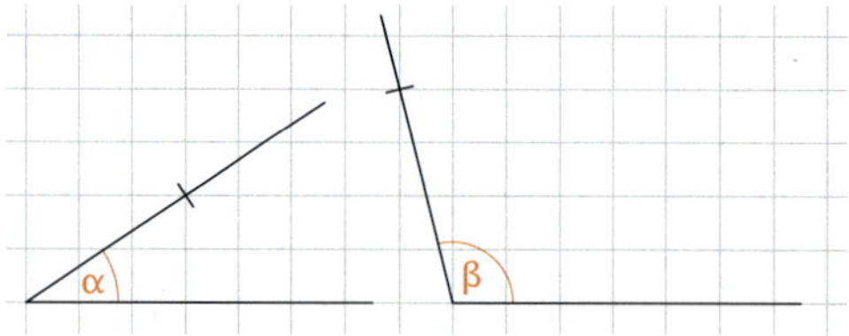

b)
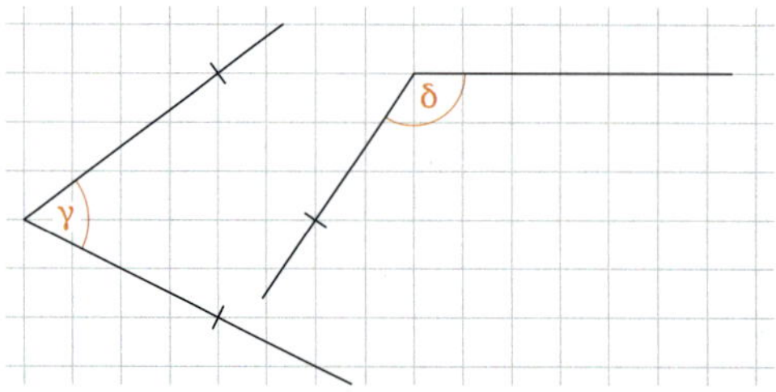

5 Bestimme die Weite der Winkel. Musst du beide messen?

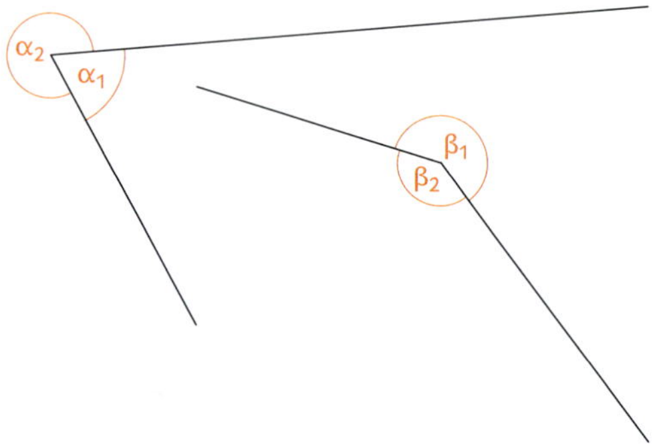

6 Trage die Punkte A(1 | 8), B(4 | 1) und C(6 | 12) in ein Koordinatensystem ein. Verbinde sie zu einem Dreieck.

a) Miss den spitzen Winkel mit dem Scheitel C.
b) Miss den stumpfen Winkel mit dem Scheitel A.
c) Miss den überstumpfen Winkel mit dem Scheitel B.

7 Welche Winkel bildet der Schiefe Turm von Pisa mit dem Boden?

Tipp: Das Geodreieck reicht hier nicht aus. Wie könntet ihr vorgehen?

8 Übertrage die Figur in doppelter Größe ins Heft. Schätze die Weite der Winkel. Miss sie anschließend.

a)
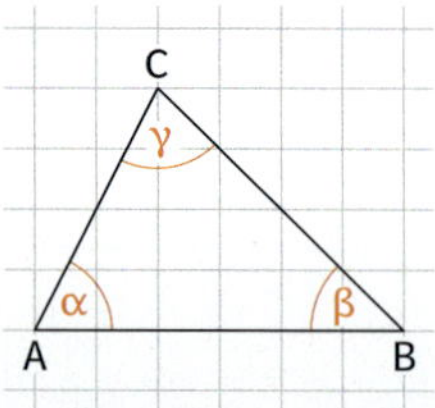

b)
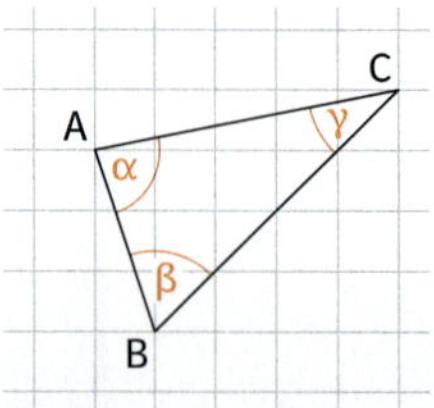

6 Winkel zeichnen

Die Tower Bridge ist eine Klappbrücke über den Fluss Themse in London. Die beiden beweglichen Teile können bis zu einem Winkel von 86° hochgeklappt werden.
→ Skizziere die beweglichen Teile der Brücke jeweils im geöffneten und im geschlossenen Zustand in deinem Heft.
→ Skizziere die beweglichen Teile, wenn sie in einem Winkel von 45° geöffnet sind.

Merke Winkel mit einer gegebenen Weite **zeichnest** du mit dem Geodreieck.

V121 Erklärvideo

Beispiele

a) **So zeichnest du einen 30°-Winkel:**

1. Möglichkeit:

Markiere den Scheitel.	Zeichne von S ausgehend den ersten Schenkel.	Lege das Geodreieck mit dem Nullpunkt am Scheitel an und drehe es auf 30°.	Zeichne den zweiten Schenkel.	Beschrifte den Winkel.

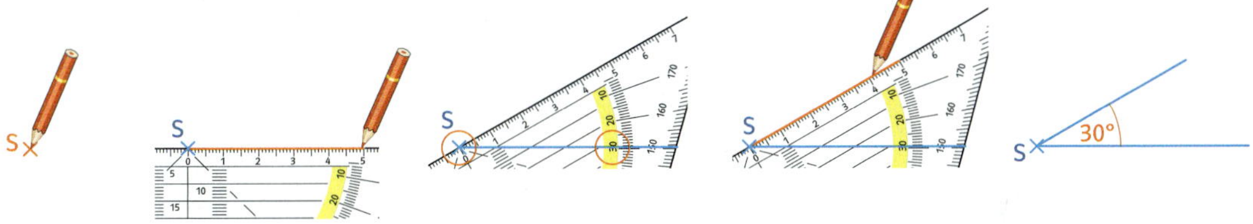

2. Möglichkeit:

Zeichne den Scheitel S und den ersten Schenkel.	Lege das Geodreieck mit dem Nullpunkt am Scheitel an.	Markiere bei 30°.	Verbinde Markierung und Scheitel zum zweiten Schenkel.	Beschrifte den Winkel.

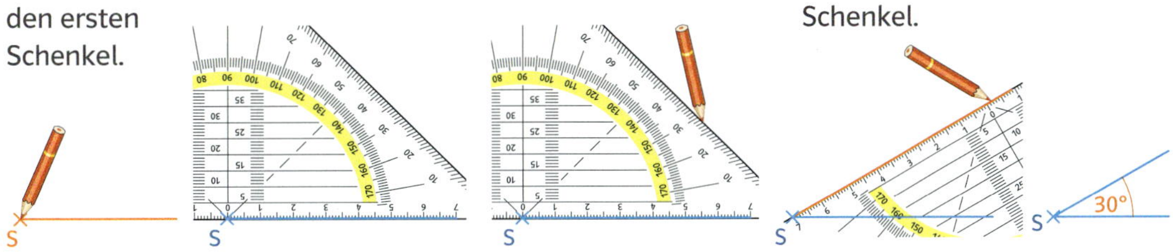

b) **So zeichnest du einen Winkel, der größer als 180° ist, z. B. $\alpha = 297°$:**

1. Möglichkeit:
Zeichne den Winkel von 180° und setze den anderen Winkel daran.
$\alpha = 297° = 180° + 117°$

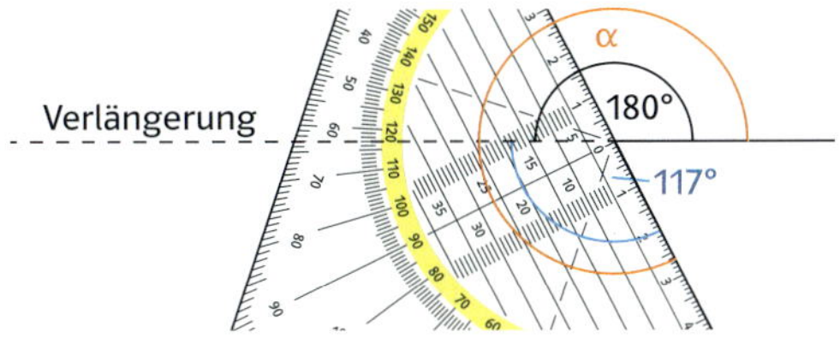

2. Möglichkeit:
Zeichne den **Gegenwinkel**.
$\alpha = 297° = 360° - 63°$

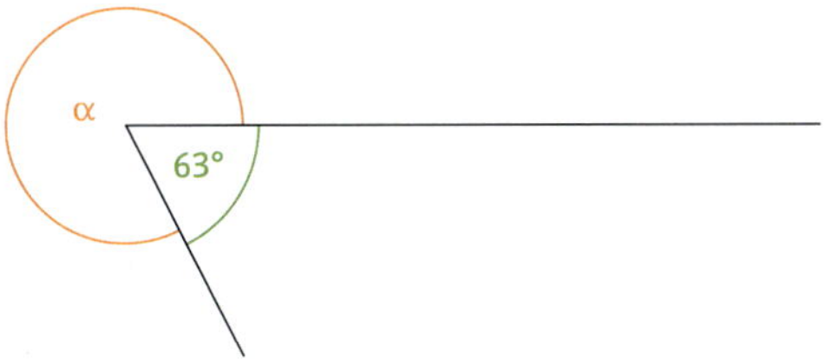

D122 Lösungen

1 Übertrage ins Heft und zeichne den Winkel.

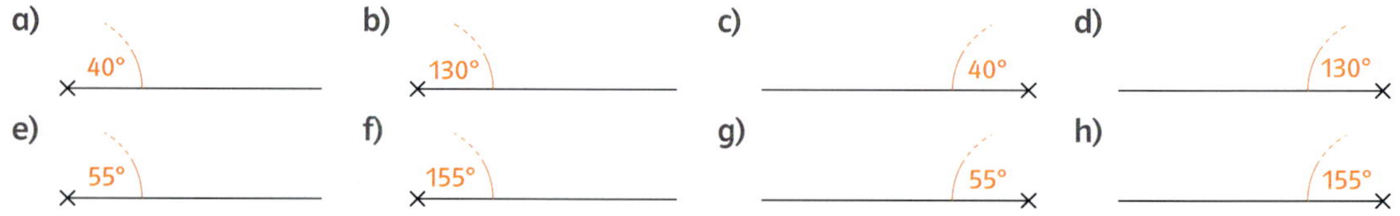

2 Zeichne drei Winkel, für die gilt:
a) Alle Winkel sind kleiner als 90°.
b) Alle Winkel sind stumpf.
c) Alle Winkel sind genau 50° groß.
d) Alle Winkel sind spitz.

3 Zeichne die Winkel mit den angegebenen Weiten.
a) $\alpha = 110°$; $\beta = 40°$; $\gamma = 75°$; $\delta = 145°$
b) $\alpha = 85°$; $\beta = 120°$; $\gamma = 175°$; $\delta = 35°$

4 Zeichne die Winkel mit den angegebenen Weiten. Überlege dir vorher, um welche Winkelart es sich handelt. Der erste Schenkel soll nicht immer waagrecht liegen.
a) 20°; 40°; 60°; 180°
b) 15°; 35°; 55°; 175°
c) 120°; 140°; 160°; 70°

5 Zeichne die Winkel in dein Heft. Gib auch die Winkelart an.
a) 76°; 43°; 27°; 88°
b) 154°; 98°; 143°; 172°
c) 36°; 107°; 5°; 162°

6 Tom hat Winkel gezeichnet. Beim Kontrollieren stellt die Lehrerin ohne Messen fest, dass er drei Winkel falsch gezeichnet hat. Erkläre, wie sie dabei vorgegangen ist.

$\alpha = 160°$; $\beta = 50°$; $\gamma = 80°$; $\delta = 95°$

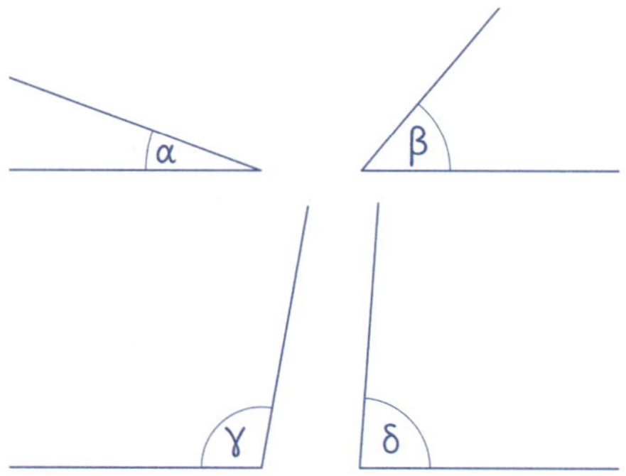

7 Notiert fünf verschiedene Winkelweiten, die der Partner oder die Partnerin nicht sieht. Zeichnet eure Winkel und tauscht dann Blätter. Messt die Winkel und vergleicht mit den notierten Werten.

5 Zeichne die Winkel in dein Heft. Der erste Schenkel soll nicht immer waagerecht liegen. Gib auch die Winkelart an.
a) 162°; 28°; 127°; 67°
b) 107°; 19°; 97°; 4°
c) 13°; 176°; 91°; 183°
d) 225°; 330°; 278°; 347°

6 Silas und Emine zeichnen einen Winkel mit einer Weite von 200°.
a) Beschreibe, wie sie dabei vorgehen:

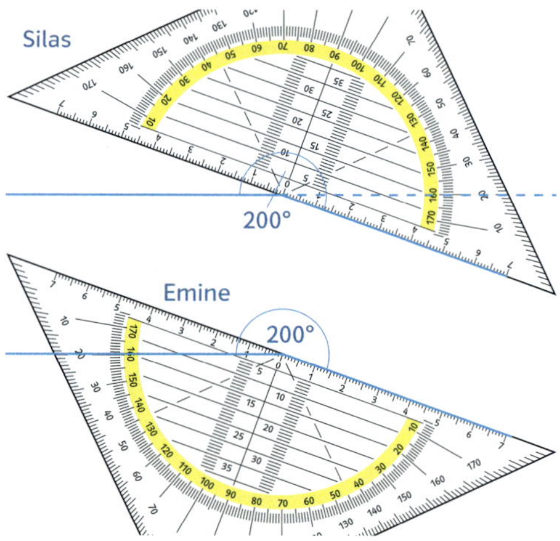

b) Für welche Arten von Winkeln sind diese Verfahren geeignet?
c) Zeichne die Winkel mit einem dieser Verfahren.
250°; 310°; 197°; 243°; 331°; 271°

7 Einen Erklärfilm erstellen MK

„Wenn du es erklären kannst, hast du es verstanden."
Um Dinge zu verstehen, kann es eine tolle Möglichkeit sein, sich Erklärfilme nicht nur anzusehen, sondern selbst welche zu erstellen.
→ Welche Erklärfilme im Internet findet ihr hilfreich? Was gefällt euch daran?

Um selbst einen einfachen Erklärfilm zu machen, brauchst du nicht viel: ein Blatt Papier, ein Tablet oder Smartphone und vielleicht noch eine Halterung hierfür. Diese lässt sich mit Alltagsgegenständen auch selbst basteln. Achte aber darauf, dass dein Aufbau stabil ist und nichts kaputt geht.

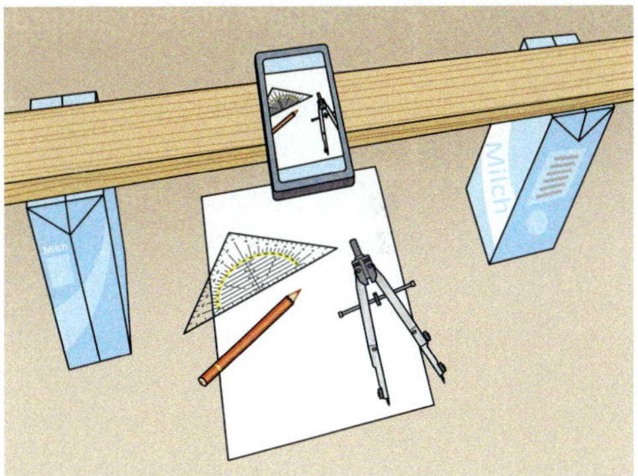

Das musst du vorab überlegen und vorbereiten:

Was möchtest du erklären?

Welche Fachbegriffe sind hierbei wichtig?

Welche Materialien benötigst du zur Veranschaulichung?

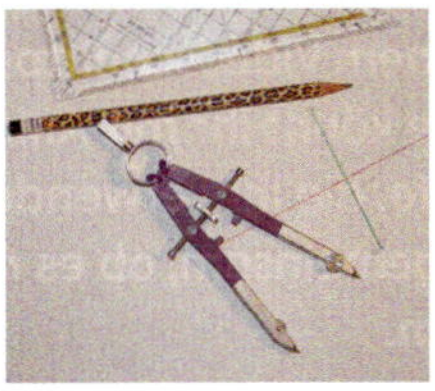

Wo hast du genügend Ruhe für deine Aufnahme?

Deinen Film kannst du so aufbauen, wie du einen Aufsatz schreiben würdest. Du kannst das Video an einem Stück aufnehmen oder in einzelnen Abschnitten, die du später aneinanderreihst. Es ist hilfreich, wenn du dir zuvor ein Drehbuch machst, in dem du notierst, was du wann sagen möchtest.

Beispiel

Phase	Inhalt	Text
Einleitung	Um was geht es in deinem Film?	„In diesem Film zeige ich dir, wie du mit einem Zirkel einen Kreis zeichnest."
Hauptteil	Hier zeigst du etwas schrittweise und sagst bei jedem Schritt, was du machst. Achte darauf, dass du die richtigen Fachbegriffe verwendest und dich korrekt ausdrückst.	„Um einen Kreis zu zeichnen, markierst du zuerst den Kreismittelpunkt M." „Stelle anschließend den Zirkel auf einen Radius von beispielsweise 3 cm ein." „Danach stichst du mit dem Zirkel in den Kreismittelpunkt M. Du zeichnest die Kreislinie, indem du den Zirkelteil mit der Bleistiftmine um den Mittelpunkt drehst."
Schluss	Verabschiede dich.	„Ich hoffe, mein Video hat dir weitergeholfen. Bis bald!"

○ **1** MK Erstelle ein Video, in dem du erklärst, wie man einen Kreis mit einem Radius von 5 cm zeichnet.
Tipp: Als Vorlage kannst du das Beispiel auf der vorherigen Seite verwenden.

○ **2** MK Erweitere den Film aus Aufgabe 1 und erkläre zusätzlich noch die Begriffe Radius, Durchmesser und Kreislinie. Zeichne diese Elemente in den gezeichneten Kreis ein und hebe sie farbig hervor.

○ **3** MK Zeichne einen Winkel und kennzeichne den Scheitel S, die Schenkel und den Winkelbogen. Bezeichne den Winkel mit einem griechischen Buchstaben. Erstelle einen Erklärfilm, in dem du die Bestandteile eines Winkels erläuterst.
Notiere hierbei außerdem die ersten sechs griechischen Buchstaben und nenne sie beim Namen.
Tipp: Orientiere dich am Merkkasten auf Seite 155.

○ **4** MK Erstelle einen Film, in dem du erklärst, wie Winkel entsprechend ihrer Weite in unterschiedliche Winkelarten eingeteilt werden. Erstelle für jede Winkelart vorab eine Zeichnung, die du dann bei der Aufnahme ins Bild hineinziehen kannst.
Tipp: Im Merkkasten auf Seite 157 findest du alle Winkelarten abgebildet.

◒ **5** MK Erstelle einen Erklärfilm, in dem du erklärst, wie man die Weite eines Winkels mit dem Geodreieck misst. Zeige auch, wie überstumpfe Winkel gemessen werden.

● **6** MK
a) Erstellt zu zweit einen Film, in dem erklärt wird, wie man einen Winkel zeichnet. Zeigt dabei unterschiedliche Möglichkeiten. Geht auch auf Winkel ein, die größer als 180° sind. Bereitet eure Aufnahme mit Stichworten oder einem kompletten Text vor.
b) Mit einem Videoschnittprogramm könnt ihr ein Intro und einen Abspann einfügen. Eure Aufnahme könnt ihr mit Animationen erweitern, die eure Erklärungen unterstützen. Fachbegriffe, die ihr verwendet, könnt ihr zusätzlich als Text einblenden und so hervorheben. Prüft gemeinsam, ob es noch andere Elemente gibt, die euren Film noch besser machen können.

Das musst du besonders beachten:

Urheberrecht

Ein Film gehört der Person oder Gruppe, die ihn erstellt hat. Sie ist Urheber des Films. Nur sie darf entscheiden, wer den Film sehen darf.

Privatsphäre

Achte darauf, keine privaten Informationen oder Dinge, die jemand anderem gehören, in deinem Film zu veröffentlichen.

Speicherort

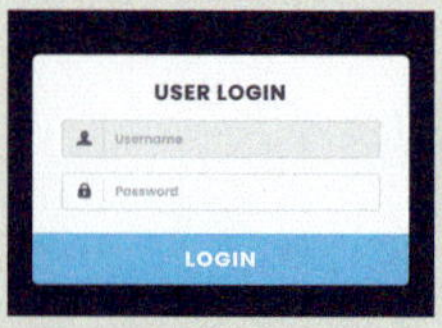

Speichere deinen Film an einem sicheren Ort. Wenn du möchtest, dass dein Film veröffentlicht wird, müssen auch deine Eltern zustimmen.

Rechte anderer

Nutze bei der Erstellung eigene Zeichnungen, Fotos, Musik oder Texte. So verletzt du nicht die Rechte von anderen Menschen.

8 Winkel in Dreiecken E

Das Gebilde besteht aus verschiedenen Holzklötzen.
→ Überlege, welche Gemeinsamkeit alle Holzklötze haben.
→ Welche Unterschiede kannst du erkennen?
→ Erkennst du bei den Größen der Seiten Besonderheiten?
→ Überlegt zu zweit, ob ihr noch andere Dreiecke skizzieren könnt.

Ein **Dreieck** ist eine geometrische Figur. Es hat drei Seiten und drei Winkel. Die Scheitel der Winkel sind die Eckpunkte des Dreiecks.

gegen den Uhrzeigersinn

V123 Erklärvideo

Merke

Die **Eckpunkte** des Dreiecks benennst du gegen den Uhrzeigersinn mit Großbuchstaben.
Die **Seiten** benennst du mit Kleinbuchstaben.
Die drei **Winkel** ordnest du ihrem Eckpunkt zu.
So liegt der Punkt A beim Winkel α, gegenüber der Seite a.

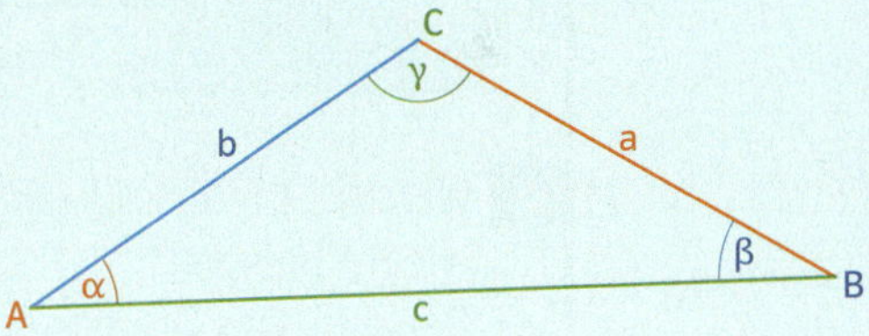

Beispiele

Dreiecke kannst du auf zwei Arten einteilen.

a) Einteilung der Dreiecke nach **Winkeln**:

spitzwinkliges Dreieck

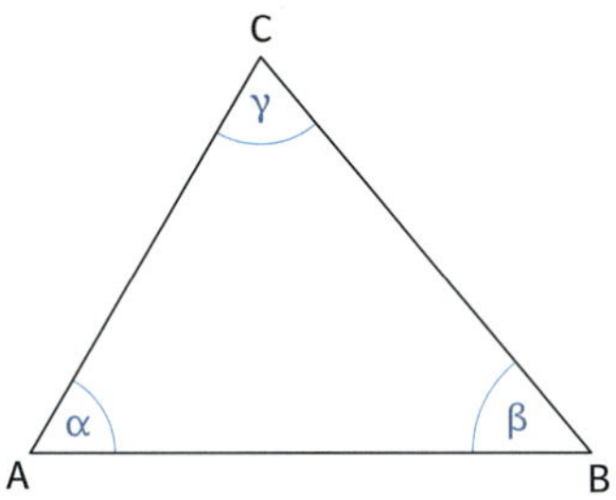

drei spitze Winkel

rechtwinkliges Dreieck

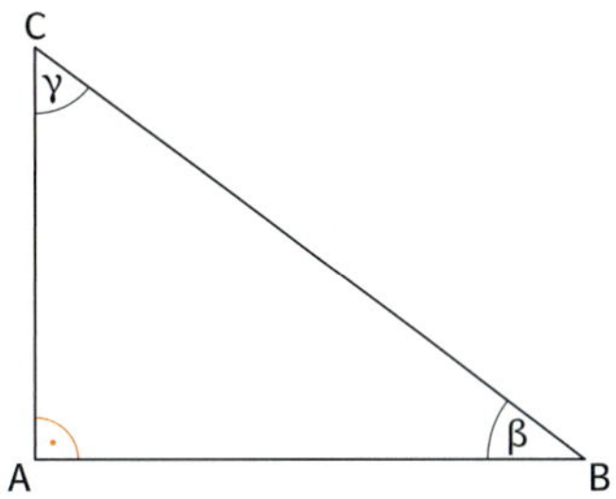

ein rechter Winkel

stumpfwinkliges Dreieck

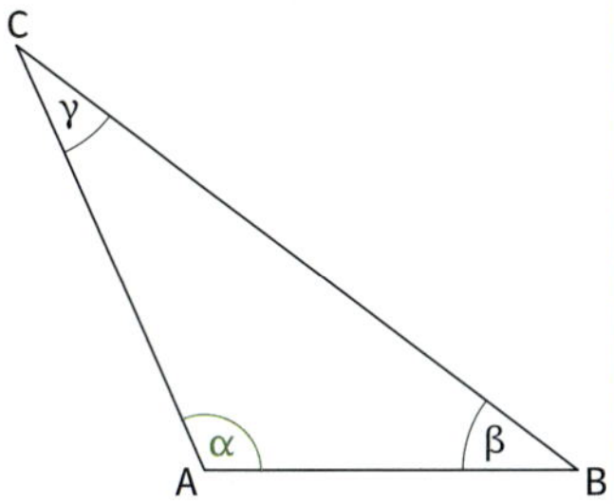

ein stumpfer Winkel

b) Einteilung der Dreiecke nach **Seiten**:

allgemeines Dreieck

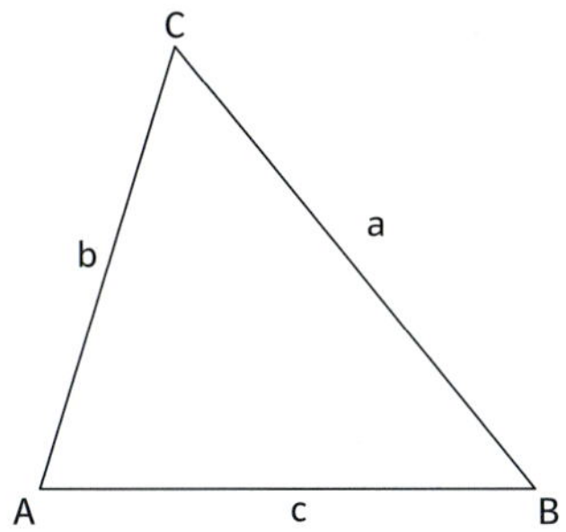

gleichschenkliges Dreieck

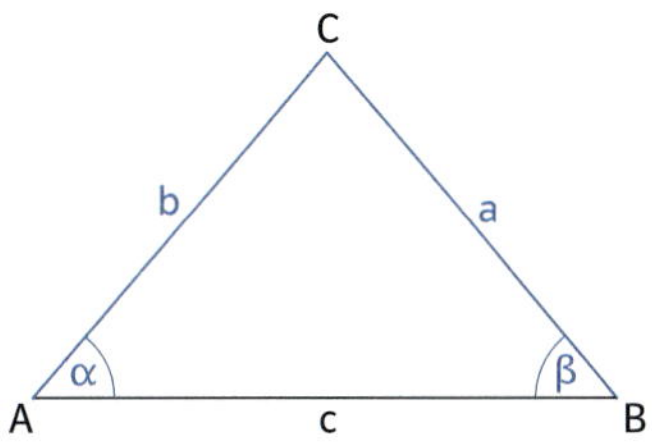

zwei gleich lange Seiten
$\alpha = \beta$

gleichseitiges Dreieck

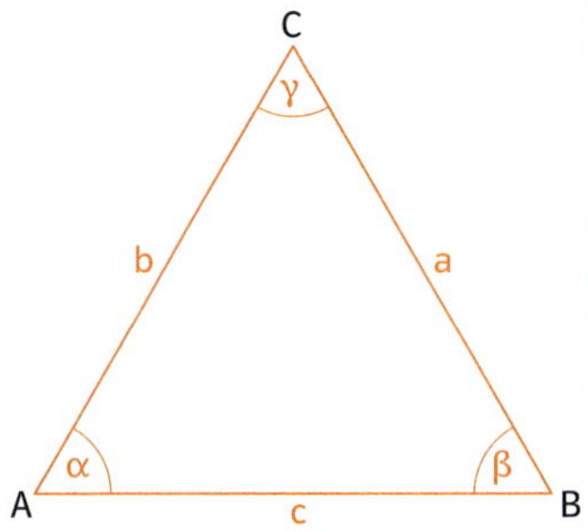

drei gleich lange Seiten
$\alpha = \beta = \gamma = 60°$

D124 Lösungen

1 Übertrage die Dreiecke in dein Heft. Vervollständige die Beschriftung der Dreiecke.

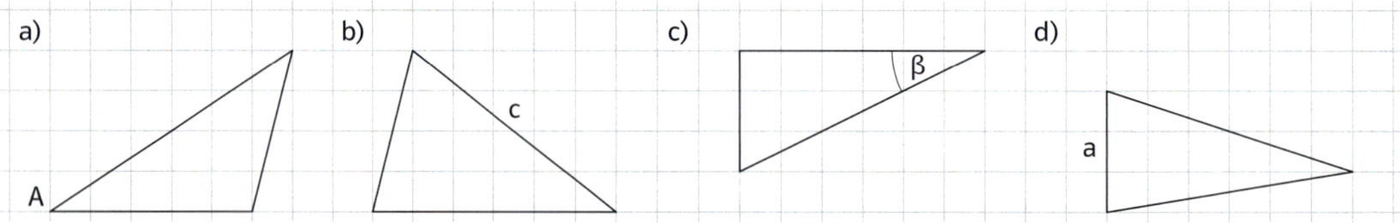

2 Zeichne ein spitzwinkliges, ein rechtwinkliges und ein stumpfwinkliges Dreieck.

3 Benenne die Dreiecke nach ihren Winkeln. Begründe wie im Beispiel.
Beispiel: Das Dreieck A ist spitzwinklig, weil es drei spitze Winkel hat.

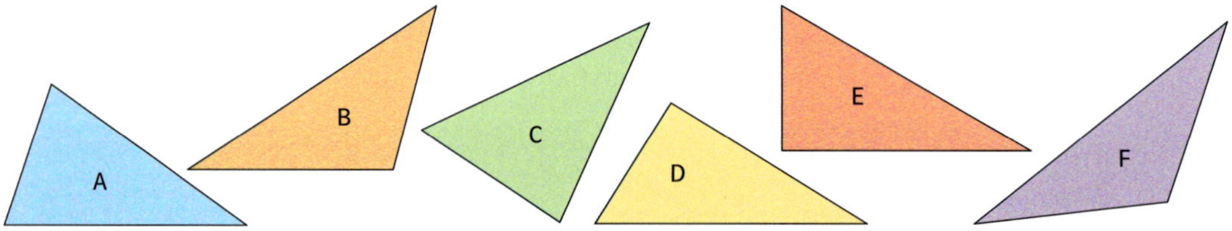

4 Welches Dreieck ist gleichschenklig, welches ist gleichseitig, welches allgemein? Begründe wie im Beispiel.
Beispiel: Das Dreieck A ist gleichseitig, da alle drei Seiten gleich lang sind.

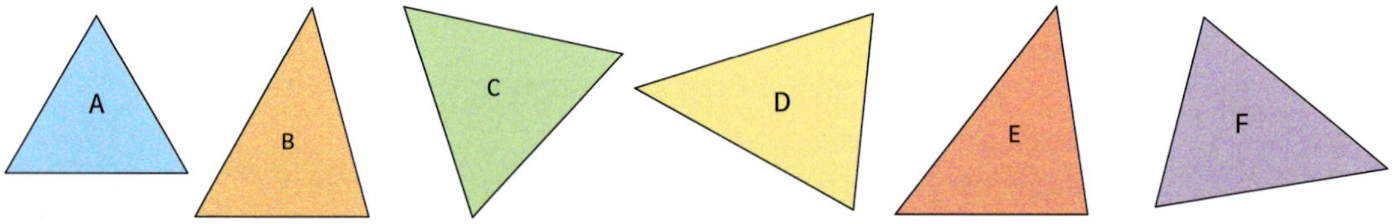

5 Benenne das Dreieck nach Seiten und Winkeln.

a)

b)

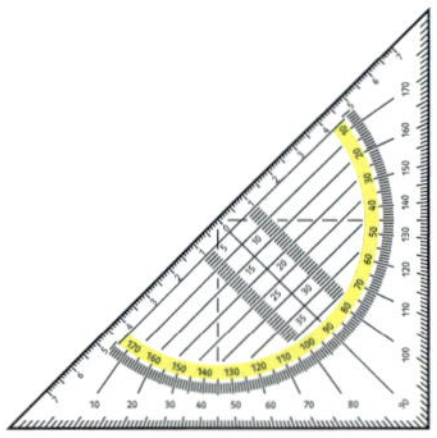

6 Ergänze die Tabelle im Heft.

	α	β	γ	Dreiecksart
	10°	70°	100°	stumpfwinklig
a)	60°	90°	30°	▪
b)	75°	25°	80°	▪
c)	60°	60°	60°	▪

7 Zeichne ein gleichschenklig-rechtwinkliges Dreieck. Kennzeichne gleich lange Seiten und gleich große Winkel in derselben Farbe.

8 MK Zeichne mit einer DGS. Benutze das Werkzeug „Vielecke“, um ein stumpfwinkliges, ein spitzwinkliges und ein rechtwinkliges Dreieck zu zeichnen.

9 Stimmen die Aussagen? Versuche eine Erklärung zu finden. Du kannst auch eine Zeichnung erstellen.

Ein Dreieck kann gleichseitig und rechtwinklig zugleich sein.

Ein Dreieck kann höchstens einen rechten Winkel haben.

Es gibt kein Dreieck mit zwei stumpfen Winkeln.

Ein Dreieck kann gleichschenklig und rechtwinklig zugleich sein.

Kreis

Jede Strecke vom **Mittelpunkt M** zu einem Punkt auf der Kreislinie heißt **Radius r**.
Jede Strecke durch den Mittelpunkt, die zwei Punkte auf dem Kreis verbindet, heißt **Durchmesser d**.
Der Durchmesser ist doppelt so lang wie der Radius.
Die **Kreisfläche** wird von der **Kreislinie** eingeschlossen.

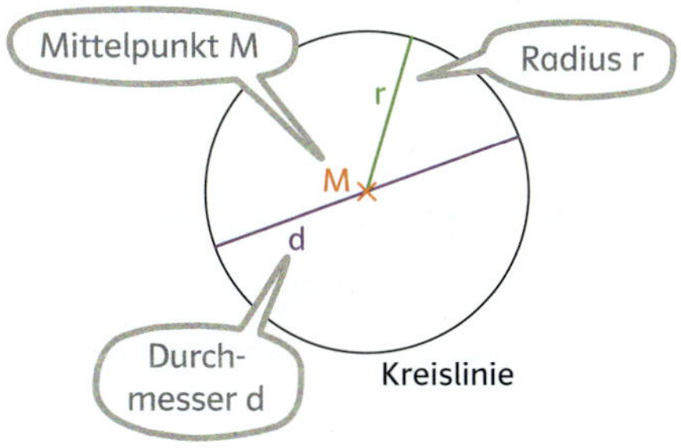

Winkel

Ein **Winkel** wird von zwei **Schenkeln** mit gemeinsamem Anfangspunkt S begrenzt.
Der Punkt **S** heißt **Scheitel**.

Winkel werden mit Bögen markiert und mit griechischen Buchstaben bezeichnet:
α (alpha); β (beta); γ (gamma); δ (delta); ε (epsilon); φ (phi); …

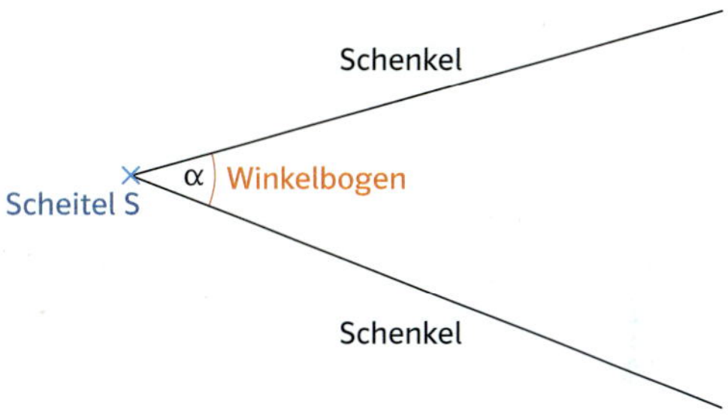

Einteilung der Winkel

Die Einheit für die Weite eines Winkels heißt **Grad** (kurz °). Winkel werden nach ihrer Weite eingeteilt.

spitzer Winkel (kleiner als 90°)	**rechter** Winkel (90°)	**stumpfer** Winkel (größer als 90° und kleiner als 180°)	**gestreckter** Winkel (180°)	**überstumpfer** Winkel (größer als 180° und kleiner als 360°)	**Vollwinkel** (360°)
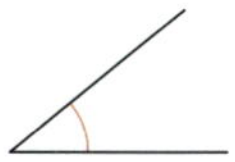			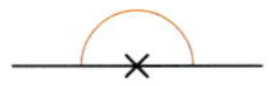	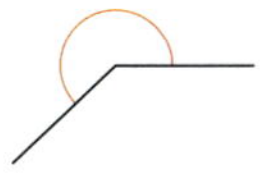	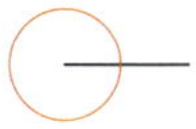

Winkel messen und zeichnen

Zum **Messen eines Winkels** legst du das Geodreieck mit dem Nullpunkt an den Scheitel. Ein Schenkel liegt an der Kante des Geodreiecks, der andere Schenkel liegt unter dem Geodreieck. Zum Ablesen der Winkelweite verwendest du die Skala, die beim angelegten Schenkel mit 0° beginnt.

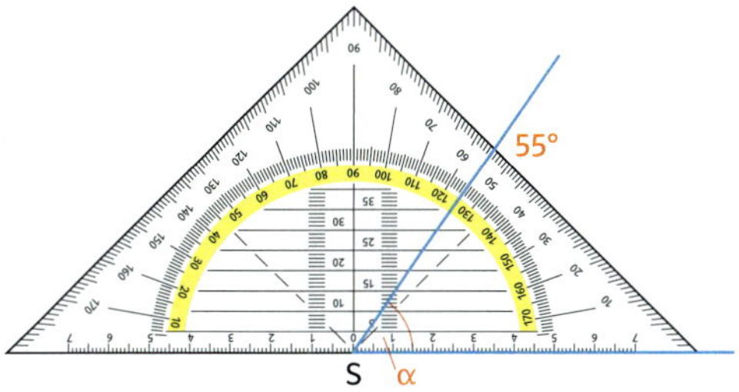

Beim Zeichnen eines Winkels gehst du wie folgt vor:

Zeichne den 1. Schenkel.	Markiere den Scheitel.	Drehe das Geodreieck.	Zeichne den 2. Schenkel.	Beschrifte den Winkel.
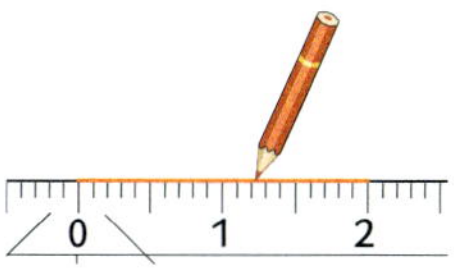	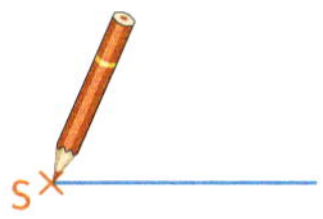	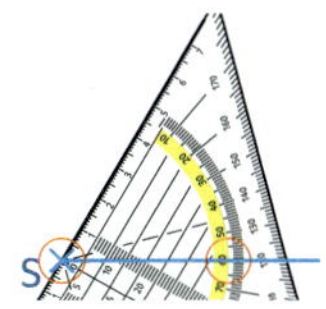	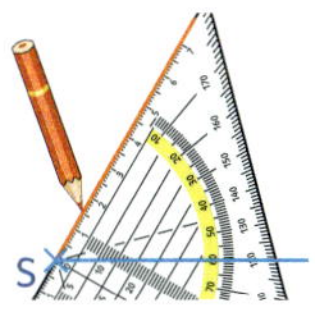	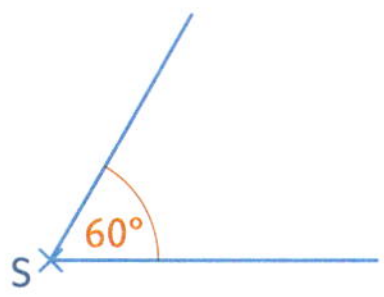

D125 Lösungen

Kreis

○ **1** Zeichne fünf Kreise um einen gemeinsamen Mittelpunkt M. Verwende die Radien
r = 4,5 cm; r = 6,5 cm; r = 35 mm;
r = 70 mm und r = 50 mm.

a) Zeichne mit dem Zirkel.

b) MK Zeichne mit einer DGS.

○ **2** Ergänze die Tabelle im Heft.

I126 Simulation

	Radius r	Durchmesser d
a)	15 mm	■
b)	■	12 cm
c)	7,5 cm	■
d)	■	21 cm
e)	35 mm	■

○ **3** Übertrage die Kreise in dein Heft. Gib den Radius und den Durchmesser an.

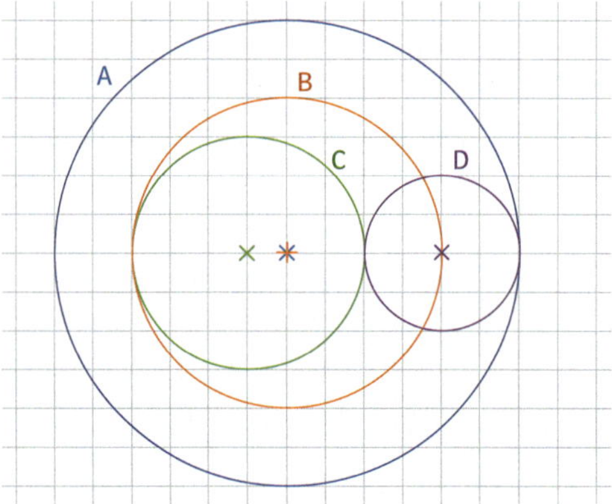

◒ **4** Zeichne die Figuren in dein Heft.

a)

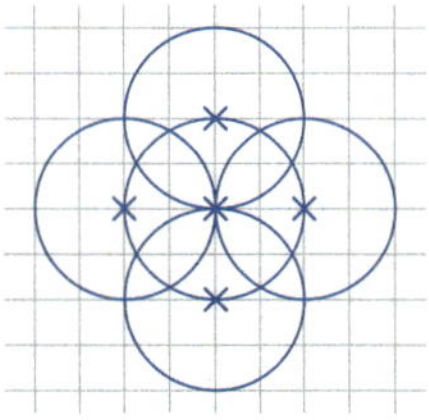

b)

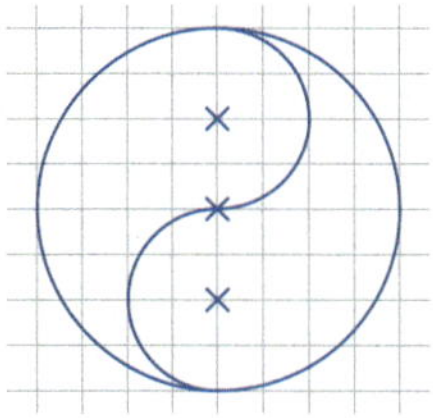

Winkel

○ **5** Zeichne vier verschiedene Winkel. Benenne sie mit α, β, γ und δ. Ergänze auch die Bezeichnungen Scheitel und Schenkel.

○ **6** Übertrage die Figur ins Heft. Zeichne alle Winkel ein und benenne sie.

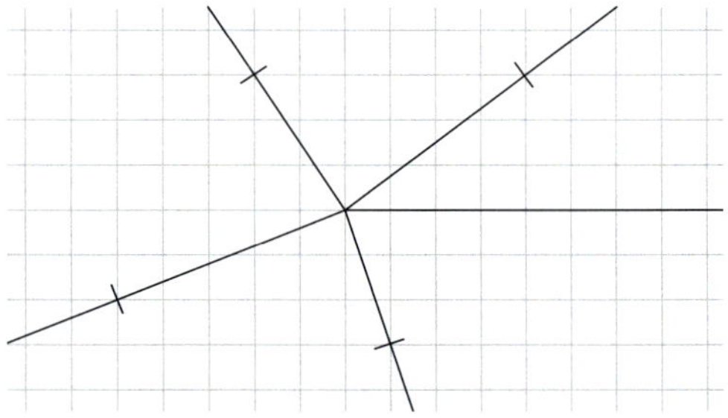

Winkel schätzen und einteilen

Übe digital mit I126.

○ **7** Je ein Winkel passt nicht zu den beiden anderen. Begründe.

a)

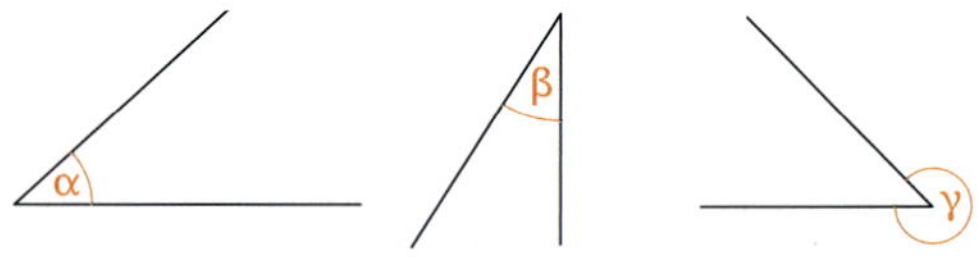

b)

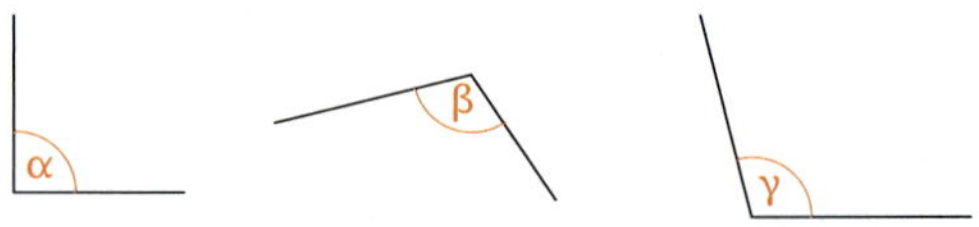

c)

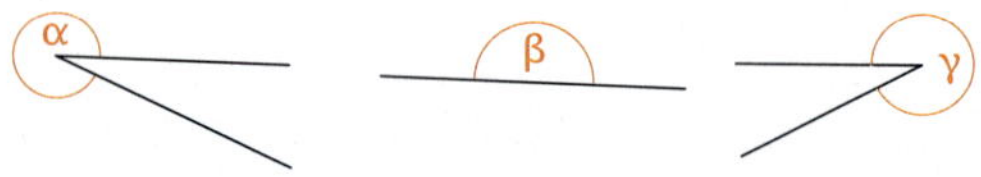

○ **8**

a) Um welche Winkelart handelt es sich?

b) Ordne die Winkel nach ihrer Weite.

c) Schätze die Weite der Winkel.

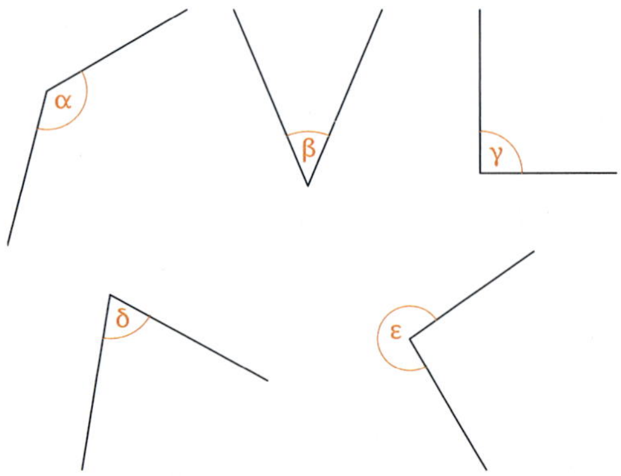

Winkel messen

9 Schätze zuerst die Weiten der Winkel und miss anschließend.

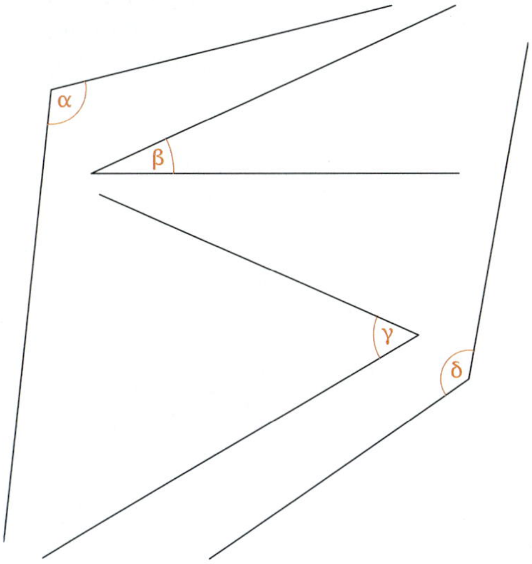

Winkel zeichnen

10 Zeichne die Winkel.

a)	b)	c)
α = 30°	α = 85°	α = 65°
β = 90°	β = 25°	β = 18°
γ = 160°	γ = 180°	γ = 260°
δ = 105°	δ = 145°	δ = 305°

Winkel in Dreiecken E

11 MK Zeichne das Dreieck ABC ins Heft oder mit einer DGS. Gib die Dreiecksart an.

a) A(1 | 1); B(8 | 1); C(2 | 10)
b) A(1 | 4); B(5 | 0); C(8 | 3)
c) A(1 | 11); B(10 | 1); C(8 | 9)

Vermischte Aufgaben

12 Drei Radiosender haben die Koordinaten A(8|6); B(12|20) und C(20|12). Ihre Reichweiten entsprechen der Reihe nach 8 K (Kästchen), 12 K und 10 K.

a) Zeichne die Sender mit ihren Empfangsgebieten in ein Koordinatensystem.
b) Färbe mit Grün das Gebiet, in dem alle drei Sender zu empfangen sind, mit Rot das Gebiet, in dem nur C zu empfangen ist, und mit Blau das Gebiet, in dem A und C, aber nicht B zu empfangen sind.

13 Zeichne einen Winkel und bestimme die Winkelart.

a) Winkel α = 90°
b) Winkel β zwischen 90° und 180°
c) Winkel γ größer als 180°

14 Übertrage die Figuren ins Heft. Schätze zuerst die Weite der Winkel. Miss dann nach. Benenne die Winkelarten.

a)
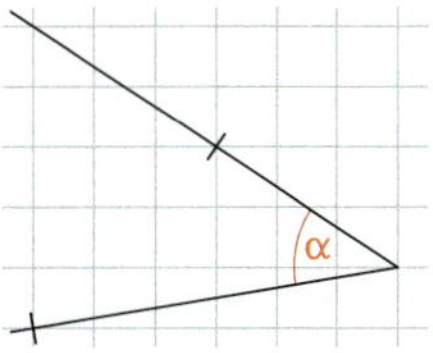

b)
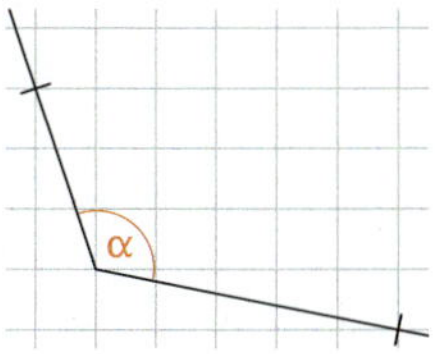

c)
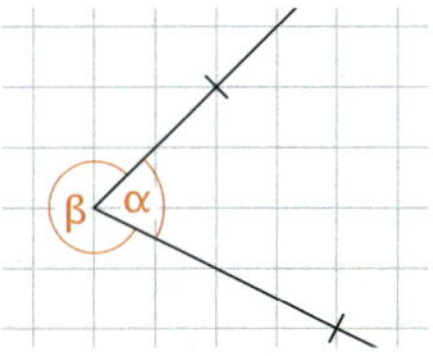

d)
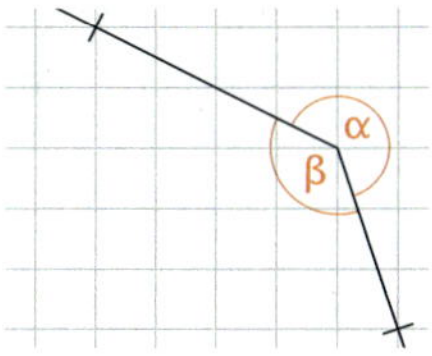

15 MK Zeichnet beide mit der DGS einen Winkel. Dein Partner oder deine Partnerin schätzt die Weite deines Winkels und umgekehrt. Blendet anschließend die Winkelweiten ein. Wer besser geschätzt hat, bekommt einen Punkt. Gewonnen hat, wer zuerst 5 Punkte hat.

16 Die abgebildete Pizza wird in acht gleich große Stücke geschnitten.

a) Wie groß ist der Winkel an der Spitze des Kreismittelpunkts?
b) Zeichne zwei Kreise. Zerlege einen in 9, den anderen in 12 gleich große Teile. Wie groß ist jeweils der Winkel an der Spitze?

17 E Überlegt zu zweit, wie viele spitze, rechte bzw. stumpfe Winkel ein Dreieck haben kann.

I127 Tutorial

1 Beschreibe Gemeinsamkeiten und Unterschiede der Kreise.

a)
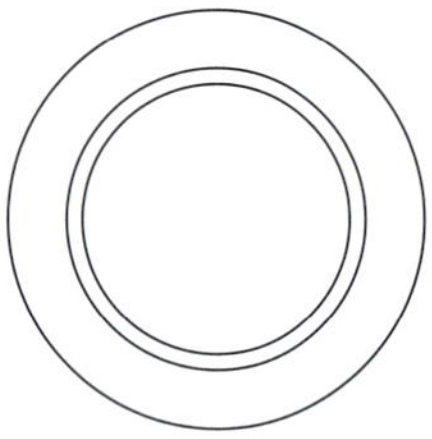

b)
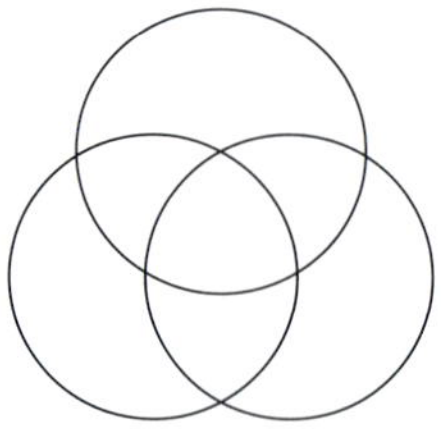

2 Zeichne einen großen Kreis mit dem Durchmesser 12 cm. Zeichne drei weitere Kreise mit r = 25 mm, die innerhalb des großen Kreises liegen sollen. Die einzelnen Kreise sollen sich nicht berühren.

3 Zeichne ins Heft. Setze die Muster fort. Finde selbst weitere Muster.

4 Zeichne das Viereck ABCD in ein Koordinatensystem und miss die vier Winkel. Gib auch die Winkelarten an.

a) A(2|2); B(10|2); C(14|8); D(6|10)
b) A(3|0); B(18|3); C(12|6); D(15|15)

5 Gib die Weite des Winkels an, den der Minutenzeiger in diesen Zeitspannen überstreicht.

a) 45 min b) 20 min c) 10 min
d) 30 min e) 5 min f) 1 h

6 Wer schätzt besser?
Gebt euch gegenseitig Winkelweiten an. Zeichne dann ungefähr (ohne zu messen) die Winkelweite, die du erhalten hast. Wer näher an der vorgegebenen Winkelweite liegt, erhält den Punkt. Einigt euch, bis zu welchem Punktestand ihr spielt.

7 Führe die Zeichnung im Heft um drei weitere Strecken fort.

a)
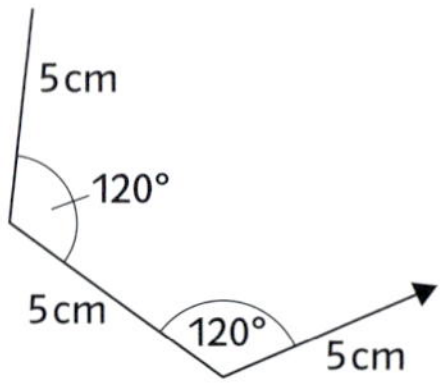

b)
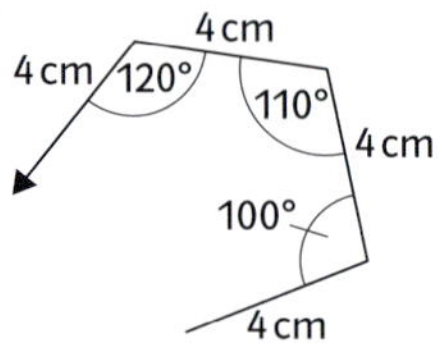

8 Berechne den Winkel α mithilfe des gestreckten Winkels.

a)
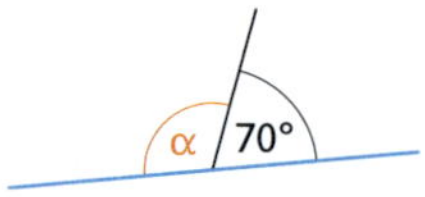

b)
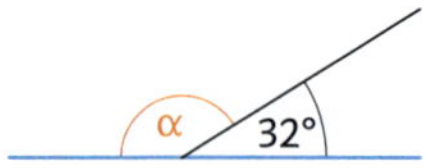

c)
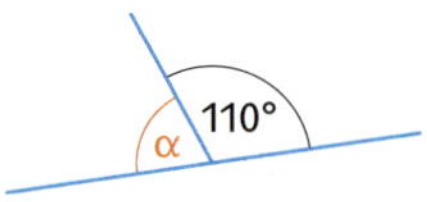

d)
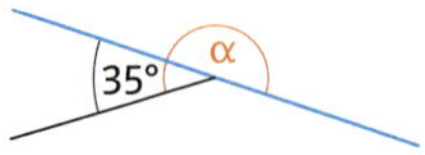

9 **E** Aus dem Einstrahlwinkel der Sonne und der Schattenlänge kannst du die Höhe des Kirchturms ungefähr bestimmen. Zeichne ins Heft.
Tipp: Zeichne die 70 m als 7 cm ins Heft.

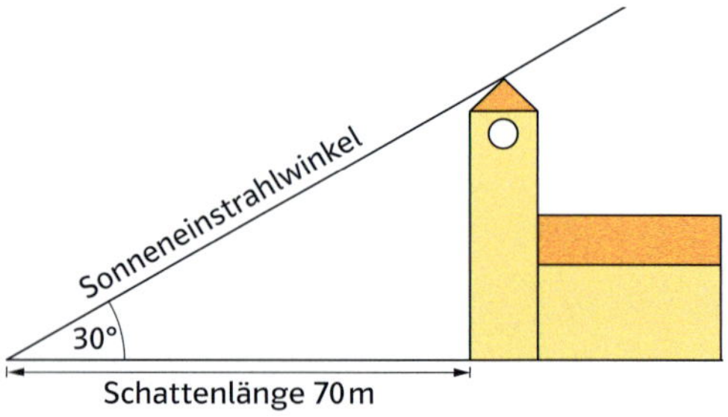

10 **E** Addiert man in einem Dreieck die Weite der Winkel α, β und γ, erhält man 180° als Wert der Summe.
Berechne die Weite des fehlenden Winkels. Bestimme anhand der Winkel, welche Art von Dreieck vorliegt.

a) α = 60°; β = 50° b) α = 50°; γ = 30°
c) α = 45°; γ = 30° d) β = 60°; γ = 60°

1 Zeichne einen Kreis mit
a) r = 3 cm.
b) r = 38 mm.
c) d = 8 cm.
d) d = 56 mm.

2 Ergänze die Lücke im Heft.
a) r = 2 cm
d = ▒ cm
b) d = 3,6 cm
r = ▒ cm
c) d = 78 mm
r = ▒ mm

3 Zeichne den Winkel und bestimme die Winkelart.
a) $\alpha = 15°$
b) $\beta = 100°$
c) $\gamma = 180°$
d) $\delta = 155°$
e) $\varepsilon = 54°$
f) $\varphi = 145°$

4 Schätze die Weite des Winkels. Übertrage den Winkel ins Heft und miss nach.

a)
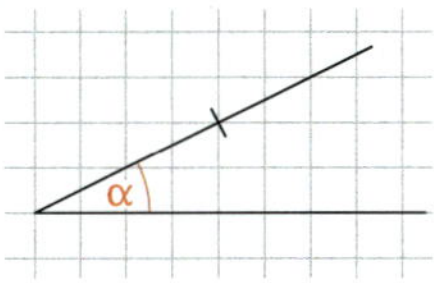

b)
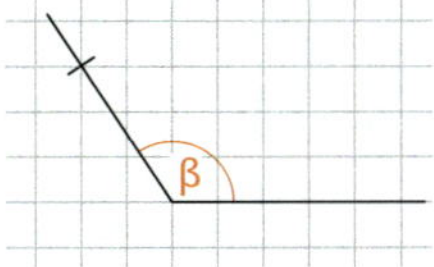

c)
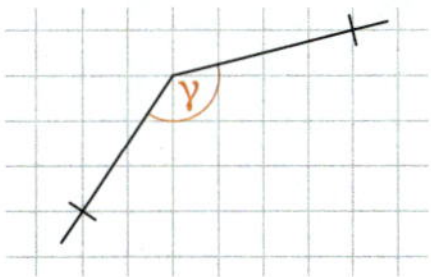

d)
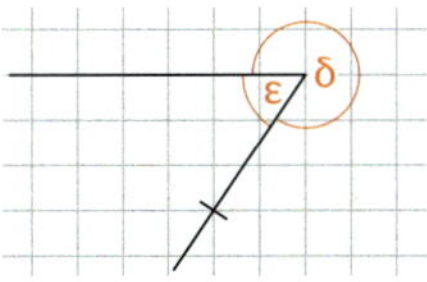

5 Zeichne den Kreis um M. Trage auch den Durchmesser ein und beschrifte deine Zeichnung.
a) M(5|4); r = 2 cm
b) M(14|8); r = 3,3 cm
c) M(10|12); r = 25 mm

6 Miss die Weite der Winkel. Bestimme auch die Winkelart.

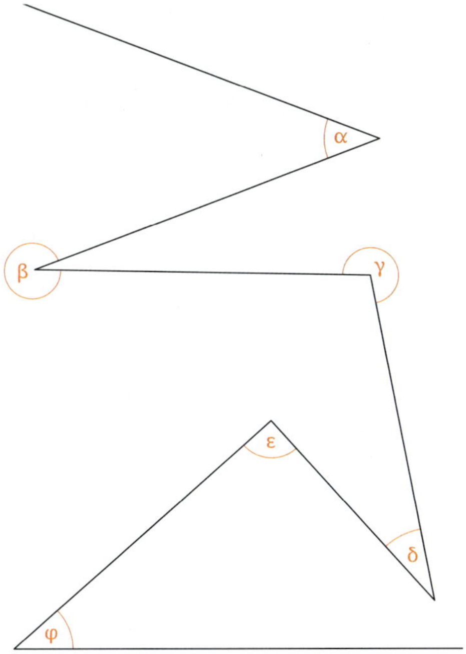

7 Thea will eine runde Pizza für fünf Leute gerecht aufteilen. Fertige eine Zeichnung an. Wie groß ist der Winkel eines Stücks am Kreismittelpunkt?

5 Zeichne den Kreis um M durch den Punkt P.
Gib jeweils den Radius und den Durchmesser an.
a) M(12|10); P(7|10)
b) M(10|9); P(10|0)

6 Zeichne die Winkel und bestimme die Winkelart.
$\alpha = 136°$; $\beta = 89°$; $\gamma = 198°$; $\delta = 322°$

7 Schätze die Weite der Winkel. Zeichne die Figuren doppelt so groß ins Heft und überprüfe deine Schätzung. Gib auch die Winkelarten an.

a)
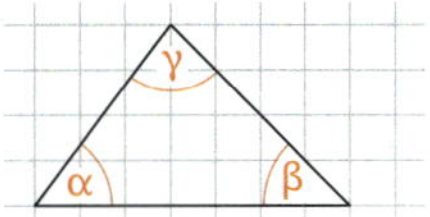

b)
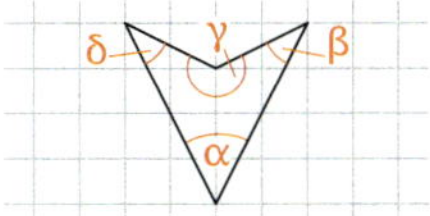

8
a) Die Pizzen wurden in gleich große Stücke aufgeteilt. Wie groß ist der Winkel eines Stücks am Kreismittelpunkt?

(1)

(2)

(3)

b) Zeichne selbst eine Pizza, die in 10 gleich große Stücke aufgeteilt wird. Bestimme die Weite des Winkels am Kreismittelpunkt.

→ Lösungen Seite 292

7 Größen und Maßstab

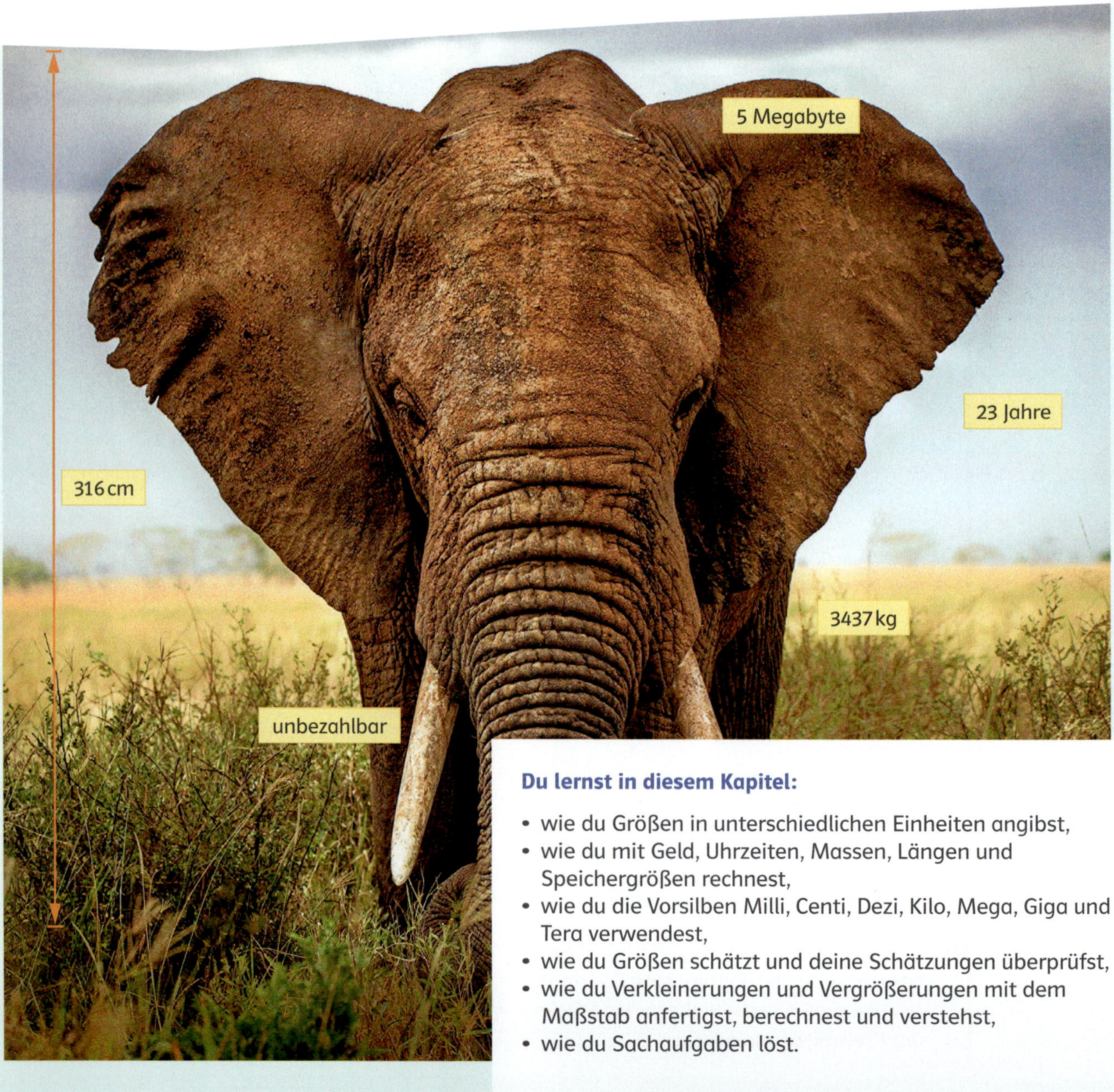

Du lernst in diesem Kapitel:

- wie du Größen in unterschiedlichen Einheiten angibst,
- wie du mit Geld, Uhrzeiten, Massen, Längen und Speichergrößen rechnest,
- wie du die Vorsilben Milli, Centi, Dezi, Kilo, Mega, Giga und Tera verwendest,
- wie du Größen schätzt und deine Schätzungen überprüfst,
- wie du Verkleinerungen und Vergrößerungen mit dem Maßstab anfertigst, berechnest und verstehst,
- wie du Sachaufgaben löst.

1 Messgeräte sachgerecht nutzen

Miss mit einem geeigneten Messgerät nach.

a) Wie lange benötigst du, um 20-mal auf der Stelle zu hüpfen?
b) Wie groß bist du?
c) Wie schwer ist deine Schultasche?
d) Wie dick ist dein Mathebuch?

→ **Lerntipp:** Seite 270 und 277

2 Größen erkennen und ordnen

a) Ordne von wenig nach viel.

b) Ordne von kurz nach lang.

20 Sekunden | 5 Jahre | 2 Tage | 1 Stunde | 5 Minuten

c) Ordne von leicht nach schwer.

d) Ordne von kurz nach lang.

1 Kilometer | 15 Millimeter | 3 Dezimeter | 8 Zentimeter | 8 Meter

→ **Lerntipp:** Seite 277 und 278

3 Mit Größen rechnen

a) Wie hoch ist der Stuttgarter Fernsehturm ohne Antennenmast?

b) Wie schwer sind die Braunbärenmutter und ihre beiden Kinder zusammen?

→ **Lerntipp:** Seite 278

4 Uhrzeiten ablesen

Gib die Uhrzeiten an.

a)

b)

→ **Lerntipp:** Seite 277

5 Mit Stufenzahlen rechnen

Berechne.

a) $8 \cdot 1000$
b) $7000 : 1000$
c) $500 : 10$
d) $7 \cdot 100$
e) $10\,000 : 1000$
f) $2 \cdot 10$
g) $120 \cdot 100$
h) $25\,000 : 1000$

→ **Lerntipp:** Seite 268

→ Lösungen Seite 294 und 295

Die Stunde der Rekorde

→ 1 Geld
→ 2 Zeit
→ 3 Masse

1 Wer von euch hat ein oder mehrere Bücher mit verrückten Weltrekorden zu Hause? Bringt eure Bücher mit in die Mathestunde und stöbert gemeinsam nach Rekorden. Ihr könnt auch das Internet als Informationsquelle nutzen.
Finde je einen interessanten Rekord zu den Bereichen Geld, Zeit und Länge oder dazu, wie schwer oder leicht eine Sache ist.
Sammelt eure 3 Lieblingsrekorde und vergleicht sie miteinander.

Das Messgerät bist du

→ 4 Länge

2 Bevor es Lineale, Maßbänder oder Entfernungsmesser per Laser gab, haben die Menschen verschiedene Körperteile zum Messen von Längen verwendet. Oder sie haben Gegenstände aus dem Alltag genommen. Das funktioniert heute immer noch!

a) Vermesst euer Klassenzimmer oder Teile der Schule mit solchen Alltagslängen. Wie könnte man größere Längen messen? Notiert eure Messergebnisse und vergleicht sie miteinander.

b) Laura wundert sich, dass Niklas andere Ergebnisse hat als sie. Warum ist das so? Wie könnte man dieses Problem vermeiden?

Die olympischen Spiele im Klassenzimmer

→ 2 Zeit
→ 3 Masse
→ 4 Länge

3 Für sportliche Wettkämpfe muss man nicht immer in die Sporthalle oder auf den Sportplatz gehen. Spannende Herausforderungen mit sportlichem Charakter lassen sich auch im Klassenzimmer durchführen.

a) Unten stehen sechs verschiedene Vorschläge. Probiert sie gemeinsam in der Klasse aus.

Papierfliegerweitwurf
Baut Papierflieger. Markiert eine Startlinie. Messt nach: Welcher Papierflieger fliegt am weitesten?

Werfen und Fangen
Wie lange brauchst du, um einen Ball zehnmal auf eine Höhe über deinem Kopf zu werfen und wieder zu fangen?

Schätzen und Wiegen
Nehmt einen griffbereiten Gegenstand und schätzt dessen Gewicht. Kontrolliert mit einer geeigneten Waage: Wer hat am besten geschätzt?

1 × 1-Champion
Einigt euch auf eine Zahlenreihe aus dem 1 × 1. Stoppt: Wer sagt die Reihe am schnellsten auf?

Zeit Schätzen
Wer kann mit geschlossenen Augen am genauesten eine Zeit von 20 Sekunden stoppen?

Standweitsprung
Markiert eine Linie. Messt nach: Wer springt aus dem Stand von dort aus am weitesten?

b) Sammelt in der Klasse eure eigenen Ideen für Challenges, die ihr gemeinsam durchführen könnt.

Wie gut schätzt du?

→ 6 Schätzen von Größen

4 Im Alltag werden Geldbeträge, Zeiten, Gewichte und Längen aus verschiedenen Gründen geschätzt. Wie gut schätzt du? Schätzt in der Klasse gemeinsam und überprüft eure Annahmen mithilfe einer Suchmaschine im Internet.

a) Wie schwer ist ein Fuchs?
b) Wie viele Kilometer lang ist eine Radtour um den Bodensee?
c) Wie lange ist der deutsche Rekord im Langschlafen?
d) Wie viel kostet es, mit dem ICE von Stuttgart nach Hamburg zu fahren?
e) Wie lang ist die kleinste Maus der Welt?

1 Geld

Der Euro ist die gemeinsame Währung von Deutschland und vielen Ländern in Europa.
→ Betrachtet verschiedene Euro-Münzen. Aus welchen Ländern kommen sie? Was sind Gemeinsamkeiten und Unterschiede?
→ Welche anderen Währungen kennt ihr?
→ MK Recherchiert, welche Länder zur Euro-Zone gehören.

Wie Länge, Masse und Zeit usw. ist Geld auch eine Größe. Diese notierst du mit **Maßzahl** und **Einheit**.

5 € ist eine Größe, sie besteht aus
5 €
Maßzahl Einheit

Merke Bei der Währung Euro gibt es zwei Einheiten: **Euro** und **Cent**.
Die **Umrechnungszahl** bei Euro ist 100, denn es gilt: 1 Euro = 100 Cent
1 € = 100 ct

V128 Erklärvideo

Beispiele

a) Geldbeträge kannst du in Euro verschieden aufschreiben. Am häufigsten verwendet man die Kommaschreibweise mit zwei Nachkommastellen:
2,79 € = 279 ct = 2 € 79 ct
2,06 € = 206 ct = 2 € 6 ct
3,10 € = 310 ct = 3 € 10 ct

b) Geldbeträge kannst du auch schriftlich addieren oder subtrahieren. Dazu schreibst du sie in der Einheit Euro so untereinander, dass Komma unter Komma steht.
4,95 € + 70 ct rechnest du schriftlich so:

	4,	9	5	€
+	0,	7	0	€
	1			
	5,	6	5	€

c) Beim Einkaufen kann es hilfreich sein, die Summe zu überschlagen.

Bananen 2,44 € Paprika 3,49 € Milch 1,39 € Butter 2,95 € Marmelade 3,19 €

Überschlag: 2,50 € + 3,50 € + 1,50 € + 3 € + 3,20 € = 13,70 €

d) Teilst du Größe durch Größe, bleibt dir als Ergebnis eine Zahl ohne Einheit.
40 € : 8 € = 5
Für 40 € kannst du dir 5 Mangabücher zu einem Preis von je 8 € kaufen.

D129 Lösungen

○ **1** Ordne zu: 10 ct 1 € 5 € 15 € 20 € 50 €

2 Schätze.
a) Wie viel Geld benötigst du, um beim Bäcker 5 Brezeln und 5 Brötchen zu kaufen?
b) Wie teuer ist ein Eintritt ins Freibad und eine Kleinigkeit beim Kiosk zusammen?
c) Wie viel kostet es, für vier Leute Pizza zu bestellen?

D130 Stellenwerttafel Geld

3 Wandle in Euro um wie im Beispiel a).
a) 250 ct b) 1000 ct c) 50 ct d) 19 ct
e) 999 ct f) 450 ct g) 10 ct h) 9 ct

4 Schreibe mit Komma.
a) 8 € 50 ct b) 450 ct c) 805 ct d) 45 ct e) 45 € f) 8 € 5 ct
g) 120 ct h) 20 € 5 ct i) 37 ct j) 123 € k) 1 € 1 ct l) 1000 ct

5 Schreibe untereinander und berechne.
a) 87,86 € + 13,14 € b) 3,40 € + 1,40 € + 7,10 €
c) 76,79 € – 12,45 € d) 300,45 € – 189,70 €
e) 23,99 € + 12,49 € f) 1,80 € + 2,49 € + 0,39 €
g) 82,35 € – 21,05 € h) 299,00 € – 102,45 €

6 Überschlage. Runde dazu die Geldbeträge auf volle Euro.
Beispiel: 0,99 € + 2,75 € + 3,19 €, Überschlag: 1 € + 3 € + 3 € = 7 €
a) 1,98 € + 3,85 € + 0,96 € b) 9,95 € – 4,98 €
c) 2,99 € · 8 d) 19,80 € : 4
e) 0,99 € + 1,95 € + 1,19 € f) 50 € – 17,89 €
g) 1,95 € · 8 h) 89,95 € : 2

7 Berechne die Anzahl.
a) Wie viele Klemmbausteinsets zu je 10 € kann man sich für 50 € kaufen?
b) Wie viele Kerzen à 2 € kann man sich für 10 € kaufen?
c) Wie viele Müsliriegel zu einem Preis von 50 ct bekommt man für 5 € 50 ct?
d) Wie viele Schulhefte zu einem Preis von 80 ct erhält man für 4 €?

8 Berechne. Wandle wenn nötig um.
a) 83 € + 16,99 € b) 43,75 € + 56,24 €
c) 12,48 € + 37 ct + 23 € + 1,05 € d) 120 € – 31,12 €
e) 97,99 € – 9,11 € f) 17,29 € + 89 ct + 3,15 € + 16 €

9 Ordne die Beträge nach der Größe.
a) 26 €; 46,50 €; 50 ct; 1,26 €
b) 37,40 €; 37 €; 300 ct; 0,35 €

10 Ein Geldbetrag von 50 € kann aus verschiedenen Geldscheinen und Geldstücken zusammengesetzt werden. Notiere mindestens fünf Möglichkeiten.

9 Ordne der Größe nach.
a) 6 €; 62 ct; 620 ct; 6,02 €; 62 €
b) 14,04 €; 14 €; 140 ct; 140 €; 14 ct

10 Matteo kauft sich für 80 ct eine Kleinigkeit an einem Automaten. Er wirft eine 2-Euro-Münze ein und erhält drei Münzen zurück. Welche Münzen könnten es sein? Gibt es mehrere Möglichkeiten?

11 Wie kannst du den Betrag mit möglichst wenigen Scheinen und Münzen bezahlen?
Beispiel: 19 € = 10 € + 5 € + 2 € + 2 €

a) 32 € b) 54 €
c) 133 € d) 63 € 14 ct
e) 165,40 € f) 98,69 €

12 Alle 24 Kinder der 5. Klasse bestellen ein Klassen-T-Shirt, welches sie im Kunstunterricht selbst entworfen haben. Wie hoch ist der Gesamtbetrag der Bestellung?

13 Yael geht mit ihrem Vater auf den Markt. Sie nehmen 20 € mit und kaufen Obst und Gemüse für 12,45 €. Beim Stand mit den Backwaren bezahlen sie 4,50 €.
Reicht das Geld noch für zwei Kugeln Eis für je 1,50 €?

14 Zara lädt ihre Freundin Lili zu ihrem Geburtstag ins Kino ein. Ihre Mutter gibt ihr hierfür 30 €. Im Kino kaufen sie sich gemeinsam noch eine Tüte Popcorn für 4,95 €

Wie viel Geld bekommt Zara zurück?

15 Das Smartphone von Nikita ist heruntergefallen und das Display ist gebrochen. Im Handyladen kostet ein Ersatzdisplay 62,90 €. Für den Wechsel benötigt eine Fachkraft eine halbe Stunde und berechnet einen Stundenlohn von 79 €. Wie teuer wird die Reparatur?

Gewinn:
Einnahmen
– Ausgaben

11 Lisa und Emre kaufen ein.

a) Lisa muss an der Kasse 9,60 € bezahlen und legt einen 10 €-Schein hin. Warum fragt die Verkäuferin nach 10 ct?
b) Emre muss 30,70 € bezahlen. Warum gibt er 41 € anstatt 40 €?

12 Eine fünfköpfige Familie macht einen Ausflug ins Eiscafé. Wie viel Geld sollten sie mindestens mitnehmen, wenn jeder ein Getränk trinken und ein Eis essen möchte?

13 Eine Schulklasse organisiert für eine Woche den Waffelverkauf in der großen Pause. Eine Waffel kostet 1,50 €. Die Kinder haben für 34,50 € Material eingekauft. Außerdem haben sie vorab die Kasse mit 95 € Wechselgeld vom Klassenkonto aufgefüllt.

a) Am Ende der Woche waren in der Kasse insgesamt 423,50 €. Wie viel Gewinn hat die Schulklasse mit ihrem Verkauf gemacht?
b) Warum waren wohl genau 95 € Wechselgeld in der Kasse?
Tipp: Wechselgeld bekommt man bei der Bank in Münzrollen wie unten abgebildet.

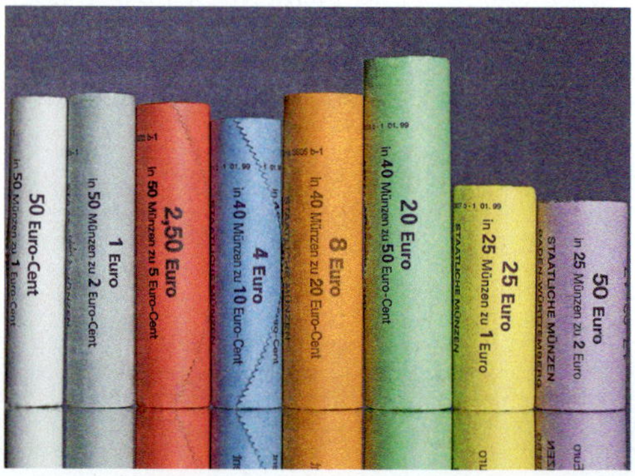

2 Zeit

Mit verschiedenen Uhren kann man die Zeit messen.
→ Welche Arten von Uhren kennst du?
→ In welchen Situationen ist Zeit für dich wichtig?
→ Gibt es Möglichkeiten, die Zeit ohne Uhr zu messen?

Bei der Zeitmessung geht es um Zeitpunkte und Zeitspannen. Ein **Zeitpunkt** gibt an, wann genau etwas passiert („Wann beginnt die Mathestunde?"). Die Zeit zwischen zwei Zeitpunkten ist eine **Zeitspanne** („Wie lange dauert die Mathestunde?").

Merke

Einheiten für die Zeitmessung:

Jahr **a**	1 a = 365 d
Tag **d**	1 d = 24 h
Stunde **h**	1 h = 60 min
Minute **min**	1 min = 60 s
Sekunde **s**	1 s

Die Abkürzungen stammen aus dem Lateinischen: **a**nnus, **d**ies, **h**ora, **min**uta, **s**ecunda.

Umrechnung in die nächstgrößere Einheit

:365	:24	:60	:60
1 a = 365 d	1 d = 24 h	1 h = 60 min	1 min = 60 s
·365	·24	·60	·60

Umrechnung in die nächstkleinere Einheit

V131 Erklärvideo

Beispiele

a) Zeitpunkte schreibst du mit einem Doppelpunkt. — Die Schule beginnt um 07:45 Uhr.

b) Zeitspannen schreibst du mit den verschiedenen Einheiten oder in gemischter Schreibweise. — Das Fußballspiel dauert 90 Minuten. 90 min = 1 h 30 min

c) Einheiten zur Zeitmessung kannst du umwandeln. — 5 min = 5 · 60 s = 300 s

d) Um Zeitspannen zu addieren oder zu subtrahieren, wandelst du sie in die gleiche Einheit um. — 3 min + 120 s = 3 min + 2 min = 5 min

D132 Lösungen

○ **1** Ordne die Zeitspannen den Bildern zu: 1 s | 5 min | 30 min | 8 h

2 In welcher Zeiteinheit wird folgendes gemessen?
- **a)** die Dauer einer Schulstunde
- **b)** dein Alter
- **c)** ein 50 m-Lauf
- **d)** die Zeit für die Hausaufgaben
- **e)** eine Zugfahrt von Stuttgart nach Berlin
- **f)** die Dauer einer Woche

3 Wie lange
- **a)** dauert es, bis du bis 20 gezählt hast?
- **b)** dauert etwa ein Sommerurlaub?
- **c)** brennt schätzungsweise eine Wunderkerze?
- **d)** kannst du die Luft anhalten?
- **e)** kannst du mit geschlossenen Augen auf einem Bein stehen?

4 Wandle in die nächstkleinere Einheit um.
- **a)** 2 min; 3 d; 3 h 30 min; 2 a
- **b)** 8 h; 1 d 6 h; 4 min 20 s; 5 d
- **c)** 6 min; $2\frac{1}{2}$ h; 4 d; 1 a 35 d
- **d)** 11 h; 12 min; 2 d 12 h; 10 a

5 Wandle in die nächstgrößere Einheit um.
- **a)** 60 s; 240 min; 72 h
- **b)** 660 min; 300 s; 120 h
- **c)** 365 d; 360 s; 180 min
- **d)** 730 d; 48 h; 420 min

6 Wandle in die angegebene Einheit um. Verwende, wenn nötig, die gemischte Schreibweise.
- **a)** 240 min in h
- **b)** 2 min 20 s in s
- **c)** 210 s in min
- **d)** 4 d 4 h in h
- **e)** 400 s in min
- **f)** 5 h 15 min in min
- **g)** $1\frac{1}{2}$ d in h
- **h)** 1000 d in a

7 Es ist 14 Uhr. Wie viel Zeit vergeht bis zur abgebildeten Zeit am selben Tag?

a)

b)

c)

d)

8 Berechne. Gib das Ergebnis in der nächstgrößeren Einheit an.
- **a)** 48 min + 72 min
- **b)** 5 min + 120 s + 18 min
- **c)** 12 h + 300 min + 31 h

9 Lucas sieht sich ein Video im Internet an. Sein Vater fragt: „Wie lange dauert das noch?“

Bildschirmzeit: Zeit, die man mit digitalen Medien verbringen darf.

10 Lotta hat pro Woche 5 Stunden Bildschirmzeit. Bis einschließlich Freitagabend hat sie bereits 215 Minuten genutzt. Wie viel Bildschirmzeit bleibt ihr noch für das Wochenende?

8 Berechne. Gib das Ergebnis in der nächstgrößeren Einheit an.
- **a)** 8 h + 123 min + 11 h + 177 min
- **b)** 147 s + 239 min + 453 s + 51 min
- **c)** 8 h 23 min + 420 min + 32 h 37 min

9 Amelie hört sich einen Podcast an. Ihre Mutter fragt: „Wie lange dauert das noch?“

10 Malte darf durchschnittlich 45 min pro Tag digitale Medien nutzen. Bisher kommt er auf folgende Zeiten:
Mo: 30 min, Di: 55 min, Mi: 25 min
Wie viel Bildschirmzeit bleibt ihm für die restlichen vier Tage noch?

11 Übertrage in dein Heft und ergänze.

	Abfahrt	Fahrtdauer	Ankunft
a)	07:30 Uhr	1 h 30 min	■
b)	14:15 Uhr	3 h 45 min	■
c)	12:20 Uhr	■	14:30 Uhr
d)	19:25 Uhr	■	21:30 Uhr
e)	■	3 h 30 min	12:00 Uhr
f)	■	1 h 55 min	09:00 Uhr

12 Ein Inter-City-Express (ICE) fährt um 09:26 Uhr in Stuttgart ab und erreicht Hamburg um 14:35 Uhr.
Wie lange dauert die Fahrt?

13

a) Wie viele Stunden und Minuten hast du in einer Woche Unterricht?
b) Wie lange dauern bei deinen Unterrichtszeiten alle Pausen zusammen?
c) An welchem Wochentag bist du am längsten in der Schule? Wie viele Stunden und Minuten bist du an diesem Tag von zu Hause weg?

14 Du möchtest mit dem Zug von Karlsruhe nach Offenburg fahren.

Abfahrt *Departure* **Karlsruhe Hbf**

Zeit *Time*	Zug *Train*	in Richtung *Destination*	Gleis *Track*
18:39 *außer Sa	**RE** 16851	Rastatt 18:51 – Baden-Baden 18:58 – Bühl (Baden) 19:05 – Achern 19:10 – Renchen 19:15 – Appenweier 19:19 – **Offenburg 19:24**	9
18:40	**ICE** 376	Mannheim Hbf 19:14 – **Frankfurt (Main) Hbf 19:53**	3
18:49 *außer Sa	**ICE** 102	Mannheim Hbf 19:23 – Frankfurt (Main) Flughafen Fernbf 20:06 – Siegburg/Bonn 20:47 – Köln Hbf ⊙ 21:05 – Dortmund Hbf 22:21 – **Hannover Hbf 00:18**	3

a) Wann fährt der Zug los?
b) Auf welchem Gleis fährt der Zug ab?
c) Wann kommst du in Offenburg an?
d) Wie lange bist du unterwegs?

Lichtschutzfaktor: Wenn du dich mit „LSF 30“ eincremst, ist deine Haut 30-mal länger vor der Sonne geschützt als ohne.

15 Die Sonne scheint und Aurora plant eine etwa dreistündige Fahrradtour mit ihrer Freundin. Ohne Sonnenschutz bekommt sie bereits nach etwa 15 Minuten Sonnenbrand. Welchen Lichtschutzfaktor (LSF) sollte sie mindestens wählen?

11 Übertrage in dein Heft und ergänze.

	Abfahrt	Fahrtdauer	Ankunft
a)	06:10 Uhr	3 h 46 min	■
b)	11:17 Uhr	■	14:07 Uhr
c)	■	4 h 45 min	10:30 Uhr
d)	23:15 Uhr	7 h 50 min	■
e)	18:35 Uhr	■	02:55 Uhr
f)	■	7 h 43 min	06:00 Uhr

12 Bei den Olympischen Spielen 1984 in Los Angeles gewann Joan Benoit den Marathonlauf in 2 h 24 min 52 s.
2023 siegte Tigst Assefa beim Berlin-Marathon in 02:11:53. Wie viel schneller war Tigst Assefa?

13 Hier haben sich Fehler eingeschlichen. Finde und korrigiere sie. Es gibt mehrere Möglichkeiten.

	Beginn	Dauer	Ende
a)	07:25 Uhr	4 h 35 min	12:35 Uhr
b)	19:30 Uhr	45 s	20:15 Uhr
c)	00:01 Uhr	23 h	23:59 Uhr

14 Luca macht eine Fahrradtour.

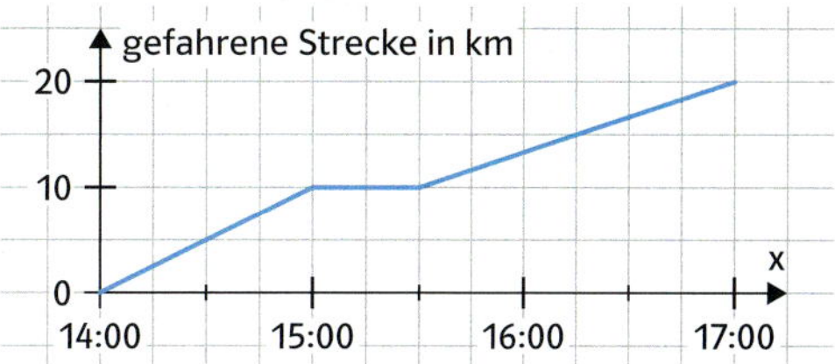

a) Wie lange ist Luca unterwegs?
b) Wie viele Minuten dauert seine Pause?
c) Wie viele Kilometer fährt er?

15 Die Stadt Vancouver liegt in Kanada. Sie hat eine Zeitverschiebung zu Deutschland von 9 Stunden:

Vancouver Stuttgart

Wann hört man dort ungefähr den Schlusspfiff einer Fußballübertragung, wenn das Spiel in Deutschland um 15:30 Uhr begonnen hat?

3 Masse

Ein Salzkorn wiegt ca. 1 Milligramm, 1 Gummibärchen ungefähr 1 Gramm. Ein großes Brot wiegt 1 Kilogramm und ein Kleinwagen etwa 1 Tonne.

→ Findet gemeinsam Dinge, die ähnlich schwer sind wie die abgebildeten Gegenstände.

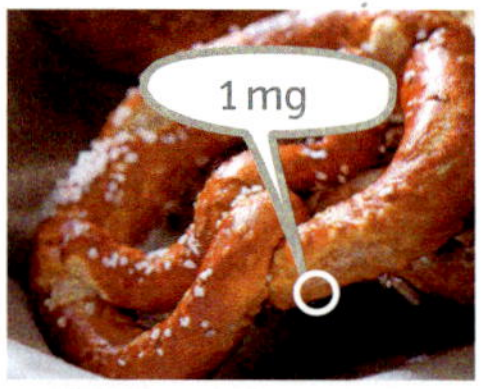

Um zu messen, wie schwer etwas ist, benutzt man in den meisten Ländern die **Einheit Kilogramm**. Damit wird die **Masse** eines Gegenstandes beschrieben. Im Alltag sagt man oft **Gewicht**, aber das ist aus Sicht der Physik nicht ganz richtig.

Merke

Für Masseangaben verwendest du im Alltag verschiedene Einheiten:

Tonne **t** 1 t = 1000 kg

Kilogramm **kg** 1 kg = 1000 g

Gramm **g** 1 g = 1000 mg

Milligramm **mg** 1 mg

1 kg: Maßzahl, Einheit

Die Umrechnungszahl bei Massen ist 1000:

Umrechnung in die nächstgrößere Einheit

1 t = 1000 kg (:1000 / ·1000)

1 kg = 1000 g (:1000 / ·1000)

1 g = 1000 mg (:1000 / ·1000)

Umrechnung in die nächstkleinere Einheit

V133 Erklärvideo

Beispiele

a) Beim Umrechnen von Masseangaben hilft dir eine Stellenwerttafel:

t			kg			g			mg		
					9	0	0	0	0	0	0
		4	3	0	0						
				1	3	6	0	0			

9 kg = 9000 g = 9 000 000 mg

4300 kg = 4,3 t = 4 t 300 kg

13,6 kg = 13 600 g = 13 kg 600 g

So rechnest du mit Massen:

b) Um mit Masseangaben zu rechnen, müssen sie dieselbe Einheit haben.
3 kg 600 g + 750 g = 3600 g + 750 g = 4350 g

c) Beim Multiplizieren und Dividieren wird die Einheit mitgenommen.
3 Stück Butter mit einer Masse von je 250 g wiegen zusammen 3 · 250 g = 750 g

d) Teilst du Größe durch Größe, bleibt dir als Ergebnis eine Zahl ohne Einheit.
1 kg : 50 g = 1000 g : 50 g = 20
Mit 1 kg = 1000 g Milchreiskörnern kannst du 20 Portionen Milchreis kochen.

D134 Lösungen

1 Ordne den Gegenständen die passenden Masseangaben zu.

30 g | 3 kg | 120 mg | 2 t | 650 g | 13 kg

2 Welche Einheit ist für die Angabe der Masse sinnvoll?

a) Bonbon b) Zementsack c) Briefmarke d) LKW
e) Elefant f) Biene g) Apfel h) Katze
i) Kieselstein j) Schokoriegel k) Hubschrauber l) Brezel

3 Überprüfe mithilfe einer Kleiderbügelwaage, welcher Gegenstand jeweils schwerer ist.

a) Apfel und Orange
b) Wasserflasche und ein Paar Schuhe
c) Mathebuch und Englischbuch
d) Vesperdose und Mäppchen
e) Kehrbesen und Kehrschaufel

D135 Stellenwerttafel Masse

4 Wandle um.

a) 3 kg in g; 2 t 225 kg in kg; 4500 g in kg; 5 g in mg
b) 5400 g in kg; 3 t 128 kg in t; 8 t in kg; 1 kg 750 g in g
c) 9,5 kg in g; 6 kg in g; 2 g 850 mg in mg; 3,5 t in kg
d) 7 g in mg; 3,25 kg in g; 4 t 302 kg in t; 0,5 kg in g

5 Schreibe in der angegebenen Einheit.

a) 2 kg 100 g = ☐ g b) 2 kg 10 g = ☐ g c) 2 kg 1 g = ☐ g
d) 1 t 500 kg = ☐ kg e) 1 t 50 kg = ☐ kg f) 1 t 5 kg = ☐ kg
g) 5 g 900 mg = ☐ mg h) 5 g 90 mg = ☐ mg i) 5 g 9 mg = ☐ mg
j) 7 kg 200 g = ☐ g k) 7 kg 20 g = ☐ g l) 7 kg 2 g = ☐ g

6 Berechne. **Tipp:** Rechne wie im Beispiel b).

a) 8 t + 4500 kg b) 3 kg + 2700 g c) 1 kg 700 g – 800 g
d) 1 g – 900 mg e) 4 kg 500 g + 2 kg f) 2 t + 1500 kg
g) 1 kg – 750 g h) 1 t – 990 kg i) 3 g + 3000 mg

7 Berechne. **Tipp:** Rechne wie in den Beispielen c) und d).

a) 5 · 40 mg b) 3000 g : 500 g c) 1100 kg : 100
d) 12 t : 2 t e) 8 · 150 t f) 12 · 2 t
g) 40 g : 8 g h) 11 kg · 11 i) 2750 kg : 275

8 Der Inhalt eines Joghurtbechers wiegt 150 g. Wie viel Joghurt enthalten 8 Becher?

8 Ein Hühnerei wiegt etwa 60 g. Wie schwer sind 4 Lagen zu 30 Eiern ungefähr?

9 Welche drei Massen gehören jeweils zusammen? Notiere.

500 kg | $\frac{1}{2}$ t | 4 · 125 kg | 5 g | 2 kg | 2000 g | 5000 mg | 1,5 kg + 500 g | 10 000 mg : 2

10 Ordne die Massen der Größe nach.
750 g; 7 kg; 7,200 kg; 7000 mg; $\frac{1}{2}$ t; 7 t

11 In der Mensa gibt es Reis mit Gemüse. Die Küche plant 80 Portionen ein. Pro Portion rechnet man mit 150 g Reis. Wie viel Kilogramm Reis müssen gekocht werden?

12 Zwölf Kinder backen in der Schulküche unter Anleitung Brot.

a) Niko weiß, dass 1 ml Wasser 1 g wiegt. Warum wiegt das Brot nach dem Backen „nur" etwa 1500 Gramm?
b) Jedes Kind soll ein 500-Gramm-Brot mitnehmen. Welche Zutatenmengen braucht man insgesamt?

13 Im Fahrstuhl ist ein Schild angebracht:

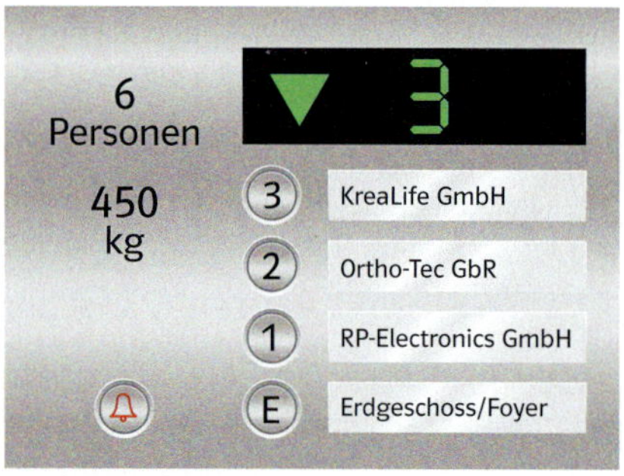

a) Mit wie viel Kilogramm pro Person wird hier gerechnet?
b) Im Aufzug wird ein Klavier mit ca. 300 kg transportiert. Können die vier Klavierträger alle mitfahren?

9 Drei Massenangaben gehören jeweils zusammen. Notiere die Lösungswörter:

A 3050 g | A 5 t 500 kg | T 5,500 kg | T 500 g | O $\frac{1}{2}$ kg | M 3,050 kg | H 5500 g | R 3 kg 50 g | R 0,500 kg | S 3500 mg | U 5 kg 500 g | I 3,500 g | R 5500 kg | K 3 g 500 mg | D 5,500 t

10 Ordne der Größe nach.
1,5 kg; 150 g; 15 000 mg; 0,150 t; 15 kg

11 Der abgebildete Traktor-Anhänger wiegt leer 850 kg. Ein Heuballen hat eine Masse von 210 kg. Wie viel wiegt der Anhänger mit der Ladung insgesamt?

12 Ein DIN-A4-Blatt wiegt etwa 5 g.
a) In einem Karton sind 5 mal 500 Blatt verpackt. Wie viel wiegt ein Karton?
b) Ein LKW hat DIN-A4-Blätter mit einer Masse von 7,5 t geladen. Wie viele Blätter sind das ungefähr?

13 Im Lager einer Bäckerei befinden sich noch 32 Säcke mit Weizen- und Dinkelmehl mit einer Masse von jeweils 25 kg. Außerdem gibt es 13 Säcke mit Vollkornmehl mit einer Masse von jeweils 20 kg. Wie viel Kilogramm Mehl sind insgesamt noch vorhanden?

14 Ein Hund wiegt 21 kg. Er wiegt dreimal so viel wie eine Katze. Ein Huhn wiegt 4 kg weniger als die Katze. Ein Schaf wiegt dreimal so viel wie der Hund.
Wie viel wiegen die vier Tiere zusammen?

4 Länge

Die Spitze eines Stiftes misst 1 Millimeter. Dein Finger ist etwa 1 Zentimeter breit, die Spannweite deiner Hand hat etwa eine Länge von 10 Zentimetern. Ein großer Schritt misst 1 Meter und ein gewöhnliches Haus ist etwa 10 Meter breit.

→ Findet gemeinsam Dinge, die ähnlich lang sind, wie die abgebildeten Maße.

→ Kennt ihr Dinge, die eine typische Länge haben? Zum Beispiel 50 m oder 100 m?

Seit 1872 gilt in Deutschland das „metrische System": Alle unseren Längenangaben beziehen sich auf die **Einheit Meter**. Davor gab es viele regional unterschiedliche Maße wie z. B. Elle, Fuß oder Zoll.

Merke Alle unsere Längenangaben beziehen sich auf die **Grundeinheit von 1 m**:

Kilometer **km** 1 km = 1000 m

Meter **m** 1 m = 10 dm

Dezimeter **dm** 1 dm = 10 cm

Zentimeter **cm** 1 cm = 10 mm

Millimeter **mm** 1 mm

1 m: Maßzahl – Einheit

Die Umrechnungszahl bei Längen ist 10.

Umrechnung in die nächstgrößere Einheit

1 km = 1000 m (:1000 / ·1000) — Vorsicht bei km!

1 m = 10 dm (:10 / ·10)

1 dm = 10 cm (:10 / ·10)

1 cm = 10 mm (:10 / ·10)

Umrechnung in die nächstkleinere Einheit

V136 Erklärvideo

Beispiele

a) Beim Umrechnen von Längeneinheiten und bei der Kommaschreibweise hilft dir eine Stellenwerttafel.

km		m			dm	cm	mm
			1	8	0	0	
				3	8	0	
	7	2	5	0			

18 m = 180 dm = 1800 cm

380 cm = 38 dm = 3,8 m

7250 m = 7 km 250 m = 7,25 km

b) Beim Rechnen musst du darauf achten, dass die Größen die gleiche Einheit haben.
7 m 45 cm + 255 cm = 745 cm + 255 cm = 1000 cm = 10 m

c) Beim Multiplizieren und Dividieren wird die Längeneinheit mitgenommen.
20 m · 5 = 100 m
1500 cm : 5 = 300 cm = 3 m

d) Teilst du Größe durch Größe, bleibt dir als Ergebnis eine Zahl ohne Einheit.
400 m : 50 m = 8
Für eine Strecke von 400 m musst du im 50 m-Becken 8 Bahnen schwimmen.

D137 Lösungen

○ **1** Ordne den Gegenständen die passenden Längen zu.

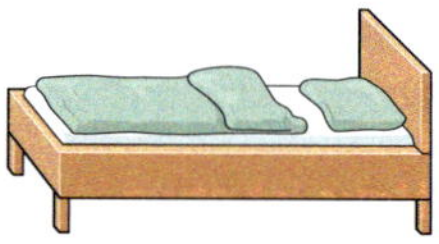

2 m | 14 cm | 36 cm | 4 m | 28 mm

○ **2** Welche Einheit ist für die Angabe der Länge sinnvoll?

Diagonale:

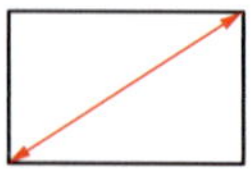

a) Breite einer Ameise
b) Strecke von Karlsruhe nach Köln
c) Diagonale eines Tablets
d) Höhe einer Sporthalle
e) Länge eines großen Staus
f) Breite eines Bienenflügels
g) Höhe eines Aussichtsturmes
h) Körperhöhe eines Meerschweinchens

○ **3** Schätze die Länge des Gegenstandes. Notiere deine Schätzung im Heft. Überprüfe anschließend deinen Schätzwert, indem du nachmisst.

a) Breite deines Mathebuches
b) Länge deines kürzesten Stiftes
c) Länge des Klassenzimmers
d) Breite deiner Hand
e) Höhe deines Tisches
f) Entfernung von deinem Platz zur Tafel
g) Länge deines aufgeschlagenen Hefts
h) Länge deines Schuhs

○ **4** Markiert eine 10 m lange Strecke im Klassenzimmer oder auf dem Flur und überprüft, wie viele normale Schritte das sind. Schätzt die Länge der angegebenen Strecke in Metern. Bestimmt sie dann in Schritten. Überschlagt, ob ihr gut geschätzt habt.

a) Länge des Klassenzimmers
b) Vom Klassenzimmer zur nächsten Toilette
c) Breite des Klassenzimmers
d) Weg von deinem Platz zum Waschbecken
e) Vom Klassenzimmer zum Sekretariat
f) Breite des Flurs

D138 Stellenwerttafel Länge

○ **5** Wandle um.

a) 120 mm in cm
b) 4 km in m
c) 50 dm in m
d) 7 cm in mm
e) 8 km in m
f) 500 cm in dm
g) 430 mm in cm
h) 230 dm in m

○ **6** Schreibe in der angegebenen Einheit.

a) 1 m 12 cm = ■ cm
b) 5 cm 6 mm = ■ mm
c) 3,45 m = ■ cm
d) 8 km 500 m = ■ m
e) 8 km 50 m = ■ m
f) 8 km 5 m = ■ m

○ **7** Berechne.

a) 3 m 25 cm + 85 cm
b) 1,5 dm − 2 cm
c) 2 km 400 m − 1350 m
d) 13,7 m − 7 dm
e) 5 m 84 cm − 235 cm
f) 23 cm + 7 dm 5 cm
g) 68 mm − 4 cm 5 mm
h) 4 km 25 m + 1 km 75 m
i) 12 cm 7 mm + 42 mm

○ **8** Berechne.

a) 120 m : 6
b) 200 m : 5 m
c) 24 mm · 5
d) 100 cm : 5 cm
e) 12 cm · 8
f) 320 cm : 8
g) 6 · 40 mm
h) 12 · 12 dm
i) 180 km : 30 km

9 Übertrage die Tabelle in dein Heft und ergänze die fehlenden Werte.

	m	dm	cm	mm
	1,5	15	150	1500
a)	2,5	■	■	■
b)	■	300	■	■
c)	■	■	550	■
d)	■	■	■	1000

10 Sortiere. Beginne mit dem kleinsten Wert.

50 cm | 5 m | 55 m | 4 m 90 cm | 5 dm 5 cm | 0,5 km

11 Ein Auto ist 512 cm lang, ein Wohnwagen 6,3 m. Wie lang sind beide zusammen?

12 Was bedeutet dieses Verkehrsschild? Für wen ist es wichtig?

13 Ein Schwimmwettbewerb findet in einem 50-m-Becken statt.

a) Wie viele Bahnen muss eine 4-mal-100-m-Staffel schwimmen?

b) Wie viele Bahnen sind es für eine 4-mal-400-m-Staffel?

14 Vom Keller ins Dachgeschoss führen 39 Stufen à 18 cm. Wie viele Meter Höhe werden damit etwa überwunden?

9 Ist die Aussage richtig oder falsch?

a) 1 m ist so lang wie 10 dm.

b) 1 m ist so lang wie 100 dm.

c) 100 mm sind länger als 1 dm.

d) 1 m ist so lang wie 1000 mm.

e) 1 dm ist so lang wie 100 mm.

f) 10 000 cm sind länger als 10 m.

g) 1 km ist so lang wie 100 000 cm.

10 Sortiere. Beginne mit dem kleinsten Wert.

33,3 cm | 33 m | 3 m 3 cm | 3000 mm | 3 dm 3 cm | 0,03 km

11 Der kleinste Erwachsene der Welt bisher war nur 54,6 cm groß. Der größte Erwachsene maß 2,72 m. Berechne den Größenunterschied.

12 Ein Parkhaus hat eine Höhenbegrenzung von 2,3 m. Ein Transporter hat eine Höhe von 1,95 m. Auf seinem Dach trägt er eine 32 cm hohe Ladung. Kann der Fahrer ohne Bedenken in das Parkhaus fahren?

13 Ein Woll-Pullover wiegt 800 g. Der Faden eines 50-g-Knäuels Wolle ist 85 m lang.

a) Schätze: Wurde für den Pullover mehr oder weniger als ein Kilometer Faden verbraucht?

b) Berechne genau.

c) Ein langer Schal wiegt 250 g.

14 Das höchste Gebäude der Welt ist das Burj Khalifa in Dubai. Es ist 828 m hoch.

Eine normale Treppenstufe misst 18 cm. Wie viele Treppenstufen dieser Höhe würde man benötigen, um im Burj Khalifa ganz nach oben zu steigen?

5 Speichergrößen im Alltag MK

Jakob macht im Urlaub gerne Fotos mit dem Smartphone. Er hat hierfür ein altes Gerät seiner Eltern bekommen, auf dem noch 500 Megabyte freier Speicherplatz sind.

→ Wie viel Speicherplatz benötigt ein Foto in etwa?
→ Für wie viele Fotos ist wohl noch Platz?
→ Sammelt gemeinsam Beispiele für Dinge, deren Speichergröße ihr kennt.

Als Maßeinheit für den Speicher von Smartphone, Computer usw. verwenden wir **Byte**. Ein Byte besteht aus 8 Bits, also aus 8 Einsen und Nullen. 1 Byte reicht aus, um ein Zeichen wie z. B. einen Buchstaben zu speichern. 1 Kilobyte (KB) sind exakt 1024 Byte, man rechnet aber im Alltag einfacher mit 1000. Damit die Werte, über die man spricht, nicht zu groß werden, nutzt man bestimmte Vorsilben.

Merke

Um Speichergrößen anzugeben, werden folgende Einheiten genutzt:

Terabyte **TB**	1 TB = 1000 GB
Gigabyte **GB**	1 GB = 1000 MB
Megabyte **MB**	1 MB = 1000 KB
Kilobyte **KB**	1 KB = 1000 B
Byte **B**	1 B

Die Umrechnungszahl von Speichergrößen im Alltag ist 1000.
Kilo bedeutet Tausend, **Mega** bedeutet Million, **Giga** bedeutet Milliarde und **Tera** bedeutet Billion.

Umrechnung in die nächstgrößere Einheit

:1000 ← 1 TB = 1000 GB → ·1000
:1000 ← 1 GB = 1000 MB → ·1000
:1000 ← 1 MB = 1000 KB → ·1000
:1000 ← 1 KB = 1000 B → ·1000

Umrechnung in die nächstkleinere Einheit

V139 Erklärvideo

Beispiele

a) Beim Umrechnen von Speicherangaben hilft dir eine Stellenwerttafel.

TB			GB			MB			KB			B			
										1	2	0	0	0	12 000 B = 12 KB
					3	6	0	0							3600 MB = 3 GB 600 MB
		2	4	0	0	0	0	0							2,4 TB = 2 400 000 MB

Um mit Speicherangaben zu rechnen, müssen sie in derselben Einheit stehen. Speichereinheiten werden mitgenommen.

b) 2 GB + 650 MB = 2000 MB + 650 MB = 2650 MB
c) 12 · 4 MB = 48 MB
d) 600 MB : 5 MB = 120
Auf einen Datenträger mit 600 MB Speicherplatz passen 120 Fotos mit einer Größe von 5 MB.

D140 Lösungen

1 MK Ordne den abgebildeten Gegenständen die passende Speichergröße zu.

2 TB | 8 GB | 10 B | 650 MB

2 MK Ordne nach Speichergröße.

a) Kinofilm – Text einer Kurzgeschichte – Foto mit hoher Auflösung – ein Satz

b) USB-Stick – Text einer Webseite – gestreamte Podcast-Folge – Podcast-Folge in hoher Studioqualität

D141 Stellenwerttafel Speichergrößen

3 MK Wandle um.

Tipp: Arbeite mit einer Stellenwerttafel wie in Beispiel a).

a) in Byte: 32 KB, 2 KB, 234 KB

b) in Kilobyte: 2 MB, 18 000 B, 54 MB

c) in Megabyte: 2400 KB, 8 GB, 2 TB

d) in Gigabyte: 4 TB, 63 000 MB, 0,5 TB

4 MK Schreibe in der angegebenen Einheit.

a) 32 MB 500 KB = ■ KB

b) 3500 MB = ■ GB ■ MB

c) 1 MB 5 KB = ■ KB

d) 5037 B = ■ KB ■ B

e) 8 MB 40 KB = ■ KB

f) 2,6 TB = ■ TB ■ GB

5 MK Berechne.

a) 539 GB + 461 GB

b) 8 MB + 2400 KB

c) 6 MB 2 KB – 700 KB

6 MK Alis Handy hat 64 GB Speicher. 61,5 GB hiervon sind bereits belegt. Wie viele MB sind noch frei?

7 MK Ein Lied benötigt im mp3-Format durchschnittlich 4 MB Speicherplatz. Wie viele Lieder haben auf einer microSD-Karte mit 8 GB Platz?

1 Zeichen benötigt 1 Byte Speicherplatz.

8 MK Timothy nimmt ein Video in sehr hoher Qualität auf. Eine Minute benötigt etwa 800 MB Speicherplatz. Wie lange dauert es, bis der 4-GB-Speicher voll ist?

Martin Luther King Jr. hat sich gegen Diskriminierung und für Gerechtigkeit eingesetzt.

9 MK Daten werden mit 300 MB pro Sekunde auf eine SSD-Festplatte übertragen. Wie lange dauert es, 4,8 GB Daten zu sichern?

6 MK Juri hat ein monatliches Datenvolumen von 1 GB. Wie viele Lieder kann er hiermit im Stream anhören, wenn ein Lied ungefähr 4 MB verbraucht?

7 MK Ein Onlinelexikon enthält etwa 6 Milliarden Zeichen. Passt dieser Text auf einen 16 GB-USB-Stick? Begründe durch eine Rechnung.

8 MK Die berühmte Rede „I have a Dream" von Martin Luther King Jr. umfasst etwa 8200 Zeichen und dauert 17 Minuten. Wie viel Speicherplatz benötigt die Rede

a) in Textform?

b) im mp3-Format (2 MB pro Minute in hoher Qualität)?

c) als Video mit 720 p (15 MB pro Minute)?

6 Schätzen von Größen MK

Vor etwa 7000 Jahren haben die Menschen in der Bretagne zahlreiche Hinkelsteine aufgestellt: die „Menhire“.

→ Auf dem Bild siehst du den „Menhir vom Champ-Dolent“. Schätze seine Höhe. Wie gehst du dabei vor?
→ Wie schwer ist wohl der Menhir? Sammelt eure Tipps in der Klasse.
→ Recherchiert die tatsächliche Höhe und Masse im Internet.

Nicht immer ist es möglich oder nötig, eine Größe ganz genau anzugeben. Manchmal reicht eine ungefähre Angabe für eine Länge, eine Masse oder eine Zeitangabe aus.

Merke Durch Schätzen kannst du eine Länge, eine Masse, einen Geldbetrag oder eine Zeitspanne ungefähr ermitteln. Dabei verwendest du meistens **Vergleichsgrößen**.

V142 Erklärvideo

Beispiel

1. Willst du die Höhe der Räder oder die Höhe des Muldenkippers schätzen, so hilft dir der Vergleich mit der Körpergröße der Person.
2. Auf dem Foto liegt der Radmittelpunkt auf der Höhe der Schultern des Mannes. Der Durchmesser eines Rades lässt sich so auf etwa 3 m schätzen.
3. Der Muldenkipper ist doppelt so hoch wie der Reifen: also etwa 6 m hoch.

D143 Lösungen

○ **1** Schätze die Höhe deines Klassenzimmers. Als Vergleichsgröße kannst du die Klassenzimmertür, die Tafel oder die digitale Anzeigefläche nehmen.

○ **2** Ordne die Gegenstände nach ihrer Masse. Mit einer Waage kannst du nachprüfen, ob du richtig geschätzt hast.

○ **3** Ihr braucht eine Stoppuhr oder eine Uhr mit Sekundenangabe. Ihr sollt für 30 Sekunden die Augen schließen. Zuerst überprüft ein Kind, nach wie vielen Sekunden das andere seine Augen wieder öffnet, dann tauscht ihr.
Wie geht ihr vor, damit ihr ein gutes Ergebnis bekommt? Versucht dasselbe mit einer Minute.

○ **4** Anna geht einkaufen und soll ein Brot, einen Liter Milch, eine Butter und 2 kg Äpfel mitbringen. Wie viel Geld sollte sie für den Einkauf mindestens mitnehmen?

5 Sucht in eurer Umgebung ein hohes Gebäude, einen hohen Baum oder eine Straßenlaterne. Schätzt die Höhe, indem ihr eure eigene Körpergröße als Vergleichswert nehmt.

6 Schätze: Wie schwer ist deine Schultasche? Mit einer Waage kannst du deine Schätzung überprüfen.

7

a) Schätzt die Länge und die Breite der Halbinsel.
b) Erklärt, wie ihr vorgegangen seid.
c) Kann man einen Fußball von der Mitte des Platzes ins Meer schießen?
d) MK Versucht herauszufinden, wo das Fußballfeld ist.

8 Getränkedosen werden gestapelt. Der Turm soll so hoch werden wie du. Schätze, wie viele Getränkedosen du ungefähr benötigst. Wie gehst du vor?

9 Yousef hat insgesamt schon 30 Stunden an seinem Bild gemalt.

Wie lange dauert es schätzungsweise noch, bis er fertig ist?

10 Schätze.

a) Wie lang ist ein gewöhnliches Auto ungefähr?
b) Wie viele Autos stehen etwa in einem ein Kilometer langen Stau?

11 Schätze.

a) Wie viel wiegt ein normales Taschenbuch in etwa?
b) Wie viel wiegen schätzungsweise die Bücher, die ein 60 cm langes Bücherregal füllen?

8 Ein Turm wird aus 1-Euro-Münzen gebaut. Er soll so hoch sein wie du. Schätze, wie viele 1-Euro-Münzen du ungefähr benötigst. Wie gehst du vor?

9 Das Ulmer Münster hat eine Höhe von gut 161 m. Auf seinen Kirchturm führen 768 Stufen. Schätze, wie lange es dauert, um die Treppe des Turmes komplett nach oben zu steigen.
Tipp: Miss die Zeit, die du für eine Treppe in deiner Schule brauchst.

10 Drei Meerschweinchen fressen an einem normalen Tag beispielsweise zwei Karotten, eine Paprika und eine halbe Gurke. Wie viel Geld für Gemüse benötigt man etwa in einem Monat?

11 Ein mit Helium gefüllter Ballon mit 40 cm Durchmesser kann einen kleinen Schokoriegel tragen. Wie viele solcher Ballons benötigst du schätzungsweise, um damit selbst in die Luft aufzusteigen? Ist das untenstehende Foto realistisch?

7 Sachrechnen mit der Suchmaschine MK

Wenn du neugierig durchs Leben gehst, begegnen dir oft die tollsten Matheaufgaben: Wie viele Luftballons passen in unser Klassenzimmer? Wie viele Sandkörner sind in einem Sandkasten?
Gibst du eine solche Frage direkt in eine Suchmaschine ein, bekommst du häufig keine eindeutige Antwort.

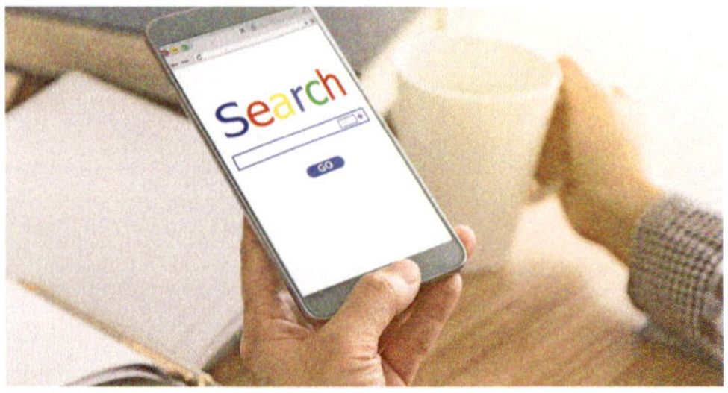

Aber Suchmaschinen im Internet können dir helfen. Meistens findest du damit alle Informationen, um eine Antwort selbst berechnen zu können. Am besten machst du dir zuvor eine Liste mit den Dingen, die du zur Beantwortung wissen musst.

Beispiel

Frage: „Wie lang sind die Spaghetti aus einer normalen Packung alle zusammen?"

Frage an die Suchmaschine	**Antwort**
Wie viele Spaghetti sind in einer Packung?	*Etwa 600 Stück*
Wie lang ist eine Spaghetti-Nudel?	*25 cm*

Rechnung: $600 \cdot 25\,\text{cm} = 15\,000\,\text{cm} = 150\,\text{m}$

Antwort: „Alle Spaghetti einer Packung sind zusammen etwa 150 m lang."

○ **1** MK Die Gummibärchen einer 200 g-Packung werden der Länge nach aneinandergelegt. Welche Gesamtlänge entsteht dadurch?

◒ **2** MK Ameisen sind unglaublich starke Tiere. Sie können ein Vielfaches ihrer eigenen Körpermasse tragen.
Wie viele Ameisen könnten gemeinsam einen Bleistift tragen?

● **3** MK Der Bodensee ist der größte Trinkwasserspeicher in ganz Europa.

Für wie viele Tage würde das im Bodensee gespeicherte Wasser reichen, um den Durst aller Menschen auf der Erde zu stillen?

8 Maßstab

Das Bild zeigt das kleinste bekannte Chamäleon der Welt. Es ist in Wirklichkeit nur etwa 25 mm lang. Hier ist es vergrößert dargestellt.

→ Zeichne mit deinem Lineal oder Geodreieck eine 25 mm lange Strecke.

→ Miss die Länge des Chamäleons im Bild. Wie viel Mal größer ist es als in Wirklichkeit?

In vielen Modellen werden Entfernungen und Längen im Vergleich zur Wirklichkeit kleiner dargestellt. Der Maßstab gibt an, um wie viel die Abbildung verkleinert wurde. Ein Mikroskop oder eine Lupe vergrößern Dinge. Hier gibt der Maßstab die Vergrößerung an.

Merke Den **Maßstab** verwendet man für eine verkleinerte oder vergrößerte Abbildung der Wirklichkeit.
Der Maßstab 1 : 100 („1 zu 100") bedeutet eine **Verkleinerung**. 1 cm in der Abbildung entspricht 100 cm in der Wirklichkeit.
Der Maßstab 3 : 1 („3 zu 1") bedeutet eine **Vergrößerung**. 3 cm in der Abbildung entsprechen 1 cm in der Wirklichkeit.

V144 Erklärvideo

Beispiele

a) Auf einer Karte im Maßstab 1 : 100 000 beträgt die Entfernung für die Fähre von Konstanz nach Meersburg 4 cm.
In Wirklichkeit beträgt die Strecke
4 cm · 100 000 = 400 000 cm = 4000 m.
Sie ist also 4 km lang.

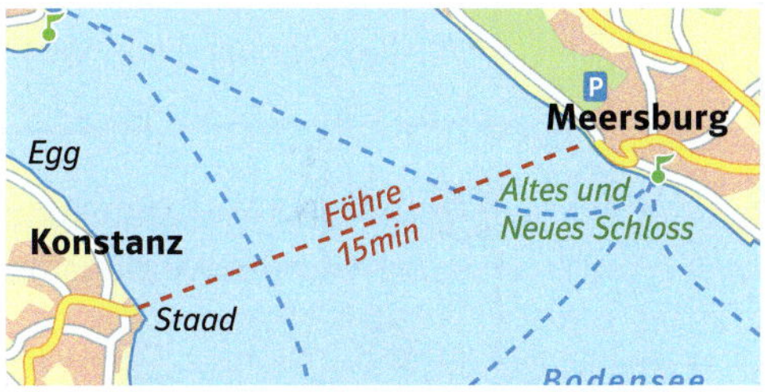

b) Eine Kopflaus ist im Maßstab 15 : 1 abgebildet.
Ist sie auf dem Bild 30 mm lang, so ist sie in Wirklichkeit 30 mm : 15 = 2 mm lang.

c) Berechnung des Maßstabs:
Von einem Auto mit einer Originallänge von 5 m wird ein 10 cm langes Spielzeugmodell erstellt.
5 m : 10 cm = 500 cm : 10 cm = 50
Der verwendete Maßstab ist 1 : 50.

D145 Lösungen

1 Was bedeuten diese Maßstäbe? Schreibe einen passenden Satz auf.
Beispiel: Der Maßstab 1 : 50 bedeutet: 1 cm in der Abbildung entspricht 50 cm in Wirklichkeit.

a) 1 : 10 **b)** 4 : 1 **c)** 1 : 20 000 **d)** 10 : 1
e) 5 : 1 **f)** 1 : 50 000 **g)** 1 : 87 **h)** 8 : 1

2 Bedeutet der Maßstab eine Verkleinerung oder eine Vergrößerung?

a) 1:500 b) 1:10 000 c) 3:1 d) 1:3 000 000
e) 500:1 f) 8:1 g) 1:50 000 h) 2500:1
i) 1:250 000 j) 30:1 k) 1:1 500 000 l) 10 000:1

3 Zeichne die Strecke im angegebenen Maßstab in dein Heft.

a) 2 cm; Maßstab 3:1
b) 10 cm, Maßstab 1:2
c) 30 cm; Maßstab 1:10
d) 3 cm; Maßstab 4:1
e) 50 cm; Maßstab 1:5
f) 2 cm; Maßstab 6:1

4 Berechne den Maßstab.

a) Abbildung: 2 cm, Wirklichkeit: 200 cm
b) Abbildung: 10 cm, Wirklichkeit: 2 cm
c) Abbildung: 10 cm, Wirklichkeit: 1 km
d) Abbildung: 15 cm, Wirklichkeit: 3 m
e) Abbildung: 20 cm, Wirklichkeit: 4 cm
f) Abbildung: 12 cm, Wirklichkeit: 3 cm

5

a) Das Modell eines Bootes ist 24 cm lang. Es wurde im Maßstab 1:30 gebaut. Wie lang ist es in Wirklichkeit?
b) Ein Flugzeug ist 50 m lang. Ein Spielzeughersteller möchte ein Modell im Maßstab 1:250 anfertigen. Welche Länge hat das Flugzeugmodell?
c) Auf einem Stadtplan im Maßstab 1:10 000 beträgt die Entfernung zwischen dem Bahnhof und der Schule 8 cm. Wie groß ist diese Strecke in echt?
d) Eine Wanderkarte hat einen Maßstab von 1:40 000. Die Wanderstrecke beträgt darauf 15 cm. Wie lang ist sie in Wirklichkeit?

6 Welcher Maßstab kann für die Abbildung verwendet werden? Ordne zu.

A 1:100 B 10:1 C 1:10 000

a) Grundriss einer Wohnung
b) Stadtplan
c) Blattlaus

7 Skizziere den Plan der Schule in dein Heft. Beschrifte alle Außenwände mit der Originallänge.

Maßstab: 1:2000

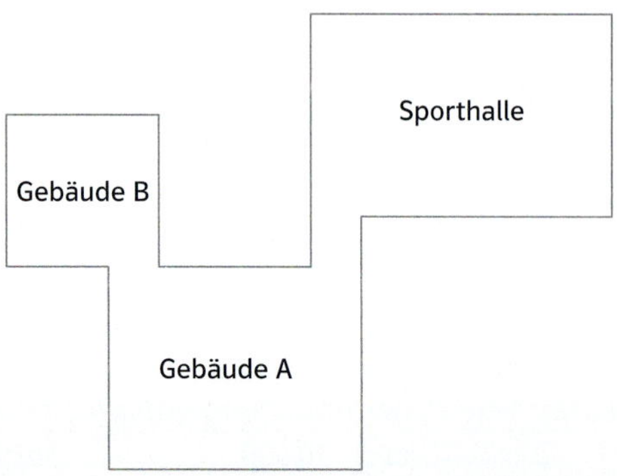

6 Welcher Maßstab würde sich eignen, um den Gegenstand in dein Heft zu zeichnen? Ordne zu.

A 1:10 B 1:100 C 1:1000

a) das Cover des Mathebuches
b) ein Schuppen, der 12 m × 9 m misst
c) der Plan einer Kleinstadt

7 Die Karte zeigt Deutschland im Maßstab 1:20 000 000.
Berechne die Länge Deutschlands vom Norden bis zum Süden.

8 Zeichne den Pool im Maßstab 1 : 200 in dein Heft.

9 Der Eiffelturm in Paris hat eine Höhe von 330 m. Welchen Maßstab hat ein Modell, das 15 cm misst?

10 Diese „Gelbe Raubfliege" ist im Maßstab 9 : 1 abgebildet.
Welchen äußeren Abstand haben die Augen in Wirklichkeit?

11 Miss deine Körpergröße.

a) Zeichne dich selbst im Maßstab 1 : 10 als Strichmännchen in dein Heft.

b) Welches ist der kleinste Maßstab, in dem du dich zeichnen kannst?

12 Zeichne ein Rechteck mit 6 cm Länge und 4 cm Breite. Wie viel weniger Kästchen enthält dieses Rechteck im Vergleich zum Original, wenn es im Maßstab 1 : 2 gezeichnet wird?
Tipp: Probiere aus!

8 Zeichne die Grünfläche des Kreisverkehrs im Maßstab 1 : 500 ins Heft.

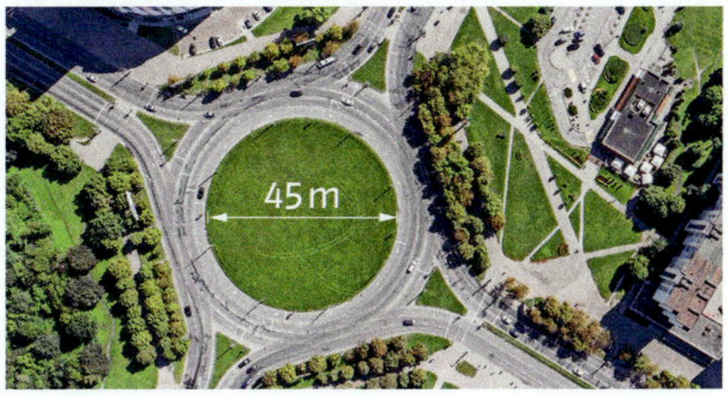

9 Welcher Maßstab bietet sich an, um einen Sitzplan der Klasse auf ein DIN-A4-Blatt zu zeichnen? Überlegt gemeinsam.

10 Die Erde hat einen Umfang von 40 000 km. Bei dem abgebildeten großen Globus sind es 8 m. In welchem Maßstab wurde der Globus angefertigt?

11 Für einen Spielzeugtraktor im Maßstab 1 : 30 gibt es als Zubehör quaderförmige Heuballen aus Kunststoff.
In Wirklichkeit sind sie 250 cm lang, 120 cm breit und 80 cm hoch.
Die Maße der Spielzeugballen sollen auf den cm genau erfolgen. Welche Abmessungen bieten sich hierfür an?

12 Wie verändert sich die Länge einer Strecke, die im Maßstab 1 : 2 gezeichnet wurde, wenn sie danach im Maßstab 2 : 1 dargestellt wird?

9 Sachaufgaben

Kohlenstoffdioxid (CO_2) ist ein Gas in der Atmosphäre, das für den Klimawandel mitverantwortlich gemacht wird.

Ein Auto mittlerer Größe stößt 160 g CO_2 pro Kilometer aus. Nutzt man dagegen öffentliche Verkehrsmittel, sind es etwa 40 g CO_2 pro Kilometer und pro Person.

→ Wie viele Menschen müssen gemeinsam ein Auto nutzen, damit der CO_2-Ausstoß genauso niedrig ist wie mit öffentlichen Verkehrsmitteln?

→ Wie viel CO_2 könntest du pro Woche einsparen, wenn du darauf verzichtest, mit dem Auto gefahren zu werden?

Um eine Sachaufgabe zu lösen, musst du sie zuerst lesen und verstehen. Dazu gehört, dass du dem Text die wichtigen Informationen entnimmst und erkennst, was gesucht ist. Erst dann kannst du erfolgreich rechnen.

Merke So kannst du vorgehen, um Sachaufgaben zu lösen:

1. Lesen und verstehen
2. Aufschreiben
3. Lösungsweg finden und rechnen
4. Überprüfen

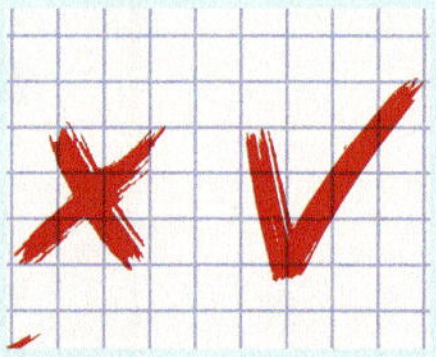

V146 Erklärvideo

Beispiel

1. Lies die Aufgabe durch und versuche sie zu verstehen. Markiere die wichtigen Stellen, wenn du darfst.

Die 24 Kinder der 5. Klasse planen ihre Klassenfahrt. Die Unterkunft mit Verpflegung kostet pro Kind 250 Euro. Für Fahrtkosten und Eintritte fallen insgesamt 1440 Euro an. Wie teuer wird die Klassenfahrt für jedes Kind?

2. Schreibe ordentlich auf, was gesucht und was gegeben ist.

gesucht: Kosten für jedes Kind
gegeben: → 24 Kinder
→ Unterkunft 250 € pro Kind
→ Fahrten & Eintritte: 1440 €

3. Lege dir einen Rechenweg zurecht und folge ihm Schritt für Schritt.

Fahrtkosten und Eintritte pro Kind:

```
  1440 : 24 = 60
- 144
    00
  - 00
     0
```

Gesamtkosten pro Kind:

```
  250 €
+  60 €
   1
  310 €
```

4. Denke nach: Kann dein Ergebnis stimmen? Schreibe eine Antwort.

Die Klassenfahrt kostet für jedes Kind 310 Euro. ✓

D147 Lösungen

1 Löse die Aufgaben. Schreibe deine Rechnungen auf.

a) Zur Herstellung von 1 l Apfelsaft werden 1300 g Äpfel benötigt. Wie viel kg Äpfel benötigt man für 5 l?

b) Derya fährt 6 km mit dem Fahrrad in 18 Minuten. Wie lange benötigt sie für 1 km?

2 Helena hat grün markiert, Elise gelb. Wer hat welche Aufgabe gerechnet?

> Marcos hat in einem Radgeschäft ein Fahrrad für 599 € entdeckt. Es hat eine 30-Gang-Schaltung und wiegt 12 kg. Zusätzlich braucht er eine Satteltasche, die 21,50 € kostet. Marcos wiegt dreimal mehr als das Fahrrad. Die benötigte Fahrradbeleuchtung kostet 39,50 €.
>
> a) Welche Masse haben Marcos und das Fahrrad zusammen?
>
> b) Wie viel kostet das Fahrrad mit Satteltasche und Beleuchtung?

3 Eine Familie parkt in einem Parkhaus.

a) Wie viel kostet es, dort 3 h zu parken?

b) Ab der wievielten Stunde gilt der Tageshöchstsatz?

4 Notiere dir alle wichtigen Angaben. Wie berechnest du die Antwort? Schreibe deinen Lösungsweg auf.

> Ilja fährt immer mit dem Fahrrad zur Schule, die 4 km entfernt ist. Über Mittag bleibt er in der Schule. Im vergangenen Monat gab es genau 4 Unterrichtswochen. Wie viele Kilometer legte Ilja vergangenen Monat mit dem Fahrrad mindestens zurück?

5 Auf dem Rummelplatz fahren Emma, Theo und Yasmin mit dem Auto-Scooter. Eine Einzelfahrt kostet 2,50 €. Beim Kauf von fünf Fahrten zahlt man 9,50 €

a) Jeder von Ihnen möchte mindestens drei Fahrten machen. Was empfiehlst du ihnen?

b) Wie viel kann man beim Kauf von 30 Fahrten sparen?

6 Der „California Zephyr" ist einer der bekanntesten Fernzüge in den USA. Er fährt von Chicago nach San Francisco. Mit dem Bau der Strecke wurde im Jahr 1949 begonnen. Die Gesamtstrecke beträgt 3924 km und die Fahrt dauert 52 h. Auf der Strecke gibt es 33 Haltestellen.

a) Wenn man am Sonntagnachmittag um 16 Uhr in Chicago losfährt, an welchem Wochentag kommt man dann in San Francisco an?

b) Vor wie vielen Jahren wurde mit dem Bau der Strecke für den „California Zephyr" begonnen?

6 In den Ferien macht Liam mit seiner Tante eine Fahrrad-Tour.
Sie starten morgens um 9 Uhr und fahren in zwei Stunden eine Strecke von 32 km. Am Badesee machen sie Pause. Um 14 Uhr geht es dann weiter. Nach weiteren 41 km kommen sie um 18 Uhr wieder zu Hause an. Nachmittags haben sie nur eine Pause von 15 Minuten gemacht.

a) Wie lange waren Liam und seine Tante insgesamt unterwegs?

b) Wie viele Kilometer sind sie gefahren?

c) Wie lange saßen sie insgesamt auf dem Fahrrad?

○ **7** Welches Angebot ist günstiger?

12 Schulhefte 7,20 €

7 Schulhefte nur 4,55 € !!

○ **8** Eine Flugdrohne mit Kamera hat eine Reichweite von 8 km. Ihre Flughöhe verändert sie mit einer Geschwindigkeit von 2 m pro Sekunde. Die eingesetzte Speicherkarte bietet Platz für etwa 4 h Film oder 30 000 Fotos.

a) Wie lange dauert es, bis die Drohne ihre Flughöhe von 100 m auf 10 m verringert hat?
b) Wie viele Fotos entsprechen einer Minute Film?

◒ **9** MK Pro Minute werden auf eine Videoplattform etwa 2500 neue Videos mit einer ungefähren Dauer von 500 h hochgeladen.
a) Wie viele neue Videos gibt es pro Stunde?
b) Wie viele Tage würde es ungefähr dauern, bis du dir alle diese Videos angesehen hast?

◒ **10** Mia hilft ihren Eltern beim Bau einer Holzterrasse. Diese wird 3 m breit und 4 m lang. Die verwendeten Holzdielen haben eine Länge von 3 m und eine Breite von 12,5 cm. Pro Diele werden 12 Schrauben zur Befestigung benötigt.
a) Wie viele Holzdielen müssen sie insgesamt kaufen?
b) Wie viele Schrauben benötigen sie?

◒ **7** Sophie macht gemeinsam mit ihrer Schwester einen Stand auf dem Flohmarkt. Sie verkaufen Spielsachen und Kleidung, die sie nicht mehr benötigen. Um mitmachen zu dürfen, müssen sie eine Standgebühr von 12 € bezahlen. Zu Beginn haben die beiden 20 € Wechselgeld in ihrer Kasse. Am Ende sind es 136 €, worüber sie sich sehr freuen. Wie viel Gewinn bleibt für jede der Schwestern, wenn sie gerecht teilen?

◒ **8** Melissa und ihre Freundin wohnen in der Nähe eines Reiterhofes. Sie hätten gern gemeinsam ein eigenes Pferd.

Laufende Kosten (jährlich)

Versicherung	110,- €
Steuern	95,- €
Reitplakette	30,- €
Hufschmied	70,- €
(pro Beschlag ca. 3-mal im Jahr)	

Mietstall und Futter (jährlich) 1800,- €

Reitkleidung

Reithose	99,- €
Reitstiefel	102,50 €
Kappe	32,- €
Gerte	19,50 €

Anschaffungen für das Pferd

Kaufpreis	mind. 2000,- €
Sattel	mind. 400,- €
Zaumzeug	60,- €
Steigbügel	75,- €
Pflegegeräte (Striegel)	65,- €

Zeitlicher Aufwand

Pflege	1 h täglich
Fütterung	$\frac{1}{2}$ h täglich
Stallreinigung	2 h wöchentlich
Ausführen u. Reiten	6 h wöchentlich

a) Wie viel kostet etwa ein Pferd samt Pferdeausstattung und Reitkleidung?
b) Wie hoch sind die jährlichen Kosten einschließlich Mietstall und Futter?
c) Welcher wöchentliche Zeitaufwand für Fütterung und Pflege eines Pferdes wäre von jedem Mädchen zu leisten?
d) Auf dem Reiterhof kann man für 12 € pro Stunde ein Pferd zum Reiten mieten. Berechne für Melissa die jährlichen Kosten, wenn sie 3 Stunden pro Woche reitet.

Zusammenfassung

Größen

Eine **Größe** besteht aus einer **Maßzahl** und einer **Einheit**.

3 kg
Maßzahl Einheit

Beim Addieren und Subtrahieren musst du darauf achten, dass die Größen die gleiche Einheit haben.

3 kg + 2 kg = 5 kg
2 m + 20 cm = 200 cm + 20 cm = 220 cm

Geld

Geldbeträge gibst du in Euro (**€**) und Cent (**ct**) an.

1 € = 100 ct

7 € = 7,00 €
3 € 14 ct = 3,14 € = 314 ct
150 ct = 1,50 € = 1 € 50 ct

Masse

Um anzugeben, wie schwer ein Gegenstand ist, verwendest du folgende Einheiten:

Tonne	**t**	1 t = 1000 kg
Kilogramm	**kg**	1 kg = 1000 g
Gramm	**g**	1 g = 1000 mg
Milligramm	**mg**	

Die Umrechnungszahl ist 1000.

3 t = 3,000 t = 3000 kg
1 kg 345 g = 1,345 kg = 1345 g

Speichergrößen im Alltag

Die gebräuchlichsten Einheiten für Speichergrößen sind:

Terabyte	**TB**	1 TB = 1000 GB
Gigabyte	**GB**	1 GB = 1000 MB
Megabyte	**MB**	1 MB = 1000 KB
Kilobyte	**KB**	1 KB = 1000 B
Byte	**B**	

Die Umrechnungszahl im Alltag ist 1000 (in der Informatik 1024).

3 MB = 3000 KB = 3 000 000 B

Schätzen

Oft genügt es, Größen ungefähr anzugeben. Dann kannst du **schätzen**.
Dabei helfen **Vergleichsgrößen**.
Eine Packung Zucker wiegt rund 1 kg.
Vergleichst du die Masse einer mittelgroßen Melone mit einer Packung Zucker, dann kommst du auf rund 2 bis 3 kg.

Zeit

Die Einheiten für die Zeitmessung sind:

Jahr	**a**	1 a = 365 d
Tag	**d**	1 d = 24 h
Stunde	**h**	1 h = 60 min
Minute	**min**	1 min = 60 s
Sekunde	**s**	

1 d = 24 h = 1440 min = 86 400 s

Länge

Die gebräuchlichsten Längeneinheiten sind:

Kilometer	**km**	1 km = 1000 m
Meter	**m**	1 m = 10 dm
Dezimeter	**dm**	1 dm = 10 cm
Zentimeter	**cm**	1 cm = 10 mm
Millimeter	**mm**	

Die Umrechnungszahl ist 10. Vorsicht bei km!

5 km = 5,000 km = 5000 m
123 cm = 1 m 23 cm = 1,23 m

Maßstab

Der Maßstab gibt das **Maß der Verkleinerung** oder das **Maß der Vergrößerung** an.

Ein Maßstab 1 : 100 bedeutet:
1 cm in der Abbildung entspricht 100 cm in der Wirklichkeit.

Der Maßstab 10 : 1 bedeutet:
10 cm in der Abbildung entsprechen 1 cm in der Wirklichkeit.

D148 Lösungen

I149 Digital Üben

I150 Digital Üben

Geld
Übe digital mit I149.

1 Ordne die Gegenstände nach dem Preis. Beginne mit dem Gegenstand, der am wenigsten kostet.

Fernseher | eine Kugel Eis | Bleistift | Mathebuch | Kinokarte | Auto | Haus

2 Sortiere von wenig nach viel: 2,02 €; 22 ct; 2 € 20 ct; 0,20 €; 2,22 €

3 Berechne.
a) 13,75 € − 2,25 €
b) 7,20 € : 8
c) 20 € · 50
d) 3,70 € + 4,50 €
e) 50 € : 5 €
f) 15 € − 6,30 €
g) 1 € : 20 ct
h) 25 · 2 € + 20 €

4 Ein Geldautomat wechselt Euro-Münzen in Scheine. Welche Münzen und wie viele davon könntest du einwerfen, um einen 10 €-Schein zu erhalten? Überlege dir drei Möglichkeiten.

5 Karl ist mit seiner Tante einkaufen. Am Pfandautomat wird die Rückgabe der leeren Flaschen und Kisten immer wieder unterbrochen, so dass sie am Ende drei Zettel haben.
Wie viel Pfand erhalten sie insgesamt?

Pfand-rückgabe
6 · 0,08 €
Total
0,48 €

Pfand-rückgabe
3 · 3,30 €
5 · 0,25 €
Total
11,15 €

Pfand-rückgabe
1 · 3,30 €
6 · 0,15 €
2 · 0,08 €
Total
4,36 €

I151 Digital Üben

6 Stell dir vor: eines Tages klingelt es und ein magisches Sparschwein steht vor deiner Tür.
Das Geld, das sich in seinem Bauch befindet, verdoppelt sich jeden Tag.
Wie viel Geld hättest du nach sieben Tagen, wenn du es mit deinem ganzen Taschengeld von 3,50 € füttern würdest?

Zeit
Übe digital mit I150.

7 Beantworte folgende Fragen.
a) Wie groß ist die Zeitspanne einer Unterrichtsstunde an deiner Schule?
b) Zu welchem Zeitpunkt beginnt bei euch die große Pause und wann endet sie?
c) Wie lange dauert die große Pause?

8 Wandle um.
a) 3 h in min
b) 5 min in s
c) 2 d in h
d) 120 s in min
e) $\frac{1}{2}$ h in min
f) 180 min in h

9 Berechne die fehlenden Angaben.

	Abfahrt	Fahrtdauer	Ankunft
a)	07:00 Uhr	130 min	■
b)	■	2 h 15 min	12:00 Uhr
c)	14:30 Uhr	■	18:15 Uhr
d)	11:50 Uhr	11 h 10 min	■

10 Die Schweizer Para-Athletin Catherine Debrunner gewann 2023 in Berlin den Marathon der Rollstuhlfahrerinnen in 1:34:16 h. Wie viel schneller war sie als Tigst Assefa, die bei den Läuferinnen auf der gleichen Strecke mit 2:11:53 h gewann?

11 Yara und ihre Freundin Thilda möchten sich einen Film im Kino ansehen. Offizieller Beginn ist um 15:30 Uhr. Der Hauptfilm selbst hat eine Spieldauer von 142 Minuten. Zuvor wird noch für 25 Minuten Werbung gezeigt und Eis verkauft. Wann kann Thildas Mama die beiden wieder vom Kino abholen?

Masse
Übe digital mit I151.

12 Lege verschiedene Gegenstände auf den Tisch und sortiere sie dann durch Schätzen von leicht nach schwer: einen Stift, eine Schere, ein Heft, ein Mäppchen und ein Blatt Papier.

13 Sortiere von leicht nach schwer:

70 kg | 0,7 t | 700 g | 700 000 mg

D135 Stellenwerttafel Masse

D138 Stellenwerttafel Länge

14 Schreibe in der angegebenen Einheit.
a) 4,5 t in kg
b) 96 000 g in kg
c) 3000 mg in g
d) 3 kg 50 g in g
e) 1 kg in mg
f) 12 000 kg in t
g) 2 t 5 kg in kg
h) 5,5 g in mg

15 Berechne.
a) 3 kg − 725 g
b) 10 kg : 500 g
c) 2500 kg + 7,5 t
d) 1 kg : 5
e) 75 mg · 12
f) 1 t − 55 kg
g) 5 g + 555 mg
h) 7 · 11 kg

16 Ein Fliesenleger hat 1,5 t Fliesenkleber bestellt. Er ist in 30 kg-Säcken abgepackt. Der Fliesenleger prüft die Ware auf Vollständigkeit. Wie viele Säcke müssten es sein?

17 Wiege die Hefte und Bücher, die sich an einem normalen Tag in deiner Schultasche befinden.

Wie viel Masse weniger müsstest du tragen, wenn du alle Hefte und Schulbücher digital auf einem Tablet hättest?
Ein Tablet mit Hülle wiegt ca. 700 g.

Die Stratosphäre ist ein Teil der gasförmigen Hülle der Erde.

Länge
Übe digital mit I152.

I152 Digital Üben

18
a) Die Fingerspanne ist der Abstand zwischen Daumen und Zeigefinger, wenn du beide Finger ausstreckst. Schätze, wie lang deine Fingerspanne ist. Miss nach und bestimme die Länge auf den cm genau.
b) Wie viele Fingerspannen ist dein Tisch lang? Wie viele cm sind das?

19 Sortiere von kurz nach lang:
31 dm; 3 m; 301 cm; 3333 mm; 0,3 km, 305 cm; 3 m 2 cm

20 Schreibe in der angegebenen Einheit.
a) 20 cm in dm
b) 0,5 m in cm
c) 5 m 3 cm in m
d) 5 m 3 dm in m
e) 1 km in cm
f) 20 000 mm in m
g) 5 km 32 m in m
h) 2,5 dm in cm

21 Berechne.
a) 7 km − 625 m
b) 5 dm + 23 cm
c) 50 m : 2 m
d) 8 · 12,5 cm
e) 200 mm : 50
f) 45 m + 2 km
g) 2 dm − 18 mm
h) 12 · 12 mm

22 Der Ironman-Triathlon ist ein Ausdauerwettkampf. Er besteht aus 3,8 km Schwimmen, 180 km Radfahren und 42,2 km Laufen. Wie viele Kilometer müssen von den Teilnehmenden insgesamt zurückgelegt werden?

23 Felix Baumgartner hat einen extremen Fallschirmsprung gemacht. Er sprang am 14. Oktober 2012 aus einer Höhe von 38 969 m in der Stratosphäre ab.
Sein Fallschirm öffnete sich 4:20 min später in einer Höhe von ungefähr 2567 m.
Wie viele Meter befand sich Baumgartner im freien Fall?

Speichergrößen im Alltag

D141 Stellenwerttafel Speichergrößen

○ **24** MK Wandle um.
a) 256 GB in MB b) 5000 KB in MB
c) 400 KB in B d) 2 TB in GB

○ **25** MK Berechne.
a) 1 TB − 500 GB b) 320 MB + 2 GB
c) 5 MB : 250 KB d) 40 · 8 MB

◒ **26** MK Jan hat im Urlaub 120 Fotos mit einem Speicherbedarf von je 6 MB gemacht. Er möchte die Bilder im Cloudspeicher sichern. Dort sind 2 GB frei.
a) Wie viel Speicherplatz benötigen die 120 Fotos insgesamt?
b) Wie viel freier Speicher bleibt Jan noch in seiner Cloud?

Schätzen von Größen

○ **27** Bei der abgebildeten Weitsprunggrube sind der grüne Absprungbalken und das Grubenende 12 m voneinander entfernt. Schätze die Strecke vom Anlaufpunkt bis zum Absprungbalken.

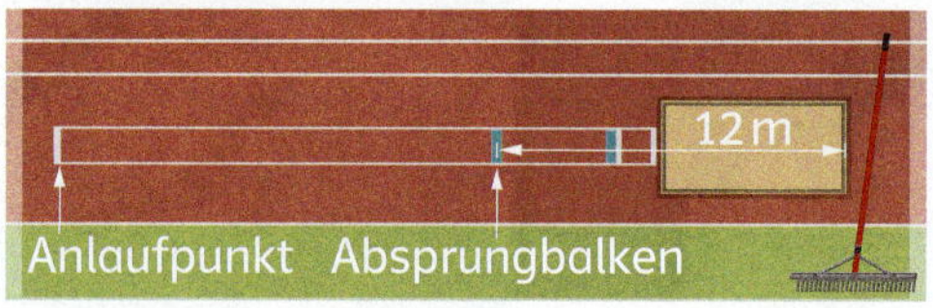

○ **28** Amira kauft sich eine Brezel, ein Getränk und eine kleine Süßigkeit. Wie viel muss sie ungefähr bezahlen?

Kohlenstoffdioxid (CO_2) ist ein Gas, das für den Klimawandel mitverantwortlich ist.

◒ **29** Schätze die Gesamtmasse der Betonteile, die am Kran angebracht sind.

Maßstab

○ **30** Was bedeutet der Maßstab? Formuliere einen ganzen Satz.
a) 1 : 500 b) 12 : 1 c) 1 : 25 000

○ **31** Diese Küchenarbeitsplatte ist im Maßstab 1 : 50 gezeichnet.

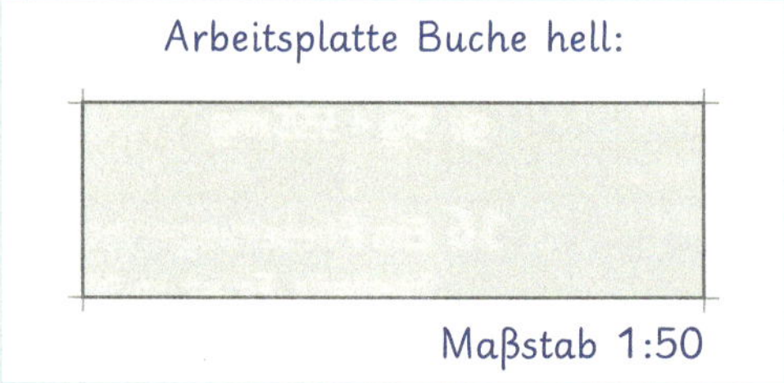

a) Wie lang und breit ist sie in Wirklichkeit?
b) Zeichne eine Arbeitsplatte, die 3,00 m lang und 100 cm breit ist, im Maßstab 1 : 50.

◒ **32** Auf einer Weltkarte im Maßstab 1 : 10 000 000 beträgt die Entfernung zwischen New York und Hamburg 62 cm. Wie weit liegen diese beiden Städte in Wirklichkeit auseinander?

Vermischte Aufgaben

◒ **33** Der Atlantische Ozean liegt zwischen Europa und Amerika. Jedes Jahr wird er durch die Bewegung der Erdplatten um 2 Zentimeter breiter.
a) Wie viele Meter ist der Atlantik in den letzten 500 Jahren breiter geworden?
b) Wie viele Jahre dauert es, bis der Atlantik um 2 Kilometer breiter wird?

● **34** Ein großer Baum speichert 80 kg CO_2 pro Jahr. Ein großes Auto stößt 200 g CO_2 pro Kilometer aus.
a) Wie viele Kilometer kann ein Auto fahren, bis der CO_2-Speicher eines Baumes voll ist?
b) Ein Auto fährt 20 000 km pro Jahr. Wie viele große Bäume sind nötig, um das gesamte CO_2 zu speichern?
c) MK Eine Suchmaschine pflanzt von ihrem Gewinn Bäume. Finde den Namen dieser Suchmaschine heraus und berechne, wie viel CO_2 die bereits gepflanzten Bäume pro Jahr einsparen, wenn sie groß sind.

1 Weltrekordhalter George Scholey hat in 24 Stunden insgesamt 6931 Zauberwürfel gelöst. Schätze, wie viele Zauberwürfel er ungefähr pro Minute lösen musste.

2 Der Säntis ist ein viel besuchter Aussichtsberg in der Schweiz. Mit der Seilbahn kommt man bequem auf die Aussichtsplattform.

Die Talstation befindet sich auf 1350 m, die Bergstation auf 2472 m. In eine Gondel passen 85 Personen. Die Fahrt dauert 10 Minuten.
Für eine Berg- und Talfahrt zahlen Erwachsene 58 CHF, Kinder von 6 bis 16 Jahren zahlen 29 CHF. Eine Familienkarte, bei der zwei Elternteile mitfahren können, kostet 130 CHF.

CHF
Abkürzung für Schweizer Franken. Das ist die Geldwährung in der Schweiz.

a) Wie viel spart eine Familie mit zwei Erwachsenen und zwei Kindern gegenüber dem Einzelpreis?
b) Wie groß ist der Höhenunterschied zwischen der Berg- und Talstation?

3 Die schwerste Robbe ist der See-Elefant. Er wiegt bis zu 3500 kg. Das schwerste Tier der Erde ist der Blauwal. Er wiegt 50-mal so viel. Wie viele Tonnen sind das?

4 In der Stadt Rottweil steht ein Testturm für Aufzüge. Er hat eine Gesamthöhe von 246 m. Seine äußere Hülle besteht aus einer Stoffhülle mit Glasfasergewebe. Zeichne ein Modell des Turms im Maßstab 1 : 1000 in dein Heft.

5 Ein Schwarm Störche fliegt nach Afrika, um dort zu überwintern. An einem Tag fliegen die Tiere im Schnitt 200 km. Insgesamt dauert ihre Reise 40 Tage.
a) Welche Strecke hat der Schwarm insgesamt zurückgelegt?
b) Wie viele Tage früher könnten sie ihr Ziel erreichen, wenn sie pro Tag 50 km mehr fliegen würden?
c) MK Recherchiere, in welchen Ländern die Tiere überwintern.

6 Ein Autofahrer fährt durchschnittlich mit 60 km/h. Das bedeutet, er legt in einer Stunde 60 km zurück.
a) Wie weit kommt er in 2 h; $1\frac{1}{2}$ h?
b) Wie lange braucht er für 180 km?
c) Wie schnell müsste er fahren, damit er 180 km in 2 h schafft?

7 In welchem Maßstab ist dein Mathebuch hier abgebildet?

Schaltjahr: Schaltjahre sind alle Jahre, deren Jahreszahl durch 4 teilbar ist. Sie haben 366 Tage.

I153 Simulation zu Aufgabe 16

8 Einer der berühmtesten Diamanten ist der „Regent-Diamant“. Er ist im Museum Louvre in Paris ausgestellt und hat 140,5 Karat. Ein Karat entspricht einer Masse von 200 mg.

a) Berechne die Masse des Diamanten in mg und g.

b) Bei einer Auktion wurde ein 100 Karat-Diamant für 25 Millionen Euro versteigert. Welchen Wert hätte dementsprechend der „Regent-Diamant“?

9 Wie viele Tage bist du alt?
Tipp: Denke an die Schaltjahre.

10 Luisas Papa fährt den 12 km langen Weg zur Arbeit jeden Tag mit dem Fahrrad. Würde er mit dem Auto fahren, würde er damit pro gefahrenen 100 km etwa 15 kg CO_2 ausstoßen.
Wie viel kg CO_2 spart Lillis Papa ein, wenn er 250 Arbeitstage pro Jahr hat?

11 Im Sommer fließen durchschnittlich 600 000 l Wasser pro Sekunde den Rheinfall hinab.

In ein Schwimmbecken mit 50 m Länge, 20 m Breite und 1,8 m Tiefe passen 1 800 000 l Wasser.

a) Wie lange würde es dauern, mit dem Rheinfall ein Schwimmbecken zu füllen?

b) Wie viele Schwimmbecken könnte der Rheinfall in einer Minute füllen?

12 MK Ein Video hat eine Größe von 120 MB. Wie lange dauert es, das Video bei einer Upload-Geschwindigkeit von 8 Mbit/s hochzuladen?
Tipp: 1 Byte = 8 Bit

13 Unter einer Lichtsekunde versteht man die Strecke, die Licht in einer Sekunde zurücklegt. Gerundet sind dies 300 000 km. Die Erde ist ca. 8 Lichtminuten von der Sonne entfernt. Berechne die Entfernung in Kilometern.

14 Ein Fußball der Größe 4 hat einen Durchmesser von gut 20 cm. Die Erde hat einen Durchmesser von etwa 12 740 km. Welchen Maßstab müsstest du anwenden, um die Erde ungefähr auf Fußballgröße zu schrumpfen?

15 Eine Palette mit 24 Getränkedosen kostet 21,60 €. Im Preis enthalten ist ein Pfand von 25 ct pro Dose. Berechne den Preis einer einzelnen Getränkedose.
Tipp: Ergänze den Gesamtpreis zu einer Zahl, die du gut durch 24 teilen kannst.

16 Auf dem Bild siehst du die „Berlin-Uhr“. Das runde Licht ganz oben wird im Sekundentakt an- und ausgeschaltet. Eine leuchtende Lampe in den vier Reihen darunter steht jeweils für eine bestimmte Zeitspanne. Um die aktuelle Uhrzeit abzulesen, müssen die Zeitspannen addiert werden. Eine Lampe in der oberen Zeile steht für 5 h. Eine leuchtende Lampe in der zweiten Zeile steht für 1 h. Eine Lampe in der dritten Reihe steht für 5 min und eine in der vierten Reihe für 1 min.

a) Welche Uhrzeit zeigt die „Berlin-Uhr“ auf dem Bild an?

b) Skizziere, wie die Uhrzeit „8:33 Uhr“ auf der „Berlin-Uhr“ angezeigt wird.

○ **1** Wandle um.

a) 2,09 € = ■ € ■ ct b) 2 h 15 min = ■ min c) 180 min = ■ h
d) 3,450 kg = ■ g e) 8500 kg = ■ t f) 1,52 m = ■ cm

○ **2** Berechne. Wandle wenn nötig zuerst um.

a) 17 € + 23,95 € b) 18 € − 83 ct c) 9,50 € · 7 d) 2 kg − 450 g
e) 900 g · 5 f) 2 km : 250 m g) 12 cm + 12 mm h) 2,50 m − 95 cm
i) 400 MB : 8 MB j) 12 m + 125 cm k) 4 kg : 8 l) 120 mm − 5 cm

○ **3** Elina fährt um 11:50 Uhr los und kommt um 14:15 Uhr an. Wie lange war sie unterwegs?

◒ **4** Ordne der Größe nach.

999,99 m | 290 mm | 31 dm | 3,01 m | 101 m | 1 km | 280 cm | 3 m

○ **5** Tamara kauft dreimal pro Woche in der Mensa eine Brezel für 1,20 € und ein Getränk für 0,75 €. Wie viel gibt sie wöchentlich aus?

○ **6** Ein Aufzug hat eine Tragfähigkeit von 900 kg oder 12 Personen. Mit welcher Masse pro Person wird gerechnet?

◒ **7** Leons Mutter fährt dreimal pro Woche die 450 km lange Strecke von Duisburg nach Paris und zurück mit dem LKW. Leon behauptet: „Meine Mutter fährt in 4 Wochen mehr als 10 000 km."

◒ **8** Der Fußboden eines rechteckigen Zimmers ist 4,20 m lang und 3,40 m breit. Zeichne ihn im Maßstab 1 : 100.

◒ **5** Vanessa geht mit 20 € einkaufen: 4 Hefte für je 0,85 €, 1 Geodreieck für 2,10 €, 1 Päckchen Tintenpatronen für 1,55 € und 1 Zirkel für 7 € 45 ct. Sie möchte noch ein Buch für 6,80 € kaufen.
Reicht ihr Geld? Überschlage.

◒ **6** Carla geht ins Erlebnisbad. Auf ihrer Eintrittskarte steht unter anderem:

bad
Eintritt um: 14:37 Uhr
4-Stunden-Tarif 19€

Carla verlässt das Bad um 17:23 Uhr, um den Bus um 17:40 Uhr zu erreichen. Wie lange war sie im Bad? Wie lange hätte sie noch bleiben können?

● **7** In einem Atlas beträgt die Strecke von Stuttgart nach London 14 cm. Der Maßstab ist mit 1 : 5 000 000 angegeben.

a) Erkläre, was diese Maßstabsangabe bedeutet.

b) Wie viele Kilometer Luftlinie sind die beiden Städte voneinander entfernt?

● **8** Ein Bildband ist 25 cm hoch, 25 cm breit und 3 cm dick. Er liegt aufgeschlagen auf einem kleinen quadratischen Tisch und reicht genau von einer Kante zur anderen. Wieviel Fläche ist noch frei? Erstelle eine Skizze im Maßstab 1 : 10.

→ Lösungen Seite 295

8 Flächeninhalt

Du lernst in diesem Kapitel:

- wie du den Umfang von Rechtecken und Quadraten berechnest,
- wie du Flächen durch Auslegen vergleichst,
- wie du große und kleine Maßeinheiten für Flächen benutzt und umrechnest,
- wie du den Flächeninhalt von Rechtecken und Quadraten berechnest,
- wie du Umfang und Flächeninhalt von zusammengesetzten Figuren berechnest.

1 Seitenlängen messen

Miss die Seitenlängen der Figur.

a) 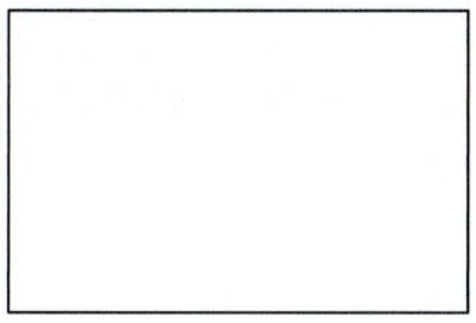

b) 

→ **Lerntipp:** Seite 270 und 271

2 Längeneinheiten umwandeln

Wandle in die angegebene Einheit um.

a) 7 m in cm b) 3 cm in mm
c) 50 cm in m d) 40 mm in cm

→ **Lerntipp:** Seite 278 und 279

3 Mit Längen rechnen

Berechne.

a) 7 m + 6 m b) 22 km − 14 km
c) 9 m · 5 d) 8 mm · 12

→ **Lerntipp:** Seite 278 und 279

4 Rechtecke zeichnen

Zeichne ein Rechteck mit den Seitenlängen $a = 5\,cm$ und $b = 2\,cm$ in dein Heft.

→ **Lerntipp:** Seite 274

5 Mit Stufenzahlen rechnen

Berechne.

a) 54 · 10 b) 340 · 100
c) 7040 · 1000 d) 2000 : 10
e) 400 : 100 f) 23 000 : 1000

→ **Lerntipp:** Seite 268

6 Quadrate und Rechtecke erkennen

a) Welche der Flächen sind Quadrate?
b) Welche der Flächen sind Rechtecke, aber keine Quadrate?

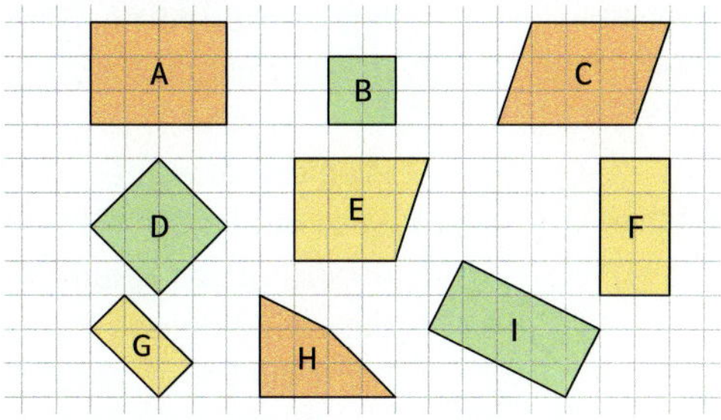

→ **Lerntipp:** Seite 273

7 Quadratzahlen berechnen

Berechne.

a) 4^2 b) 12^2
c) 5^2 d) 15^2

→ **Lerntipp:** Seite 266

8 Schriftlich multiplizieren und dividieren

Berechne schriftlich.

a) 34 · 97 b) 28 · 56
c) 645 : 5 d) 2086 : 7

→ **Lerntipp:** Seite 269

9 Rechenregeln beachten

Berechne.

a) 2 · 9 + 2 · 3 b) 9 · 7 − 4 · 7
c) 4 · 13 + 7 · 5 d) 156 − 8 · 12
e) 34 + 54 : 9 f) 45 − 72 : 9 + 3

→ **Lerntipp:** Seite 270

10 Lückenaufgaben lösen

Welche Zahl steht in der Lücke?

a) 4 · ☐ = 36 b) 2 · ☐ + 8 = 18
c) ☐ · 7 = 35 d) 22 − 3 · ☐ = 10
e) ☐ · 8 = 64 f) 29 + 2 · ☐ = 41

→ **Lerntipp:** Seite 262

→ Lösungen Seite 296 und 297

Erkunden

Flächen messen

→ 2 Flächen vergleichen

→ 3 Flächeneinheiten

Für das Messen von Längen verwendest du meist dein Geodreieck oder ein Lineal. Früher nutzte man Arme, Beine oder die Finger, um Längen zu messen. Aber mit welchen Hilfsmitteln kannst du messen, wie groß eine Fläche ist?

1 Probiere verschiedene Messgeräte aus.

a) Miss mit jedem Messgerät in der Tabelle (Handfläche, Schulheft und Radiergummi) die Größe deines Tisches. Du sollst dabei nicht die Länge einer Tischkante messen, sondern die gesamte Fläche.
Fülle die Tabelle in deinem Heft aus.

b) Vergleiche danach die Ergebnisse mit denen deines Nachbarn oder deiner Nachbarin. Welche Schwierigkeiten stellt ihr fest? Könnt ihr diese lösen?

Messgerät	Messergebnis	aufgetretene Schwierigkeiten
Handfläche		
Schulheft		
Radiergummi		

Vierecke auf dem Geobrett

→ 1 Umfang des Rechtecks

→ 2 Flächen vergleichen

→ 4 Flächeninhalt des Rechtecks

2 Auf einem Geobrett kannst du verschiedene Vierecke mit einem Gummi aufspannen.

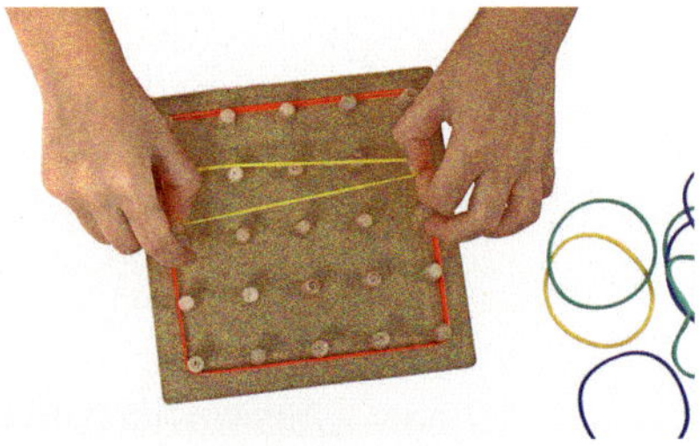

a) Erzeuge verschiedene Rechtecke und Quadrate. Wie lang ist der Gummi, den du aufgespannt hast? Wie viele kleine Quadrate werden von dem Gummi umspannt?

b) Erzeuge verschiedene Rechtecke, bei denen die Gummilänge gleich bleibt. Wie viele kleine Quadrate werden von dem Gummi umspannt? Findest du ein größtes und ein kleinstes Rechteck?

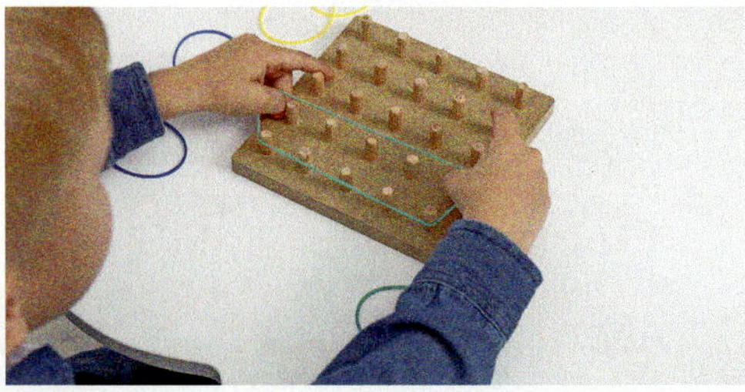

c) Erzeuge verschiedene Rechtecke, bei denen die Anzahl der umspannten Quadrate gleich bleibt. Wie lang ist jeweils der Gummi, den du aufgespannt hast?

Papier im Quadrat

→ 3 Flächeneinheiten
→ 4 Flächeninhalt des Rechtecks

3 Bastelt aus Zeitungspapier oder Prospekten Quadrate, die 1 m breit und 1 m lang sind.

a) Wie viele dieser Quadrate passen in euer Klassenzimmer?
Wie viele passen in den Schulflur?

b) Was könnt ihr damit noch ausmessen?
In welchen Situationen ist es schwierig, damit zu messen?

c) Legt aus 12 Zeitungsquadraten unterschiedliche Rechtecke. Geht am Rand entlang einmal um die Rechtecke herum. Notiert, wie weit die Strecke ist, die ihr jeweils gegangen seid.
Tipp: Es muss immer die gleiche Person sein, die um die Rechtecke geht.

Quadrat im Quadrat

→ 4 Flächeninhalt des Rechtecks

4 Neun unterschiedlich große Quadrate, richtig aneinandergelegt, ergeben wieder ein Quadrat.

a) Schneide die Quadrate aus und puzzle sie zu einem großen Quadrat zusammen.

b) Lege mit den Quadraten unterschiedlich große Rechtecke. Du musst nicht alle Quadrate verwenden.

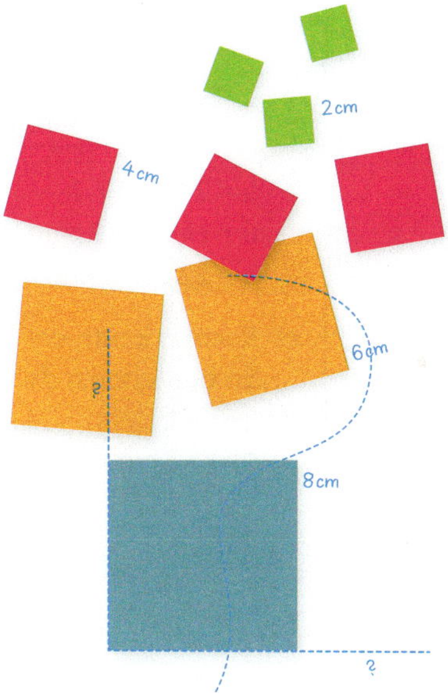

1 Umfang des Rechtecks

Herr Fritz und Frau Sanchez halten beide Hühner.
Sie wollen ihre mobilen Hühnerställe neu einzäunen.
→ Wer braucht mehr Zaun?

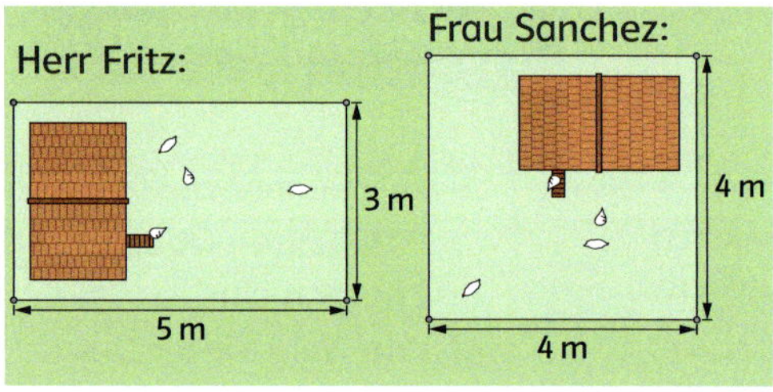

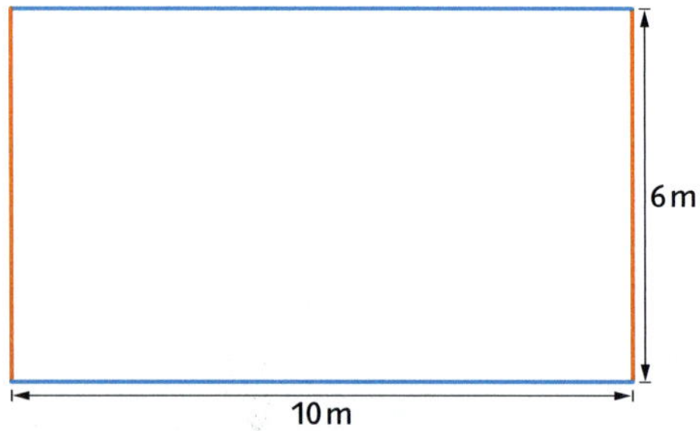

Der Umfang des Rechtecks ist die Länge seines Randes.
Er beträgt bei diesem Rechteck:
10 m + 6 m + 10 m + 6 m
= 2 · (10 m + 6 m)
= 32 m
Da beim Rechteck gegenüberliegende Seiten gleich lang sind, kannst du auch so rechnen: 2 · 10 m + 2 · 6 m = 32 m

Merke

Umfang u eines Rechtecks
u = 2 · Länge + 2 · Breite
u = 2 · a + 2 · b
u = 2 · (a + b)

Umfang u eines Quadrats
u = 4 · Länge
u = 4 · a

Haben Länge und Breite verschiedene Maßeinheiten, musst du sie durch Umwandeln auf dieselbe Maßeinheit bringen.

Beispiele

V154 Erklärvideo

a) Umfang eines Rechtecks

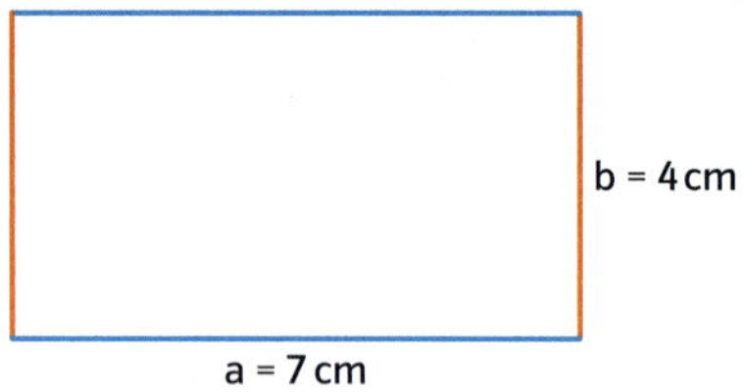

u = 2 · 7 cm + 2 · 4 cm
u = 14 cm + 8 cm
u = 22 cm

b) Umfang eines Quadrats

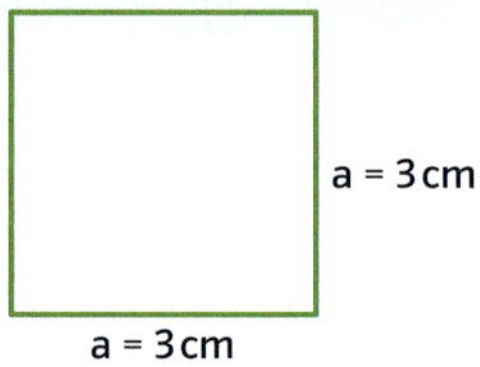

u = 4 · 3 cm
u = 12 cm

V155 Erklärvideo

c) Rechteck mit u = 14 cm und b = 3 cm:
So berechnest du die Länge a.
2 · a + 2 · 3 cm = 14 cm
2 · a + 6 cm = 14 cm

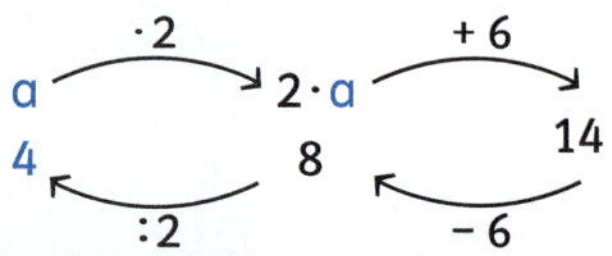

Die fehlende Seite a ist also 4 cm lang.

d) Quadrat mit u = 24 cm:
So berechnest du die Länge a.

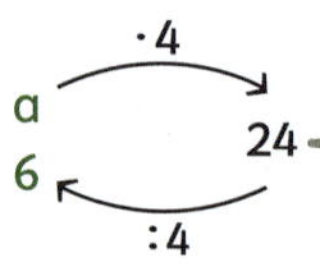

Beim Rückwärtsrechnen lässt du die Einheiten weg. Im Antwortsatz hängst du sie an.

Die Länge a ist also 6 cm.

D156 Lösungen

○ **1** Bestimme den Umfang der Figur. Miss dazu die Seitenlänge.

a)

b)

c)

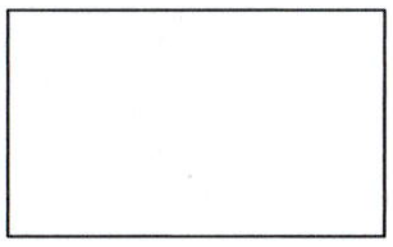

○ **2** Berechne den Umfang des Rechtecks oder Quadrats mit den angegebenen Werten.

a)

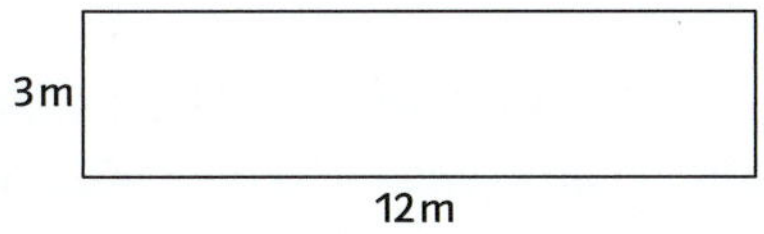

b)

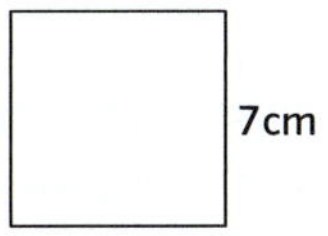

c)

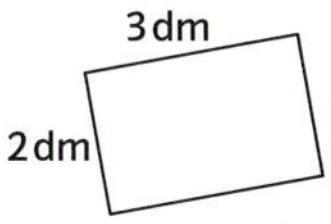

○ **3** Berechne den Umfang der Figur.

a) Rechteck: a = 9 cm, b = 12 cm
b) Rechteck: a = 3 dm, b = 14 dm
c) Rechteck: a = 17 m, b = 30 m
d) Rechteck: a = 12 mm; b = 23 mm
e) Quadrat: a = 4 cm
f) Quadrat: a = 15 m

◒ **4** Berechne den Umfang des Rechtecks. Wandle erst in die kleinere Maßeinheit um.

a) a = 5 m; b = 8 dm
b) a = 15 dm; b = 12 cm
c) a = 33 m; b = 3 dm
d) a = 5 cm; b = 5 mm
e) a = 25 m; b = 12 dm
f) a = 40 m; b = 5 dm

◒ **5** Bestimme die Seitenlänge des Quadrats wie in Beispiel d).

a) u = 28 cm
b) u = 20 m
c) u = 36 mm
d) u = 44 dm

◒ **6** Bestimme die Seitenlänge des Rechtecks wie in Beispiel c).

a) u = 18 cm; a = 6 cm
b) u = 12 m; b = 4 m
c) u = 20 dm; a = 7 dm

Fußleiste:

◒ **7** Eine Kuhweide wird neu eingezäunt.

a) Wie viele Meter Elektrozaun werden benötigt?
b) 1 m Elektrozaun kostet 2 €. Wie viel kostet der gesamte Zaun?

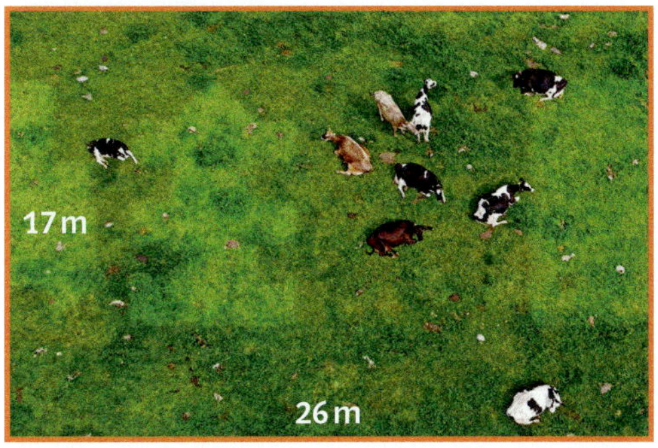

◒ **5** Bestimme die fehlende Seitenlänge des Rechtecks wie in Beispiel c).
Tipp: Wandle in die kleinere Einheit um.

a) u = 140 mm; b = 2 cm
b) u = 16 dm; a = 0,7 m
c) u = 150 cm; b = 4 dm

◒ **6** Ein Quadrat hat den Umfang u = 36 cm. Zeichne drei verschiedene Rechtecke mit gleichem Umfang.

◒ **7** Fatma bringt neue Fußleisten in ihrem Zimmer an. Das Zimmer ist 3 m breit und 5 m lang. Die Tür ist 80 cm breit.

a) Wie viele Meter Fußleiste braucht sie?
b) 1 m Fußleiste kostet 9 €. Wie viel muss sie bezahlen?

● **8** Ein Bolzplatz (24 m lang, 12 m breit) wird neu eingezäunt. Der Zaun verläuft in 5 m Entfernung zum Spielfeldrand. Wie lang ist der Zaun?
Tipp: Erstelle eine Skizze.

2 Flächen vergleichen

Große Figuren – kleine Figuren!
Manche Figuren kann man schon durch Augenmaß vergleichen.
→ Juri hält Figur 1 für die kleinste.
Lena meint, das sei Figur 2.
Wer hat recht?
→ Vergleicht die Figuren 1; 2 und 3 miteinander.

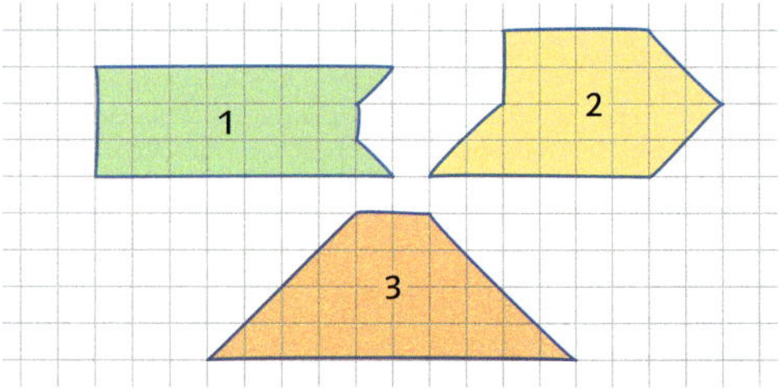

Figuren lassen sich der Größe nach vergleichen. Auf Karopapier kannst du ganze oder halbe Kästchen zählen. Zwei halbe Kästchen sind so groß wie ein ganzes Kästchen.

Merke Zwei Figuren sind gleich groß, wenn sie gleich viele Kästchen enthalten. Man sagt dann: Die Figuren haben den gleichen **Flächeninhalt**.

V157 Erklärvideo

Beispiel

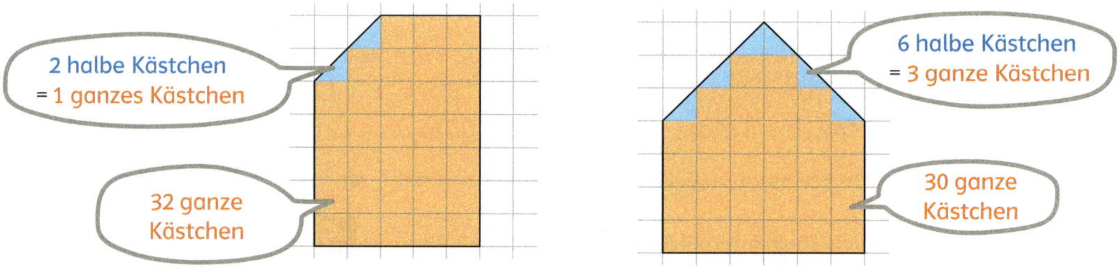

Beide Figuren haben einen Inhalt von 33 ganzen Kästchen. Die zwei Figuren haben also den gleichen Flächeninhalt.

D158 Lösungen

1 Welche Figur hat den größeren Flächeninhalt?

a)

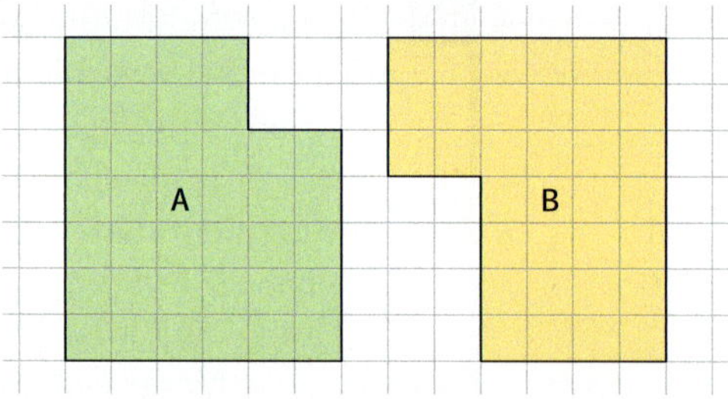

b)

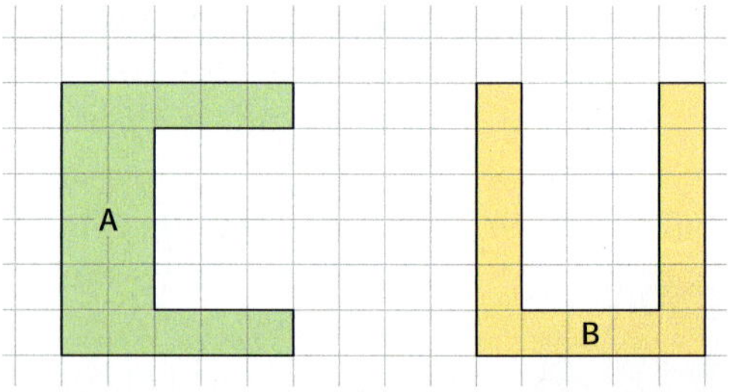

2 Welche Figur hat den größten Flächeninhalt?

a)

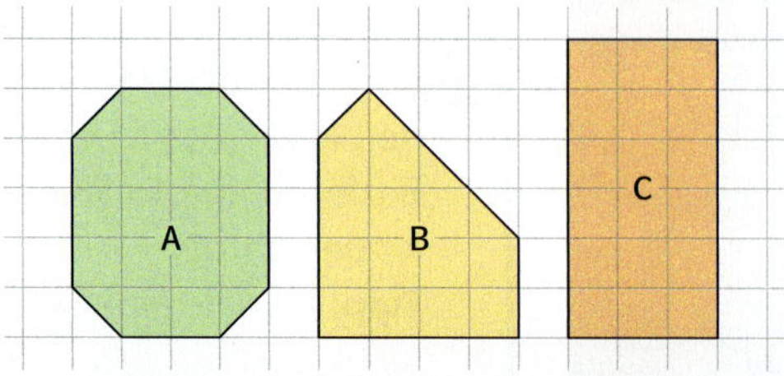

b)

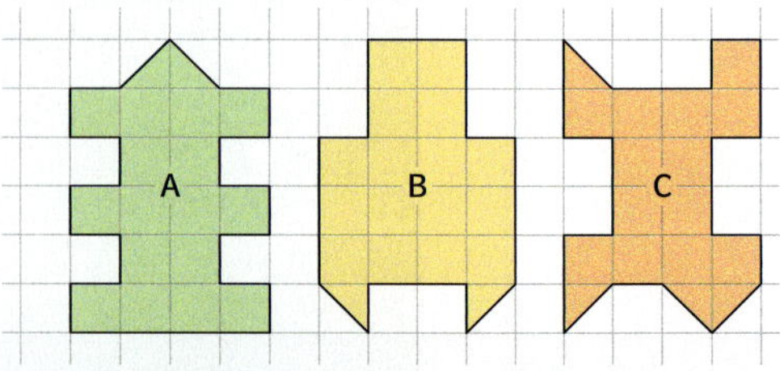

3

a) Aus wie vielen Kästchen besteht das Pixelbild?

b) Welche Farbe bedeckt den größten Flächeninhalt, welche den kleinsten?

4 Welche Figur hat den größeren Flächeninhalt? Schätze zuerst, zähle dann.

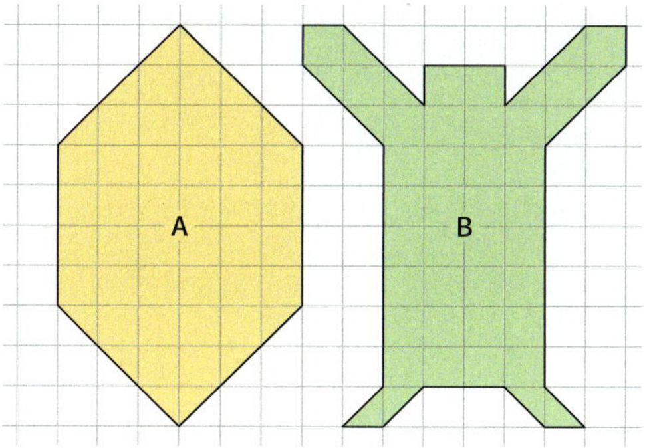

5 Arne zeichnet als Spielplan eine Figur mit mindestens 50 Kästchen Flächeninhalt. Bea färbt 5 zusammenhängende Kästchen orange. Dann färbt Arne eine ebenso große Teilfläche blau.
Sie wechseln sich ab. Wer keine Figur mehr färben kann, hat verloren.
Dafür darf er den Spielplan für den nächsten Durchgang zeichnen.
Spielt das Spiel selbst.

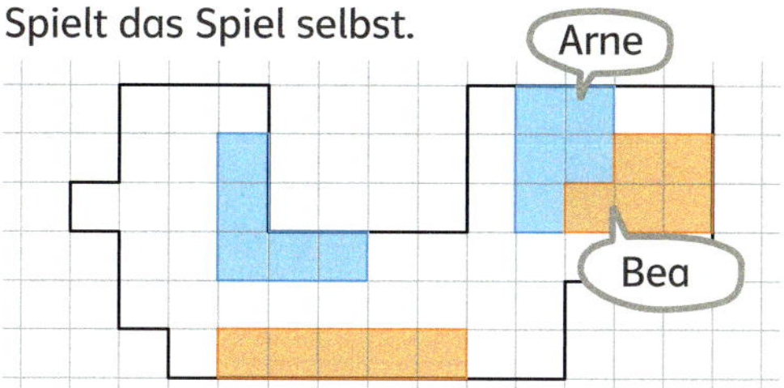

3 Statt ein Kästchen zu halbieren, kann man auch ein Rechteck halbieren. Gib den Flächeninhalt der Figur in Kästchen an.

Beispiel: 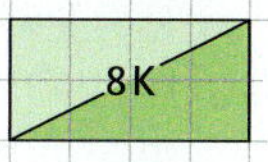 8 : 2 = 4, also 4 K

a) 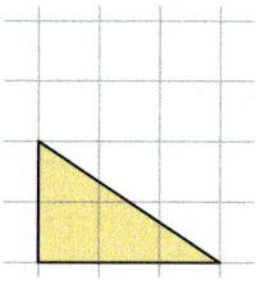

b) 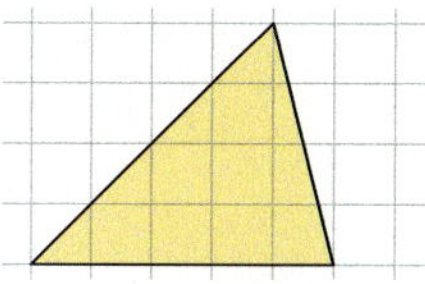

c) 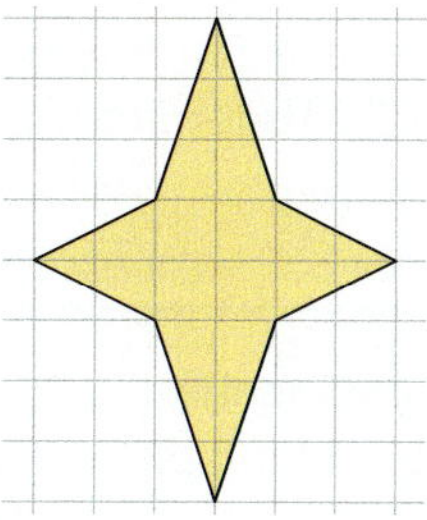

d) 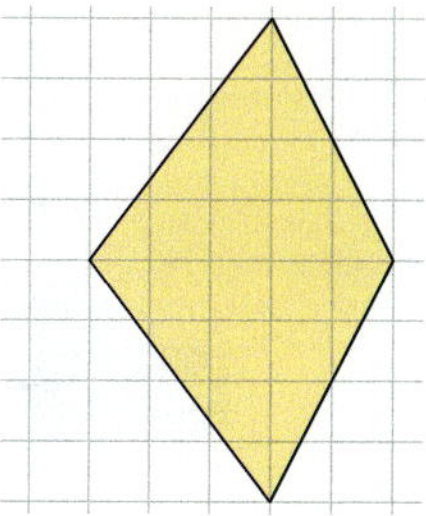

4 Welchen Flächeninhalt haben die Gespenster? Schätzt ab und besprecht, wie ihr vorgegangen seid.

5 Lisa meint: „Das gelbe Rechteck besteht aus mehr Kästchen als der grüne Rahmen.“ Zarima zählt nur wenig und findet die Antwort sehr schnell.
Überlegt zu zweit, welche Idee sie gehabt hat.

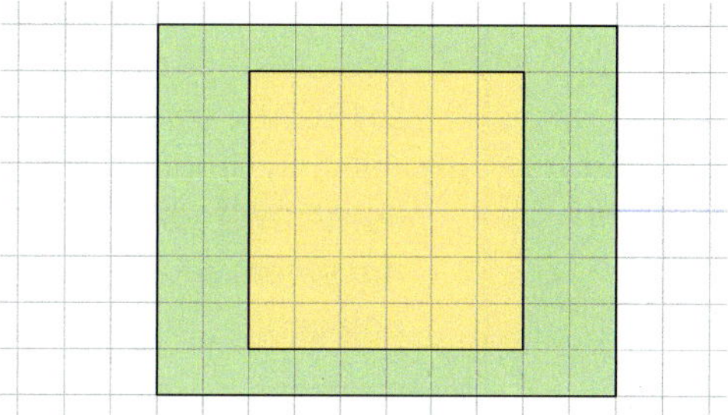

3 Flächeneinheiten

Legt zu zweit mit Zeitungspapier ein Quadrat, das 1 m breit und 1 m lang ist.

→ Wie viele Kinder können darin stehen?

→ Wie viele Quadrate mit 1 dm Kantenlänge brauchst du, um das große Meterquadrat auszulegen? Schätzt zuerst und probiert es dann in der Klasse aus.

→ Malt jedes Dezimeter-Quadrat wie im Bild aus, so dass ein Pixelbild entsteht. Wie viele der kleinen Zentimeterquadrate passen in dieses Quadrat?

→ Wie viele Zentimeterquadrate passen in das große Meterquadrat?

Merke

Flächeneinheiten

Quadratkilometer	**km²**	$1\,km^2 = 100\,ha$
Hektar	**ha**	$1\,ha = 100\,a$
Ar	**a**	$1\,a = 100\,m^2$
Quadratmeter	**m²**	$1\,m^2 = 100\,dm^2$
Quadratdezimeter	**dm²**	$1\,dm^2 = 100\,cm^2$
Quadratzentimeter	**cm²**	$1\,cm^2 = 100\,mm^2$
Quadratmillimeter	**mm²**	$1\,mm^2$

Die **Umrechnungszahl** für Flächeneinheiten ist **100**.

Umrechnung in die nächstgrößere Einheit

:100 ← $1\,km^2 = 100\,ha$ → ·100

:100 ← $1\,ha = 100\,a$ → ·100

:100 ← $1\,a = 100\,m^2$ → ·100

:100 ← $1\,m^2 = 100\,dm^2$ → ·100

:100 ← $1\,dm^2 = 100\,cm^2$ → ·100

:100 ← $1\,cm^2 = 100\,mm^2$ → ·100

Umrechnung in die nächstkleinere Einheit

▶ V159 Erklärvideo

Beispiele

a) Beim Umrechnen von Flächeneinheiten hilft dir eine Stellenwerttafel:

km²		ha		a		m²		dm²		cm²		mm²	
							7	4	5				
					9	0	7						
		4	5	0	7								

$7{,}45\,m^2 = 745\,dm^2 = 7\,m^2\,45\,dm^2$

$9\,a\,7\,m^2 = 907\,m^2 = 9{,}07\,a$

$45{,}07\,ha = 45\,ha\,7\,a = 4507\,a$

b) Beim Rechnen musst du darauf achten, dass die Flächen die gleiche Einheit haben.
$2\,a\,15\,m^2 + 130\,m^2 = 215\,m^2 + 130\,m^2 = 345\,m^2$

c) Beim Multiplizieren und Dividieren wird die Flächeneinheit beibehalten.
$5 \cdot 12\,cm^2 = 60\,cm^2$ $\quad$ $42\,ha : 6 = 7\,ha$

d) Teilst du Größe durch Größe, bleibt dir als Ergebnis eine Zahl ohne Einheit.
$45\,m^2 : 5\,m^2 = 9$
Auf einem Grundstück von $45\,m^2$ kannst du 9 verschiedene Pflanzbeete mit jeweils $5\,m^2$ anlegen.

D160 Lösungen

1 Was zeigen die Bilder? Ordne ihnen die richtige Größe zu.

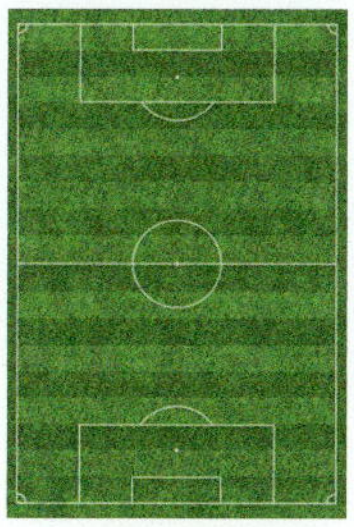

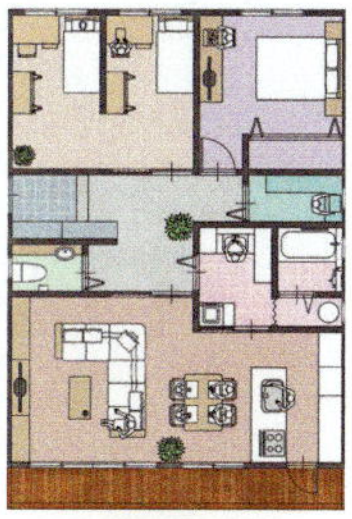

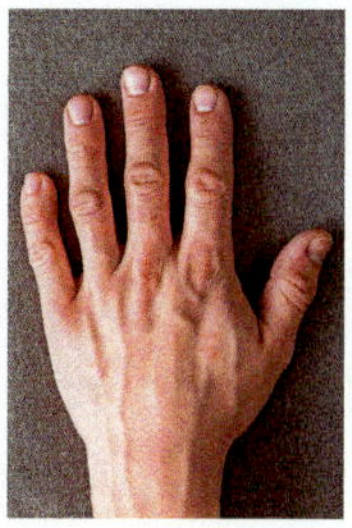

1 cm² | 1 dm² | 1 ha | 1 a | 1 km²

2 Hier sind einige Kärtchen vertauscht worden. Schreibe die richtigen Angaben in dein Heft.

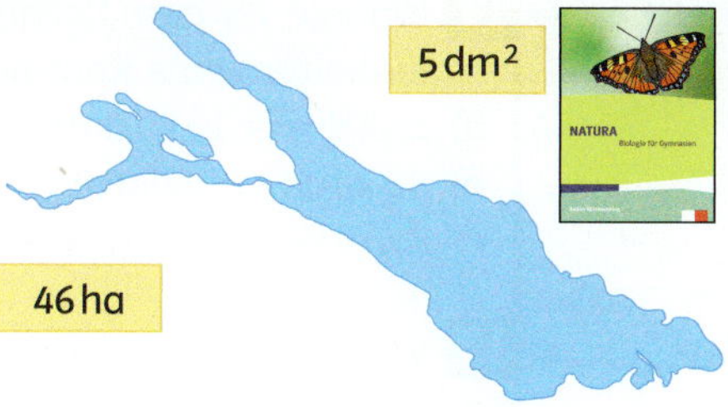

46 ha | 5 dm² | 4 cm² | 4 a | 2 m² | 539 km²

D161 Stellenwerttafel Flächeninhalt

3 Wandle in die nächstkleinere Einheit um.

Beispiel: $6\,m^2 = 600\,dm^2$

a) $5\,m^2$ b) $3\,dm^2$ c) 90 ha d) 11 a e) $9\,km^2$
f) $7\,m^2$ g) $32\,dm^2$ h) 50 ha i) 12 a j) $2\,cm^2$

4 Wandle in die nächstgrößere Einheit um.

Tipp: Eine Stellenwerttafel hilft dir.

a) $500\,dm^2$ b) $200\,m^2$ c) $400\,mm^2$ d) $3000\,cm^2$ e) 900 ha
f) 9200 a g) 8000 ha h) $2500\,dm^2$ i) $400\,cm^2$ j) $600\,mm^2$

5 Wandle in die angegebene Einheit um.

Tipp: Nutze eine Stellenwerttafel als Hilfe.

a) 5 a (m^2) b) $400\,mm^2$ (cm^2) c) $3000\,cm^2$ (dm^2) d) $50\,km^2$ (ha)
e) 12 ha (a) f) $300\,m^2$ (a) g) $74\,cm^2$ (mm^2) h) $7000\,dm^2$ (m^2)

6 Zeichnet auf dem Schulhof 1 a und $1\,m^2$ auf.

7 Schreibe ohne Komma in der nächstkleineren Einheit.

a) $2{,}45\,m^2$ b) 22,05 ha c) $8{,}25\,dm^2$
d) $18{,}25\,cm^2$ e) 7,6 ha e) $72{,}5\,km^2$

8 Schreibe in der kleineren der zwei Einheiten.

a) $6\,m^2\,25\,dm^2$ b) 2 ha 15 a
c) $15\,km^2$ 27 ha d) 56 a $50\,m^2$
e) $72\,m^2\,5\,dm^2$ f) $2\,cm^2\,15\,mm^2$

7 Schreibe erst in einer Einheit ohne Komma, dann mit Komma.

a) $65\,m^2\,12\,dm^2$ b) $98\,dm^2\,20\,cm^2$
c) $19\,cm^2\,47\,mm^2$ d) 13 a $37\,m^2$
e) $36\,dm^2\,72\,cm^2$ f) 34 ha 57 a

8 Wie oft passt die kleinere in die größere Fläche?

a) 30 a in 900 a b) $5\,m^2$ in $100\,m^2$
c) 4 a in 1,2 ha d) 9 ha in $8{,}1\,km^2$

gemischte Schreibweise
3 a 15 m^2

Kommaschreibweise
3,15 a

9 Hier sind Fehler passiert. Korrigiere das Ergebnis im Heft.
Tipp: Achte besonders auf die Nullen.
a) $93\,m^2 = 930\,dm^2$
b) $34\,mm^2 = 3400\,cm^2$
c) $40{,}02\,m^2 = 40\,m^2\;20\,dm^2$
d) $2{,}5\,m^2 = 2\,m^2\;5\,dm^2$

10 Schreibe in gemischter Schreibweise und in der Kommaschreibweise.
a) $215\,m^2$ b) $632\,dm^2$ c) $628\,mm^2$
d) 225 a e) 120 ha f) $7265\,cm^2$

11 Vor dem Rechnen musst du in die gleiche Einheit umwandeln.
Beispiel: $5\,m^2 + 435\,dm^2$
$= 500\,dm^2 + 435\,dm^2$
$= 935\,dm^2$
a) $5\,dm^2 + 34\,cm^2$ b) $4\,dm^2 + 44\,cm^2$
c) $16\,a + 463\,m^2$ d) $5\,cm^2 + 3\,mm^2$
e) $12\,m^2 - 60\,dm^2$ f) $200\,m^2 - 1\,a$

12 Multipliziere oder dividiere.
Tipp: Wandle wenn nötig um.
a) $14\,m^2 \cdot 5$ b) $120\,cm^2 : 8$
c) $96\,a : 12$ d) $1{,}25\,m^2 \cdot 3$
e) $3{,}12\,m^2 \cdot 2$ f) $8{,}2\,m^2 : 4$

13 Bei der Schulrenovierung müssen 3000 m^2 Wandfläche gestrichen werden. Mit einem Eimer Wandfarbe lassen sich 120 m^2 streichen. Wie viele Eimer muss Maler Emsig bestellen?

14 Von einer 1 ha großen Ackerfläche muss ein Landwirt 200 m^2 für einen neuen Radschnellweg verkaufen.
Welche Fläche hat er danach noch zur Verfügung? Notiere in Hektar.

9 Mit Nullen kann man schnell Fehler machen. Korrigiere das Ergebnis im Heft.
a) $4\,m^2\;3\,dm^2 = 430\,dm^2$
b) $60\,dm^2\;9\,cm^2 = 609\,cm^2$
c) $35{,}70\,m^2 = 35\,m^2\;7\,dm^2$
d) $80\,cm^2\;40\,mm^2 = 8{,}4\,cm^2$
e) $40{,}08\,a = 40\,a\;80\,m^2$

10 Wandle zuerst in die Schreibweise ohne Komma um und berechne dann.
a) $6{,}38\,m^2 \cdot 15$ b) $6{,}15\,m^2 : 15$
c) $64{,}6\,km^2 \cdot 4$ d) $64{,}4\,km^2 : 4$

11 Wandle vor dem Rechnen in passende Einheiten ohne Komma um.
a) $15{,}4\,dm^2 + 12{,}30\,dm^2 + 610\,cm^2$
b) $32{,}25\,dm^2 - 2250\,cm^2$
c) $8{,}4\,m^2 + 25{,}64\,dm^2 + 5030\,cm^2$

12 Wandle in die angegebene Einheit um.
a) in km^2: 50 607 a; 971 ha; 7 825 000 m^2
b) in a: 6 km^2; 71 ha; 20 m^2; 62451 dm^2
c) in ha: 94 km^2; 697 a; 25 000 dm^2

13 Familie Weiß besitzt eine Fläche von 2,4 a, auf der sie Hühner im Freiland halten möchten. Dabei müssen jedem Huhn 4 m^2 zur Verfügung stehen. Wie viele Hühner können sie höchstens halten?

14 Durch den Abriss einer Fabrik entsteht ein 2,65 ha großes Neubaugebiet. Für Straßen und Grünflächen sind 1,70 ha reserviert. Der Rest wird in Baugrundstücke aufgeteilt. Die Regeln der Stadt schreiben vor, dass diese Grundstücke mindestens 300 m^2 groß sein müssen. Wie viele Grundstücke können höchstens eingerichtet werden?

4 Flächeninhalt des Rechtecks

Frau Lopez möchte ihre Terrasse neu fliesen.
→ Wie viele Platten braucht sie?

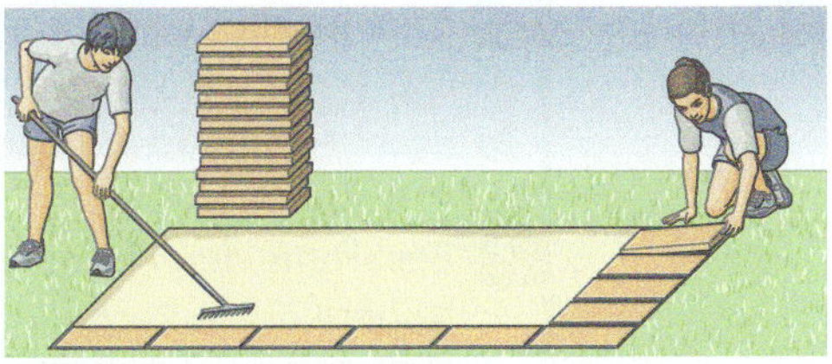

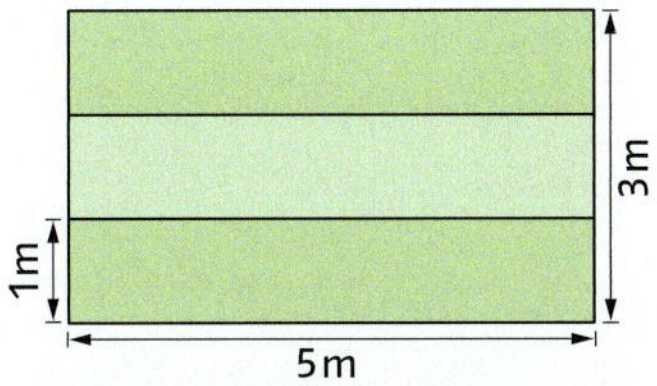

In ein Rechteck passen 3 Streifen, die 5 m lang und 1 m breit sind.

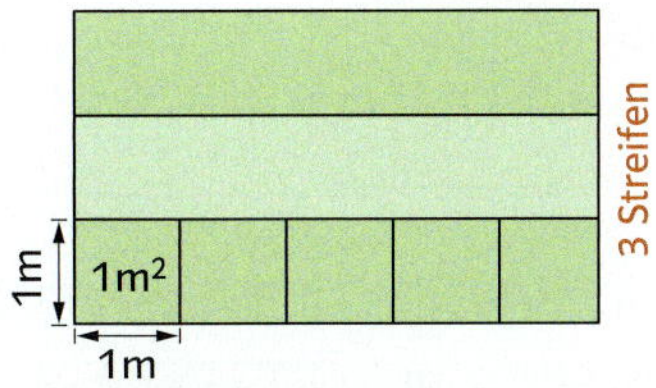

In jeden Streifen passen 5 Quadrate mit 1 m Länge. Jeder Streifen hat also einen Flächeninhalt von 5 m².

In das Rechteck passen genau 3 Streifen. Das Rechteck hat also den Flächeninhalt

$A = 3 \cdot 5\,m^2 = 15\,m^2$

Anzahl der Streifen
Flächeninhalt eines Streifens
Flächeninhalt des Rechtecks

A: lat. für area – Fläche

Merke

Den Flächeninhalt eines Rechtecks berechnest du mithilfe seiner Seitenlängen.

Flächeninhalt A eines Rechtecks
A = Länge · Breite
$A = a \cdot b$

Flächeninhalt A eines Quadrats
A = Länge · Länge
$A = a \cdot a = a^2$

Haben Länge und Breite verschiedene Maßeinheiten, musst du sie durch Umwandeln auf die gleiche Maßeinheit bringen.

V162 Erklärvideo

Beispiele

a) Flächeninhalt eines Rechtecks

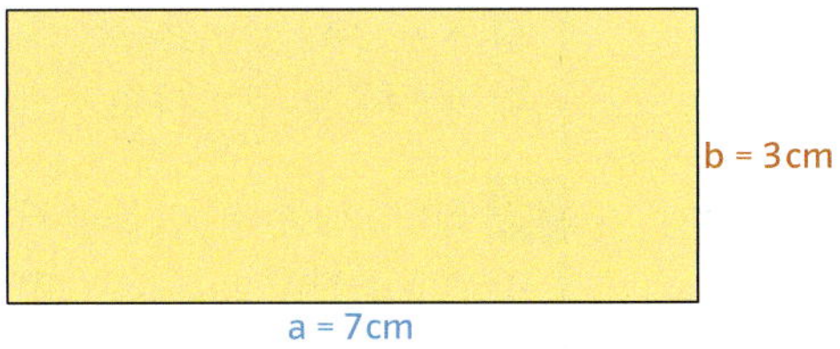

$A = 7 \cdot 3\,cm^2 = 21\,cm^2$

b) Flächeninhalt eines Quadrats

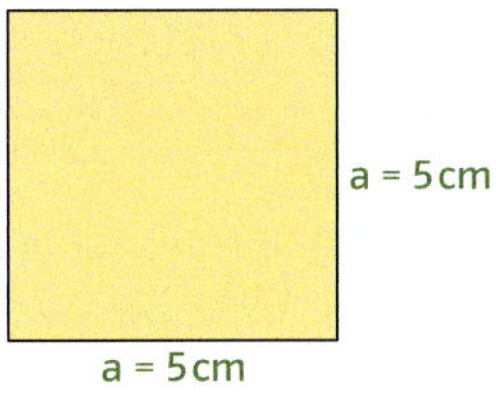

$A = 5 \cdot 5\,cm^2 = 25\,cm^2$

c) Ein Rechteck hat die Maße $A = 12\,cm^2$ und $b = 3\,cm$. Um die fehlende Seite zu berechnen, musst du rückwärts rechnen.

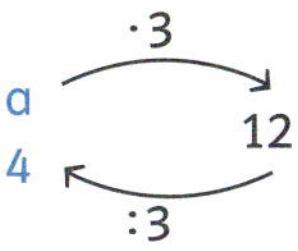

Die fehlende Seite b ist 4 cm lang.

d) Bei gegebenem Flächeninhalt erhältst du die Seite a eines Quadrats durch Probieren.
Ein Quadrat hat den Flächeninhalt $A = 16\,cm^2$.
$3 \cdot 3\,cm^2 = 9\,cm^2$ → Lösung falsch
$4 \cdot 4\,cm^2 = 16\,cm^2$ → Lösung richtig
Die Seite a ist also 4 cm lang.

D163 Lösungen

1 Zeichne ein Rechteck mit $a = 4\,cm$ und $b = 5\,cm$. Zeichne Zentimeterquadrate ein.
a) Zähle, aus wie vielen Zentimeterquadraten das Rechteck besteht.
b) Rechne mithilfe der Länge und der Breite des Rechtecks nach.

2 Bestimme den Flächeninhalt der Figur. Miss die Seitenlängen ab.
Notiere deine Rechnung wie in den Beispielen a) und b).

a) 

b) 

c) 

3 Berechne den Flächeninhalt des Rechtecks oder des Quadrats.

a) 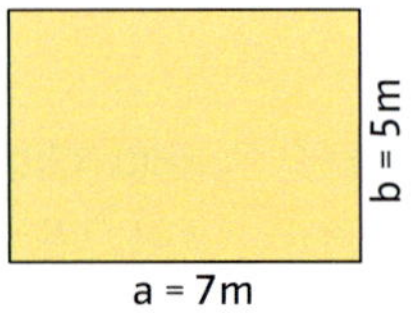

b) 

c) 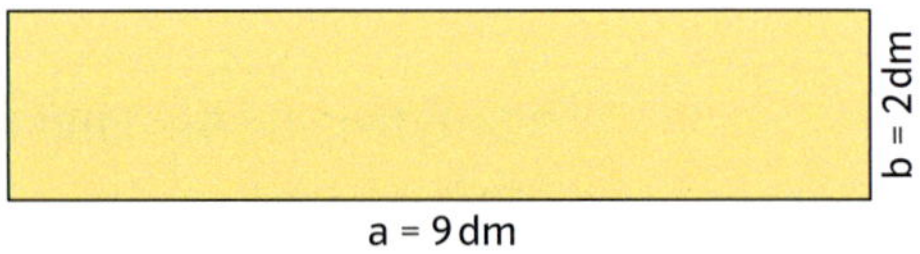

4 Berechne den Flächeninhalt der Figur.
a) Rechteck: $a = 8\,cm$; $b = 11\,cm$
b) Rechteck: $a = 4\,dm$; $b = 15\,dm$
c) Quadrat: $a = 3\,cm$
d) Rechteck: $a = 11\,mm$; $b = 24\,mm$
e) Rechteck: $a = 14\,m$; $b = 30\,m$
f) Quadrat: $a = 14\,m$

5 Berechne den Flächeninhalt des Rechtecks.
Tipp: Wandle zuerst in die kleinere Maßeinheit um.
a) $a = 5\,m$; $b = 8\,dm$
b) $a = 5\,dm$; $b = 9\,cm$
c) $a = 33\,m$; $b = 3\,dm$
d) $a = 5\,dm$; $b = 7{,}5\,m$
e) $a = 5\,cm$; $b = 5\,mm$
f) $a = 3\,dm$; $b = 1{,}5\,m$
g) $a = 40\,m$; $b = 5\,dm$
h) $a = 25\,m$; $b = 4\,dm$

6 Viele Grundstücke sind rechteckig.
Berechne den Flächeninhalt und Umfang.
a) $a = 27\,m$; $b = 14\,m$
b) $a = 31\,m$; $b = 15\,m$

7
a) Berechne den Flächeninhalt und Umfang der abgebildeten Quadrate.
Tipp: Der Umfang ist die Länge des Randes der Figur.

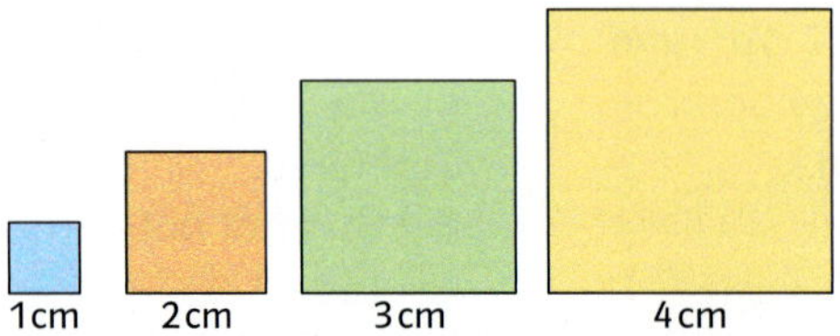

b) Berechne Flächeninhalt und Umfang der Quadrate mit den Seitenlängen 5 cm; 6 cm; …; 12 cm.

6 Viele Grundstücke sind rechteckig.
Berechne den Flächeninhalt und Umfang.
Gib das Ergebnis gemischt in a und m^2 an.
a) $a = 29\,m$; $b = 25\,m$
b) $a = 32\,m$; $b = 23\,m$

7 Ein Quadrat hat den Flächeninhalt
a) $A = 25\,cm^2$
b) $A = 81\,cm^2$
c) $A = 121\,cm^2$
d) $A = 49\,m^2$
Bestimme die Seitenlänge des Quadrats durch Probieren.
Tipp: Alle Seiten eines Quadrats sind gleich lang.

8 Zeichne drei verschiedene Rechtecke mit $A = 24\,cm^2$. Ist der Umfang auch immer gleich groß?

8 Berechne die fehlende Länge a des Rechtecks wie in Beispiel c).

a) $A = 48\,cm^2$; $b = 8\,cm$

b) $A = 120\,m^2$; $b = 12\,m$

c) $A = 72\,dm^2$; $b = 6\,dm$

9 Emma bekommt in ihrem Zimmer einen neuen Teppichboden. Ihr rechteckiges Zimmer ist 4 m breit und 3 m lang. $1\,m^2$ Teppichboden kostet 17 €. Wie viel kostet der Teppich?

10 Familie Gonzales will ihre rechteckige Rasenfläche mit Rollrasen erneuern. Ihr Rasen ist 12 m lang und 7 m breit. Rollrasen kostet 30 € pro $10\,m^2$.

a) Wie hoch sind die Kosten?

b) Sie möchten ihren Rasen mit einer Rasenkante einfassen. Wie lang ist sie?

11 Die Südseite des Daches von Familie Yildirim ist 8 m breit und 10 m lang. Sie hat keine Dachfenster. Die Familie installiert eine Photovoltaik-Anlage auf dem Dach. Ein Photovoltaikmodul ist 1 m breit und 1,70 m lang.

a) Wie viele Module passen auf ihr Dach?

b) Wie groß ist die Fläche, die von den Modulen abgedeckt wird?

12 Ein Fußballplatz muss mindestens 90 m lang und 45 m breit sein. Erlaubt sind maximal 120 m Länge und 90 m Breite. Für internationale Spiele muss der Platz 105 m lang und 68 m breit sein. Vergleicht die Flächeninhalte.

9 Die Länge a und der Flächeninhalt eines Rechtecks sind gegeben. Berechne die Breite b.

a) $a = 3\,m$; $A = 60\,m^2$

b) $a = 5\,cm$; $A = 45\,cm^2$

c) $a = 27\,mm$; $A = 108\,mm^2$

10 Frau Thompson streicht eine Wand im Wohnzimmer. Diese ist 5,50 m lang und 2,30 m hoch. Am oberen Ende lässt sie einen 30 cm breiten, weißen Rand. Die Farbe kostet 3 € je m^2. Sie muss die Wand 2-mal streichen, damit die Farbe deckt. Wie viel Euro kostet der Anstrich?

11 Herr Sahin pflastert seine rechteckige Terrasse. Sie ist 5 m lang und 3 m breit. Er hat verschiedene Steinplatten zur Auswahl.
A: quadratische Steinplatte mit Seitenlänge 50 cm;
Kosten pro Platte 15 €.
B: rechteckige Steinplatte mit Länge 60 cm und Breite 50 cm;
Kosten pro Platte 17 €.
Welche Möglichkeit ist für ihn günstiger?

12 Familie Raiser hat drei Angebote für Grundstücke bekommen:
A: Länge 25 m; Breite 20 m;
Preis 150 000 €
B: Länge 30 m; Breite 18 m;
Preis 108 000 €
C: Länge 26 m; Breite 20 m;
Preis 130 000 €

a) Ordne nach der Größe.

b) Der Quotient Preis : Flächeninhalt ist der Preis pro Quadratmeter. Welches Grundstück hat den günstigsten Quadratmeterpreis?

Tipp: Verwende einen Taschenrechner.

5 Umfang und Flächeninhalt mit der Tabellenkalkulation MK

Oft wiederholen sich bei Rechnungen die Schritte zur Lösung. Mit Programmen auf dem Computer kannst du diese Schritte automatisch durchführen lassen. Das spart Zeit und es passieren weniger Fehler.

D164 Lösungen

1 MK Starte eine Tabellenkalkulation.

a) Trage in den einzelnen Feldern die abgebildeten Texte und Formeln ein.
Dadurch, dass du in den Zellen C2 und D2 zuerst ein „="-Zeichen schreibst, weiß die Tabellenkalkulation, dass hier eine Formel berechnet werden muss.

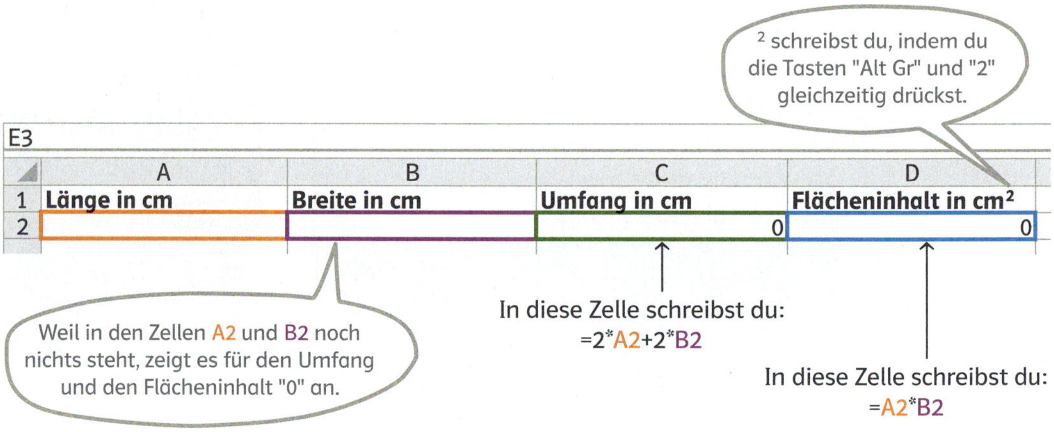

V165 Erklärvideo

Tipp: Das Erklärvideo zeigt dir Schritt für Schritt, wie du vorgehst.

b) Ein Rechteck ist 7 cm lang und 5 cm breit. Es hat einen Umfang von $u = 24\,cm$ und einen Flächeninhalt von $A = 35\,cm^2$.
Schreibe in die Zelle A2 den Wert 7 und in die Zelle B2 den Wert 5. Funktionieren die Berechnungen, die du programmiert hast?
Was ändert sich, wenn du die Zahlen vertauschst, also in A2 den Wert 5 und in B2 den Wert 7 schreibst?

c) Berechne mit Hilfe deiner Tabelle jeweils den Umfang und den Flächeninhalt der Rechtecke mit den angegebenen Maßen.
Tipp: Passe hierzu die Werte in den Zellen A2 und B2 an.

1. 8 cm; 4 cm	2. 12 cm; 7 cm	3. 9 cm; 11 cm	4. 18 cm; 7 cm
5. 21 cm; 17 cm	6. 7,5 cm; 2,5 cm	7. 20 cm; 0,5 cm	8. 15 cm; 12 cm
9. 19 cm; 27 cm	10. 23 cm; 6,5 cm	11. 16 cm; 16 cm	12. 18,5 cm; 9 cm
13. 41 cm; 21 cm	14. 27 cm; 27 cm	15. 37 cm; 14 cm	16. 7,5 cm; 8,5 cm

2 MK

a) Was denkst du: Hat Valeria oder Amelie recht? Diskutiert gemeinsam in der Klasse und tauscht eure Vermutungen und Argumente aus.

b) Starte eine Tabellenkalkulation, um der Frage von Amelie und Valeria auf den Grund zu gehen. Die Tabelle aus Aufgabe 1 kannst du weiterverwenden. Ergänze in den Spalten A und B die Eintragungen.

E3

	A	B	C	D
1	**Länge in cm**	**Breite in cm**	**Umfang in cm**	**Flächeninhalt in cm²**
2	19	1	40	19
3	18	2		

Trage die abgebildeten Zahlen ein

In dieser Zelle steht immer noch: =2*A2+2*B2

In dieser Zelle steht immer noch: =A2*B2

c) Klicke mit der linken Maustaste auf die Zelle A2 und halte die Maustaste fest. Bewege die Maus bis zur Zelle B3 und lass die Taste los. Die ausgewählten Kästchen werden farbig. Ziehe nun an der kleinen Markierung in der rechten unteren Ecke nach unten, bis du bei der Zeile 20 bist. Beschreibe, was passiert ist.

E3

	A	B
1	**Länge in cm**	**Breite in cm**
2	19	1
3	18	2

Ziehe hier nach unten.

d) Wähle die Zellen C2 und D2 aus. Ziehe diese Auswahl ebenfalls nach unten.

E3

	A	B	C	D
1	**Länge in cm**	**Breite in cm**	**Umfang in cm**	**Flächeninhalt in cm²**
2	19	1	40	19
3	18	2		
4	17	3		
5	16	4		

Ziehe hier auch nach unten.

Vergleiche die Umfänge und die zugehörigen Flächeninhalte der unterschiedlichen Rechtecke. Was fällt dir auf? Wer hat nun recht, Valeria oder Amelie?

3 MK

a) Ein Rechteck hat einen Flächeninhalt von 54 cm² und eine Länge von 9 cm. Berechne seine Breite.

b) Erstelle mithilfe einer Tabellenkalkulation eine Tabelle, die automatisch die fehlende unbekannte Länge eines Rechtecks berechnet, wenn du den Flächeninhalt und die Länge einer Seite eingibst.

Tipp: Um zu dividieren, verwendest du in einer Tabellenkalkulation das Zeichen „/".

6 Zusammengesetzte Figuren

Carlos Vater streicht die Wand des Gartenhauses rot und die Tür cremefarben.
Carlo möchte die Wandfläche berechnen. Dafür zerlegt er die Fläche in Rechtecke.
Er zeigt seinen Freunden, wie er die Fläche zerlegt hat.

→ Martin meint, dass es noch eine einfachere Methode gibt.
Hast du eine Vorstellung? Beschreibe sie.

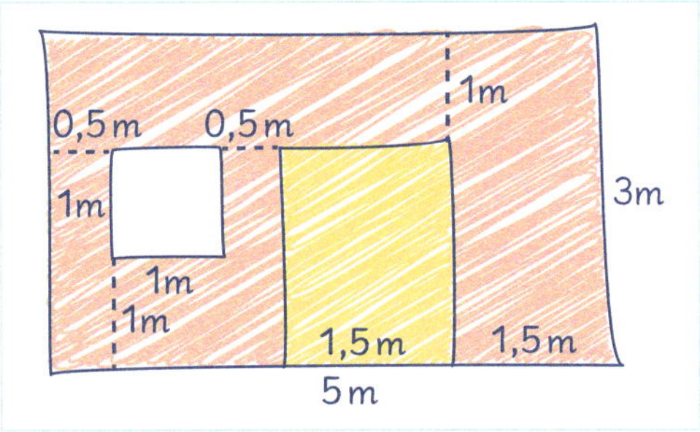

An Häusern, Grundstücken, Gärten, Möbeln gibt es viele Figuren, die aus Rechtecken zusammengesetzt sind. Die Ränder der einzelnen Rechtecke sind meistens nicht mehr sichtbar.

Merke

Umfang zusammengesetzter Flächen
Der Rand zusammengesetzter Figuren besteht aus Strecken. Der **Umfang** ist die Summe aller Streckenlängen.

Flächeninhalt zusammengesetzter Flächen
Zusammengesetzte Figuren kannst du in Rechtecke und Quadrate **zerlegen**.
Es gibt mehrere Möglichkeiten der Zerlegung.
Der Flächeninhalt der zusammengesetzten Figur ist die **Summe der Flächeninhalte aller Teilfiguren**.

Zusammengesetzte Figuren kannst du durch Rechtecke oder Quadrate zu einem großen Rechteck oder Quadrat **ergänzen**.
Der Flächeninhalt der zusammengesetzten Figur ist dann die **Differenz der Teilfiguren**.

V166 Erklärvideo

Beispiele

a) Der Umfang einer zusammengesetzten Figur wird berechnet.
$u = 8\,cm + 6\,cm + 5\,cm + 2\,cm + 3\,cm + 8\,cm = 32\,cm$
Der Umfang beträgt 32 cm.

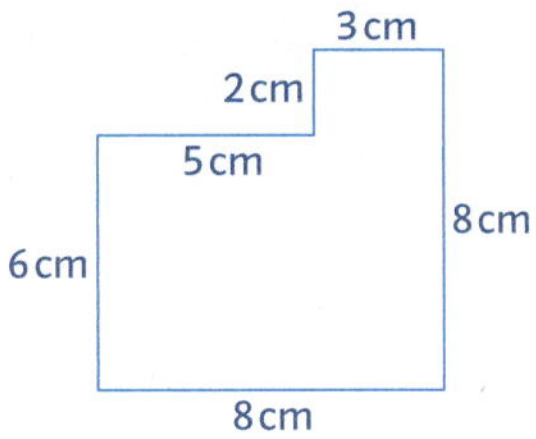

Der Flächeninhalt der zusammengesetzten Figur wird berechnet.

b) durch Zerlegung

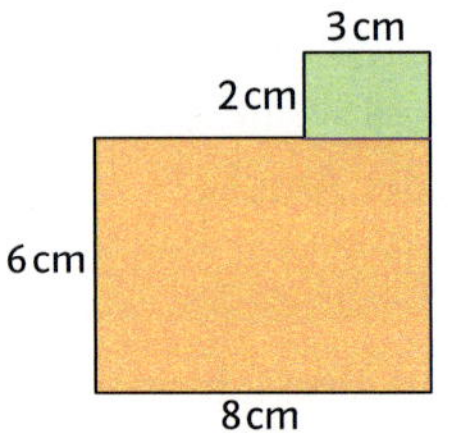

$A = 8 \cdot 6\,cm^2 + 3 \cdot 2\,cm^2$
$= 48\,cm^2 + 6\,cm^2$
$= 54\,cm^2$
Der Flächeninhalt beträgt 54 cm².

c) durch Zerlegung

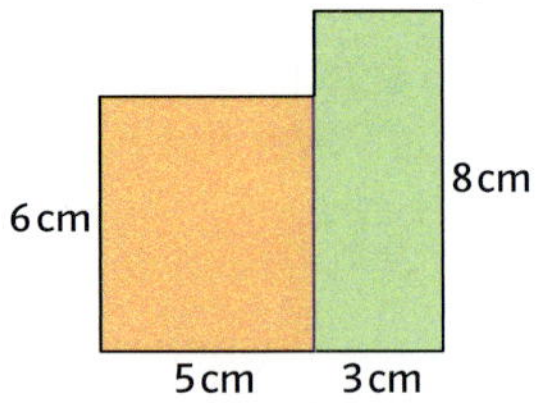

$A = 5 \cdot 6\,cm^2 + 3 \cdot 8\,cm^2$
$= 30\,cm^2 + 24\,cm^2$
$= 54\,cm^2$
Der Flächeninhalt beträgt 54 cm².

d) durch Ergänzung

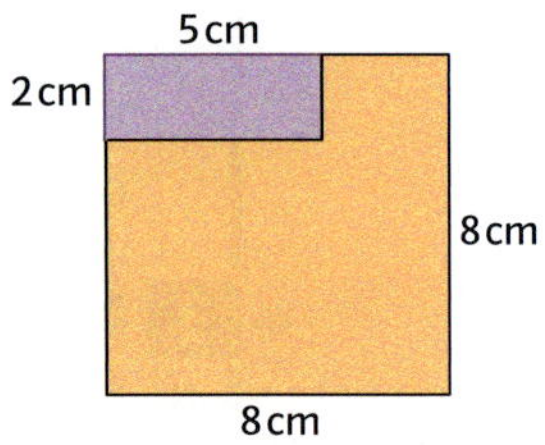

$A = 8 \cdot 8\,cm^2 - 5 \cdot 2\,cm^2$
$= 64\,cm^2 - 10\,cm^2$
$= 54\,cm^2$
Der Flächeninhalt beträgt 54 cm².

D167 Lösungen

1 Zeichne die Figur ab. Zerlege sie im Heft in Rechtecke. Berechne dann den Flächeninhalt und den Umfang der zusammengesetzten Figur.

a)
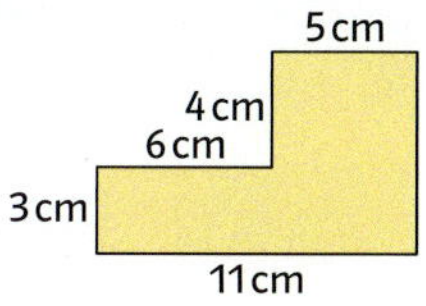

b)
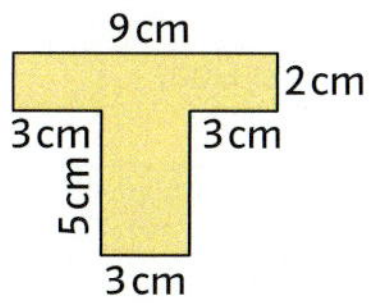

c)
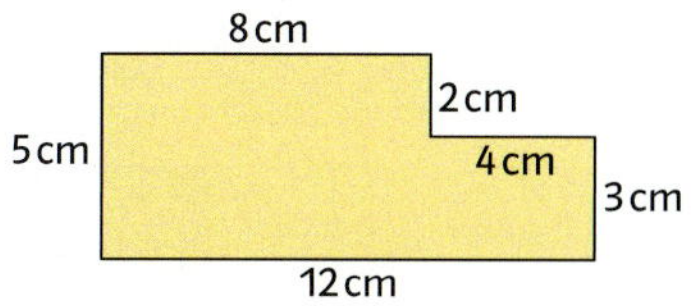

2 Zeichne die Figur in dein Heft. Zerlege sie auf verschiedene Arten.
Welche Zerlegung findest du am besten? Tauscht euch zu zweit aus.

a)
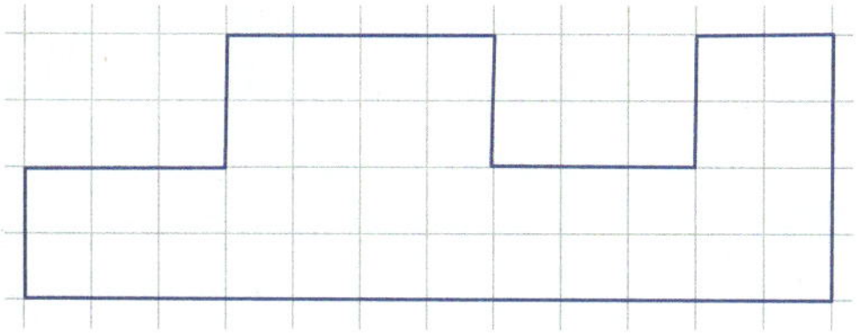

b)
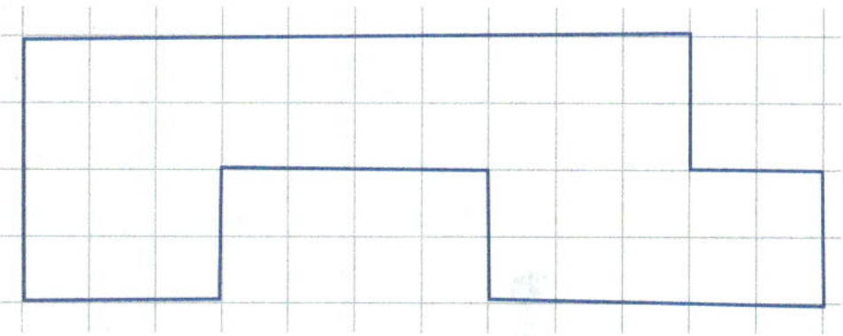

3 Ergänze im Heft zu einem großen Rechteck oder Quadrat. Berechne den Flächeninhalt.

a)
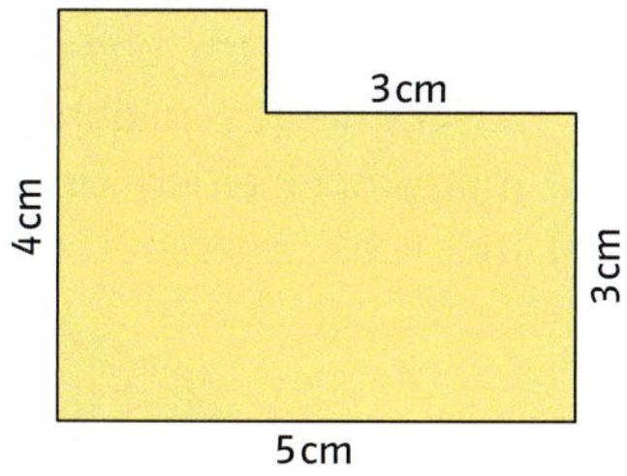

b)
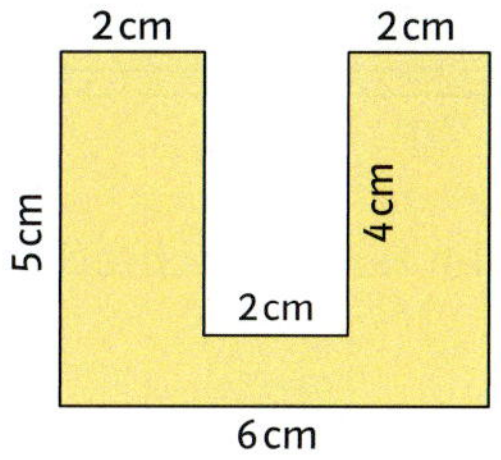

c)
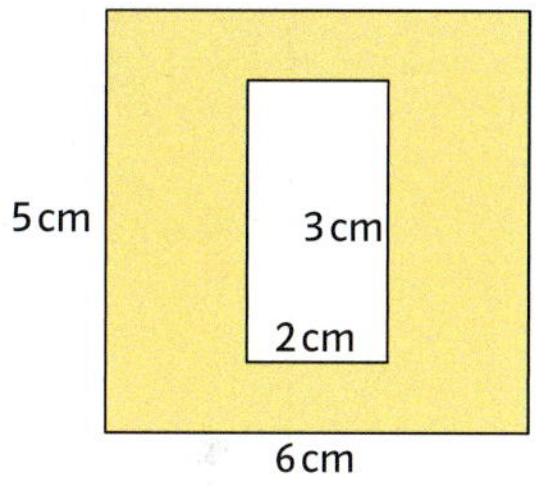

4 Zeichne die Figur ab. Berechne dann den Flächeninhalt und Umfang der zusammengesetzten Figur.
Tipp: Fehlende Streckenangaben kannst du dir mithilfe der anderen Streckenlängen erschließen.

a)
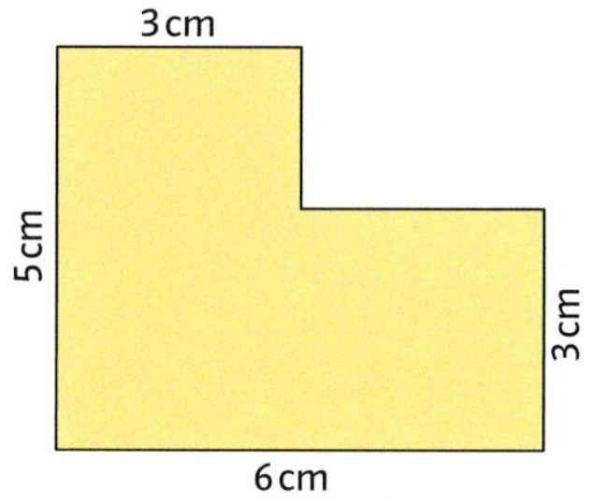

b)
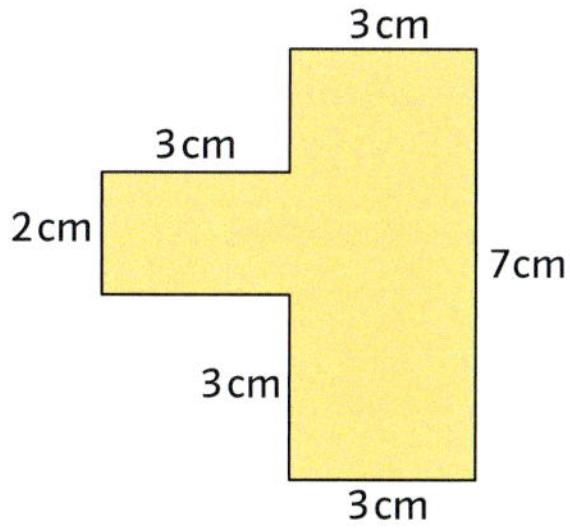

c)
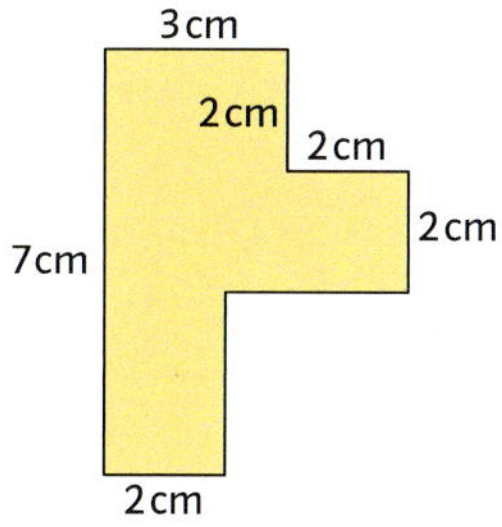

5 Berechne den Flächeninhalt und Umfang der zusammengesetzten Figur.

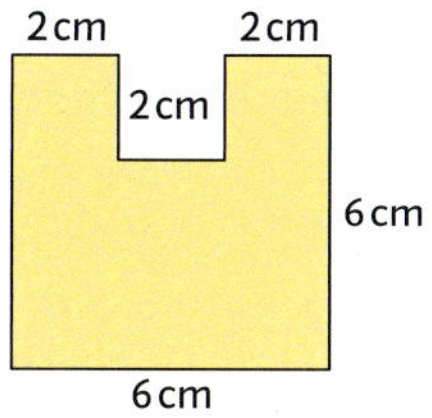

5 Teile die symmetrische Figur in Rechtecke.

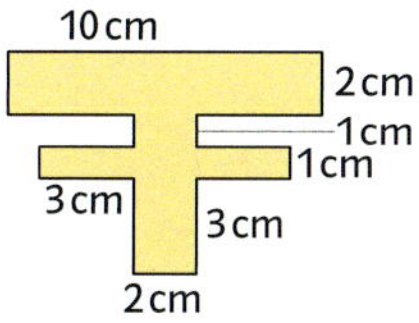

a) Berechne den Flächeninhalt der Figur.
b) Berechne seinen Umfang.

6 Familie Jürgens und Familie Ünal besitzen folgende Grundstücke. Vergleiche ihre Größe.

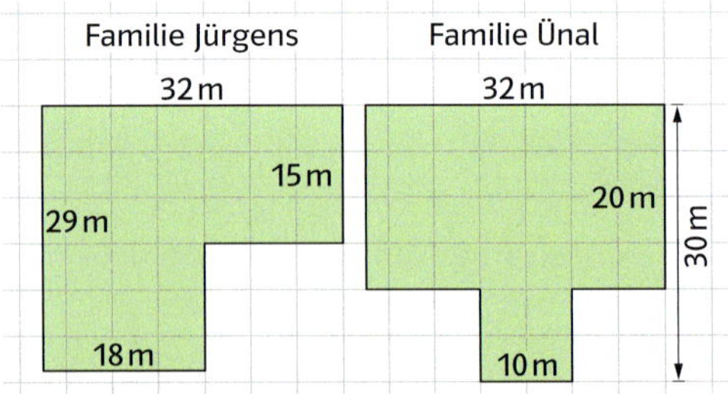

7 Wie viele Quadratmeter Wand müssen gestrichen werden?

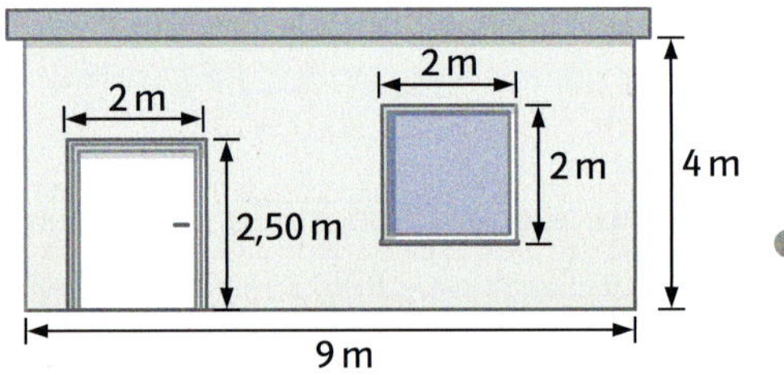

8 Zerlege die Figur im Heft in Rechtecke.

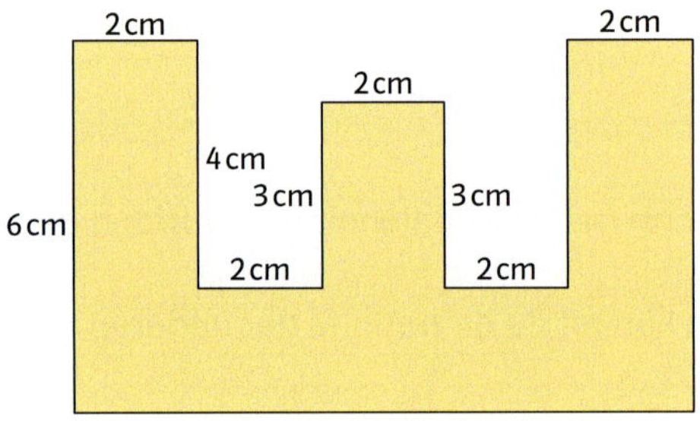

a) Berechne den Flächeninhalt der Figur.
b) Berechne den Umfang der Figur.

9 Damit blinde Menschen mit ihrem Blindenstock den Weg finden, gibt es Blindenleitsysteme. An einem Bahnsteig muss dieses erneuert werden.
Wie groß ist der graue Belag auf dem Bild?
Wie groß ist der gelbe Belag?

Blindenleitsystem

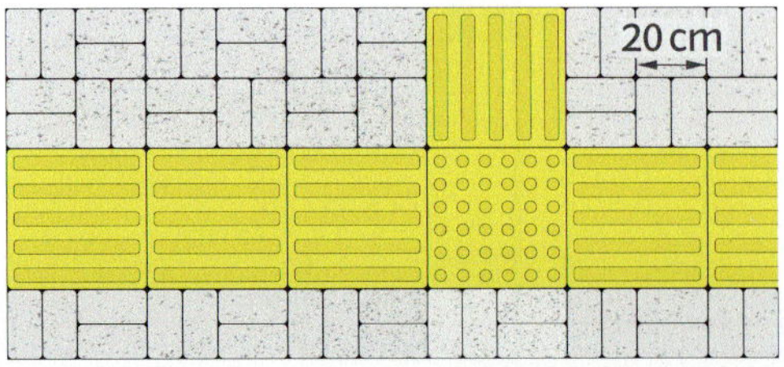

6 Familie Mayer kauft ein Haus mit Grundstück.

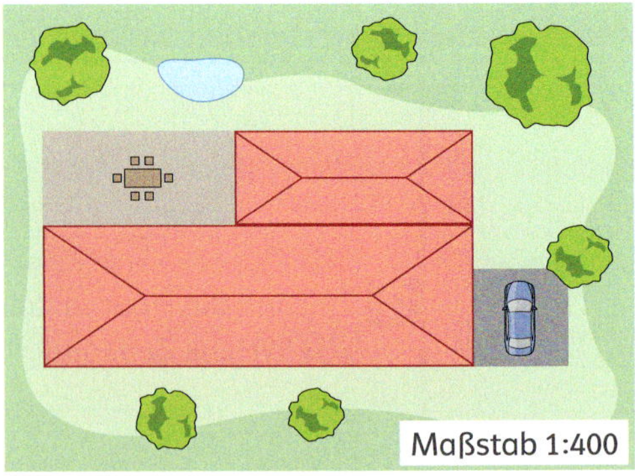

a) Wie groß ist die Grünfläche?
b) Wie groß ist die Grundfläche des Hauses?
c) Familie Mayer will die Auffahrt und Terrasse neu pflastern. Wie viel m^2 sind das?

7 Wie musst du die sechs Rechtecke mit der Länge $a = 6\,cm$ und der Breite $b = 4\,cm$ zusammenlegen, damit eine Figur mit
a) möglichst kleinem Umfang entsteht?
b) möglichst großem Umfang entsteht?

8

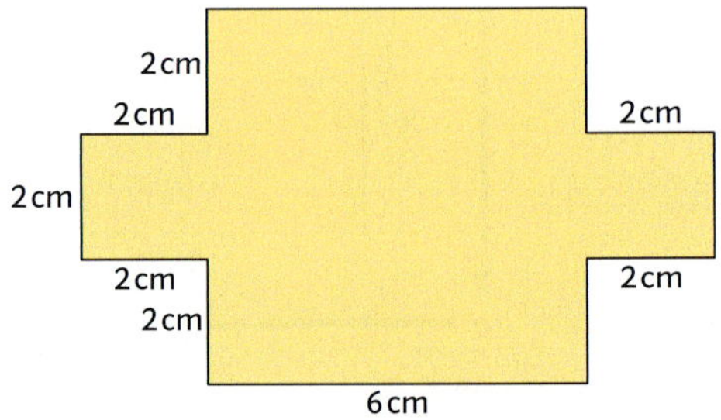

a) Berechne den Flächeninhalt der Figur auf mehrere Arten.
b) Berechne den Umfang der Figur.
c) Marie sagt: Die Figur hat den gleichen Umfang wie das kleinste Rechteck, das man drum herum legen kann. Überlegt zu zweit, warum das so ist.

Zusammenfassung

Flächen vergleichen

Zwei Figuren sind gleich groß, wenn sie gleich viele Kästchen enthalten. Die Figuren haben den gleichen Flächeninhalt.

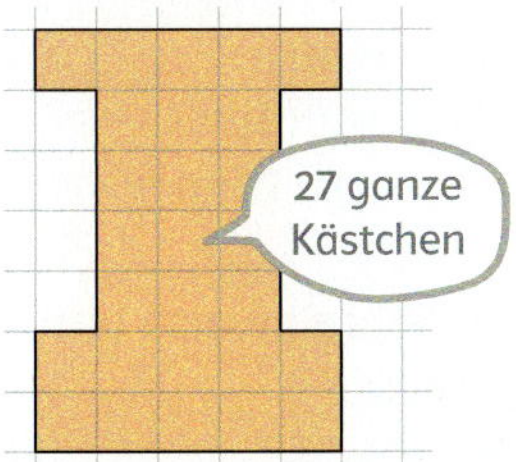

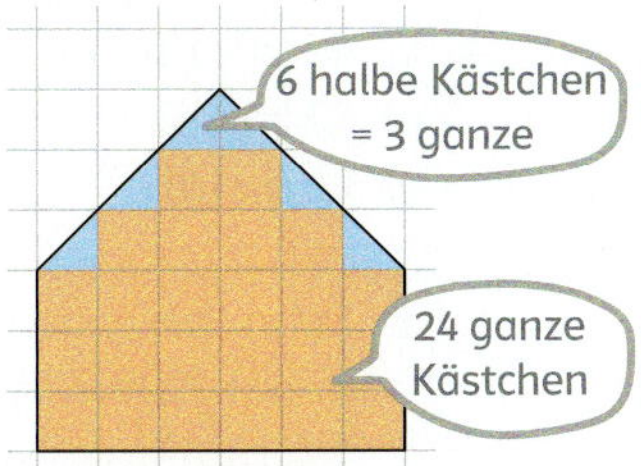

Beide Figuren bestehen aus 27 Kästchen.
Sie haben also den gleichen Flächeninhalt.

Flächeneinheiten

Die üblichen Flächeneinheiten sind:

Quadratkilometer	**km^2**	$1\,km^2 = 100\,ha$
Hektar	**ha**	$1\,ha = 100\,a$
Ar	**a**	$1\,a = 100\,m^2$
Quadratmeter	**m^2**	$1\,m^2 = 100\,dm^2$
Quadratdezimeter	**dm^2**	$1\,dm^2 = 100\,cm$
Quadratzentimeter	**cm^2**	$1\,cm^2 = 100\,mm^2$
Quadratmillimeter	**mm^2**	

Die Umrechnungszahl für Flächeneinheiten ist 100.

$1245\,dm^2 = 12\,m^2\;45\,dm^2 = 12{,}45\,m^2$

Umfang und Flächeninhalt von Rechteck und Quadrat

Rechteck:

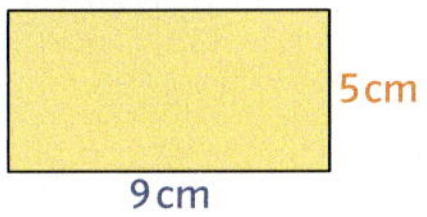

Umfang

$u = 2 \cdot \text{Länge} + 2 \cdot \text{Breite}$
$u = 2 \cdot a + 2 \cdot b$
$u = 2 \cdot (a + b)$

$u = 2 \cdot 9\,cm + 2 \cdot 5\,cm$
$u = 18\,cm + 10\,cm$
$u = 28\,cm$

Flächeninhalt

$A = \text{Länge} \cdot \text{Breite}$
$A = a \cdot b$

$A = 9 \cdot 5\,cm^2$
$A = 45\,cm^2$

Quadrat:

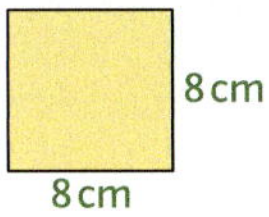

$u = 4 \cdot \text{Länge}$
$u = 4 \cdot a$

$u = 4 \cdot 8\,cm$
$u = 32\,cm$

$A = \text{Länge} \cdot \text{Länge}$
$A = a \cdot a$

$A = 8 \cdot 8\,cm^2$
$A = 64\,cm^2$

Haben Länge und Breite verschiedene Einheiten, musst du sie durch Umwandeln auf die gleiche Einheit bringen.

Zusammengesetzte Figuren

Zusammengesetzte Figuren kannst du zerlegen oder ergänzen.

Nach dem Zerlegen berechnest du den Flächeninhalt als Summe.

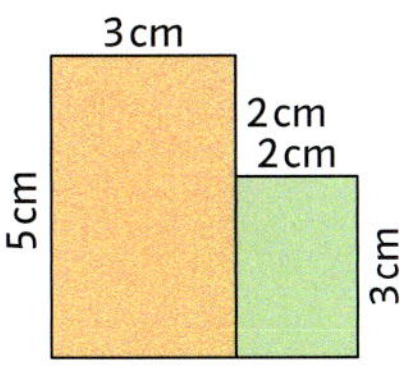

$A = 3 \cdot 5\,cm^2 + 2 \cdot 3\,cm^2$
$A = 15\,cm^2 + 6\,cm^2$
$A = 21\,cm^2$

Nach dem Ergänzen zu einem großen Rechteck oder Quadrat berechnest du den Flächeninhalt als Differenz.

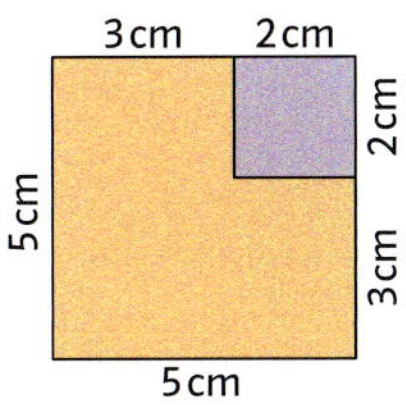

$A = 5 \cdot 5\,cm^2 - 2 \cdot 2\,cm^2$
$A = 25\,cm^2 - 4\,cm^2$
$A = 21\,cm^2$

Der Rand einer zusammengesetzten Figur besteht aus Strecken.
Der Umfang ist die Summe der Streckenlängen.
$u = 5\,cm + 3\,cm + 2\,cm + 2\,cm + 3\,cm + 5\,cm = 20\,cm$

D168 Lösungen

I169 Digital Üben

D161 Stellenwerttafel Flächeninhalt

Umfang des Rechtecks

1 Berechne den Umfang der Figur.

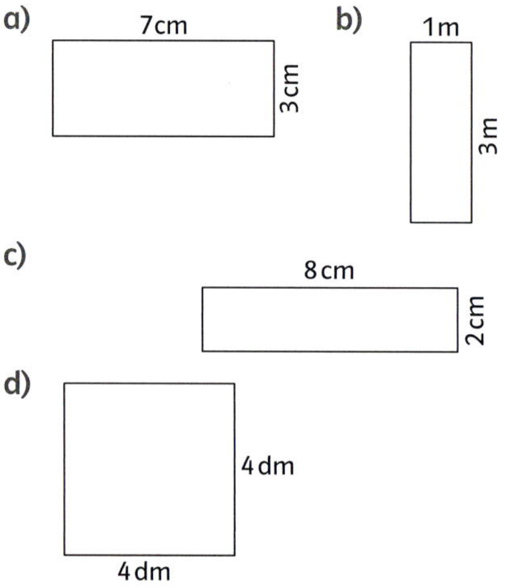

Flächen vergleichen

2

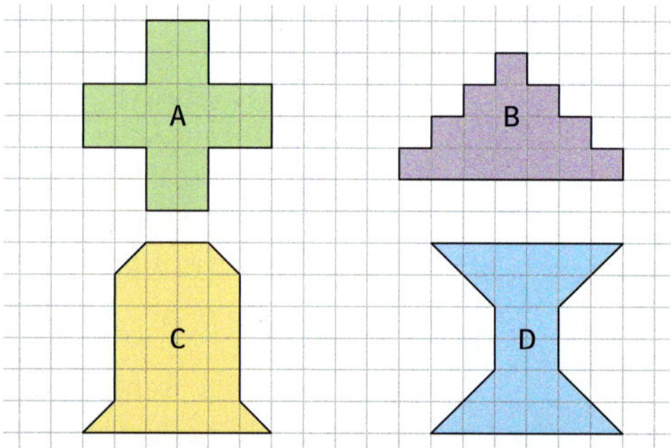

a) Gib den Flächeninhalt der Figuren in Kästchen an.
b) Welche Figuren haben den gleichen Flächeninhalt?
c) Welche Figur hat den größten Flächeninhalt, welche den kleinsten?

3 Welche Figur besteht aus den meisten Kästchen? Schätze zuerst, zähle dann.

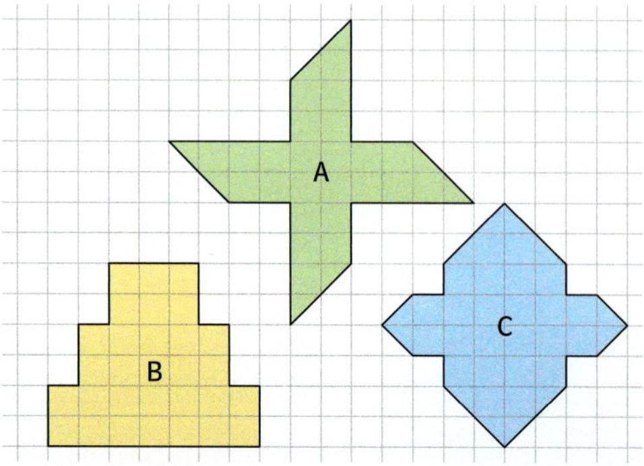

Flächeneinheiten

Übe digital mit I169.

4 Wandle in die angegebene Einheit um.

a) $8\,m^2$ (dm^2)
b) $7\,cm^2$ (mm^2)
c) $45\,m^2$ (dm^2)
d) $5\,a$ (m^2)
e) $22\,a$ (m^2)
f) $25\,m^2$ (dm^2)
g) $20\,ha$ (a)
h) $10\,cm^2$ (mm^2)

5 Schreibe in gemischter Schreibweise und in der Kommaschreibweise.

a) $250\,mm^2$
b) $354\,dm^2$
c) $3460\,cm^2$
d) $3466\,cm^2$
e) $720\,a$
f) $702\,a$
g) $5678\,m^2$
h) $5008\,m^2$

6 Wie oft passt die kleinere in die größere Fläche?

a) $4\,m^2$ in $20\,m^2$
b) $24\,m^2$ in $48\,m^2$
c) $6\,a$ in $48\,a$
d) $12\,cm^2$ in $144\,cm^2$
e) $8\,cm^2$ in $400\,cm^2$

7 Berechne.

a) $18\,m^2 - 7\,dm^2$
b) $33\,a + 66\,ha$
c) $34\,cm^2 - 15\,mm^2$
d) $5\,m^2 + 5\,dm^2$
e) $70\,m^2 + 7\,dm^2$
f) $9{,}8\,dm^2 \cdot 16$
g) $9{,}76\,a : 16$
h) $4{,}72\,cm^2 \cdot 5$

8 Achte auf die Null!
Wandle in die kleinere Einheit um.

a) $10\,cm^2\ 35\,mm^2$
b) $10\,m^2\ 5\,dm^2$
c) $20\,dm^2\ 8\,cm^2$
d) $2\,ha\ 8\,a$
e) $7\,m^2\ 7\,dm^2$
f) $7\,dm^2\ 70\,cm^2$
g) $70\,cm^2\ 70\,mm^2$
h) $70\,a\ 7\,m^2$

9 Hier haben sich Fehler eingeschlichen. Korrigiere im Heft und tausche dich mit deinem Partner oder deiner Partnerin aus.

a) $3{,}8\,ha = 3\,ha + 8\,a$
b) $90{,}06\,dm^2 = 90\,dm^2\ 60\,cm^2$
c) $60\,m^2 + 6\,dm^2 = 66\,m^2$
d) $4{,}80\,a + 20\,m^2 = 24{,}80\,m^2$
e) $10\,cm^2 \cdot 10 = 10\,dm^2$
f) $30\,dm^2 \cdot 50 = 150\,m^2$
g) $50\,m^2 : 25 = 20\,dm^2$

10 Im Hotel Seeblick bekommen alle Zimmer neue Teppichböden. Es gibt 15 Zimmer mit je $20\,m^2$ Grundfläche und 25 Zimmer mit je $16\,m^2$ Grundfläche.
a) Wie groß ist die Gesamtfläche?
b) $1\,m^2$ Teppichboden kostet 24 €. Wie viel kostet die Erneuerung der Böden?

11 In einem Museum muss eine Wand aus Mosaiksteinen erneuert werden. Die gesamte Wand hat eine Fläche von $20\,m^2$. Ein einzelner kleiner Mosaikstein hat einen Flächeninhalt von $1\,cm^2$. Wie viele Steinchen enthält die Wand?

Flächeninhalt des Rechtecks

12 Berechne den Flächeninhalt der Figur.

a)
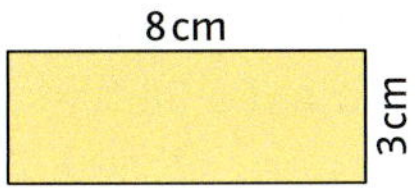

b)
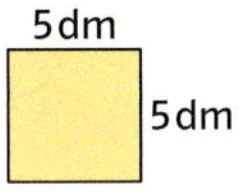

c)
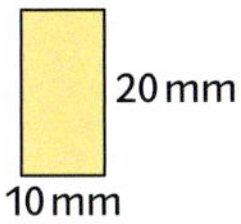

d)
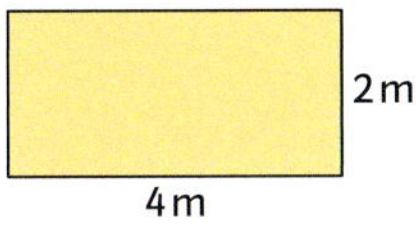

13 Eine Seite und der Flächeninhalt eines Rechtecks sind gegeben.
Berechne die zweite Seite.
a) $a = 6\,m$; $A = 30\,m^2$
b) $a = 8\,cm$; $A = 48\,cm^2$
c) $a = 20\,m$; $A = 200\,m^2$
d) $a = 5\,cm$; $A = 125\,cm^2$

14 Tamara will 4 Türen in ihrer Wohnung von beiden Seiten neu lackieren. Die Türen sind 2 m hoch und 82 cm breit. Eine Farbdose reicht für ca. $12\,m^2$. Wie viele Dosen benötigt sie?

15 Ein Rechteck hat eine Breite von 16 cm und eine Länge von 9 cm.
a) Berechne den Flächeninhalt des Rechtecks.
b) Ein Quadrat soll den gleichen Flächeninhalt wie das Rechteck haben.
Finde durch Probieren die Seitenlänge des Quadrats.

16 Berechne den Flächeninhalt und Umfang des Rechtecks mit der Länge $a = 6\,cm$ und $b = 3\,cm$. Was fällt dir auf?
Finde durch Probieren ein Quadrat mit derselben Eigenschaft.

Zusammengesetzte Figuren

17 Aus einem Quadrat ist ein kleines Quadrat herausgeschnitten.
Sina behauptet: „Der Flächeninhalt der weißen Fläche ist halb so groß wie der der gelben Fläche.“ Hat Sina recht?

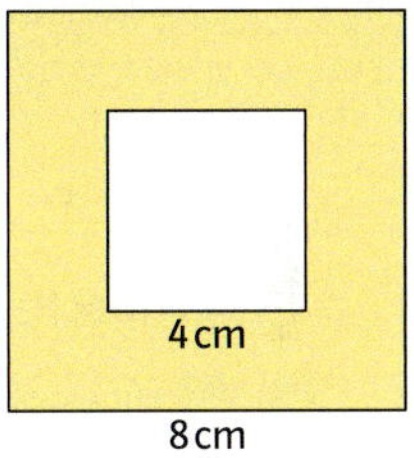

18 Wie groß ist der Flächeninhalt und Umfang der zusammengesetzten Figur?

a)
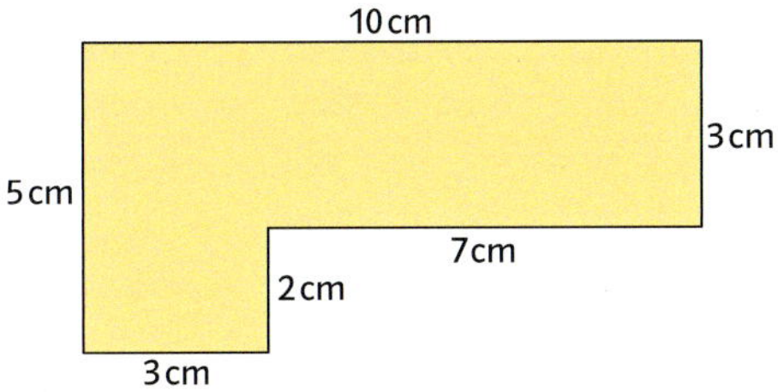

b)
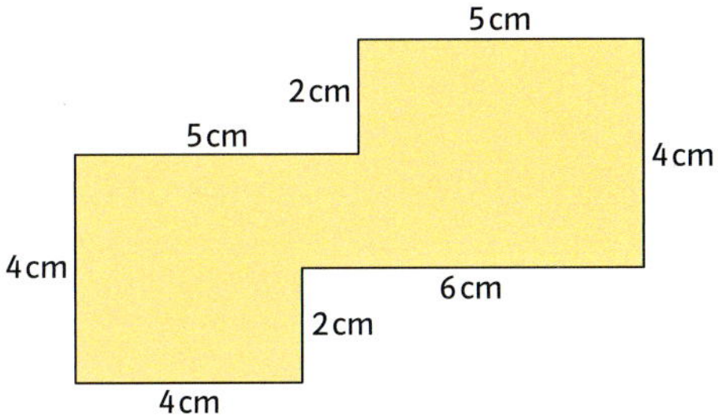

19 Berechne den Umfang und Flächeninhalt der Figur.

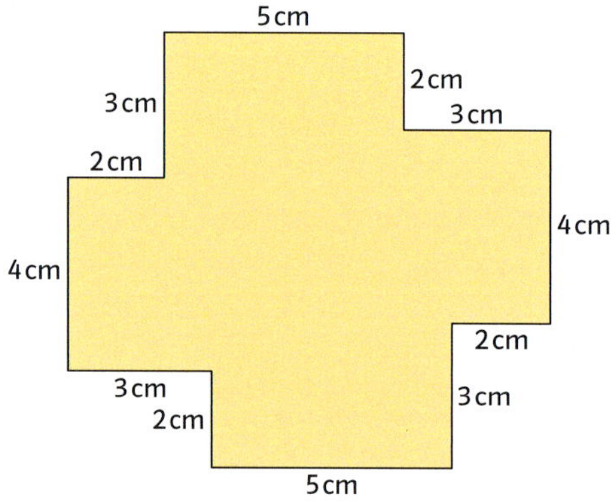

20 Berechne den Flächeninhalt der Figur.

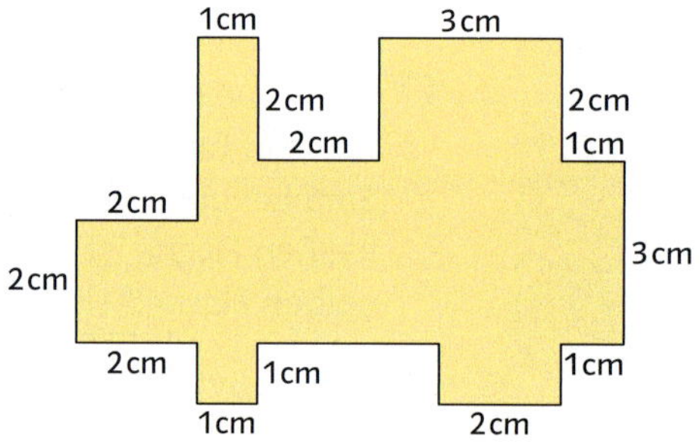

Vermischte Aufgaben

21 MK Berechne den Flächeninhalt und den Umfang des Rechtecks mit den angegebenen Seitenlängen.
Tipp: Du kannst die Aufgabe auch mit einer Tabellenkalkulation lösen.

a) a = 5 cm; b = 4 cm
b) a = 8 cm; b = 3 cm
c) a = 3 km; b = 7 km
d) a = 8 dm; b = 15 cm
e) a = 4 cm; b = 60 mm

22 Eine Gärtnerei kauft ein 22,5 a großes Gelände, um darauf sechs neue Gewächshäuser zu bauen. Jedes hat 250 m^2 Grundfläche. Für Zufahrten sind 300 m^2 vorgesehen. Ist noch Platz für vier Gemüsebeete zu je 100 m^2?

23 Eine alte Buche hat etwa 400 000 Blätter. Die Blätter haben im Durchschnitt einen Flächeninhalt von 22 cm^2.

a) Wie groß ist die gesamte Blattfläche?
b) Gib den Flächeninhalt in m^2 an.
c) Wie viele jüngere Bäume mit einer Blattfläche von 10 m^2 braucht man, um den alten Baum zu ersetzen?

24 MK Ein Quadrat hat die Seitenlänge a = 2 cm.
Arbeite mit einer Tabellenkalkulation.

a) Berechne Flächeninhalt und Umfang.
b) Verdopple die Seitenlänge. Berechne danach den Flächeninhalt und Umfang.
c) Wie verändert sich der Flächeninhalt? Wie verändert sich der Umfang? Was vermutest du?
d) Überprüfe deine Vermutung, indem du andere Werte für die Seitenlänge des Quadrats wählst.

25 MK Ein Rechteck hat die Maße a = 3 cm und b = 4 cm.

a) Berechne den Flächeninhalt mit Hilfe einer Tabellenkalkulation.
b) Wie verändert sich der Flächeninhalt, wenn du nur die Länge verdoppelst? Stelle eine Vermutung auf.
c) Wie verändert sich der Flächeninhalt, wenn du Länge und Breite verdoppelst?
d) Überprüfe deine Vermutung, indem du jeweils andere Werte für die Breite und Länge wählst.

1 Berechne den Flächeninhalt des Sterns in Kästchen.

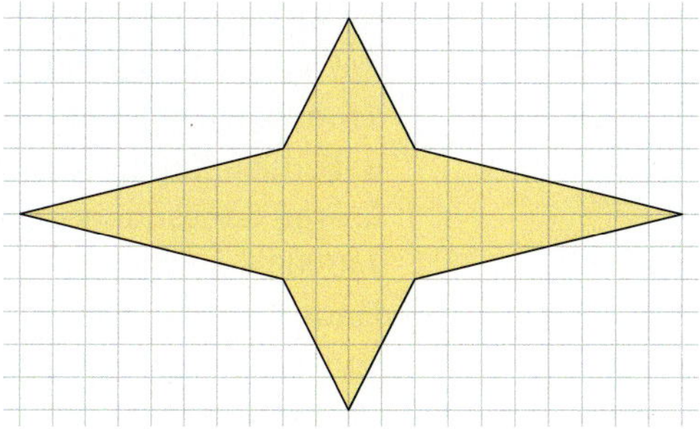

2 Zeichne auf Karopapier ein Rechteck mit den Seitenlängen 13 cm und 8 cm.

a) Trenne von diesem Rechteck ein möglichst großes Quadrat ab.

b) Setze dies so oft wie möglich fort.
Beschreibe die entstandene Zerlegung.

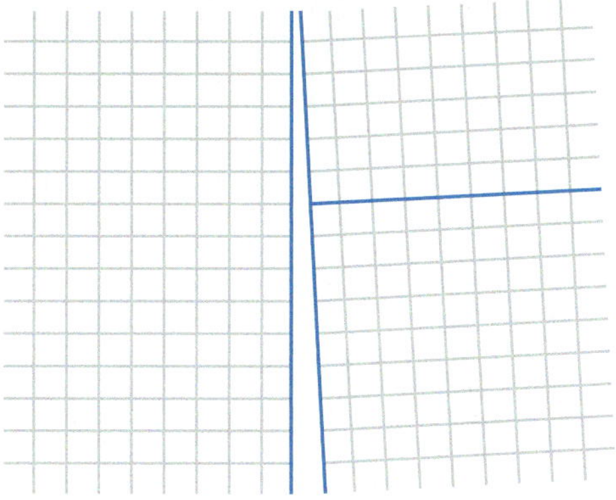

3 Die Figuren ABCDGHIJ und BCDEFGHI überlappen sich in der Teilfigur BCDGHI.

a) Welche der zwei Figuren hat den größeren Flächeninhalt?

b) Wie groß ist die Differenz?

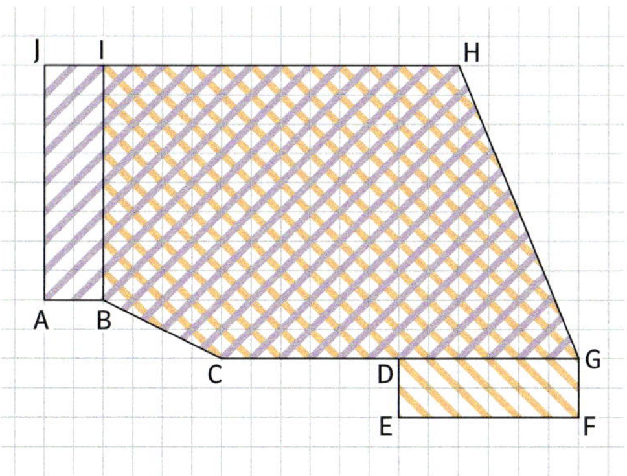

4 Das Rechteck ist mit Quadraten ausgelegt. Bei einigen ist die Seitenlänge nicht angegeben. Trotzdem kannst du die Seitenlängen des Rechtecks berechnen.
Welchen Flächeninhalt hat das große Rechteck?

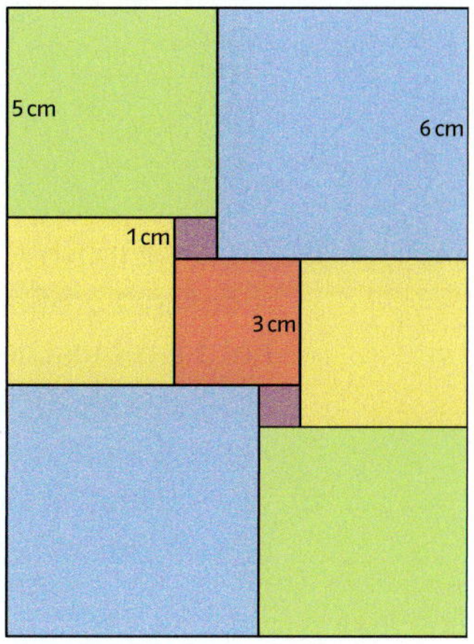

5 Aus der zusammengesetzten Figur ist eine Teilfigur ausgespart. Berechne den Flächeninhalt der gelben Figur.

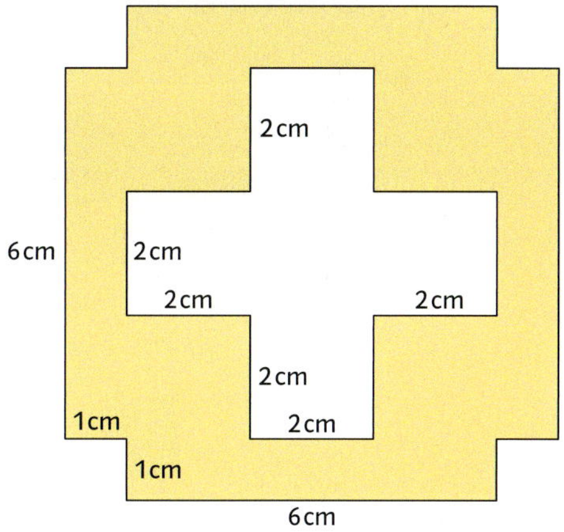

6 Berechnet abwechselnd den Flächeninhalt und Umfang der Rechtecke.
Was fällt euch auf?

- A $a = 15\,cm$; $b = 8\,cm$
- B $a = 24\,cm$; $b = 5\,cm$
- C $a = 3\,cm$; $b = 40\,cm$
- D $a = 20\,cm$; $b = 6\,cm$
- E $a = 30\,cm$; $b = 4\,cm$
- F $a = 12\,cm$; $b = 10\,cm$

7

a) Melanie möchte für ihr Kaninchen ein möglichst großes Gehege bauen. Ihr Vater hat 12 m Maschendraht und einige Pfosten besorgt. Melanie baut das Gehege an die Garagenwand an. Wie groß ist es?

b) Wie verändert sich die Größe des Geheges, wenn sie die Wand nicht mitbenutzt?

8 Ein Quadrat mit dem Flächeninhalt $1\,m^2$ wird in 1000 gleich breite Streifen zerschnitten. Diese werden zu einem einzigen Streifen aneinandergelegt. Wie lang ist dieser Streifen?

9

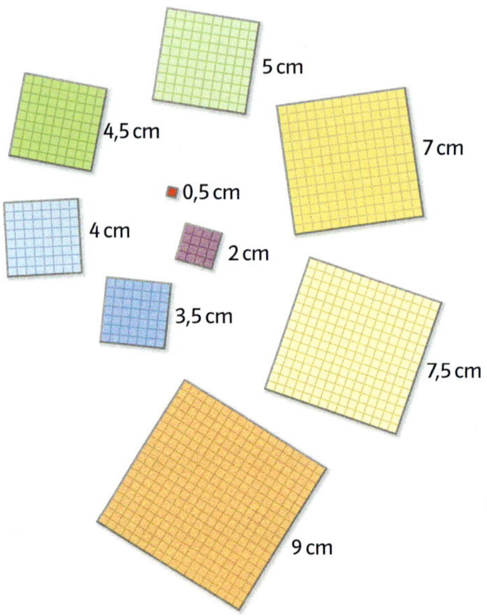

a) Zeichne die neun Quadrate auf Karopapier und schneide sie aus. Lege sie zu einem Rechteck zusammen.

b) Gib die Seitenlängen des Rechtecks an und berechne seinen Flächeninhalt.
Tipp: Die drei größten Quadrate gehören in die Ecken des Rechtecks.

10 Eine ehemalige Gewerbefläche wird bebaut. Ein Quadratmeter Gelände kostet 1200 €.
A: Familie Bausch hat ein 4 a $50\,m^2$ großes Grundstück gekauft.
B: Familie Korkut hat 456 000 € gezahlt.
C: Frau Santana möchte nicht mehr als 240 000 € ausgeben.

a) Findet zu den Aussagen passende Aufgabenstellungen und löst sie.

b) Überlegt gemeinsam weitere Aufgaben und löst sie.

11

a) Zeichnet abwechselnd Rechtecke mit dem Flächeninhalt $144\,cm^2$.

b) Welches Rechteck mit $144\,cm^2$ Flächeninhalt hat den kleinsten Umfang?

c) Findet ihr ein Rechteck mit einem Umfang, der größer als 288 cm ist?
Tipp: Eine Tabellenkalkulation hilft euch.

12 Ein Rechteck hat den Umfang 40 cm. Seine lange Seite ist um 10 cm länger als die kurze Seite.
Berechne die Seitenlängen und den Flächeninhalt.
Tipp: Probieren hilft und ist erlaubt.

13

a) Trage die Flächeninhalte der Quadrate mit der Länge $a = 1\,cm; 2\,cm; \ldots; 20\,cm$ in die Tabelle ein.

<table>
<tr><td>Seitenlänge in cm</td><td colspan="2">…</td><td colspan="2">8</td><td colspan="2">9</td><td colspan="2">…</td></tr>
<tr><td>Flächeninhalt in cm²</td><td colspan="2">…</td><td colspan="2">64</td><td colspan="2">81</td><td colspan="2">…</td></tr>
<tr><td>Differenz in cm²</td><td>…</td><td colspan="2">15</td><td colspan="2">17</td><td colspan="2">19</td><td>…</td></tr>
</table>

b) Sucht eine Regel für das schrittweise Anwachsen des Flächeninhalts. Die Grafik hilft euch dabei.

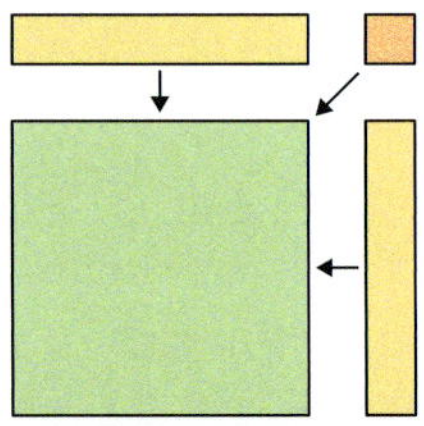

c) Prüft eure Regeln an den Quadraten mit der Länge $a = 25\,cm$ und $a = 26\,cm$.

1 Gib den Flächeninhalt der zwei Figuren in Kästchen an.

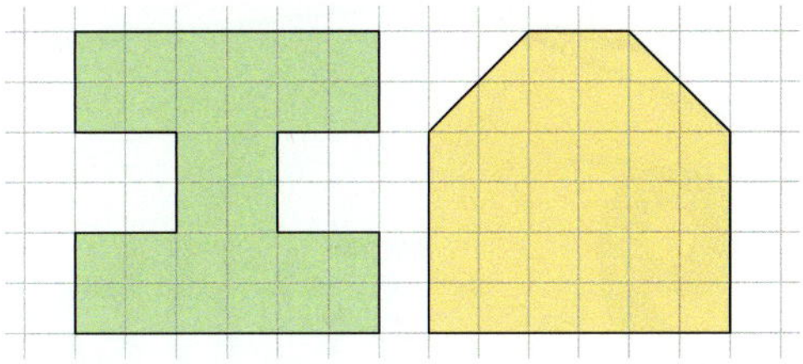

2 Schreibe in der angegebenen Einheit.

a) $5\,m^2$ (dm^2) b) $300\,ha$ (km^2)
c) $96\,cm^2$ (mm^2) d) $2\,dm^2$ (cm^2)
e) $43\,500\,m^2$ (a) f) $500\,a$ (ha)

3 Schreibe in gemischter Schreibweise.

a) $2048\,mm^2$ b) $2398\,ha$ c) $6{,}75\,a$ d) $48{,}9\,cm^2$

4 Schreibe in der Kommaschreibweise.

a) $350\,dm^2$ b) $3560\,a$ c) $22\,dm^2\,22\,cm^2$ d) $3\,cm^2\,3\,mm^2$

5 Berechne.

a) $37\,m^2 + 12\,m^2$ b) $44\,a - 1700\,m^2$ c) $25\,dm^2 \cdot 3$ d) $1{,}20\,dm^2 : 6$

6

a) Ein Rechteck ist 6 m lang und 4 m breit. Berechne den Flächeninhalt und den Umfang.
b) Berechne den Flächeninhalt und den Umfang eines Quadrats mit $a = 13\,cm$.
c) Ein Rechteck ist 56 cm lang und 4 dm breit. Berechne den Flächeninhalt und den Umfang.

7 Von einem $2400\,m^2$ großen Grundstück wird ein $1080\,m^2$ großer Teil abgetrennt. Der Rest wird in vier gleich große Teile zerlegt. Wie groß ist ein solcher Teil? Notiere deinen Rechenweg.

8 Berechne die fehlende Länge a des Rechtecks. Das Rechteck hat den Flächeninhalt $A = 63\,cm^2$ und die Breite $b = 7\,cm$.

9 Ein 4 m langer und 3,5 m breiter Seidenteppich muss gereinigt werden. Es fallen Kosten von 35 € pro Quadratmeter an. Wie viel kostet die Reinigung des Teppichs insgesamt?

10 Berechne den Flächeninhalt der zusammengesetzten Figur

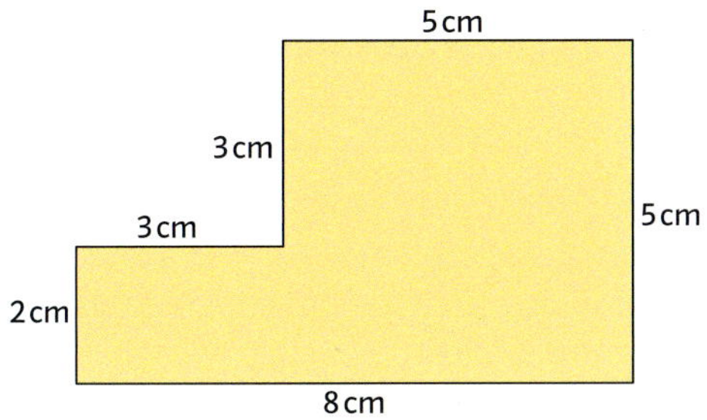

7 Schreibe in der angegebenen Einheit.

a) $350\,dm^2$ (mm^2) b) $45\,ha$ (m^2)
c) $12\,344\,dm^2$ (a) d) $1679\,cm^2$ (m^2)

8 Ein Rechteck hat den Flächeninhalt $A = 45\,cm^2$ und die Länge $a = 15\,cm$.

a) Berechne die Breite.
b) Berechne den Umfang.

9 In der Fußgängerzone wird eine 3 m breite und 40 m lange Fläche gepflastert. Eine Tonne Pflastersteine reicht für $8\,m^2$ und kostet 160 €. Wie viel kosten die Steine insgesamt?

10 Berechne den Flächeninhalt der zusammengesetzten Figur auf zwei Arten.

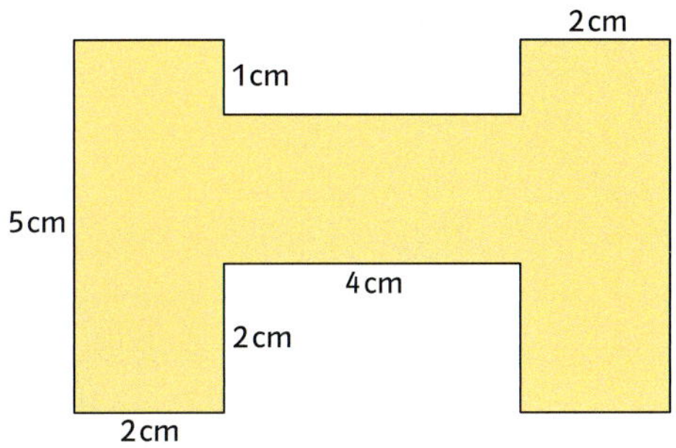

→ Lösungen Seite 297

9 Teilbarkeit und Primzahlen

Du lernst in diesem Kapitel:

- was Teiler einer Zahl sind und wie du sie findest,
- was Vielfache einer Zahl sind und wie du sie findest,
- für welche Zahlen es Teilbarkeitsregeln gibt und wie du sie anwendest,
- was Primzahlen sind.

1 Zahlen multiplizieren

Multipliziere.

a) 7·9 b) 9·6 c) 8·7
d) 12·5 e) 18·3 f) 15·4
g) 40·12 h) 25·8 i) 18·15

→ **Lerntipp:** Seite 268 und 269

2 Zahlen dividieren

Dividiere.

a) 36:4 b) 48:6 c) 63:7
d) 40:5 e) 52:2 f) 72:8
g) 80:5 h) 126:3 i) 108:9

→ **Lerntipp:** Seite 268 und 269

3 Zahlen mit Rest dividieren

Dividiere. Gib den Rest an.

a) 45:8 b) 32:7 c) 46:9
d) 58:6 e) 62:5 f) 74:11
g) 50:12 h) 80:15 i) 100:16

→ **Lerntipp:** Seite 269 und 270

4 Gleich große Gruppen bilden

Im Sportunterricht sollen für ein Spiel gleich große Gruppen gebildet werden. In der Klasse sind 20 Kinder. Wie viele Gruppen mit wie vielen Kindern können gebildet werden? Finde mehrere Möglichkeiten.

→ **Lerntipp:** Seite 266

5 Fair verteilen

Kannst du die abgebildete Menge an 2, 3, 5 und 8 Kinder gerecht verteilen? Notiere eine Rechnung, wenn das gerechte Verteilen möglich ist.

a)

b)

→ **Lerntipp:** Seite 265

6 Zahlenreihen ergänzen

Ergänze die Zahlenreihen im Heft.

a)	8	16	24	■	■	■	■	■	■
b)	7	14	21	■	■	■	■	■	■
c)	■	■	■	■	■	54	63	72	81
d)	■	■	■	■	■	42	49	56	63
e)	■	■	■	■	■	72	84	96	108
f)	■	■	■	24	30	36	■	■	■
g)	■	■	■	20	25	30	■	■	■
h)	■	■	■	60	75	90	■	■	■

→ **Lerntipp:** Seite 270

Erkunden

Gesellschaftsspiele

→ 1
Teiler und Vielfache

1 Rayan und Romy spielen ein Memo-Spiel. Rayan hat die Karten des Memo-Spiels in Form eines Rechtecks gelegt. Gibt es die Möglichkeit, auch andere Rechtecke zu legen? Versuche mehrere Möglichkeiten zu finden.

2 Bei einem Kartenspiel werden alle Karten gleichmäßig auf alle Spielenden verteilt. Egal ob 2, 3, 4 oder 5 Personen mitspielen, es bleibt kein Rest. Wie viele Karten muss das Spiel mindestens enthalten?

Zahnräder

→ 1
Teiler und Vielfache

3 In Fahrrädern, Maschinen und Anlagen werden häufig Zahnräder eingesetzt. Die Zahnräder steuern die Kraftübertragung in der Maschine. Durch die unterschiedliche Anzahl von „Zähnen“ entsteht ein bestimmtes Übersetzungsverhältnis. Beantwortet gemeinsam die Fragen der Kinder.

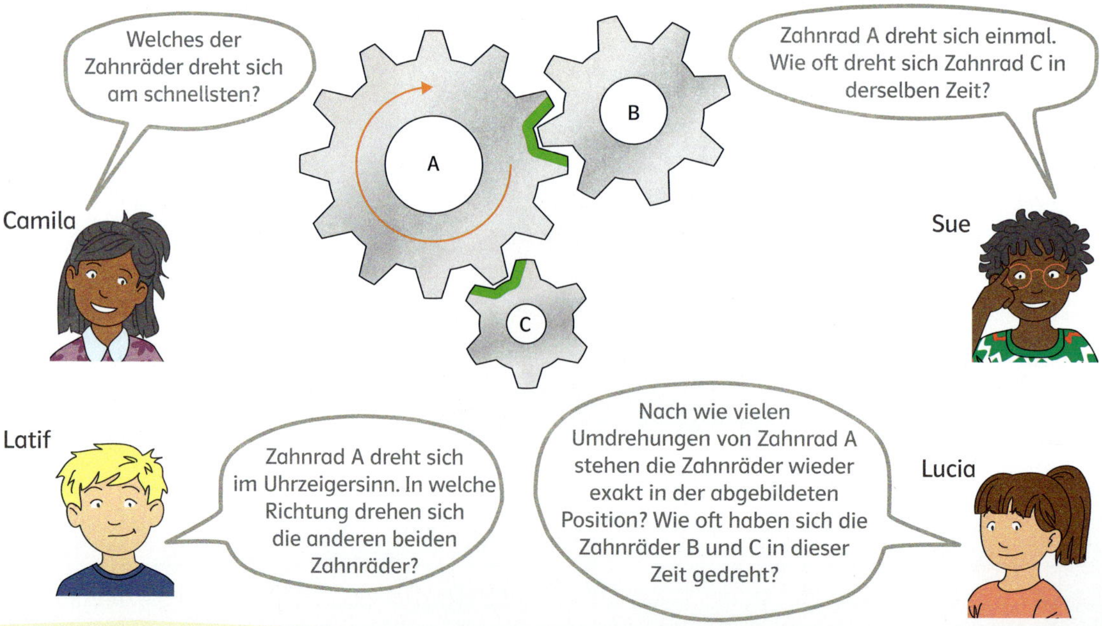

Zahlen legen

→ 4
Quersummenregeln

4

a) Zeichne eine Stellenwerttafel mit Einern und Zehnern.
Lege verschiedene Zahlen mit neun Plättchen.
Notiere alle Zahlen, die entstehen können.

b) Die Zahlen, die du erhältst, gehören alle zu einer 1 × 1-Reihe. Zu welcher?

c) Arbeite nun mit einer Stellenwerttafel mit Einern, Zehnern und Hundertern.
Lege auch hier verschiedene Zahlen mit neun Plättchen und notiere sie.

d) Prüfe deine Zahlen, ob sie auch zu der 1 × 1-Reihe aus Teilaufgabe b) gehören.

e) Hast du für neun Plättchen eine Regel herausgefunden? Wenn ja, probiere, ob das auch mit zwei, drei oder vier Plättchen klappt.

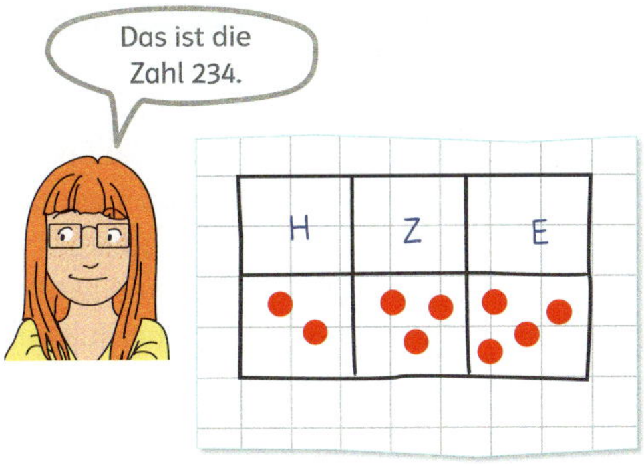

Die 1 × 1-Tabelle genau im Blick

→ 1
Teiler und Vielfache
→ 5
Primzahlen

5 Betrachte nur die Felder in der Tabelle, die nicht grau gefärbt sind.

a) Die Zahlen 42 und 54 stehen genau zweimal in der Tabelle. Beschreibe jeweils die Lage der beiden Felder zueinander.

b) Welche Zahlen stehen nur 1-mal in der Tabelle? Wo findest du diese Zahlen?

c) Welche Zahlen stehen genau 3-mal in der Tabelle?

d) Welche Zahlen findest du am häufigsten in der Tabelle? Wie oft kommen sie vor?
Was haben diese Zahlen gemeinsam?

e) Welche Zahlen zwischen 1 und 100 findest du in der Tabelle gar nicht? Erkläre, was das für diese Zahlen bedeutet.

f) Die Zahlen in den blauen Feldern sind besondere Zahlen. Sie haben alle eine Eigenschaft gemeinsam. Welche?

·	1	2	3	4	5	6	7	8	9	10
1	1	2	3	4	5	6	7	8	9	10
2	2	4	6	8	10	12	14	16	18	20
3	3	6	9	12	15	18	21	24	27	30
4	4	8	12	16	20	24	28	32	36	40
5	5	10	15	20	25	30	35	40	45	50
6	6	12	18	24	30	36	42	48	54	60
7	7	14	21	28	35	42	49	56	63	70
8	8	16	24	32	40	48	56	64	72	80
9	9	18	27	36	45	54	63	72	81	90
10	10	20	30	40	50	60	70	80	90	100

1 Teiler und Vielfache

Die Tafel Schokolade kann leicht auf 4 oder 6 Personen ohne Rest aufgeteilt werden.
→ Auf wie viele Personen kann sie noch ohne Rest aufgeteilt werden? Finde alle Möglichkeiten.
→ Wie viele Stücke könnte eine Tafel Schokolade haben, die ohne Rest auf 5 Personen aufgeteilt werden kann?

Merke

Teiler
18 ist ohne Rest durch 3 teilbar, denn $18:3 = 6$.
Man sagt: 3 ist Teiler von 18.

3 —ist Teiler von→ 18
18 —ist Vielfaches von→ 3

Vielfache
Umgekehrt gilt:
$6 \cdot 3 = 18$.
Man sagt: 18 ist Vielfaches von 3.

Zahlen haben unterschiedlich viele Teiler, aber unendlich viele Vielfache.

V170 Erklärvideo

Beispiele

a) Alle Teiler von 20 findest du mithilfe einer Liste. Dafür zerlegst du die Zahl 20 in alle möglichen Produkte.
Wenn der erste Faktor größer ist als der zweite, erhältst du keine weiteren Teiler mehr.
Notiere die Teiler geordnet:
Teiler von 20 sind: 1; 2; 4; 5; 10; 20
oder kurz T_{20}: 1; 2; 4; 5; 10; 20

20
$1 \cdot 20$
$2 \cdot 10$
$4 \cdot 5$
~~$5 \cdot 4$~~
~~$10 \cdot 2$~~
~~$20 \cdot 1$~~

$3 \cdot ? = 20$ geht nicht
Ab hier ist der erste Faktor größer als der zweite.

b) Die Vielfachen von 7 erhältst du, wenn du 7 mit 1, mit 2, mit 3, … multiplizierst:
$7 \cdot 1 = 7$ $7 \cdot 2 = 14$ $7 \cdot 3 = 21$ $7 \cdot 4 = 28$ $7 \cdot 5 = 35$ …
Notiere die Vielfachen geordnet:
Vielfache von 7 sind: 7; 14; 21; 28; 35; …
oder kurz V_7: 7; 14; 21; 28; 35; …

c) Der größte gemeinsame Teiler (ggT) von 12 und 30 wird bestimmt.
T_{12}: 1; 2; 3; 4; 6; 12
T_{30}: 1; 2; 3; 5; 6; 10; 15; 30
ggT(12; 30) = 6

d) Das kleinste gemeinsame Vielfache (kgV) von 12 und 8 wird bestimmt.
V_{12}: 12; 24; 36; 48; 60; …
V_8: 8; 16; 24; 32; 40; 48; 56; …
kgV(12; 8) = 24

D171 Lösungen

○ **1** Ergänze die Lücke mit dem richtigen Text. ist Teiler von | ist nicht Teiler von

a) 6 ■ 18 b) 8 ■ 20 c) 7 ■ 49 d) 9 ■ 54 e) 12 ■ 4 f) 8 ■ 72
g) 9 ■ 36 h) 5 ■ 60 i) 9 ■ 48 j) 45 ■ 15 k) 4 ■ 28 l) 6 ■ 45

○ **2** Bestimme alle Teiler der Zahl. Notiere sie geordnet wie im Beispiel a).

a) 6 b) 18 c) 32 d) 40 e) 36 f) 50
g) 8 h) 12 i) 30 j) 42 k) 56 l) 60

○ **3** Ergänze die Lücke mit dem richtigen Text. ist Vielfaches von | ist nicht Vielfaches von

a) 25 ■ 5 b) 30 ■ 8 c) 27 ■ 3 d) 12 ■ 24 e) 18 ■ 4 f) 81 ■ 9
g) 36 ■ 9 h) 5 ■ 60 i) 48 ■ 9 j) 45 ■ 15 k) 28 ■ 4 l) 6 ■ 45

4 Bestimme die ersten sechs Vielfachen der Zahl. Notiere wie im Beispiel b).

a) 4 b) 9 c) 13 d) 17 e) 21 f) 25
g) 8 h) 6 i) 14 j) 16 k) 18 l) 32

5 Übertrage die Tabelle ins Heft. Kreuze passend an. Ergänze auch Zeilen für die Zahlen 20; 24; 28; 35; 48; 54 und 90.

ist teilbar durch	2	3	4	5	6	7	8	9
15		x		x				
18								
…								

6 Die Vielfachen sollen geordnet notiert sein. Ergänze die Lücken im Heft.

a) V■: ■; ■; ■; 20; 25; ■; …
b) V■: ■; ■; ■; 32; 40; ■; …
c) V■: ■; ■; 21; ■; ■; ■; …
d) V■: ■; ■; ■; 52; ■; ■; …

7 Bestimme den größten gemeinsamen Teiler der beiden Zahlen.

a) 8 und 12 b) 15 und 30 c) 24 und 18

8 Bestimme das kleinste gemeinsame Vielfache der beiden Zahlen.

a) 6 und 8 b) 4 und 12 c) 9 und 15

9 Eichhörnchen, Frosch und Springmaus hüpfen nebeneinander her. Nach welcher Strecke springen die Tiere wieder genau an der gleichen Stelle ab?

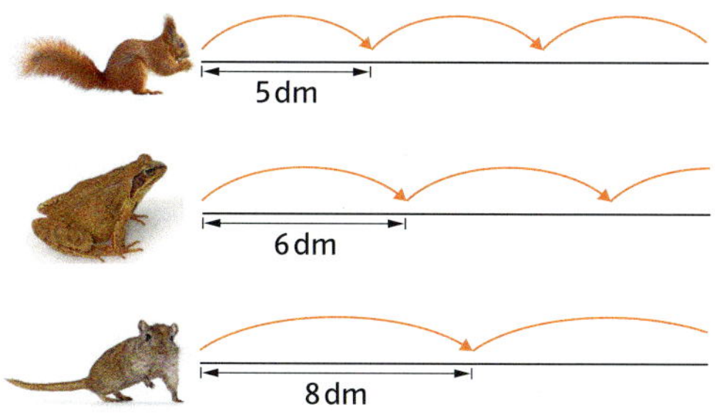

a) Eichhörnchen und Frosch.
b) Eichhörnchen und Springmaus.
c) Frosch und Springmaus.
d) Eichhörnchen, Frosch und Springmaus. Wie viele Sprünge macht jedes der drei Tiere bis dorthin?

5 Arbeite Zeile für Zeile. Finde alle Zahlen, die Vielfaches der Zahl ganz links sind. Du erhältst in jeder Zeile ein Lösungswort.

ist Teiler von	M	R	I	E	I	S	E	N
8	4	72	40	32	60	16	56	2
6	24	16	3	36	54	6	42	28
9	65	27	56	9	18	54	81	35
7	24	63	32	42	35	21	1	59
12	54	6	44	36	12	60	48	24
15	40	72	5	60	45	15	3	70

6 Die Teiler sollen geordnet notiert sein. Ergänze die Lücken im Heft.

a) T■: 1; ■; ■; ■; 16
b) T■: 1; ■; 3; ■; 9; ■
c) T■: 1; ■; 4; 7; ■; ■
d) T■: 1; ■; 4; ■; ■; 10; ■; ■
e) T■: 1; 2; ■; ■; 6; 9; ■; ■; ■

7 Bestimme den größten gemeinsamen Teiler der beiden Zahlen.

a) ggT(12; 9) b) ggT(16; 48)
c) ggT(20; 35) d) ggT(28; 63)

8 Bestimme das kleinste gemeinsame Vielfache der beiden Zahlen.

a) kgV(6; 9) b) kgV(14; 28)
c) kgV(12; 18) d) kgV(15; 18)
e) Hast du eine Vorgehensweise gefunden, mit der du immer das kgV findest? Beschreibe sie.

9 Spiel für 2–4 Personen

a) Jeder würfelt mit drei Würfeln und bestimmt das kgV der drei Augenzahlen.

Ist die richtige Zahl gefunden, erhält man einen Punkt. Legt gemeinsam fest, mit welcher Punktzahl man gewinnt.

b) Probiert das Spiel auch für 4 oder 5 Würfel aus.

2 Endziffernregeln

→ Sortiere die Kärtchen in jeder Zeile so um, dass die neuen Zahlen durch 2 teilbar sind.

→ Sven versucht die Kärtchen in jeder Zeile so umzulegen, dass die neuen Zahlen alle durch 5 teilbar sind. Wird es ihm gelingen?

→ Gina meint: „Ich kann die 16 Kärtchen so legen, dass alle Zahlen in den Zeilen und in den Spalten durch 2, aber nicht durch 10 teilbar sind.“ Was meinst du?

2	4	5	3
8	0	5	7
2	6	3	7
8	6	2	0

Endziffer: Die letzte Ziffer einer Zahl. z. B. 45938, 1746

Da jeder Zehner, Hunderter, Tausender, … durch 2, durch 5 und durch 10 teilbar ist, musst du nur die Endziffer der Zahl betrachten, um zu entscheiden, ob eine Zahl durch 2, 5 oder 10 teilbar ist. Dafür kannst du dir die Vielfachen der Zahl anschauen.

Vielfache von 2:
2; 4; 6; 8; 10;
12; 14; 16; 18; 20; …

Endziffern: 2; 4; 6; 8; 0

Vielfache von 5:
5; 10; 15; 20;
25; 30; 35; 40; …

Endziffern: 0; 5

Vielfache von 10:
10; 20; 30; 40; 50;
60; 70; 80; 90; 100; …

Endziffer: 0

Merke Endziffernregeln
- Eine Zahl ist nur dann **durch 2 teilbar**, wenn sie die Endziffer **0**; **2**; **4**; **6** oder **8** hat. Eine Zahl, die durch 2 teilbar ist, nennt man **gerade Zahl**.
- Eine Zahl ist nur dann **durch 5 teilbar**, wenn sie die Endziffer **0** oder **5** hat.
- Eine Zahl ist nur dann **durch 10 teilbar**, wenn sie die Endziffer **0** hat.

V172 Erklärvideo

Beispiele

a) 356 hat die Endziffer 6.
Sie ist durch 2 teilbar, aber nicht durch 5 und nicht durch 10.

b) 2945 hat die Endziffer 5.
Sie ist durch 5 teilbar, aber nicht durch 2 und nicht durch 10.

c) 4950 hat die Endziffer 0.
Sie ist durch 2, durch 5 und durch 10 teilbar.

d) 297 hat die Endziffer 7.
Sie ist weder durch 2 noch durch 5 noch durch 10 teilbar.

D173 Lösungen

1 Notiere alle Zahlen, die durch 2 teilbar sind.
a) 458; 4750; 2643; 901; 47256; 4989
b) 4952; 4757; 52905; 490; 494; 4052

2 Notiere alle Zahlen, die durch 5 teilbar sind.
a) 2049; 2050; 470; 2915; 23950; 475
b) 158; 1395; 78130; 5720; 4823; 109

3 Notiere alle Zahlen, die durch 10 teilbar sind.
a) 4752; 4904; 20590; 205; 5210; 400
b) 2750; 205; 46100; 4020; 2539; 492

4 Notiere die Zahlen von den Kärtchen, die
a) durch 2 teilbar sind.
b) durch 5 teilbar sind.
c) durch 10 teilbar sind.
d) durch 5, aber nicht durch 10 teilbar sind.

295 | 4953 | 4010 | 2754 | 25 840 | 2596 | 485 | 9520

5
a) Gib die nächstgrößere Zahl an, die durch 5 teilbar ist. 472; 9428; 477; 5924; 8901
b) Gib die nächstkleinere Zahl an, die durch 5 teilbar ist. 5924; 716; 9539; 591; 4723

6
a) Welche größte und welche kleinste zweistellige Zahl ist durch 2; 5 und 10 teilbar?
b) Gib die größte und die kleinste dreistellige Zahl an, die durch 2 und 5 teilbar ist.

7 Sortiere in jeder Zeile die Kärtchen zu einer Zahl, die die Bedingung erfüllt. Geht das immer in jeder Zeile? Begründe, wenn es nicht möglich ist.

3	0	4	9
5	2	1	0
8	5	3	7
7	9	0	1

a) Die Zahl ist durch 5 teilbar.
b) Die Zahl ist durch 10 teilbar.
c) Die Zahl ist durch 2 teilbar, aber nicht durch 10.

8 Spielt zu zweit.
a)
- Ihr benötigt 10 gleich aussehende Kärtchen. Beschriftet sie mit den Ziffern 0 bis 9. Dreht die Kärtchen um und mischt sie.
- Jeder zieht zwei Kärtchen und legt daraus eine zweistellige Zahl.
- Prüft, ob eure Zahl durch 2, durch 5 oder durch 10 teilbar ist.
- Für jeden Teiler erhaltet ihr einen Punkt.
- Wer zuerst 10 Punkte hat, gewinnt.

b) Verändert gemeinsam die Spielregeln und spielt nach euren Regeln.

5 Fülle die Lücke im Heft so aus, dass eine Zahl entsteht, die teilbar ist
a) durch 2, aber nicht durch 10.
485 ■ 495 ■ 95 ■
b) durch 5, aber nicht durch 10
639 ■ 941 ■ 49 ■ 5

6 Stimmt die Aussage immer? Begründe.

(1) Es gibt eine Zahl, die durch 10, aber nicht durch 2 teilbar ist.

(2) Wenn eine Zahl durch 5 teilbar ist, dann ist sie nicht durch 2 teilbar.

(3) Wenn eine Zahl durch 5 und durch 2 teilbar ist, dann ist sie auch durch 10 teilbar.

(4) Multiplizierst du eine gerade Zahl mit einer ungeraden Zahl, ist das Ergebnis immer durch 2 teilbar.

7 Jeder Hunderter, Tausender, … ist durch 4 und durch 25 teilbar.
a) Findet eine Regel für die Teilbarkeit durch 25.
b) Cem sagt: „Die Zahlen auf den gelben Kärtchen sind durch 4 teilbar, die auf den blauen Kärtchen nicht."
Woran erkennt Cem dies? Erklärt.

Gelb: 212 | 740 | 104 | 324 | 7332
Blau: 306 | 8330 | 522 | 751 | 410

Versucht eine Regel für die Teilbarkeit durch 4 zu formulieren.
c) Matteo behauptet: „Um eine Zahl auf Teilbarkeit durch 8 zu prüfen, halbierst du sie und prüfst, ob das Ergebnis durch 4 teilbar ist."
Prüft Matteos Behauptung anhand mehrerer Beispiele.

3 Gerade oder ungerade mit Modulo MK

Ob eine Zahl durch 2 teilbar ist, kannst du mit Hilfe der Endziffernregel auf einen Blick erkennen. Auch Computer müssen zwischen geraden und ungeraden Zahlen unterscheiden; beispielsweise um zu testen, ob ein Datenpaket korrekt übertragen wurde oder nicht. Doch wie schafft es ein Computerprogramm zu erkennen, ob eine Zahl gerade ist oder nicht?

In allen gängigen Programmiersprachen gibt es eine spezielle Funktion. Sie heißt **Modulo**. Sie gibt den Rest an, der übrig bleibt, wenn du eine Zahl durch eine andere teilst.

V174 Erklärvideo

Beispiele

a) 7 mod 2 = 1 („7 modulo 2 ist gleich 1") Die 2 passt 3-mal ganz in die 7; Rest: 1.
b) 13 mod 5 = 3 („13 modulo 5 ist gleich 3") Die 5 passt 2-mal ganz in die 13; Rest: 3.
c) 8 mod 2 = 0 („8 modulo 2 ist gleich 0") Die 2 passt 4-mal ganz in die 8; Rest: 0.

D175 Lösungen

1 MK Ein Computer nutzt die Modulo-Funktion, um zu entscheiden, ob eine Zahl gerade oder ungerade ist. Ist eine Zahl mod 2 = 0, ist die Zahl gerade. Ist eine Zahl mod 2 = 1, ist die Zahl ungerade. Teste wie ein Computer, ob die Zahl gerade ist oder nicht.
Beispiel: 8 mod 2 = 0. Die 8 ist gerade.

a) 10 mod 2 b) 17 mod 2 c) 21 mod 2 d) 16 mod 2
e) 25 mod 2 f) 4 mod 2 g) 13 mod 2 h) 12 mod 2

2 MK Berechne wie in den Beispielen.

a) 7 mod 3 b) 11 mod 2 c) 16 mod 7 d) 20 mod 2
e) 53 mod 10 f) 17 mod 4 g) 101 mod 2 h) 31 mod 5

3 MK Gib „Scratch" in eine Suchmaschine ein und klicke auf https://scratch.mit.edu/. Gehe auf „Entwickeln" und öffne so die Programmierumgebung von Scratch.

a) Das rechts abgebildete Programm kann zwischen geraden und ungeraden Zahlen unterscheiden. Baue es in Scratch nach. Die Farben helfen dir beim Finden der richtigen Blöcke.
b) Teste das Programm. Kann es zuverlässig gerade und ungerade Zahlen erkennen?
c) Versucht gemeinsam den Ablauf des Programms zu verstehen. Geht es Schritt für Schritt für unterschiedliche Zahlen durch.

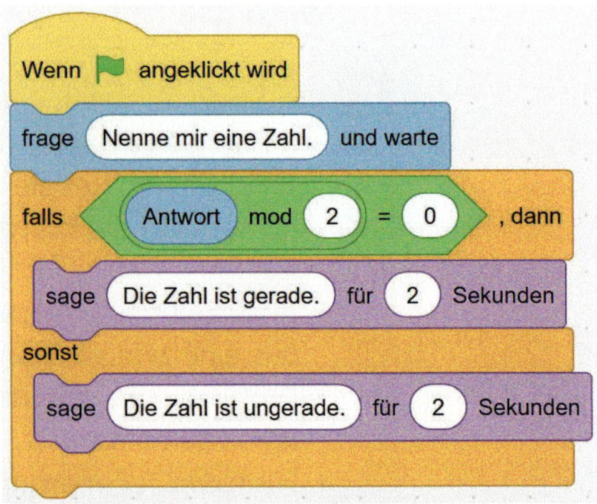

4 Quersummenregeln

Leyla hat 9 Plättchen in die Stellenwerttafel gelegt. Sie schiebt das Plättchen aus der Hunderterspalte in die Einerspalte. Dann schiebt sie das Plättchen aus der Zehnerspalte in die Einerspalte.

→ Um wie viel ändert sich die Zahl im ersten Schritt, um wie viel im zweiten?

→ Welche Teiler haben daher alle Zahlen aus 9 Plättchen? Begründe.

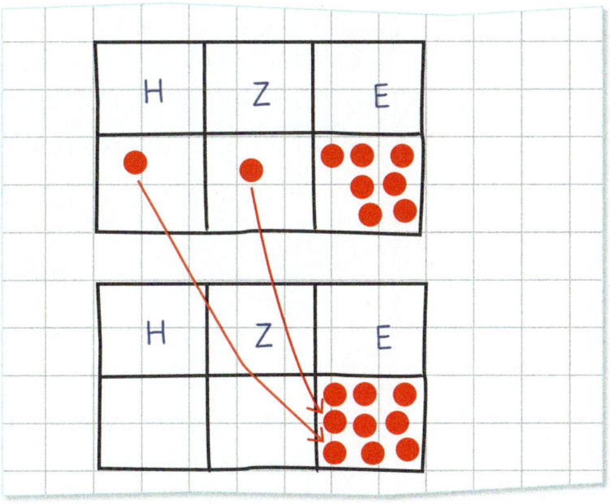

Wenn du wissen willst, ob eine Zahl durch 9 oder durch 3 teilbar ist, kannst du sie geschickt in Summen zerlegen.

$$\begin{aligned} 2748 &= 2\cdot 1000 + 7\cdot 100 + 4\cdot 10 + 8 \\ &= 2\cdot 999 + 2 + 7\cdot 99 + 7 + 4\cdot 9 + 4 + 8 \\ &= 2\cdot 999 + 7\cdot 99 + 4\cdot 9 + (2 + 7 + 4 + 8) \end{aligned}$$

Die Zahlen 999; 99 und 9 sind alle durch 9 und durch 3 teilbar. Es kommt also nur auf die Summe in der Klammer an: (2 + 7 + 4 + 8) = 21.

Die Zahl 21 muss noch auf Teilbarkeit durch 3 und 9 geprüft werden.

Da 21 nicht durch 9 teilbar ist, ist auch 8274 nicht durch 9 teilbar.

Da 21   durch 3 teilbar ist, ist auch 8274   durch 3 teilbar.

Merke

Quersummenregeln

Addierst du die Ziffern einer Zahl, erhältst du die **Quersumme**.

- Eine Zahl ist nur dann **durch 3 teilbar**, wenn ihre Quersumme durch 3 teilbar ist.
- Eine Zahl ist nur dann **durch 9 teilbar**, wenn ihre Quersumme durch 9 teilbar ist.

V176 Erklärvideo

Beispiele

a) Quersumme von 495:	4 + 9 + 5 = 18	18 : 3 = 6	495 ist durch 3 teilbar.
		18 : 9 = 2	495 ist durch 9 teilbar.
b) Quersumme von 3741:	3 + 7 + 4 + 1 = 15	15 : 3 = 5	3741 ist durch 3 teilbar.
		15 : 9 = 1 R6	3741 ist nicht durch 9 teilbar.
c) Quersumme von 5830:	5 + 8 + 3 + 0 = 16	16 : 3 = 5 R1	5830 ist nicht durch 3 teilbar.
		16 : 9 = 1 R7	5830 ist nicht durch 9 teilbar.

D177 Lösungen

1 Berechne die Quersumme der Zahl.

a) 96 b) 52 c) 687 d) 456 e) 9762 f) 56 734
g) 76 h) 84 i) 743 j) 379 k) 2867 l) 35 694

2 Ist die Zahl durch 3 teilbar?

a) 87 b) 65 c) 975 d) 468 e) 9521 f) 65 784
g) 94 h) 75 i) 576 j) 872 k) 9847 l) 87 387

3 Ist die Zahl durch 9 teilbar?

a) 82 b) 63 c) 693 d) 731 e) 6894 f) 49 825
g) 54 h) 86 i) 498 j) 674 k) 7983 l) 67 894

4 Kann man den Geldbetrag gerecht
a) an 3 Personen aufteilen?
b) an 9 Personen aufteilen?

5,72 € | 9453 € | 198,45 € | 6948 ct | 589,29 € | 854 € 61 ct

5 Fülle die Lücken im Heft so, dass eine passende Zahl entsteht.
a) eine durch 3 teilbare Zahl
(1) 584■ (2) 49■2 (3) 972■
(4) 4■495 (5) 496■8 (6) ■4951
b) eine durch 9 teilbare Zahl
(1) 593■ (2) 72■1 (3) 643■
(4) 6■715 (5) 782■9 (6) ■0438

6
a) Bestimme die größte und die kleinste zweistellige Zahl, die durch 9 teilbar ist.
b) Bestimme die größte und die kleinste dreistellige Zahl, die durch 3, aber nicht durch 9 teilbar ist.

7 Prüfe mithilfe der Teilbarkeitsregeln. Notiere alle Zahlen von den Kärtchen, durch die die Zahl teilbar ist.
a) 5720 b) 7428 c) 35 460
d) 29 385 e) 78 498 f) 183 492

2 | 3 | 5 | 9 | 10

8 Würfelt mit vier Würfeln.

Ist eine Zahl, die ihr daraus bilden könnt, durch 3 teilbar, erhaltet ihr einen Punkt. Ist die Zahl auch durch 9 teilbar, erhaltet ihr 3 Punkte.
Legt gemeinsam fest, mit wie vielen Punkten man gewinnt.

9 Eine Zahl ist genau dann durch 6 teilbar, wenn sie durch 2 und durch 3 teilbar ist.
Prüfe, ob die Zahl durch 6 teilbar ist.
a) 582 b) 687 c) 964
d) 7338 e) 5386 f) 59 301

4 Subtrahiere von der Zahl ihre Quersumme. Prüfe das Ergebnis auf Teilbarkeit durch 3 und 9.
Was stellst du fest? Beschreibe.
a) 495 b) 924 c) 3947
d) 2943 e) 98 294 f) 75 284

5 Fülle die Lücken im Heft so, dass eine Zahl entsteht, die durch 3, aber nicht durch 9 teilbar ist. Wenn es mehrere Möglichkeiten gibt, gib alle an.
a) 459■ b) 94■9 c) 9■93
d) 95■94 e) 752■9 f) ■94 752

6 So prüfst du, ob die Riesenzahl 899 889 999 898 998 486 durch 3 teilbar ist.
Bilde die Quersumme: 147
Davon die Quersumme: 1 + 4 + 7 = 12
12 ist durch 3 teilbar. Also ist 147 durch 3 teilbar und auch die Riesenzahl.
Prüfe ebenso.
a) 978 798 659 987 946
b) 958 345 738 564 678 787

7 Streichst du eine beliebige Ziffer der Zahl 9 721 368, so ist die verbleibende sechsstellige Zahl durch die gestrichene Ziffer teilbar. Prüfe.

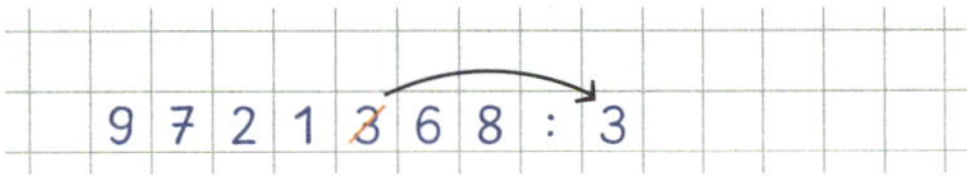

8
a) Prüfe auf Teilbarkeit.

teilbar durch	2	3	6
246			
1838			
4254			
6045			
2862			

b) Erkennst du eine Regel für die Teilbarkeit durch 6? Ergänze die Regel:
Eine Zahl ist genau dann durch 6 teilbar, wenn sie …
c) Welche der Zahlen sind durch 6 teilbar?

24 930 | 4752 | 48 398 | 6572 | 48 309 | 7547 | 16 494

5 Primzahlen

Emre hat zwei Kisten Orangen gekauft und versucht die Orangen umzulegen.
→ Gelingt es ihm, die Orangen aus Kiste A in eine rechteckige Form umzulegen?
→ Kann er eine rechteckige Form mit den Orangen der Kiste B legen?
→ Wie ist das, wenn er die Orangen beider Kisten zusammennimmt?

A

B

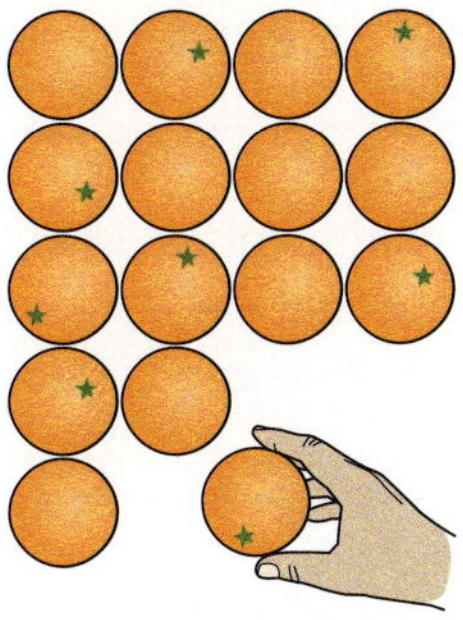

Zahlen haben unterschiedlich viele Teiler. Alle Zahlen haben mindestens zwei Teiler: die 1 und sich selbst.

Merke Eine Zahl mit **genau zwei Teilern** heißt **Primzahl**.
Jede Primzahl hat nur die 1 und sich selbst als Teiler. Die Zahl 1 ist keine Primzahl, da sie nur einen Teiler hat.
Die Zahl 30 ist keine Primzahl. Du kannst sie aber in **Primfaktoren** zerlegen, also als Produkt aus einzelnen Primzahlen schreiben: $30 = 2 \cdot 3 \cdot 5$
Jede Zahl, die keine Primzahl und größer als 1 ist, hat eine **Primfaktorzerlegung**.

V178 Erklärvideo

Beispiele

a) 2; 3; 5 und 7 sind die einstelligen Primzahlen. Die Zahl 2 ist die einzige gerade Primzahl.

b) Die Primfaktorzerlegung von 150 findest du schrittweise. Sie hat vier Faktoren.

$150 = 2 \cdot \mathbf{75}$
$= 2 \cdot 3 \cdot \mathbf{25}$
$= 2 \cdot 3 \cdot 5 \cdot 5$

Hier stehen nur noch Primzahlen, also ist die Primfaktorzerlegung fertig.

c) Um herauszufinden, ob die Zahl 41 eine Primzahl ist, prüfst du, ob sie durch 2; 3; 4; 5 oder 6 teilbar ist.

Die Teilbarkeitsregeln helfen dir.

- Weiter als 6 musst du nicht probieren, da $6 \cdot 7 = 42$ bereits größer als 41 ist.
- Da du nur die Teiler 1 und die Zahl selbst findest, ist 41 eine Primzahl.

D179 Lösungen

○ **1** Bestimme für die Zahlen 1 bis 20 die Anzahl der Teiler. Notiere alle Primzahlen bis 20.

2 Ist die Zahl eine Primzahl? Begründe.
a) 29 b) 51 c) 79 d) 49 e) 71 f) 77
g) 31 h) 59 i) 63 j) 73 k) 81 l) 91

○ **3** Zerlege in Primfaktoren. Gehe bei größeren Zahlen schrittweise vor.
a) 15 b) 21 c) 12 d) 42 e) 56 f) 36
g) 22 h) 14 i) 18 j) 20 k) 48 l) 60

4 Zerlege die Zahl in Primfaktoren. Zeichne die Zerlegung zuerst mit den Ästen, so behältst du den Überblick.

a) 90 b) 150 c) 128 d) 200
e) 144 f) 600 g) 1000 h) 210
i) 450 j) 900 k) 400 l) 1200

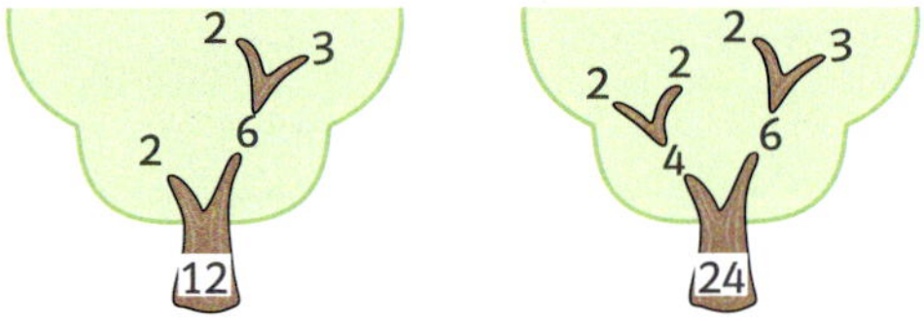

5 Sina hat Zahlen in Primfaktoren zerlegt. Dabei hat sie Fehler gemacht. Prüfe und korrigiere ihre Zerlegung.

a) $24 = 2 \cdot 2 \cdot 2 \cdot 2 \cdot 3$
b) $81 = 3 \cdot 3 \cdot 9$
c) $420 = 2 \cdot 2 \cdot 3 \cdot 35$
d) $32 = 2 \cdot 2 \cdot 2 \cdot 2 \cdot 2 \cdot 1$

I180 Simulation zu Aufgabe 6

6 Vor über 2000 Jahren hat der griechische Mathematiker Eratosthenes das Primzahlsieb erfunden.

a) So wird gesiebt: Schreibt eine Liste mit den Zahlen 1 bis 100.
- Streicht die 1.
- Umrahmt die 2, streicht die Vielfachen von 2.
- Umrahmt die 3, streicht die Vielfachen von 3.
- Umrahmt die nächste noch nicht gestrichene Zahl und streicht ihre Vielfachen.

Macht so weiter, bis alle Zahlen entweder umrahmt oder gestrichen sind.

~~1~~	$\boxed{2}$	$\boxed{3}$	~~4~~	$\boxed{5}$	~~6~~
$\boxed{7}$	~~8~~	~~9~~	~~10~~	11	~~12~~
13	~~14~~	~~15~~	~~16~~	17	~~18~~
19	~~20~~	~~21~~	~~22~~	23	~~24~~
~~25~~	~~26~~	~~27~~	~~28~~	29	…

b) Schreibe alle so erhaltenen Primzahlen von 0 bis 100 in dein Heft.

c) Zwei Primzahlen mit der Differenz 2 heißen Primzahlzwillinge. Finde alle 8 Primzahlzwillinge, die kleiner als 100 sind.

7 MK Seit mehr als 2000 Jahren suchen Menschen nach Primzahlen. Wie viele Stellen hat die derzeit größte bekannte Primzahl? Recherchiere.

5 Ella hat Zahlen in Primfaktoren zerlegt. Sie hat aber die Zahl selbst nicht notiert. Finde sie.

a) $2 \cdot 2 \cdot 2 \cdot 5$ b) $2 \cdot 3 \cdot 3 \cdot 5 \cdot 7$
c) $2 \cdot 2 \cdot 5 \cdot 5 \cdot 11$ d) $3 \cdot 3 \cdot 3 \cdot 3 \cdot 5$
e) $2 \cdot 3 \cdot 5 \cdot 7 \cdot 11$

6 Der Tresor ist mit einem Code geschützt. Finde alle Primzahlen auf den Zetteln. Sortierst du sie der Größe nach, erhältst du seine 8-stellige Geheimnummer.

7 Finde die kleinste und die größte Zahl.
a) zweistellige Primzahl
b) Primzahl zwischen 100 und 200
c) dreistellige Primzahl

8 Beurteile, ob die Aussage stimmt.
a) Es gibt nur zwei Primzahlen, deren Differenz 1 ist.
b) Es gibt keine Primzahlen, deren Differenz 3 ist.
c) Eine Primzahl kann nie Teiler einer anderen Primzahl sein.

9 Der Mathematiker Christian Goldbach (1690 – 1764) behauptete: „Jede gerade Zahl, die größer als 2 ist, lässt sich als Summe von zwei Primzahlen schreiben.“ Überprüfe fünf Beispiele.

Zusammenfassung

Teiler und Vielfache

12 ist ohne Rest durch 1; 2; 3; 4; 6 und 12 teilbar.
Diese Zahlen sind die Teiler von 12.
Schreibe: T_{12}: 1; 2; 3; 4; 6; 12

Die Vielfachen der Zahl 12 sind 12; 24; 36; 48; 60; 72; …
Schreibe: V_{12}: 12; 24; 36; 48; 60; 72; …

Zusammenhang zwischen Teiler und Vielfache:

Endziffernregeln

Eine Zahl ist nur dann **teilbar** durch
- 2, wenn sie die **Endziffer** 0; 2; 4; 6 oder 8 hat.
- 5, wenn sie die **Endziffer** 0 oder 5 hat.
- 10, wenn sie die **Endziffer** 0 hat.

Die Zahl 2495 ist teilbar durch 5, weil die Endziffer 5 ist.
Sie ist nicht teilbar durch 2 und nicht durch 10.

Die Zahl 7620 ist teilbar durch 2, durch 5 und durch 10, weil die Endziffer 0 ist.

Die Zahl 928 ist teilbar durch 2, weil die Endziffer 8 ist.
Sie ist nicht teilbar durch 5 und nicht durch 10.

Quersummenregeln

Die **Quersumme** ist die Summe aller Ziffern einer Zahl.
Eine Zahl ist nur dann **teilbar** durch
- 3, wenn ihre **Quersumme** durch 3 teilbar ist.
- 9, wenn ihre **Quersumme** durch 9 teilbar ist.

Zahl	Quersumme	teilbar durch 3	teilbar durch 9
582	5 + 8 + 2 = 15	ja	nein
585	5 + 8 + 5 = 18	ja	ja
586	5 + 8 + 6 = 19	nein	nein

Primzahlen

Eine Zahl mit **genau zwei Teilern** heißt **Primzahl**. Sie ist nur durch 1 und durch sich selbst teilbar.

1 ist keine Primzahl, da sie nur einen Teiler hat.

19 ist eine Primzahl, denn:
T_{19}: 1; 19

49 ist keine Primzahl, denn:
T_{49}: 1; 7; 49

Primfaktorzerlegung

Jede Zahl, die keine Primzahl und größer als 1 ist, kannst du in **Primfaktoren** zerlegen.

Du kannst sie also als Produkt aus einzelnen Primzahlen schreiben.

Primfaktorzerlegung von 24:
24
$= 2 \cdot 12$
$= 2 \cdot 2 \cdot 6$
$= 2 \cdot 2 \cdot 2 \cdot 3$

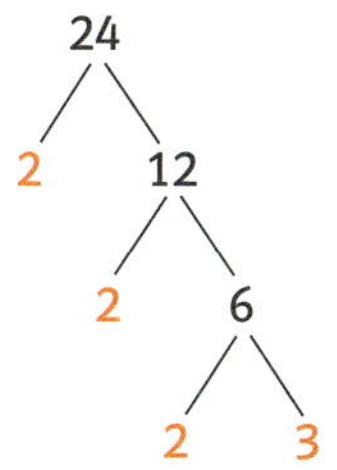

D181 Lösungen

Teiler und Vielfache

1 Ergänze, wenn möglich, die Lücke im Heft mit dem richtigen Text.

ist Teiler von | ist Vielfaches von

a) 6 ▪ 36 b) 12 ▪ 4 c) 18 ▪ 9
d) 7 ▪ 65 e) 9 ▪ 63 f) 8 ▪ 72

2 Bestimme alle Teiler der Zahlen.

35 | 45 | 72 | 75 | 80 | 90

3 Gib die ersten acht Vielfachen an.
a) 8 b) 15 c) 23 d) 35

4 Bei den Vielfachen hat sich ein Fehler eingeschlichen. Korrigiere im Heft.

a) V_6: 6; 12; 18; 24; 32; 36; 42; …
b) V_{19}: 19; 28; 47; 66; 85; 104; 123; …
c) V_{22}: 22; 44; 66; 88; 100; 122; 144; …

5 Die Teiler und Vielfachen sollen nach ihrer Größe sortiert sein. Ergänze im Heft.
a) V▪: ▪; 14; 21; ▪; ▪; ▪; …
b) V▪: ▪; ▪; ▪; 36; 45; ▪; …
c) T▪: ▪; ▪; ▪; 14
d) T▪: ▪; 2; ▪; ▪; 10; ▪

6 6 und 15 | 8 und 20 | 18 und 30

a) Bestimme den größten gemeinsamen Teiler der beiden Zahlen.
b) Bestimme das kleinste gemeinsame Vielfache der beiden Zahlen.
c) Übe digital mit I182.

I182 Digital Üben

Endziffernregeln

7 2750 | 483 | 78 294 | 3754 | 732 | 75 555 | 7585 | 98 280

Notiere alle Zahlen, die
a) durch 2 teilbar sind.
b) durch 5 teilbar sind.
c) durch 10 teilbar sind.
d) durch 5, aber nicht durch 10 teilbar sind.

8 Gib die nächstgrößere durch 10 teilbare Zahl an.
a) 8493 b) 5794 c) 821 d) 49 891

Quersummenregeln

9 Bestimme die Quersumme der Zahlen.
a) 298 b) 3950 c) 4957 d) 98 543

10 258 | 4694 | 6831 | 6842 | 8595 | 2685 | 284 | 68 583 | 5768 | 843 | 78 524 | 3876

Notiere alle Zahlen,
a) die durch 3 teilbar sind.
b) die durch 9 teilbar sind.

11 Fülle die Lücken im Heft so, dass die Zahl durch 9 teilbar ist.
a) 49▪ b) 94▪2 c) 8▪46 d) ▪924
e) 92▪4 f) 193▪ g) ▪4332 h) 948▪2

12 Fülle die Lücken im Heft so, dass die Zahl durch 3, aber nicht durch 9 teilbar ist. Gib alle Möglichkeiten an.
a) 4▪4 b) 42▪3 c) 14▪7 d) ▪874
e) 15▪7 f) 804▪ g) 6▪366 h) 82▪46

Primzahlen

13 Ist die Zahl eine Primzahl? Begründe.
a) 27 b) 31 c) 39 d) 29
e) 45 f) 71 g) 81 h) 79

14 Finde alle Primzahlen. Aus den Lösungsbuchstaben kannst du ein europäisches Land zusammensetzen.

E 91 | N 61 | I 87 | G 83 | U 67 | N 97 | R 89 | T 69 | T 27 | O 111 | L 57 | A 103

I183
Digital Üben

15 Zerlege die Zahl in ihre Primfaktoren.
a) 10 b) 12 c) 16 d) 20
e) 28 f) 50 g) 56 h) 75
i) Übe digital mit I183.

16 Zu welcher Zahl gehört die Primfaktorzerlegung? Sortiere die Zahlen nach aufsteigender Größe und du erhältst ein Lösungswort.

J	$2 \cdot 3 \cdot 5$
A	$2 \cdot 2 \cdot 5 \cdot 13$
R	$2 \cdot 2 \cdot 5 \cdot 5 \cdot 7$
A	$2 \cdot 2 \cdot 2 \cdot 2 \cdot 5$
U	$2 \cdot 2 \cdot 2 \cdot 3 \cdot 5$
G	$3 \cdot 5 \cdot 7$

Vermischte Aufgaben

17 Notiere alle Zahlen von den Kärtchen, durch die die Zahl teilbar ist. Verwende die Teilbarkeitsregeln.
a) 298 b) 2040 c) 1953 d) 600
e) 4869 f) 8937 g) 38 496 h) 45 294

2 3 5 9 10

18 Finde die kleinste und größte zweistellige Zahl, die
a) durch 2 und 3 teilbar ist.
b) durch 3 und 5 teilbar ist.
c) durch 5 und durch 9 teilbar ist.

19
a) Übertrage die Figur ins Heft. Fülle die Felder mit folgenden Zahlen:

7528 2754 3978 495 6753 3068 8590

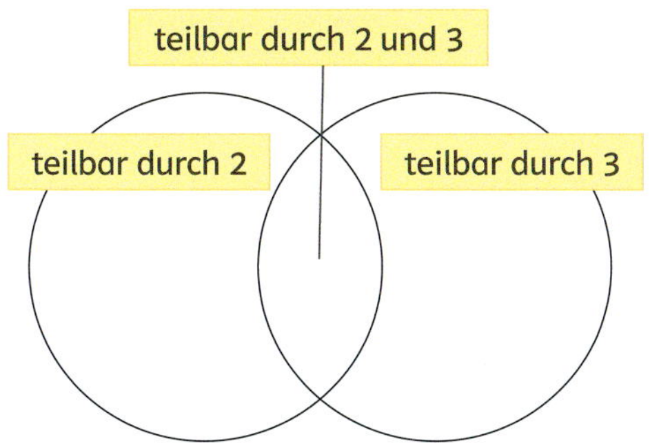

b) Dividiere die Zahlen schriftlich durch 6. Notiere den Rest. Fällt dir etwas auf?

20 Würfelspiel für 2 bis 4 Personen.
Würfelt mit zwei Würfeln und legt daraus eine Zahl.

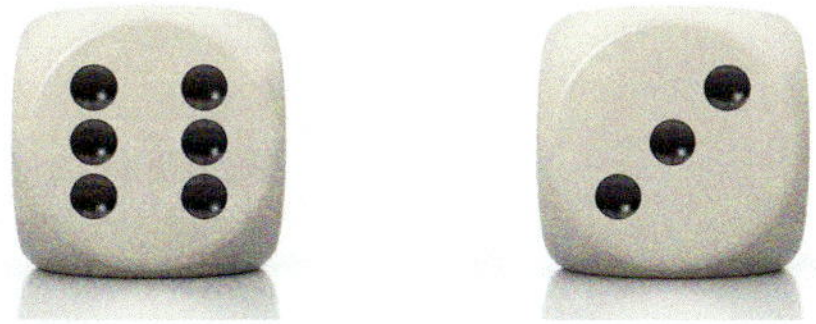

Bestimmt alle Teiler der Zahl. Für jeden Teiler, der nicht 1 oder die Zahl selbst ist, erhaltet ihr einen Punkt. Wer eine Primzahl hat, erhält somit keinen Punkt.
Legt das Gewinnziel gemeinsam fest.

21 Bilde aus allen Kärtchen eine zehnstellige Zahl, die durch

0 1 2 3 4 5 6 7 8 9

a) 2 teilbar ist. b) 3 teilbar ist.
c) 5 teilbar ist. d) 9 teilbar ist.
e) 10 teilbar ist.

22 Begründe mit den Teilbarkeitsregeln, dass die Zahl keine Primzahl ist.
a) 10 b) 12 c) 16 d) 20
e) 28 f) 50 g) 56 h) 75

23 Die Klasse 5c hat eine Woche lang in den Pausen Brezeln zu 90 ct je Stück verkauft.

Nachdem Silvio die Einnahmen gezählt und notiert hat, bemerkt er schnell, dass an drei Tagen ein Fehler passiert sein muss.

Tag	Mo.	Di.	Mi.	Do.	Fr.
Euro	67,50	72,20	58,50	65,80	71,40

a) Beschreibe, wie er das so schnell herausfinden konnte.
b) An welchen Tagen passierten die Fehler?

1 Bestimme alle Teiler T_3; T_9; T_{27}; T_{81}; T_{243}.
Denke an die Teilbarkeitsregeln.
Was fällt dir auf?

2 Bestimme alle Teiler der Zahl. Welche Teilbarkeitsregeln helfen dir dabei? Zerlege die Zahlen anschließend in ihre Primfaktoren.
a) 120 b) 180 c) 210

3

Kiril: „Ist eine Zahl durch 4 teilbar, dann ist sie auch durch 2 teilbar."

Jasper: „Ist eine Zahl nicht durch 2 teilbar, dann ist sie auch nicht durch 4 teilbar."

a) Stimmen die Aussagen? Begründet.
b) Überlegt euch ähnliche Sätze für die Zahlen 2, 3 und 6.

4 Wähle aus den fünf Kärtchen vier aus und ordne sie so an, dass eine

71 | 1 | 5 | 23 | 4

a) 6-stellige, durch 5 teilbare Zahl entsteht.
b) 5-stellige, durch 2 und 3 teilbare Zahl entsteht.
c) 5-stellige durch 2 und durch 9 teilbare Zahl entsteht.

5 Würfelt mit drei Würfeln und setzt daraus eine Zahl zusammen. Prüft auf Teilbarkeit durch 2, 3, … 9. Für jeden Teiler gibt es Punkte nach dem Gewinnplan.
Ihr könnt auch andere Würfel verwenden.

Teiler	2	3	4	5	6	7	8	9
Punkte	1	2	3	1	3	5	4	2

6 Spiegelzahlen sind z. B. 37 und 73. Spiegelzahlen, die außerdem PRIM-zahlen sind, werden MIRP-Zahlen genannt.
a) Finde die 4 Mirpzahlen bis 100.
b) Findest du auch dreistellige Mirpzahlen?

7
a) Nach welchen Regeln sind die farbigen Punkte in die Tabelle eingetragen?
b) Übertragt die Tabelle ins Heft und setzt sie bis 100 fort. Tragt die farbigen Punkte nach euren gefundenen Regeln ein.
c) Welche Zahlen bleiben ohne Punkt?

0	1	2	3	4	5	6	7	8	9
x	x			🔵		🔵🟠		🔵	🟠
10	11	12	13	14	15	16	17	18	19
🔵 🟣		🔵🟠		🔵 🟢	🟠 🟣	🔵		🔵🟠	
20	21	22	23	24	25	26	27	28	29
🔵 🟣	🟠 🟢	🔵		🔵🟠	🟣	🔵	🟠	🔵 🟢	
30	31	32	33	34	35	36	37	38	39
🔵🟠 🟣		🔵	🟠	🔵	🟣🟢				

8 Nach wie vielen Umdrehungen des Kettenblatts und des Ritzels stehen die rot markierten Zähne wieder genau oben wie zu Beginn? Überlegt gemeinsam eine Vorgehensweise.

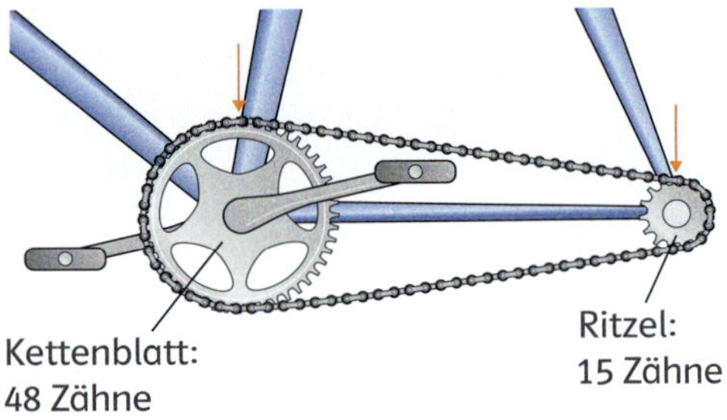

9 Die Busse dreier Linien fahren um 9:00 Uhr gleichzeitig ab. Buslinie A fährt alle 8 Minuten. Buslinie B fährt alle 15 Minuten und Buslinie C alle 12 Minuten. Wann fahren alle Busse wieder gleichzeitig ab?

10 E „Ist eine Zahl durch 2 und 3 teilbar, dann ist sie auch durch 6 teilbar."
Findet ähnliche Teilbarkeitsregeln für die Zahl 12. Probiert es auch für 15 und 18. Prüft für jede Zahl, ob eure Regel auch gilt.

1 Ist die Aussage wahr oder falsch?
a) 3 ist Teiler von 78.
b) 5 ist Teiler von 42.
c) 2 ist Teiler von 38.
d) 26 ist ein Vielfaches von 2.
e) 72 ist ein Vielfaches von 8.
f) 12 ist ein Vielfaches von 36.

2 Gib alle Teiler der Zahl an.
a) 18 b) 28 c) 32 d) 34 e) 40 f) 45

3 Gib die ersten sechs Vielfachen der Zahl an.
a) 6 b) 9 c) 13 d) 18 e) 24 f) 32

4 2754; 2940; 6718; 2193; 7585; 9810; 7695; 2648; 4735
a) Gib an, welche Zahlen durch 3 und welche auch durch 9 teilbar sind.
b) Gib an, welche Zahlen durch 2, welche durch 5 und welche auch durch 10 teilbar sind.

5 Welche Zahlen sind Primzahlen? Notiere.
37; 21; 75; 91; 59; 71; 69; 97; 47; 25

6 Bestimme das kleinste gemeinsame Vielfache der beiden Zahlen.
a) 6 und 15 b) 6 und 9 c) 18 und 12 d) 16 und 6

7 Bestimme den größten gemeinsamen Teiler der beiden Zahlen.
a) 8 und 16 b) 12 und 20 c) 14 und 21 d) 15 und 25

8 Ergänze im Heft so, dass eine Zahl entsteht, die teilbar ist
a) durch 3. 375■; 95■4; 2■38; ■928
b) durch 9. 495■; 27■1; 9■27; ■274

9 Ein Gartengrundstück mit 12 m Länge und 18 m Breite soll mit Zaunelementen eingezäunt werden. Welche Länge könnte ein solches Element haben, damit die Elemente nicht geschnitten werden müssen? Welche Länge hältst du für sinnvoll? Begründe.

8 Ergänze im Heft so, dass eine Zahl entsteht, die teilbar ist
a) durch 2 und 3.
495■; 37■0; 8■20; 295■
b) durch 3, aber nicht durch 9.
495■; 894■2; 28■74; ■7489

9 Ein Kuchenblech ist 1,44 m breit und 1,20 m lang. Bäcker Klein möchte daraus quadratische Kuchenstücke derselben Größe schneiden.
a) Welche Möglichkeiten gibt es?
b) Welches Quadrat wird der Bäcker vermutlich auswählen?

→ Lösungen Seite 299

Grundwissen

Kapitel 1
Aufgabe 3

V184
Erklärvideo

Tabellen erstellen

Überlege, wie viele Spalten und Zeilen du brauchst. Denke an die Extra-Spalte für die Beschriftung und die Extra-Zeile für die Überschriften. Zeichne mit dem Lineal. Die Spalten laufen senkrecht, die Zeilen waagerecht.

1. Zeile für die Überschriften

Zeilen

Autofarbe	Anzahl
Silber	
Weiß	
Schwarz	
…	

1. Spalte zur Beschriftung

Spalten

1 Nils hat die Tiere seiner Freunde gezählt: 4 Hunde, 3 Goldhamster, 4 Katzen, 1 Maus. Erstelle eine Tabelle. Schreibe die Tierarten in die erste Spalte.

2 Sarah zählt in ihrem Schrank vier rote, zwei blaue, sieben weiße und ein grünes T-Shirt. Erstelle eine Tabelle. Schreibe die Farben in die erste Spalte.

Kapitel 1
Aufgaben 1 und 2

V184
Erklärvideo

Mit Strichlisten zählen

1. Zeichne eine Tabelle mit zwei Spalten.
2. Schreibe jedes Getränk in eine neue Zeile.
3. Mache einen Strich für jedes Getränk.
4. Je fünf Striche ergeben ein Bündel. Setze den fünften Strich quer.
5. Jetzt kannst du die Striche auszählen.

In der 1. Spalte steht, was gezählt werden muss.

Getränke	Anzahl	
Tee	||||	Tee: 4
Saft	卌 卌 ||	Saft: 5 + 5 + 2 = 12
Milch	卌 |	Milch: 5 + 1 = 6
Wasser	卌 |||	Wasser: 5 + 3 = 8
…		

Fünferbündel

3 Zähle die Sportnoten mithilfe einer Strichliste:
3; 3; 5; 2; 1; 2; 4; 2; 1; 2; 3; 6; 1; 2; 2; 3; 2; 2; 3; 1; 1; 2; 1; 3; 4; 2; 2; 3; 2; 1.

4 Lies die Anzahlen ab.
a) Fußbälle: 卌 ||||
b) Basketbälle: ||||
c) Tennisbälle: 卌 卌 卌 |||
d) Tischtennisbälle: 卌 卌 卌 卌 卌 |
e) Handbälle: 卌 卌 卌

5 Florian hat im Kalender notiert, wann er Fußball spielt (F), Nachhilfe hat (N) und zum Schwimmen geht (S). Erstelle eine Strichliste. Zähle jeweils die Termine.

Mai – May – Maggio					
Montag		6 N	13 N	20 N	27 N
Dienstag		7 F	14 F	21 F	28 F
Mittwoch	1	8	15	22	29
Donnerstag	2	9 F	16	23 F	30
Freitag	3	10	17	24	31
Samstag	4 F	11 S	18 F	25 S	
Sonntag	5	12	19	26	

→ Lösungen Seite 301

Kapitel 1
Aufgabe 6

V185
Erklärvideo

Säulendiagramme zeichnen

Zeichne die Hochachse auf dein Blatt. Teile die Hochachse in gleichmäßige Schritte ein. Betrachte dazu die höchsten Werte und überlege, welche Schritte sinnvoll sind. Zeichne auf Höhe der 0 die Rechtsachse.
Zeichne die Säulen in der richtigen Höhe.
Beschrifte die Rechts- und die Hochachse und überlege dir eine sinnvolle Überschrift.

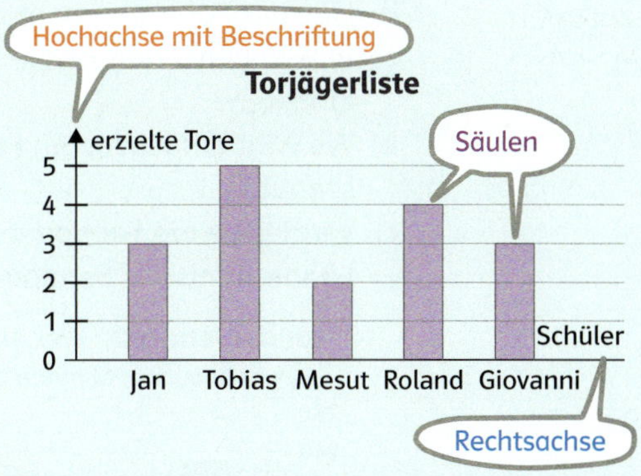

6 Eine Firma listet die Krankheitstage ihrer Mitarbeitenden auf: 2; 5; 8; 3; 3; 3; 4; 2; 2; 5; 5; 5; 1; 2; 2; 2; 3.
Wie viele Mitarbeitende waren wie lang krank? Zähle die verschiedenen Anzahlen der Krankheitstage mithilfe einer Strichliste und zeichne ein Säulendiagramm.

7 Die Schulleitung befragt ihre Lehrkräfte, wie sie zur Arbeit kommen. Mit dem Auto kommen 6 Lehrkräfte, mit dem Bus 7, zu Fuß 3 und mit dem Fahrrad 1.
Zeichne ein Säulendiagramm.

Kapitel 1
Aufgabe 4

V186
Erklärvideo

Informationen aus einem Schaubild entnehmen

Säulendiagramm: Ermittle in der Überschrift das Thema des Diagramms. Lies an der Pfeilspitze Größe und Einheit ab.
An der Hochachse kannst du erkennen, welchen Wert ein Karo oder ein Teilstrich hat.
Betrachte die Säulen. Lies den dargestellten Wert an der Hochachse ab.

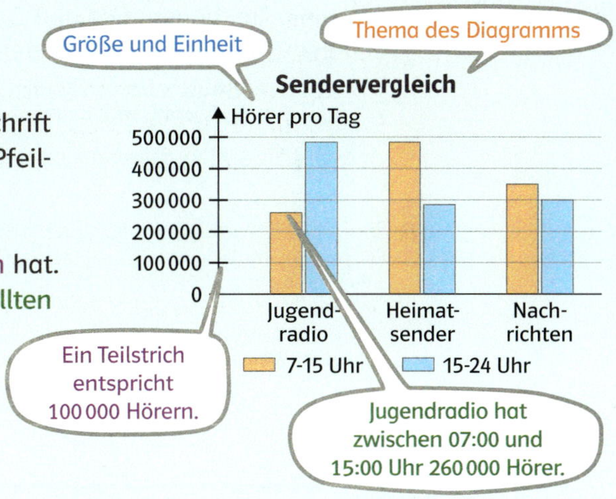

Schaubild: Das Thema eines Schaubildes kannst du der Überschrift entnehmen.
Die Daten sind im Schaubild direkt an der Stelle platziert, zu der sie gehören.

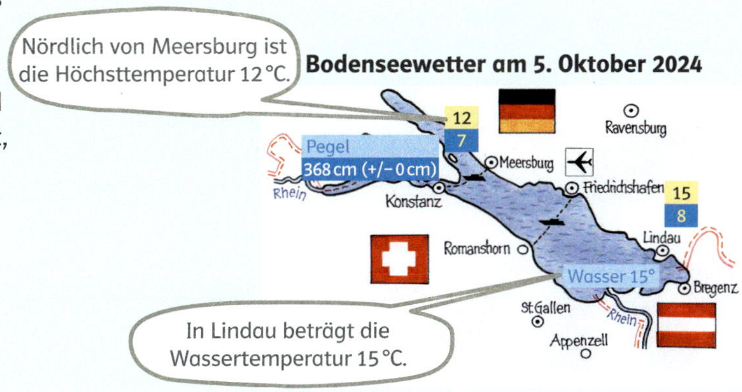

→ Lösungen Seite 301

8 Lies die Daten aus dem Diagramm ab.

a) In welchem Land ist die Sehdauer am längsten?

b) Wo wird am kürzesten Fernsehen geschaut?

c) Vergleiche die Sehdauer in den anderen Ländern mit der Sehdauer der Deutschen.

Ländervergleich: Wer sieht wieviel fern?

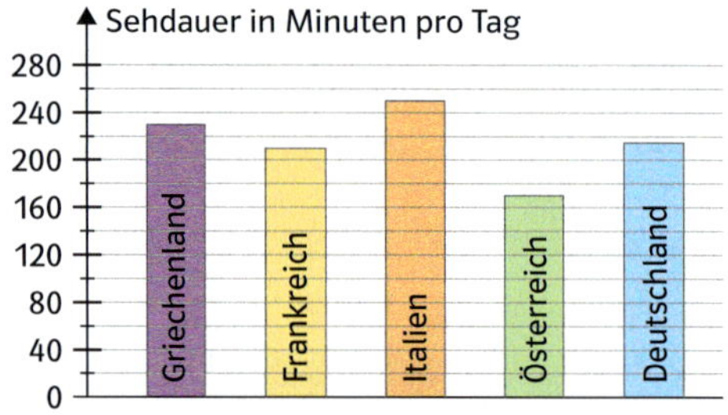

9

a) Was ist im Diagramm dargestellt?

b) Wofür ist eine Figur gezeichnet?

c) Wie viele Zuschauerinnen und Zuschauer sehen insgesamt die drei Sendungen?

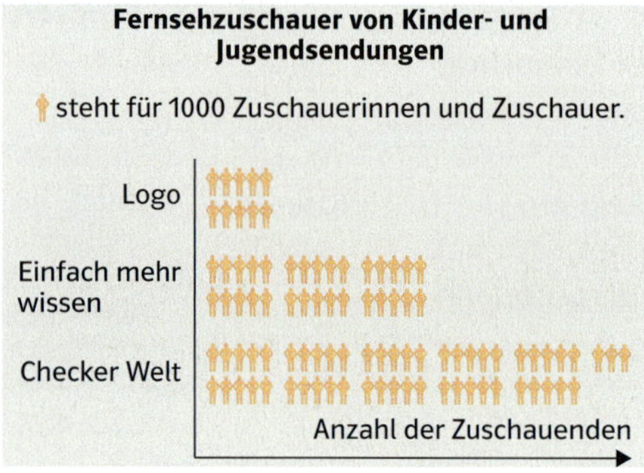

10 Lies die Daten aus dem Schaubild ab und beantworte folgende Fragen.

a) Wie hoch ist die Temperatur in Hannover?

b) Wie hoch ist die Temperatur in München?

c) Regnet es in Dresden?

d) In welcher Stadt ist es am wärmsten?

e) Wie ist das Wetter nördlich von Berlin?

Das Wetter am 20. August

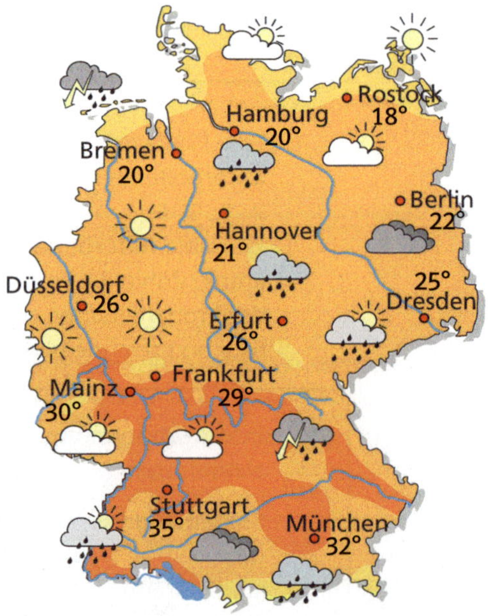

Kapitel 2
Aufgabe 1

Kapitel 3
Aufgabe 4

V187
Erklärvideo

Zahlen auf dem Zahlenstrahl ablesen

Entscheide, in welchen Schritten der Zahlenstrahl zählt. Sind es Einer-Schritte, Zweier-Schritte, Zehner-Schritte, …?
Betrachte die eingetragenen Zahlen, zwischen denen die gesuchte Zahl steht.
Zähle den Wert der gesuchten Zahl ab.

Wie heißt die Zahl an dem roten Pfeil?

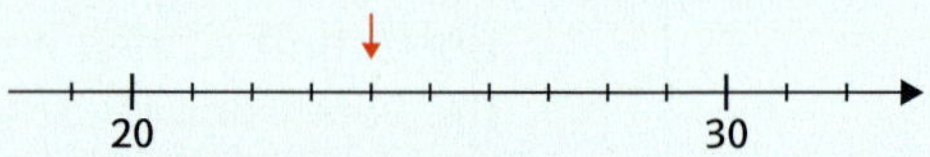

- Einteilung in Einer-Schritten.
- Die Zahl liegt zwischen 20 und 30.
- Vier Striche nach der 20 → Die gesuchte Zahl ist die 24.

→ Lösungen Seite 301 und 302

11 Auf welche Zahlen zeigen die Pfeile?

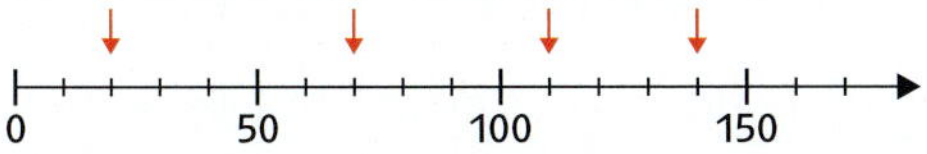

12 Lies die Zahlen am Zahlenstrahl ab.

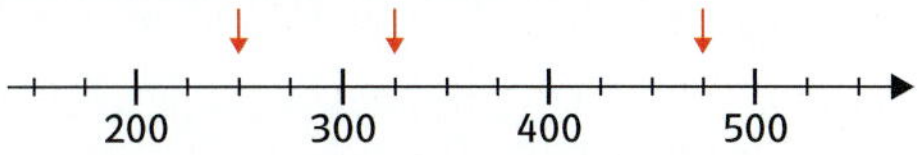

Kapitel 1
Aufgabe 5
Kapitel 5
Aufgabe 5

V187
Erklärvideo

Einen Zahlenstrahl zeichnen und Zahlen markieren

Zeichne eine waagerechte Linie. Markiere den Anfang mit der 0 und das Ende mit einer **Pfeilspitze**.

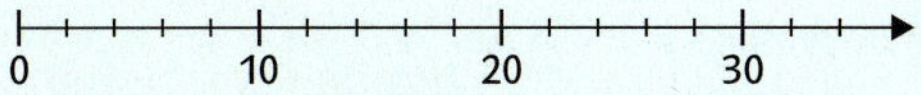

Manchmal reicht es auch, nur einen Ausschnitt des Zahlenstrahls zu zeichnen.

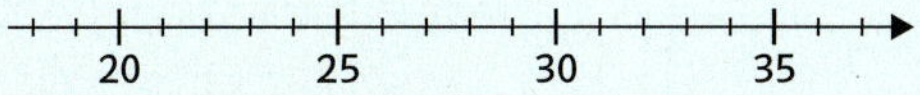

Entscheide, in welchen Schritten der Zahlenstrahl zählen soll. Sind es Einer-, Zweier, Fünfer- oder Zehnerschritte?
Überlege, an welcher Stelle deine Zahl eingetragen werden muss.
Zeichne einen Pfeil an diese Stelle und beschrifte ihn mit deiner Zahl.
So trägst du die Zahlen 16, 28 und 8 an einem Zahlenstrahl ein:

- Einteilung in Zweier-Schritte bis zur Zahl 30. Dann wird der Zahlenstrahl 15 cm lang.
- Die Zahl 16 liegt zwischen 10 und 20.
- Die Zahl 16 wird auf dem dritten Strich nach der 10 eingetragen.
- Trage die Zahlen 8 und 28 genauso ein.

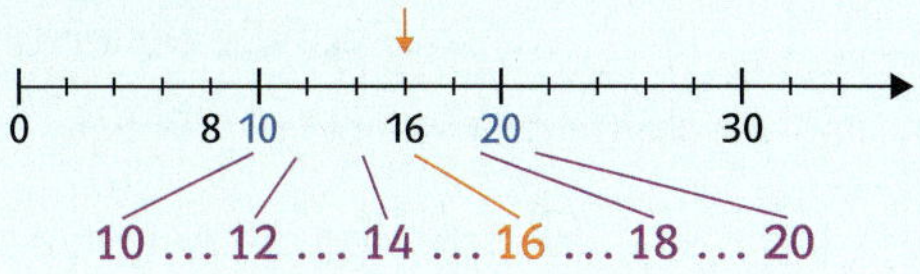

13 Zeichne einen Zahlenstrahl, der bei Null beginnt. Markiere die Zahlen.

a) 7; 3; 11; 14

b) 15; 35; 60; 70

14 Zeichne einen Ausschnitt des Zahlenstrahls. Markiere die Zahlen.
110; 130; 160; 170

15 Zeichne den Zahlenstrahl in dein Heft. Markiere die Zahlen 21; 26; 29 und 34 mit Pfeilen.

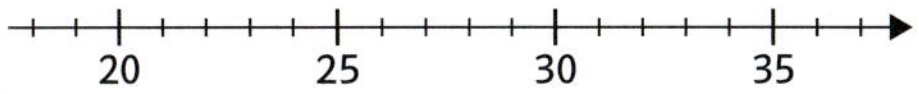

16 Trage die Zahlen 690; 720; 780 und 810 am Zahlenstrahl ein.

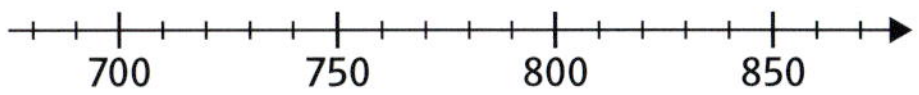

→ Lösungen Seite 302

Kapitel 2
Aufgabe 2
Kapitel 3
Aufgabe 2
und 3

V188
Erklärvideo

Zahlen stellengerecht schreiben und in eine Stellenwerttafel eintragen

Um Fehler beim schriftlichen Addieren und Subtrahieren zu vermeiden, ist es wichtig, dass du die Zahlen **stellengerecht** in deinem Heft untereinander schreibst.
Die Karos im Heft helfen dir dabei.

Schreibe Einer unter Einer, Zehner unter Zehner, Hunderter unter Hunderter, … Schreibe jede Ziffer in genau 1 Karo.

Mit einer **Stellenwerttafel** kannst du sofort erkennen, für welchen Stellenwert die einzelnen Ziffern der Zahl stehen.
Beginne von rechts mit den Einern. Trage dann die Zehner, die Hunderter, usw. in die Stellenwerttafel ein.
Achte auf die Nullen und trage auch die ein.

So addierst du 367 und 418:

	3	6	7
+	4	1	8
	↑ Hunderter	↑ Zehner	↑ Einer

So trägst du 6492 und 708 in die Stellenwerttafel ein.

Tausender	Hunderter	Zehner	Einer
T	H	Z	E
6	4	9	2
	7	0	8

17 Schreibe die Aufgabe stellengerecht in dein Heft und berechne.
a) 613 + 258 b) 412 − 124 c) 1254 + 519 d) 1138 − 622

D17
Stellenwerttafel Zehnersystem

18 Trage 28; 728; 1596; 37 049 und 51 602 in eine Stellenwerttafel ein.

19 Erstelle dir eine Stellenwerttafel und trage diese fünf Zahlen ein:
467; 3092; 76 309; 120 318 und 807 203.

Kapitel 2
Aufgabe 3
Kapitel 3
Aufgabe 1

V189
Erklärvideo

Zahlen in Stellenwerte zerlegen und erkennen

Entnimm die Ziffern aus der Stellenwerttafel und schreibe sie der Reihe nach auf.
Schreibe auch die Nullen mit.
Denke an Dreierblöcke.

Wenn die Zahl in Stellenwerten notiert ist, musst du die fehlenden Stellen durch Nullen ergänzen.

Schreibe die Zahl aus der Stellenwerttafel.

Hunderttausender	Zehntausender	Tausender	Hunderter	Zehner	Einer
HT	ZT	T	H	Z	E
7	2	1	0	8	3

7 HT + 2 ZT + 1 T + 8 Z + 3 E
(7 HT + 2 ZT + 1 T: Tausender)

721 083

20 Lies die Zahl aus der Stellenwerttafel ab und schreibe sie in Dreierblöcken.

HT	ZT	T	H	Z	E
3	0	7	9	0	3
		5	0	0	4
2	0	0	4	6	9
	5	4	0	7	1

21 Wie heißt die Zahl? Nimm eine Stellenwerttafel zuhilfe. Denke an die Nullen.
Beispiel: 3 H + 1 E = 301
a) 3 H + 2 Z + 1 E
b) 2 H + 6 Z
c) 6 H + 4 E
d) 5 T + 9 Z
e) 4 HT + 3 ZT + 7 T + 8 E

→ Lösungen Seite 302

Kapitel 2
Aufgabe 4

V189
Erklärvideo

Zahlen in Worten schreiben und lesen

Zahlen bis Hunderttausend schreibst und liest du in einem Wort.

Schreibe die Zahl 740 583.

HT	ZT	T	H	Z	E
7	4	0	5	8	3

siebenhundertvierzigtausendfünfhundertdreiundachtzig

22 Lies die Zahlen jemandem vor.

a) 4592 b) 11 305 c) 99 489 d) 220 503

23 Welches Wort gehört zu welcher Zahl?

17 931
7961
7619
17 193

A siebentausendneunhunderteinundsechzig
B siebentausendsechshundertneunzehn
C siebzehntausendneunhunderteinunddreißig
D siebzehntausendeinhundertdreiundneunzig

24 Schreibe die Zahlen in Ziffernschreibweise.

a) einhundertsiebenundzwanzigtausenddreihundertsechsundneunzig
b) dreiundsiebzigtausendsechshundertfünf
c) zweihundertsechzigtausendfünfhundertacht
d) dreihundertvierzigtausendsiebenhundert

Kapitel 2
Aufgabe 5 und 6

V190
Erklärvideo

Vorgänger, Nachfolger, Nachbarzehner, Nachbarhunderter bestimmen

Die Zahl, die auf einem Zahlenstrahl mit Einerschritten direkt links neber einer Zahl liegt, ist ihr Vorgänger. Die Zahl, die direkt rechts neben einer Zahl liegt, ist ihr Nachfolger.

Eine Zahl liegt immer zwischen zwei Zehnerzahlen. Das sind die Nachbarzehner. Wenn die Zahl kleiner als 10 ist, gibt es nur einen Nachbarzehner.

Eine Zahl liegt immer zwischen zwei Hundertern. Das sind die Nachbarhunderter. Wenn die Zahl kleiner als 100 ist, gibt es nur einen Nachbarhunderter.

Nachbar-hunderter	Nachbar-zehner	Vorgänger	**Zahl**	Nachfolger	Nachbar-zehner	Nachbar-hunderter
300	320	326	**327**	328	330	400
–	80	88	**89**	90	90	100
2000	2030	2039	**2040**	2041	2050	2100
51 700	51 790	51 798	**51 799**	51 800	51 800	51 800

→ Lösungen Seite 302 und 303

25 Übertrage die Tabelle und ergänze die fehlenden Zahlen.

Vorgänger	Zahl	Nachfolger
878		
		4500
38 209		
		481 230

26 Trage die Zahlen in eine Tabelle ein. Trage links den Vorgänger, rechts den Nachfolger ein.
2011; 62 930; 48 402; 18 599; 617 100; 310 530

27 Bestimme die Nachbarzehner. Unterstreiche den näher gelegenen Nachbarzehner.
Beispiel: Die Nachbarzehner von 13 sind 10 und 20. 13 liegt näher an 10 als an 20.

a) 17; 99; 8; 173; 53967
b) 111 111; 645; 999; 10

28 Bestimme die Nachbarhunderter.

a) 620; 103; 2991; 12 401
b) 76; 1 320 074; 2400; 7999

Kapitel 2
Aufgabe 7

V191
Erklärvideo

In vorgegebenen Schritten weiterzählen

Wenn du in vorgegebenen Schritten zählst, machst du auf dem Zahlenstrahl immer dieselben Sprünge.

Ab der 0 in Dreiersprüngen:
3; 6; 9; 12; 15; 18

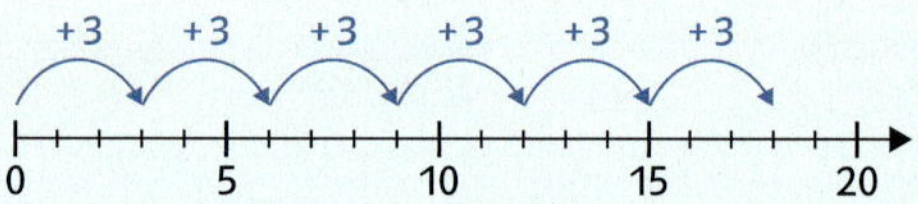

Ab der 0 in 40er-Sprüngen:
40; 80; 120; 160; 200

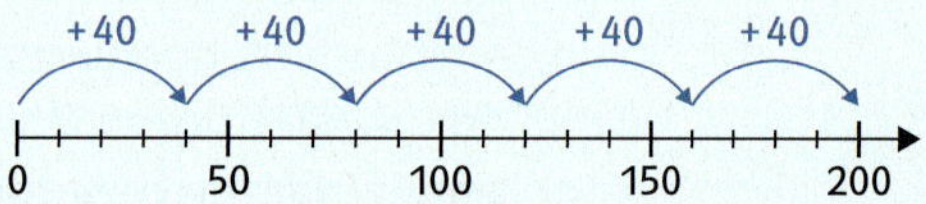

Ab der 40 in 8er-Sprüngen:
48; 56; 64; 72

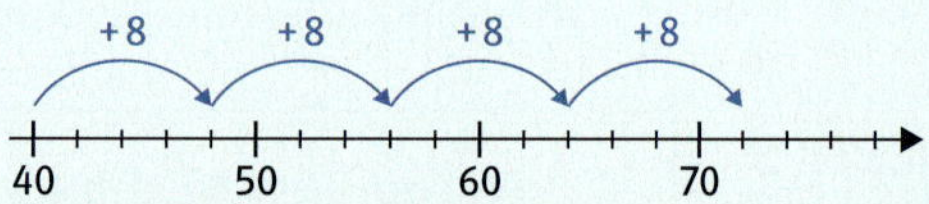

29 Zähle in den vorgegebenen Schritten immer 6 Zahlen weiter.

a) Von der 0 in 7er-Sprüngen
b) Von der 0 in 12er-Sprüngen
c) Von der 0 in 15er-Sprüngen

30 Zähle in den vorgegebenen Schritten immer 6 Zahlen weiter.

a) Ab 50 in 5er-Schritten
b) Ab 80 in 3er-Schritten
c) Ab 52 in 6er-Schritten

→ Lösungen Seite 303

Kapitel 2
Aufgabe 8
und 9

V192
Erklärvideo

Zahlen ordnen und vergleichen

Zahlen werden nach ihrer Lage auf dem Zahlenstrahl geordnet.
< bedeutet „ist kleiner als".
> bedeutet „ist größer als".

Je weiter links eine Zahl auf dem Zahlenstrahl steht, desto kleiner ist sie.

Je weiter rechts eine Zahl auf dem Zahlenstrahl steht, desto größer ist sie.

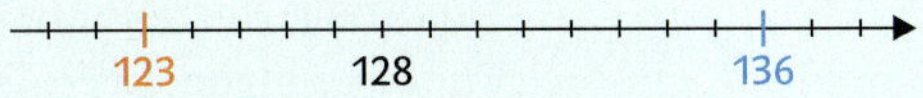

Ordne, beginne mit der kleinsten Zahl:
$123 < 128 < 136$
123 ist kleiner als 128 und 128 ist kleiner als 136.
Ordne, beginne mit der größten Zahl:
$136 > 128 > 123$
136 ist größer als 128 und 128 ist größer als 123.

31 Ordne mit dem <-Zeichen. Beginne mit der kleinsten Zahl.
a) 372; 327; 373; 337
b) 3725; 7352; 5273; 2357
c) 11 305; 11 503; 11 350; 11 530

32 Ordne mit dem >-Zeichen. Beginne mit der größten Zahl.
a) 657; 576; 675; 597; 795
b) 8941; 1489; 4981; 9814; 8419
c) 23 716; 22 176; 23 671; 22 761; 23 176

Kapitel 3
Aufgabe 5

V193
Erklärvideo

Zahlen ergänzen

Um Zahlen bis zu einer bestimmten Zahl zu ergänzen, kannst du schrittweise vorgehen.

Ergänze 71 zum nächsten Zehner.
Ergänze 9, dann bist du bei 80.

Ergänze 39 zum nächsten Hunderter.
Ergänze 1, dann bist du bei 40.
Ergänze 60, dann bist du bei 100.
Insgesamt musst du $60 + 1 = 61$ ergänzen.

Ergänze 642 zum nächsten Tausender.
Ergänze 8, dann bist du bei 650.
Ergänze 50, dann bist du bei 700.
Ergänze 300, dann bist du bei 1000.
Insgesamt musst du $300 + 50 + 8 = 358$ ergänzen.

33 Ergänze zum nächsten Hunderter.
a) 89; 71; 56; 29; 107; 423
b) 1024; 1790; 5672; 8345

34 Ergänze zum nächsten Tausender.
a) 429; 773; 691; 117; 2143
b) 5056; 8897; 10 257; 21 428

→ Lösungen Seite 303 und 304

Kapitel 3
Aufgabe 5, 9
und 10

Kapitel 4
Aufgabe 9

Kapitel 8
Aufgabe 10

V194
Erklärvideo

Lückenaufgaben durch Probieren und Umkehraufgaben lösen

Damit ein Rechenausdruck einen vorgegebenen Wert annimmt, musst du eine passende Zahl einsetzen. Diese Zahl erhältst du durch Probieren oder durch die Umkehraufgabe.

Probieren

18 − ▪ = 5
18 − 10 = 8
Passt nicht.
Das Ergebnis ist zu groß.
18 − 15 = 3
Passt nicht.
Das Ergebnis ist zu klein.
18 − 13 = 5 Passt.
Also gilt: ▪ = 13

Umkehraufgabe

15 + ▪ = 25
Die Umkehraufgabe lautet 25 − 15 = 10.
Also ist ▪ = 10 und 15 + 10 = 25.

▪ : 3 = 20
Die Umkehraufgabe lautet 20 · 3 = 60.
Also ist ▪ = 60 und 60 : 3 = 20.

35 Löse die Lückenaufgabe.
a) 23 + ▪ = 32
b) 57 − ▪ = 42
c) ▪ + 82 = 100
d) ▪ − 13 = 59

36 Löse die Lückenaufgabe.
a) 2 · ▪ = 16
b) ▪ : 9 = 4
c) ▪ · 6 = 54
d) 56 : ▪ = 8

Kapitel 3
Aufgabe 7

V195
Erklärvideo

Im Kopf addieren

So kannst du Zahlen im Kopf addieren:
Zehner plus Zehner,
Einer plus Einer und anschließend
Teilsummen addieren.

38 + 26 = …
30 + 20 = 50
8 + 6 = 14
= 64

So kannst du größere Zahlen im Kopf addieren:
Hunderter plus Hunderter,
Zehner plus Zehner,
Zwischensumme bilden und
Einer plus Einer.
Beachte dabei die Überträge.

264 + 159 = …
200 + 100 = 300
60 + 50 = 110
Zwischensumme 410
4 + 9 = 13
Summe = 423

37 Addiere im Kopf.
a) 52 + 23
b) 67 + 48
c) 167 + 16
d) 239 + 85

38 Addiere im Kopf.
a) 158 + 34
b) 267 + 45
c) 136 + 281
d) 153 + 179

→ Lösungen Seite 304

Kapitel 3
Aufgabe 6
und 8

V195
Erklärvideo

Zwischenschritte korrekt notieren

Beim Kopfrechnen hilft es dir, wenn du die Zahlen zerlegst und in mehreren kleinen Schritten rechnest.

84 + 27
Rechne 84 + 20 + 7.
Notiere die Schritte untereinander.

84 + 27
= 84 + 20 + 7
= 104 + 7
= 111

Rechne zuerst 84 + 20. Die +7 musst du trotzdem notieren.

39 Addiere und notiere dir die Zwischenschritte.

a) 442 + 32 b) 87 + 107
c) 1282 + 75 d) 275 + 782

40 Subtrahiere und notiere dir die Zwischenschritte.

a) 217 – 43 b) 93 – 67
c) 849 – 131 d) 1162 – 47

Kapitel 3
Aufgabe 6

V196
Erklärvideo

Halbschriftlich rechnen

Beim halbschriftlichen Rechnen rechnest du einzelne Schritte im Kopf und schreibst sie auf.
Dazu zerlegst du eine Zahl oder beide Zahlen geschickt.
Du kannst auf verschiedene Arten halbschriftlich rechnen.

Halbschriftlich addieren

stellengerecht	schrittweise
418 + 174 = 592	418 + 174 = 592
400 + 100 = 500	418 + 100 = 518
10 + 70 = 80	518 + 70 = 588
8 + 4 = 12	588 + 4 = 592

Halbschriftlich subtrahieren

stellengerecht	schrittweise
234 – 123 = 111	234 – 123 = 111
200 – 100 = 100	234 – 100 = 134
30 – 20 = 10	134 – 20 = 114
4 – 3 = 1	114 – 3 = 111

41 Addiere halbschriftlich. Überlege, ob stellengerecht oder schrittweise besser ist.

a) 452 + 326 b) 982 + 98
c) 1634 + 723 d) 408 + 2139

42 Subtrahiere halbschriftlich.
Tipp: Stellengerecht ist nicht immer geschickt.

a) 319 – 129 b) 1032 – 789
c) 5489 – 356 d) 4078 – 982

→ Lösungen Seite 304

Kapitel 3
Aufgabe 11

V35
Erklärvideo

Schriftlich addieren

Schreibe
Einer unter Einer,
Zehner unter Zehner,
Hunderter unter Hunderter,
…

	H	Z	E
	3	8	2
+	1	4	5
	1		
	5	2	7

Addiere
zuerst die Einer,
dann die Zehner,
dann die Hunderter, …

2 + 5 = 7; schreibe 7
4 + 8 = 12; schreibe 2; übertrage 1
1 + 1 + 3 = 5; schreibe 5

	H	Z	E
	3	4	9
+	2	5	4
+	3	3	7
	1	2	
	9	4	0

Schreibe die Überträge
unten links in die nächste
Spalte.

9 + 4 + 7 = 20; schreibe 0; übertrage 2
2 + 3 + 5 + 4 = 14; schreibe 4; übertrage 1
1 + 3 + 2 + 3 = 9; schreibe 9

43 Addiere schriftlich.

a) 256 + 98 b) 167 + 387 c) 153 + 249 + 74 d) 246 + 387 + 128

Kapitel 3
Aufgabe 11

V37
Erklärvideo

Schriftlich subtrahieren

Schreibe
Einer unter Einer,
Zehner unter Zehner,
Hunderter unter Hunderter,
…

	H	Z	E
	6	7	5
−	2	3	8
		1	
	4	3	7

8 bis 15 fehlen 7; schreibe 7; übertrage 1
1 + 3 = 4; 4 bis 7 fehlen 3; schreibe 3
2 bis 6 fehlen 4; schreibe 4

V38
Erklärvideo

Subtrahiere
zuerst die Einer,
dann die Zehner,
dann die Hunderter, …
Schreibe die Überträge
unten links in die nächste
Spalte.

	H	Z	E
	9	3	8
−	2	2	3
−	2	4	2
	1		
	4	7	3

2 + 3 = 5; 5 bis 8 fehlen 3; schreibe 3
4 + 2 = 6; 6 bis 13 fehlen 7; schreibe 7; übertrage 1
1 + 2 + 2 = 5; 5 bis 9 = 4; schreibe 4

44 Subtrahiere schriftlich.

a) 276 − 59 b) 376 − 249 c) 468 − 234 − 92 d) 593 − 325 − 148

→ Lösungen Seite 304

Kapitel 4
Aufgabe 1

V197
Erklärvideo

Eine Summe mit gleichen Summanden als Multiplikation schreiben

Eine Summe, die aus lauter gleichen Summanden besteht, kannst du als Multiplikation schreiben.

Summe: $\underbrace{3 + 3 + 3 + 3 + 3 + 3 + 3}$ „7-mal wird die 3 addiert"

Multiplikation: $7 \cdot 3$ „7 mal 3"

45 Schreibe die Summe als Multiplikation.

a) $5 + 5 + 5$

b) $12 + 12 + 12 + 12 + 12 + 12 + 12 + 12$

c) $9 + 9 + 9 + 9 + 9 + 9 + 9 + 9 + 9 + 9 + 9 + 9$

Kapitel 4
Aufgabe 2
und 3

V197
Erklärvideo

Geschickt abzählen und Multiplikationsaufgaben erstellen

Eine Menge von Gegenständen, die man als Rechteck darstellen kann, kannst du geschickt abzählen und als Multiplikationsaufgabe lösen.

Es sind 6 Reihen mit 8 Punkten.
$6 \cdot 8 = 48$ Punkte

Es sind 8 Spalten mit 6 Punkten.
$8 \cdot 6 = 48$ Punkte

46 Schreibe eine passende Multiplikationsaufgabe zu dem Bild und gib die Anzahl an.

a) 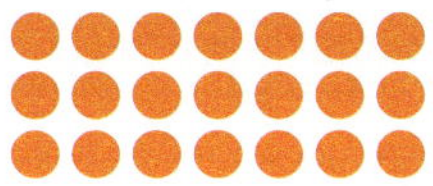

b) 

c) 

Kapitel 4
Aufgabe 4
Kapitel 9
Aufgabe 5

V198
Erklärvideo

Fair verteilen

Wenn du Dinge fair verteilen willst, müssen alle genau gleich viel bekommen. Das schreibst du als Division.

So verteilst du 12 Blumen gerecht an 3 Personen:

Division $12 : 3 = 4$

Jede Person erhält 4 Blumen.

Person 1
Person 2
Person 3

47 Verteile gerecht. Schreibe als Division.

a) 24 Äpfel an 6 Personen
b) 45 Murmeln an 5 Personen
c) 44 Bonbons an 11 Personen
d) 42 Lose an 7 Personen

→ Lösungen Seite 305

Kapitel 9
Aufgabe 4

V199
Erklärvideo

Gleich große Gruppen bilden

Manchmal kann man Mengen so aufteilen, dass gleich große Gruppen entstehen. Bei der Division bleibt kein Rest.

So teilst du 18 Kinder so auf, dass gleich große Gruppen entstehen.
2; 3; 6 und 9 sind **Teiler** von 18.

Wenn man 2er-Gruppen bildet, erhält man 9 Gruppen. 18 : 2 = 9
Wenn man 3er-Gruppen bildet, erhält man 6 Gruppen. 18 : 3 = 6
Wenn man 6er-Gruppen bildet, erhält man 3 Gruppen. 18 : 6 = 3
Wenn man 9er-Gruppen bildet, erhält man 2 Gruppen. 18 : 9 = 2

48 Teile in alle möglichen gleich großen Gruppen auf. Schreibe als Division.
a) 12 Kinder im Sportunterricht
b) 30 Teilnehmende bei den Sommerspielen

Kapitel 4
Aufgabe 5

Das kleine Einmaleins

Das Einmaleins kannst du gut in einer Einmaleins-Tafel üben.

·	1	2	3	4	5	6	7	8	9	10
1	1	2	3	4	5	6	7	8	9	10
2	2	4	6	8	10					
3	3	6								
4	4									
5	5									
6	6									
7	7									
8	8									
9	9									
10	10									

49 Übertrage die Tabelle ins Heft und vervollständige sie aus dem Kopf.

50 Schreibe Einmaleins-Reihen, die dir schwerfallen, auf Klebezettel. Klebe sie an auffällige Stellen und übe sie häufig.

51 Nenne die Ergebnisse. Rechne im Kopf.
a) 3 · 7
b) 7 · 8
c) 7 · 4
d) 9 · 6
e) 6 · 7
f) 8 · 7

Kapitel 8
Aufgabe 7

Quadratzahlen berechnen

Wenn man eine Zahl mit sich selbst multipliziert, heißt das Ergebnis **Quadratzahl.**
11 · 11 = 121
3 · 3 = 9

9 und 121 sind Quadratzahlen.

52 Berechne alle Quadratzahlen für die Zahlen von 1 bis 20.

53 Lerne die Quadratzahlen für die Zahlen von 1 bis 20 auswendig.

→ Lösungen Seite 305

Kapitel 4
Aufgabe 6

V200
Erklärvideo

Halbieren und verdoppeln

Um geschickt zu rechnen, gibt es verschiedene Rechentricks. Verdoppeln und Halbieren hilft dabei sehr oft.

Verdoppeln bedeutet: mit 2 multiplizieren.

So verdoppelst du 12:
Dazu kannst du 12 Punkte spiegeln.
Du erhältst 24 Punkte.

Halbieren bedeutet: durch 2 teilen.

So halbierst du 18:
Dazu kannst du 18 Punkte in zwei gleiche Hälften teilen. Du erhältst 9 Punkte.

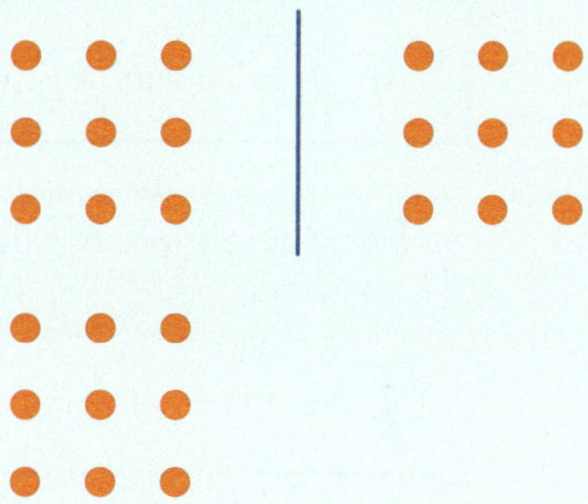

54 Halbiere die Zahlen. Du kannst auch Punktefelder dazu zeichnen.

36 22 44 28 34

55 Verdopple die Zahlen. Du kannst auch Punktefelder dazu zeichnen.

21 53 49 37

Kapitel 4
Aufgabe 7, 8 und 9

V201
Erklärvideo

Umkehraufgaben bei Multiplikation und Division

Die Division ist die Umkehrung der Multiplikation. Dies kannst du nutzen, um Ergebnisse zu kontrollieren und geschickt im Kopf zu rechnen.

Multiplikation
5 Kinder haben jeweils 4 Äpfel. $5 \cdot 4$ Es sind 20 Äpfel.

Division
Es sind 20 Äpfel und 5 Kinder.
Alle habe gleich viele Äpfel. $20 : 5$ Jedes Kind hat 4 Äpfel.

$20 : 5 = 4$ ist die **Umkehraufgabe** zu $5 \cdot 4 = 20$

56 Schreibe die Umkehraufgabe.

a) $7 \cdot 9 = 63$
b) $42 : 7 = 6$
c) $12 \cdot 6 = 72$
d) $51 : 3 = 17$

57 Berechne und kontrolliere mit der Umkehraufgabe.

a) $8 \cdot 6 =$ ■
b) $48 : 4 =$ ■
c) $11 \cdot 9 =$ ■
d) $42 : 3 =$ ■

→ Lösungen Seite 305

Kapitel 7
Aufgabe 5
Kapitel 8
Aufgabe 5

V58
Erklärvideo

Mit Stufenzahlen rechnen

Mit **Stufenzahlen** kannst du leicht im Kopf rechnen.

Kommen bei einer **Multiplikationsaufgabe** Nullen vor, rechne zuerst ohne Nullen. Anschließend hängst du alle Nullen an.

Kommen bei einer **Divisionsaufgabe** Nullen vor, rechne zuerst ohne Nullen. Hänge dann die richtige Anzahl Nullen an. Die richtige Anzahl erhältst du durch einen Überschlag.

Beispiele

a) 2 · 100 = 200 b) 250 · 40 = 10 000 c) 630 : 9 = 70 d) 750 : 15 = 50

58 Multipliziere mit den Stufenzahlen.

a) 8 · 100
8 · 1000
80 · 10

b) 13 · 20
13 · 200
130 · 200

59 Dividiere durch die Stufenzahlen.

a) 73 000 : 10
73 000 : 100
73 000 : 1000

b) 24 000 : 80
24 000 : 800
2400 : 800

Kapitel 9
Aufgabe 1
und 2

V202
Erklärvideo

Im Kopf multiplizieren und dividieren

Um im Kopf multiplizieren oder dividieren zu können, zerlegt man die Zahlen sinnvoll. Die Zwischenergebnisse werden dann addiert bzw. subtrahiert.

Multiplizieren

a) 14 · 9 = ...
10 · 9 = 90
4 · 9 = 36
90 + 36 = **126**

Dividieren

b) 84 : 7 = ...
70 : 7 = 10
14 : 7 = 2
10 + 2 = **12**

In manchen Fällen ist es vorteilhaft, die Zahl auf einen Zehner aufzurunden und anschließend zu subtrahieren.

c) 29 · 6 = ...
30 · 6 = 180
1 · 6 = 6
180 − 6 = **174**

d) 112 : 8 = ...
120 : 8 = 15
8 : 8 = 1
15 − 1 = **14**

e) 97 · 4 = ...
100 · 4 = 400
3 · 4 = 12
400 − 12 = **388**

f) 702 : 9 = ...
720 : 9 = 80
18 : 9 = 2
80 − 2 = **78**

60 Multipliziere im Kopf.

a) 34 · 3
b) 22 · 6
c) 51 · 9
d) 84 · 7
e) 19 · 5
f) 49 · 8
g) 78 · 4
h) 28 · 8

61 Dividiere im Kopf.

a) 115 : 5
b) 217 : 7
c) 352 : 8
d) 522 : 9
e) 116 : 4
f) 260 : 5
g) 133 : 7
h) 294 : 6

→ Lösungen Seite 305 und 306

Kapitel 8
Aufgabe 8

V64
Erklärvideo

Schriftlich multiplizieren

Multipliziere zuerst den Zehner der zweiten Zahl mit dem Einer, dem Zehner, dem Hunderter der ersten Zahl. Multipliziere anschließend mit dem Einer der zweiten Zahl ebenso die erste Zahl. Achte auf den Übertrag und ergänze fehlende Nullen.

H	Z	E		Z	E
6	4	3	·	3	5
	1	9	2	9	
		3	2	1	5
	1		1		
	2	2	5	0	5

Multiplizieren mit dem Zehner
Sprechweise: $3 \cdot 3 = 9$, schreibe **9**
$3 \cdot 4 = 12$, schreibe **2**, merke 1
$3 \cdot 6 + 1 = 19$, schreibe 19

Multiplizieren mit dem Einer
Sprechweise: $5 \cdot 3 = 15$, schreibe **5**, merke 1
$5 \cdot 4 + 1 = 21$, schreibe **1**, merke 2
$5 \cdot 6 + 2 = 32$, schreibe 32

62 Multipliziere schriftlich.

a) $83 \cdot 3$
b) $364 \cdot 8$
c) $42 \cdot 21$
d) $89 \cdot 23$
e) $537 \cdot 45$
f) $809 \cdot 98$
g) $73 \cdot 37$
h) $3256 \cdot 16$

Kapitel 8
Aufgabe 8

V69
Erklärvideo

Schriftlich dividieren

Dividiere stellenweise. Beginne mit der höchsten Stelle. Lässt sich die höchste Stelle nicht dividieren, fasst man die beiden höchsten Stellen zusammen.

	T	H	Z	E				H	Z	E
	2	9	3	6	:	8	=	3	6	7
−	2	4	↓	↓						
		5	3							
	−	4	8	↓						
			5	6						
		−	5	6						
				0						

Sprechweise:
$29 : 8 = 3$, schreibe 3, rechne $3 \cdot 8 = 24$, Rest 5
$53 : 8 = 6$, schreibe 6, rechne $6 \cdot 8 = 48$, Rest 5
$56 : 8 = 7$, schreibe 7, rechne $7 \cdot 8 = 56$, Rest 0

63 Dividiere schriftlich.

a) $469 : 7$
b) $1872 : 8$
c) $5112 : 6$
d) $8163 : 9$

Kapitel 9
Aufgabe 3

V203
Erklärvideo

Zahlen mit Rest dividieren

Hat die letzte Differenz einer Divisionsaufgabe nicht den Wert 0, entsteht ein Rest. Diesen Rest schreibt man hinter den Quotienten.

	Z	E				Z	E			
	7	4	:	3	=	2	4		R	2
−	6									
	1	4								
−	1	2								
		2								

Die letzte Differenz ist 2.
Die Division hat also den Rest 2.

Sprechweise:
$7 : 3 = 2$, schreibe 2, rechne $2 \cdot 3 = 6$, Rest 1
$14 : 3 = 4$, schreibe 4, rechne $4 \cdot 3 = 12$, Rest 2

→ Lösungen Seite 306

64 Dividiere.

a) $514:4$ b) $654:7$ c) $1234:5$ d) $3219:9$

Kapitel 9
Aufgabe 6

V13
Erklärvideo

Zahlenreihen ergänzen

Zahlenreihen haben immer ein bestimmtes Muster. Schaue dir an, was sich von einer Zahl zur nächsten ändert. Manchmal musst du auch mehrere Zahlen anschauen. Dann kannst du die Reihe mit dieser Regel fortsetzen.

2; 6; 10; 14; …
Von einer Zahl zur nächsten kommen 4 dazu.
Die Regel heißt +4.
Die nächste Zahl ist die 18.

5; 8; 13; 16; 21; …
Von der 5 bis zur 8 kommen 3 dazu.
Von der 8 bis zur 13 kommen 5 dazu.
Von der 13 bis zur 16 kommen 3 dazu.
Von der 16 bis zur 21 kommen 5 dazu.
Die Regel heißt +3; +5; +3; +5; …
Die nächste Zahl ist die 24.

65 Setze die Zahlenreihen jeweils um sechs Zahlen fort.

a) 7; 14; 21; 28; …
b) 11; 16; 21; 26; …
c) 6; 12; 14; 20; 22; 28; …
d) 102; 121; 140; 159; …

Kapitel 8
Aufgabe 9

V74
Erklärvideo

Rechenregeln beachten

Punkt vor Strich:
Multipliziere oder dividiere zuerst,
bevor du addierst oder subtrahierst.

$42 - 7\cdot 2 = 42 - 14 = \underline{28}$

$300:6 + 24 = 50 + 24 = \underline{74}$

Klammer zuerst:
Was in Klammern steht,
wird zuerst ausgerechnet.

$(42 - 7)\cdot 2 = 35 \cdot 2 = \underline{70}$

$300:(6 + 24) = 300:30 = \underline{10}$

66 Berechne.

a) $12 + 8\cdot 7$
$(12 + 8)\cdot 7$

b) $36:4 + 8$
$36:(4 + 8)$

c) $42:7 - 1$
$42:(7 - 1)$

Kapitel 5
Aufgabe 1
Kapitel 6
Aufgabe 2
Kapitel 7
Aufgabe 1
Kapitel 8
Aufgabe 1

V204
Erklärvideo

Längen abmessen

So misst du eine Länge:
Lege an einem Ende der Strecke das Lineal bei 0 an.
Lies am anderen Ende die Länge ab.
Auch dein Geodreieck hat eine Skala zum Messen.

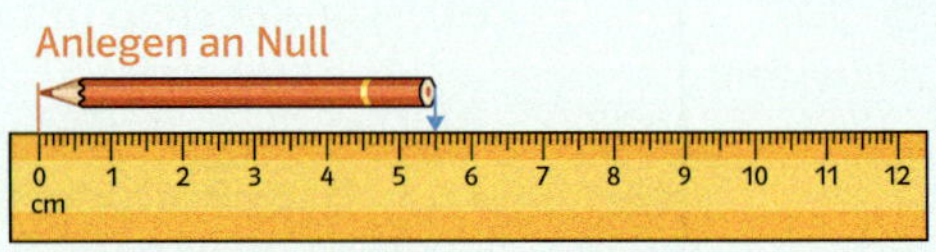

Länge: 5,5 cm = 5 cm 5 mm = 55 mm

→ Lösungen Seite 306 und 307

67 Miss die Längen der Strecken.

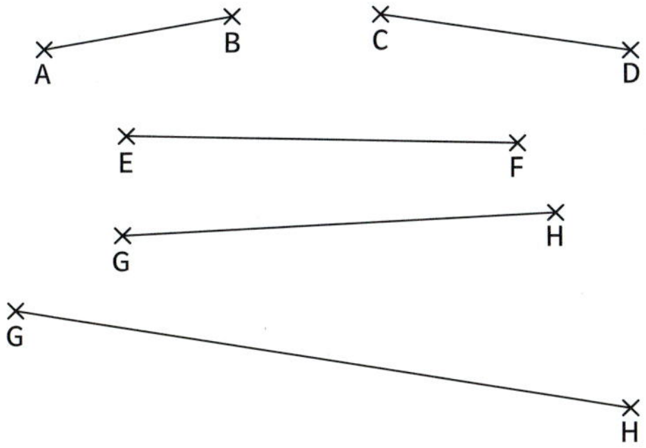

68 Miss die Länge des Gegenstands hier im Buch mit einem Lineal.

Kapitel 5 Aufgabe 2
Kapitel 6 Aufgabe 3
V204 Erklärvideo

Strecken genau zeichnen

Zeichne einen Anfangspunkt A.

Lege dort das Lineal mit der 0 an und suche auf der Skala die Länge. Markiere an dieser Stelle den Endpunkt B.

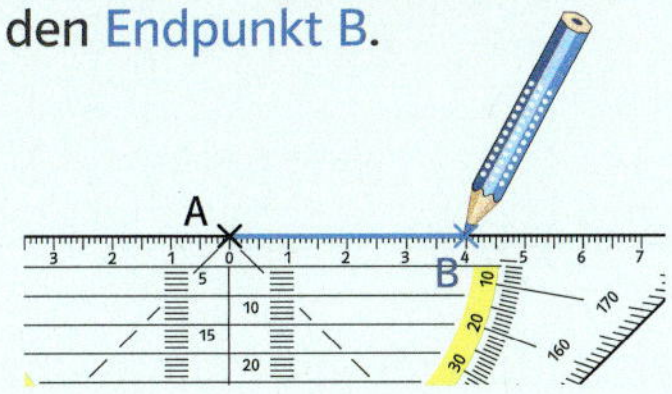

Zeichne mit dem Lineal die Verbindungsstrecke.

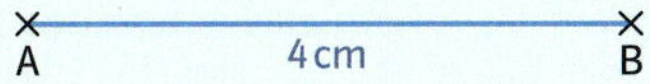

69 Zeichne die Strecke in dein Heft.
a) 5 cm b) 5,5 cm
c) 45 mm d) 3,8 cm

70 Zeichne die Strecke auf ein weißes Blatt.
a) 4 cm b) 5,3 cm
c) 39 mm d) 6,1 cm

Kapitel 5 Aufgabe 3
V205 Erklärvideo

Parallele und senkrechte Geraden

Auf deinem Geodreieck gibt es mehrere parallele Linien. Lege eine davon an und prüfe mit einer der anderen Linien, ob die Geraden parallel sind.

Geraden sind senkrecht zueinander, wenn sie so liegen wie die beiden kurzen Seiten des Geodreiecks.

Auch die Mittellinie ist senkrecht zur langen Seite des Geodreiecks.

parallele Linien prüfen:

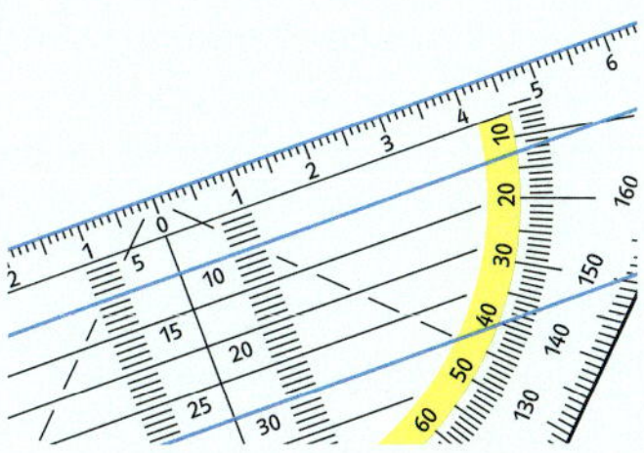

senkrechte Geraden mit den kurzen Seiten des Geodreiecks prüfen:

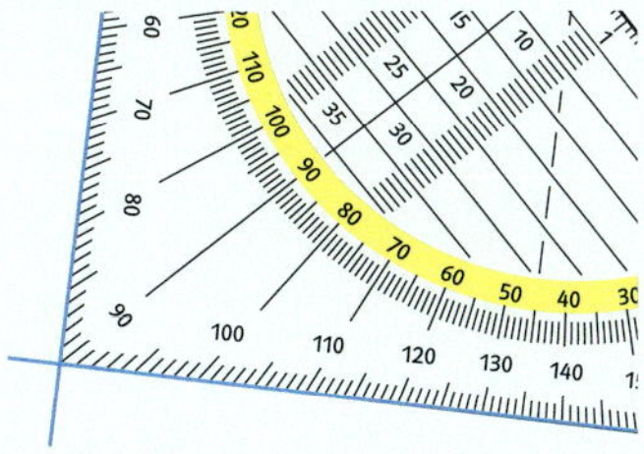

senkrechte Geraden mit der Mittellinie prüfen:

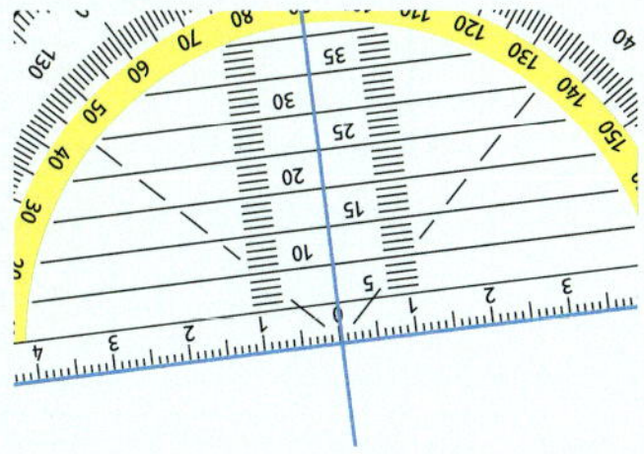

→ Lösungen Seite 307

71 Welche Linien sind parallel, welche sind senkrecht zueinander?
Prüfe mit dem Geodreieck.

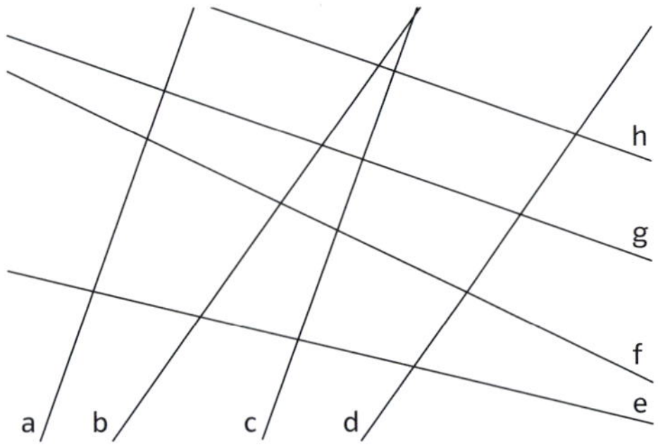

Kapitel 5
Aufgabe 4

V206
Erklärvideo

Achsensymmetrie erkennen

Achsensymmetrische Figuren bestehen aus zwei Teilfiguren. Die eine Teilfigur ist das Spiegelbild der anderen.
Die Spiegelachse trennt die beiden Teilfiguren voneinander.
Sie heißt auch Symmetrieachse.

72 Zwei der Figuren sind achsensymmetrisch. Wo verlaufen die Symmetrieachsen?

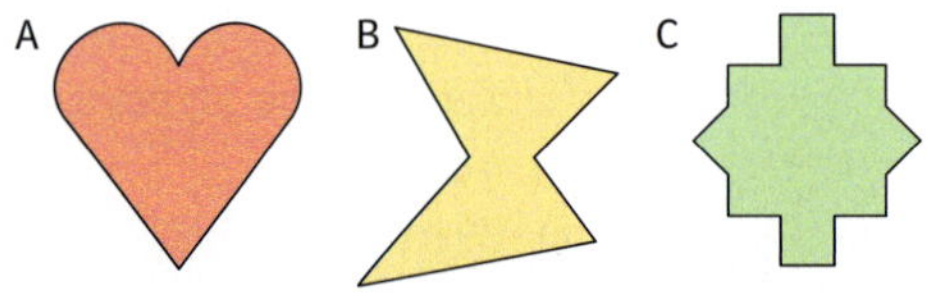

73 Übertrage ins Heft und zeichne alle Symmetrieachsen ein.

a) 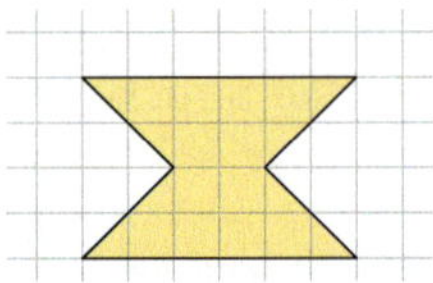

b) 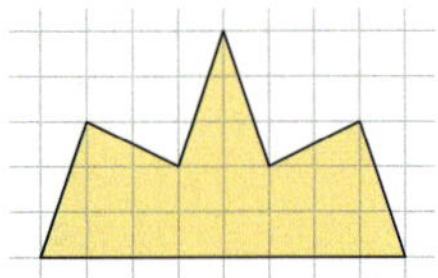

Kapitel 5
Aufgabe 6
Kapitel 6
Aufgabe 4

V207
Erklärvideo

Figuren exakt ins Heft übertragen

Um eine Figur genau in dein Heft zu übertragen, kannst du das Karogitter nutzen und Kästchen zählen.

1. Zeichne von A eine Linie nach oben, die 5 Kästchen lang ist.
2. Zeichne von B eine schräge Linie. Gehe dazu 6 Kästchen nach rechts und 3 Kästchen nach oben, Dann weißt du, wo deine Linie enden muss.

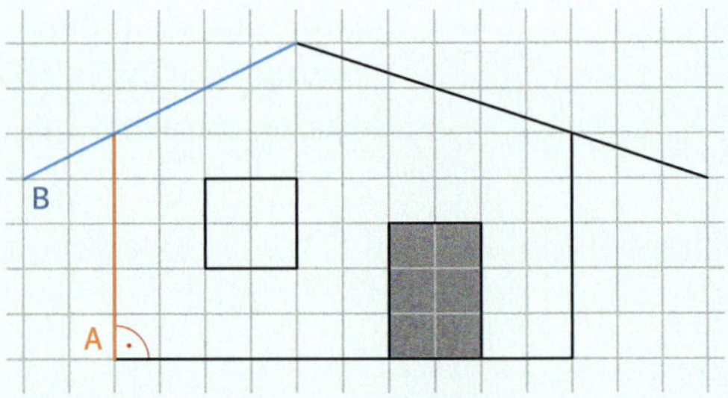

→ Lösungen Seite 307

74 Übertrage die Figur in dein Heft.

a)

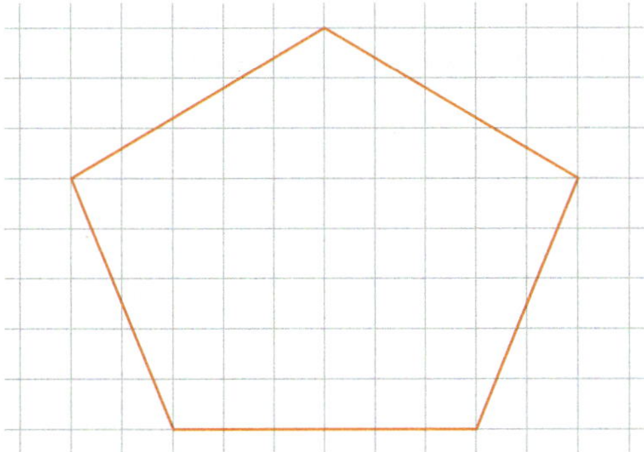

b)

Kapitel 5
Aufgabe 7
und 8

Kapitel 8
Aufgabe 6

V208
Erklärvideo

Mathematische Figuren benennen und erkennen

Geometrische Figuren bestehen aus Ecken und Seiten, die eine Fläche umschließen. Eine Ausnahme bildet der Kreis. Er hat keine Ecke.

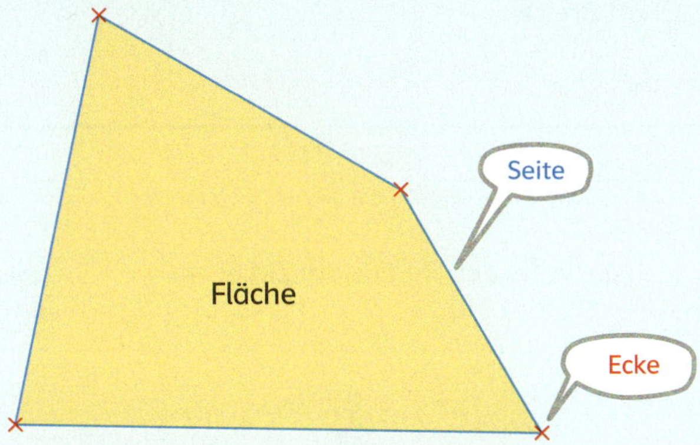

Geometrische Figuren werden häufig nach ihrer Eckenzahl benannt. Zusätzlich kann man sie durch gleich lange Seiten, rechte Winkel und Symmetrien unterscheiden.

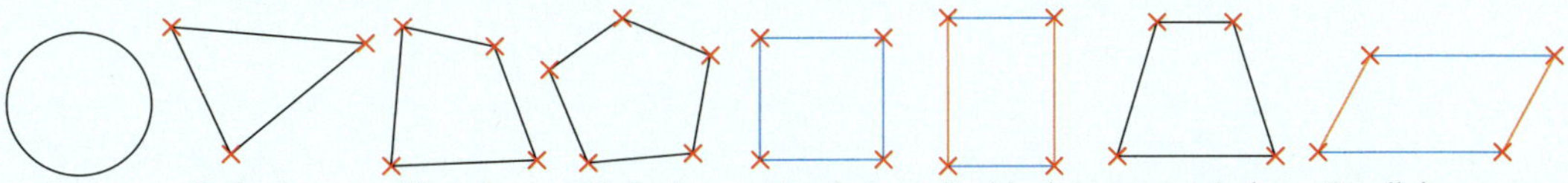

75 Benenne die Figuren. Am Karogitter erkennst du die Länge der Seiten.

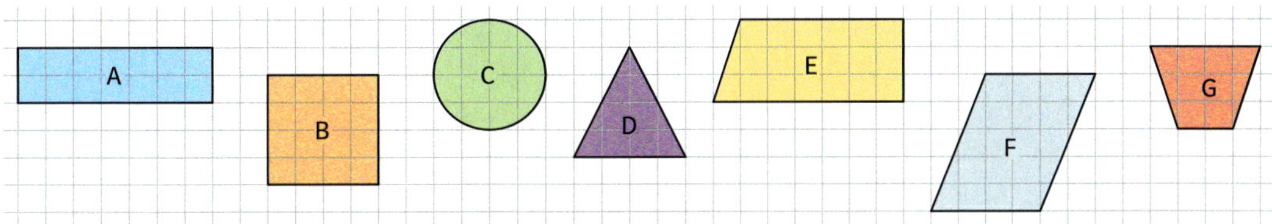

→ Lösungen Seite 307 und 308

Kapitel 8
Aufgabe 4

V103
Erklärvideo

Rechtecke und Quadrate zeichnen

Die Bilderfolge zeigt dir, wie du ein Rechteck oder Quadrat zeichnest.
Beim Quadrat sind alle Seiten gleich lang.

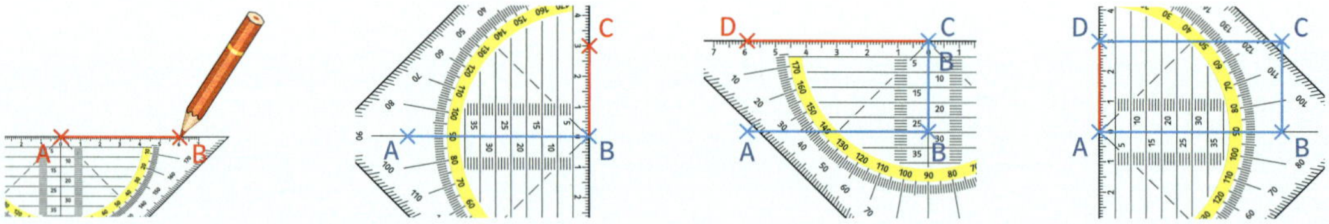

76 Übertrage die Punkte in dein Heft. Verbinde sie anschließend so, dass Quadrate und Rechtecke entstehen.

77 Zeichne auf weißem Papier ein Rechteck mit 5,1 cm Länge und 3,9 cm Breite.

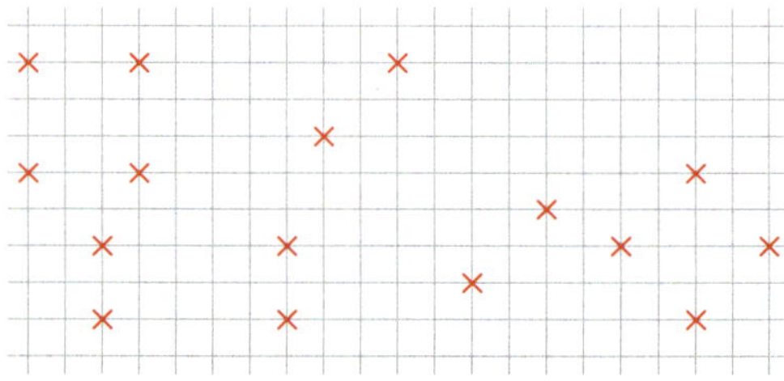

Kapitel 6
Aufgabe 1

V113
Erklärvideo

Mit dem Zirkel Kreise zeichnen

So zeichnest du einen Kreis:

1. Markiere den Mittelpunkt durch ein kleines Kreuz.
2. Stelle den Radius am Zirkel ein.
3. Zeichne einen Kreis um diesen Mittelpunkt.

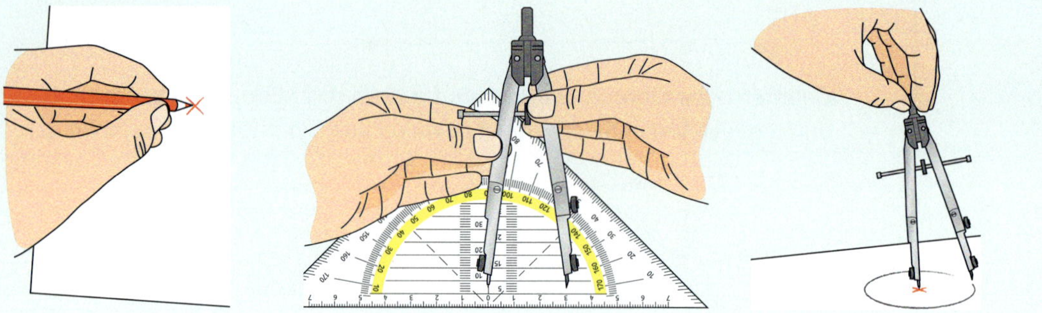

78 Zeichne Kreise mit den Radien 2 cm; 3 cm; 4 cm und 5 cm um denselben Mittelpunkt.

79 Zeichne Kreise mit den Radien 2 cm; 3 cm; 4 cm und 5 cm und lasse bei jedem Kreis den Mittelpunkt um einen Zentimeter auf der Geraden nach rechts wandern.

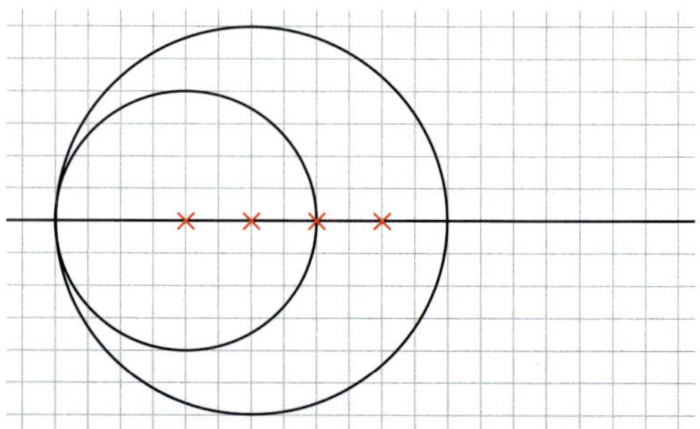

→ Lösungen Seite 308

Kapitel 5
Aufgabe 3
Kapitel 6
Aufgabe 5

V209
Erklärvideo

Rechte Winkel erkennen

Rechte Winkel erkennst du häufig mit bloßem Auge. Sie werden durch einen Punkt im Winkelbogen ⦝ gekennzeichnet.

Du kannst sie auch mit vorgegebenen rechten Winkeln prüfen, zum Beispiel mit dem Geodreieck.

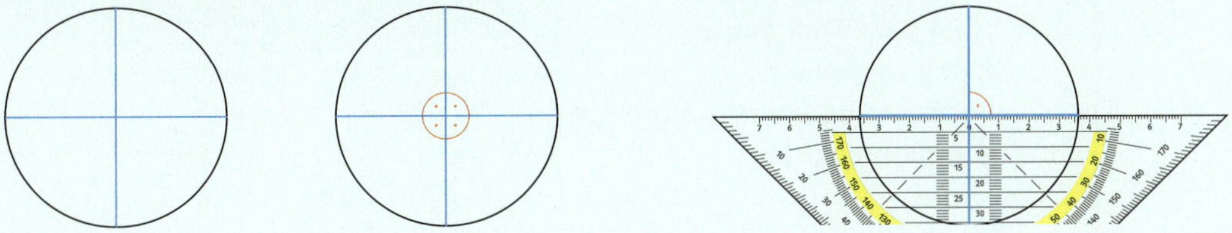

80 Übertrage die Figuren in dein Heft und kennzeichne alle rechten Winkel.

a)
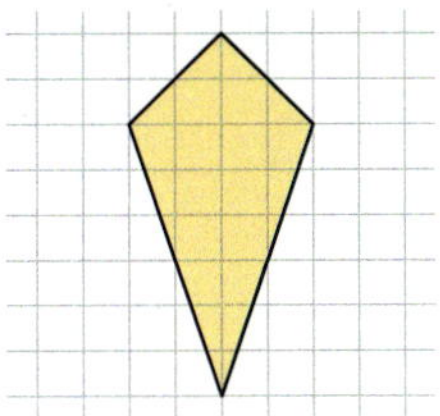

b)
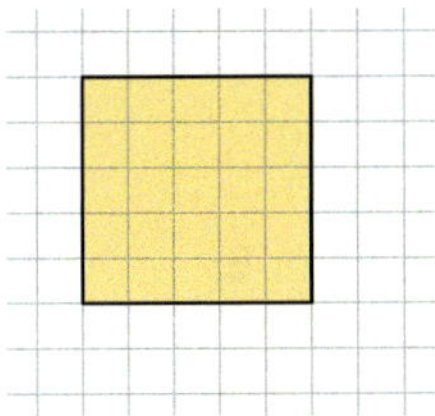

c)
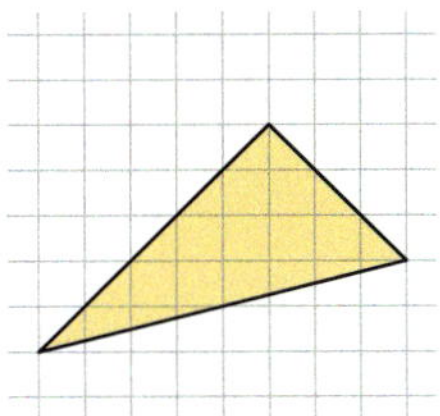

d)
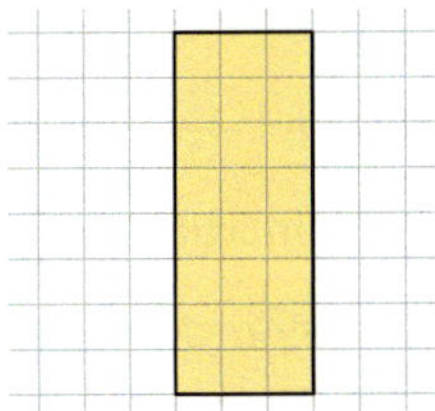

81 Überprüfe mit dem Geodreieck, an welchen Ecken rechte Winkel sind.

Kapitel 6
Aufgabe 6

V209
Erklärvideo

Rechte Winkel zeichnen

Zeichne eine Gerade und auf ihr einen Punkt. Lege das Geodreieck an und zeichne einen rechten Winkel.

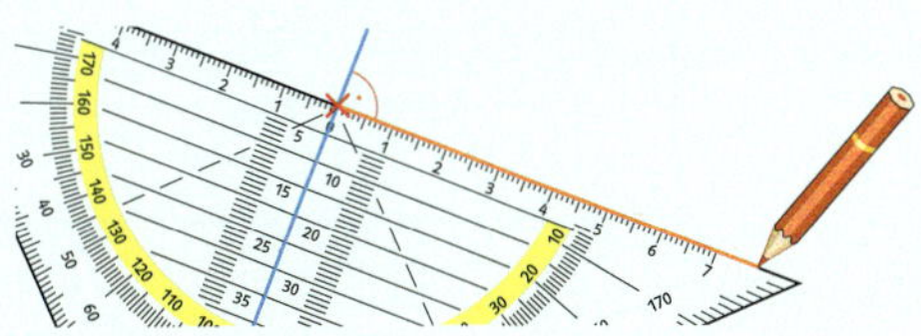

82 Übertrage die Strecken in dein Heft und zeichne im Punkt einen rechten Winkel an die Strecke.

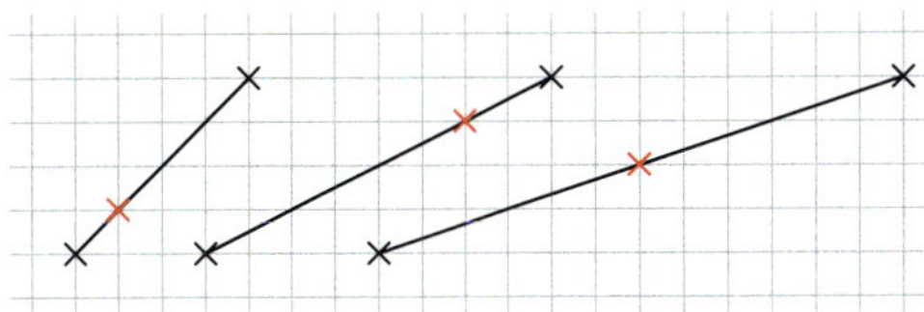

→ Lösungen Seite 308

Kapitel 6
Aufgabe 7

V89
Erklärvideo

Punkte aus einem Koordinatensystem ablesen

Im **Koordinatensystem** werden Gitterpunkte durch zwei Zahlen beschrieben.

Der Punkt P hat die **Koordinaten** (10 | 6).
10 ist die x-Koordinate,
6 ist y-Koordinate.
Der Koordinatenursprung O hat die Koordinaten (0 | 0).

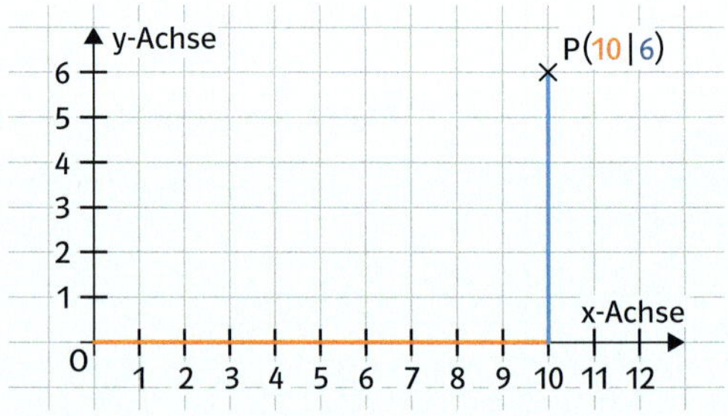

83

a) Übertrage den Satz ins Heft und ergänze:
Den Punkt D erreicht man, indem man vom Koordinatenursprung ■ Kästchen nach rechts und ■ Kästchen nach oben geht.

b) Ergänze die Koordinaten der Punkte A; B; C und D.

c) Ergänze die Koordinaten der Punkte P und Q. Was fällt dir auf?

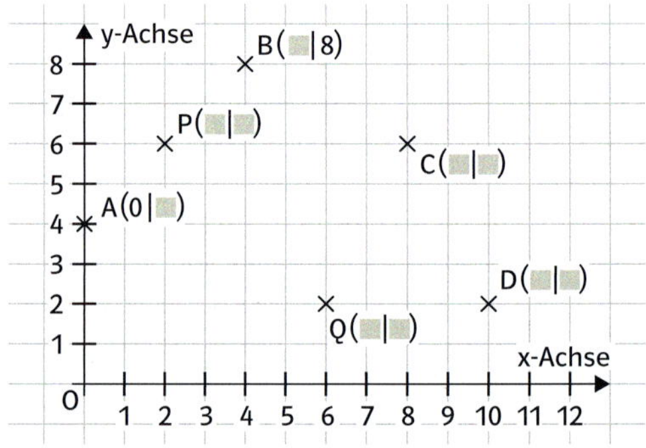

Kapitel 6
Aufgabe 7
Kapitel 8
Aufgabe 4

V89
Erklärvideo

Punkte in ein Koordinatensystem eintragen

So trägst du einen Punkt in ein Koordinatensystem ein:
Um vom Koordinatenursprung O aus zum Punkt A zu gelangen, gehst du 4 Einheiten (4 Kästchen) nach rechts und 6 Einheiten (6 Kästchen) nach oben.
Den Punkt B erreichst du, indem du vom Punkt O aus 8 Einheiten nach rechts und 4 Einheiten nach oben gehst.
Punkte, die auf der x-Achse liegen, haben die y-Koordinate 0.
Punkte, die auf der y-Achse liegen, haben die x-Koordinate 0.

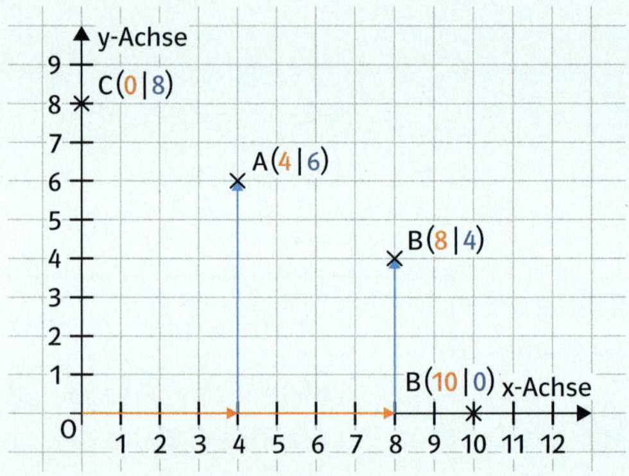

84 Zeichne ein Koordinatensystem.

a) Trage folgende Punkte ein:
A(2 | 10); B(6 | 6); C(8 | 1); D(16 | 0)

b) Beschreibe den Weg vom Koordinatenursprung zu den Punkten B und C.

85 Zeichne ein Koordinatensystem.

a) Verbinde nacheinander die Punkte A(4 | 4); B(12 | 4); C(12 | 9); D(4 | 9). Welche Figur entsteht?

b) Zeichne ein Dreieck, dessen Eckpunkte Gitterpunkte eines Koordinatensystems sind. Lies die Koordinaten ab und benenne die Punkte.

→ Lösungen Seite 309

Kapitel 7
Aufgabe 1
und 2

V210
Erklärvideo

Masseeinheiten umwandeln

Gib Massen in Tonnen (t),
Kilogramm (kg) und Gramm (g) an.
Die Umrechnungszahl ist 1000.

eine Tonne	1 t = 1000 kg
ein Kilogramm	1 kg = 1000 g
ein Gramm	1 g

86 Wandle um.

a) 12 t = ▢ kg b) 15 000 g = ▢ kg c) 3,5 kg = ▢ g d) 3200 kg = ▢ t

Kapitel 7
Aufgabe 1
und 4

V211
Erklärvideo

Uhrzeiten ablesen

Uhrzeiten kann man von digitalen oder analogen Uhren ablesen.

Digitaluhr

Analoguhr

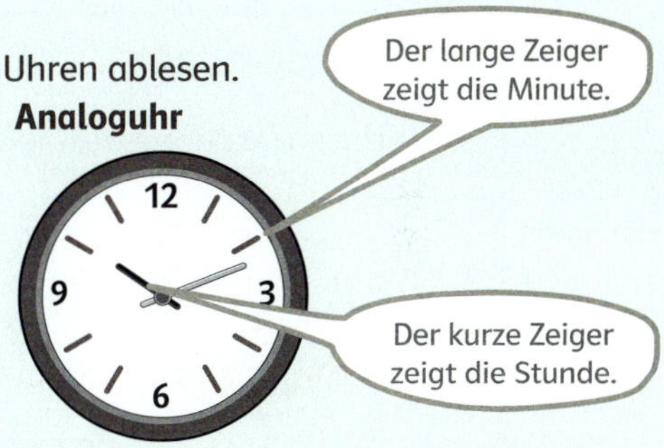

Der Stundenzeiger einer Analoguhr läuft an jedem Tag zweimal eine volle Runde.
Die 1 kann 1 Uhr oder 13 Uhr bedeuten.
Die 2 kann 2 Uhr oder 14 Uhr bedeuten.
…
Die abgebildete Uhr zeigt also entweder **10:12 Uhr** oder **22:12 Uhr**.

87 Ordne die Uhrzeiten der oberen Reihe einer Uhrzeit der unteren Reihe zu.

A	B	C	D	E	F
09:50	04:10	05:50	22:50	19:50	07:25
1	2	3	4	5	6

→ Lösungen Seite 309

Kapitel 7
Aufgabe 2

V212 Erklärvideo

Zeiteinheiten umwandeln

Gib Zeitspannen in den Einheiten Jahr, Monat, Tag, Stunde (h), Minute (min) und Sekunde (s) an.
Rechne mit 24 oder 60 um.

ein Tag — 1 Tag = 24 h
eine Stunde — 1 h = 60 min
eine Minute — 1 min = 60 s
eine Sekunde — 1 s

88 Wandle um.

a) 2 Tage = ■ h
b) 360 s = ■ min
c) 180 min = ■ h
d) 96 h = ■ Tage

89 Ordne die Zeitspannen.

a) 1 Tag; 40 Stunden; 100 Minuten
b) 100 Sekunden; 2 Minuten; 1 Stunde

Kapitel 7
Aufgabe 2

V213 Erklärvideo

Mit Geld rechnen

Unsere Währungseinheit ist Euro. Ein Euro (€) sind 100 Cent (ct).

1 € = 100 ct

Geldbeträge werden oft in der **Kommaschreibweise** geschrieben. Das Komma trennt dabei Euro und Cent.

8,39 € — 8 Euro und 39 Cent
0,73 € — 73 Cent

90 Rechne in Cent um.

a) 2,40 €
b) 1,39 €
c) 10,25 €
d) 0,89 €
e) 0,07 €

Kapitel 7
Aufgabe 2 und 3

Kapitel 8
Aufgabe 2 und 3

V214 Erklärvideo

Längeneinheiten umwandeln und mit Längen rechnen

Für Längen gibt es folgende Einheiten:

Kilometer **km** — 1 km = 1000 m
Meter **m** — 1 m = 10 dm
Dezimeter **dm** — 1 dm = 10 cm
Zentimeter **cm** — 1 cm = 10 mm
Millimeter **mm**

Die Umwandlungszahl ist 10.
Ausnahme: Die Umwandlungszahl von Kilometer nach Meter ist 1000.
Beim Umwandeln hilft dir die Stellenwerttafel.

km			m			dm	cm	mm	
100	**10**	**1**	**100**	**10**	**1**	**1**	**1**	**1**	
					4	5			4 m 5 dm = 45 dm
					2	6	5		2 m 6 dm 5 cm = 265 cm
		3	4	0	0				3 km 400 m = 3400 m

Für das Addieren und Subtrahieren müssen die Längen die gleiche Einheit haben.
Dazu musst du sie notfalls umwandeln.

- 6 m + 12 m = 18 m
- 5 dm + 8 cm = 50 cm + 8 cm
  = 58 cm
- 80 m · 9 = 720 m
- 25 dm − 17 dm = 8 dm
- 7 m 8 dm − 4 m 6 dm = 78 dm − 46 dm
  = 32 dm
- 66 km : 6 = 11 km

→ Lösungen Seite 309

91 Wandle um.

a) 5 m = ■ dm
b) 8 cm = ■ mm
c) 30 dm = ■ m
d) 4 km = ■ m
e) 45 cm = ■ dm ■ cm
f) 67 dm = ■ m ■ dm
g) 2000 m = ■ km
h) 500 cm = ■ dm = ■ m
i) 3 km 225 m = ■ m

92 Ordne die Längen der Größe nach. Beginne mit der kürzesten Länge.

a) 5 dm; 15 cm; 5 mm; 5 m; 1 dm; 15 km
b) 250 cm; 20 dm; 25 mm; 20 m; 2 m; 2,5 mm

93 Berechne.

a) 7 m 5 dm + 1 m 2 dm
b) 12 m 4 dm + 7 dm
c) 25 mm + 6 cm 5 mm
d) 12 m 4 dm − 3 dm
e) 25 cm − 1 cm 6 mm
f) 24 m · 3
g) 15 cm · 4
h) 80 m : 4
i) 45 cm : 15

→ Lösungen Seite 309

Lösungen

1 Daten

Check-in | Seite 5

1

Es gibt 17 Hunde; 11 Katzen; 5 Fische; 7 Kaninchen; 3 Hamster und 8 andere Tiere.

2

a) 卌 ||
b) 卌
c) 卌 卌 ||||
d) 卌 卌 卌 卌 卌

3

	Jungs	Mädchen
Klasse 5a	12	11
Klasse 5b	11	**14**

4

a) Geregnet hat es in Stuttgart und in Schwäbisch Hall.
b) In Freiburg war es 22 °C warm.

5

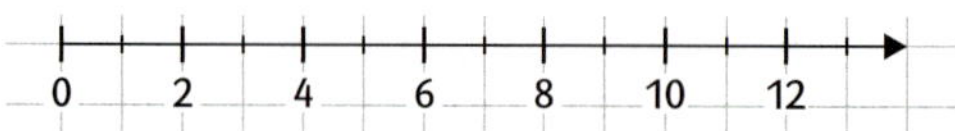

6

Lösung: siehe Vergleich mit der Schulbuchaufgabe.
Achte auf die richtige Einteilung der Skala, die korrekte Höhe der Säulen und die Beschriftung des Diagramms.

Check-out | Seite 23

1 **Ich kann Strichlisten in Häufigkeitstabellen umwandeln.**

Lkw	Pkw	Motorrad	Fahrrad	Sonstige
8	20	3	17	2

Tipp: Nachlesen und üben auf Seite 8.

2 **Ich kann aus Urlisten Strichlisten und Häufigkeitstabellen erstellen.**

	1 h	2 h	3 h
Strichliste	卌 卌 |||	卌 卌	卌 ||
Häufigkeit	13	10	7

	4 h	5 h
Strichliste	||		
Häufigkeit	2	1

Tipp: Nachlesen und üben auf Seite 8.

3 **Ich kann Säulendiagramme ablesen und Fragen beantworten.**

a) Am Mittwoch schien die Sonne 5 Stunden lang.
b) Die wenigsten Sonnenstunden hatte der Donnerstag (0 Stunden).
c) Das Wochenende hatte insgesamt 16 Sonnenstunden.
d) 6 + 4 + 5 + 0 + 1 + 8 + 8 = 32
Die ganze Woche hatte 32 Sonnenstunden.

Tipp: Nachlesen und üben auf Seite 10.

4 **Ich kann aus Häufigkeitstabellen Balkendiagramme erstellen.**

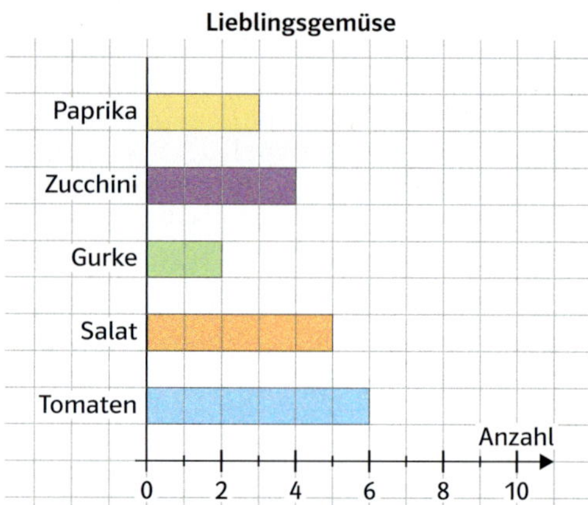

Tipp: Nachlesen und üben auf Seite 13.

5 Ich kann aus Häufigkeitstabellen Säulendiagramme erstellen.

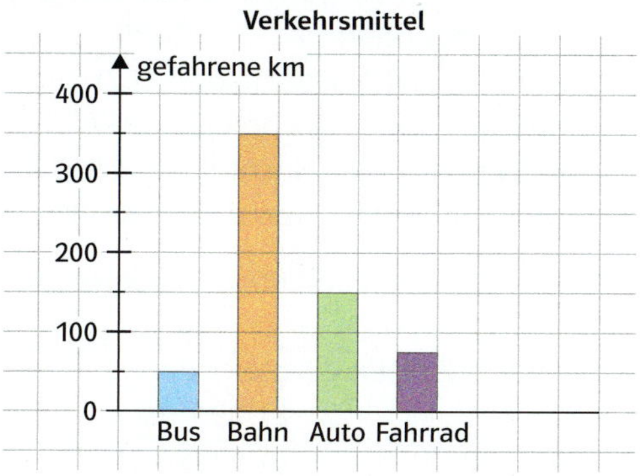

Tipp: Nachlesen und üben auf Seite 13.

Check-out, links

6 Ich kann aus Häufigkeitstabellen Säulendiagramme erstellen.

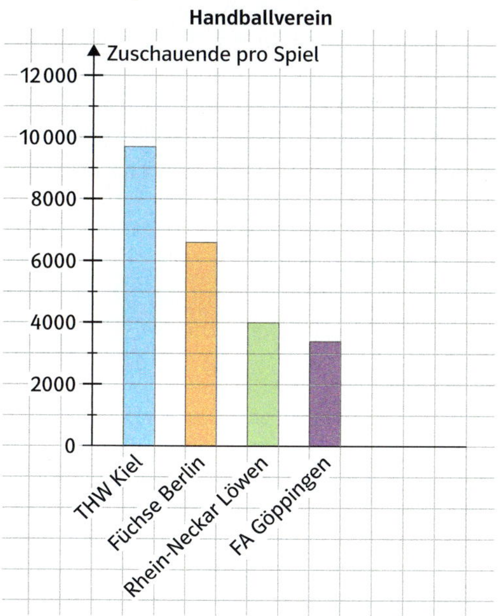

Tipp: Nachlesen und üben auf Seite 13.

7 Ich kann ein Balkendiagramm richtig zeichnen.

Fehler: Die Skalabeschriftung sollte nicht bei 10 sondern bei 0 anfangen.

Der rote Balken muss bei 12 aufhören, nicht bei 13.

Das Diagramm ist nicht vollständig beschriftet. Die Überschrift und die Beschriftung der Skala fehlen.

Richtig ist:

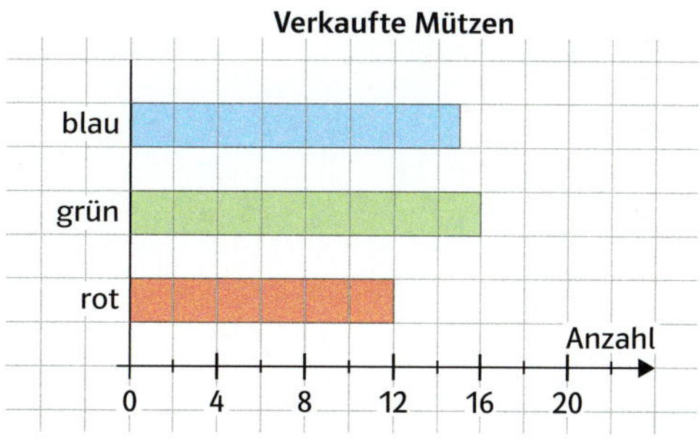

Tipp: Nachlesen und üben auf Seite 13.

Check-out, rechts

6 Ich kann aus Daten ein geeignetes Diagramm erstellen.

a) Die beliebteste Streamingart ist die kostenlose Version.

b) Ein geeignetes Diagramm ist beispielsweise ein Säulendiagramm:

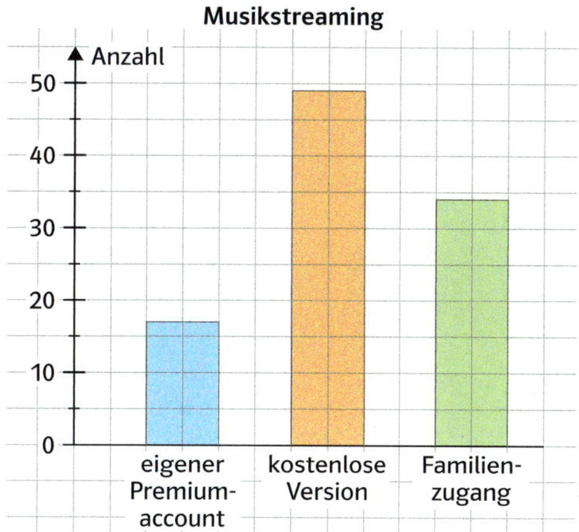

Tipp: Nachlesen und üben auf Seite 13.

7 Ich kann Balkendiagramme vervollständigen und beschreiben.

a) Ein Abschnitt im Balkendiagramm muss für 2 Würfe stehen. Damit erhält man:
2 + 3 + 5 + 8 + 5 = 23
Die Farbe Grün wurde also 1-mal geworfen.

b) Es fehlt der Balken für Grün. Außerdem fehlt die Achse mit der Einteilung (Skala) und der Beschriftung „Anzahl" sowie die Überschrift des Diagramms.

Tipp: Nachlesen und üben auf Seite 13.

2 Natürliche Zahlen

Check-in | Seite 25

1

a) A: 41 B: 44 C: 45 D: 47
b) A: 4 B: 6 C: 10 D: 14

2

Zahl	HT	ZT	T	H	Z	E
73					7	3
825				8	2	5
8502			8	5	0	2
85 942		8	5	9	4	2
902 584	9	0	2	5	8	4

3

a) 7531 b) 93 846 c) 560 204 d) 808 060

4

A: 450 B: 5040 C: 5004 D: 54

5

a) 60 < 68 < 70;
120 < 121 < 130;
370 < 375 < 380
470 < 472 < 480
b) 200 < 284 < 300;
100 < 174 < 200;
500 < 594 < 600;
900 < 942 < 1000

6

a) 480 b) 950 c) 500
d) 7530 e) 5580 f) 89 280

7

a) 4; 14; 24; **34**; **44**; **54**
b) 33; **53**; **73**; **93**; **113**; **133**
c) 27; **77**; **127**; **177**; **227**; **277**

8

a) ist größer als: >
ist kleiner als: <
b) 67 < 79 31 > 13 118 < 123

9

35 m > 27 m > 24 m > 17 m > 12 m

Check-out | Seite 49

1 Ich kann den Vorgänger und Nachfolger einer Zahl angeben.

a) Vorgänger: 4519; Nachfolger: 4521
b) Vorgänger: 2985; Nachfolger: 2987
c) Vorgänger: 92 588; Nachfolger 92 590
d) Vorgänger: 58 398; Nachfolger 58 400

Tipp: Nachlesen und üben auf Seite 28.

2 Ich kann Zahlen vergleichen.

a) 582 < 825 b) 89 < 98
c) 889 < 898 d) 1375 < 1537

Tipp: Nachlesen und üben auf Seite 28.

3 Ich kann Zahlen am Zahlenstrahl ablesen.

a) A: 20; B: 80; C: 100; D: 180; E: 220
b) A: 115; B: 155; C: 245; D: 310; E: 390

Tipp: Nachlesen und üben auf Seite 28.

4 Ich kann Zahlen nach ihrer Größe ordnen.

a) 456 < 465 < 564 < 4856 < 5684 < 8564
b) 32 538 < 32 583 < 32 658 < 32 667 < 32 685

Tipp: Nachlesen und üben auf Seite 28.

5 Ich kann Zahlen, die in der Stellenwertdarstellung notiert sind, in Ziffern schreiben.

a) 4 508 740 b) 704 060 802

Tipp: Nachlesen und üben auf Seite 33.

6 Ich kann Zahlenfolgen ergänzen.

a) 8, 12, 17, 23, 30, **38**, **47**, **57**
+4 +5 +6 +7 +8 +9 +10

b) 25, 18, 29, 22, 33, 26, **37**, **30**, **41**
−7 +11 −7 +11 −7 +11 −7 +11

c) 3, 6, 12, 24, 48, **96**, **192**, **384**
·2 ·2 ·2 ·2 ·2 ·2 ·2

d) 3, 6, 9, 18, 21, 42, 45, 90, 93, **186**, **189**, **378**
·2 +3 ·2 +3 ·2 +3 ·2 +3 ·2 +3 ·2

Tipp: Nachlesen und üben auf Seite 31.

Check-out, links

7 Ich kann Zahlen, die in Worten notiert sind, in Ziffern schreiben.

a) 508 046
b) 67 706 000 000
c) 6 000 000 700 000

Tipp: Nachlesen und üben auf Seite 33.

8 Ich kann Zahlen auf die angegebene Rundungsstelle runden.

a) 948 ≈ 950; 2956 ≈ 2960; 2054 ≈ 2050; 2955 ≈ 2960
b) 2958 ≈ 3000; 2906 ≈ 2900; 2543 ≈ 2500; 2961 ≈ 3000
c) 27 489 ≈ 27 000; 22 584 ≈ 23 000; 19 685 ≈ 20 000

Tipp: Nachlesen und üben auf Seite 36.

9 Ich kann Anzahlen schätzen.

Pro Feld sind es etwa 25 Steine.
6 · 25 Steine = 150 Steine

Tipp: Nachlesen und üben auf Seite 38.

10 Ich kann Zahlen mit römischen Zahlzeichen im Zehnersystem schreiben.

a) LVII b) CCLXXXIV c) MDXCVII

Tipp: Nachlesen und üben auf Seite 40.

11 Ich kann römische Zahlen in Ziffern im Zehnersystem schreiben.

a) 29 b) 725 c) 1328 d) 1479

Tipp: Nachlesen und üben auf Seite 40.

Check-out, rechts

7 Ich kann Zahlen, die in Worten notiert sind, in Ziffern schreiben.

a) 80 000 300 000 000 b) 74 000 036 446

Tipp: Nachlesen und üben auf Seite 33.

8 Ich kann Zahlen auf die angegebene Rundungsstelle runden.

a) 4 298 578 ≈ 4 300 000 b) 7 994 289 ≈ 8 000 000

Tipp: Nachlesen und üben auf Seite 36.

9 Ich kann Anzahlen schätzen.

In der Schale sind etwa fünf Schichten Erbsen enthalten. Eine Schicht besteht aus etwa 60 Erbsen. Also erhält man insgesamt:
5 · 60 Erbsen = 300 Erbsen

Tipp: Nachlesen und üben auf Seite 38.

10 Ich kann römische Zahlen in Ziffern im Zehnersystem schreiben und umgekehrt.

a) Das Gebäude wurde 1971 erbaut.
b) MMCDIC

Tipp: Nachlesen und üben auf Seite 40.

3 Addition und Subtraktion

Check-in | Seite 51

1

a) Fünfhunderteinundneunzig
b) Siebentausendzweiundfünfzig
c) Zwanzigtausenddreihundertacht
d) Sechshunderttausendvierhundert

2

	T	H	Z	E
a)			7	9
b)		3	2	7
c)		5	8	0
d)		6	0	5
e)	1	3	8	6
f)	4	0	0	8

3

a)

	1	2	5	6
+		4	3	2

b)

		3	4	5
+		4	0	1
+	3	2	3	2

c)

	2	0	4	5
+		1	3	0
+			4	9
+		9	0	4

d)

	6	6	6	6
+		5	5	5
+			4	4
+				3

4

a) A: 5; B: 13; C: 24
b) A: 120; B: 170; C: 240

5

a) 31 + **9** = 40
b) 463 + **37** = 500
c) 812 + **188** = 1000

6

a) 45 + 33
= 45 + 30 + 3
= 75 + 3
= 78

b) 79 − 46
= 79 − 40 − 6
= 39 − 6
= 33

c) 43 + 69
= 43 + 60 + 9
= 103 + 9
= 112

d) 84 − 37
= 84 − 30 − 7
= 54 − 7
= 47

e) 98 + 76
= 98 + 70 + 6
= 168 + 6
= 174

f) 124 − 78
= 124 − 70 − 8
= 54 − 8
= 46

7

a) 77 + 40
= 77 + 23 + 17
= 100 + 17
= 117

b) 185 + 60
= 185 + 15 + 45
= 200 + 45
= 245

c) 273 + 50
= 273 + 27 + 23
= 300 + 23
= 323

d) 250 + 78
= 250 + 50 + 28
= 300 + 28
= 328

e) 120 + 96
= 120 + 80 + 16
= 200 + 16
= 216

f) 435 + 90
= 435 + 65 + 25
= 500 + 25
= 525

8

a) 76 = 70 + **6**
b) 87 = 90 − **3**
c) 143 = 100 + **40** + 3
d) 649 = 700 − **50** − 1

9

a) 61 − 43 = 18
b) 41 + 54 = 95
c) 336 − 87 = 249
d) 132 + 276 = 408

10

a) 42 + **34** = 76
b) 77 − **54** = 23
c) **141** − 58 = 83
d) **58** + 67 = 125

11

a)

	1	2	4
+	2	6	3
	3	8	7

b)

	3	9	6
−	1	4	2
	2	5	4

Check-out | Seite 77

1 Ich kann im Kopf addieren und subtrahieren.

a) 70
b) 26
c) 390
d) 125

Tipp: Nachlesen und üben auf Seite 54.

2 Ich kann schriftlich addieren und subtrahieren.

a)

	5	9	0	3
−	1	6	7	8
		1	1	
	4	2	2	5

b)

	9	4	7
+	2	6	9
+	3	9	8
	2	2	
1	6	1	4

c)

	1	5	0	9
−		8	7	6
	1	1		
		6	3	3

d)

	9	4	9
−	4	7	3
−	2	8	1
	2		
	1	9	5

Tipp: Nachlesen und üben auf Seite 58 und 61.

3 Ich kann Textaufgaben mit schriftlicher Subtraktion lösen.

Karten Abendkasse: 592 − 406 = 186
Ausgegebene Karten:
840 − 592 − 186 − 45 = 17
Das Konzert war nicht ausverkauft.
17 Karten waren noch verfügbar.

Tipp: Nachlesen und üben auf Seite 61.

Check-out, links

4 Ich kann schriftlich addieren und subtrahieren.

a)

	2	8	7
+	5	3	4
+	7	4	9
	1	2	
1	5	7	0

b)

	8	1	5
−	4	8	3
−		7	9
	2	1	
	2	5	3

Tipp: Nachlesen und üben auf Seite 58 und 61.

5 Ich kann vorteilhaft rechnen.

a) 35 + 59 + 25
= (35 + 25) + 59
= 60 + 59
= 119

b) 17 + 61 + 43 + 29
= (17 + 43) + (61 + 29)
= 60 + 90
= 150

Tipp: Nachlesen und üben auf Seite 69.

6 Ich kann Lücken in schriftlichen Rechnungen ergänzen.

a)

	4	**1**	7	1
+	6	8	**6**	5
1	1	1		
1	1	0	3	**6**

b)

	9	7	5	**2**
−	3	0	**8**	6
		1	1	
	6	**6**	6	6

Tipp: Nachlesen und üben auf Seite 58 und 61.

7 Ich kann mit Klammern rechnen.

a) 55 − (82 − 57)
= 55 − 25
= 30

b) 74 − (95 − 45) − 23
= 74 − 50 − 23
= 1

Tipp: Nachlesen und üben auf Seite 67.

8 Ich kann Rechenzeichen richtig ergänzen.

a) 25 **+** 12 − 8 **−** 5 = 24 b) 50 − (24 **−** 1) = 27

Tipp: Nachlesen und üben auf Seite 58 und 61.

9 Ich kann mithilfe der Begriffe zu Addition und Subtraktion Zahlterme erstellen.

(217 + 386) + 13
= 603 + 13
= 616

Tipp: Nachlesen und üben auf Seite 57.

10 Ich kann mit Klammern rechnen.

a) 25 − (15 + 10) = 0 b) (25 + 15) − 10 = 30

Tipp: Nachlesen und üben auf Seite 67.

Check-out, rechts

4 Ich kann die Begriffe Summe und Differenz vorgegebenen Zahltermen zuordnen.

A: Summe
B: Differenz
C: Differenz
D: Summe

Tipp: Nachlesen und üben auf Seite 57.

5 Ich kann vorteilhaft rechnen.

a) 157 + 65 + 36 + 43 + 235
= (157 + 43) + (65 + 235) + 36
= 200 + 300 + 36
= 536

b) 283 + 92 − 83 + 108
= (283 − 83) + (92 + 108)
= 200 + 200
= 400

Tipp: Nachlesen und üben auf Seite 69.

6 Ich kann mit Klammern rechnen.

a) 75 − (23 + 17) − (36 − 11)
= 75 − 40 − 25
= 35 − 25
= 10

b) 26 − (20 − (15 − 8) + 12)
= 26 − (20 − 7 + 12)
= 26 − 25
= 1

Tipp: Nachlesen und üben auf Seite 67.

7 Ich kann Fehler in einer Rechnung erkennen und Klammern richtig setzen.

Den Term kann man auf zwei verschiedene Arten schreiben, sodass das Ergebnis richtig ist.
Mit Klammer: 100 − (34 + 14) − 20 = 32
Ohne Klammer: 100 − 34 − 14 − 20 = 32.

Tipp: Nachlesen und üben auf Seite 67.

8 Ich kann Klammern richtig setzen.

a) 34 − (23 + 8) + 3 = 6
b) 12 + 45 − (18 − 5) = 44

Tipp: Nachlesen und üben auf Seite 67.

9 Ich kann Lücken mit Zahlen richtig ergänzen.

a) 99 − **22** − 44 − 11 = 22
b) 88 + 32 − (**87** − 66) = 99
c) 60 − (150 − (36 + **64**)) = 10

Tipp: Nachlesen und üben auf Seite 58 und 61.

10 Ich kann mithilfe der Begriffe zu Addition und Subtraktion Zahlterme erstellen.

(39 + 126) − (325 − 182)
= 165 − 143
= 22

Tipp: Nachlesen und üben auf Seite 57.

4 Multiplikation und Division

Check-in | Seite 79

1

a) 4·5 b) 6·2 c) 8·9

2

a) Belegte Brotscheiben: 3·5 = 15
b) Getränkedosen: 4·6 = 24

3

a) Eier: 5·6 b) Toilettenpapier: 2·4·2

4

Gummibärchen pro Person:
a) 48 : 2 = 24 b) 48 : 3 = 16
c) 48 : 8 = 6 d) 48 : 12 = 4

5

1·4 = 4	1·7 = 7
2·4 = 8	2·7 = 14
3·4 = 12	3·7 = 21
4·4 = 16	4·7 = 28
5·4 = 20	5·7 = 35
6·4 = 24	6·7 = 42
7·4 = 28	7·7 = 49
8·4 = 32	8·7 = 56
9·4 = 36	9·7 = 63
10·4 = 40	10·7 = 70

6

	Halbieren	Verdoppeln
a)	3	12
b)	6	24
c)	18	72
d)	27	108
e)	36	144

7

6·7 gehört zu 42 : 7
8·9 gehört zu 72 : 9
6·11 gehört zu 66 : 11

8

a) 48 : 6 = 8
Kontrolle: 8·6 = 48
b) 7·9 = 63
Kontrolle: 63 : 9 = 7
c) 77 : 11 = 7
Kontrolle: 7·11 = 11
d) 8·9 = 72
Kontrolle: 72 : 9 = 8

9

a) 7·**7** = 49 b) **3**·12 = 36
c) **54** : 9 = 6 d) **72** : 6 = 12

Check-out | Seite 113

1 Ich kann im Kopf multiplizieren und dividieren.

a) 72 b) 7 c) 217 d) 40

Tipp: Nachlesen und üben auf Seite 82.

2 Ich kann die Begriffe Produkt und Quotient vorgegebenen Zahltermen zuordnen.

A: Produkt B: Quotient
C: Quotient D: Produkt

Tipp: Nachlesen und üben auf Seite 85.

3 Ich kann schriftlich multiplizieren und dividieren.

a)

8	7	·	9
	7	8	3

b)

	1	5	4	:	7	=	2	2
−	1	4						
		1	4					
	−	1	4					
			0					

c)

7	4	·	5	9
	3	7	0	0
+		6	6	6
	1			
	4	3	6	6

d)

	1	1	2	8	:	1	2	=	9	4
−	1	0	8							
			4	8						
		−	4	8						
				0						

Tipp: Nachlesen und üben auf Seite 88 und 94.

4 Ich kann vorteilhaft rechnen.

a) $5 \cdot 13 \cdot 4$
$= (5 \cdot 4) \cdot 13$
$= 20 \cdot 13$
$= 260$

b) $50 \cdot 9 \cdot 2$
$= (50 \cdot 2) \cdot 9$
$= 100 \cdot 9$
$= 900$

c) $25 \cdot 15 \cdot 4 \cdot 2$
$= (25 \cdot 4) \cdot (15 \cdot 2)$
$= 100 \cdot 30$
$= 3000$

d) $8 \cdot 2 \cdot 125 \cdot 3 \cdot 50$
$= (8 \cdot 125) \cdot (2 \cdot 50) \cdot 3$
$= 1000 \cdot 100 \cdot 3$
$= 300\,000$

Tipp: Nachlesen und üben auf Seite 86.

Check-out, links

5 Ich kann Zahlen potenzieren.

a) $2^4 = 16$ b) $4^3 = 64$ c) $2^6 = 64$

Tipp: Nachlesen und üben auf Seite 91.

6 Ich kann Rechenterme mit Punkt vor Strich berechnen.

a) $44 + 8 \cdot 7$
$= 44 + 56$
$= 100$

b) $25 \cdot 6 - 84 : 7$
$= 150 - 12$
$= 138$

Tipp: Nachlesen und üben auf Seite 100.

7 Ich kann mit Klammern rechnen.

a) $12 + 3 \cdot (25 - 16)$
$= 12 + 3 \cdot 9$
$= 12 + 27$
$= 39$

b) $38 - (8 + 4 \cdot 12) : 7$
$= 38 - (8 + 48) : 7$
$= 38 - 56 : 7$
$= 38 - 8$
$= 30$

Tipp: Nachlesen und üben auf Seite 100.

8 Ich kann Lücken mit Zahlen richtig ergänzen.

$19 - 54 : \mathbf{6} = 10$

Tipp: Nachlesen und üben auf Seite 98 und 100.

9 Ich kann mithilfe der Begriffe zu Multiplikation und Division Zahlterme erstellen.

$207 : 9 + 37$
$= 23 + 37$
$= 60$

Tipp: Nachlesen und üben auf Seite 85.

10 Ich kann Rechenausdrücke aufstellen.

Rechenausdruck mit möglichst großem Wert:
$8 \cdot 6 + 5 - 2$
$= 48 + 5 - 2$
$= 51$

Tipp: Nachlesen und üben auf Seite 100.

11 Ich kann Textaufgaben lösen.

Anzahl Sitzplätze: $28 \cdot 25 = 700$
Einnahmen: $700 \cdot 12\,€ = 8400\,€$

Tipp: Nachlesen und üben auf Seite 88.

Check-out, rechts

5 Ich kann Zahlen potenzieren.

a) $5^3 = 125$ b) $\mathbf{3}^4 = 81$

Tipp: Nachlesen und üben auf Seite 91.

6 Ich kann Rechenterme mit Punkt vor Strich berechnen.

$24 + 72 : 9 - 12 \cdot 2 - 7$
$= 24 + 8 - 24 - 7$
$= 1$

Tipp: Nachlesen und üben auf Seite 100.

7 Ich kann Gleichungen lösen.

a) $4 \cdot \mathbf{30} = 120$ b) $8 + 5 \cdot \mathbf{9} = 53$

Tipp: Nachlesen und üben auf Seite 98.

8 Ich kann Fehler in Rechenausdrücken finden und diese korrigieren.

Fehler; Innerhalb der Klammer wurde die Regel „Punkt vor Strich“ missachtet.
Richtige Lösung:
$12 + (9 - 2 \cdot 4)$
$= 12 + (9 - 8)$
$= 12 + 1$
$= 13$

Tipp: Nachlesen und üben auf Seite 100.

9 Ich kann Klammern richtig setzen.

a) $(3 + 12) \cdot 4 - 5 = 55$
b) $15 - (3 \cdot 12 - 8) : 2 = 1$

Tipp: Nachlesen und üben auf Seite 100.

10 Ich kann Rechenausdrücke mit Klammern berechnen.

a) $9 - (13 + 7 \cdot 5) : (44 - 6 \cdot 4 - 12)$
$= 9 - (13 + 35) : (44 - 24 - 12)$
$= 9 - 48 : 8$
$= 9 - 6$
$= 3$

b) $40 - 3 \cdot 12 - ((67 - 2 \cdot 24 + 8) : 9)$
$= 40 - 3 \cdot 12 - ((67 - 48 + 8) : 9)$
$= 40 - 3 \cdot 12 - (27 : 9)$
$= 40 - 36 - 3$
$= 1$

Tipp: Nachlesen und üben auf Seite 100.

11 Ich kann mithilfe der Begriffe zu Multiplikation und Division Zahlterme erstellen.

Produkt aus 25 und 7: $25 \cdot 7$
Quotient aus 168 und 7: $168 : 7$
Rechenausdruck:
$25 \cdot 7 - 168 : 7$
$= 175 - 24$
$= 151$

Tipp: Nachlesen und üben auf Seite 85.

12 Ich kann richtige Rechenausdrücke aufstellen.

2 + (**8** · 3) : 6 − **5** = 1

Tipp: Nachlesen und üben auf Seite 98 und 100.

5 Geometrie

Check-in | Seite 115

1

a) 4,8 cm b) 7 cm

2

a) 3 cm

b) 12 cm

c) 5,5 cm

3

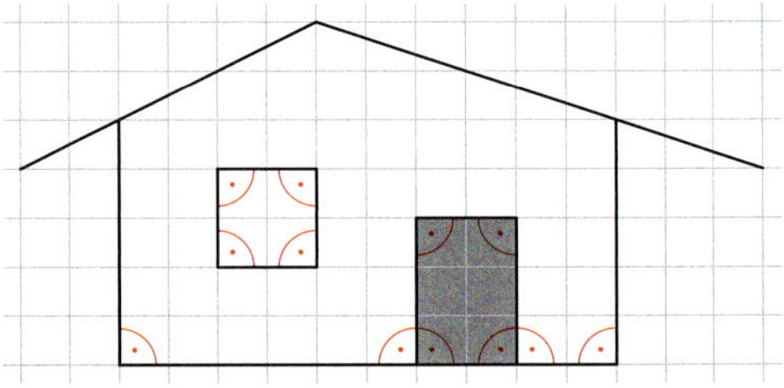

Die Zeichnung des Hauses hat insgesamt 12 rechte Winkel.

4

Die Figur ist achsensymmetrisch. Die Spiegelachse verläuft senkrecht zwischen den Augen und durch die Mitte des Mundes.

5

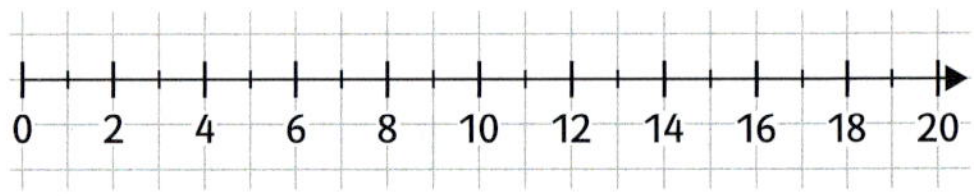

6

Lösung siehe Vergleich mit der Schulbuchaufgabe.

7

(1): Ecke (2): Fläche (3): Seite

8

A: Quadrat B: Dreieck
C: Rechteck D: Kreis

Check-out | Seite 147

1 Ich kann Strecken messen und zeichnen.

a) $\overline{AB}$ = 6,2 cm $\overline{CD}$ = 4,3 cm

b)

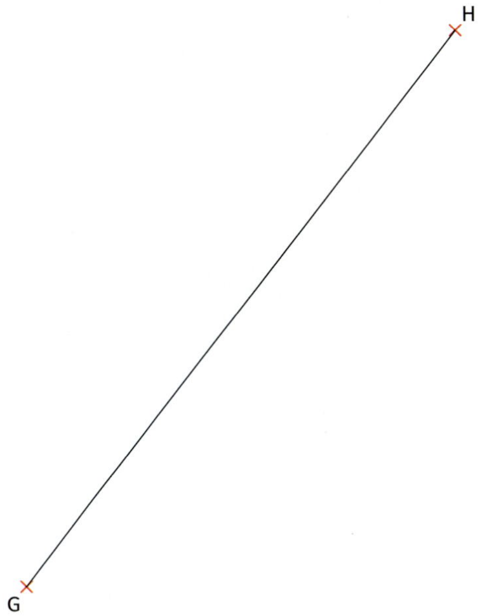

Tipp: Nachlesen und üben auf Seite 120.

2 Ich kann Quadrate und Rechtecke mit Diagonalen auf weißem Papier zeichnen.

a) Quadrat mit a = 3 cm

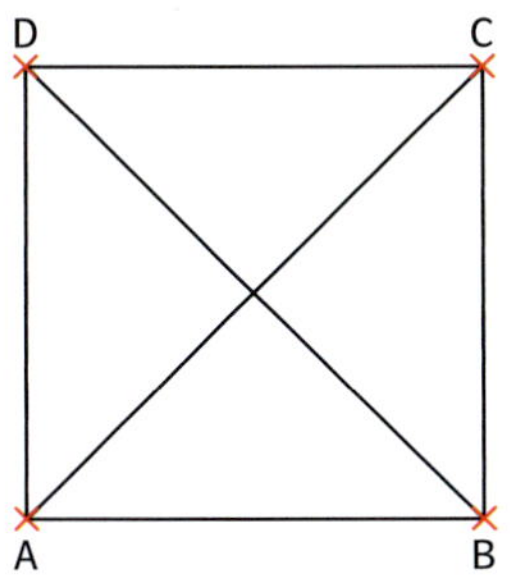

b) Rechteck mit a = 5 cm und b = 6 cm

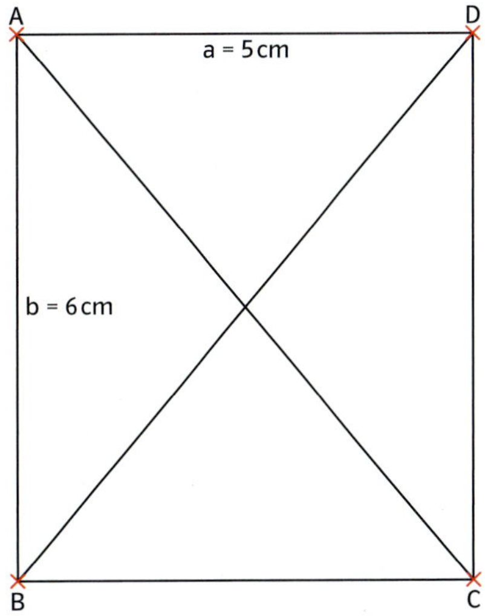

Tipp: Nachlesen und üben auf Seite 134.

3 Ich kann achsen- und punktsymmetrische Figuren erkennen.

a) Ziffer 1: zwei Symmetrieachsen
Ziffer 3: eine Symmetrieachse
Ziffer 8: zwei Symmetrieachsen
Ziffer 0: zwei Symmetrieachsen

b) punktsymmetrische Ziffern: 1; 2; 5; 8; 0

Tipp: Nachlesen und üben auf Seite 127 und 132.

Check-out, links

4 Ich kann parallele und senkrechte Geraden zeichnen sowie Abstände messen.

a) – c)

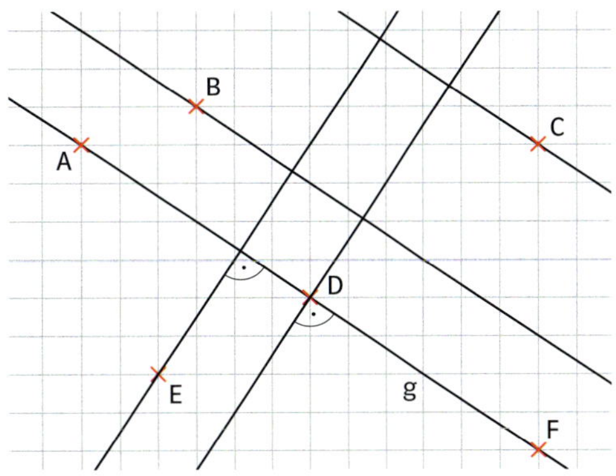

d) Abstand E zu g: ca. 1,9 cm bis 2 cm
Abstand C zu g: 3,3 cm

Tipp: Nachlesen und üben auf Seite 122 und 125.

5 Ich kann Achsen- und Punktspiegelungen durchführen.

a)

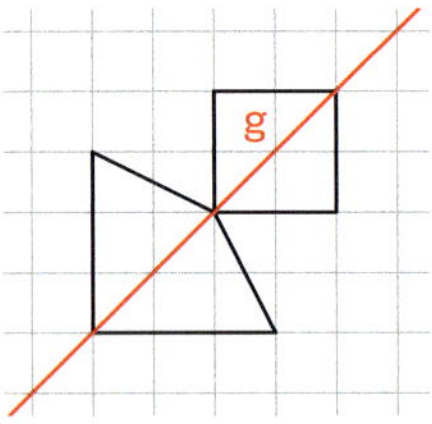

b)

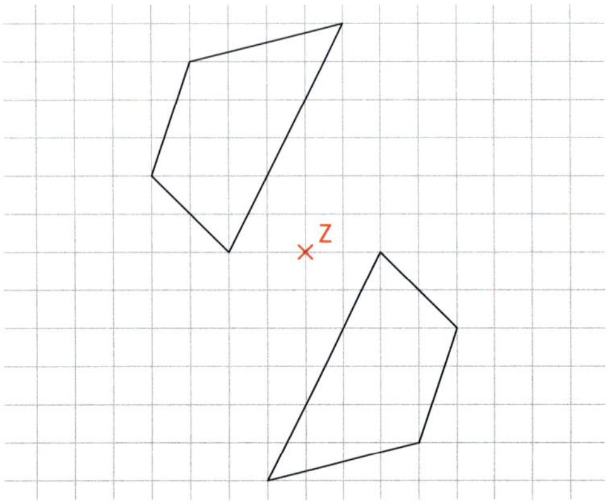

Tipp: Nachlesen und üben auf Seite 127 und 132.

6 Ich kann Rechtecke fertig zeichnen sowie Punkte in ein Koordinatensystem eintragen und ablesen.

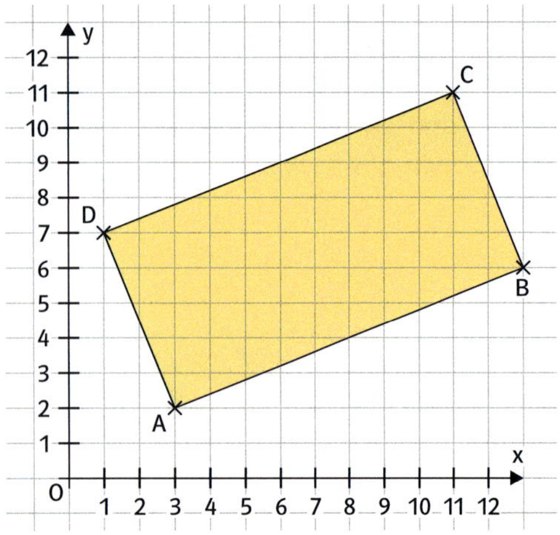

Der Punkt D hat die Koordinaten D(1 | 7).

Tipp: Nachlesen und üben auf Seite 118 und 134.

Check-out, rechts

4 Ich kann parallele und senkrechte Geraden zeichnen sowie Abstände messen.

a) Abstand von A zu g: 1,9 cm

b) – d)

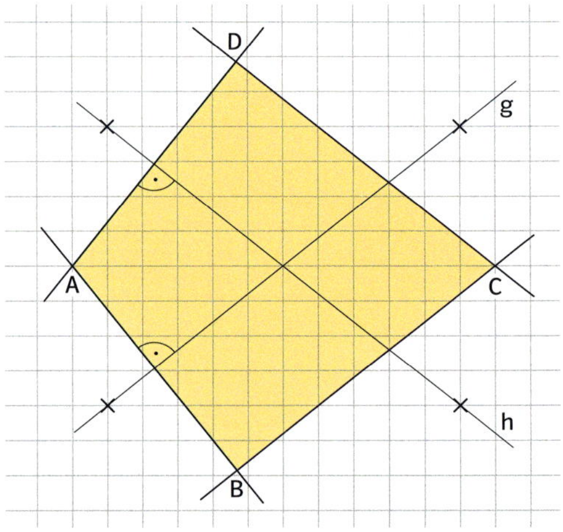

Tipp: Nachlesen und üben auf Seite 122 und 125.

5 Ich kann Achsen- und Punktspiegelungen durchführen.

a)

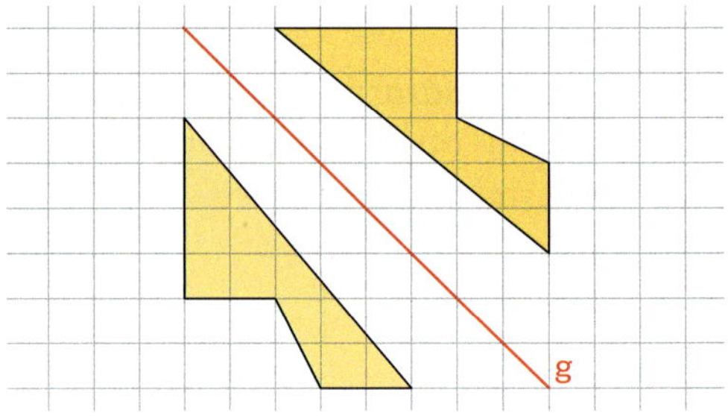

b)

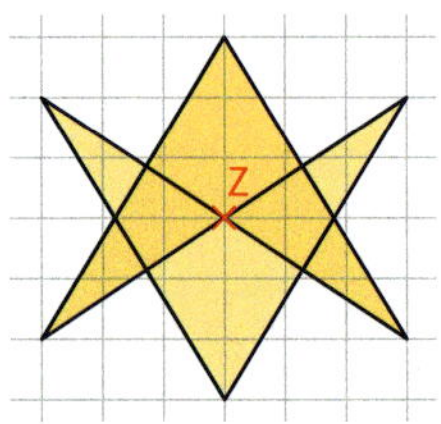

Tipp: Nachlesen und üben auf Seite 127 und 132.

6 **Ich kann Spiegelachsen finden und Achsenspiegelungen ergänzen sowie Punkte in ein Koordinatensystem eintragen und ablesen.**

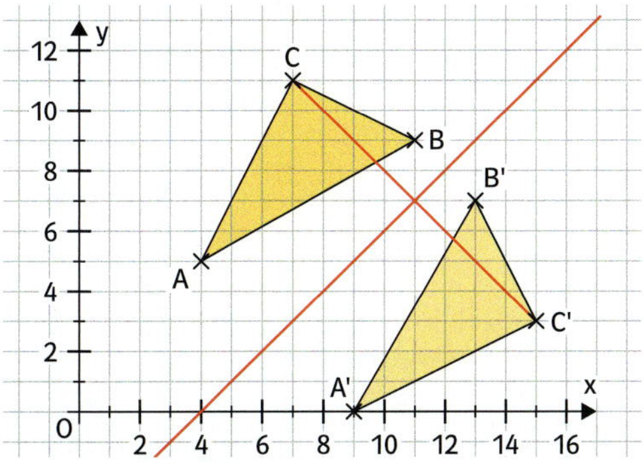

A′(9|0); B′(13|7)

Tipp: Nachlesen und üben auf Seite 118 und 127.

6 Kreis und Winkel

Check-in | Seite 149

1

Individuelle Lösungen

2

$\overline{AB}$: 3 cm $\overline{CD}$: 5,5 cm
$\overline{EF}$: 2 cm $\overline{GH}$: 4,5 cm.

3

a) b) c) d)

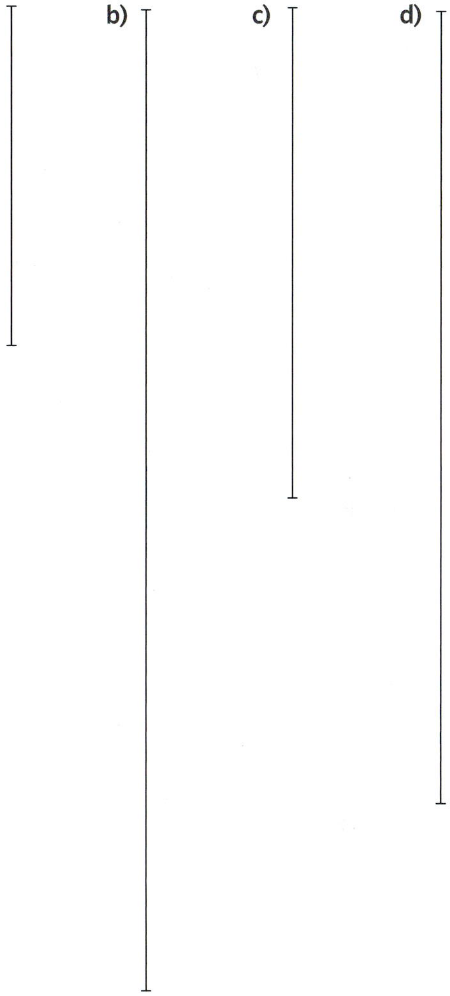

4

Lösung siehe Vergleich mit der Schulbuchaufgabe.

5

a)

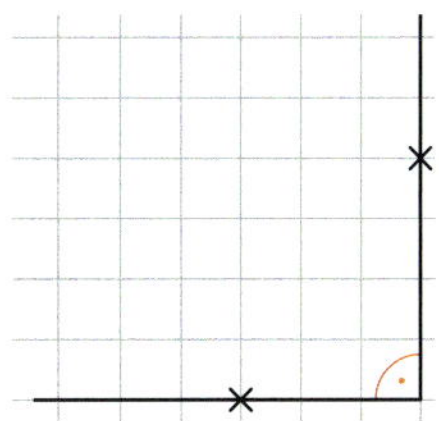

b)

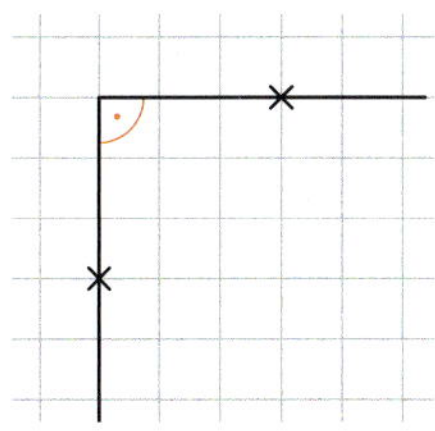

c) kein rechter Winkel

d)

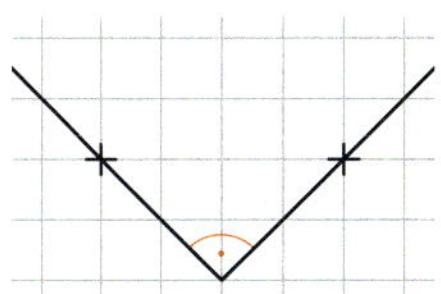

6

a) Individuelle Lösungen

b)

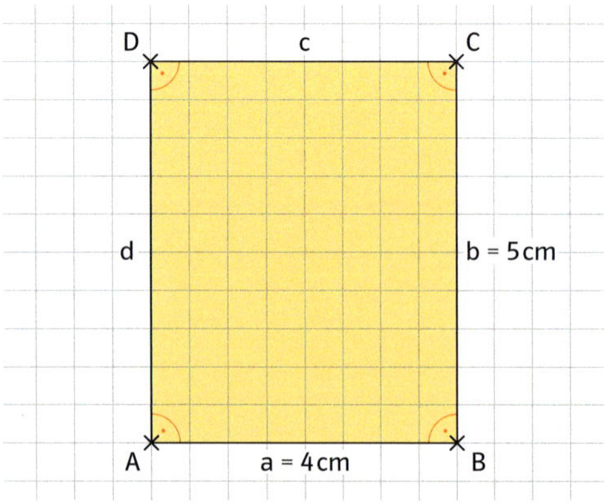

7

a) A(1|1); B(9|3); C(2|6); D(5|4); E(7|0);
F(0|5); G(11|6); H(7|8)

b)

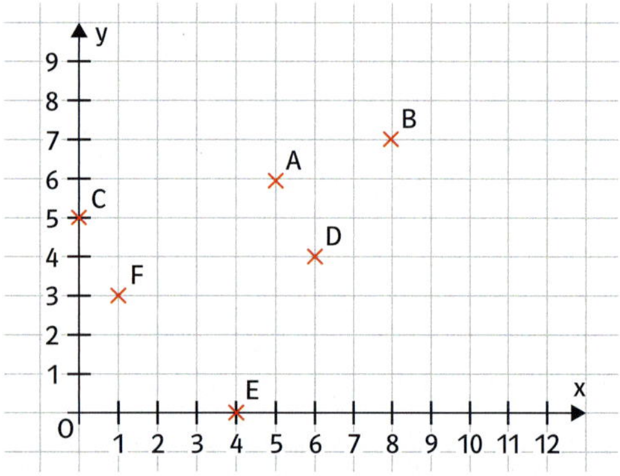

Check-out | Seite 175

1 Ich kann Kreise mit vorgegebenem Radius oder Durchmesser zeichnen.

a)

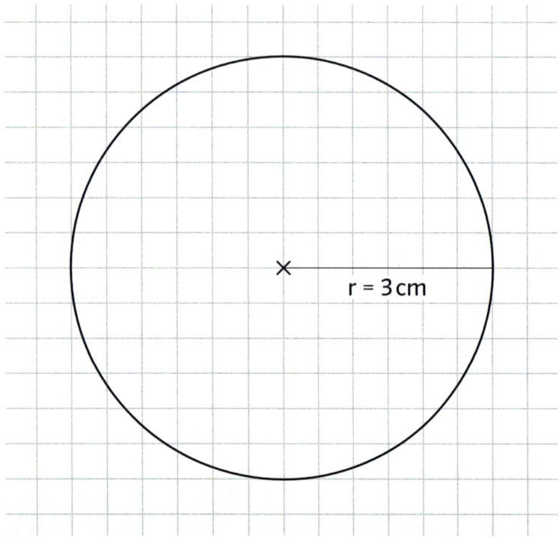

b)

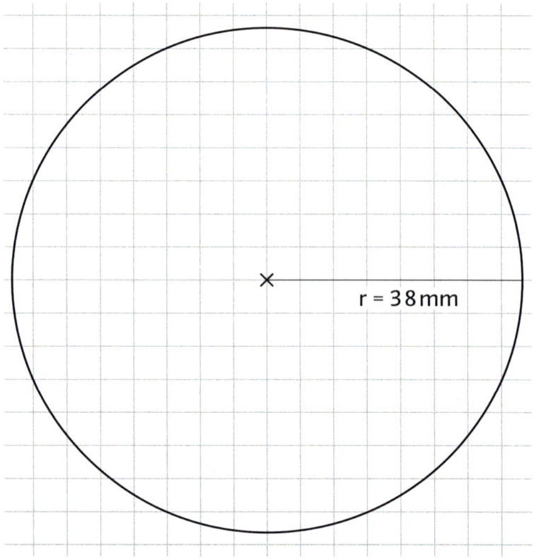

c)

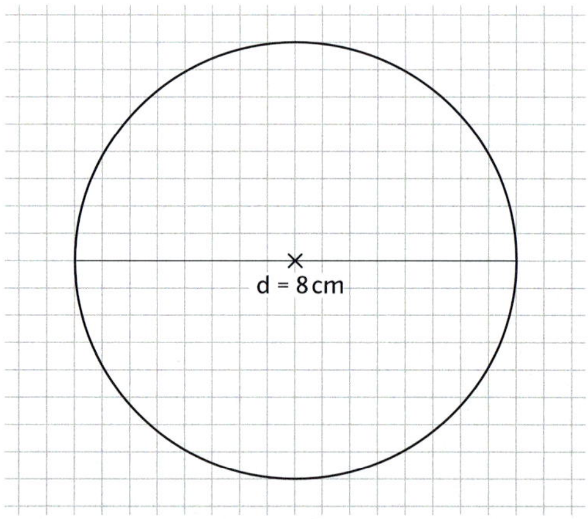

d)

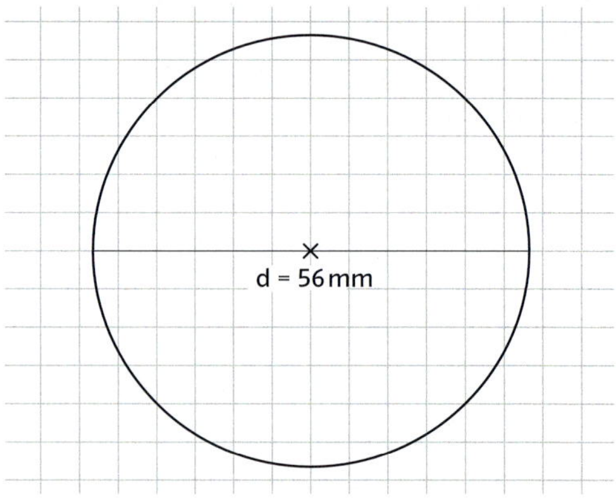

Tipp: Nachlesen und üben auf Seite 152.

2 Ich kann vom Radius auf den Durchmesser schließen und umgekehrt.

a) r = 2 cm
d = **4** cm

b) d = 3,6 cm
r = **1,8** cm

c) d = 78 mm
r = **39** mm

Tipp: Nachlesen und üben auf Seite 152.

3 Ich kann Winkel zeichnen und die Winkelart bestimmen.

a) spitzer Winkel

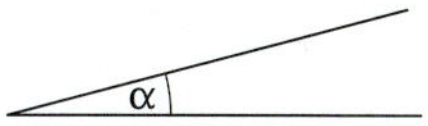

b) stumpfer Winkel

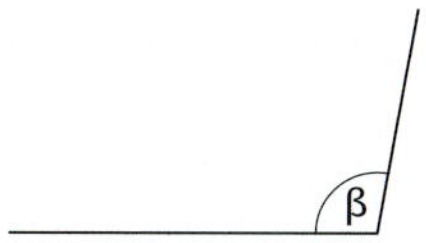

c) gestreckter Winkel

d) stumpfer Winkel

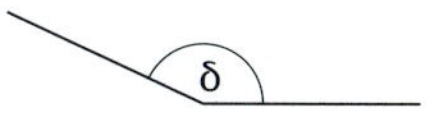

e) spitzer Winkel

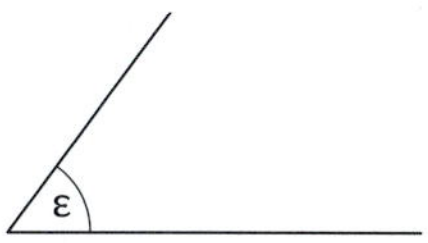

f) stumpfer Winkel

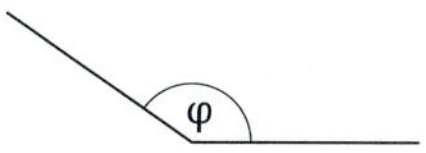

Tipp: Nachlesen und üben auf Seite 157 und 165.

4 Ich kann Winkelweiten schätzen und messen.

a) α liegt zwischen 0° und 45° – gemessen: 27°
b) β liegt zwischen 90° und 135° – gemessen: 123°
c) γ liegt zwischen 135° und 180° – gemessen: 138°
d) δ liegt zwischen 270° und 315° – gemessen: 303°;
ε liegt zwischen 45° und 90° – gemessen: 57°

Tipp: Nachlesen und üben auf Seite 157 und 162.

Check-out, links

5 Ich kann Kreise im Koordinatensystem zeichnen und beschriften.

a)

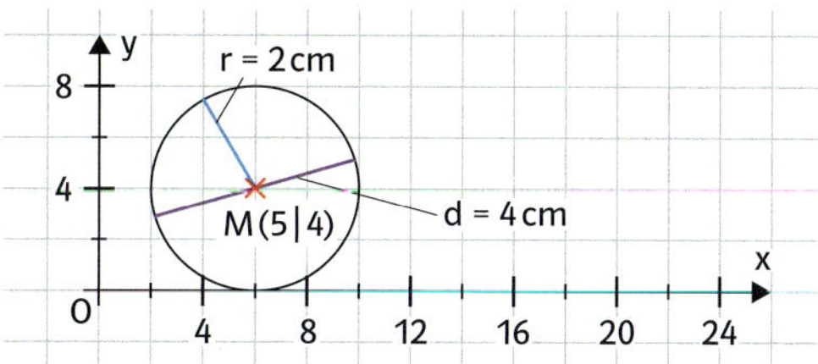

b)

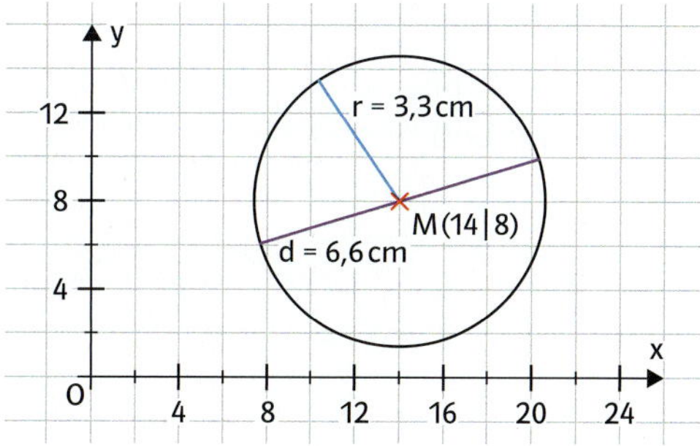

c)

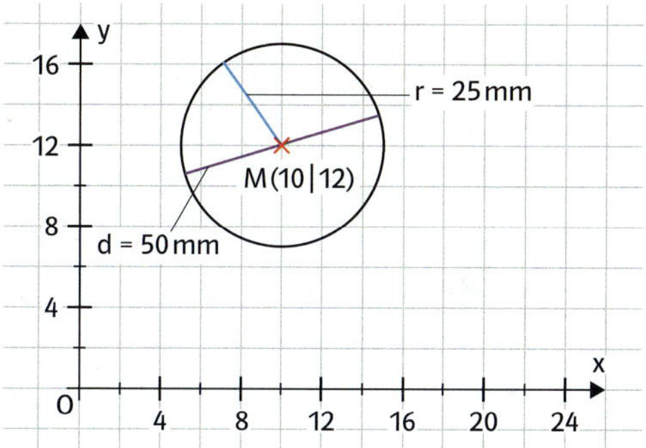

Tipp: Nachlesen und üben auf Seite 152.

6 Ich kann Winkelweiten messen und die Winkelart bestimmen.

α = 42° – spitzer Winkel
β = 338° – überstumpfer Winkel
γ = 248° – überstumpfer Winkel
δ = 31° – spitzer Winkel
ε = 90° – rechter Winkel
φ = 42° – spitzer Winkel

Tipp: Nachlesen und üben auf Seite 157 und 162.

7 Ich kann Kreise in gleich große Teile zerlegen.

Thea und ihre vier Freunde sind insgesamt 5 Kinder. Sie müssen die Pizza also in 5 Stücke aufteilen.

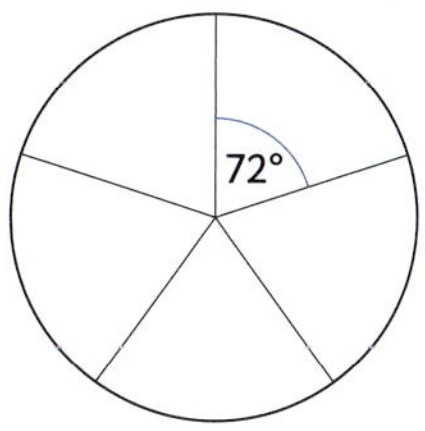

360 : 5 = 72°
Der Winkel eines Stücks Pizza beträgt 72°.

Tipp: Nachlesen und üben auf Seite 157.

Check-out, rechts

5 Ich kann Kreise im Koordinatensystem zeichnen und beschriften.

a)

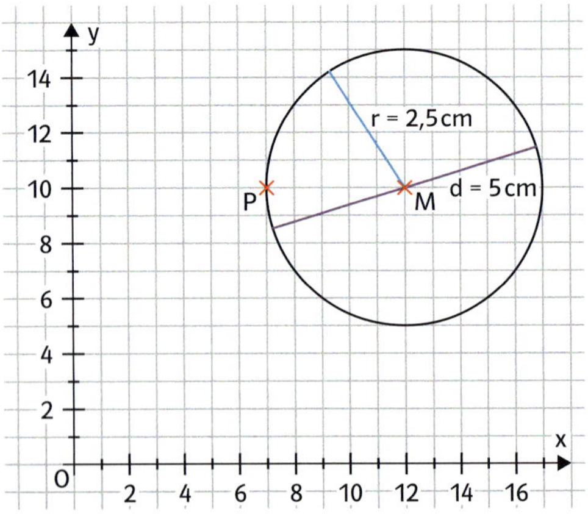

b)

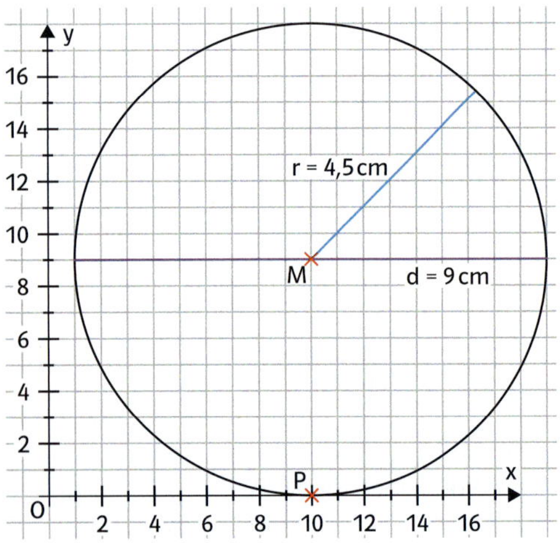

Tipp: Nachlesen und üben auf Seite 152.

6 Ich kann Winkel zeichnen und die Winkelart bestimmen.

a) stumpfer Winkel

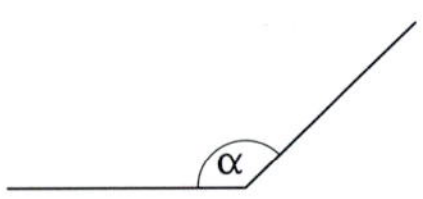

b) spitzer Winkel

c) stumpfer Winkel

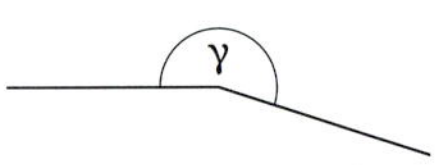

d) überstumpfer Winkel

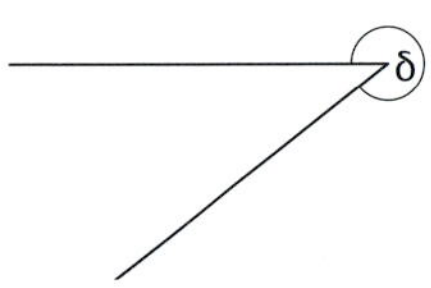

Tipp: Nachlesen und üben auf Seite 157 und 165.

7 Ich kann Winkel schätzen und messen sowie Winkelarten bestimmen.

a) Schätzung: α, β und γ liegen alle zwischen 45° und 90°.
gemessen:
$\alpha = 53°$ (spitzer Winkel);
$\beta = 45°$ (spitzer Winkel);
$\gamma = 82°$ (spitzer Winkel)

b) Schätzung: α liegt zwischen 45° und 90°, β und δ liegen zwischen 0° und 45° und γ liegt zwischen 225° und 270°.
gemessen: $\alpha = 53°$ (spitzer Winkel);
$\beta = \delta = 37°$ (spitzer Winkel);
$\gamma = 233°$ (überstumpfer Winkel)

Tipp: Nachlesen und üben auf Seite 157 und 162.

8 Ich kann Kreise in gleich große Teile zerlegen.

a) Pizza links: $360° : 3 = 120°$
Pizza in der Mitte: $360° : 8 = 45°$
Pizza rechts: $360° : 6 = 60°$

b) $360° : 10 = 36°$

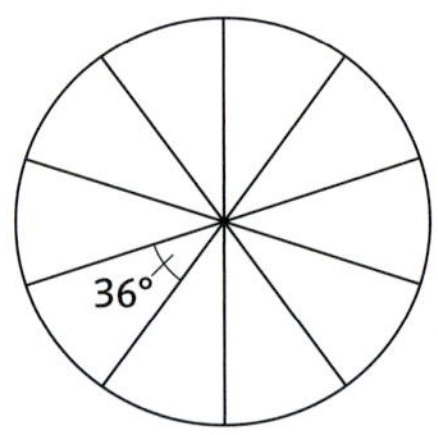

Tipp: Nachlesen und üben auf Seite 157.

7 Größen und Maßstab

Check-in | Seite 177

1

a) Individuelle Lösung, vermutlich zwischen 5 s und 15 s
b) Individuelle Lösung, vermutlich zwischen 130 cm und 160 cm
c) Individuelle Lösung, vermutlich zwischen 1,0 kg und 7,5 kg
d) 1,7 cm

2

a) 5 ct; 20 ct; 1 €; 2 €; 5 €; 20 €
b) 20 Sekunden; 5 Minuten; 1 Stunde; 2 Tage; 5 Jahre

c) Bonbon; Ei; Wasserflasche; 10-Liter-Eimer mit Wasser
d) 15 Millimeter; 8 Zentimeter; 3 Dezimeter; 8 Meter; 1 Kilometer

3

a) 217 m − 56 m = 161 m
b) 180 kg + 28 kg + 28 kg = 236 kg

4

a) 11 Uhr 30 bzw. 23 Uhr 30
b) 4 Uhr 20 bzw. 16 Uhr 20

5

a) 8000	b) 7	c) 50	d) 700
e) 10	f) 20	g) 12 000	h) 25

Check-out | Seite 209

1 Ich kann Größenangaben durch Maßzahl und Einheit darstellen.

a) 2,09 € = **2** € **9** ct	b) 2 h 15 min = **135** min
c) 180 min = **3** h	d) 3,450 kg = **3450** g
e) 8500 kg = **8,5** t	f) 1,52 m = **152** cm

Tipp: Nachlesen und üben auf Seite 180; 183; 186 und 189.

2 Ich kann mit Größenangaben rechnen und dabei Einheiten korrekt anwenden.

a) 17 € + 23,95 € = 40 € 95 ct = 4095 ct
b) 18 € − 83 ct = 1800 ct − 83 ct = 1717 ct = 17 € 17 ct
c) 9,50 € · 7 = 66,50 €
d) 2 kg − 450 g = 2000 g − 450 g = 1550 g = 1 kg 550 g
e) 900 g · 5 = 4500 g
f) 2 km : 250 m = 2000 m : 250 m = 8
g) 12 cm + 12 mm = 120 mm + 12 mm = 132 mm
h) 2,50 m − 95 cm = 250 cm − 95 cm = 155 cm
i) 400 MB : 8 MB = 50
j) 12 m + 125 cm = 1200 cm + 125 cm = 1325 cm = 13 m 25 cm
k) 4 kg : 8 = 4000 g : 8 = 500 g
l) 120 mm − 5 cm = 120 mm − 50 mm = 70 mm = 7 cm

Tipp: Nachlesen und üben auf Seite 180; 183; 186; 189 und 192.

3 Ich kann Sachaufgaben zur Größe Zeit lösen.

Elina war 2 Stunden und 25 Minuten unterwegs.

Tipp: Nachlesen und üben auf Seite 183 und 200.

4 Ich kann Längen umwandeln und der Größe nach sortieren.

290 mm < 2800 mm = 280 cm < 3000 mm
= 3 m < 3010 mm = 3,01 m < 3100 mm
= 31 dm < 101 000 mm = 101 m < 999 990 mm
= 999,99 m < 1 000 000 mm = 1 km

Tipp: Nachlesen und üben auf Seite 189.

Check-out, links

5 Ich kann Sachaufgaben zur Größe Geld lösen.

3 · (1,20 € + 0,75 €)
= 3 · (120 ct + 75 ct)
= 3 · 195 ct
= 585 ct
= 5,85 €
Tamara gibt wöchentlich 5,85 € aus.

Tipp: Nachlesen und üben auf Seite 180 und 200.

6 Ich kann Sachaufgaben zur Größe Masse lösen.

900 kg : 12 = 75 kg
Es wird mit einer Masse von 75 kg pro Person gerechnet.

Tipp: Nachlesen und üben auf Seite 186 und 200.

7 Ich kann Sachaufgaben zur Größe Länge lösen.

4 · (3 · 2 · 450 km) = 10 800 km
Leon hat recht, seine Mutter fährt in 4 Wochen mehr als 10 000 km.

Tipp: Nachlesen und üben auf Seite 189 und 200.

8 **Ich kann maßstäbliche Zeichnungen anfertigen.**
Für den Fußboden zeichnet man im Maßstab 1:100 ein Rechteck, das 4,2 cm lang und 3,4 cm breit ist.

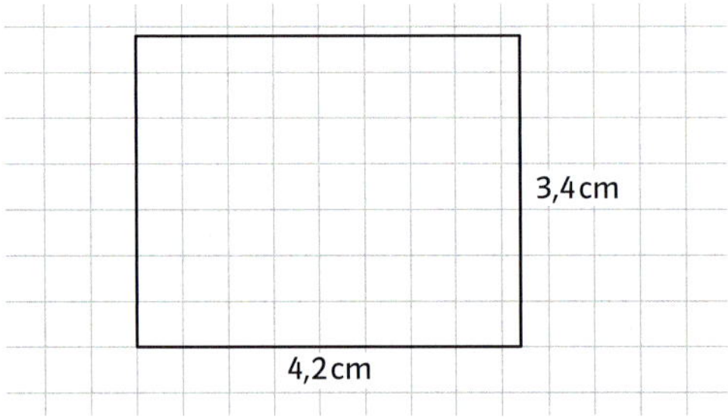

Tipp: Nachlesen und üben auf Seite 197.

Check-out, rechts

5 **Ich kann Sachaufgaben zur Größe Geld lösen.**
Überschlag:
4 · 1 € + 2 € + 1,50 € + 7,50 € + 7 € = 22 €
Das Geld reicht nicht für das Buch.

Tipp: Nachlesen und üben auf Seite 180 und 200.

6 **Ich kann Sachaufgaben zur Größe Zeit lösen.**
Carla war 2 h 46 min im Bad. Sie hätte noch 1 h 14 min länger bleiben können.

Tipp: Nachlesen und üben auf Seite 183 und 200.

7 **Ich kann mit Maßstäben rechnen.**
a) 1 cm im Atlas entsprechen
5 000 000 cm = 50 000 m = 50 km
in der Wirklichkeit.
b) 14 cm entsprechen 14 · 50 km = 700 km.
Die Städte sind 700 km Luftlinie voneinander entfernt.

Tipp: Nachlesen und üben auf Seite 197 und 200.

8 **Ich kann maßstäbliche Zeichnungen anfertigen.**
Wenn das Buch aufgeschlagen ist, dann sind seine Seiten 53 cm und 25 cm lang. Da es mit der längeren Seite von der einen Kanten zur anderen des quadratischen Tisches reicht, muss der Tisch eine Kantenlänge von 53 cm haben.

Skizze im Maßstab 1:10

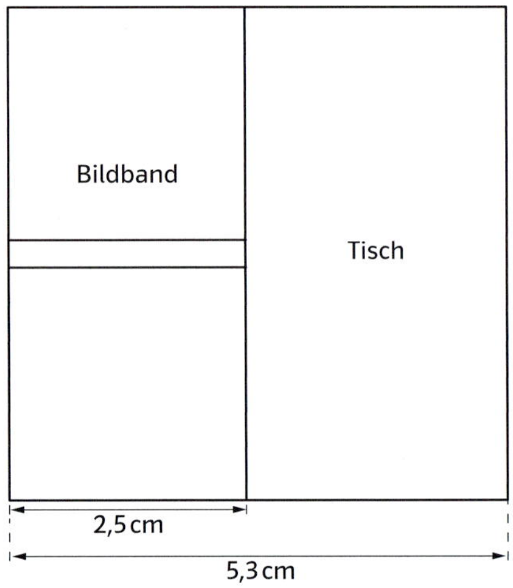

Tipp: Nachlesen und üben auf Seite 197 und 200.

8 Flächeninhalt

Check-in | Seite 211

1
a) a = 3 cm; b = 2 cm
b) a = 1,5 cm

2
a) 7 m = 700 cm
b) 3 cm = 30 mm
c) 50 cm = 0,5 m
d) 40 mm = 4 cm

3
a) 7 m + 6 m = 13 m
b) 22 km − 14 km = 8 km
c) 9 m · 5 = 45 m
d) 8 mm · 12 = 96 mm

4

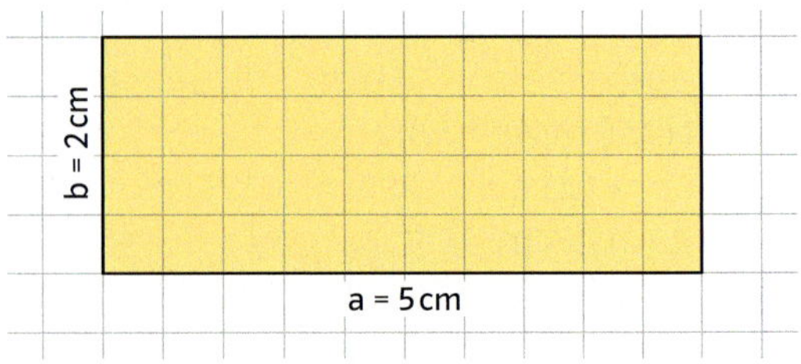

5

a) $54 \cdot 10 = 540$
b) $340 \cdot 100 = 34\,000$
c) $7040 \cdot 1000 = 7\,040\,000$
d) $2000 : 10 = 200$
e) $400 : 100 = 4$
f) $23\,000 : 1000 = 23$

6

a) Quadrate: B, D
b) Rechtecke, aber keine Quadrate: A, F, G, I

7

a) $4^2 = 16$
b) $12^2 = 144$
c) $5^2 = 25$
d) $15^2 = 225$

8

a)

3	4	·	9	7
	3	0	6	0
+		2	3	8
	3	2	9	8

b)

2	8	·	5	6
	1	4	0	0
+		1	6	8
	1	5	6	8

c)

	6	4	5	:	5	=	1	2	9
−	5								
	1	4							
−	1	0							
		4	5						
	−	4	5						
			0						

d)

	2	0	8	6	:	7	=	2	9	8
−	1	4								
		6	8							
	−	6	3							
			5	6						
		−	5	6						
				0						

9

a) $2 \cdot 9 + 2 \cdot 3$
$= 18 + 6$
$= 24$

b) $9 \cdot 7 - 4 \cdot 7$
$= 63 - 28$
$= 35$

c) $4 \cdot 13 + 7 \cdot 5$
$= 52 + 35$
$= 87$

d) $156 - 8 \cdot 12$
$= 156 - 96$
$= 60$

e) $34 + 54 : 9$
$= 34 + 6$
$= 40$

f) $45 - 72 : 9 + 3$
$= 45 - 8 + 3$
$= 40$

10

a) $4 \cdot \mathbf{9} = 36$
b) $2 \cdot \mathbf{5} + 8 = 18$
c) $\mathbf{5} \cdot 7 = 35$
d) $22 - 3 \cdot \mathbf{4} = 10$
e) $\mathbf{8} \cdot 8 = 64$
f) $29 + 2 \cdot \mathbf{6} = 41$

Check-out | Seite 235

1 Ich kann Flächen in Kästchen angeben.

Linke Figur: 28 Kästchen
Rechte Figur: 32 Kästchen

Tipp: Nachlesen und üben auf Seite 216.

2 Ich kann Flächeneinheiten umwandeln.

a) $5\,m^2 = 500\,dm^2$
b) $300\,ha = 3\,km^2$
c) $96\,cm^2 = 9600\,mm^2$
d) $2\,dm^2 = 200\,cm^2$
e) $43\,500\,m^2 = 435\,a$
f) $500\,a = 5\,ha$

Tipp: Nachlesen und üben auf Seite 218.

3 Ich kann Flächeneinheiten in gemischter Schreibweise angeben.

a) $2048\,mm^2 = 20\,cm^2\ 48\,mm^2$
b) $2398\,ha = 23\,km^2\ 98\,ha$
c) $6{,}75\,a = 6\,a\ 75\,m^2$
d) $48{,}9\,cm^2 = 48\,cm^2\ 90\,mm^2$

Tipp: Nachlesen und üben auf Seite 218.

4 Ich kann Flächeneinheiten in Kommaschreibweise angeben.

a) $350\,dm^2 = 3{,}50\,m^2$
b) $3560\,a = 35{,}6\,ha$
c) $22\,dm^2\ 22\,cm^2 = 22{,}22\,dm^2$
d) $3\,cm^2\ 3\,mm^2 = 3{,}03\,cm^2$

Tipp: Nachlesen und üben auf Seite 218.

5 Ich kann mit Flächeneinheiten rechnen.

a) $37\,m^2 + 12\,m^2 = 49\,m^2$

b) $44\,a - 1700\,m^2 = 4400\,m^2 - 1700\,m^2 = 2700\,m^2$
$= 27\,a$

c) $25\,dm^2 \cdot 3 = 75\,dm^2$

d) $1{,}20\,dm^2 : 6 = 20\,cm^2$

Tipp: Nachlesen und üben auf Seite 218.

6 Ich kann den Flächeninhalt und den Umfang eines Rechtecks bzw. Quadrats berechnen.

a) $A = 6 \cdot 4\,m^2 = 24\,m^2$
$u = 2 \cdot 6\,m + 2 \cdot 4\,m = 20\,m$

b) $A = 13 \cdot 13\,cm^2 = 169\,cm^2$
$u = 4 \cdot 13\,cm = 52\,cm$

c) $4\,dm = 40\,cm$
$A = 56 \cdot 40\,cm^2 = 2240\,cm^2$
$u = 2 \cdot 56\,cm + 2 \cdot 40\,cm = 192\,cm$

Tipp: Nachlesen und üben auf Seite 214 und 221.

Check-out, links

7 Ich kann Sachaufgaben zu Flächeneinheiten lösen.

$(2400\,m^2 - 1080\,m^2) : 4 = 330\,m^2$
Ein solcher Teil ist $330\,m^2$ groß.

Tipp: Nachlesen und üben auf Seite 218.

8 Ich kann fehlende Längen eines Rechtecks bestimmen.

$63 : 7 = 9$; $a = 9\,cm$

Tipp: Nachlesen und üben auf Seite 221.

9 Ich kann Sachaufgaben zu Flächeninhalten von Rechtecken lösen.

Größe des Teppichs:
$4 \cdot 3{,}5\,m^2 = 400 \cdot 350\,cm^2 = 140\,000\,cm^2 = 14\,m^2$
Reinigungskosten:
$35\,€ \cdot 14 = 490\,€$
Die Reinigung des Teppichs kostete insgesamt 490 €.

Tipp: Nachlesen und üben auf Seite 221.

10 Ich kann Flächeninhalte zusammengesetzter Figuren berechnen.

A
$= 3 \cdot 2\,cm^2 + 5 \cdot 5\,cm^2$
$= 6\,cm^2 + 25\,cm^2$
$= 31\,cm^2$

Tipp: Nachlesen und üben auf Seite 226.

Check-out, rechts

7 Ich kann Flächeneinheiten umwandeln.

a) $350\,dm^2 = 3\,500\,000\,mm^2$

b) $45\,ha = 450\,000\,m^2$

c) $12\,344\,dm^2 = 1{,}2344\,a$

d) $1679\,cm^2 = 0{,}1679\,m^2$

Tipp: Nachlesen und üben auf Seite 218.

8 Ich kann fehlende Längen eines Rechtecks bestimmen und den Umfang berechnen.

a) $45 : 15 = 3$; $b = 3\,cm$

b) $u = 2 \cdot 15\,cm + 2 \cdot 3\,cm = 36\,cm$

Tipp: Nachlesen und üben auf Seite 214 und 221.

9 Ich kann Sachaufgaben zu Flächeninhalten von Rechtecken lösen.

gepflasterte Fläche: $A = 3 \cdot 40\,m^2 = 120\,m^2$
Anzahl Tonnen Steine: $120\,m^2 : 8\,m^2 = 15$
Kosten: $15 \cdot 160\,€ = 2400\,€$
Die Steine kosten insgesamt 2400 €.

Tipp: Nachlesen und üben auf Seite 221.

10 Ich kann Flächeninhalte zusammengesetzter Figuren berechnen.

1. Möglichkeit:
$A_1 = A_3 = 2 \cdot 5\,cm^2 = 10\,cm^2$
$A_2 = 4 \cdot 2\,cm^2 = 8\,cm^2$
$A_{gesamt} = 10\,cm^2 \cdot 2 + 8\,cm^2 = 28\,cm^2$
2. Möglichkeit:
$A_{großes\ Rechteck} = 5 \cdot (2 + 4 + 2)\,cm^2 = 40\,cm^2$
$A_{Lücke\ oben} = 1 \cdot 4\,cm^2 = 4\,cm^2$
$A_{Lücke\ unten} = 2 \cdot 4\,cm^2 = 8\,cm^2$
$A_{gesamt} = 40\,cm^2 - 4\,cm^2 - 8\,cm^2 = 28\,cm^2$

Tipp: Nachlesen und üben auf Seite 226.

9 Teilbarkeit und Primzahlen

Check-in | Seite 237

1

a) $7 \cdot 9 = 63$ b) $9 \cdot 6 = 54$
c) $8 \cdot 7 = 56$ d) $12 \cdot 5 = 60$
e) $18 \cdot 3 = 54$ f) $15 \cdot 4 = 60$
g) $40 \cdot 12 = 480$ h) $25 \cdot 8 = 200$
i) $18 \cdot 15 = 270$

2

a) $36:4 = 9$ b) $48:6 = 8$ c) $63:7 = 9$
d) $40:5 = 8$ e) $52:2 = 26$ f) $72:8 = 9$
g) $80:5 = 16$ h) $126:3 = 42$ i) $108:9 = 12$

3

a) $45:8 = 5$ R5 b) $32:7 = 4$ R4
c) $46:9 = 5$ R1 d) $58:6 = 9$ R4
e) $62:5 = 12$ R2 f) $74:11 = 6$ R8
g) $50:12 = 4$ R2 h) $80:15 = 5$ R5
i) $100:16 = 6$ R4

4

Anzahl Gruppen	1	2	4	5	10	20
Anzahl Kinder	20	10	5	4	2	1

5

a) Es sind 15 Äpfel enthalten.
$15:3 = 5$; $15:5 = 3$
Du kannst die 15 Äpfel an 3 und an 5 Kinder gerecht aufteilen.

b) In der Kiste sind 18 Mandarinen enthalten.
$18:2 = 9$; $18:3 = 6$
Du kannst die Mandarinen auf 2 und auf 3 Kinder gerecht aufteilen.

6

a)	8	16	24	**32**	**40**	**48**	**56**	**64**	**72**
b)	7	14	21	**28**	**35**	**42**	**49**	**56**	**63**
c)	**9**	**18**	**27**	**36**	**45**	54	63	72	81
d)	**7**	**14**	**21**	**28**	**35**	42	49	56	63
e)	**12**	**24**	**36**	**48**	**60**	72	84	96	108
f)	**6**	**12**	**18**	24	30	36	**42**	**48**	**54**
g)	**5**	**10**	**15**	20	25	30	**35**	**40**	**45**
h)	**15**	**30**	**45**	60	75	90	**105**	**120**	**135**

Check-out | Seite 253

1 Ich kann Teiler und Vielfache einer Zahl erkennen.

a) wahr b) falsch c) wahr
d) wahr e) wahr f) falsch

Tipp: Nachlesen und üben auf Seite 240.

2 Ich kann alle Teiler einer Zahl finden.

a) T_{18}: 1; 2; 3; 6; 9; 18
b) T_{28}: 1; 2; 4; 7; 14; 28
c) T_{32}: 1; 2; 4; 8; 16; 32
d) T_{34}: 1; 2; 17; 34
e) T_{40}: 1; 2; 4; 5; 8; 10; 20; 40
f) T_{45}: 1; 3; 5; 9; 15; 45

Tipp: Nachlesen und üben auf Seite 240.

3 Ich kann die Vielfachen einer Zahl aufzählen.

a) V_6: 6; 12; 18; 24; 30; 36; …
b) V_9: 9; 18; 27; 36; 45; 54; …
c) V_{13}: 13; 26; 39; 52; 65; 78; …
d) V_{18}: 18; 36; 54; 72; 90; 108; …
e) V_{24}: 24; 48; 72; 96; 120; 144; …
f) V_{32}: 32; 64; 96; 128; 160; 192; …

Tipp: Nachlesen und üben auf Seite 240.

4 Ich kann die Endziffernregeln für 2; 5 und 10 sowie die Quersummenregeln für 3 und 9 anwenden.

a)

Zahl	Quersumme	durch 3 teilbar	durch 9 teilbar
2754	18	x	x
2940	15	x	
6718	22		
2193	15	x	
7585	25		
9810	18	x	x
7695	27	x	x
2648	20		
4735	19		

b)

Zahl	durch 2 teilbar	durch 5 teilbar	durch 10 teilbar
2754	x		
2940	x	x	x
6718	x		
2193			
7585		x	
9810	x	x	x
7695		x	
2648	x		
4735		x	

Tipp: Nachlesen und üben auf Seite 242 und 245.

5 Ich kann prüfen, ob eine Zahl eine Primzahl ist.

Primzahlen sind: 37; 59; 71; 97; 47

Tipp: Nachlesen und üben auf Seite 247.

6 Ich kann das kleinste gemeinsame Vielfache bestimmen.

a) kgV (6; 15) = 30 b) kgV (6; 9) = 18
c) kgV (18; 12) = 36 d) kgV (16; 6) = 48

Tipp: Nachlesen und üben auf Seite 240.

7 Ich kann den größten gemeinsamen Teiler bestimmen.

a) ggT (8; 16) = 8 b) ggT (12; 20) = 4
c) ggT (14; 21) = 7 d) ggT (15; 25) = 5

Tipp: Nachlesen und üben auf Seite 240.

Check-out, links

8 Ich kann Lücken so ergänzen, dass eine durch 3 oder eine durch 9 teilbare Zahl entsteht.

a) 375**0**; 375**3**; 375**6** oder 375**9**;
95**0**4; 95**3**4; 95**6**4 oder 95**9**4;
2238; **2**538 oder **2**838;
2928; **5**928 oder **8**928

b) 495**0** oder 495**9**;
27**8**1;
9027 oder **9**927;
5274

Tipp: Nachlesen und üben auf Seite 245.

9 Ich kann Sachaufgaben zu gemeinsamen Teilern lösen.

mögliche Längen: 2 m; 3 m; 6 m
sinnvolle Länge: 3 m
2 m ist recht kurz und 6 m sind zu lang zum Befestigen und Transportieren.

Tipp: Nachlesen und üben auf Seite 240.

Check-out, rechts

8 Ich kann Lücken in Zahlen so ergänzen, dass die Zahl durch einen vorgegebenen Teiler teilbar ist.

a) 495**0** oder 495**6**;
37**2**0, 37**5**0 oder 37**8**0;
8**2**20, 8**5**20 oder 8**8**20;
295**2** oder 295**8**

b) 495**3** oder 495**6**;
89 **4**1**2** oder 89 **4**7**2**;
28 **0**7**4**, 28 **3**7**4** oder 28 **9**7**4**;
27 489 oder **57** 489

Tipp: Nachlesen und üben auf Seite 242 und 245.

9 Ich kann Sachaufgaben zu gemeinsamen Teilern lösen.

a) 1,44 m = 140 cm; 1,20 m = 120 cm
gemeinsame Teiler von 120 cm und 144 cm:
1 cm; 2 cm; 3 cm; 4 cm; 6 cm; 8 cm; 12 cm; 24 cm.

b) Der Bäcker wird vermutlich ein Quadrat von 8 cm Seitenlänge wählen, da Quadrate mit Seitlängen von 12 cm oder 24 cm zu groß und von 6 cm zu klein wären.

Tipp: Nachlesen und üben auf Seite 240.

Lösungen

Grundwissen

Seite 254

1

Tierart	Anzahl
Hund	4
Goldhamster	3
Katze	4
Maus	1

2

Farbe	Anzahl der T-Shirts
Rot	4
Blau	2
Weiß	7
Grün	1

3

Sportnote	Anzahl
1	𝍸 II
2	𝍸 𝍸 II
3	𝍸 II
4	II
5	I
6	I

4

a) 9 Fußbälle
b) 4 Basketbälle
c) 18 Tennisbälle
d) 26 Tischtennisbälle
e) 15 Handbälle

5

Termin	Anzahl
Fußball	𝍸 III
Nachhilfe	IIII
Schwimmen	II

Seite 255

6

Anzahl der Krankheitstage	Anzahl der Mitarbeitenden
1	I
2	𝍸 I
3	IIII
4	I
5	IIII
6	
7	
8	I

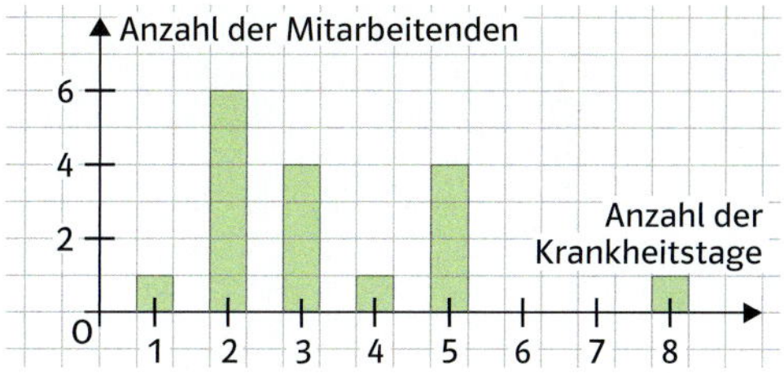

7

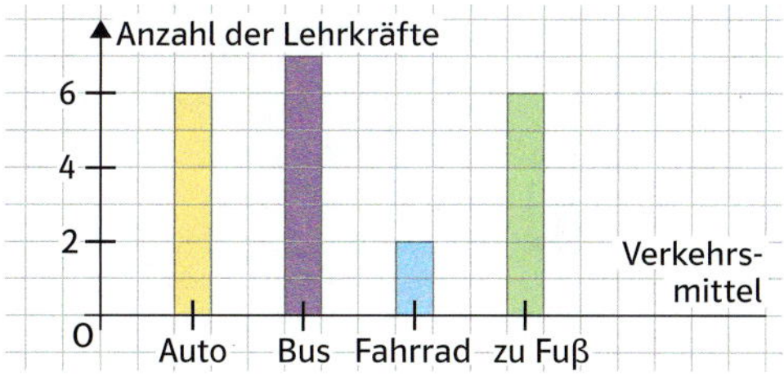

Seite 256

8

a) Italien
b) Österreich
c) In Frankreich ist die Sehdauer etwa so lang wie in Deutschland, in Griechenland etwas länger. In Italien beträgt die tägliche Sehdauer ungefähr 30 Minuten mehr als in Deutschland, in Österreich ist sie über 40 Minuten kürzer.

9

a) Im Diagramm ist die Anzahl der Zuschauenden von drei Sendungen dargestellt.
b) Eine Figur steht für 1000 Zuschauende.
c) „Logo": 10 000 Zuschauende
„Einfach mehr wissen": 30 000 Zuschauende
„Checker Welt": 53 000 Zuschauende
Insgesamt sehen 93 000 Zuschauende die drei Sendungen.

10
a) Die Temperatur in Hannover beträgt 21°.
b) Die Temperatur in München beträgt 32°.
c) In Dresden könnte es regnen, es könnte aber auch die Sonne scheinen. Diese Information ist aus dem Diagramm schwer abzulesen.
d) In Stuttgart ist es mit 35° am wärmsten.
e) Das Wetter nördlich von Berlin ist bewölkt mit Sonnenschein.

Seite 257

11
Von links nach rechts: 20; 70; 110; 140

12
Von links nach rechts: 250; 325; 475

13
a)
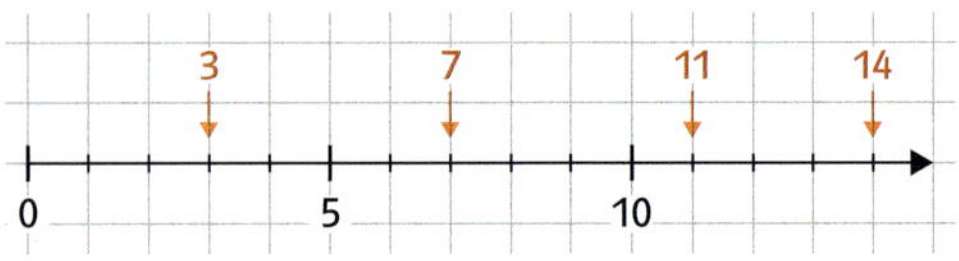

b)
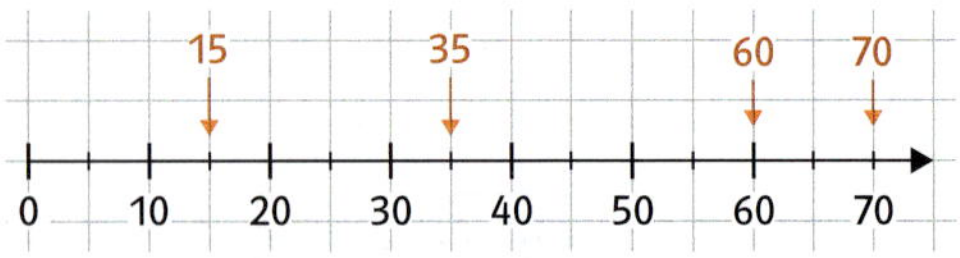

14
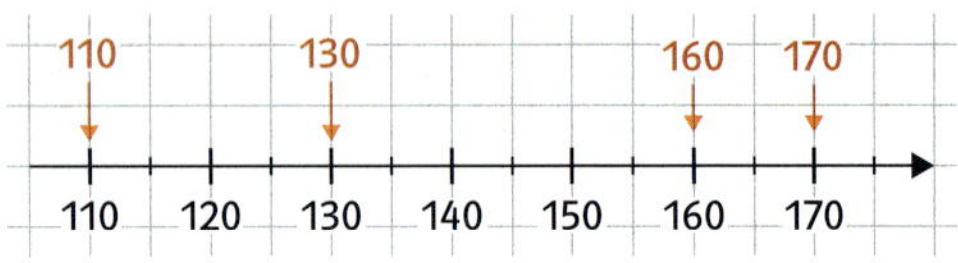

15
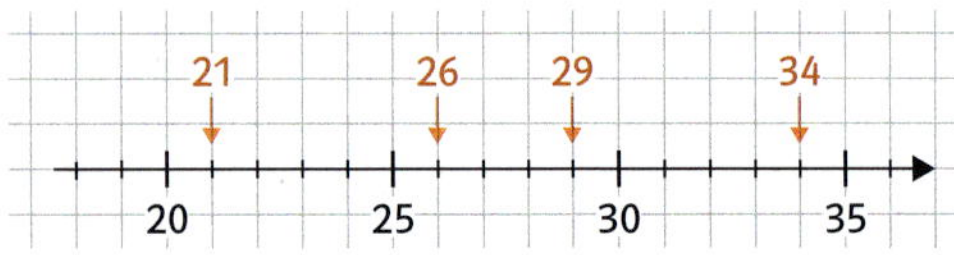

16
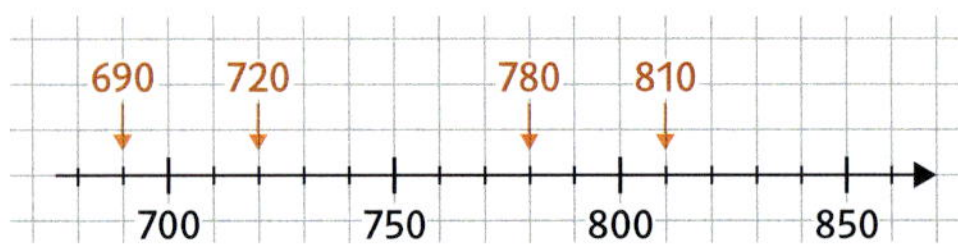

Seite 258

17
a)

	6	1	3
+	2	5	8
		1	
	8	7	1

b)

	4	1	2
−	1	2	4
	1	1	
	2	8	8

c)

	1	2	5	4
+		5	1	9
			1	
	1	7	7	3

d)

	1	1	3	8
−		6	2	2
	1			
		5	1	6

18

Zehn-tau-sender	Tau-sender	Hun-derter	Zehner	Einer
			2	8
		7	2	8
	1	5	9	6
3	7	0	4	9
5	1	6	0	2

19

HT	ZT	T	H	Z	E
			4	6	7
		3	0	9	2
	7	6	3	0	9
1	2	0	3	1	8
8	0	7	2	0	3

20
307 903; 5004; 200 469; 54 071

21
a) 321 b) 260 c) 604 d) 5090 e) 437 008

Seite 259

22
a) viertausendfünfhunderzweiundneunzig
b) elftausenddreihundertfünf
c) neunundneunzigtausendvierhundertneunund-achtzig
d) zweihundertzwanzigtausendfünfhundertdrei

23
17 931: C; 7961: A; 7619: B; 17 193: D

24

a) 127 396 b) 73 605 c) 260 508 d) 340 700

Seite 260

25

Vorgänger	Zahl	Nachfolger
878	**879**	**880**
4498	**4499**	4500
38 209	**38 210**	**38 211**
481 228	**481 229**	481 230

26

Vorgänger	Zahl	Nachfolger
2010	2011	2012
62 929	62 930	62 931
48 401	48 402	48 403
18 598	18 599	18 600
617 099	617 100	617 101
310 529	310 530	310 531

27

a) Nachbarzehner von 17: 10 und 20
Nachbarzehner von 99: 90 und 100
Nachbarzehner von 8: 10
Nachbarzehner von 173: 170 und 180
Nachbarzehner von 53 967: 53 960 und 53 970

b) Nachbarzehner von 111 111: 111 110 und 111 120
Nachbarzehner von 645: 640 und 650
Nachbarzehner von 999: 990 und 1000
Nachbarzehner von 10: 20

28

a) Nachbarhunderter von 620: 600 und 700
Nachbarhunderter von 103: 100 und 200
Nachbarhunderter von 2991: 2900 und 3000
Nachbarhunderter von 12 401: 12 400 und 12 500

b) Nachbarhunderter von 76: 0 und 100
Nachbarhunderter von 1 320 074: 1 320 000 und 1 320 100
Nachbarhunderter von 2400: 2300 und 2500
Nachbarhunderter von 7999: 7900 und 8000

29

a) 0; 7; 14; 21; 28; 35; 42
b) 0; 12; 24; 36; 48; 60; 72
c) 0; 15; 30; 45; 60; 75; 90

30

a) 50; 55; 60; 65; 70; 75; 80
b) 80; 83; 86; 89; 92; 95; 98
c) 52; 58; 64; 70; 76; 82; 88

Seite 261

31

a) 327 < 337 < 372 < 373
b) 2357 < 3725 < 5273 < 7352
c) 11 305 < 11 350 < 11 503 < 11 530

32

a) 795 > 675 > 657 > 597 > 576
b) 9814 > 8941 > 8419 > 4981 > 1489
c) 23 716 > 23 671 > 23 176 > 22 761 > 22 176

33

a) 89 zu 100 ergänzen: Insgesamt musst du 10 + 1 = 11 ergänzen.
71 zu 100 ergänzen: Insgesamt musst du 20 + 9 = 29 ergänzen.
56 zu 100 ergänzen: Insgesamt musst du 40 + 4 = 44 ergänzen.
29 zu 100 ergänzen: Insgesamt musst du 70 + 1 = 71 ergänzen.
107 zu 200 ergänzen: Insgesamt musst du 90 + 3 = 93 ergänzen.
423 zu 500 ergänzen: Insgesamt musst du 70 + 7 = 77 ergänzen.

b) 1024 zu 1100 ergänzen: Insgesamt musst du 70 + 6 = 76 ergänzen.
1790 zu 1800 ergänzen: Insgesamt musst du 10 ergänzen.
5672 zu 5700 ergänzen: Insgesamt musst du 20 + 8 = 28 ergänzen.
8345 zu 8400 ergänzen: Insgesamt musst du 50 + 5 = 55 ergänzen.

34

a) 429 zu 1000 ergänzen: Insgesamt musst du 500 + 70 + 1 = 571 ergänzen.
773 zu 1000 ergänzen: Insgesamt musst du 200 + 20 + 7 = 227 ergänzen.
691 zu 1000 ergänzen: Insgesamt musst du 300 + 0 + 9 = 309 ergänzen.
117 zu 1000 ergänzen: Insgesamt musst du 800 + 80 + 3 = 883 ergänzen.
2143 zu 3000 ergänzen: Insgesamt musst du 800 + 50 + 7 = 857 ergänzen.

b) 5056 zu 6000 ergänzen: Insgesamt musst du 900 + 40 + 4 = 944 ergänzen.
8897 zu 9000 ergänzen: Insgesamt musst du 100 + 0 + 3 = 103 ergänzen.
10 257 zu 11 000 ergänzen: Insgesamt musst du 700 + 40 + 3 = 743 ergänzen.
21 428 zu 22 000 ergänzen: Insgesamt musst du 500 + 70 + 2 = 572 ergänzen.

Seite 262

35

a) 23 + **9** = 32 **b)** 57 − **15** = 42
c) **18** + 82 = 100 **d)** **72** − 13= 59

36

a) 2 · **8** = 16 **b)** **36** : 9= 4
c) **9** · 6 = 54 **d)** 56 : **7** = 8

37

a) 75 **b)** 115 **c)** 183 **d)** 324

38

a) 192 **b)** 312 **c)** 417 **d)** 332

Seite 263

39

a) 442 + 32
= 442 + 30 + 2
= 472 + 2
= 474

b) 87 + 107
= 87 + 100 + 7
= 187 + 7
= 194

c) 1282 + 75
= 1282 + 70 + 5
= 1352 + 5
= 1357

d) 275 + 782
= 275 + 700 + 80 + 2
= 975 + 80 + 2
= 1055 + 2
= 1057

40

a) 217 − 43
= 217 − 40 − 3
= 177 − 3
= 174

b) 93 − 67
= 93 − 60 − 7
= 33 − 7
= 26

c) 849 − 131
= 849 − 100 − 30 − 1
= 749 − 30 − 1
= 719 − 1
= 718

d) 1162 − 47
= 1162 − 40 − 7
= 1122 − 7
= 1115

41

a) stellengerecht
452 + 326 = 778
400 + 300 = 700
50 + 20 = 70
2 + 6 = 8

b) stellengerecht
982 + 98 = 1080
900 + 0 = 900
80 + 90 = 170
2 + 8 = 10

c) schrittweise
1634 + 723 = 2357
1634 + 700 = 2334
2334 + 20 = 2354
2354 + 3 = 2357

d) schrittweise
408 + 2139 = 2547
408 + 2000 = 2408
2408 + 100 = 2508
2508 + 30 = 2538
2538 + 9 = 2547

42

a) schrittweise
319 − 129 = 190
319 − 100 = 219
219 − 20 = 199
199 − 9 = 190

b) schrittweise
1032 − 789 = 243
1032 − 700 = 332
332 − 80 = 252
252 − 9 = 243

c) stellengerecht
5489 − 356 = 5133
5000 − 0 = 5000
400 − 300 = 100
80 − 50 = 30
9 − 6 = 3

d) schrittweise
4078 − 982 = 3096
4078 − 900 = 3178
3178 − 80 = 3098
3098 − 2 = 3096

Seite 264

43

a)

	2	5	6
+		9	8
	1	1	
	3	5	4

b)

	1	6	7
+	3	8	7
	1	1	
	5	5	4

c)

	1	5	3
+	2	4	9
+		7	4
	1	1	
	4	7	6

d)

	2	4	6
+	3	8	7
+	1	2	8
	1	2	
	7	6	1

44

a)

	2	7	6
−		5	9
		1	
	2	1	7

b)

	3	7	6
−	2	4	9
		1	
	1	2	7

c)

	4	6	8
−	2	3	4
−		9	2
	1		
	1	4	2

d)

	5	9	3
−	3	2	5
−	1	4	8
		1	
	1	2	0

Seite 265

45
a) $3 \cdot 5$ b) $8 \cdot 12$ c) $12 \cdot 9$

46
a) Mögliche Lösung: Es sind 3 Reihen mit 7 Punkten.
$3 \cdot 7 = 21$ Punkte
b) Mögliche Lösung: Es sind 7 Reihen mit 5 Punkten.
$7 \cdot 5 = 35$ Punkte
c) Mögliche Lösung: Es sind 5 Reihen mit 5 Punkten.
$5 \cdot 5 = 25$ Punkte

47
a) $24:6$ b) $45:5$ c) $44:11$ d) $42:7$

Seite 266

48
a) $12:6 = 2$ $12:2 = 6$
$12:4 = 3$ $12:1 = 12$
$12:3 = 4$
b) $30:15 = 2$ $30:3 = 10$
$30:10 = 3$ $30:2 = 15$
$30:6 = 5$ $30:1 = 30$
$30:5 = 6$

49

·	1	2	3	4	5
1	1	2	3	4	5
2	2	4	6	8	10
3	3	6	9	12	15
4	4	8	12	16	20
5	5	10	15	20	25
6	6	12	18	24	30
7	7	14	21	28	35
8	8	16	24	32	40
9	9	18	27	36	45
10	10	20	30	40	50

·	6	7	8	9	10
1	6	7	8	9	10
2	12	14	16	18	20
3	18	21	24	27	30
4	24	28	32	36	40
5	30	35	40	45	50
6	36	42	48	54	60
7	42	49	56	63	70
8	48	56	64	72	80
9	54	63	72	81	90
10	60	70	80	90	100

50
Individuelle Ausführung

51
a) 21 b) 56 c) 28 d) 54 e) 42 f) 56

52
$1 \cdot 1 = 1$ $2 \cdot 2 = 4$ $3 \cdot 3 = 9$
$4 \cdot 4 = 16$ $5 \cdot 5 = 25$ $6 \cdot 6 = 36$
$7 \cdot 7 = 49$ $8 \cdot 8 = 64$ $9 \cdot 9 = 81$
$10 \cdot 10 = 100$ $11 \cdot 11 = 121$ $12 \cdot 12 = 144$
$13 \cdot 13 = 169$ $14 \cdot 14 = 196$ $15 \cdot 15 = 225$
$16 \cdot 16 = 256$ $17 \cdot 17 = 289$ $18 \cdot 18 = 324$
$19 \cdot 19 = 361$ $20 \cdot 20 = 400$

53
Individuelles Lernen

Seite 267

54
Die Hälfte von 36 ist 18.
Die Hälfte von 22 ist 11.
Die Hälfte von 44 ist 22.
Die Hälfte von 28 ist 14.
Die Hälfte von 34 ist 17.

55
Das Doppelte von 21 ist 42.
Das Doppelte von 53 ist 106.
Das Doppelte von 49 ist 98.
Das Doppelte von 37 ist 74.

56
a) $63:7 = 9$ b) $7 \cdot 6 = 42$
c) $72:12 = 6$ d) $17 \cdot 3 = 51$

57
a) $8 \cdot 6 = 48$
Umkehraufgabe:
$48:8 = 6$
b) $48:4 = 12$
Umkehraufgabe:
$12 \cdot 4 = 48$
c) $11 \cdot 9 = 99$
Umkehraufgabe:
$99:9 = 11$
d) $42:3 = 14$
Umkehraufgabe:
$14 \cdot 3 = 42$

Seite 268

58
a) $8 \cdot 100 = 800$
$8 \cdot 1000 = 8000$
$80 \cdot 10 = 800$
b) $13 \cdot 20 = 260$
$13 \cdot 200 = 2600$
$130 \cdot 200 = 26\,000$

59

a) 73 000 : 10 = 7300
73 000 : 100 = 730
73 000 : 1000 = 73

b) 24 000 : 80 = 300
24 000 : 800 = 30
2400 : 800 = 3

60

a) 102 b) 132 c) 459 d) 588
e) 95 f) 392 g) 312 h) 224

61

a) 23 b) 31 c) 44 d) 58
e) 29 f) 52 g) 19 h) 49

Seite 269

62

a)

8	3	·	3
	2	4	9

b)

3	6	4	·	8
	2	9	1	2

c)

4	2	·	2	1
		8	4	
+			4	2
		8	8	2

d)

8	9	·	2	3
	1	7	8	
+		2	6	7
	1	1		
	2	0	4	7

e)

5	3	7	·	4	5
	2	1	4	8	
+		2	6	8	5
		1	1		
	2	4	1	6	5

f)

8	0	9	·	9	8
	7	2	8	1	
+		6	4	7	2
		1			
	7	9	2	8	2

g)

7	3	·	3	7
	2	1	9	
+		5	1	1
		1		
	2	7	0	1

h)

3	2	5	6	·	1	6
		3	2	5	6	
+		1	9	5	3	6
		1	1			
		5	2	0	9	6

63

a)

	4	6	9	:	7	=	6	7
−	4	2						
		4	9					
	−	4	9					
			0					

b)

	1	8	7	2	:	8	=	2	3	4
−	1	6								
		2	7							
	−	2	4							
			3	2						
		−	3	2						
				0						

c)

	5	1	1	2	:	6	=	8	5	2
−	4	8								
		3	1							
	−	3	0							
			1	2						
		−	1	2						
				0						

d)

	8	1	6	3	:	9	=	9	0	7
−	8	1								
		0	6							
	−		0							
			6	3						
		−	6	3						
				0						

Seite 270

64

a)

	5	1	4	:	4	=	1	2	8		R	2
−	4											
	1	1										
−		8										
		3	4									
	−	3	2									
			2									

b)

	6	5	4	:	7	=	9	3		R	3
−	6	3									
		2	4								
	−	2	1								
			3								

c)

	1	2	3	4	:	5	=	2	4	6	R	4
−	1	0										
		2	3									
	−	2	0									
			3	4								
		−	3	0								
				4								

d)

	3	2	1	9	:	9	=	3	5	7	R	6
−	2	7										
		5	1									
	−	4	5									
			6	9								
		−	6	3								
				6								

65

a) Die Regel heißt +7:
7; 14; 21; 28; **35**; **42**; **49**; **56**; **63**; **70**

b) Die Regel heißt +5:
11; 16; 21; 26; **31**; **36**; **41**; **46**; **51**; **56**

c) Die Regel heißt +6; +2; …:
6; 12; 14; 20; 22; 28; **30**; **36**; **38**; **44**; **46**; **52**

d) Die Regel heißt +19:
102; 121; 140; 159; **178**; **197**; **216**; **235**; **254**; **273**

66

a) $12 + 8 \cdot 7 = 12 + 56 = 68$
$(12 + 8) \cdot 7 = 20 \cdot 7 = 140$

b) $36 : 4 + 8 = 9 + 8 = 17$
$36 : (4 + 8) = 36 : 12 = 3$

c) $42 : 7 - 1 = 6 - 1 = 5$
$42 : (7 - 1) = 42 : 6 = 7$

Seite 271

67

$\overline{AB}$ = 1,8 cm;
$\overline{CD}$ = 2,4 cm;
$\overline{EF}$ = 3,7 cm;
$\overline{GH}$ = 4,1 cm;
$\overline{IJ}$ = 5,9 cm

68

a) Radiergummi: 2,5 cm

b) USB-Stick: 3,5 cm

69

a)
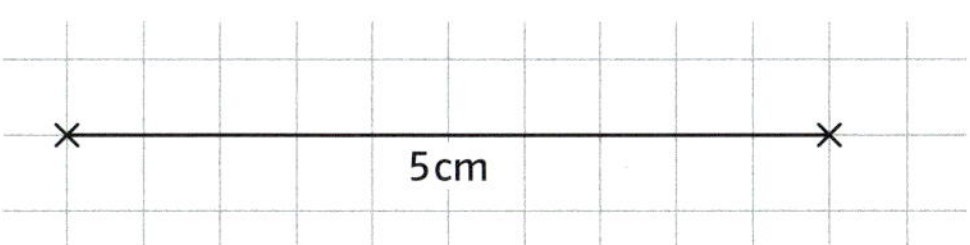

b)
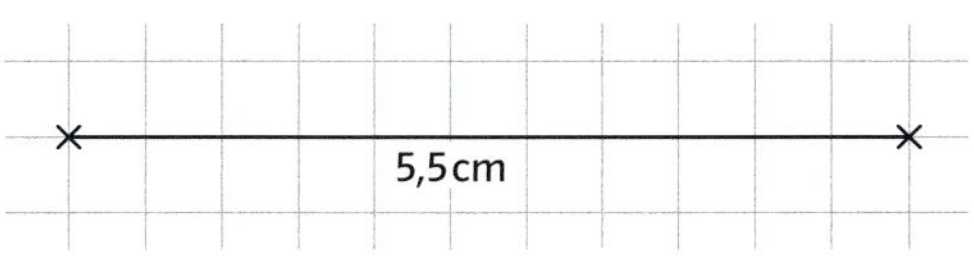

c)
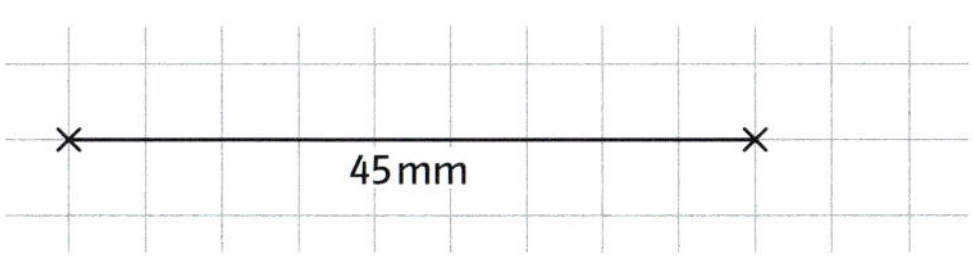

d)
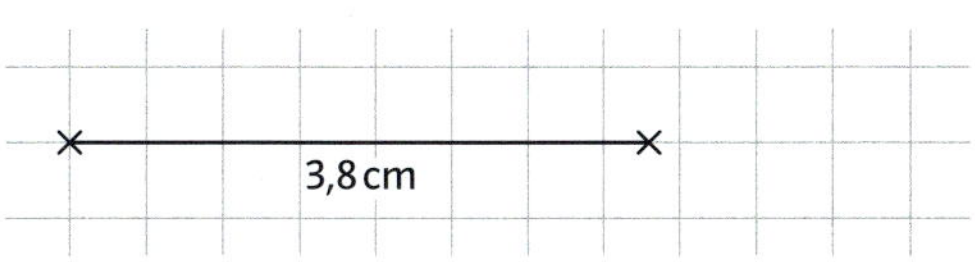

70

a)
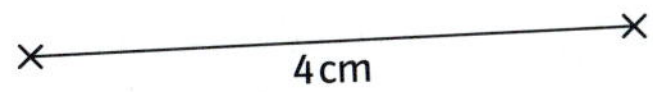

b)
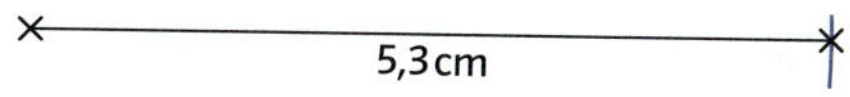

c)
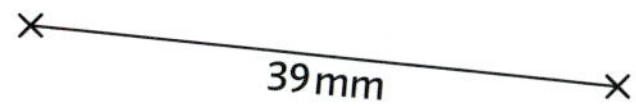

d)
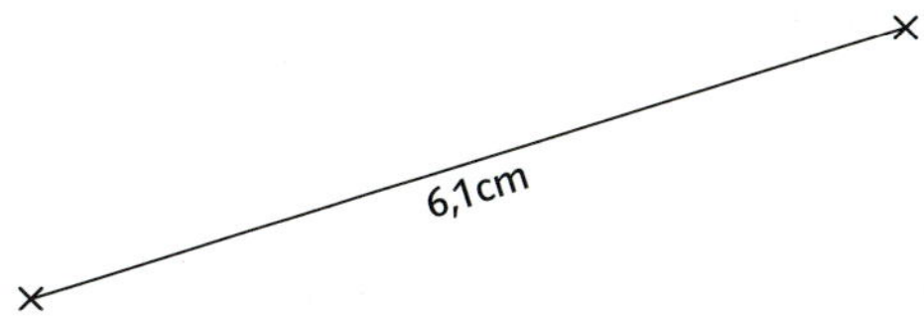

Seite 272

71

Parallel zueinander sind: a und c; b und d; g und h.
Senkrecht zueinander sind: a und g; c und g; a und h; c und h.

72

Die Figuren A und C sind achsensymmetrisch.
Die Figur A hat eine (senkrechte) Symmetrieachse.
Die Figur C hat insgesamt zwei Symmetrieachsen: eine senkrechte und eine waagerechte Symmetrieachse.

A

C
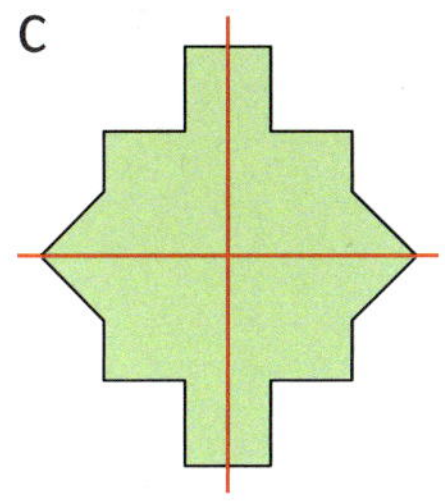

73

a)
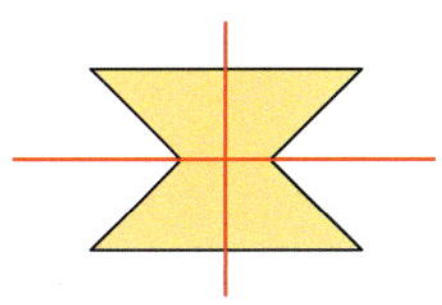

b)
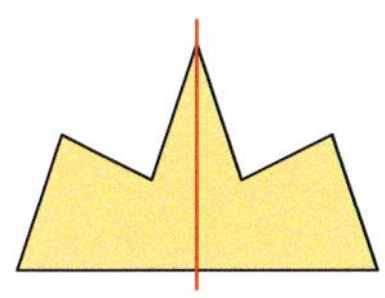

Seite 273

74

a) und b) siehe Zeichnung in der Aufgabe
Achte darauf, die Eckpunkte der Grafik zu zeichnen und dann diese Punkte mit dem Lineal zu verbinden.

75

A: Rechteck
B: Quadrat
C: Kreis
D: Dreieck
E: Viereck
F: Parallelogramm
G: symmetrisches Trapez

Seite 274

76

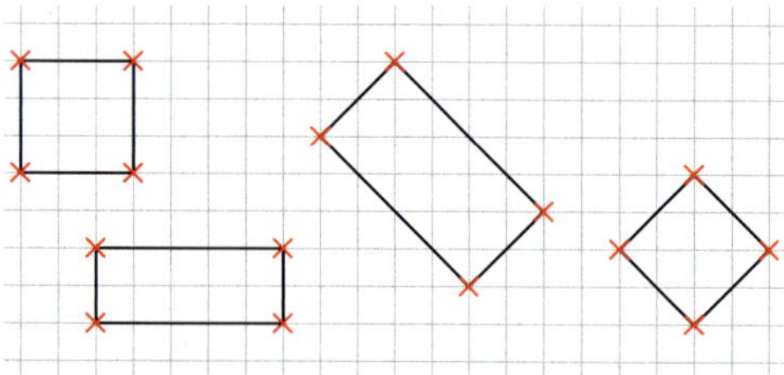

77

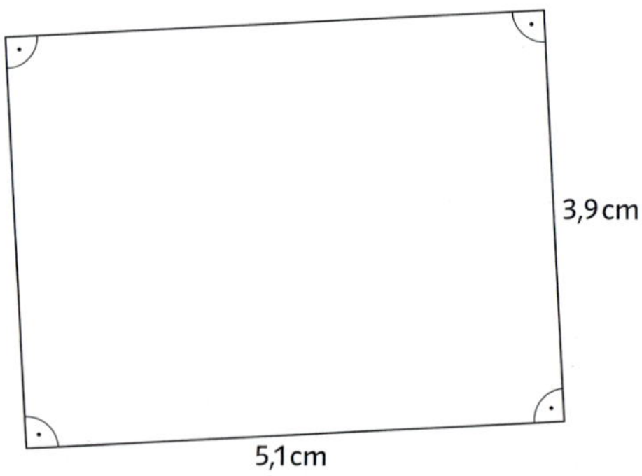

78

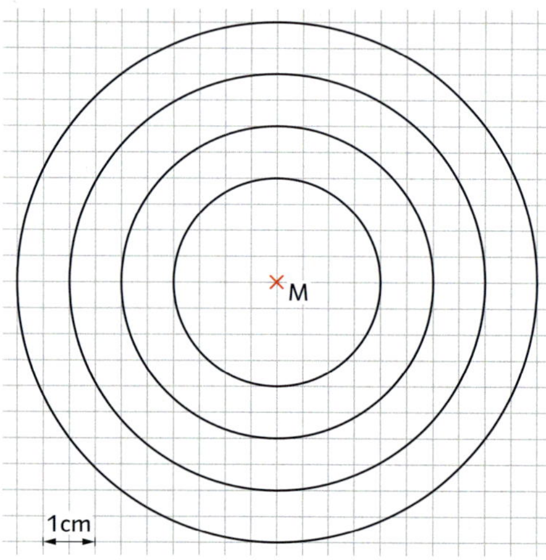

79

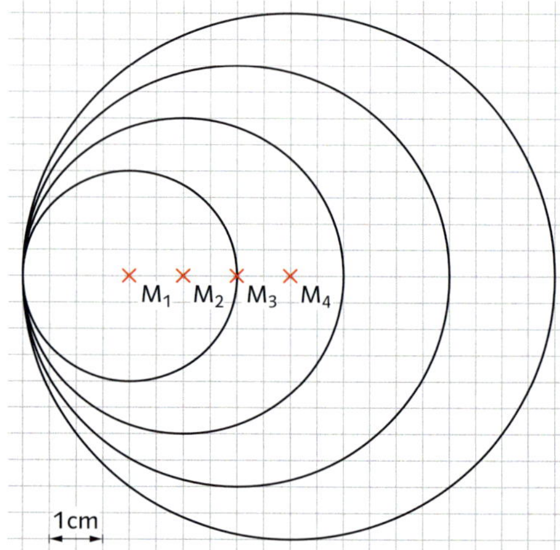

Seite 275

80

Die rechten Winkel sind in den Figuren eingetragen.

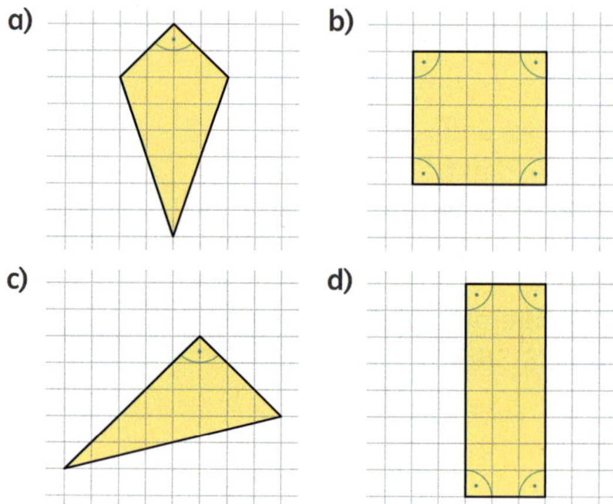

81

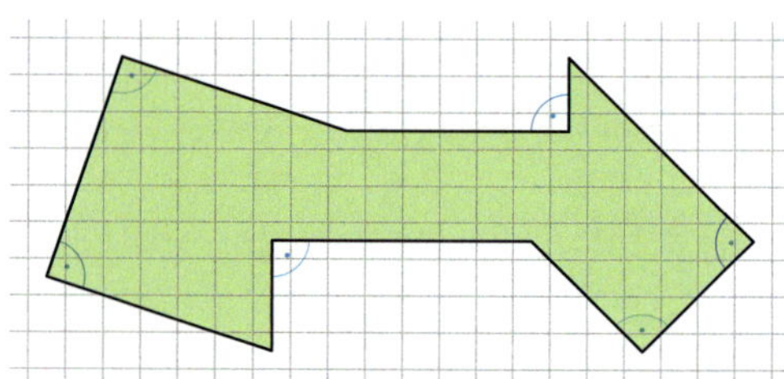

82

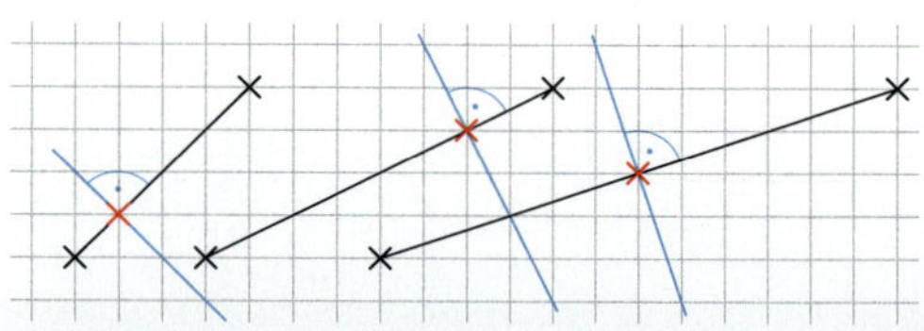

Seite 276

83

a) Den Punkt D erreicht man, indem man vom Koordinatenursprung **10** Kästchen nach rechts und **2** Kästchen nach oben geht.

b) A(0|4); B(4|8); C(8|6); D(10|2)

c) P(2|6); Q(6|2)
Die x- und y-Koordinaten der Punkte P und Q sind vertauscht.

84

a)

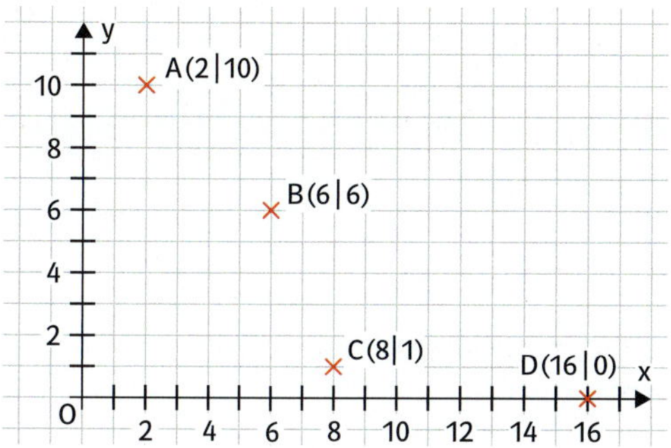

b) Den Punkt B erreicht man, indem man vom Koordinatenursprung aus 6 Kästchen nach rechts und 6 Kästchen nach oben geht.
Den Punkt C erreicht man, indem man vom Koordinatenursprung 8 Kästchen nach rechts und 1 Kästchen nach oben geht.

85

a) Es entsteht ein Rechteck.

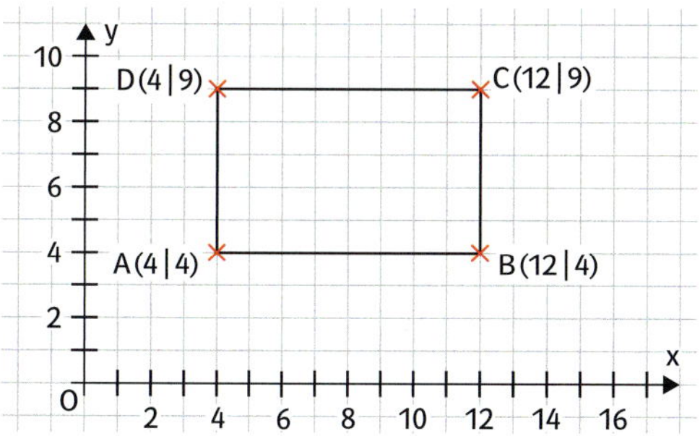

b) Mögliche Lösung:

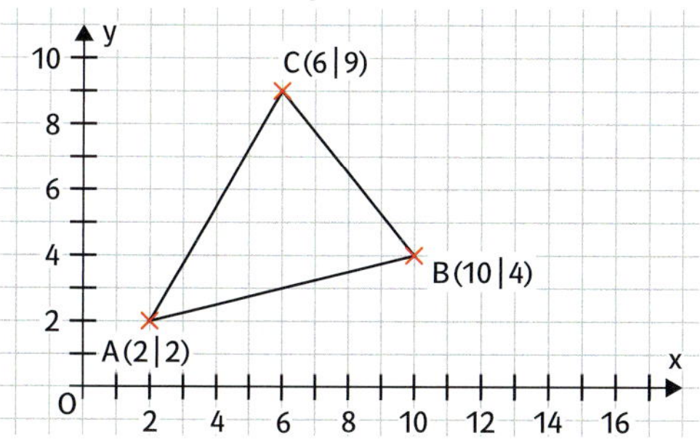

Seite 277

86

a) 12 t = **12 000** kg
b) 15 000 g = **15** kg
c) 3,5 kg = **3500** g
d) 3200 kg = **3,2** t

87

A und (3); B und (5); C und (6); D und (2); E und (1); F und (4)

Seite 278

88

a) 2 Tage = **48** h
b) 360 s = **6** min
c) 180 min = **3** h
d) 96 h = **4** Tage

89

Mögliche Lösung:

a) 40 Stunden > 1 Tag > 100 Minuten
b) 1 Stunde > 2 Minuten > 100 Sekunden

90

a) 240 ct
b) 139 ct
c) 1025 ct
d) 89 ct
e) 7 ct

Seite 279

91

a) 5 m = **50** dm
b) 8 cm = **80** mm
c) 30 dm = **3** m
d) 4 km = **4000** m
e) 45 cm = **4** dm **5** cm
f) 67 dm = **6** m **7** dm
g) 2000 m = **2** km
h) 500 cm = **50** dm = **5** m
i) 3 km 225 m = **3225** m

92

a) 5 mm < 1 dm < 15 cm < 5 dm < 5 m < 15 km
b) 2,5 mm < 25 mm < 20 dm < 250 cm < 2 m < 20 m

93

a) 8 m 7 dm
b) 124 dm + 7 dm = 131 dm = 13 m 1 dm
c) 25 mm + 65 mm = 90 mm = 9 cm
d) 124 dm − 3 dm = 121 dm = 12 m 1 dm
e) 250 mm − 16 mm = 234 mm = 23 cm 4 mm
= 2 dm 3 cm 4 mm
f) 72 m
g) 60 cm
h) 20 m
i) 3 cm

Operatoren

Bestimmte Wörter in Aufgabenstellungen zeigen dir, was du machen sollst.
Diese Wörter nennt man Operatoren.

Operator		Das musst du tun
angeben → nennen → (auf)schreiben → sammeln	*Gib … an/Gebt … an* *Nenne …* *Schreibe … (auf)* *Sammle …*	Du bearbeitest die Aufgabe ohne Lösungsweg und Erklärung. Die Lösung kannst du hintereinander, in einer Liste oder als Satz aufschreiben.
begründen	*Begründe …*	Du löst die Aufgabe und belegst deine Antwort mit Argumenten. Dazu kannst du rechnen, zeichnen oder ganze Sätze nutzen.
berechnen	*Berechne …*	Du löst die Aufgabe und notierst deinen Rechenweg. Nur das Ergebnis reicht nicht.
beschreiben	*Beschreibe …*	Du schreibst in Fachsprache auf, was du in einem Text, in einem Diagramm oder in einer Tabelle liest. Nutze dazu ganze Sätze.
bestimmen → ermitteln	*Bestimme …* *Ermittle …*	Du löst die Aufgabe rechnerisch, zeichnerisch oder auf einem anderen Weg. Du schreibst Zwischenschritte auf und formulierst das Ergebnis.
beurteilen → bewerten → Stellung nehmen	*Beurteile …* *Bewerte …* *Nimm Stellung …/* *Nehmt Stellung …*	Du schätzt mithilfe deines Fachwissens ein, ob eine Aussage zutrifft.
darstellen (grafisch) → veranschaulichen → zeichnen	*Stelle … (grafisch) dar* *Veranschauliche …* *Zeichne …*	Du zeichnest oder schreibst Informationen übersichtlich und in Fachsprache auf. Zusammenhänge, Methoden oder Sachverhalte kannst du als Text, in Tabellen oder in Diagrammen darstellen.
diskutieren → (sich) austauschen → (sich) unterhalten → besprechen	*Diskutiert …* *Tausche (dich) … aus* *Unterhalte (dich) …* *Besprich …/Besprecht …*	Ihr sprecht über eure Meinungen und vergleicht diese. Dann kommt ihr zu einem gemeinsamen Ergebnis.
entscheiden → (aus)wählen	*Entscheide …* *Wähle … (aus)*	Du wählst aus verschiedenen Alternativen eine Möglichkeit aus und begründest deine Wahl.
ergänzen	*Ergänze …*	Du fügst fehlende Informationen fachlich richtig dazu, zum Beispiel in Tabellen, Listen und Reihen.
erklären	*Erkläre …*	Du beschreibst eine Vorgehensweise in eigenen Worten und achtest dabei auf die Fachsprache. Damit zeigst du, dass du sie verstanden hast.
erkunden → (aus)probieren → versuchen	*Erkunde …* *Probiere … (aus)* *Versuche …*	Du beschäftigst dich aktiv mit etwas und findest dabei heraus, wie es funktioniert.
erstellen → aufstellen → anfertigen → anlegen → darstellen	*Erstelle …* *Stelle … auf* *Fertige … an* *Lege … an* *Stelle … dar*	Du stellst das Ergebnis der Aufgabe übersichtlich in vorgegebener Form dar (zum Beispiel als Tabelle, Diagramm, Skizze).
formulieren	*Formuliere …*	Du schreibst möglichst genau eine Aussage, eine Regel oder ein Verfahren auf. Du benutzt ganze Sätze.
notieren	*Notiere …*	Du schreibst die wichtigsten Informationen und Angaben einer Aufgabe in Stichworten auf.

Operator		Das musst du tun
nutzen → anwenden → umgehen mit → verwenden	*Nutze ...* *Wende ... an* *Gehe mit ... um* *Verwende ...*	Du bearbeitest eine Aufgabe mithilfe deines mathematischen Vorwissens oder mit Hilfsmitteln, wie z. B. einem Geodreieck.
ordnen	*Ordne ...*	Du bringst etwas in die richtige Reihenfolge.
präsentieren → vorstellen	*Präsentiere ...* *Stelle ... vor*	Du bereitest ein Thema vor, zu dem du einen Vortrag (Referat) hältst.
prüfen → überlegen → überprüfen → untersuchen	*Prüfe ...* *Überlege ...* *Überprüfe ...* *Untersuche ...*	Du kontrollierst das Ergebnis oder den Zusammenhang mithilfe von vorgegebenen mathematischen Regeln.
recherchieren	*Recherchiere ...*	Du suchst nach geeigneten Informationen zu einem bestimmten Thema.
rechnen (im Kopf)	*Rechne ... (im Kopf)*	Du löst die Aufgabe im Kopf. Du notierst nur das Ergebnis ohne Rechenweg.
skizzieren	*Skizziere ...*	Du erstellst eine Zeichnung mit den wichtigsten Informationen. Die Zeichnung muss nicht genau sein. Längen und Winkel musst du nicht abmessen.
umwandeln	*Wandle ... um*	Du rechnest Angaben in eine andere Darstellungsform oder Einheit um.
vergleichen	*Vergleiche ...*	Du nennst Gemeinsamkeiten und Unterschiede zwischen Situationen, Figuren, Körpern, Zahlen, Rechenwegen, Ergebnissen oder Aussagen.
zeichnen	*Zeichne ...*	Du zeichnest Figuren, Körper oder Diagramme. Du achtest auf alle wichtigen Informationen und eine genaue Darstellung.
zuordnen → sortieren	*Ordne ... zu* *Sortiere ...*	Du notierst, welche Angaben zusammengehören.

Stichwortverzeichnis

Abbildungsverzeichnis

action press international gmbh, Hamburg (magebroker.com), **90.3**; Alamy stock photo, Abingdon (JJM Stock Photography), **146.6**; Axel Reis, Oberderdingen, **167.4**; Blühdorn GmbH - Auftragsfotograf, Fellbach, **213.3**; Blühdorn GmbH, Fellbach, **8.2; 59.2; 91.2; 117.1; 117.2; 122.2; 122.3; 122.4; 122.5; 135.7; 135.8; 149.1; 150.2; 158.9; 158.10; 158.11; 158.12; 187.8; 213.1; 213.2**; Bridgemanimages.com, Berlin, **248.4**; Buchegger, Jürgen Sepp, Tübingen, **255.4**; Christian Günther Fotodesign, Leipzig, **150.1**; Corbis RF, Berlin (RF), **162.3**; Deutsche Bundesbank, Frankfurt am Main, **177.4**; dreamstime.com, Brentwood, TN (Georgios Kollidas), **80.1**; dreamstime.com, Brentwood, TN (Johannes Gerhardus Swanepoel), **162.2**; Ernst Klett Schulbuchverlag Leipzig GmbH, Leipzig, **128.5**; Ernst Klett Verlag GmbH, Stuttgart, **128.20; 160.17; 160.18; 160.19; 160.20**; EZB, Frankfurt, **20.2; 20.3; 177.3**; Getty Images Plus, München (Collection Mix: Subjects/Caia Image), **74.2**; Getty Images Plus, München (Connect Images/Alberto Bogo), **173.6**; Getty Images Plus, München (Digital Vision/Hiroshi Watanabe), **169.2**; Getty Images Plus, München (E+/Imgorthand), **61.2**; Getty Images Plus, München (E+/Knaupe), **232.3**; Getty Images Plus, München (E+/matty2x4), **156.6**; Getty Images Plus, München (E+/Nikada), **148.1**; Getty Images Plus, München (E+/SolStock), **164.3**; Getty Images Plus, München (E+/Symbiont), **103.5**; Getty Images Plus, München (E+/vm), **77.1**; Getty Images Plus, München (E+/zelg), **231.1**; Getty Images Plus, München (Issarawat Tattong), **194.7**; Getty Images Plus, München (iStock/FatCamera), **58.2**; Getty Images Plus, München (iStock/JohnAlexandr), **85.3**; Getty Images Plus, München (iStock/loveischiangrai), **220.1**; Getty Images Plus, München (iStock/Maryna Marchenko), **156.7**; Getty Images Plus, München (iStock/Nordroden), **220.2**; Getty Images Plus, München (iStock/Sitade), **156.10**; Getty Images Plus, München (iStock/Wavebreakmedia), **86.2**; Getty Images Plus, München (lotax), **187.4**; Getty Images Plus, München (Moments/fhm), **170.5**; Getty Images Plus, München (Moment/Yaorusheng), **78.1**; Getty Images Plus, München (PeopleImages), **69.3**; Herzig, Wolfgang, Essen, **5.1; 26.2; 26.3; 26.4; 26.5; 26.6; 40.3; 41.5; 41.7; 43.2; 43.3; 43.4; 43.5; 44.2; 45.9; 52.1; 52.3; 52.4; 52.5; 53.1; 54.2; 54.9; 54.10; 60.1; 63.1; 64.2; 73.2; 76.3; 80.2; 80.3; 85.2; 104.2; 118.2; 119.5; 119.6; 119.7; 119.8; 119.9; 120.2; 127.2; 127.3; 127.11; 127.12; 138.2; 145.5; 151.1; 151.2; 151.3; 152.5; 152.6; 152.7; 153.2; 167.2; 175.8; 175.9; 175.10; 182.2; 185.1; 188.3; 197.3; 201.2; 206.3; 214.2; 219.7; 228.2; 234.1; 238.1; 238.4; 247.2; 247.3; 247.4; 248.2; 248.3; 248.5; 252.1; 274.7; 274.8; 274.9**; Holtermann, Helmut, Dannenberg, **133.18**; https://creativecommons.org/licenses/by-sa/4.0/deed.de, Mountain View (EmDee, CC BY-SA 4.0 <https://creativecommons.org/licenses/by-sa/4.0>, via Wikimedia Commons); CC-BY-SA-4.0 Lizenzbestimmungen: https://creativecommons.org/licenses/by-sa/4.0/legalcode, siehe *3, **48.4**; IMAGO, Berlin (BildFunkMV), **152.2**; IMAGO, Berlin (blickwinkel), **197.4**; IMAGO, Berlin (DeFodi), **36.2**; IMAGO, Berlin (Hohlfeld), **46.2**; IMAGO, Berlin (Schöning), **208.3**; imprint, Zusmarshausen, **5.2; 6.2; 6.3; 7.1; 7.2; 10.3; 10.4; 10.5; 10.6; 10.7; 11.1; 11.2; 11.4; 11.5; 11.6; 11.7; 12.1; 12.2; 12.3; 12.4; 12.5; 13.2; 13.3; 13.4; 13.5; 14.2; 14.3; 14.5; 15.1; 15.2; 15.3; 16.3; 16.4; 18.1; 18.2; 18.3; 19.2; 19.3; 19.5; 20.4; 21.1; 21.2; 21.3; 22.1; 22.2; 22.3; 22.4; 23.1; 23.2; 23.3; 25.1; 25.2; 26.7; 26.8; 26.9; 26.10; 26.11; 26.12; 26.13; 26.14; 26.15; 26.16; 28.3; 28.4; 28.5; 28.6; 28.7; 28.8; 28.9; 28.10; 29.1; 29.2; 29.3; 29.4; 29.5; 29.6; 29.7; 29.8; 29.9; 29.10; 29.11; 29.12; 29.13; 29.14; 31.2; 31.3; 31.4; 31.5; 31.6; 31.7; 31.8; 31.9; 32.1; 32.2; 32.3; 32.4; 32.5; 40.2; 41.1; 41.2; 41.3; 41.4; 41.9; 41.10; 41.11; 41.12; 41.13; 44.1; 45.2; 45.3; 45.4; 45.5; 45.6; 45.7; 45.8; 46.4; 49.1; 49.2; 51.1; 51.2; 55.1; 56.1; 63.2; 64.1; 69.4; 69.5; 69.6; 72.2; 72.3; 72.4; 81.2; 81.3; 81.4; 81.5; 83.1; 83.2; 83.3; 86.3; 86.4; 90.1; 90.2; 92.1; 95.2; 97.3; 97.4; 98.2; 98.3; 98.4; 99.1; 99.2; 99.3; 99.4; 101.1; 103.2; 103.3; 103.4; 104.3; 107.2; 107.3; 111.1; 111.2; 111.3; 111.4; 111.5; 115.1; 115.2; 115.3; 115.4; 115.5; 115.6; 115.7; 115.8; 115.9; 117.4; 117.5; 117.6; 117.7; 118.3; 118.4; 118.5; 118.6; 118.7; 119.1; 119.2; 119.3; 119.4; 119.10; 120.3; 120.4; 120.5; 120.6; 120.7; 120.8; 120.9; 120.10; 120.11; 120.12; 120.13; 121.1; 121.2; 121.3; 121.4; 121.5; 121.6; 121.7; 122.6; 122.7; 122.8; 122.9; 122.10; 122.11; 122.12; 122.13; 123.1; 123.2; 123.3; 123.4; 123.5; 123.6; 123.7; 123.8; 123.9; 123.10; 123.11; 123.12; 123.13; 123.14; 124.1; 124.2; 124.3; 124.4; 124.5; 125.3; 125.4; 125.5; 125.6; 125.7; 125.8; 125.9; 125.10; 125.11; 125.12; 126.1; 126.2; 126.3; 126.4; 126.5; 127.4; 127.5; 127.6; 127.7; 127.8; 127.9; 127.10; 128.8; 128.9; 128.10; 128.11; 128.12; 128.13; 128.14; 128.15; 128.16; 128.17; 128.18; 128.19; 128.23; 129.1; 129.2; 129.3; 129.4; 129.5; 129.6; 129.7; 129.8; 129.9; 132.5; 132.6; 132.7; 132.8; 132.9; 132.10; 132.11; 132.12; 132.13; 133.2; 133.3; 133.4; 133.5; 133.6; 133.7; 133.8; 133.9; 133.10; 133.11; 133.12; 133.19; 134.3; 134.4; 134.5; 134.6; 134.7; 134.8; 134.9; 134.10; 135.1; 135.2; 135.3; 135.4; 135.5; 135.6; 136.2; 136.3; 136.4; 136.5; 136.6; 136.7; 136.8; 136.9; 137.1; 137.2; 137.3; 137.4; 137.5; 138.3; 138.4; 138.5; 138.6; 138.7; 138.8; 138.9; 138.10; 138.11; 138.12; 138.13; 138.14; 139.1; 139.2; 139.3; 139.4; 139.5; 139.6; 139.7; 139.8; 139.9; 140.1; 140.2; 140.3; 140.4; 140.5; 140.6; 140.7; 140.8; 140.9; 140.10; 140.11; 140.12; 140.13; 140.14; 140.15; 140.16; 140.17; 141.2; 141.3; 141.4; 141.5; 141.6; 141.7; 141.8; 141.9; 141.10; 141.11; 141.12; 141.13; 142.1; 142.2; 142.3; 142.4; 142.5; 142.6; 142.7; 142.8; 142.9; 142.10; 142.11; 143.1; 143.8; 143.9; 143.10; 143.11; 143.12; 143.13; 143.14; 143.15; 143.16; 143.17; 143.18; 143.19; 143.20; 143.21; 143.22; 144.2; 144.3; 144.4; 144.5; 145.2; 145.6; 145.7; 145.8; 146.1; 146.2; 146.3; 146.7; 146.8; 146.9; 146.10; 146.11; 147.1; 147.2; 147.3; 147.4; 147.5; 147.6; 147.7; 149.2; 149.3; 149.4; 149.5; 149.6; 149.7; 149.8; 149.9; 152.3; 152.4; 153.3; 153.4; 153.5; 154.2; 154.3; 154.4; 154.5; 154.6; 154.7; 154.8; 154.9; 154.10; 154.11; 155.3; 155.4; 155.5; 155.6; 155.7; 155.8; 155.9; 155.10; 155.11; 156.1; 156.2; 156.3; 156.4; 156.5; 156.8; 156.9; 157.3; 157.4; 157.5; 157.6; 157.7; 157.8; 157.9; 157.10; 157.11; 157.12; 157.13; 157.14; 157.15; 157.16; 158.1; 158.2; 158.3; 158.4; 158.5; 158.6; 158.7; 158.8; 158.13; 158.14; 158.15; 158.16; 159.1; 159.2; 159.3; 159.4; 159.5; 159.6; 159.7; 159.8; 159.9; 159.10; 159.11; 159.12; 159.13; 159.14; 159.15; 159.16; 159.17; 159.18; 159.19; 159.20; 159.21; 159.22; 159.23; 159.24; 160.1; 160.2; 160.3; 160.4; 160.5; 160.6; 160.7; 160.8; 160.9; 160.10; 160.11; 160.12; 160.13; 160.14; 160.15; 160.16; 160.21; 160.22; 160.23; 160.25; 160.26; 160.27; 160.28; 161.1; 161.2; 161.3; 161.4; 161.5; 161.6; 161.7; 162.4; 162.5; 162.6; 162.7; 162.8; 162.9; 163.2; 163.3; 163.4; 163.5; 163.6; 163.7; 163.8; 163.9; 164.1; 164.2; 164.4; 164.5; 164.6; 164.7; 165.3; 165.4; 165.5; 165.6; 166.2; 166.3; 166.4; 166.5; 166.6; 166.7; 166.8; 166.9; 166.10; 166.11; 169.3; 169.4; 169.5; 169.6; 169.7; 169.8; 169.9; 169.10; 170.2; 170.3; 170.4; 170.6; 171.1; 171.2; 171.3; 171.4; 171.5; 171.6; 171.7; 171.8; 171.9; 171.10; 171.11; 171.12; 171.13; 171.14; 172.2; 172.3; 172.4; 172.5; 172.6; 172.7; 172.8; 172.9; 173.1; 173.2; 173.3; 173.4; 173.5; 174.2; 174.3; 174.4; 174.5; 174.7; 174.8; 174.9; 174.10; 174.11; 174.12; 175.1; 175.2; 175.3; 175.4; 175.5; 175.6; 175.7; 177.2; 177.10; 177.11; 184.1; 184.2; 184.3; 184.4; 185.2; 185.3; 185.4; 190.7; 198.1; 211.1; 211.2; 211.3; 214.3; 214.4; 214.5; 215.2; 215.3; 215.4; 215.5; 215.6; 215.7; 216.2; 216.3; 216.4; 216.5; 216.6; 216.7; 216.8; 217.1; 217.2; 217.3; 217.4; 217.5; 217.6; 217.7; 217.9; 217.10; 218.2; 221.3; 221.4; 221.5; 221.6; 221.7; 222.2; 222.3; 222.4; 222.5; 222.6; 222.7; 222.8; 224.3; 226.2; 226.3; 226.4; 226.5; 226.6; 227.2; 227.3; 227.4; 227.5; 227.6; 227.7; 227.8; 227.9; 227.10; 227.11; 227.12; 227.13; 227.14; 228.1; 228.4; 228.6; 229.1; 229.2; 229.3; 229.4; 229.5; 229.6; 230.2; 230.3; 230.4; 230.5; 230.6; 230.7; 231.2; 231.3; 231.4; 231.5; 231.6; 231.7; 231.8; 232.1; 232.2; 233.1; 233.3; 233.4; 234.3; 235.1; 235.2; 235.3; 241.4; 241.5; 241.6; 250.2; 255.2; 255.3; 256.2; 256.4; 256.5; 257.2; 257.3; 257.4; 257.5; 257.6; 257.7; 257.8; 260.2; 260.3; 260.4; 261.2; 265.2; 265.3; 265.4; 265.5; 267.2; 267.3; 270.2; 271.2; 271.3; 271.4; 271.5; 271.6; 271.9; 271.10; 271.11; 271.12; 271.13; 271.14; 272.2; 272.4; 272.5; 272.6; 272.7; 273.2; 273.3; 273.4; 273.5; 273.6; 274.2; 274.3; 274.4; 274.5; 274.6; 274.10; 275.2; 275.3; 275.4; 275.5; 275.6; 275.7; 275.8; 275.9; 275.10; 276.2; 276.3; 276.4; 277.2; 277.3; 277.4; 277.5; 277.6; 277.7; 277.8; 277.9; 277.10; 277.11; 277.12; 277.13; 277.14; 277.15; 280.1; 280.2; 281.1; 281.2; 281.3; 281.4; 282.1; 282.2; 282.3; 282.4; 288.1; 288.2; 288.3; 288.4; 288.5; 289.1; 289.2; 289.3; 289.4; 289.5; 290.1; 290.2; 290.3; 290.4; 290.5; 290.6; 291.1; 291.2; 291.3; 291.4; 291.5; 291.6; 291.7; 291.8; 292.1; 292.2; 292.3; 292.4; 292.5; 292.6; 293.1; 293.2; 293.3; 293.4; 293.5; 293.6; 293.7; 293.8; 293.9; 293.10; 294.1; 294.2; 294.3; 294.4; 294.5; 294.6; 294.7; 296.1; 296.2; 296.3; 301.1; 301.2; 302.1; 302.2; 302.3; 302.4; 302.5; 307.1; 307.2; 307.3;**

307.4; 307.5; 307.6; 307.7; 307.8; 307.9; 307.10; 307.11; 307.12; 308.1; 308.2; 308.3; 308.4; 308.5; 308.6; 308.7; 308.8; 308.9; 308.10; 309.1; 309.2; 309.3; iStockphoto, Calgary, Alberta (Floortje), **177.7**; iStockphoto, Calgary, Alberta (RF), **191.2**; iStockphoto, Calgary, Alberta (TwilightEye), **193.3**; iStockphoto, Calgary, Alberta (Vasiliki Varvaki), **154.1**; Jähde, Steffen, Sundhagen, **133.13**; juniors@wildlife, Hamburg (M.Varesvuo), **187.7**; KD Busch GmbH, Stuttgart, **75.2; 75.3; 75.4; 110.3; 110.4; 110.5; 241.7; 241.8; 241.9; 246.1; 246.2; 246.3; 246.4**; Kranenberg, Hendrik, Drolshagen, **200.4**; laif, Köln (Edgar Rodtmann), **177.6**; Lienert, Klaus, Appenweier, **167.5**; Lumina Datamatics GmbH, München, **190.5; 278.2; 278.3**; Marzell, Alfred, Schwäbisch Gmünd, **160.24**; Mauritius Images, Mittenwald (Dr. Wilfried Bahnmüller / imageBROKER), **219.4**; Mauritius Images, Mittenwald (Maskot), **167.6**; Mauritius Images, Mittenwald (Pixel-shot / Alamy), **90.4**; Mauritius Images, Mittenwald (Torsten Krüger), **116.3**; Menzel, Tom, Scharbeutz/Klingberg, **19.4**; MEV Verlag GmbH, Augsburg, **177.8; 177.9; 194.5**; Nehren, Otto, Achern, **151.4**; Oser, Liliane, Hamburg, **200.3**; Picture-Alliance, Frankfurt/M. (Peter Kneffel/dpa-Report), **150.4**; Picture-Alliance, Frankfurt/M. (Zentralbild), **187.6**; plainpicture GmbH & Co. KG, Hamburg (Birgid Allig), **225.1**; Schobel, Ingrid, Hannover, **190.2; 190.3; 190.4; 190.6**; Scratch/CC-BY-SA-4.0 Creative Commons. Scratch ist ein Projekt der Scratch Foundation und der Lifelong Kindergarten Group am MIT Media Lab. Es steht kostenlos unter https://scratch.mit.edu zur Verfügung., **17.3; 93.2; 93.3; 244.3**; Screenshot Geometrie-Tool Ernst Klett Verlag GmbH, **130.2; 130.3; 130.4; 130.5; 130.6; 131.1; 131.2; 131.3; 131.4; 131.5; 131.6; 131.7; 131.8**; Screenshot Windows Media Player Legacy. Nutzung mit Genehmigung von Microsoft., **184.5; 184.6**; ShutterStock.com RF, New York, **183.5; 200.6; 241.3**; ShutterStock.com RF, New York (Aerial Film Studio), **112.2**; ShutterStock.com RF, New York (Alegeo), **150.3**; ShutterStock.com RF, New York (Astrid Gast), **215.9**; ShutterStock.com RF, New York (Berna Namoglu), **183.6**; ShutterStock.com RF, New York (Bjoern Wylezich), **194.6**; ShutterStock.com RF, New York (Brocreative), **183.4**; ShutterStock.com RF, New York (ChameleonsEye), **68.1**; ShutterStock.com RF, New York (Chatham172), **196.2**; ShutterStock.com RF, New York (Chawranphoto), **150.5**; ShutterStock.com RF, New York (chrisdorney), **165.2**; ShutterStock.com RF, New York (DAMRONG RATTANAPONG), **193.5**; ShutterStock.com RF, New York (Eric Isselee), **82.2**; ShutterStock.com RF, New York (Flying object), **84.2**; ShutterStock.com RF, New York (GoodFocused), **82.3**; ShutterStock.com RF, New York (Hendranyoman), **187.3**; ShutterStock.com RF, New York (keysnapps), **193.6**; ShutterStock.com RF, New York (matimix), **20.5**; ShutterStock.com RF, New York (Nemes Laszlo), **97.2**; ShutterStock.com RF, New York (on_france), **180.3**; ShutterStock.com RF, New York (Prostock-studio), **179.3**; ShutterStock.com RF, New York (Rawpixel.com), **7.3**; ShutterStock.com RF, New York (Roman Samborskyi), **179.2; 179.6**; ShutterStock.com RF, New York (StockImageFactory.com), **179.1**; ShutterStock.com RF, New York (suicidecrew), **128.21**; ShutterStock.com RF, New York (timquo), **252.3**; ShutterStock.com RF, New York (ueuaphoto), **194.2**; ShutterStock.com RF, New York (Undorik), **252.4**; ShutterStock.com RF, New York (Viktor Fedorenko), **252.2**; ShutterStock.com RF, New York (Vladimír Vítek), **57.2**; ShutterStock.com RF, New York (VOLYK IEVGENII), **182.1**; stock.adobe.com, Dublin, **21.4; 30.2; 46.3; 212.2; 219.6**; stock.adobe.com, Dublin (ABM), **70.1**; stock.adobe.com, Dublin (Adam Gryko), **38.4**; stock.adobe.com, Dublin (akiyoko), **189.4**; stock.adobe.com, Dublin (AmalliaEka), **253.2**; stock.adobe.com, Dublin (andres), **189.2**; stock.adobe.com, Dublin (andrew), **178.5**; stock.adobe.com, Dublin (Andrey Popov), **42.2**; stock.adobe.com, Dublin (AnnaStills), **167.1**; stock.adobe.com, Dublin (Annette Schindler), **116.2**; stock.adobe.com, Dublin (ARochau), **196.4**; stock.adobe.com, Dublin (Artur Golbert), **35.3**; stock.adobe.com, Dublin (ArtushFoto), **197.2**; stock.adobe.com, Dublin (Asier), **179.4**; stock.adobe.com, Dublin (Ayoze), **65.3**; stock.adobe.com, Dublin (azerbaijan-stockers), **27.3**; stock.adobe.com, Dublin (Azhorov), **94.2**; stock.adobe.com, Dublin (belleepok), **39.3**; stock.adobe.com, Dublin (Bianka), **188.2**; stock.adobe.com, Dublin (bilderexpertin65), **88.2**; stock.adobe.com, Dublin (BillionPhotos.com), **65.5**; stock.adobe.com, Dublin (BINGJHEN), **178.1**; stock.adobe.com, Dublin (Björn Wylezich), **202.2**; stock.adobe.com, Dublin (Bocskai István), **265.6; 265.7; 265.8; 265.9; 265.10; 265.11; 265.12; 265.13; 265.14; 265.15; 265.16; 265.17**; stock.adobe.com, Dublin (bumann), **189.6**; stock.adobe.com, Dublin (by paul), **100.2**; stock.adobe.com, Dublin (callipso), **188.1**; stock.adobe.com, Dublin (celiafoto), **49.5**; stock.adobe.com, Dublin (ChiccoDodiFC), **38.3; 44.3**; stock.adobe.com, Dublin (ChriSes), **39.6**; stock.adobe.com, Dublin (Christian Bieri), **39.1**; stock.adobe.com, Dublin (connel_design), **200.2**; stock.adobe.com, Dublin (Contrastwerkstatt), **167.3**; stock.adobe.com, Dublin (Coprid), **271.8**; stock.adobe.com, Dublin (Cornelia Wohlrab), **47.2**; stock.adobe.com, Dublin (Cpro), **237.2**; stock.adobe.com, Dublin (Custom Scene), **271.7**; stock.adobe.com, Dublin (Daniel Ernst), **146.5**; stock.adobe.com, Dublin (Daniel Vincek), **79.1**; stock.adobe.com, Dublin (Davizro Photography), **182.3**; stock.adobe.com, Dublin (Deacon docs), **193.2**; stock.adobe.com, Dublin (deagreez), **168.4**; stock.adobe.com, Dublin (Delphotostock), **199.3**; stock.adobe.com, Dublin (Demolab), **168.3**; stock.adobe.com, Dublin (Denis Rozhnovsky), **65.4**; stock.adobe.com, Dublin (diamant24), **251.4**; stock.adobe.com, Dublin (didecs), **38.5**; stock.adobe.com, Dublin (Dimitri), **223.3**; stock.adobe.com, Dublin (diy13), **215.8**; stock.adobe.com, Dublin (Dmitry), **208.2**; stock.adobe.com, Dublin (Dorde), **109.2**; stock.adobe.com, Dublin (Drazen), **79.4**; stock.adobe.com, Dublin (drubig-photo), **4.1**; stock.adobe.com, Dublin (Edith Czech), **207.3**; stock.adobe.com, Dublin (EdNurg), **202.3**; stock.adobe.com, Dublin (emer), **241.2**; stock.adobe.com, Dublin (Ericus), **205.4**; stock.adobe.com, Dublin (Evgenii), **32.6; 32.7; 32.8; 32.9; 32.10; 32.11; 32.12; 32.13; 32.14; 32.15; 32.16; 32.17; 32.18; 32.19; 32.21; 32.22; 32.23; 32.24; 32.24; 32.25; 32.26; 32.27; 32.28; 32.29; 32.30; 32.31; 32.32; 32.33; 32.34; 32.35**; stock.adobe.com, Dublin (exebiche), **192.2**; stock.adobe.com, Dublin (familie-eisenlohr.de), **110.2**; stock.adobe.com, Dublin (fotohansel), **128.22**; stock.adobe.com, Dublin (Fotoschlick), **253.1**; stock.adobe.com, Dublin (fototheobald), **48.2**; stock.adobe.com, Dublin (fredredhat), **186.2**; stock.adobe.com, Dublin (frender), **35.1**; stock.adobe.com, Dublin (Friedberg), **39.5**; stock.adobe.com, Dublin (giedriius), **177.5**; stock.adobe.com, Dublin (Halfpoint), **37.2**; stock.adobe.com, Dublin (Henry Schmitt), **240.2**; stock.adobe.com, Dublin (highwaystarz), **183.3; 237.3**; stock.adobe.com, Dublin (hiro), **219.3**; stock.adobe.com, Dublin (icedmocha), **183.2**; stock.adobe.com, Dublin (Instantly), **143.7**; stock.adobe.com, Dublin (in_colors), **38.2**; stock.adobe.com, Dublin (iredding01), **41.8**; stock.adobe.com, Dublin (Irina Schmidt), **14.4**; stock.adobe.com, Dublin (jarek106), **132.2; 132.3; 132.4**; stock.adobe.com, Dublin (javarman), **59.1**; stock.adobe.com, Dublin (Joachim Wendler), **50.1**; stock.adobe.com, Dublin (Julia), **108.2**; stock.adobe.com, Dublin (Kaesler Media), **198.2**; stock.adobe.com, Dublin (Kara), **189.5**; stock.adobe.com, Dublin (Kaspars Grinvalds), **16.2**; stock.adobe.com, Dublin (Keith Tarrier), **26.1**; stock.adobe.com, Dublin (knlml), **39.2**; stock.adobe.com, Dublin (Krakenimages.com), **168.2; 179.5**; stock.adobe.com, Dublin (Kristina Blokhin), **39.7**; stock.adobe.com, Dublin (krivinis), **191.3**; stock.adobe.com, Dublin (LIGHTFIELD STUDIOS), **10.2**; stock.adobe.com, Dublin (Lukas Gojda), **66.2**; stock.adobe.com, Dublin (magann), **194.3**; stock.adobe.com, Dublin (mageBROKER), **195.1**; stock.adobe.com, Dublin (Magnus), **181.2**; stock.adobe.com, Dublin (Marc), **186.4**; stock.adobe.com, Dublin (Maren Winter), **81.1**; stock.adobe.com, Dublin (MarkRademaker), **228.8**; stock.adobe.com, Dublin (Markus Mainka), **177.1**; stock.adobe.com, Dublin (markus thoenen), **15.4**; stock.adobe.com, Dublin (Matthias), **244.2**; stock.adobe.com, Dublin (max_776), **33.2**; stock.adobe.com, Dublin (Mediteraneo), **55.2**; stock.adobe.com, Dublin (mezzotint_fotolia), **178.3**; stock.adobe.com, Dublin (mirpic), **219.2**; stock.adobe.com, Dublin (mmphoto), **199.1**; stock.adobe.com, Dublin (Monkey Business), **199.4**; stock.adobe.com, Dublin (mpix-foto), **182.4**; stock.adobe.com, Dublin (Mr Twister), **199.2**; stock.adobe.com, Dublin (Mr.Stock), **79.2**; stock.adobe.com, Dublin (MUHAMMADUZAIR), **24.1**; stock.adobe.com, Dublin (murziknata), **180.8**; stock.adobe.com, Dublin (M. Schuppich), **272.3**; stock.adobe.com, Dublin (Natalia), **187.2**; stock.adobe.com, Dublin (Nelea Reazanteva), **155.2**; stock.adobe.com, Dublin (New Africa), **79.3; 187.5; 212.3**; stock.adobe.com, Dublin (obelicks), **116.1**; stock.adobe.com, Dublin (Odua Images), **236.1**; stock.adobe.com, Dublin (Olga Mykovych), **195.2**; stock.adobe.com, Dublin (Olga), **223.1**; stock.adobe.com, Dublin (olindana), **180.4**; stock.adobe.com, Dublin (omar), **180.7**; stock.adobe.com, Dublin (panaramka), **30.1**; stock.adobe.com, Dublin (Patryk Kosmider), **65.2**; stock.adobe.com, Dublin (Paul Gorvett/Wirestock), **47.3**; stock.adobe.com, Dublin (PaulPaladin), **48.3**; stock.adobe.com, Dublin (pavel1964), **205.3**; stock.adobe.com, Dublin (Peter), **178.4**; stock.adobe.com, Dublin (photophonie), **224.2**; stock.adobe.com, Dublin (PictureP.), **143.6**; stock.adobe.com, Dublin (psamtik), **105.3**; stock.adobe.com, Dublin (pusteflower9024), **27.2**; stock.adobe.com, Dublin (Rasmuscool99), **199.5**; stock.adobe.com, Dublin (ra2 studio), **189.3**; stock.adobe.com, Dublin (RDVector), **209.1**; stock.adobe.com, Dublin (reasti), **186.3**; stock.adobe.com, Dublin (refresh(PIX)), **17.2**; stock.adobe.com, Dublin (Rita Priemer), **37.1**; stock.adobe.com, Dublin (rkbox), **63.3**; stock.adobe.com, Dublin (RLS Photo), **196.3**; stock.adobe.com, Dublin (Robert Kneschke), **210.1; 238.3**; stock.adobe.com, Dublin (Romolo Tavani), **237.1**; stock.adobe.com, Dublin (rupbilder), **134.2**; stock.adobe.com, Dublin (Salih), **180.5**; stock.adobe.com, Dublin (sal73it), **199.6**; stock.adobe.com, Dublin (SASITHORN), **49.4**; stock.adobe.com, Dublin (sebra), **180.6**; stock.adobe.com, Dublin (sehbaer_nrw), **114.1**; stock.adobe.com, Dublin (Sergej Razvodovskij), **202.1**; stock.adobe.com, Dublin (Sergio), **105.2**; stock.adobe.com, Dublin (shocky), **193.4**; stock.adobe.com, Dublin (shootingankauf), **97.5**; stock.adobe.com, Dublin (simoneminth), **205.2**; stock.adobe.com, Dublin (skumer), **241.1**; stock.adobe.com, Dublin (SmallWorldProduction), **207.2**; stock.adobe.com, Dublin (Smileus), **223.2**; stock.adobe.com, Dublin (stefflach), **113.1**; stock.adobe.com, Dublin (Stephan Dinges), **146.4**; stock.adobe.com, Dublin (Stockfotos-MG), **95.1**; stock.adobe.com, Dublin (supercavie), **238.2**; stock.adobe.com, Dublin (Svetlana), **U1.1**; stock.adobe.com, Dublin (Syda Productions), **190.8**; stock.adobe.com, Dublin (taddle), **194.8**; stock.adobe.com, Dublin (Thomas Dutour), **39.4**; stock.adobe.com, Dublin (thomaslerchphoto), **186.5**; stock.adobe.com, Dublin (Tobias Arhelger), **178.6**; stock.adobe.com, Dublin (Tolo), **48.1**; stock.adobe.com, Dublin (Tomasz), **219.5**; stock.adobe.com, Dublin (Trueffelpix), **200.5**; stock.adobe.com, Dublin (Trung Nguyen), **178.2**; stock.adobe.com, Dublin (Tryfonov), **27.1**; stock.adobe.com, Dublin (utah51), **196.1**; stock.adobe.com, Dublin (Vadym), **195.3**; stock.adobe.com, Dublin (viperagp), **28.2**; stock.adobe.com, Dublin (Vladimir Melnikov), **117.3**; stock.adobe.com, Dublin (wachiwit), **207.1**; stock.adobe.com, Dublin (Waler), **143.5**; stock.adobe.com, Dublin (WavebreakmediaMicro), **62.1**; stock.adobe.com, Dublin (WavebreakMediaMicro), **67.2**; stock.adobe.com, Dublin (weyo), **180.2**; stock.adobe.com, Dublin (Wolfgang Mette), **191.1**; stock.adobe.com, Dublin (WP!), **49.3**; stock.adobe.com, Dublin (yalapeak), **11.3; 76.2; 251.2; 251.3**; stock.adobe.com, Dublin (yojo), **206.2**; stock.adobe.com, Dublin (zakokor), **42.3**; stock.adobe.com, Dublin (zanarinilara), **176.1**; stock.adobe.com, Dublin (Zerbor), **168.1**; stock.adobe.com, Dublin (**Михаил Решетников**), **228.7**; stock.adobe.com, Dublin (**Олег Арюткин**), **39.8; 46.5**; stock.adobe.com, Dublin (735256413), **179.7**; Thinkstock, München (iStock / monkeybusinessimages), **6.1**; tiff.any GmbH & Co. KG, Berlin, **52.2; 54.3; 54.4; 54.5; 54.6; 54.7; 54.8; 100.3; 100.4; 133.14; 133.15; 133.16; 133.17; 157.2; 178.7; 212.1; 238.5; 238.6; 238.7; 238.8; 239.1; 239.2**; ullstein bild, Berlin (Schöning), **145.3; 145.4**; URW, Hamburg, **128.2; 128.3; 128.4; 128.6; 128.7; 132.14; 132.15; 132.16; 132.17; 132.18; 143.2; 143.3; 143.4**; Uwe Alfer, Kråksmåla, Alsterbro, **20.1; 22.5; 32.36; 35.2; 41.6; 47.4; 56.2; 56.3; 76.1; 92.2; 92.3; 150.6; 174.6; 217.8; 221.2; 228.3; 228.5; 233.2; 234.2**; Wolters, Dorothee, Köln, **125.2**; www.WetterKontor.de, **256.3**

*3 Lizenzbestimmungen zu CC-BY-SA-4.0 siehe: http://creativecommons.org/licenses/by-sa/4.0/legalcode

Die Reihenfolge und Nummerierung der Bild- und Textquellen im Quellennachweis erfolgt automatisch und entspricht u. U. nicht der Nummerierung der Bild- und Textquellen im Werk. Die automatische Vergabe der Positionsnummern erfolgt in der Regel von links oben nach rechts unten, ausgehend von der linken oberen Ecke der Abbildung.

1. Auflage 1 5 4 3 2 1 | 29 28 27 26 25

Autorinnen und Autoren: Ilona Bernhard, Julia Ehmann, Andrea Herzog, Markus Mauch, Claus Stöckle, Thomas Straub, Martina Backhaus, Joachim Böttner, Günther Fechner, Wolfgang Malzacher, Achim Olpp, Hartmut Wellstein

Entstanden in Zusammenarbeit mit dem Projektteam des Verlages.

Gestaltung: Petra Michel, Essen
Umschlaggestaltung: Petra Michel, Essen
Titelbild: stock.adobe.com, Dublin (Svetlana)
Satz: imprint, Zusmarshausen
Druck: PASSAVIA Druckservice GmbH & Co. KG, Passau

Printed in Germany
ISBN 978-3-12-745351-5

9 783127 453515

Grundrechenarten und Symbole

Fachbegriffe der Grundrechenarten

Bei den Grundrechenarten werden folgende Bezeichnungen verwendet.

Addition

25 + 10 = 35

25	10	= 35
1. Summand	*2. Summand*	*Ergebnis*

Subtraktion

25 − 10 = 15

25	10	= 15
Minuend	*Subtrahend*	*Ergebnis*

Multiplikation

25 · 10 = 250

25	10	= 250
1. Faktor	*2. Faktor*	*Ergebnis*

Division

30 : 10 = 3

30	10	= 3
Dividend	*Divisor*	*Ergebnis*

Mathematische Symbole

$=$	gleich
$\neq$	ungleich
$\approx$	ungefähr; gerundet
$<$	kleiner als
$>$	größer als
$\mathbb{N}$	Menge der natürlichen Zahlen
g, h, …	gängige Bezeichnungen für Geraden
A, B, … , P, Q, …	gängige Bezeichnungen für Punkte
$\overline{AB}$	Strecke mit den Endpunkten A und B
⊾	rechter Winkel
$g \perp h$	die Geraden g und h sind zueinander senkrecht
$g \parallel h$	die Geraden g und h sind zueinander parallel
$A(2 \mid 4)$	Punkt im Koordinatensystem mit dem x-Wert 2 und dem y-Wert 4
$\alpha, \beta, \gamma, \delta, \varepsilon, \varphi, \ldots$	griechische Buchstaben für Winkelbezeichnungen